중학교

수학 3 자습서

장경윤 교과서편

머리말

"수학은 거대한 사고의 모험이다."

—스트루익

우리는 생활 주변에서 일어나는 여러 가지 현상 속에서 수학을 만납니다. 일기 예보, 교통 통계, 경제 뉴스, 새로운 건축 양식, 우주 공간의 진화, 정보의 팽창, 각종 게임 속의 수와 공간 등 이 모든 상황에서 수학은 중요한 역할을 합니다. 수학은 우리가 만나는 주변의 상황과 현상을 표현하고 설명하며, 문제를 합리적이고 창의적으로 해결하게 하는 귀중한 도구입니다.

이처럼 수학은 실제적인 문제 해결을 위하여 고안된 학문이며 학교에서 다루는 수학 내용 중 맥락과 무관하게 생겨난 것은 없습니다. 우리는 수학 학습을 통하여 수학의 개념, 원리, 법칙을 이해하고 기능을 습득하여, 논리적으로 사고하고 소통하며 합리적으로 문제를 해결하는 능력과 태도를 기를 수 있습니다.

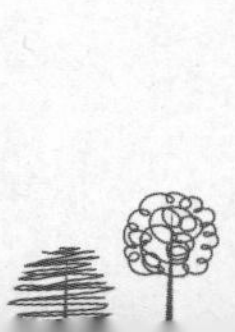

이 자습서는 2015 개정 교육과정에 따라 집필된 교과서를 토대로 학생들의 적극적인 활동을 유도하여 수학을 쉽게 이해할 수 있도록 저술되었습니다. 이 자습서의 기획 방향은 다음과 같습니다.

첫째, 친절한 개념 정리로 교과서 내용의 깊은 이해가 가능하도록 하였습니다.
둘째, 자세한 문제 풀이로 스스로 학습이 가능하도록 하였습니다.
셋째, 중단원별 '교과서 문제 뛰어 넘기'와 대단원별 '도전! 창의 · 융합 사고력 문제'로 문제 해결 능력을 향상시킬 수 있도록 하였습니다.
넷째, 추가로 제공되는 실전 대비 문제로 내신을 정복할 수 있도록 하였습니다.

학생들이 이 자습서를 통하여 수학에 관심을 가지고, 창의적 인성과 수학적 역량을 갖춘 미래 사회의 주역으로 성장해 나아가길 기원합니다.

저자 일동

구성과 특징

이 자습서는 2015 개정 교육과정에 따라 집필된 교과서를 토대로 학생들이 손쉽게 자기주도적 학습을 할 수 있도록 하였습니다.

특히, 친절한 교과서 개념 정리와 자세한 문제 풀이를 하였고, 부록으로 실전 대비 문제를 수록하여 수학에 대한 흥미와 자신감을 가지고 내신을 정복할 수 있도록 구성하였습니다.

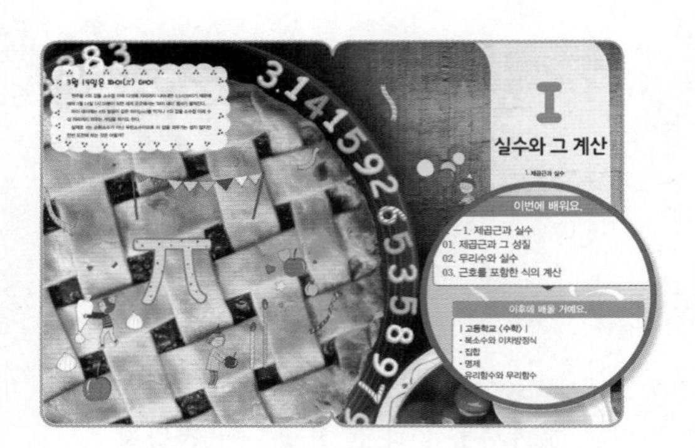

- **단원의 계통도 살펴보기**
  대단원 학습의 흐름을 가시화하여 한 눈에 볼 수 있도록 하였습니다.

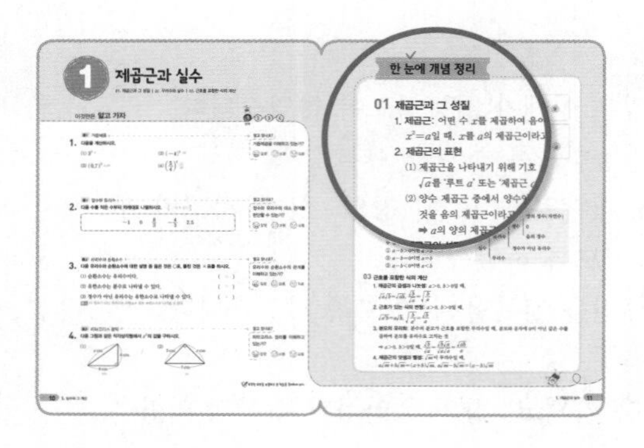

- **한 눈에 개념 정리**
  중단원별 개념 정리를 제시하여 학습 내용을 쉽게 이해하도록 하였습니다.

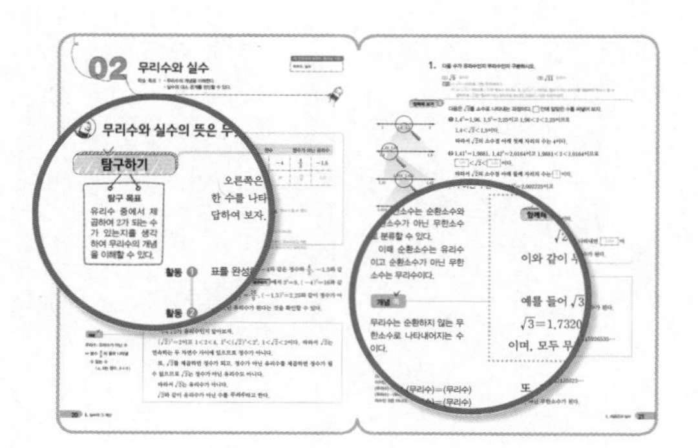

- **탐구 목표**
  '탐구하기'를 학습하는 목표를 제시하였습니다.

- **개념 쏙**
  교과서 본문의 개념이나 '함께해 보기'에서 꼭 알아야 할 핵심 내용들을 정리하였습니다.

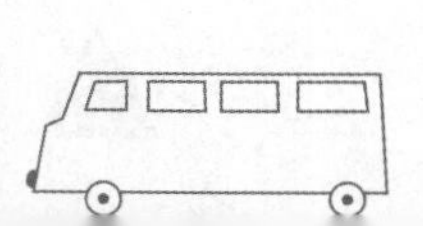

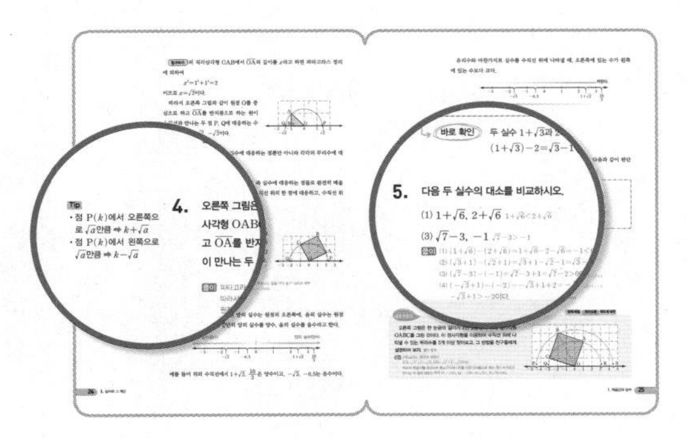

• Tip
본문 내용 중에 꼭 알아야 하거나 주의해야 하는 내용을 한 번 더 짚어 주었습니다.

• **문제 풀이**
본문에 수록된 문제의 풀이를 자세하게 설명하였습니다.

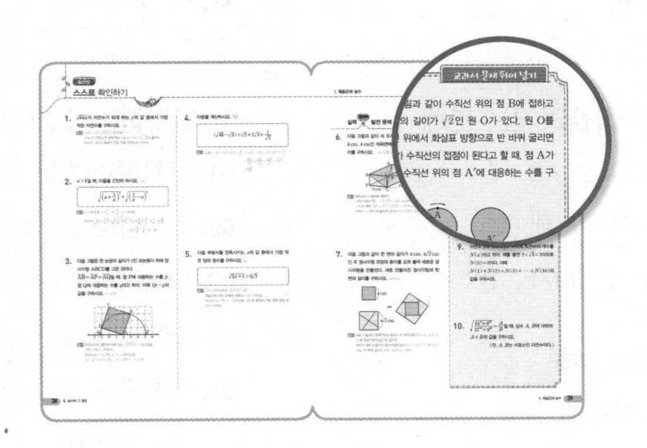

• 교과서 문제 뛰어넘기
중단원별로 꼭 알아야 하는 문제 또는 교과서 심화 문제로 실력을 키울 수 있도록 하였습니다.

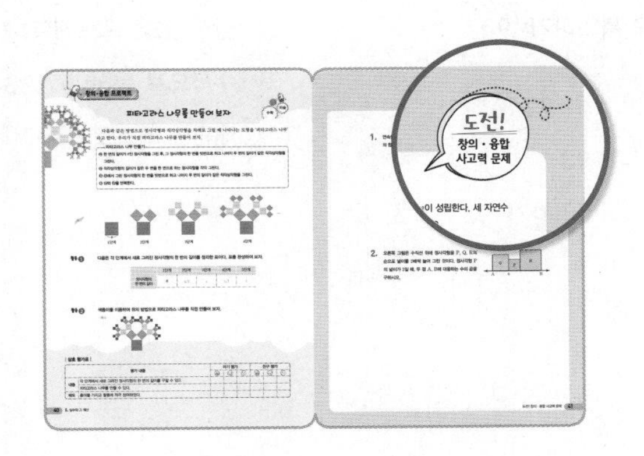

• **도전! 창의 · 융합 사고력 문제**
다양한 해결 방법을 찾을 수 있는 문제로 창의 · 융합 사고력을 키울 수 있도록 하였습니다.

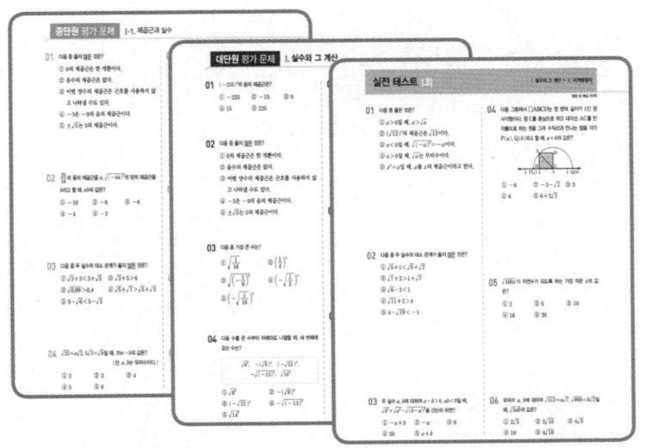

• 실전 대비 문제
'중단원 평가 문제', '대단원 평가 문제', '실전 테스트'를 부록으로 제공하여 학교 시험에 대비할 수 있도록 하였습니다.

차례

I. 실수와 그 계산

II. 이차방정식

III. 이차함수

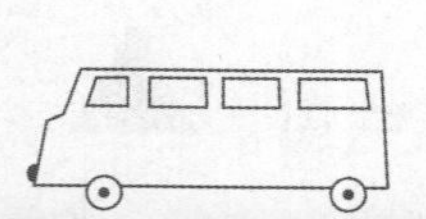

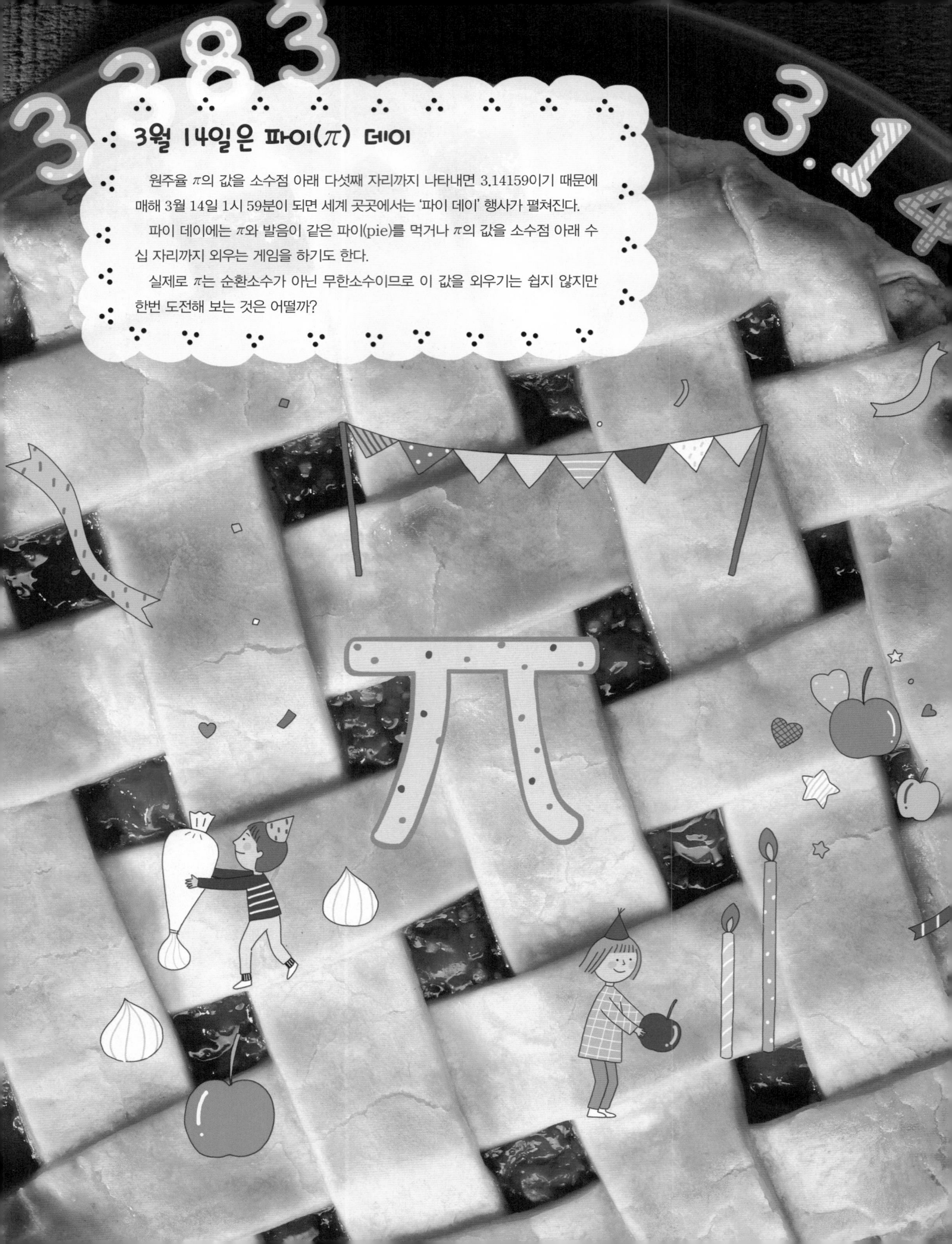

3월 14일은 파이(π) 데이

원주율 π의 값을 소수점 아래 다섯째 자리까지 나타내면 3.14159이기 때문에 매해 3월 14일 1시 59분이 되면 세계 곳곳에서는 '파이 데이' 행사가 펼쳐진다.

파이 데이에는 π와 발음이 같은 파이(pie)를 먹거나 π의 값을 소수점 아래 수십 자리까지 외우는 게임을 하기도 한다.

실제로 π는 순환소수가 아닌 무한소수이므로 이 값을 외우기는 쉽지 않지만 한번 도전해 보는 것은 어떨까?

Ⅰ 실수와 그 계산

1. 제곱근과 실수

| 단원의 계통도 살펴보기 |

이전에 배웠어요.

| 중학교 1학년 |
Ⅰ-1. 소인수분해
Ⅰ-2. 정수와 유리수

| 중학교 2학년 |
Ⅰ-1. 유리수와 순환소수

이번에 배워요.

Ⅰ-1. 제곱근과 실수
01. 제곱근과 그 성질
02. 무리수와 실수
03. 근호를 포함한 식의 계산

이후에 배울 거예요.

| 고등학교 〈수학〉 |
- 복소수와 이차방정식
- 집합
- 명제
- 유리함수와 무리함수

제곱근과 실수

01. 제곱근과 그 성질 | 02. 무리수와 실수 | 03. 근호를 포함한 식의 계산

이것만은 알고 가자

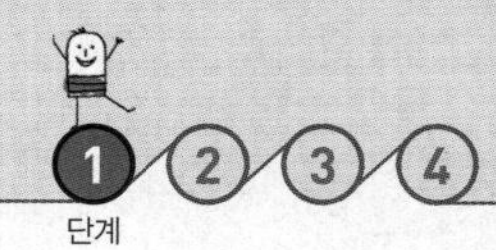

중1 거듭제곱

1. 다음을 계산하시오.

(1) 3^2 9

(2) $(-4)^2$ 16

(3) $(0.7)^2$ 0.49

(4) $\left(\frac{5}{4}\right)^2$ $\frac{25}{16}$

알고 있나요?
거듭제곱을 이해하고 있는가?
잘함 보통 모름

중1 정수와 유리수

2. 다음 수를 작은 수부터 차례대로 나열하시오. $-\frac{4}{3}$, -1, 0, 2.5, $\frac{8}{3}$

$-1 \quad 0 \quad \frac{8}{3} \quad -\frac{4}{3} \quad 2.5$

알고 있나요?
정수와 유리수의 대소 관계를 판단할 수 있는가?
잘함 보통 모름

중2 유리수와 순환소수

3. 다음 유리수와 순환소수에 대한 설명 중 옳은 것은 ○표, 틀린 것은 ×표를 하시오.

(1) 순환소수는 유리수이다. (○)

(2) 유한소수는 분수로 나타낼 수 있다. (○)

(3) 정수가 아닌 유리수는 유한소수로 나타낼 수 있다. (×)

풀이 (3) 정수가 아닌 유리수는 유한소수 또는 순환소수로 나타낼 수 있다.

알고 있나요?
유리수와 순환소수의 관계를 이해하고 있는가?
잘함 보통 모름

중2 피타고라스 정리

4. 다음 그림과 같은 직각삼각형에서 x^2의 값을 구하시오.

(1)

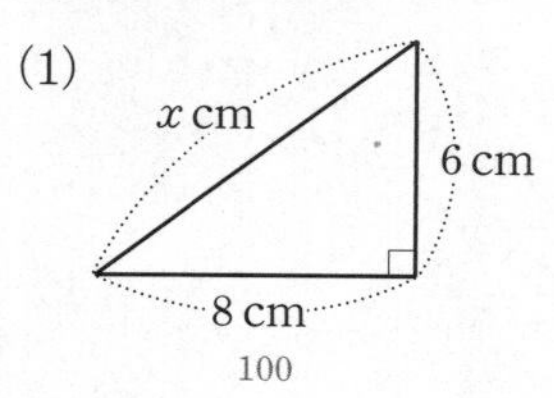

100

(2)

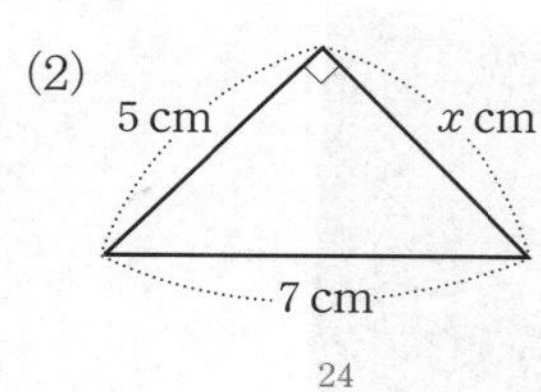

24

알고 있나요?
피타고라스 정리를 이해하고 있는가?
잘함 보통 모름

부족한 부분을 보충하고 본 학습을 준비하여 보자.

한 눈에 개념 정리

01 제곱근과 그 성질

1. 제곱근: 어떤 수 x를 제곱하여 음이 아닌 수 a가 될 때, 즉 $x^2=a$일 때, x를 a의 제곱근이라고 한다.

3, -3 → 제곱 → 9
9 → 제곱근 → 3, -3

2. 제곱근의 표현

(1) 제곱근을 나타내기 위해 기호 $\sqrt{\ }$ (근호)를 사용하고, $\sqrt{a}$를 '루트 a' 또는 '제곱근 a'라고 읽는다.

(2) 양수 제곱근 중에서 양수인 것을 양의 제곱근, 음수인 것을 음의 제곱근이라고 한다.

➡ a의 양의 제곱근은 $\sqrt{a}$, 음의 제곱근은 $-\sqrt{a}$

$a>0$일 때,
$\sqrt{a}$, $-\sqrt{a}$ → 제곱 → a
a → 제곱근 → $\sqrt{a}$, $-\sqrt{a}$

3. 제곱근의 성질: $a>0$일 때

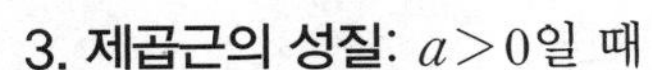

(1) $(\sqrt{a})^2=a$, $(-\sqrt{a})^2=a$ (2) $\sqrt{a^2}=a$, $\sqrt{(-a)^2}=a$

4. 제곱근의 대소 관계: $a>0$, $b>0$일 때

(1) $a<b$이면 $\sqrt{a}<\sqrt{b}$ (2) $a<b$이면 $-\sqrt{a}>-\sqrt{b}$

02 무리수와 실수

1. 무리수와 실수

(1) 무리수: 유리수가 아닌 수, 즉 순환하지 않는 무한소수로 나타내어지는 수

(2) 실수: 유리수와 무리수 전체

(3) 실수의 대소 관계

두 실수 a, b에 대하여

① $a-b>0$이면 $a>b$

② $a-b=0$이면 $a=b$

③ $a-b<0$이면 $a<b$

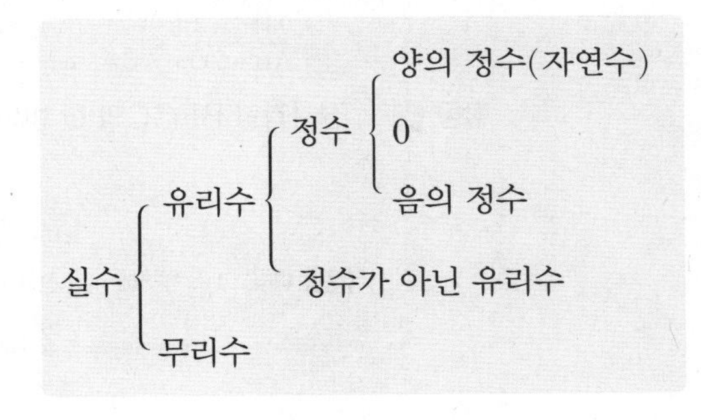

03 근호를 포함한 식의 계산

1. 제곱근의 곱셈과 나눗셈: $a>0$, $b>0$일 때,

$\sqrt{a}\sqrt{b}=\sqrt{ab}$, $\dfrac{\sqrt{b}}{\sqrt{a}}=\sqrt{\dfrac{b}{a}}$

2. 근호가 있는 식의 변형: $a>0$, $b>0$일 때,

$\sqrt{a^2b}=a\sqrt{b}$, $\sqrt{\dfrac{b}{a^2}}=\dfrac{\sqrt{b}}{a}$

3. 분모의 유리화: 분수의 분모가 근호를 포함한 무리수일 때, 분모와 분자에 0이 아닌 같은 수를 곱하여 분모를 유리수로 고치는 것

➡ $a>0$, $b>0$일 때, $\dfrac{\sqrt{b}}{\sqrt{a}}=\dfrac{\sqrt{b}\sqrt{a}}{\sqrt{a}\sqrt{a}}=\dfrac{\sqrt{ab}}{a}$

4. 제곱근의 덧셈과 뺄셈: $\sqrt{m}$이 무리수일 때,

$a\sqrt{m}+b\sqrt{m}=(a+b)\sqrt{m}$, $a\sqrt{m}-b\sqrt{m}=(a-b)\sqrt{m}$

01 제곱근과 그 성질

이 단원에서 배우는 용어와 기호

제곱근, $\sqrt{\ }$, 근호

학습 목표 | • 제곱근의 뜻을 알고, 그 성질을 이해한다.
• 제곱근의 대소 관계를 판단할 수 있다.

제곱근의 뜻은 무엇일까?

탐구하기

탐구 목표
제곱하여 어떤 수가 되는 수를 알아 내는 활동을 통해 제곱근의 뜻을 이해할 수 있다.

오른쪽 그림은 직각삼각형 ABC의 각 변을 한 변으로 하는 정사각형을 그린 것이다. 직각삼각형의 빗변이 아닌 두 변의 길이를 한 변으로 하는 정사각형의 넓이가 각각 $4\ \mathrm{cm}^2$, $9\ \mathrm{cm}^2$일 때, 다음 물음에 답하여 보자.

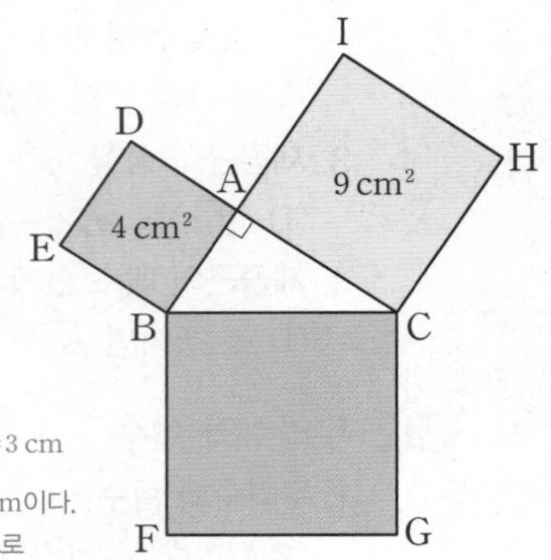

활동 1 $\overline{AB}$와 $\overline{AC}$의 길이를 각각 구하여 보자. $\overline{AB}=2\ \mathrm{cm}$, $\overline{AC}=3\ \mathrm{cm}$

풀이 $2^2=4$이므로 $\overline{AB}=2\ \mathrm{cm}$이다. 마찬가지로 $3^2=9$이므로 $\overline{AC}=3\ \mathrm{cm}$이다.
이때 $(-2)^2=4$, $(-3)^2=9$이지만 사각형의 변의 길이는 양수이므로
$\overline{AB}=2\ \mathrm{cm}$, $\overline{AC}=3\ \mathrm{cm}$이다.

활동 2 정사각형 BFGC의 한 변의 길이를 x cm라고 할 때, 다음 □ 안에 알맞은 수를 써넣어 보자.

$$x^2=\boxed{13}$$

풀이 피타고라스 정리에 의해 정사각형 BFGC의 넓이는 $4+9=13(\mathrm{cm}^2)$이다. 즉, $x^2=13$이다.

➕ $(-2)^2=4$이지만 $\overline{AB}$의 길이는 음수가 될 수 없으므로 -2는 답이 될 수 없다.

탐구하기의 **활동 1**에서 정사각형 ADEB의 넓이는 $2^2=4(\mathrm{cm}^2)$이므로 $\overline{AB}$의 길이는 2 cm이다. 한편,

$$2^2=4,\ (-2)^2=4$$

이므로 제곱해서 4가 되는 수는 2 또는 -2이다.

마찬가지로 정사각형 ACHI의 넓이는 $3^2=9(\mathrm{cm}^2)$이므로 $\overline{AC}$의 길이는 3 cm이다. 한편,

$$3^2=9,\ (-3)^2=9$$

이므로 제곱해서 9가 되는 수는 3 또는 -3이다.

x는 a의 제곱근
➡ x를 제곱하면 a
➡ $x^2=a$

이와 같이 어떤 수 x를 제곱하여 a가 될 때, 즉

$$x^2=a$$

일 때, x를 a의 **제곱근**이라고 한다.

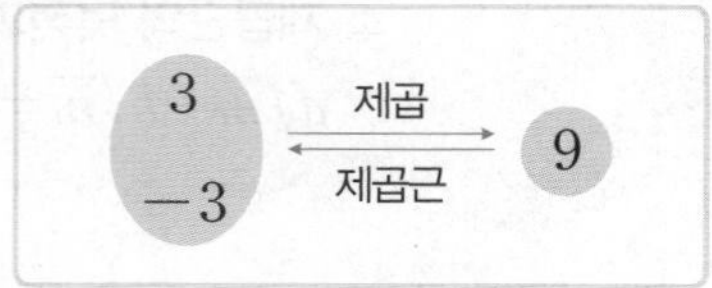

한편, 양수와 음수를 제곱하면 항상 양수이므로 음수의 제곱근은 생각하지 않는다. 또, 제곱하여 0이 되는 수는 0뿐이므로 0의 제곱근은 0이다.

바로 확인 (1) $2^2=4$, $(-2)^2=4$이므로 4의 제곱근은 2와 $\boxed{-2}$이다.
(2) $3^2=9$, $(-3)^2=9$이므로 $\boxed{9}$의 제곱근은 3과 -3이다.

1. 다음 수의 제곱근을 구하시오.

(1) 16 $4, -4$

(2) $\frac{1}{36}$ $\frac{1}{6}, -\frac{1}{6}$

풀이 (1) $4^2=16$, $(-4)^2=16$이므로 16의 제곱근은 4, -4이다.
(2) $\left(\frac{1}{6}\right)^2=\frac{1}{36}$, $\left(-\frac{1}{6}\right)^2=\frac{1}{36}$이므로 $\frac{1}{36}$의 제곱근은 $\frac{1}{6}$, $-\frac{1}{6}$이다.

일반적으로 양수의 제곱근은 양수와 음수 2개가 있고, 그 두 수의 절댓값은 서로 같다.

양수 a의 제곱근 중에서 양수인 것을 양의 제곱근, 음수인 것을 음의 제곱근이라 하고, 기호 $\sqrt{\ }$를 사용하여

양의 제곱근을 $\sqrt{a}$,

음의 제곱근을 $-\sqrt{a}$

로 나타낸다.

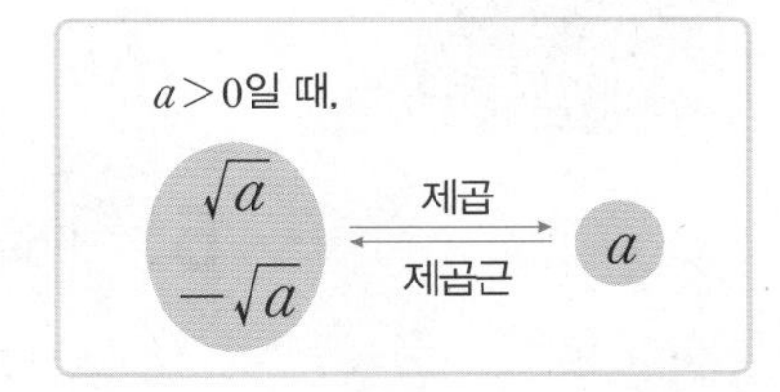

참고

기호 $\sqrt{\ }$는 뿌리(root)를 뜻하는 라틴어 radix의 첫 글자 r를 변형하여 만든 것이다. 그리고 근호는 '제곱근을 나타내는 기호'를 줄인 말이다.

Tip

- 제곱근 a ➡ $\sqrt{a}$
- a의 제곱근 ➡ $\pm\sqrt{a}$

이때 기호 $\sqrt{\ }$를 **근호**라고 하며, $\sqrt{a}$를 '제곱근 a' 또는 '루트 a'라고 읽는다. 그리고 $\sqrt{a}$와 $-\sqrt{a}$를 한꺼번에 $\pm\sqrt{a}$로 나타내기도 한다.

예를 들어 7의 제곱근은 $\sqrt{7}$과 $-\sqrt{7}$이고, 한꺼번에 $\pm\sqrt{7}$로 나타내기도 한다.

탐구하기 의 **활동** ❷에서 정사각형 BFGC의 넓이는 피타고라스 정리에 의하여

$$x^2=4+9=13$$

이고, 이때 x는 13의 양의 제곱근이므로 $\sqrt{13}$이다.

2. 다음 수의 제곱근을 구하시오.

(1) 11 $\sqrt{11}, -\sqrt{11}$

(2) $\frac{1}{7}$ $\sqrt{\frac{1}{7}}, -\sqrt{\frac{1}{7}}$

풀이 (1) 11의 제곱근은 $\sqrt{11}$, $-\sqrt{11}$이다.
(2) $\frac{1}{7}$의 제곱근은 $\sqrt{\frac{1}{7}}$, $-\sqrt{\frac{1}{7}}$이다.

Tip $\sqrt{25}$는 5를 근호를 사용하여 나타낸 것으로 $\sqrt{25}$와 5는 다른 수가 아니라 같은 수를 다르게 표현한 것이다.

25의 제곱근을 근호를 사용하여 나타내면 $\sqrt{25}$와 $-\sqrt{25}$이고, 25의 양의 제곱근은 5, 음의 제곱근은 -5이므로

$$\sqrt{25}=5,\ -\sqrt{25}=-5$$

임을 알 수 있다.

이와 같이 근호 안의 수가 어떤 유리수의 제곱이면 근호를 사용하지 않고 나타낼 수 있다.

한편, 0의 제곱근은 0이므로 $\sqrt{0}=0$이다.

3. 다음 수를 근호를 사용하지 않고 나타내시오.

(1) $\sqrt{4}$ 2

(2) $-\sqrt{0.16}$ -0.4

풀이 (1) 4의 제곱근은 ± 2이고, $\sqrt{4}$는 4의 양의 제곱근이므로 $\sqrt{4}=2$이다.
(2) 0.16의 제곱근은 ± 0.4이고, $-\sqrt{0.16}$은 0.16의 음의 제곱근이므로 $-\sqrt{0.16}=-0.4$이다.

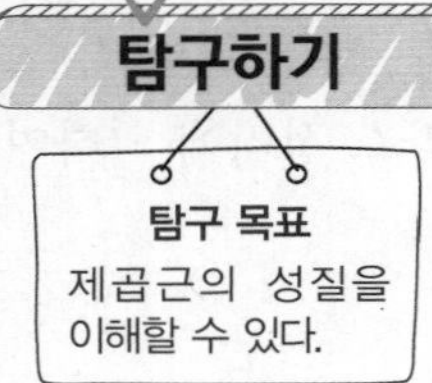

4. 오른쪽 그림과 같이 한 변의 길이가 1인 정사각형의 넓이를 두 배로 늘렸을 때, 큰 정사각형의 한 변의 길이를 구하시오. $\sqrt{2}$

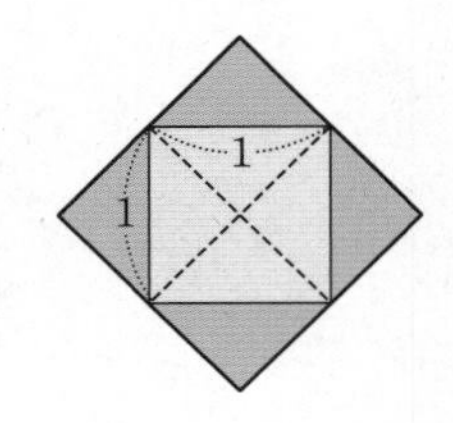

풀이 한 변의 길이가 1인 정사각형의 넓이를 두 배로 늘리면 넓이가 2이다.
큰 정사각형의 한 변의 길이를 a라고 하면 $a^2=2$이므로 a는 2의 양의 제곱근인 $\sqrt{2}$이다.

5. 다음 제곱근에 대한 ○ × 퀴즈를 푸시오.

(1) 5의 음의 제곱근은 $-\sqrt{5}$이다.

(2) 제곱근 10은 $\pm\sqrt{10}$이다.

풀이 (2) 제곱근 10은 $\sqrt{10}$이다. (×)

제곱근에는 어떤 성질이 있을까?

탐구하기

탐구 목표
제곱근의 성질을 이해할 수 있다.

다음은 어떤 수와 그 수의 제곱근을 나타낸 표이다. 물음에 답하여 보자.

a	6	9	13
a의 양의 제곱근	$\sqrt{6}$	3	$\sqrt{13}$
a의 음의 제곱근	$-\sqrt{6}$	-3	$-\sqrt{13}$

활동 1 표를 완성하여 보자.

활동 2 활동 1에서 구한 제곱근을 각각 제곱하면 어떤 수가 되는지 말하여 보자.
$(-\sqrt{6})^2=6,\ 3^2=9,\ (\sqrt{13})^2=13,\ (-\sqrt{13})^2=13$

탐구하기 에서 $\sqrt{6}$과 $-\sqrt{6}$은 6의 제곱근이므로

$$(\sqrt{6})^2=6,\ (-\sqrt{6})^2=6$$

이다.

또, $3^2=9$, $(-3)^2=9$이고, 9의 양의 제곱근은 3이므로 $\sqrt{9}=3$이다. 즉,

$$\sqrt{3^2}=\sqrt{9}=3,\ \sqrt{(-3)^2}=\sqrt{9}=3$$

이다.

일반적으로 다음이 성립한다.

Tip 제곱근의 성질에서 $a>0$일 때, $\sqrt{a^2}=a$, $\sqrt{(-a)^2}=a$이므로 a의 부호에 관계없이 $\sqrt{a^2}=|a|$라고 할 수 있다.

제곱근의 성질

$a>0$일 때,

1. $(\sqrt{a})^2=a,\ (-\sqrt{a})^2=a$
2. $\sqrt{a^2}=a,\ \sqrt{(-a)^2}=a$

6. 다음 값을 구하시오.

(1) $(\sqrt{3})^2$ 3

(2) $\left(-\sqrt{\frac{2}{3}}\right)^2$ $\frac{2}{3}$

(3) $\sqrt{0.3^2}$ 0.3

(4) $\sqrt{(-17)^2}$ 17

함께해 보기 1

다음은 제곱근의 성질을 이용하여 주어진 식을 계산하는 과정이다. □ 안에 알맞은 수를 써넣어 보자.

(1) $(\sqrt{3})^2+\sqrt{(-4)^2}$

$(\sqrt{3})^2=$ [3],

$\sqrt{(-4)^2}=$ [4]이므로

$(\sqrt{3})^2+\sqrt{(-4)^2}=$ [7]

(2) $\sqrt{64}-(-\sqrt{5})^2$

$\sqrt{64}=\sqrt{8^2}=$ [8],

$(-\sqrt{5})^2=$ [5]이므로

$\sqrt{64}-(-\sqrt{5})^2=$ [3]

7. 다음을 계산하시오.

(1) $(\sqrt{2})^2+(-\sqrt{11})^2$ 13

(2) $\sqrt{7^2}-\sqrt{(-3)^2}$ 4

(3) $\sqrt{1.44}\times\sqrt{\left(-\frac{1}{3}\right)^2}$ 0.4

(4) $\sqrt{\left(\frac{2}{3}\right)^2}\div\sqrt{4}$ $\frac{1}{3}$

풀이 (1) $(\sqrt{2})^2+(-\sqrt{11})^2=2+11=13$

(2) $\sqrt{7^2}-\sqrt{(-3)^2}=7-3=4$

(3) $\sqrt{1.44}\times\sqrt{\left(-\frac{1}{3}\right)^2}=\sqrt{(1.2)^2}\times\sqrt{\left(-\frac{1}{3}\right)^2}=1.2\times\frac{1}{3}=0.4$

(4) $\sqrt{\left(\frac{2}{3}\right)^2}\div\sqrt{4}=\sqrt{\left(\frac{2}{3}\right)^2}\div\sqrt{2^2}=\frac{2}{3}\div2=\frac{1}{3}$

제곱근의 대소 관계를 어떻게 판단할까?

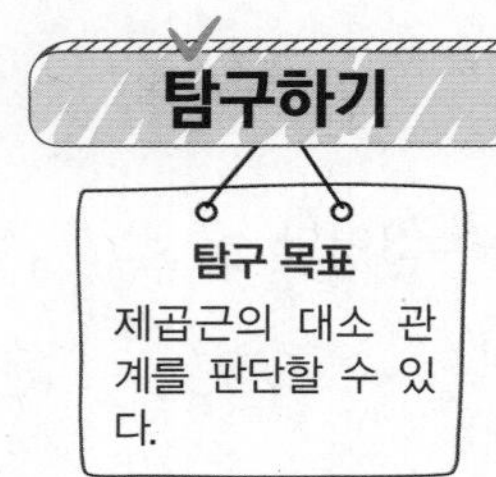

오른쪽 그림은 넓이가 각각 5, 7인 두 정사각형 모양의 색종이를 귀퉁이가 겹치게 포개어 놓은 것이다. 다음 물음에 답하여 보자.

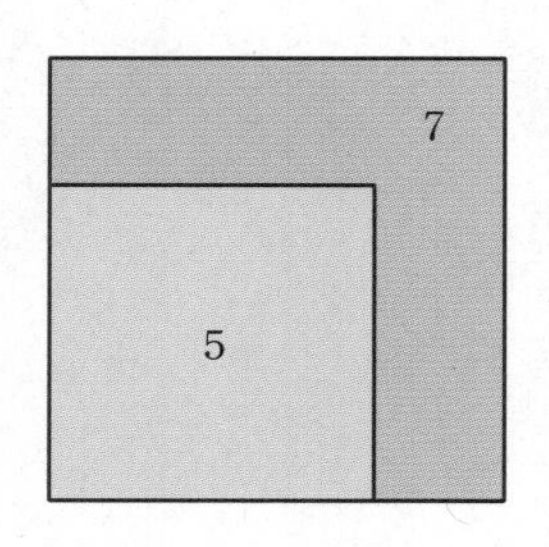

활동 ❶ 두 정사각형의 한 변의 길이를 각각 구하여 보자. $\sqrt{5}, \sqrt{7}$

풀이 넓이가 5인 정사각형의 한 변의 길이는 $\sqrt{5}$이고, 넓이가 7인 정사각형의 한 변의 길이는 $\sqrt{7}$이다.

활동 ❷ 활동 ❶에서 구한 두 변의 길이의 대소 관계를 부등호를 사용하여 나타내어 보자. $\sqrt{5}<\sqrt{7}$

풀이 정사각형은 넓이가 넓을수록 한 변의 길이가 길다. 따라서 $5<7$이므로 $\sqrt{5}<\sqrt{7}$이다.

⊕ 계산기를 이용하여 $\sqrt{5}$와 $\sqrt{7}$의 값을 확인하고, 그 대소 관계를 확인할 수도 있다.
다음과 같이 컴퓨터의 계산기를 이용하여 $\sqrt{5}$의 어림한 값을 구할 수 있다.
❶ [5]를 누른다.
❷ [√]를 누른다.

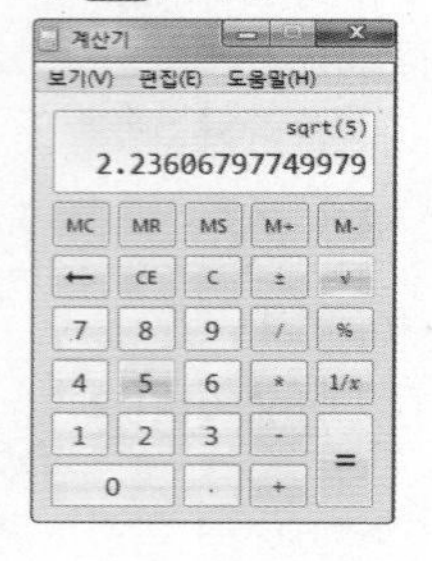

탐구하기 에서 넓이가 각각 5, 7인 두 정사각형의 한 변의 길이는 각각 $\sqrt{5}, \sqrt{7}$이다.

이때 정사각형은 넓이가 넓을수록 한 변의 길이가 길다. 따라서

$$5<7\text{이면 } \sqrt{5}<\sqrt{7}$$

임을 알 수 있다.

또, 정사각형은 한 변의 길이가 길수록 넓이가 넓다. 따라서

$$\sqrt{5}<\sqrt{7}\text{이면 } 5<7$$

임을 알 수 있다.

일반적으로 다음이 성립한다.

Tip 제곱근의 대소 관계는 $a>0$, $b>0$일 때 성립한다.

제곱근의 대소 관계

$a>0$, $b>0$일 때,

1. $a<b$이면 $\sqrt{a}<\sqrt{b}$
2. $\sqrt{a}<\sqrt{b}$이면 $a<b$

8. 다음 두 수의 대소를 비교하시오.

(1) $\sqrt{15}, \sqrt{17}$ $\sqrt{15}<\sqrt{17}$

(2) $\sqrt{\frac{3}{7}}, \sqrt{\frac{5}{7}}$ $\sqrt{\frac{3}{7}}<\sqrt{\frac{5}{7}}$

풀이 (1) $15<17$이므로 $\sqrt{15}<\sqrt{17}$이다.
(2) $\frac{3}{7}<\frac{5}{7}$이므로 $\sqrt{\frac{3}{7}}<\sqrt{\frac{5}{7}}$이다.

함께해 보기 2

개념 쏙

$a>b>0$이면
① $\sqrt{a}>\sqrt{b}$
② $-\sqrt{a}<-\sqrt{b}$

다음은 두 수의 대소를 비교하는 과정이다. □ 안에 알맞은 수를, ○ 안에 알맞은 부등호를 써넣어 보자.

(1) $\sqrt{15}$, 4

4를 근호를 사용하여 나타내면 $4=\sqrt{16}$이고

$15<16$이므로 $\sqrt{15}<\sqrt{16}$이다.

따라서 $\sqrt{15}$ ⓛ 4 ($<$)

이전 내용 톡톡
$a<b$, $c<0$이면
$ac>bc$, $\dfrac{a}{c}>\dfrac{b}{c}$

(2) $-\dfrac{1}{5}$, $-\sqrt{\dfrac{1}{23}}$

$\dfrac{1}{5}$을 근호를 사용하여 나타내면 $\sqrt{\boxed{\dfrac{1}{25}}}$이고

$\boxed{\dfrac{1}{25}}<\dfrac{1}{23}$이므로 $\sqrt{\boxed{\dfrac{1}{25}}}<\sqrt{\dfrac{1}{23}}$이다.

따라서 $-\dfrac{1}{5}$ ($>$) $-\sqrt{\dfrac{1}{23}}$

함께해 보기 2와 같이 근호가 있는 수와 근호가 없는 수의 대소 관계는 근호가 없는 수를 근호를 사용하여 나타낸 후 판단한다.

9. 다음 두 수의 대소를 비교하시오.

(1) 3, $\sqrt{10}$ $3<\sqrt{10}$

(2) $\dfrac{1}{3}$, $\sqrt{\dfrac{1}{8}}$ $\dfrac{1}{3}<\sqrt{\dfrac{1}{8}}$

(3) -2, $-\sqrt{5}$ $-2>-\sqrt{5}$

(4) -0.2, $-\sqrt{0.06}$ $-0.2>-\sqrt{0.06}$

풀이 (1) $3=\sqrt{9}$이고 $9<10$이므로 $3<\sqrt{10}$이다.
(2) $\dfrac{1}{3}=\sqrt{\dfrac{1}{9}}$이고 $\dfrac{1}{9}<\dfrac{1}{8}$이므로 $\dfrac{1}{3}<\sqrt{\dfrac{1}{8}}$이다.
(3) $2=\sqrt{4}$이고 $4<5$이므로 $2<\sqrt{5}$이다. 따라서 $-2>-\sqrt{5}$이다.
(4) $0.2=\sqrt{0.04}$이고 $0.04<0.06$이므로 $0.2<\sqrt{0.06}$이다. 따라서 $-0.2>-\sqrt{0.06}$이다.

생각 나누기 추론 의사소통 태도 및 실천

다음 두 친구의 생각이 옳은지 판단하고, 그 까닭을 이야기하여 보자. 풀이 참조

풀이 미나: $\sqrt{4}=2$이므로 $4>\sqrt{4}$이다. 따라서 미나의 생각은 옳다.
재진: $\sqrt{0.81}=0.9$이므로 $0.81<\sqrt{0.81}$이다. 따라서 재진이의 생각은 옳지 않다.
실제로 $0<a<1$일 때, $a<\sqrt{a}$이고 $a=1$일 때, $a=\sqrt{a}$이다. 또한, $a>1$일 때, $a>\sqrt{a}$이다.

스스로 점검하기

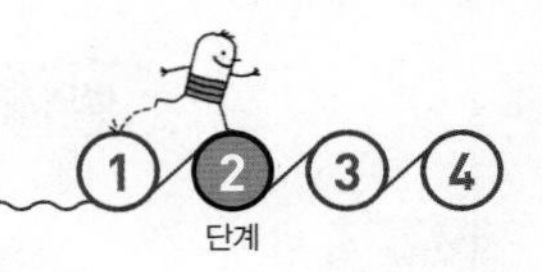

개념 점검하기

(1) 음이 아닌 수 a에 대하여 어떤 수 x를 제곱하여 a가 될 때, x를 a의 [제곱근]이라고 한다.

(2) 양수 a의 제곱근 중 양수인 것을 $\sqrt{a}$, 음수인 것을 [$-\sqrt{a}$]로 나타낸다.

(3) $a>0$일 때,

① $(\sqrt{a})^2=a$, $(-\sqrt{a})^2=$ [a]　　② $\sqrt{a^2}=$ [a], $\sqrt{(-a)^2}=a$

(4) $a>0$, $b>0$일 때,

① $a<b$이면 $\sqrt{a}<\sqrt{b}$　　② $\sqrt{a}<\sqrt{b}$이면 a ($<$) b

1 ●●●

다음 수의 제곱근을 구하시오.

(1) 25　$5, -5$　　(2) 0.81　$0.9, -0.9$

(3) 34　$\sqrt{34}, -\sqrt{34}$　　(4) $\frac{2}{11}$　$\sqrt{\frac{2}{11}}, -\sqrt{\frac{2}{11}}$

풀이 (1) 25의 제곱근은 $5, -5$이다.
(2) 0.81의 제곱근은 $0.9, -0.9$이다.
(3) 34의 제곱근은 $\sqrt{34}, -\sqrt{34}$이다.
(4) $\frac{2}{11}$의 제곱근은 $\sqrt{\frac{2}{11}}, -\sqrt{\frac{2}{11}}$이다.

2 ●●●

다음을 계산하시오.

(1) $(\sqrt{5})^2$　5　　(2) $\sqrt{(-11)^2}$　11

(3) $(\sqrt{2})^2+\sqrt{3^2}$　5　　(4) $(-\sqrt{1.4})^2\times\sqrt{25}$　7

풀이 (1) $(\sqrt{5})^2=5$
(2) $\sqrt{(-11)^2}=11$
(3) $(\sqrt{2})^2+\sqrt{3^2}=2+3=5$
(4) $(-\sqrt{1.4})^2\times\sqrt{25}=(-\sqrt{1.4})^2\times\sqrt{5^2}=1.4\times5=7$

3 ●●●

$0<a<3$일 때, 다음을 간단히 하시오. 3

$$\sqrt{a^2}+\sqrt{(3-a)^2}$$

풀이 $0<a<3$이므로 $a>0$, $3-a>0$이다.
따라서 $\sqrt{a^2}+\sqrt{(3-a)^2}=a+(3-a)=3$이다.

4 ●●●

다음 그림과 같은 직각삼각형에서 x의 값을 구하시오.

(1)

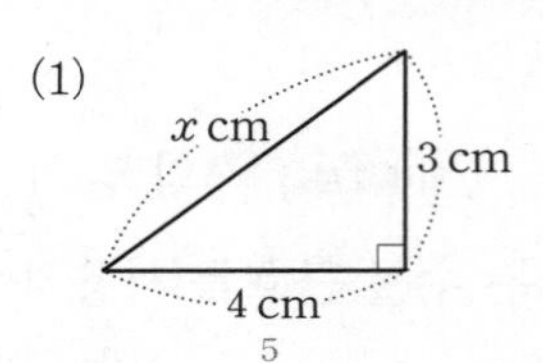

5

(2)

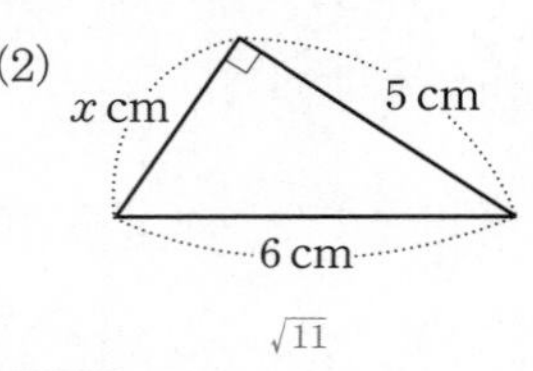

$\sqrt{11}$

풀이 (1) 피타고라스 정리에 의하여 $x=\sqrt{3^2+4^2}=\sqrt{25}=5$
(2) 피타고라스 정리에 의하여 $x=\sqrt{6^2-5^2}=\sqrt{11}$

5 ●●●

다음 두 수의 대소를 비교하시오.

(1) $\sqrt{6}, \sqrt{7}$　$\sqrt{6}<\sqrt{7}$

(2) $\sqrt{0.15}, \sqrt{0.2}$　$\sqrt{0.15}<\sqrt{0.2}$

(3) $-\sqrt{8}, -3$　$-\sqrt{8}>-3$

(4) $-\sqrt{\frac{5}{2}}, -\frac{3}{2}$　$-\sqrt{\frac{5}{2}}<-\frac{3}{2}$

풀이 (1) $6<7$이므로 $\sqrt{6}<\sqrt{7}$이다.
(2) $0.15<0.2$이므로 $\sqrt{0.15}<\sqrt{0.2}$이다.
(3) $3=\sqrt{9}$이고 $8<9$이므로 $\sqrt{8}<3$이다.
따라서 $-\sqrt{8}>-3$이다.
(4) $\frac{3}{2}=\sqrt{\frac{9}{4}}$이고 $\frac{5}{2}>\frac{9}{4}$이므로 $\sqrt{\frac{5}{2}}>\frac{3}{2}$이다.
따라서 $-\sqrt{\frac{5}{2}}<-\frac{3}{2}$이다.

A4 용지 규격은 어떻게 정했을까?

독일의 물리 화학자 오스트발트(Ostwald, F. W., 1853~1932)는 큰 종이를 잘라서 작은 종이를 만들 때, 종이의 손실을 최소로 할 수 있는 형태와 크기를 제안하였다.

그 방법은 종이를 반으로 잘라도 종이의 긴 변의 길이와 짧은 변의 길이의 비율이 유지되도록 규격을 정하는 것이다. 우리가 사용하는 A4 용지가 바로 그러한 규격을 따르는 종이이다. 이 규격을 정하는 방법을 알아보자.

활동 1 A4 용지를 반으로 자른 종이가 A5 용지이다. 두 용지가 서로 닮음임을 이용하여 다음 문장의 x의 값을 구하여 보자.

> A4 용지의 긴 변의 길이와 짧은 변의 길이의 비는 $x:1$이다.

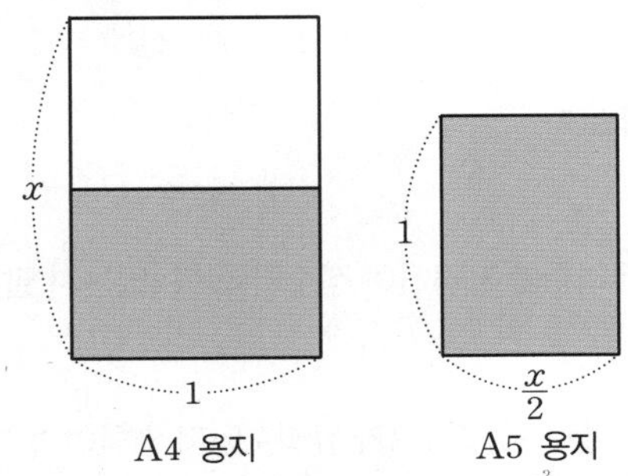

풀이 A4용지와 A5용지가 서로 닮음이므로 닮은 도형의 성질을 이용하면 $x:1=1:\frac{x}{2}$, $\frac{x^2}{2}=1$, $x^2=2$이므로 $x=\sqrt{2}$이다.

따라서 A4용지의 긴 변의 길이와 짧은 변의 길이의 비는 $\sqrt{2}:1$이다. 이는 A0용지, A1용지, A2용지, A3용지, … 등의 종이에도 모두 적용된다.

활동 2 다음 그림과 같이 A4 용지를 접으면 접은 변의 길이와 처음 A4 용지의 긴 변의 길이가 서로 같다. 그 까닭을 친구들과 이야기하여 보자.

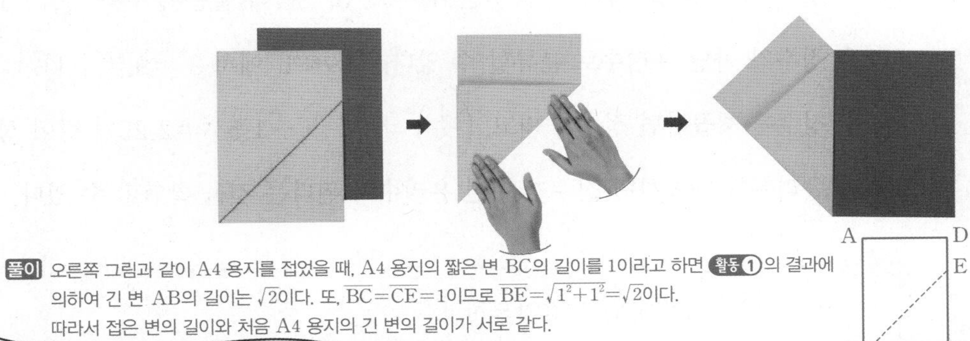

풀이 오른쪽 그림과 같이 A4 용지를 접었을 때, A4 용지의 짧은 변 BC의 길이를 1이라고 하면 활동 1의 결과에 의하여 긴 변 AB의 길이는 $\sqrt{2}$이다. 또, $\overline{BC}=\overline{CE}=1$이므로 $\overline{BE}=\sqrt{1^2+1^2}=\sqrt{2}$이다.
따라서 접은 변의 길이와 처음 A4 용지의 긴 변의 길이가 서로 같다.

| 상호 평가표 |

평가 내용		자기 평가			친구 평가		
		😄	😊	😵	😄	😊	😵
내용	A4 용지의 긴 변의 길이와 짧은 변의 길이의 비를 구할 수 있다.						
	정사각형의 대각선의 길이를 구할 수 있다.						
태도	실생활에서 사용되는 무리수의 예를 확인하였다.						

02 무리수와 실수

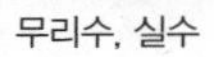

이 단원에서 배우는 용어와 기호

무리수, 실수

학습 목표 ▌ • 무리수의 개념을 이해한다.
• 실수의 대소 관계를 판단할 수 있다.

무리수와 실수의 뜻은 무엇일까?

탐구하기

탐구 목표
유리수 중에서 제곱하여 2가 되는 수가 있는지를 생각하여 무리수의 개념을 이해할 수 있다.

오른쪽은 유리수와 그 수를 제곱한 수를 나타낸 표이다. 다음 물음에 답하여 보자.

	정수		정수가 아닌 유리수	
a	3	-4	$\frac{4}{3}$	-1.5
a^2	9	16	$\frac{16}{9}$	2.25

활동 ❶ 표를 완성하여 보자.

활동 ❷ 정수가 아닌 유리수를 제곱하여 정수가 될 수 있는지 말하여 보자. 정수가 될 수 없다.

활동 ❸ $\sqrt{2}$를 제곱한 수를 구하고, $\sqrt{2}$가 유리수인지 말하여 보자. 2, 유리수가 아니다.

풀이 $\sqrt{2}$를 제곱한 수는 2이다. $1<\sqrt{2}<2$이므로 $\sqrt{2}$는 정수가 아니다. $\sqrt{2}$가 정수가 아닌 유리수라고 하면 활동 ❷에 의하여 제곱하면 정수가 될 수 없다. 그러나 $(\sqrt{2})^2=2$이므로 $\sqrt{2}$는 정수가 아닌 유리수도 아니다. 따라서 $\sqrt{2}$는 유리수가 아니다.

이전 내용 톡톡

유리수 { 정수 / 정수가 아닌 유리수

유리수는 분수로 나타낼 수 있는 수이고, 3, -4와 같은 정수와 $\frac{4}{3}$, -1.5와 같은 정수가 아닌 유리수로 분류할 수 있다. 탐구하기 에서 $3^2=9$, $(-4)^2=16$과 같이 정수를 제곱하면 정수가 되고, $\left(\frac{4}{3}\right)^2=\frac{16}{9}$, $(-1.5)^2=2.25$와 같이 정수가 아닌 유리수를 제곱하면 정수가 아닌 유리수가 된다는 것을 확인할 수 있다.

무리수: 유리수가 아닌 수
➡ 분수 $\frac{a}{b}$의 꼴로 나타낼 수 없는 수 (a, b는 정수, $b\neq0$)

이제 $\sqrt{2}$가 유리수인지 알아보자.

$(\sqrt{2})^2=2$이고 $1<2<4$, $1^2<(\sqrt{2})^2<2^2$, $1<\sqrt{2}<2$이다. 따라서 $\sqrt{2}$는 연속하는 두 자연수 사이에 있으므로 정수가 아니다.

또, $\sqrt{2}$를 제곱하면 정수가 되고, 정수가 아닌 유리수를 제곱하면 정수가 될 수 없으므로 $\sqrt{2}$는 정수가 아닌 유리수도 아니다.

따라서 $\sqrt{2}$는 유리수가 아니다.

$\sqrt{2}$와 같이 유리수가 아닌 수를 **무리수**라고 한다.

1. 다음 수가 유리수인지 무리수인지 구분하시오.

(1) $\sqrt{9}$ 유리수　　　　(2) $\sqrt{11}$ 무리수

풀이 (1) $\sqrt{9}=3$이므로 $\sqrt{9}$는 유리수이다.

(2) $3<\sqrt{11}<4$이므로 $\sqrt{11}$은 정수가 아니다. 또, $(\sqrt{11})^2=11$이고, 정수가 아닌 유리수를 제곱하면 정수가 될 수 없으므로 $\sqrt{11}$은 정수가 아닌 유리수도 아니다. 따라서 $\sqrt{11}$은 무리수이다.

함께해 보기 1

다음은 $\sqrt{2}$를 소수로 나타내는 과정이다. □ 안에 알맞은 수를 써넣어 보자.

❶ $1.4^2=1.96$, $1.5^2=2.25$이고 $1.96<2<2.25$이므로

$1.4<\sqrt{2}<1.5$이다.

따라서 $\sqrt{2}$의 소수점 아래 첫째 자리의 수는 4이다.

❷ $1.41^2=1.9881$, $1.42^2=2.0164$이고 $1.9881<2<2.0164$이므로

[1.41] $<\sqrt{2}<$ [1.42] 이다.

따라서 $\sqrt{2}$의 소수점 아래 둘째 자리의 수는 [1] 이다.

❸ $1.414^2=1.999396$, $1.415^2=2.002225$이고

$1.999396<2<2.002225$이므로

[1.414] $<\sqrt{2}<$ [1.415] 이다.

따라서 $\sqrt{2}$의 소수점 아래 셋째 자리의 수는 [4] 이다.

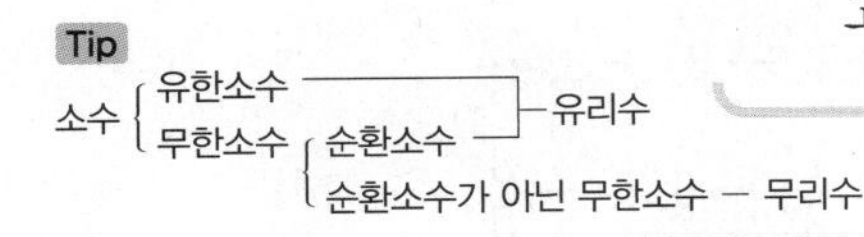

➡ ❶, ❷, ❸에 의하여 $\sqrt{2}$를 소수점 아래 셋째 자리까지 나타내면 [1.414] 이고, 같은 방법으로 계속하면 $\sqrt{2}$는 순환소수가 아닌 무한소수가 된다.

Tip

소수 { 유한소수 ─ 유리수
　　　무한소수 { 순환소수 ─ 유리수
　　　　　　　　순환소수가 아닌 무한소수 ─ 무리수

⊕ 무한소수는 순환소수와 순환소수가 아닌 무한소수로 분류할 수 있다.
　이때 순환소수는 유리수이고 순환소수가 아닌 무한소수는 무리수이다.

함께해 보기 1 에서 실제로 $\sqrt{2}$를 소수로 나타내면 다음과 같다.

$$\sqrt{2}=1.4142135623730950488\cdots$$

이와 같이 무리수는 소수로 나타내면 순환소수가 아닌 무한소수가 된다.

예를 들어 $\sqrt{3}$, $\sqrt{5}$, π를 소수로 나타내면

$\sqrt{3}=1.7320508075\cdots$, $\sqrt{5}=2.2360679774\cdots$, $\pi=3.1415926535\cdots$

이며, 모두 무리수이므로 순환소수가 아닌 무한소수가 된다.

개념 쏙

무리수는 순환하지 않는 무한소수로 나타내어지는 수이다.

Tip

(유리수)+(무리수)=(무리수)
(유리수)−(무리수)=(무리수)
이지만
(무리수)+(무리수)와 (무리수)−(무리수)가 항상 무리수인 것은 아니다.

또, $1+\sqrt{2}$, $-\sqrt{2}$도 소수로 나타내면

$$1+\sqrt{2}=1+1.4142135623\cdots=2.4142135623\cdots$$

$$-\sqrt{2}=-1.4142135623\cdots$$

이며, 모두 무리수이므로 순환소수가 아닌 무한소수가 된다.

한편, 근호를 사용하여 나타낸 수 중에서 $\sqrt{9}=\sqrt{3^2}=3$, $\sqrt{\frac{25}{4}}=\sqrt{\left(\frac{5}{2}\right)^2}=\frac{5}{2}$와 같이 근호 안의 수가 어떤 유리수의 제곱이면 유리수이다.

그러나 $\sqrt{6}$, $\sqrt{2.5}$, $-\sqrt{\frac{10}{3}}$과 같이 근호 안의 수가 어떤 유리수의 제곱이 아니면 무리수이다.

2. 다음 수가 유리수인지 무리수인지 구분하시오.

(1) $\sqrt{\frac{4}{7}}$ 무리수 (2) $-\sqrt{16}$ 유리수

(3) $2+\sqrt{3}$ 무리수 (4) $-\sqrt{0.09}$ 유리수

풀이 (1) $\frac{4}{7}$는 어떤 유리수의 제곱이 아니므로 $\sqrt{\frac{4}{7}}$는 무리수이다.
(2) $-\sqrt{16}=-\sqrt{4^2}=-4$이므로 $-\sqrt{16}$은 유리수이다.
(3) $2+\sqrt{3}$은 순환소수가 아닌 무한소수 $\sqrt{3}$에 2를 더한 수이므로 순환소수가 아닌 무한소수이다. 따라서 $2+\sqrt{3}$은 무리수이다.
(4) $-\sqrt{0.09}=-\sqrt{(0.3)^2}=-0.3$이므로 $-\sqrt{0.09}$는 유리수이다.

유리수와 무리수를 통틀어 **실수**라 하고, 이제부터 수라고 하면 실수를 의미하는 것으로 한다.

실수를 분류하면 다음과 같다.

실수
- 유리수
  - 정수
    - 양의 정수(자연수): 1, 2, 3, ⋯
    - 0
    - 음의 정수: -1, -2, -3, ⋯
  - 정수가 아닌 유리수: $\frac{1}{2}$, -0.3, $-\frac{3}{5}$, ⋯
- 무리수: π, $-\sqrt{3}$, $\sqrt{5}$, ⋯

제곱근표를 이용하여 제곱근의 값을 어떻게 구할까?

무리수는 순환소수가 아닌 무한소수이므로 무리수의 값을 소수로 나타낼 때는 소수점 아래 적당한 자리에서 반올림한 수로 나타낸다. 이 값은 계산기를 이용하여 구할 수 있고, 제곱근표를 이용하여 구할 수도 있다.

제곱근표는 1.00부터 9.99까지는 0.01의 간격으로, 10.0부터 99.9까지는 0.1의 간격으로 그 수의 양의 제곱근의 값을 소수점 아래 넷째 자리에서 반올림하여 소수점 아래 셋째 자리까지 나타낸 것이다.

참고
이 책의 277~280쪽에서 제곱근표를 확인할 수 있다.

다음은 제곱근표의 일부이다.

수	0	1	2	3	4	5	6	7	8	9
1.0	1.000	1.005	1.010	1.015	1.020	1.025	1.030	1.034	1.039	1.044
1.1	1.049	1.054	1.058	1.063	1.068	1.072	1.077	1.082	1.086	1.091
1.2	1.095	1.100	1.105	1.109	1.114	1.118	1.122	1.127	1.131	1.136
1.3	1.140	1.145	1.149	1.153	1.158	1.162	1.166	1.170	1.175	1.179
⋮	⋮	⋮	⋮	⋮	⋮	⋮	⋮	⋮	⋮	⋮

제곱근표를 이용하여 $\sqrt{1.26}$의 값을 구하면 제곱근표에서 왼쪽의 수 1.2의 가로줄과 위쪽의 수 6의 세로줄이 만나는 곳에 있는 수인 1.122가 $\sqrt{1.26}$의 값이다.

3. 제곱근표를 이용하여 다음 수의 값을 구하시오.

(1) $\sqrt{7}$ 2.646 (2) $\sqrt{8.73}$ 2.955

(3) $\sqrt{23.4}$ 4.837 (4) $\sqrt{56.1}$ 7.490

무리수를 수직선 위에 어떻게 나타낼까?

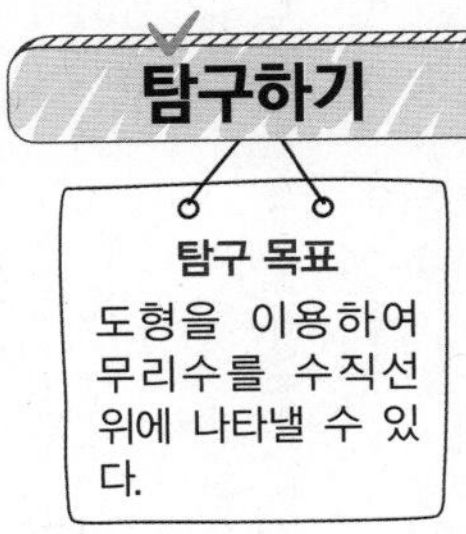

다음 그림은 한 눈금의 길이가 1인 모눈종이 위에 직각삼각형 OAB를 그린 것이다. 물음에 답하여 보자.

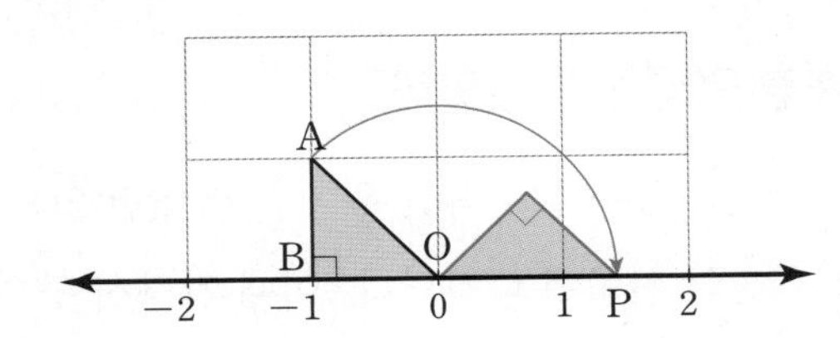

활동 ❶ 피타고라스 정리를 이용하여 $\overline{OA}$의 길이를 구하여 보자. $\sqrt{2}$

풀이 피타고라스 정리에 의하여 $\overline{OA}=\sqrt{1^2+1^2}=\sqrt{2}$이다.

활동 ❷ 활동 ❶에서 구한 수를 수직선 위에 나타내어 보고, 그 방법을 친구들과 이야기하여 보자. 풀이 참조

풀이 원점 O를 중심으로 $\overline{OA}$를 시계 방향으로 회전시켜 수직선과 만나는 점을 점 P라고 하면 $\overline{OA}=\overline{OP}=\sqrt{2}$이므로 점 P의 좌표는 $\sqrt{2}$이다.

탐구하기 의 직각삼각형 OAB에서 $\overline{OA}$의 길이를 x라고 하면 피타고라스 정리에 의하여

$$x^2=1^2+1^2=2$$

이므로 $x=\sqrt{2}$이다.

따라서 오른쪽 그림과 같이 원점 O를 중심으로 하고 $\overline{OA}$를 반지름으로 하는 원이 수직선과 만나는 두 점 P, Q에 대응하는 수는 각각 무리수 $\sqrt{2}$, $-\sqrt{2}$이다.

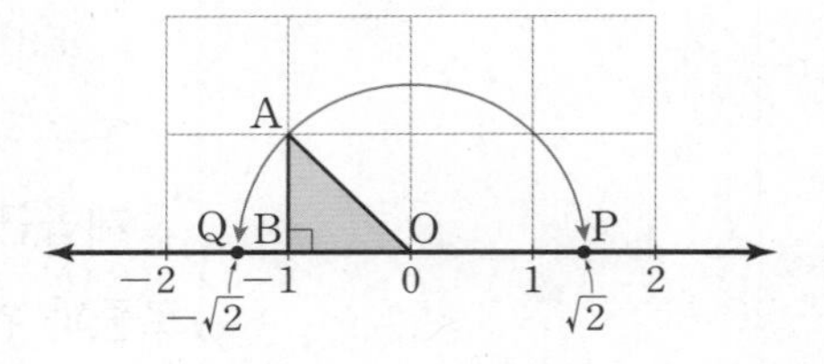

이와 같이 수직선 위에는 유리수에 대응하는 점뿐만 아니라 각각의 무리수에 대응하는 점도 존재한다.

일반적으로 수직선은 유리수와 무리수, 즉 실수에 대응하는 점들로 완전히 메울 수 있음이 알려져 있다. 따라서 한 실수는 수직선 위의 한 점에 대응하고, 수직선 위의 한 점에는 한 실수가 대응한다.

Tip
- 점 $P(k)$에서 오른쪽으로 $\sqrt{a}$만큼 ➡ $k+\sqrt{a}$
- 점 $P(k)$에서 왼쪽으로 $\sqrt{a}$만큼 ➡ $k-\sqrt{a}$

4. **오른쪽 그림은 한 눈금의 길이가 1인 모눈종이 위에 정사각형 OABC를 그린 것이다. 원점 O를 중심으로 하고 $\overline{OA}$를 반지름으로 하는 원을 그릴 때, 원과 수직선이 만나는 두 점 P, Q에 대응하는 수를 각각 구하시오.**

$\sqrt{5}$, $-\sqrt{5}$

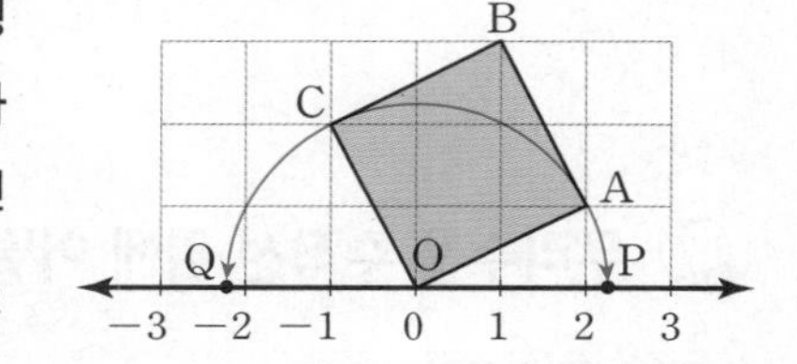

풀이 피타고라스 정리에 의하여 $\overline{OA}=\sqrt{2^2+1^2}=\sqrt{5}$이다.
따라서 정사각형 OABC의 한 변의 길이는 $\sqrt{5}$이다.
원점 O를 중심으로 하고 $\overline{OA}$를 반지름으로 하는 원이 수직선과 만나는 점을 각각 점 P, Q라고 하면 $\overline{OP}=\overline{OQ}=\sqrt{5}$이므로 두 점 P, Q에 대응하는 수는 각각 $\sqrt{5}$, $-\sqrt{5}$이다.

실수의 대소 관계를 어떻게 판단할까?

실수를 수직선 위에 나타내면 양의 실수는 원점의 오른쪽에, 음의 실수는 원점의 왼쪽에 나타난다. 이때 간단히 양의 실수를 양수, 음의 실수를 음수라고 한다.

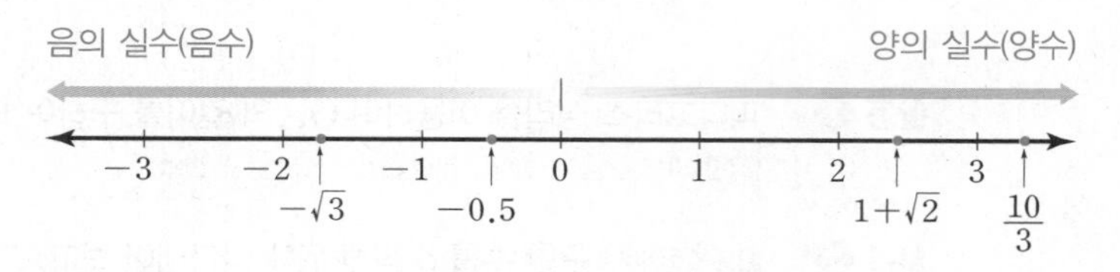

예를 들어 위의 수직선에서 $1+\sqrt{2}$, $\frac{10}{3}$은 양수이고, $-\sqrt{3}$, -0.5는 음수이다.

유리수와 마찬가지로 실수를 수직선 위에 나타낼 때, 오른쪽에 있는 수가 왼쪽에 있는 수보다 크다.

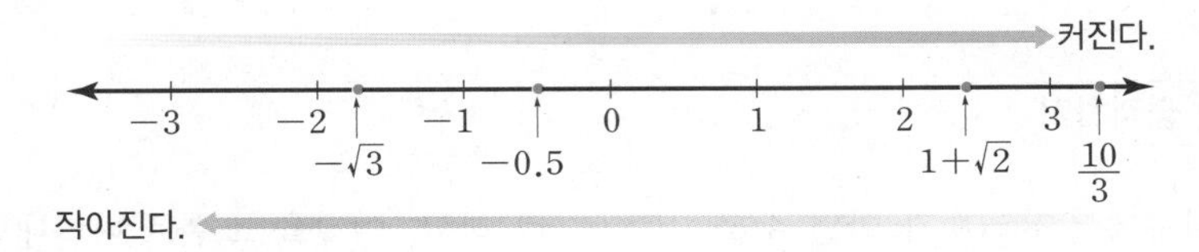

예를 들어 위의 수직선에서

$$-\sqrt{3}<-0.5<1+\sqrt{2}<\frac{10}{3}$$

이다.

한편, 두 실수 a, b의 대소 관계는 $a-b$의 값의 부호에 따라 다음과 같이 판단할 수 있다.

실수의 대소 관계

두 실수 a, b에 대하여

1. $a-b>0$이면 $a>b$
2. $a-b=0$이면 $a=b$
3. $a-b<0$이면 $a<b$

바로 확인 두 실수 $1+\sqrt{3}$과 2의 대소 관계는
$(1+\sqrt{3})-2=\sqrt{3}-1$ (>) 0이므로 $1+\sqrt{3}$ (>) 2이다.

5. 다음 두 실수의 대소를 비교하시오.

(1) $1+\sqrt{6}$, $2+\sqrt{6}$ $1+\sqrt{6}<2+\sqrt{6}$

(2) $\sqrt{3}+1$, $\sqrt{2}+1$ $\sqrt{3}+1>\sqrt{2}+1$

(3) $\sqrt{7}-3$, -1 $\sqrt{7}-3>-1$

(4) $-\sqrt{3}+1$, -2 $-\sqrt{3}+1>-2$

풀이 (1) $(1+\sqrt{6})-(2+\sqrt{6})=1+\sqrt{6}-2-\sqrt{6}=-1<0$이므로 $1+\sqrt{6}<2+\sqrt{6}$이다.
(2) $(\sqrt{3}+1)-(\sqrt{2}+1)=\sqrt{3}+1-\sqrt{2}-1=\sqrt{3}-\sqrt{2}>0$이므로 $\sqrt{3}+1>\sqrt{2}+1$이다.
(3) $(\sqrt{7}-3)-(-1)=\sqrt{7}-3+1=\sqrt{7}-2>0$이므로 $\sqrt{7}-3>-1$이다.
(4) $(-\sqrt{3}+1)-(-2)=-\sqrt{3}+1+2=-\sqrt{3}+3>0$이므로
$-\sqrt{3}+1>-2$이다.

생각 키우기 문제 해결 | 의사소통 | 태도 및 실천

오른쪽 그림은 한 눈금의 길이가 1인 모눈종이 위에 정사각형 OABC를 그린 것이다. 이 정사각형을 이용하여 수직선 위에 나타낼 수 있는 무리수를 3개 이상 찾아보고, 그 방법을 친구들에게 설명하여 보자. 풀이 참조

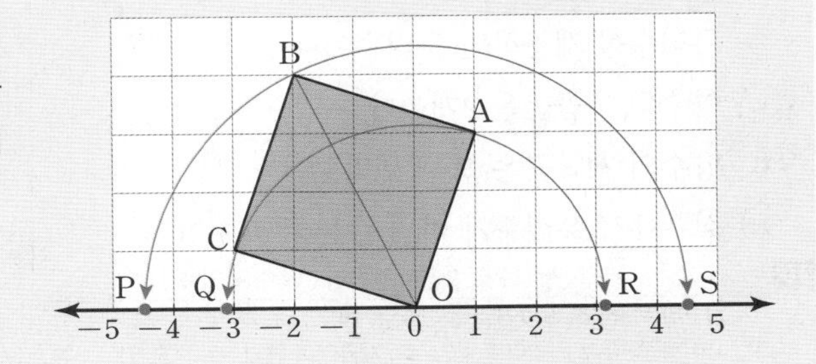

풀이 피타고라스 정리에 의하여
$\overline{OA}=\sqrt{1^2+3^2}=\sqrt{10}$, $\overline{OB}=\sqrt{2^2+4^2}=\sqrt{20}$이다.
따라서 원점 O를 중심으로 하고 $\overline{OA}$와 $\overline{OB}$를 각각 반지름으로 하는 원이 수직선과 만나는 네 점의 좌표는 각각 $P(-\sqrt{20})$, $Q(-\sqrt{10})$, $R(\sqrt{10})$, $S(\sqrt{20})$이다.

스스로 점검하기

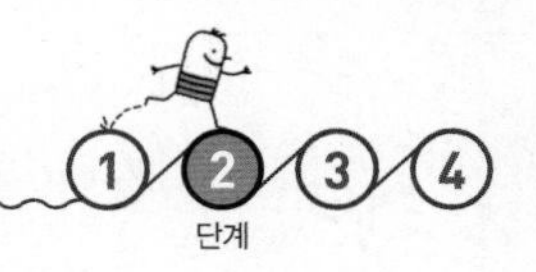

개념 점검하기

(1) 실수에서 유리수가 아닌 수를 [무리수]라 하고, 이것을 소수로 나타내면 순환소수가 아닌 무한소수가 된다.

(2) 실수의 분류

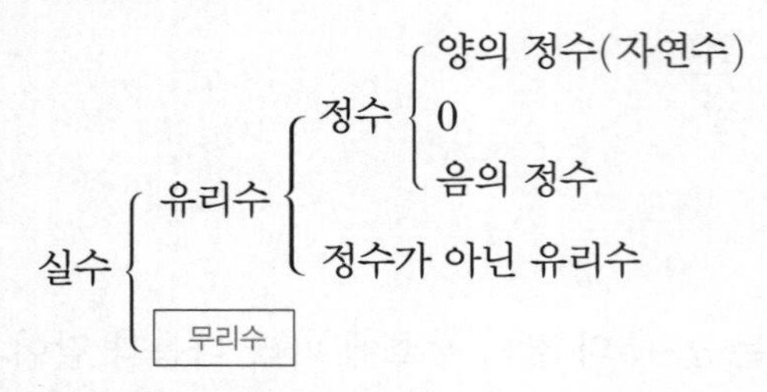

(3) 두 실수 a, b에 대하여

① $a-b>0$이면 $a>b$　② $a-b=0$이면 a (=) b　③ $a-b<0$이면 a (<) b

1 ●●●

다음 수를 유리수와 무리수로 구분하시오.

(1) $3.\dot{8}$ 유리수　(2) $\sqrt{3}$ 무리수

(3) $\sqrt{\dfrac{1}{16}}$ 유리수　(4) $\sqrt{0.9}$ 무리수

풀이 (1) $3.\dot{8}=\dfrac{35}{9}$이므로 $3.\dot{8}$은 유리수이다.

(2) $\sqrt{3}$은 무리수이다.

(3) $\sqrt{\dfrac{1}{16}}=\sqrt{\left(\dfrac{1}{4}\right)^2}=\dfrac{1}{4}$이므로 $\sqrt{\dfrac{1}{16}}$은 유리수이다.

(4) $\sqrt{0.9}$는 무리수이다.

2 ●●●

다음 보기 중 옳은 것을 모두 고르시오.

| 보기 |

ㄱ. 무리수를 제곱하면 무리수이다.

(ㄴ). 양수의 제곱근은 2개이다.

ㄷ. 양수의 제곱근은 모두 무리수이다.

(ㄹ). 실수에서 유리수가 아닌 수는 무리수이다.

풀이 ㄱ. $(\sqrt{2})^2=2$이므로 무리수를 제곱하면 유리수일 수도 있다.

ㄴ. 양수의 제곱근은 양의 제곱근과 음의 제곱근으로 2개이다.

ㄷ. 4의 제곱근은 2, -2이므로 양수의 제곱근이 유리수일 수도 있다.

ㄹ. 실수는 유리수와 무리수로 분류할 수 있으므로 실수에서 유리수가 아닌 수는 무리수이다.

따라서 옳은 것은 ㄴ, ㄹ이다.

3 ●●●

다음 그림은 한 눈금의 길이가 1인 모눈종이 위에 정사각형 OABC를 그린 것이다. $\overline{OA}=\overline{OP}$일 때, 점 P에 대응하는 수를 구하시오. $2+\sqrt{5}$

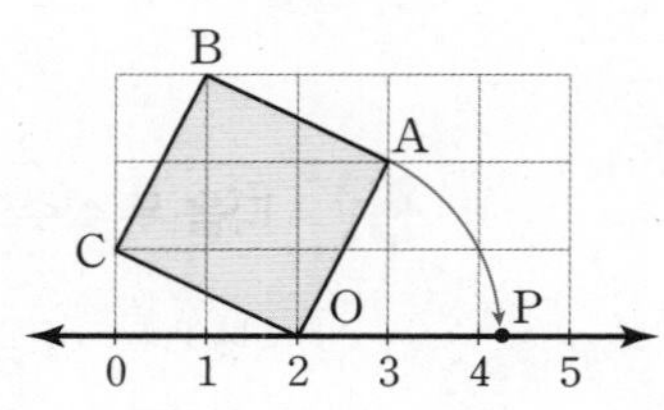

풀이 피타고라스 정리에 의하여

$\overline{OA}=\overline{OP}=\sqrt{1^2+2^2}=\sqrt{5}$이다.

따라서 점 P에 대응하는 수는 $2+\sqrt{5}$이다.

4 ●●●

다음 두 실수의 대소를 비교하시오.

(1) $2+\sqrt{5}$, $2+\sqrt{6}$　$2+\sqrt{5}<2+\sqrt{6}$

(2) $3-\sqrt{6}$, $3-\sqrt{7}$　$3-\sqrt{6}>3-\sqrt{7}$

(3) $4-\sqrt{2}$, 1　$4-\sqrt{2}>1$

(4) 5, $\sqrt{37}-1$　$5<\sqrt{37}-1$

풀이 (1) $(2+\sqrt{5})-(2+\sqrt{6})=2+\sqrt{5}-2-\sqrt{6}=\sqrt{5}-\sqrt{6}<0$이므로 $2+\sqrt{5}<2+\sqrt{6}$

(2) $(3-\sqrt{6})-(3-\sqrt{7})=3-\sqrt{6}-3+\sqrt{7}=-\sqrt{6}+\sqrt{7}>0$이므로 $3-\sqrt{6}>3-\sqrt{7}$

(3) $(4-\sqrt{2})-1=3-\sqrt{2}>0$이므로 $4-\sqrt{2}>1$

(4) $5-(\sqrt{37}-1)=5-\sqrt{37}+1=6-\sqrt{37}<0$이므로 $5<\sqrt{37}-1$

무리수를 알면 해결할 수 있어

지금까지 배운 무리수의 성질을 이용하여 주어진 문제를 해결해 보자.

활동 ① 무리수를 찾아라!

오른쪽과 같은 미로에서 무리수가 있는 칸으로만 이동하면 매점을 찾을 수 있다. A ~ D 중 매점의 위치를 찾아보자.

풀이 무리수가 있는 칸으로만 이동하면 경로는 오른쪽과 같다. 따라서 매점의 위치는 A이다.

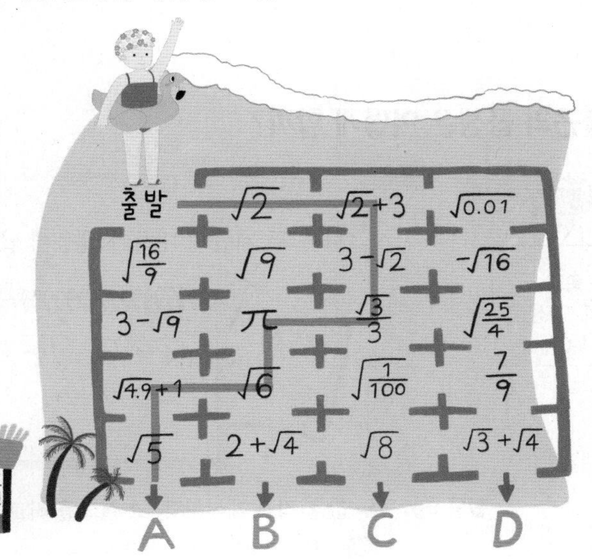

활동 ② 무리수의 대소를 비교하라!

다음은 작은 수부터 순서대로 나열된 퍼즐이다. 보기 중에서 알맞은 수를 찾아 빈칸에 써넣어 보자.

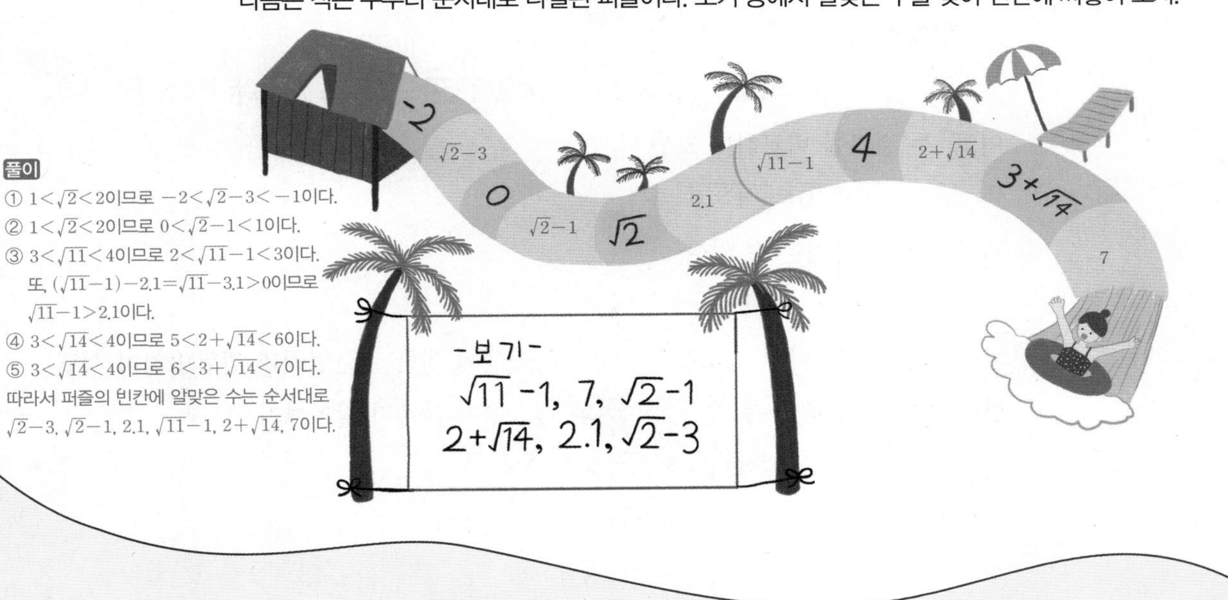

풀이

① $1<\sqrt{2}<2$이므로 $-2<\sqrt{2}-3<-1$이다.

② $1<\sqrt{2}<2$이므로 $0<\sqrt{2}-1<1$이다.

③ $3<\sqrt{11}<4$이므로 $2<\sqrt{11}-1<3$이다.
또, $(\sqrt{11}-1)-2.1=\sqrt{11}-3.1>0$이므로 $\sqrt{11}-1>2.1$이다.

④ $3<\sqrt{14}<4$이므로 $5<2+\sqrt{14}<6$이다.

⑤ $3<\sqrt{14}<4$이므로 $6<3+\sqrt{14}<7$이다.

따라서 퍼즐의 빈칸에 알맞은 수는 순서대로 $\sqrt{2}-3$, $\sqrt{2}-1$, 2.1, $\sqrt{11}-1$, $2+\sqrt{14}$, 7이다.

이 활동에서 재미있었던 점과 어려웠던 점을 적어 보자.

재미있었던 점	어려웠던 점

03 근호를 포함한 식의 계산

이 단원에서 배우는 용어와 기호

분모의 유리화

학습 목표 ▮ • 근호를 포함한 식의 사칙계산을 할 수 있다.
• 분모의 유리화를 할 수 있다.

제곱근의 곱셈은 어떻게 할까?

탐구하기

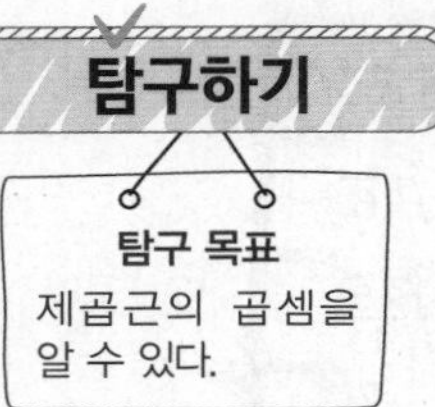

다음 두 계산에 대하여 물음에 답하여 보자.

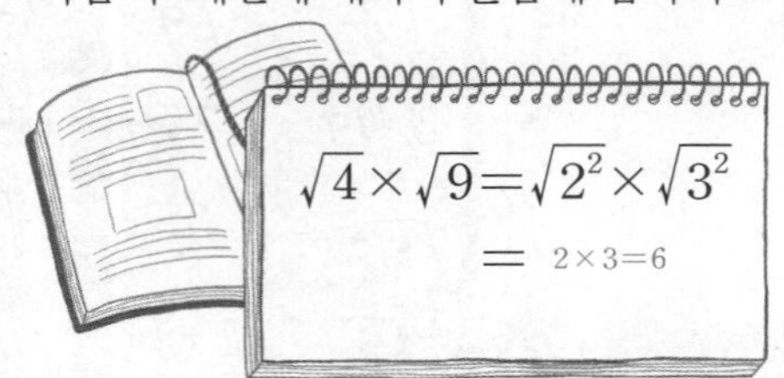

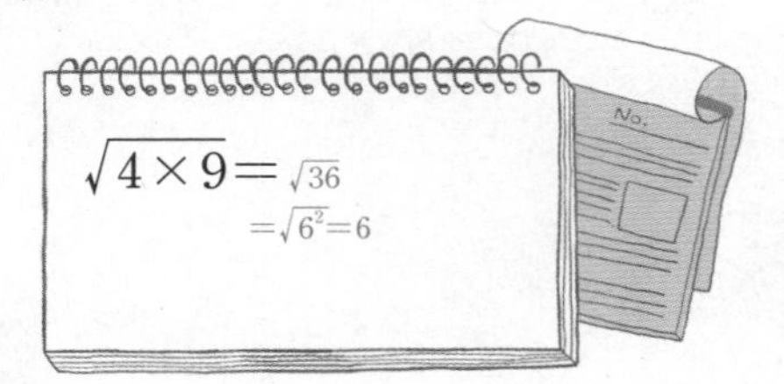

활동 1 두 값을 각각 계산하고, 그 결과를 비교하여 보자. 두 결과는 같다.

풀이 $\sqrt{4}\times\sqrt{9}=\sqrt{2^2}\times\sqrt{3^2}=2\times3=6$이고, $\sqrt{4\times9}=\sqrt{36}=\sqrt{6^2}=6$이다.
따라서 두 결과는 같다.

탐구하기 에서

$$\sqrt{4}\times\sqrt{9}=\sqrt{2^2}\times\sqrt{3^2}=2\times3=6,\ \sqrt{4\times9}=\sqrt{36}=\sqrt{6^2}=6$$

이고, 두 결과를 비교하여 보면

$$\sqrt{4}\times\sqrt{9}=\sqrt{4\times9}$$

가 성립함을 확인할 수 있다.

유리수에서와 마찬가지로 실수에서도 곱셈에 대한 교환법칙과 결합법칙이 성립한다. 이를 이용하여 두 수 $\sqrt{2}\times\sqrt{3}$과 $\sqrt{2\times3}$이 같은지 알아보자.

$$\begin{aligned}(\sqrt{2}\times\sqrt{3})^2&=(\sqrt{2}\times\sqrt{3})\times(\sqrt{2}\times\sqrt{3})\\&=(\sqrt{2}\times\sqrt{2})\times(\sqrt{3}\times\sqrt{3})\\&=(\sqrt{2})^2\times(\sqrt{3})^2\\&=2\times3\end{aligned}$$

이다. 이때 $\sqrt{2}\times\sqrt{3}$은 양수이므로 $\sqrt{2}\times\sqrt{3}$은 2×3의 양의 제곱근이다.

그런데 2×3의 양의 제곱근은 $\sqrt{2\times3}$이므로

$$\sqrt{2}\times\sqrt{3}=\sqrt{2\times3}$$

이다.

일반적으로 제곱근의 곱셈은 다음과 같이 한다.

⊕ $2\times\sqrt{a}$, $\sqrt{a}\times\sqrt{b}$는 곱셈 기호를 생략하여 $2\sqrt{a}$, $\sqrt{a}\sqrt{b}$로 나타내기도 한다.

제곱근의 곱셈

$a>0$, $b>0$일 때, $\sqrt{a}\sqrt{b}=\sqrt{ab}$

바로 확인 $\sqrt{2}\sqrt{5}=\sqrt{2\times5}=\sqrt{\boxed{10}}$

1. 다음을 계산하시오.

(1) $\sqrt{3}\sqrt{5}$ $\sqrt{15}$

(2) $\sqrt{6}\sqrt{7}$ $\sqrt{42}$

(3) $\sqrt{\frac{2}{5}}\sqrt{15}$ $\sqrt{6}$

(4) $\sqrt{\frac{5}{2}}\sqrt{\frac{1}{15}}$ $\sqrt{\frac{1}{6}}$

풀이 (1) $\sqrt{3}\sqrt{5}=\sqrt{3\times5}=\sqrt{15}$

(2) $\sqrt{6}\sqrt{7}=\sqrt{6\times7}=\sqrt{42}$

(3) $\sqrt{\frac{2}{5}}\sqrt{15}=\sqrt{\frac{2}{5}\times15}=\sqrt{6}$

(4) $\sqrt{\frac{5}{2}}\sqrt{\frac{1}{15}}=\sqrt{\frac{5}{2}\times\frac{1}{15}}=\sqrt{\frac{1}{6}}$

함께해 보기 1

다음은 제곱근의 곱셈을 이용하여 어떤 수를 다르게 나타내는 과정이다. □ 안에 알맞은 수를 써넣어 보자.

(1) $\sqrt{12}=\sqrt{\boxed{2}^2\times3}$
$=\sqrt{\boxed{2}^2}\sqrt{3}=2\sqrt{3}$

(2) $3\sqrt{2}=\sqrt{\boxed{3}^2}\sqrt{2}$
$=\sqrt{\boxed{3}^2\times2}=\sqrt{\boxed{18}}$

함께해 보기 1의 $\sqrt{12}=\sqrt{2^2\times3}$과 같이 근호 안의 수가 a^2b $(a>0,\ b>0)$일 때 a를 근호 밖으로 꺼낼 수 있다. 즉,

$$\sqrt{12}=\sqrt{2^2\times3}=\sqrt{2^2}\sqrt{3}=2\sqrt{3}$$

이다. 거꾸로 $3\sqrt{2}$와 같은 무리수는 근호 밖의 양수를 제곱하여 근호 안으로 넣을 수 있다. 즉,

$$3\sqrt{2}=\sqrt{3^2}\sqrt{2}=\sqrt{3^2\times2}=\sqrt{18}$$

이다.

⊕ 일반적으로 $a\sqrt{b}$의 꼴로 나타낼 때에는 b가 가장 작은 자연수가 되도록 한다.

일반적으로 다음이 성립한다.

$a>0$, $b>0$일 때, $\sqrt{a^2b}=a\sqrt{b}$

Tip 근호 밖에 있는 수를 근호 안으로 넣을 때, 반드시 양수만 제곱하여 넣어야 한다.
- $-2\sqrt{2}=\sqrt{(-2)^2\times2}$
$=\sqrt{8}(\times)$
- $-2\sqrt{2}=-\sqrt{2^2\times2}$
$=-\sqrt{8}(\bigcirc)$

2. 다음을 $a\sqrt{b}$의 꼴로 나타내시오.

(1) $\sqrt{27}$ $3\sqrt{3}$

(2) $-\sqrt{50}$ $-5\sqrt{2}$

풀이 (1) $\sqrt{27}=\sqrt{3^2\times3}=\sqrt{3^2}\sqrt{3}=3\sqrt{3}$

(2) $-\sqrt{50}=-\sqrt{5^2\times2}=-\sqrt{5^2}\sqrt{2}=-5\sqrt{2}$

3. 다음을 $\sqrt{a}$ 또는 $-\sqrt{a}$의 꼴로 나타내시오.

(1) $2\sqrt{2}$ $\sqrt{8}$

(2) $-4\sqrt{5}$ $-\sqrt{80}$

풀이 (1) $2\sqrt{2}=\sqrt{2^2}\sqrt{2}=\sqrt{2^2\times2}=\sqrt{8}$

(2) $-4\sqrt{5}=-\sqrt{4^2}\sqrt{5}=-\sqrt{4^2\times5}=-\sqrt{80}$

제곱근의 나눗셈은 어떻게 할까?

함께해 보기 2

다음은 $\dfrac{\sqrt{3}}{\sqrt{2}}$을 계산하는 과정이다. □ 안에 알맞은 수를 써넣어 보자.

$\dfrac{\sqrt{3}}{\sqrt{2}}$을 제곱하면

$$\left(\frac{\sqrt{3}}{\sqrt{2}}\right)^2=\frac{\sqrt{3}}{\sqrt{2}}\times\frac{\sqrt{3}}{\sqrt{2}}=\frac{\sqrt{3}\times\sqrt{3}}{\sqrt{2}\times\sqrt{2}}=\frac{(\sqrt{3})^2}{(\sqrt{2})^2}=\boxed{\frac{3}{2}}$$

이다. 이때 $\dfrac{\sqrt{3}}{\sqrt{2}}$은 양수이므로 $\dfrac{\sqrt{3}}{\sqrt{2}}$은 $\boxed{\frac{3}{2}}$의 양의 제곱근이다.

그런데 $\dfrac{3}{2}$의 양의 제곱근을 근호를 이용하여 표현하면 $\boxed{\sqrt{\frac{3}{2}}}$이므로

$$\frac{\sqrt{3}}{\sqrt{2}}=\boxed{\sqrt{\frac{3}{2}}}$$

이다.

⊕ $\dfrac{\sqrt{3}}{\sqrt{2}}=\sqrt{3}\div\sqrt{2}$

함께해 보기 2에서 $\dfrac{\sqrt{3}}{\sqrt{2}}$은 $\dfrac{3}{2}$의 양의 제곱근이므로 $\dfrac{\sqrt{3}}{\sqrt{2}}=\sqrt{\dfrac{3}{2}}$임을 확인할 수 있다.

일반적으로 제곱근의 나눗셈은 다음과 같이 한다.

제곱근의 나눗셈

$a>0$, $b>0$일 때, $\dfrac{\sqrt{b}}{\sqrt{a}}=\sqrt{\dfrac{b}{a}}$

바로 확인 $\dfrac{\sqrt{6}}{\sqrt{3}}=\sqrt{\dfrac{6}{3}}=\sqrt{\boxed{2}}$

4. 다음을 계산하시오.

⊕ $a>0$, $b>0$일 때, 계산 결과가 $\sqrt{a^2b}$의 꼴인 경우에는 $a\sqrt{b}$의 꼴로 나타낸다.

(1) $\dfrac{\sqrt{10}}{\sqrt{5}}$ $\sqrt{2}$

(2) $\sqrt{45}\div\sqrt{3}$ $\sqrt{15}$

(3) $-\dfrac{\sqrt{2}}{\sqrt{8}}$ $-\frac{1}{2}$

(4) $(-\sqrt{24})\div\sqrt{3}$ $-2\sqrt{2}$

풀이 (1) $\dfrac{\sqrt{10}}{\sqrt{5}}=\sqrt{\dfrac{10}{5}}=\sqrt{2}$

(2) $\sqrt{45}\div\sqrt{3}=\dfrac{\sqrt{45}}{\sqrt{3}}=\sqrt{\dfrac{45}{3}}=\sqrt{15}$

(3) $-\dfrac{\sqrt{2}}{\sqrt{8}}=-\sqrt{\dfrac{2}{8}}=-\sqrt{\dfrac{1}{4}}=-\dfrac{1}{2}$

(4) $(-\sqrt{24})\div\sqrt{3}=\dfrac{-\sqrt{24}}{\sqrt{3}}=-\sqrt{\dfrac{24}{3}}=-\sqrt{8}=-2\sqrt{2}$

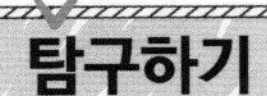

분모의 유리화는 무엇일까?

탐구하기

탐구 목표
분모의 유리화를 할 수 있다.

영미와 동수는 $\frac{1}{\sqrt{2}}$의 값을 소수로 나타내려고 한다. 다음 물음에 답하여 보자.

활동 ❶ 무리수 $\sqrt{2}$에 어떤 수를 곱하면 유리수 2가 되는지 말하여 보자. $\sqrt{2}$

풀이 $\sqrt{2}\times\sqrt{2}=2$이므로 무리수 $\sqrt{2}$에 $\sqrt{2}$를 곱하면 유리수 2가 된다.

활동 ❷ 활동 ❶에서 구한 값을 $\frac{1}{\sqrt{2}}$의 분모, 분자에 각각 곱하여 분모를 유리수로 고쳐 보자. $\frac{\sqrt{2}}{2}$

풀이 $\frac{1}{\sqrt{2}}$의 분모를 유리수로 고치기 위해 분모, 분자에 각각 $\sqrt{2}$를 곱하면 $\frac{1}{\sqrt{2}}=\frac{1\times\sqrt{2}}{\sqrt{2}\times\sqrt{2}}=\frac{\sqrt{2}}{(\sqrt{2})^2}=\frac{\sqrt{2}}{2}$이다.

활동 ❸ 활동 ❷의 결과를 이용하여 $\frac{1}{\sqrt{2}}$의 값을 소수로 나타내는 방법에 대해 친구들과 이야기하여 보자. 풀이 참조

풀이 $1\div\sqrt{2}$를 계산하여 소수로 나타내기는 어렵다.
따라서 $\frac{1}{\sqrt{2}}$을 $\frac{\sqrt{2}}{2}$로 변형하여 $\sqrt{2}\div2$로 계산하면 그 값을 계산하기 편리하다.

탐구하기에서 $\sqrt{2}\times\sqrt{2}=2$이므로 $\frac{1}{\sqrt{2}}$의 분모, 분자에 각각 $\sqrt{2}$를 곱하면

$$\frac{1}{\sqrt{2}}=\frac{1\times\sqrt{2}}{\sqrt{2}\times\sqrt{2}}=\frac{\sqrt{2}}{(\sqrt{2})^2}=\frac{\sqrt{2}}{2}$$

와 같이 분모를 유리수로 고칠 수 있다.

이때 $\sqrt{2}$는 순환소수가 아닌 무한소수 1.4142135623…이므로 다음과 같이 $\frac{1}{\sqrt{2}}$보다 $\frac{\sqrt{2}}{2}$가 소수로 나타내기 편리하다는 것을 알 수 있다.

$$\frac{1}{\sqrt{2}}=1\div\sqrt{2}=1\div1.4142135623\cdots$$

$$\frac{\sqrt{2}}{2}=\sqrt{2}\div2=1.4142135623\cdots\div2=0.7071067811\cdots$$

이와 같이 분수의 분모가 근호를 포함한 무리수일 때, 분모와 분자에 0이 아닌 같은 수를 곱하여 분모를 유리수로 고치는 것을 **분모의 유리화**라고 한다.

개념 쏙

$a>0$, $b>0$일 때

① $\frac{1}{\sqrt{a}}=\frac{1\times\sqrt{a}}{\sqrt{a}\times\sqrt{a}}=\frac{\sqrt{a}}{a}$

② $\frac{c}{b\sqrt{a}}=\frac{c\times\sqrt{a}}{b\sqrt{a}\times\sqrt{a}}$
$=\frac{c\sqrt{a}}{ab}$

③ $\frac{\sqrt{b}}{\sqrt{a}}=\frac{\sqrt{b}\times\sqrt{a}}{\sqrt{a}\times\sqrt{a}}=\frac{\sqrt{ab}}{a}$

이상을 정리하면 다음과 같다.

분모의 유리화

$a>0$, $b>0$일 때, $\frac{\sqrt{b}}{\sqrt{a}}=\frac{\sqrt{b}\sqrt{a}}{\sqrt{a}\sqrt{a}}=\frac{\sqrt{ab}}{a}$

5. 다음 수의 분모를 유리화하시오.

(1) $\frac{\sqrt{2}}{\sqrt{5}}$ $\frac{\sqrt{10}}{5}$

(2) $\frac{3}{\sqrt{3}}$ $\sqrt{3}$

(3) $-\frac{1}{2\sqrt{6}}$ $-\frac{\sqrt{6}}{12}$

(4) $-\frac{4}{3\sqrt{2}}$ $-\frac{2\sqrt{2}}{3}$

풀이 (1) $\frac{\sqrt{2}}{\sqrt{5}}=\frac{\sqrt{2}\sqrt{5}}{\sqrt{5}\sqrt{5}}=\frac{\sqrt{10}}{5}$

(2) $\frac{3}{\sqrt{3}}=\frac{3\sqrt{3}}{\sqrt{3}\sqrt{3}}=\frac{3\sqrt{3}}{3}=\sqrt{3}$

(3) $-\frac{1}{2\sqrt{6}}=-\frac{\sqrt{6}}{2\sqrt{6}\times\sqrt{6}}=-\frac{\sqrt{6}}{12}$

(4) $-\frac{4}{3\sqrt{2}}=-\frac{4\times\sqrt{2}}{3\sqrt{2}\times\sqrt{2}}=-\frac{4\sqrt{2}}{6}=-\frac{2\sqrt{2}}{3}$

근호를 포함한 식의 계산에서 곱셈과 나눗셈이 섞여 있을 때는 유리수의 경우와 마찬가지로 앞에서부터 차례대로 계산한다.

함께해 보기 3

⊕ 곱셈과 나눗셈이 섞여 있을 때, 역수를 이용하여 나눗셈을 곱셈으로 바꾸어 계산할 수 있다.

다음은 주어진 식을 계산하는 과정이다. □ 안에 알맞은 수를 써넣어 보자.

$$\sqrt{15}\times\sqrt{\frac{2}{3}}\div\sqrt{2}=\boxed{\sqrt{10}}\div\sqrt{2}$$
$$=\boxed{\sqrt{5}}$$

6. 다음을 계산하시오.

⊕ 계산 결과의 분모가 근호를 포함한 무리수인 경우에는 분모를 유리화하여 나타낸다.

(1) $\sqrt{6}\times\sqrt{\frac{2}{3}}\times\sqrt{5}$ $2\sqrt{5}$

(2) $2\sqrt{3}\times3\sqrt{8}\div\sqrt{12}$ $6\sqrt{2}$

(3) $\frac{1}{2}\div\frac{\sqrt{7}}{\sqrt{2}}\times3\sqrt{2}$ $\frac{3\sqrt{7}}{7}$

(4) $\frac{\sqrt{10}}{3}\div\sqrt{\frac{4}{3}}\div\sqrt{5}$ $\frac{\sqrt{6}}{6}$

풀이 (1) $\sqrt{6}\times\sqrt{\frac{2}{3}}\times\sqrt{5}=\sqrt{4}\times\sqrt{5}=2\sqrt{5}$

(2) $2\sqrt{3}\times3\sqrt{8}\div\sqrt{12}=2\sqrt{3}\times6\sqrt{2}\div2\sqrt{3}=12\sqrt{6}\div2\sqrt{3}=6\sqrt{2}$

(3) $\frac{1}{2}\div\frac{\sqrt{7}}{\sqrt{2}}\times3\sqrt{2}=\frac{1}{2}\times\frac{\sqrt{2}}{\sqrt{7}}\times3\sqrt{2}=\frac{\sqrt{2}}{2\sqrt{7}}\times3\sqrt{2}=\frac{6}{2\sqrt{7}}=\frac{3}{\sqrt{7}}=\frac{3\sqrt{7}}{\sqrt{7}\sqrt{7}}=\frac{3\sqrt{7}}{7}$

(4) $\frac{\sqrt{10}}{3}\div\sqrt{\frac{4}{3}}\div\sqrt{5}=\frac{\sqrt{10}}{3}\times\frac{\sqrt{3}}{2}\times\frac{1}{\sqrt{5}}=\frac{\sqrt{30}}{6}\times\frac{1}{\sqrt{5}}=\frac{\sqrt{30}}{6\sqrt{5}}=\frac{\sqrt{6}}{6}$

제곱근의 덧셈과 뺄셈은 어떻게 할까?

탐구하기

탐구 목표
제곱근의 덧셈과 뺄셈을 할 수 있다.

다음 그림은 터미널에서 발행하는 버스 승차권이다. 이 버스 승차권의 회수용 승차권과 승객용 승차권은 가로의 길이가 각각 3 cm, 5 cm이고 세로의 길이가 $\sqrt{10}$ cm인 직사각형 모양이다. 물음에 답하여 보자.

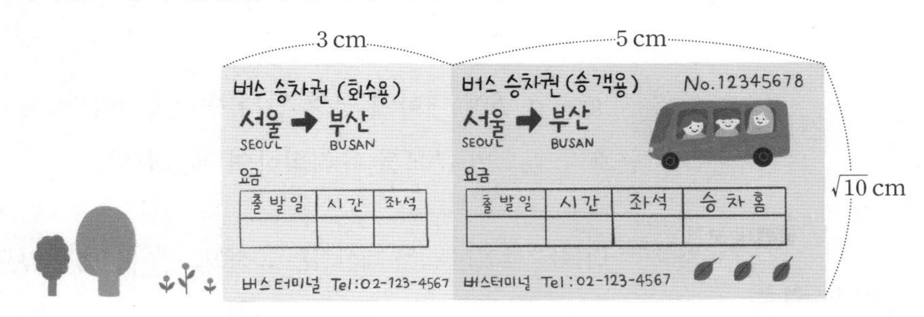

활동 ① 회수용 승차권과 승객용 승차권의 넓이를 각각 구하여 보자.
($3\sqrt{10}$ cm^2, $5\sqrt{10}$ cm^2)

활동 ② 버스 승차권의 넓이에 대한 다음 문장을 완성하여 보자.

> 버스 승차권의 가로의 길이가 [8] cm이고, 세로의 길이가 $\sqrt{10}$ cm이므로 버스 승차권의 넓이는 [8]$\sqrt{10}$ cm^{2}이다.

탐구하기 에서 회수용 승차권의 넓이가 $3\sqrt{10}$ cm^{2}이고, 승객용 승차권의 넓이가 $5\sqrt{10}$ cm^{2}이므로 두 넓이의 합은 $(3\sqrt{10}+5\sqrt{10})$ cm^{2}이다. 이때 버스 승차권의 가로의 길이가 8 cm이므로 버스 승차권의 넓이는 $8\sqrt{10}$ cm^{2}이다. 따라서

$$3\sqrt{10}+5\sqrt{10}=8\sqrt{10}$$

임을 알 수 있다.

이는 $\sqrt{10}$을 하나의 문자 a로 생각하여 다음과 같이 계산하는 것과 같다.

$$3\sqrt{10}+5\sqrt{10}=(3+5)\sqrt{10}=8\sqrt{10}$$

$$3a+5a=(3+5)a=8a$$

유리수와 마찬가지로 실수에서도 덧셈에 대한 곱셈의 분배법칙이 성립한다. 따라서 제곱근의 덧셈과 뺄셈은 다항식에서 동류항끼리 모아서 계산하는 것과 같은 방법으로 근호 안의 수가 같은 것끼리 모아서 계산한다.

개념 쏙

m, n은 유리수이고, $\sqrt{a}$는 무리수일 때
① $m\sqrt{a}+n\sqrt{a}=(m+n)\sqrt{a}$
② $m\sqrt{a}-n\sqrt{a}=(m-n)\sqrt{a}$

7. 다음을 계산하시오.

⊕ $\sqrt{2}+\sqrt{3}$과 같은 경우에는 더 이상 계산할 수 없다.

Tip $\sqrt{2}+\sqrt{3}$을 $\sqrt{5}$로 계산한다거나 $\sqrt{5}-\sqrt{3}$을 $\sqrt{2}$라고 답하는 오류를 범하지 않도록 주의한다.

(1) $3\sqrt{2}+5\sqrt{2}$ $8\sqrt{2}$

(2) $7\sqrt{3}-3\sqrt{3}$ $4\sqrt{3}$

(3) $6\sqrt{7}+\sqrt{7}-3\sqrt{7}$ $4\sqrt{7}$

(4) $3\sqrt{5}-2\sqrt{6}+\sqrt{6}-2\sqrt{5}$ $\sqrt{5}-\sqrt{6}$

풀이 (1) $3\sqrt{2}+5\sqrt{2}=(3+5)\sqrt{2}=8\sqrt{2}$

(2) $7\sqrt{3}-3\sqrt{3}=(7-3)\sqrt{3}=4\sqrt{3}$

(3) $6\sqrt{7}+\sqrt{7}-3\sqrt{7}=7\sqrt{7}-3\sqrt{7}=4\sqrt{7}$

(4) $3\sqrt{5}-2\sqrt{6}+\sqrt{6}-2\sqrt{5}=(3\sqrt{5}-2\sqrt{5})+(-2\sqrt{6}+\sqrt{6})=\sqrt{5}-\sqrt{6}$

양수 a, b에 대하여 근호 안의 수가 a^2b이면 $\sqrt{a^2b}=a\sqrt{b}$임을 이용하고, 분모에 근호가 있으면 분모를 유리화하여 계산한다.

함께해 보기 4

Tip 양수 a, b에 대하여 근호 안의 수가 a^2b이면 $\sqrt{a^2b}=a\sqrt{b}$임을 이용해 간단히 하여 계산할 수 있고, 분모에 근호가 있으면 분모를 유리화하여 계산할 수 있다.

다음은 주어진 식을 계산하는 과정이다. □ 안에 알맞은 수를 써넣어 보자.

(1) $\sqrt{27}+\sqrt{12}-\sqrt{\dfrac{3}{16}}$

$=3\sqrt{3}+\boxed{2\sqrt{3}}-\dfrac{\sqrt{3}}{4}$

$=\boxed{5\sqrt{3}}-\dfrac{\sqrt{3}}{4}$

$=\boxed{\dfrac{19\sqrt{3}}{4}}$

(2) $5\sqrt{2}-\dfrac{3}{\sqrt{2}}$

$=5\sqrt{2}-\boxed{\dfrac{3\sqrt{2}}{2}}$

$=\boxed{\dfrac{7\sqrt{2}}{2}}$

8. 다음을 계산하시오.

(1) $\sqrt{32}+\sqrt{18}+\sqrt{2}$ $8\sqrt{2}$

(2) $\dfrac{6}{\sqrt{3}}+\sqrt{\dfrac{3}{4}}$ $\dfrac{5\sqrt{3}}{2}$

(3) $\sqrt{28}-\dfrac{1}{\sqrt{7}}$ $\dfrac{13\sqrt{7}}{7}$

(4) $\sqrt{20}+\dfrac{4}{\sqrt{5}}-\dfrac{\sqrt{45}}{5}$ $\dfrac{11\sqrt{5}}{5}$

풀이 (1) $\sqrt{32}+\sqrt{18}+\sqrt{2}=4\sqrt{2}+3\sqrt{2}+\sqrt{2}=8\sqrt{2}$

(2) $\dfrac{6}{\sqrt{3}}+\sqrt{\dfrac{3}{4}}=\dfrac{6\sqrt{3}}{3}+\dfrac{\sqrt{3}}{2}=2\sqrt{3}+\dfrac{\sqrt{3}}{2}=\dfrac{5\sqrt{3}}{2}$

(3) $\sqrt{28}-\dfrac{1}{\sqrt{7}}=2\sqrt{7}-\dfrac{\sqrt{7}}{7}=\dfrac{13\sqrt{7}}{7}$

(4) $\sqrt{20}+\dfrac{4}{\sqrt{5}}-\dfrac{\sqrt{45}}{5}=2\sqrt{5}+\dfrac{4\sqrt{5}}{5}-\dfrac{3\sqrt{5}}{5}=\dfrac{11\sqrt{5}}{5}$

근호를 포함한 복잡한 식의 계산은 어떻게 할까?

근호를 포함한 복잡한 식의 계산에서 괄호가 있는 경우에는 괄호 안을 먼저 계산하고, 그다음 분배법칙을 이용하여 괄호를 풀어서 계산한다.

그리고 덧셈, 뺄셈, 곱셈, 나눗셈이 섞여 있는 경우에는 유리수에서와 마찬가지로 곱셈과 나눗셈을 먼저 계산한 후, 앞에서부터 차례대로 계산한다.

함께해 보기 5

다음은 주어진 식을 계산하는 과정이다. □ 안에 알맞은 수를 써넣어 보자.

(1) $\sqrt{2}(\sqrt{6}+\sqrt{8})$

$=\sqrt{\boxed{12}}+\sqrt{16}$

$=2\sqrt{\boxed{3}}+4$

(2) $\sqrt{3}\times\sqrt{6}-5\div\sqrt{2}$

$=\sqrt{\boxed{18}}-\dfrac{5}{\sqrt{2}}$

$=3\sqrt{\boxed{2}}-\dfrac{5\sqrt{2}}{\boxed{2}}$

$=\dfrac{\sqrt{2}}{\boxed{2}}$

9. 다음을 계산하시오.

(1) $\sqrt{3}(\sqrt{15}-\sqrt{8})$ $3\sqrt{5}-2\sqrt{6}$

(2) $(\sqrt{28}-\sqrt{12})\div 2$ $\sqrt{7}-\sqrt{3}$

(3) $15\div(\sqrt{5}+2\sqrt{5})$ $\sqrt{5}$

(4) $\sqrt{40}\div\sqrt{5}-\sqrt{6}\times 2\sqrt{3}$ $-4\sqrt{2}$

풀이 (1) $\sqrt{3}(\sqrt{15}-\sqrt{8})=\sqrt{45}-\sqrt{24}=3\sqrt{5}-2\sqrt{6}$

(2) $(\sqrt{28}-\sqrt{12})\div 2=\dfrac{2\sqrt{7}-2\sqrt{3}}{2}=\sqrt{7}-\sqrt{3}$

(3) $15\div(\sqrt{5}+2\sqrt{5})=15\div 3\sqrt{5}=\dfrac{15}{3\sqrt{5}}=\dfrac{5}{\sqrt{5}}=\sqrt{5}$

(4) $\sqrt{40}\div\sqrt{5}-\sqrt{6}\times 2\sqrt{3}=\sqrt{8}-2\sqrt{18}=2\sqrt{2}-6\sqrt{2}=-4\sqrt{2}$

10. 오른쪽 그림의 사다리꼴의 넓이를 구하시오. $2\sqrt{10}$

풀이 (사다리꼴의 넓이) $=\dfrac{1}{2}\times$(윗변+아랫변)$\times$(높이)

$=\dfrac{1}{2}\times\{(3\sqrt{2}-\sqrt{3})+(\sqrt{2}+\sqrt{3})\}\times\sqrt{5}$

$=\dfrac{1}{2}\times 4\sqrt{2}\times\sqrt{5}$

$=2\sqrt{10}$

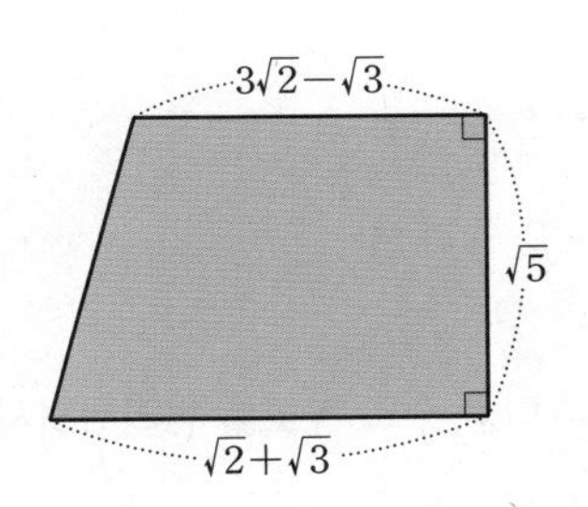

생각 나누기

추론 의사소통 태도 및 실천

다음 두 학생의 대화를 읽고, 오른쪽 그림을 이용하여 승우가 은지에게 어떻게 설명했을지 친구들과 이야기하여 보자. 풀이 참조

$\sqrt{2}\times\sqrt{3}=\sqrt{6}$인데, $\sqrt{2}+\sqrt{3}=\sqrt{5}$도 성립할까?

넓이가 5인 정사각형과 한 변의 길이가 $\sqrt{2}+\sqrt{3}$인 정사각형의 넓이를 비교해 보면….

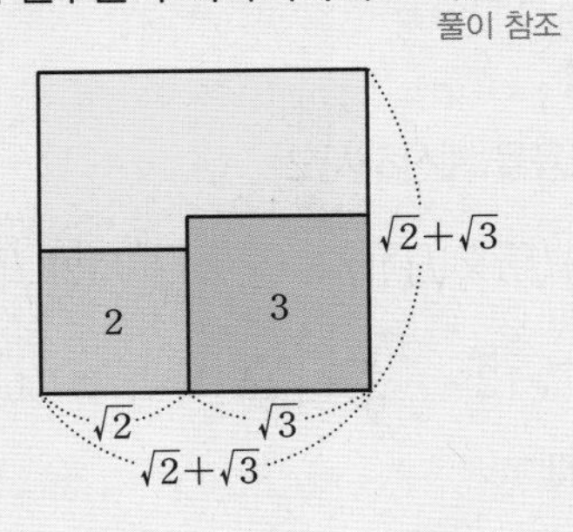

풀이 $\sqrt{2}+\sqrt{3}=\sqrt{5}$가 성립하면 한 변의 길이가 $\sqrt{2}+\sqrt{3}$인 정사각형과 한 변의 길이가 $\sqrt{5}$인 정사각형이 정확히 겹쳐져야 한다. 그러나 그림과 같이 한 변의 길이가 $\sqrt{2}+\sqrt{3}$인 정사각형의 넓이가 5보다 크므로, 넓이가 5인 정사각형은 한 변의 길이가 $\sqrt{2}+\sqrt{3}$인 정사각형의 내부에 포함된다. 따라서 넓이가 5인 정사각형의 한 변의 길이가 $\sqrt{2}+\sqrt{3}$보다 작으므로 $\sqrt{2}+\sqrt{3}>\sqrt{5}$가 성립한다.

스스로 점검하기

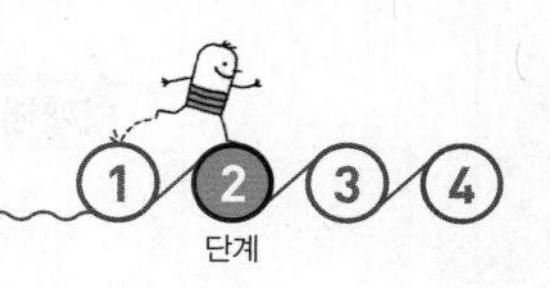

개념 점검하기

잘함 보통 모름

(1) 제곱근의 곱셈과 나눗셈

$a>0$, $b>0$일 때, $\sqrt{a}\sqrt{b}=\sqrt{ab}$, $\sqrt{a^2b}=$ $a\sqrt{b}$, $\dfrac{\sqrt{b}}{\sqrt{a}}=\sqrt{\boxed{\dfrac{b}{a}}}$

(2) 분모의 유리화

$a>0$, $b>0$일 때, $\dfrac{\sqrt{b}}{\sqrt{a}}=\dfrac{\sqrt{b}\sqrt{a}}{\sqrt{a}\sqrt{a}}=$ $\dfrac{\sqrt{ab}}{a}$

(3) 제곱근의 덧셈과 뺄셈

$\sqrt{m}$이 무리수일 때, $a\sqrt{m}+b\sqrt{m}=(a+b)\sqrt{m}$, $a\sqrt{m}-b\sqrt{m}=$ $(a-b)\sqrt{m}$

1 ●●●

다음을 $a\sqrt{b}$의 꼴로 나타내시오.

(1) $\sqrt{2\times7^2}$ $7\sqrt{2}$ (2) $\sqrt{45}$ $3\sqrt{5}$

풀이 (2) $\sqrt{45}=\sqrt{3^2\times5}=3\sqrt{5}$

2 ●●●

다음 수의 분모를 유리화하시오.

(1) $\dfrac{4}{\sqrt{2}}$ $2\sqrt{2}$ (2) $-\dfrac{2}{\sqrt{5}}$ $-\dfrac{2\sqrt{5}}{5}$

풀이 (1) $\dfrac{4}{\sqrt{2}}=\dfrac{4\sqrt{2}}{\sqrt{2}\sqrt{2}}=\dfrac{4\sqrt{2}}{2}=2\sqrt{2}$ (2) $-\dfrac{2}{\sqrt{5}}=-\dfrac{2\sqrt{5}}{\sqrt{5}\sqrt{5}}=-\dfrac{2\sqrt{5}}{5}$

3 ●●●

다음을 계산하시오.

(1) $\sqrt{3}\times\sqrt{11}$ $\sqrt{33}$ (2) $\sqrt{22}\div\sqrt{2}$ $\sqrt{11}$

(3) $\sqrt{12}\times\sqrt{\dfrac{1}{9}}\times\sqrt{15}$ $2\sqrt{5}$ (4) $4\sqrt{6}\div\sqrt{2}\times\sqrt{3}$ 12

풀이 (1) $\sqrt{3}\times\sqrt{11}=\sqrt{3\times11}=\sqrt{33}$

(2) $\sqrt{22}\div\sqrt{2}=\dfrac{\sqrt{22}}{\sqrt{2}}=\sqrt{\dfrac{22}{2}}=\sqrt{11}$

(3) $\sqrt{12}\times\sqrt{\dfrac{1}{9}}\times\sqrt{15}=\sqrt{\dfrac{4}{3}}\times\sqrt{15}=\sqrt{20}=2\sqrt{5}$

(4) $4\sqrt{6}\div\sqrt{2}\times\sqrt{3}=\dfrac{4\sqrt{6}}{\sqrt{2}}\times\sqrt{3}=4\sqrt{3}\times\sqrt{3}=4\sqrt{9}=12$

4 ●●●

34쪽

다음을 계산하시오.

(1) $6\sqrt{3}+3\sqrt{3}$ $9\sqrt{3}$ (2) $\sqrt{2}-\sqrt{8}-\sqrt{18}$ $-4\sqrt{2}$

(3) $\sqrt{18}-\dfrac{4}{\sqrt{2}}$ $\sqrt{2}$ (4) $\dfrac{4}{\sqrt{20}}-\sqrt{\dfrac{1}{5}}$ $\dfrac{\sqrt{5}}{5}$

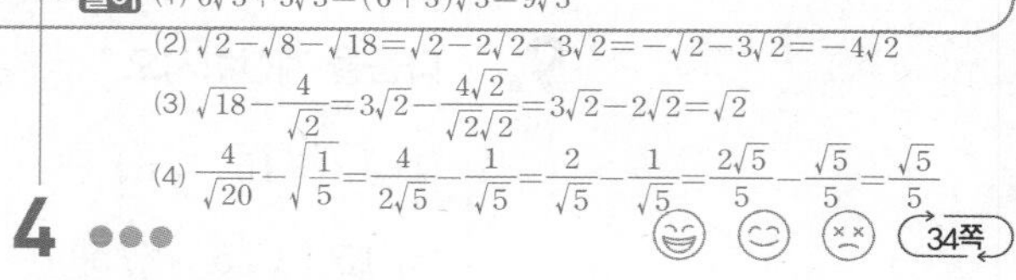
풀이 (1) $6\sqrt{3}+3\sqrt{3}=(6+3)\sqrt{3}=9\sqrt{3}$

(2) $\sqrt{2}-\sqrt{8}-\sqrt{18}=\sqrt{2}-2\sqrt{2}-3\sqrt{2}=-\sqrt{2}-3\sqrt{2}=-4\sqrt{2}$

(3) $\sqrt{18}-\dfrac{4}{\sqrt{2}}=3\sqrt{2}-\dfrac{4\sqrt{2}}{\sqrt{2}\sqrt{2}}=3\sqrt{2}-2\sqrt{2}=\sqrt{2}$

(4) $\dfrac{4}{\sqrt{20}}-\sqrt{\dfrac{1}{5}}=\dfrac{4}{2\sqrt{5}}-\dfrac{1}{\sqrt{5}}=\dfrac{2}{\sqrt{5}}-\dfrac{1}{\sqrt{5}}=\dfrac{2\sqrt{5}}{5}-\dfrac{\sqrt{5}}{5}=\dfrac{\sqrt{5}}{5}$

5 ●●●

다음을 계산하시오.

(1) $\sqrt{2}(\sqrt{6}+2\sqrt{3})$ $2\sqrt{3}+2\sqrt{6}$

(2) $\sqrt{18}\div\sqrt{6}+\sqrt{2}\times\sqrt{\dfrac{27}{2}}$ $4\sqrt{3}$

풀이 (1) $\sqrt{2}(\sqrt{6}+2\sqrt{3})=\sqrt{12}+2\sqrt{6}=2\sqrt{3}+2\sqrt{6}$

(2) $\sqrt{18}\div\sqrt{6}+\sqrt{2}\times\sqrt{\dfrac{27}{2}}=\sqrt{3}+\sqrt{27}=\sqrt{3}+3\sqrt{3}=4\sqrt{3}$

6 ●●●

34쪽

다음은 넓이가 8인 정사각형을 4등분하여 나타낸 그림이다. 큰 정사각형과 작은 정사각형의 한 변의 길이를 각각 구하고, $\sqrt{8}=2\sqrt{2}$임을 설명하시오. 풀이 참조

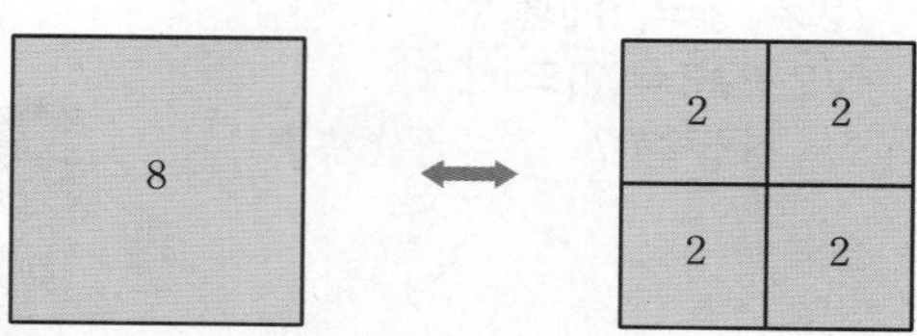

풀이 큰 정사각형은 넓이가 8이므로 한 변의 길이는 $\sqrt{8}$이다. 넓이가 8인 정사각형을 넓이가 2인 정사각형 4개로 나눌 때, 작은 정사각형의 한 변의 길이는 $\sqrt{2}$이므로 넓이가 8인 정사각형의 한 변의 길이는 $\sqrt{2}+\sqrt{2}=2\sqrt{2}$이다.
따라서 $\sqrt{8}=2\sqrt{2}$임을 확인할 수 있다.

조건을 만족시키는 도형을 찾아보자

한 변의 길이가 3인 정사각형의 둘레의 길이는 12, 넓이는 9이므로, 둘레의 길이와 넓이가 모두 유리수인 정사각형이 있다. 또, 한 변의 길이가 $\sqrt{2}$인 정사각형의 둘레의 길이는 $4\sqrt{2}$, 넓이는 2이므로, 둘레의 길이가 무리수이고 넓이는 유리수인 정사각형도 있다.

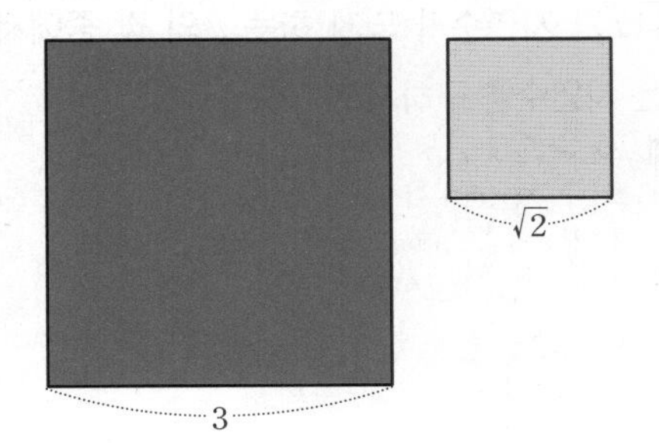

다음 조건을 만족시키는 직사각형을 찾아보자.

활동 ① 오른쪽 그림은 가로의 길이가 a, 세로의 길이가 b인 직사각형이다. 아래의 네 문장이 옳은지 또는 옳지 않은지 판단하여 보자. 만약 옳다면 조건을 만족시키는 직사각형을 찾아보고, 친구들과 이야기하여 보자. 또, 옳지 않다면 그 까닭을 생각하여 보자.

(단, $a>b$이다.)

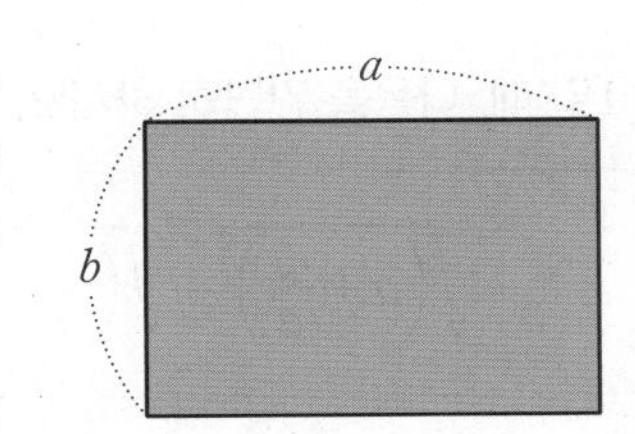

① 둘레의 길이와 넓이가 모두 유리수인 직사각형이 있다. 참

풀이 가로의 길이가 4이고 세로의 길이가 3인 직사각형은 둘레의 길이가 14이고, 넓이가 12이다.

② 둘레의 길이와 넓이가 모두 무리수인 직사각형이 있다. 참

풀이 가로의 길이가 $\sqrt{3}$이고 세로의 길이가 $\sqrt{2}$인 직사각형은 둘레의 길이가 $2(\sqrt{3}+\sqrt{2})$이고, 넓이가 $\sqrt{6}$이다.

③ 둘레의 길이는 유리수이고 넓이는 무리수인 직사각형이 있다. 참

풀이 가로의 길이가 $3-\sqrt{2}$이고 세로의 길이가 $\sqrt{2}$인 직사각형은 둘레의 길이가 6이고, 넓이가 $3\sqrt{2}-2$이다.

④ 둘레의 길이는 무리수이고 넓이는 유리수인 직사각형이 있다. 참

풀이 가로의 길이가 $2\sqrt{3}$이고 세로의 길이가 $\sqrt{3}$인 직사각형은 둘레의 길이가 $6\sqrt{3}$이고, 넓이가 6이다.

| 상호 평가표 |

평가 내용		자기 평가 (😁)	자기 평가 (😊)	자기 평가 (😵)	친구 평가 (😁)	친구 평가 (😊)	친구 평가 (😵)
내용	유리수와 무리수의 성질을 이해하고 활용할 수 있다.						
	주어진 조건을 만족시키는 유리수와 무리수를 찾을 수 있다.						
태도	배운 내용을 적극 활용하여 문제를 해결하려고 노력하였다.						

스스로 확인하기

1. $\sqrt{84x}$가 자연수가 되게 하는 x의 값 중에서 가장 작은 자연수를 구하시오. 21

풀이 $\sqrt{84x}=\sqrt{2^2\times3\times7\times x}$이므로
$\sqrt{84x}$가 자연수가 되게 하는 x는 $x=3\times7\times\square^2$의 꼴이다.
따라서 x의 값 중에서 가장 작은 자연수는 21이다.

2. $a>1$일 때, 다음을 간단히 하시오. $2a$

$$\sqrt{\left(a+\frac{1}{a}\right)^2}+\sqrt{\left(\frac{1}{a}-a\right)^2}$$

풀이 $a>1$이므로 $a+\frac{1}{a}>0$, $\frac{1}{a}-a<0$이다.
따라서 $\sqrt{\left(a+\frac{1}{a}\right)^2}+\sqrt{\left(\frac{1}{a}-a\right)^2}=\left(a+\frac{1}{a}\right)+\left\{-\left(\frac{1}{a}-a\right)\right\}$
$=a+\frac{1}{a}-\frac{1}{a}+a=2a$

3. 다음 그림은 한 눈금의 길이가 1인 모눈종이 위에 정사각형 ABCD를 그린 것이다.
$\overline{AB}=\overline{AP}=\overline{AQ}$일 때, 점 P에 대응하는 수를 p, 점 Q에 대응하는 수를 q라고 하자. 이때 $2p-q$의 값을 구하시오. $2+3\sqrt{10}$

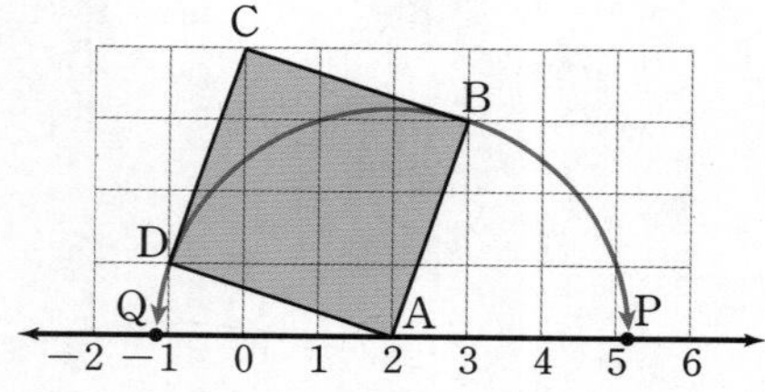

풀이 피타고라스 정리에 의해 $\overline{AB}=\sqrt{1^2+3^2}=\sqrt{10}$이므로
$\overline{AP}=\overline{AQ}=\sqrt{10}$이다.
따라서 $p=2+\sqrt{10}$, $q=2-\sqrt{10}$이므로
$2p-q=2(2+\sqrt{10})-(2-\sqrt{10})=2+3\sqrt{10}$

4. 다음을 계산하시오. $\frac{5\sqrt{6}}{2}$

$$(\sqrt{48}-\sqrt{3})\div\sqrt{2}+2\sqrt{3}\times\frac{1}{\sqrt{2}}$$

풀이 $(\sqrt{48}-\sqrt{3})\div\sqrt{2}+2\sqrt{3}\times\frac{1}{\sqrt{2}}=(4\sqrt{3}-\sqrt{3})\div\sqrt{2}+2\sqrt{3}\times\frac{1}{\sqrt{2}}$
$=\frac{3\sqrt{3}}{\sqrt{2}}+\frac{2\sqrt{3}}{\sqrt{2}}=\frac{3\sqrt{6}}{2}+\frac{2\sqrt{6}}{2}$
$=\frac{5\sqrt{6}}{2}$

5. 다음 부등식을 만족시키는 x의 값 중에서 가장 작은 양의 정수를 구하시오. 14

$$\sqrt{2x+1}>3\sqrt{3}$$

풀이 $3\sqrt{3}=\sqrt{27}$이므로 $\sqrt{2x+1}>\sqrt{27}$
제곱근의 대소 관계에 의해 $2x+1>27$이다.
따라서 $2x>26$, $x>13$이므로 x의 값 중에서 가장 작은 양의 정수는 14이다.

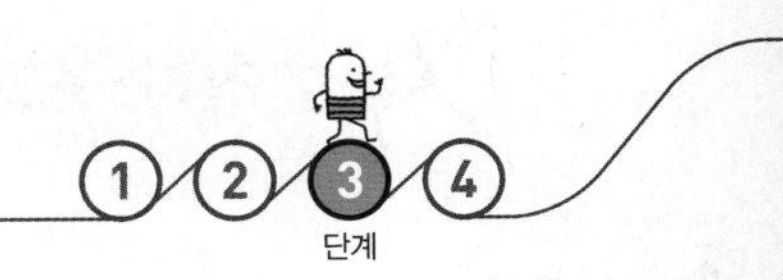

실력 업(UP) 발전 문제

6. 다음 그림과 같이 세 모서리의 길이가 각각 6 cm, 8 cm, 4 cm인 직육면체에서 △ABG의 둘레의 길이를 구하시오. $(8+2\sqrt{13}+2\sqrt{29})$ cm

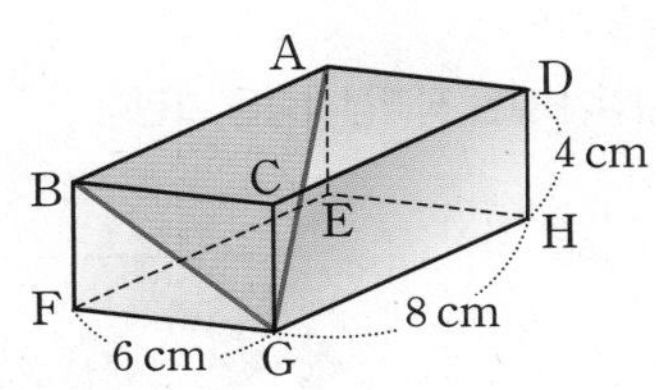

풀이 피타고라스 정리에 의하여
△BFG에서 $\overline{BG}=\sqrt{4^2+6^2}=\sqrt{52}=2\sqrt{13}$(cm),
△ABG에서 $\overline{AG}=\sqrt{8^2+(2\sqrt{13})^2}=\sqrt{116}=2\sqrt{29}$(cm)
따라서 △ABG의 둘레의 길이는 $8+2\sqrt{13}+2\sqrt{29}$(cm)이다.

7. 다음 그림과 같이 한 변의 길이가 4 cm, $4\sqrt{2}$ cm인 두 정사각형 모양의 종이를 오려 붙여 새로운 정사각형을 만들었다. 새로 만들어진 정사각형의 한 변의 길이를 구하시오. $4\sqrt{3}$ cm

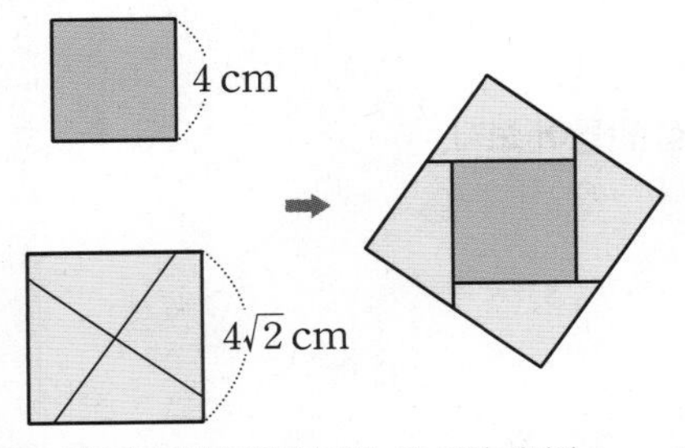

풀이 새로 만들어진 정사각형의 넓이는 한 변의 길이가 4 cm, $4\sqrt{2}$ cm인 두 정사각형의 넓이의 합이다.
따라서 새로 만들어진 정사각형의 넓이는 $4^2+(4\sqrt{2})^2=48$(cm²)이고, 한 변의 길이는 $\sqrt{48}=4\sqrt{3}$(cm)이다.

교과서 문제 뛰어 넘기

8. 다음 그림과 같이 수직선 위의 점 B에 접하고 반지름의 길이가 $\sqrt{2}$인 원 O가 있다. 원 O를 수직선 위에서 화살표 방향으로 반 바퀴 굴리면 점 A가 수직선의 접점이 된다고 할 때, 점 A가 옮겨진 수직선 위의 점 A′에 대응하는 수를 구하시오.

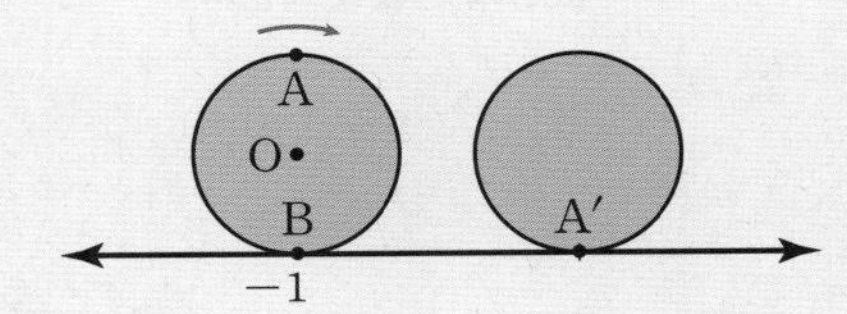

9. 자연수 x에 대하여 $\sqrt{x}$ 이하의 자연수의 개수를 $N(x)$라고 하자. 예를 들면 $2<\sqrt{5}<3$이므로 $N(5)=2$이다. 이때
$N(1)+N(2)+N(3)+\cdots+N(10)$의 값을 구하시오.

10. $\sqrt{\dfrac{81^8+9^{26}}{27^{12}+9^{28}}}=\dfrac{A}{B}$일 때, 상수 A, B에 대하여 $A+B$의 값을 구하시오.
(단, A, B는 서로소인 자연수이다.)

피타고라스 나무를 만들어 보자

다음과 같은 방법으로 정사각형과 직각삼각형을 차례로 그릴 때 나타나는 도형을 '피타고라스 나무'라고 한다. 우리가 직접 피타고라스 나무를 만들어 보자.

피타고라스 나무 만들기

❶ 한 변의 길이가 8인 정사각형을 그린 후, 그 정사각형의 한 변을 빗변으로 하고 나머지 두 변의 길이가 같은 직각삼각형을 그린다.

❷ 직각삼각형의 길이가 같은 두 변을 한 변으로 하는 정사각형을 각각 그린다.

❸ ❷에서 그린 정사각형의 한 변을 빗변으로 하고 나머지 두 변의 길이가 같은 직각삼각형을 그린다.

❹ ❷와 ❸을 반복한다.

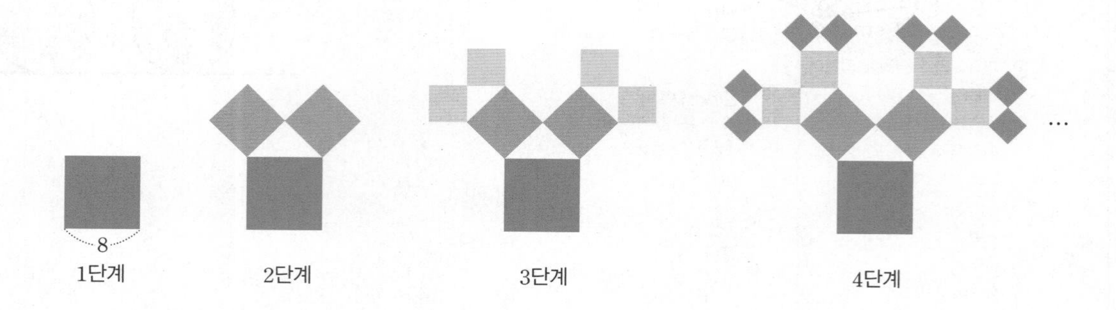

활동 1 다음은 각 단계에서 새로 그려진 정사각형의 한 변의 길이를 정리한 표이다. 표를 완성하여 보자.

	1단계	2단계	3단계	4단계	5단계
정사각형의 한 변의 길이	8	$4\sqrt{2}$	4	$2\sqrt{2}$	2

활동 2 색종이를 이용하여 위의 방법으로 피타고라스 나무를 직접 만들어 보자.

| 예시 |

| 상호 평가표 |

평가 내용		자기 평가			친구 평가		
		😄	🙂	😵	😄	🙂	😵
내용	각 단계에서 새로 그려진 정사각형의 한 변의 길이를 구할 수 있다.						
	피타고라스 나무를 만들 수 있다.						
태도	흥미를 가지고 활동에 적극 참여하였다.						

1. 연속한 세 자연수 a, b, c에 대하여 m이 자연수일 때, $\sqrt{a+b+c}=m$이 성립한다. 세 자연수의 합이 50 미만일 때, 이 세 자연수의 순서쌍 (a, b, c)의 개수를 구하시오.

2. 오른쪽 그림은 수직선 위에 정사각형을 P, Q, R의 순으로 넓이를 2배씩 늘여 그린 것이다. 정사각형 P의 넓이가 3일 때, 두 점 A, B에 대응하는 수의 곱을 구하시오.

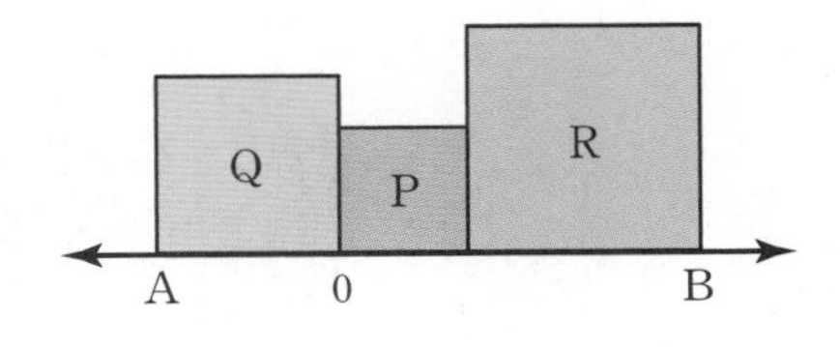

대단원 스스로 마무리하기

1. 다음 중 옳은 것은?

① 25의 제곱근은 5이다.

② 0의 제곱근은 2개이다.

③ $\sqrt{a^2}$의 값은 a의 값과 같다.

④ $x^2=5$를 만족시키는 x의 값은 $\pm\sqrt{5}$이다.

⑤ 제곱근 2는 $\pm\sqrt{2}$이다.

풀이 ① 25의 제곱근은 5, -5이다.
② 0의 제곱근은 0이므로 1개이다.
③ $\sqrt{a^2}$의 값은 $a\geq0$일 때 a, $a<0$일 때 $-a$이다.
④ $x^2=5$를 만족시키는 x의 값은 5의 제곱근이므로 $\pm\sqrt{5}$이다.
⑤ 제곱근 2는 $\sqrt{2}$이다.
따라서 옳은 것은 ④이다.

2. $a>b>0$일 때, 다음을 간단히 하시오. $3a-2b$

$$(\sqrt{2a})^2-\sqrt{(-b)^2}+\sqrt{(a-b)^2}$$

풀이 $a>0$, $-b<0$, $a-b>0$이므로
$(\sqrt{2a})^2-\sqrt{(-b)^2}+\sqrt{(a-b)^2}=2a-b+(a-b)=3a-2b$

3. 다음 수 중에서 무리수인 것을 모두 찾으시오.

π $\quad \sqrt{0.16} \quad 3.2\dot{5} \quad$ 

풀이 π는 무리수, $\sqrt{0.16}=\sqrt{(0.4)^2}=0.4$이므로 $\sqrt{0.16}$은 유리수, $3.2\dot{5}$는 순환소수이므로 유리수, $\sqrt{21}$은 무리수이다.
따라서 무리수인 것은 π, $\sqrt{21}$이다.

4. $0<a<1$일 때, 다음 중 가장 작은 값은?

① $\sqrt{a}$ ② $\sqrt{\dfrac{1}{a}}$ ③ a

④ $\dfrac{1}{a}$ ⑤ a^2

풀이 $0<a<1$이면 $\dfrac{1}{a}>1$이고 $\sqrt{\dfrac{1}{a}}>1$이다.
또, $0<a<1$이면 $a^2<a<\sqrt{a}$이다.
따라서 가장 작은 값은 ⑤ a^2이다.

5. 세 수 $3+4\sqrt{2}$, $3+5\sqrt{2}$, $2+5\sqrt{2}$의 대소를 비교하시오. $3+4\sqrt{2}<2+5\sqrt{2}<3+5\sqrt{2}$

풀이 $(3+4\sqrt{2})-(2+5\sqrt{2})=1-\sqrt{2}<0$이므로
$3+4\sqrt{2}<2+5\sqrt{2}$이다.
또, $(2+5\sqrt{2})-(3+5\sqrt{2})=-1<0$이므로
$2+5\sqrt{2}<3+5\sqrt{2}$이다.
따라서 $3+4\sqrt{2}<2+5\sqrt{2}<3+5\sqrt{2}$이다.

6. 다음 그림에서 두 정사각형 ADEB와 ACFG의 넓이가 각각 25 cm^2, 20 cm^2일 때, 직각삼각형 ABC의 둘레의 길이를 구하시오. $5(1+\sqrt{5})$ cm

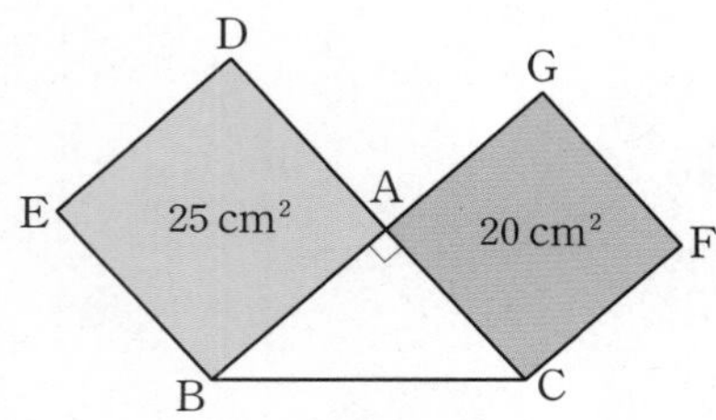

풀이 $\overline{AB}=5(\text{cm})$, $\overline{AC}=\sqrt{20}=2\sqrt{5}(\text{cm})$이므로
△ABC에서 피타고라스 정리에 의하여
$\overline{BC}=\sqrt{5^2+(2\sqrt{5})^2}=\sqrt{45}=3\sqrt{5}(\text{cm})$이다.
따라서 △ABC의 둘레의 길이는
$5+2\sqrt{5}+3\sqrt{5}=5+5\sqrt{5}=5(1+\sqrt{5})(\text{cm})$이다.

7. 다음을 계산하시오. $3\sqrt{5}$

$$2\sqrt{20}+\frac{10}{\sqrt{5}}-\sqrt{45}$$

풀이 $2\sqrt{20}+\dfrac{10}{\sqrt{5}}-\sqrt{45}=4\sqrt{5}+2\sqrt{5}-3\sqrt{5}=3\sqrt{5}$

8. 다음 그림에서 삼각형과 직사각형의 넓이가 같을 때, x의 값을 구하시오. $\sqrt{30}$

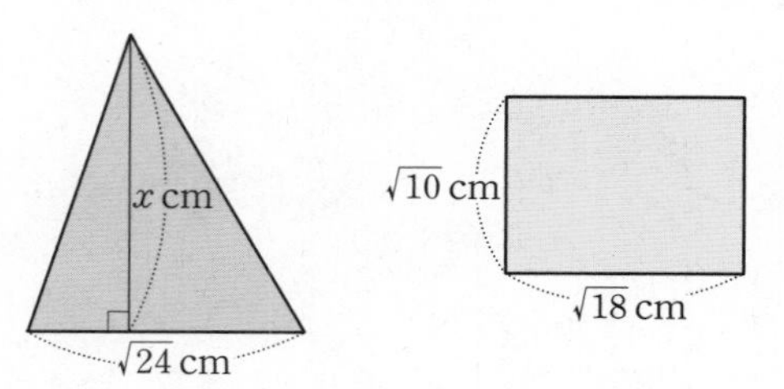

풀이 삼각형의 넓이는 $\dfrac{1}{2}\times\sqrt{24}\times x(\text{cm}^2)$이고, 직사각형의 넓이는 $\sqrt{18}\times\sqrt{10}(\text{cm}^2)$이므로
$\dfrac{1}{2}\times\sqrt{24}\times x=\sqrt{18}\times\sqrt{10}$, $\dfrac{1}{2}\times2\sqrt{6}\times x=3\sqrt{2}\times\sqrt{10}$
따라서 $x=3\sqrt{2}\times\sqrt{10}\div\sqrt{6}=3\sqrt{20}\div\sqrt{6}=6\sqrt{5}\times\dfrac{1}{\sqrt{6}}=\sqrt{30}$

[9~11] **서술형 문제** 문제의 풀이 과정과 답을 쓰고, 스스로 채점하여 보자.

9. $5-\sqrt{12}$의 정수 부분을 a, 소수점 아래의 부분을 b라고 할 때, $a-\dfrac{b}{2}$의 값을 구하시오. [6점] $-1+\sqrt{3}$

풀이 $3<\sqrt{12}<4$이므로

$1<5-\sqrt{12}<2$이다.

따라서 $a=1$, $b=4-\sqrt{12}=4-2\sqrt{3}$이고,

$a-\dfrac{b}{2}=1-\dfrac{4-2\sqrt{3}}{2}=1-2+\sqrt{3}=-1+\sqrt{3}$이다.

채점 기준	배점
(i) a, b의 값을 각각 바르게 구한 경우	각 2점
(ii) $a-\dfrac{b}{2}$의 값을 바르게 구한 경우	2점

10. $\sqrt{\dfrac{28n}{3}}$이 자연수가 되게 하는 n의 값 중에서 가장 작은 자연수를 구하시오. [5점] 21

풀이 $\sqrt{\dfrac{28n}{3}}=\sqrt{\dfrac{2^2\times7\times n}{3}}$이므로

$\sqrt{\dfrac{28n}{3}}$이 자연수가 되게 하는 n은 $3\times7\times\square^2$의 꼴이다.

따라서 n의 값 중 가장 작은 자연수는 21이다.

채점 기준	배점
(i) n이 $3\times7\times\square^2$의 꼴임을 알아낸 경우	3점
(ii) 정답을 바르게 구한 경우	2점

11. 오른쪽 그림과 같이 한 변의 길이가 a인 정사각형과 정삼각형을 붙여서 새로운 도형을 만들었다. 이 도형의 높이 h와 넓이 S를 각각 a에 대한 식으로 나타내시오. (단, $a>0$이다.) [6점]

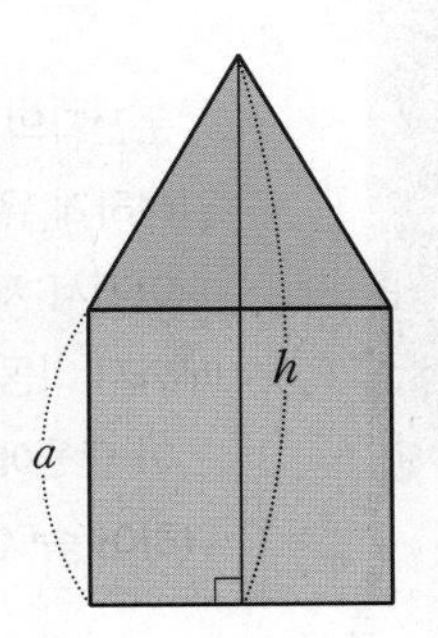

$h=\left(1+\dfrac{\sqrt{3}}{2}\right)a$, $S=\left(1+\dfrac{\sqrt{3}}{4}\right)a^2$

풀이 한 변의 길이가 a인 정삼각형의 높이와 넓이를 각각 h_1, S_1이라고 하면

$h_1=\sqrt{a^2-\left(\dfrac{a}{2}\right)^2}=\sqrt{\dfrac{3}{4}a^2}=\dfrac{\sqrt{3}}{2}a$,

$S_1=\dfrac{1}{2}\times a\times h_1=\dfrac{1}{2}\times a\times\dfrac{\sqrt{3}}{2}a=\dfrac{\sqrt{3}}{4}a^2$

따라서 이 도형의 높이 h와 넓이 S는

$h=a+h_1=\left(1+\dfrac{\sqrt{3}}{2}\right)a$, $S=a^2+S_1=\left(1+\dfrac{\sqrt{3}}{4}\right)a^2$이다.

채점 기준	배점
(i) 정삼각형의 높이와 넓이를 각각 바르게 나타낸 경우	각 2점
(ii) 이 도형의 높이와 넓이를 각각 바르게 나타낸 경우	각 1점

자율 주행 자동차와 방정식

운전자의 조작없이 스스로 운행이 가능한 자율 주행 자동차는 제동 거리를 일정하게 유지할 수 있는 수준으로까지 발전하고 있다.

여기서 제동 거리란, 브레이크가 작동하기 시작한 순간부터 완전히 정지할 때까지 이동한 거리를 말하며 속력에 대한 이차식으로 나타난다.

이 단원에서 학습할 이차방정식을 이용하면 제동 거리를 일정하게 유지하기 위하여 속력을 어떻게 조절해야 하는지에 대한 해답을 찾을 수 있다.

Ⅱ

이차방정식

1. 다항식의 곱셈과 인수분해
2. 이차방정식

| 단원의 계통도 살펴보기 |

이전에 배웠어요.

| 중학교 1학년 |
Ⅰ－1. 소인수분해
Ⅱ－1. 문자의 사용과 식의 계산
Ⅱ－2. 일차방정식

| 중학교 2학년 |
Ⅰ－2. 식의 계산

이번에 배워요.

Ⅱ－1. 다항식의 곱셈과 인수분해
01. 다항식의 곱셈
02. 다항식의 인수분해

Ⅱ－2. 이차방정식
01. 이차방정식과 그 풀이
02. 완전제곱식을 이용한 이차방정식의 풀이

이후에 배울 거예요.

| 고등학교 〈수학〉 |
- 다항식의 연산
- 나머지 정리
- 인수분해
- 복소수와 이차방정식
- 이차방정식과 이차함수
- 여러 가지 방정식과 부등식

다항식의 곱셈과 인수분해

01. 다항식의 곱셈 | 02. 다항식의 인수분해

이것만은 알고 가자

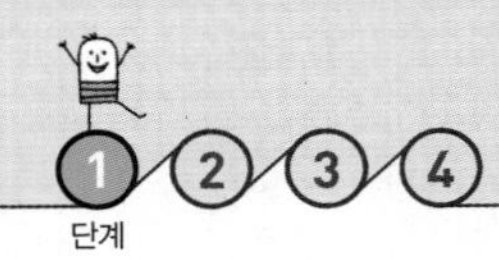

중1 소인수분해

1. 다음 자연수를 소인수분해하시오.

(1) 28 $2^2\times7$

(2) 72 $2^3\times3^2$

알고 있나요?

자연수를 소인수분해할 수 있는가?

잘함 보통 모름

중2 지수법칙

2. 다음 식을 간단히 하시오.

(1) $a^2\times a$ a^3

(2) $(a^3)^5$ a^{15}

(3) $a^6\div a^2$ a^4

(4) $(ab^2)^4$ a^4b^8

알고 있나요?

지수법칙을 이해하고 있는가?

잘함 보통 모름

| 개념 체크 |

m, n이 자연수일 때,

(1) $a^m\times a^n=$ a^{m+n}

(2) $(a^m)^n=$ a^{mn}

(3) $a\neq0$일 때,

① $m>n$이면 $a^m\div a^n=$ a^{m-n}

② $m=n$이면 $a^m\div a^n=1$

③ $m<n$이면 $a^m\div a^n=\dfrac{1}{a^{n-m}}$

(4) $(ab)^n=$ a^nb^n, $\left(\dfrac{a}{b}\right)^n=\dfrac{a^n}{b^n}\,(b\neq0)$

중2 다항식의 곱셈

3. 다음 식을 전개하시오.

(1) $2a(a^2-b)$ $2a^3-2ab$

(2) $-3a(2a-b)$ $-6a^2+3ab$

(3) $2x(-x+2y-3)$ $-2x^2+4xy-6x$

(4) $(x-2y+1)\times5x$ $5x^2-10xy+5x$

알고 있나요?

'(단항식)×(다항식)'의 원리를 이해하고, 계산할 수 있는가?

잘함 보통 모름

부족한 부분을 보충하고 본 학습을 준비하여 보자.

한 눈에 개념 정리

01 다항식의 곱셈

1. 다항식과 다항식의 곱셈

(1) 분배법칙을 이용하여 전개한다.

(2) 동류항이 있으면 동류항끼리 모아 간단히 한다.

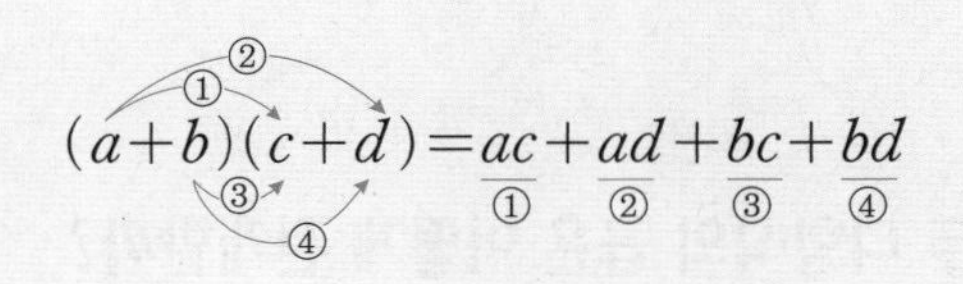

2. 곱셈 공식

(1) $(a+b)^2=a^2+2ab+b^2$, $(a-b)^2=a^2-2ab+b^2$

(2) $(a+b)(a-b)=a^2-b^2$

(3) $(x+a)(x+b)=x^2+(a+b)x+ab$

(4) $(ax+b)(cx+d)=acx^2+(ad+bc)x+bd$

3. 곱셈 공식을 이용한 분모의 유리화

분모가 두 개의 항으로 되어 있는 무리수일 때, 곱셈 공식

$$(a+b)(a-b)=a^2-b^2$$

을 이용하여 분모를 유리화한다.

➡ $a>0$, $b>0$이고, $a\neq b$일 때

$$\frac{c}{\sqrt{a}+\sqrt{b}}=\frac{c(\sqrt{a}-\sqrt{b})}{(\sqrt{a}+\sqrt{b})(\sqrt{a}-\sqrt{b})}=\frac{c(\sqrt{a}-\sqrt{b})}{a-b}$$

02 다항식의 인수분해

1. 다항식의 인수분해

(1) 인수: 하나의 다항식을 두 개 이상의 다항식의 곱으로 나타낼 때, 각각의 식을 처음 식의 인수라고 한다.

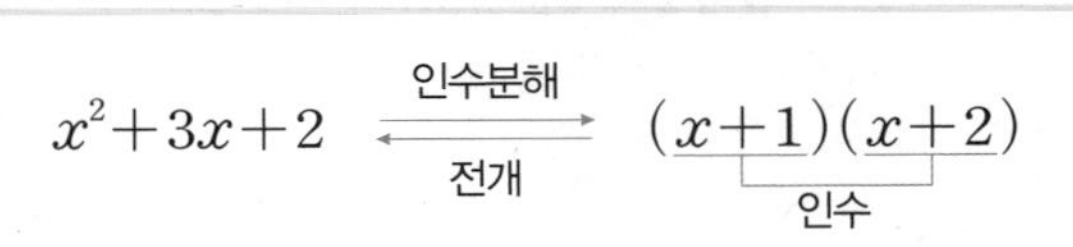

(2) 인수분해: 하나의 다항식을 두 개 이상의 인수의 곱으로 나타내는 것을 그 다항식을 인수분해한다고 한다.

(3) 다항식의 각 항에 공통으로 있는 인수로 묶어서 인수분해할 수 있다.

$$ma+mb=m(a+b)$$

공통인 인수

2. 인수분해 공식

(1) 완전제곱식: 어떤 다항식의 제곱으로 이루어진 식이나 이 식에 수를 곱한 식

(2) 인수분해 공식

① $a^2+2ab+b^2=(a+b)^2$, $a^2-2ab+b^2=(a-b)^2$

② $a^2-b^2=(a+b)(a-b)$

③ $x^2+(a+b)x+ab=(x+a)(x+b)$

④ $acx^2+(ad+bc)x+bd=(ax+b)(cx+d)$

01 다항식의 곱셈

학습 목표 ‖ 다항식의 곱셈을 할 수 있다.

두 다항식의 곱은 어떻게 전개할까?

탐구하기

탐구 목표
완성된 사진의 넓이를 이용하여 $(a+b)(c+d)$를 전개하는 방법을 알 수 있다.

다음 그림과 같이 인서는 가족 여행에서 찍은 4장의 사진을 스마트폰 사진 편집 프로그램을 이용하여 1장의 사진으로 편집하였다. 완성된 사진의 넓이를 구하려고 할 때, 물음에 답하여 보자.

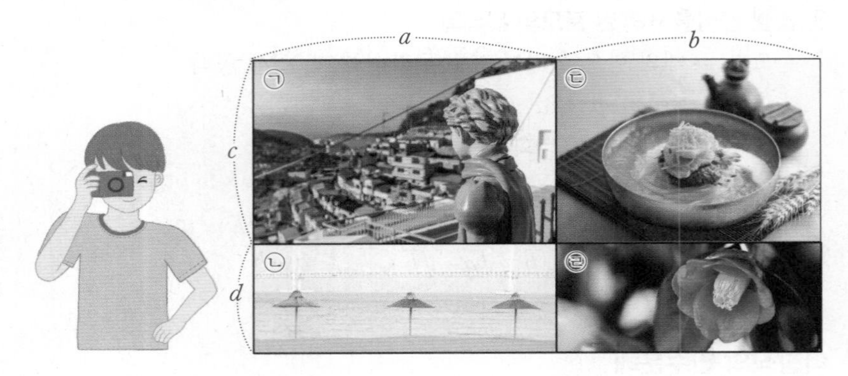

활동 ❶ 완성된 사진의 가로의 길이와 세로의 길이를 각각 구하고, 이를 이용하여 완성된 사진의 넓이를 식으로 나타내어 보자. 가로의 길이: $a+b$, 세로의 길이: $c+d$, 완성된 사진의 넓이: $(a+b)(c+d)$

활동 ❷ 사진 ㉠, ㉡, ㉢, ㉣의 넓이를 각각 구하고, 이를 이용하여 완성된 사진의 넓이를 식으로 나타내어 보자. ㉠의 넓이: ac, ㉡의 넓이: ad, ㉢의 넓이: bc, ㉣의 넓이: bd, 완성된 사진의 넓이: $ac+ad+bc+bd$

탐구하기 에서 완성된 사진의 가로의 길이와 세로의 길이는 각각 $a+b$, $c+d$이므로 그 넓이는 $(a+b)(c+d)$이다. 한편, 완성된 사진의 넓이는 4장의 사진 ㉠, ㉡, ㉢, ㉣의 넓이의 합과 같으므로 $ac+ad+bc+bd$이다.

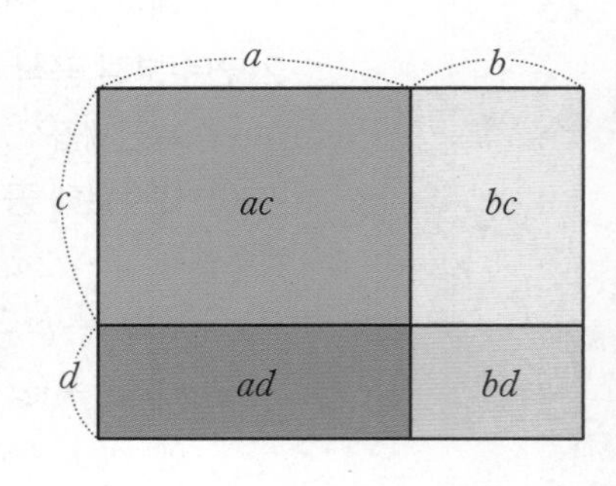

따라서

$$(a+b)(c+d)=ac+ad+bc+bd$$

임을 알 수 있다.

이전 내용 톡톡
단항식과 다항식의 곱셈에서 분배법칙을 이용하여 하나의 다항식으로 나타내는 것을 전개한다고 한다.

또한, 이 식은 $(a+b)(c+d)$에서 $(c+d)$를 한 문자 M으로 놓고 분배법칙을 이용하여 다음과 같이 전개한 것과 같다.

$$
\begin{aligned}
&(a+b)(c+d) \\
&=(a+b)M \\
&=aM+bM \\
&=a(c+d)+b(c+d) \\
&=ac+ad+bc+bd
\end{aligned}
$$

$(c+d)$를 M으로 놓는다.
분배법칙을 이용한다.
M에 $(c+d)$를 대입한다.
분배법칙을 이용한다.

두 다항식의 곱 $(a+b)(c+d)$를 분배법칙을 이용하여 오른쪽과 같이 전개할 수 있다.

$$(a+b)(c+d)=\underset{①}{ac}+\underset{②}{ad}+\underset{③}{bc}+\underset{④}{bd}$$

바로 확인 $(a+3)(b-2)=\underset{①}{a\times b}+\underset{②}{a\times(-2)}+\underset{③}{3\times\boxed{b}}+\underset{④}{3\times(-2)}$

$=ab-2a+\boxed{3b}-6$

Tip $(a+b)(c+d)=ac+bd$와 같이 전개하지 않도록 주의한다.

1. 다음 식을 전개하시오.

(1) $(a+3)(b-5)$ $ab-5a+3b-15$

(2) $(2a+b)(c-3d)$ $2ac-6ad+bc-3bd$

풀이 (1) $(a+3)(b-5)=a\times b+a\times(-5)+3\times b+3\times(-5)=ab-5a+3b-15$

(2) $(2a+b)(c-3d)=2a\times c+2a\times(-3d)+b\times c+b\times(-3d)=2ac-6ad+bc-3bd$

두 다항식의 곱을 전개할 때, 전개한 식에 동류항이 있으면 동류항끼리 모아서 간단히 정리한다.

함께해 보기 1

다음은 다항식의 곱을 전개하는 과정이다. □ 안에 알맞은 것을 써넣어 보자.

$(x+3)(2x-1)=x\times 2x+x\times(-1)+3\times\boxed{2x}+3\times(-1)$

$=2x^2-x+6x-3$

$=2x^2+\boxed{5x}-3$

2. 다음 식을 전개하시오.

(1) $(2a+3)(a-4)$ $2a^2-5a-12$

(2) $(2x-y)(5x+y)$ $10x^2-3xy-y^2$

풀이 (1) $(2a+3)(a-4)=2a\times a+2a\times(-4)+3\times a+3\times(-4)$
$=2a^2-8a+3a-12=2a^2-5a-12$

(2) $(2x-y)(5x+y)=2x\times 5x+2x\times y+(-y)\times 5x+(-y)\times y$
$=10x^2+2xy-5xy-y^2=10x^2-3xy-y^2$

$(a+b)^2$, $(a-b)^2$은 어떻게 전개할까?

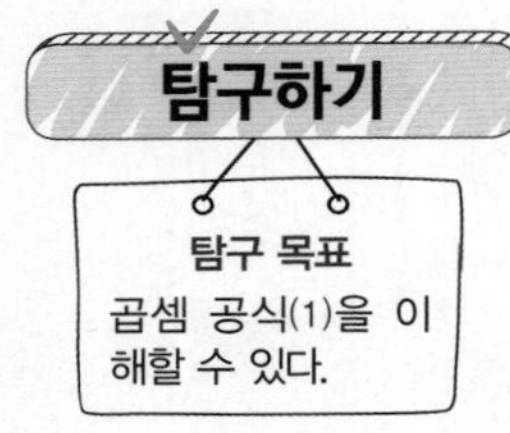

다음 그림과 같이 정사각형 모양의 종이를 잘라 두 개의 정사각형 ㉠, ㉣과 두 개의 직사각형 ㉡, ㉢으로 나누었다. 물음에 답하여 보자.

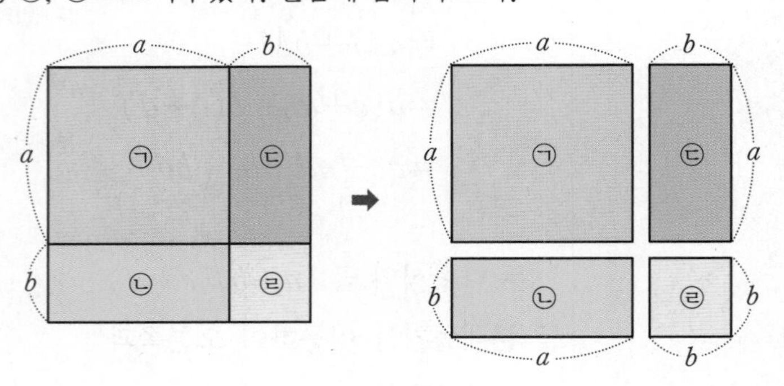

활동 ❶ 자르기 전 종이의 한 변의 길이를 구하고, 이를 이용하여 그 넓이를 식으로 나타내어 보자.

자르기 전 종이의 한 변의 길이: $a+b$, 자르기 전 종이의 넓이: $(a+b)^2$

활동 ❷ 사각형 ㉠, ㉡, ㉢, ㉣의 넓이를 각각 구하고, 이를 이용하여 자르기 전 종이의 넓이를 식으로 나타내어 보자.

㉠의 넓이: a^2, ㉡의 넓이: ab, ㉢의 넓이: ab, ㉣의 넓이: b^2,
자르기 전 종이의 넓이: $a^2+2ab+b^2$

탐구하기 에서 자르기 전 종이는 한 변의 길이가 $a+b$이므로 그 넓이는 $(a+b)^2$이다. 한편, 자르기 전 종이의 넓이는 사각형 ㉠, ㉡, ㉢, ㉣의 넓이의 합과 같으므로 $a^2+ab+ab+b^2=a^2+2ab+b^2$이다.

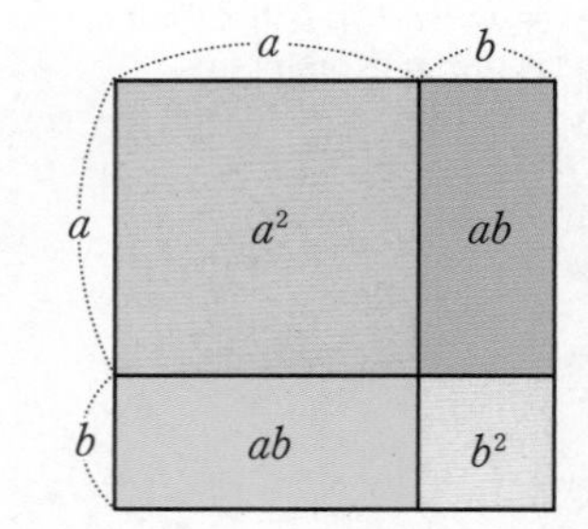

따라서

$$(a+b)^2=a^2+2ab+b^2$$

임을 알 수 있다.

또한, 이 식은 $(a+b)^2$을 $(a+b)(a+b)$로 고친 후 분배법칙을 이용하여 다음과 같이 전개한 것과 같다.

$$\begin{aligned}(a+b)^2&=(a+b)(a+b)\\&=a^2+ab+ab+b^2\\&=a^2+2ab+b^2\end{aligned}$$

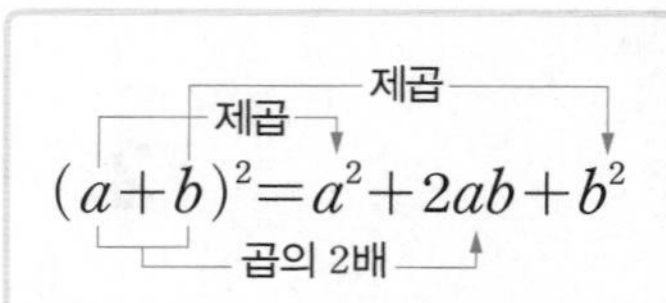

같은 방법으로 $(a-b)^2$을 전개하면 다음과 같다.

$$(a-b)^2=(a-b)(a-b)$$
$$=a^2-ab-ab+b^2$$
$$=a^2-2ab+b^2$$

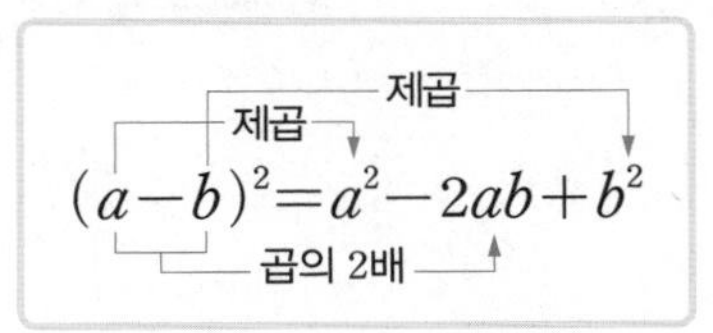

이상을 정리하면 다음과 같은 곱셈 공식을 얻는다.

Tip 다항식을 전개할 때 지수법칙 $(ab)^2=a^2b^2$과 같이 생각하여 $(a+b)^2=a^2+b^2$, $(a-b)^2=a^2-b^2$과 같이 전개하지 않도록 주의한다.

곱셈 공식 (1)

$$(a+b)^2=a^2+2ab+b^2$$
$$(a-b)^2=a^2-2ab+b^2$$

함께해 보기 2

다음은 다항식의 곱을 전개하는 과정이다. □ 안에 알맞은 것을 써넣어 보자.

(1) $(a+2b)^2=a^2+2\times a\times$ [$2b$] $+(2b)^2$

$=a^2+$ [$4ab$] $+4b^2$

(2) $(3x-y)^2=(3x)^2-2\times$ [$3x$] $\times y+y^2$

$=9x^2-$ [$6xy$] $+y^2$

3. 다음 식을 전개하시오.

(1) $(a+5)^2$ $a^2+10a+25$

(2) $(2x-7y)^2$ $4x^2-28xy+49y^2$

(3) $(-2a+3b)^2$ $4a^2-12ab+9b^2$

(4) $\left(x+\frac{1}{2}\right)^2$ $x^2+x+\frac{1}{4}$

풀이 (1) $(a+5)^2=a^2+2\times a\times5+5^2=a^2+10a+25$

(2) $(2x-7y)^2=(2x)^2-2\times2x\times7y+(7y)^2=4x^2-28xy+49y^2$

(3) $(-2a+3b)^2=(-2a)^2+2\times(-2a)\times3b+(3b)^2=4a^2-12ab+9b^2$

(4) $\left(x+\frac{1}{2}\right)^2=x^2+2\times x\times\frac{1}{2}+\left(\frac{1}{2}\right)^2=x^2+x+\frac{1}{4}$

함께해 보기 3

다음은 곱셈 공식을 이용하여 $(2+\sqrt{3})^2$, 97^2을 계산하는 과정이다. □ 안에 알맞은 수를 써넣어 보자.

(1) $(2+\sqrt{3})^2=2^2+2\times2\times\boxed{\sqrt{3}}+(\sqrt{3})^2$

$=4+\boxed{4\sqrt{3}}+3$

$=7+\boxed{4\sqrt{3}}$

(2) $97^2=(100-3)^2=100^2-2\times\boxed{100}\times3+3^2$

$=10000-\boxed{600}+9$

$=\boxed{9409}$

함께해 보기 3과 같이 어떤 수의 제곱을 구할 때, 곱셈 공식을 이용하면 편리한 경우가 있다.

4. 곱셈 공식을 이용하여 다음을 계산하시오.

(1) $(4+\sqrt{2})^2$ $18+8\sqrt{2}$

(2) $(\sqrt{7}-1)^2$ $8-2\sqrt{7}$

(3) 102^2 10404

(4) 99^2 9801

풀이 (1) $(4+\sqrt{2})^2=4^2+2\times4\times\sqrt{2}+(\sqrt{2})^2=16+8\sqrt{2}+2=18+8\sqrt{2}$

(2) $(\sqrt{7}-1)^2=(\sqrt{7})^2-2\times\sqrt{7}\times1+1^2=7-2\sqrt{7}+1=8-2\sqrt{7}$

(3) $102^2=(100+2)^2=100^2+2\times100\times2+2^2=10000+400+4=10404$

(4) $99^2=(100-1)^2=100^2-2\times100\times1+1^2=10000-200+1=9801$

의사소통 **5.** 다음은 $(-x+2)^2$에 대하여 두 학생이 나눈 대화이다. 이 식을 두 학생의 방법으로 각각 전개하여 보고, 그 결과를 비교하시오. 풀이 참조

$(a+b)^2=a^2+2ab+b^2$ 을 이용하여 전개할 수 있어.

$(a-b)^2=a^2-2ab+b^2$ 을 이용하여 전개할 수도 있어.

미소 진수

풀이 미소: $(-x+2)^2=(-x)^2+2\times(-x)\times2+2^2=x^2-4x+4$

진수: $(-x+2)^2=(2-x)^2=2^2-2\times2\times x+x^2=4-4x+x^2$

$(-x+2)^2$의 항의 순서를 바꾸어 $(2-x)^2$으로 전개하여도 그 결과는 같다.

$(a+b)(a-b)$는 어떻게 전개할까?

탐구하기

탐구 목표
곱셈 공식(2)를 이해할 수 있다.

다음 그림과 같이 지혜는 가로의 길이가 $a+b$, 세로의 길이가 $a-b$인 직사각형 모양의 떡 케이크를 한 변의 길이가 a인 정사각형 모양의 용기에 담아 보관하려고 한다. 물음에 답하여 보자. (단, 떡 케이크와 용기의 높이는 같고, 용기의 두께는 고려하지 않는다.)

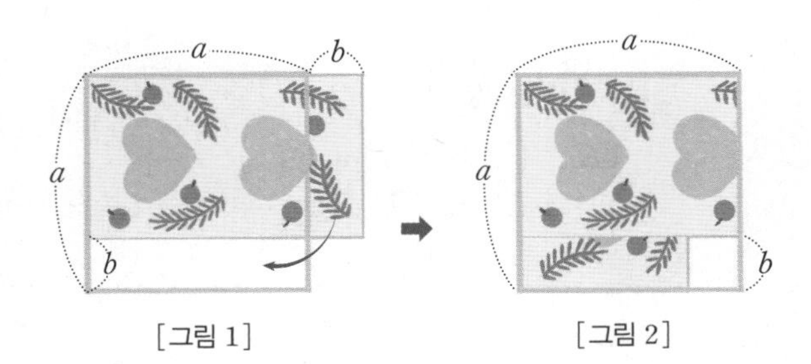

[그림 1] [그림 2]

활동 ❶ [그림 1]에서 떡 케이크의 밑면의 넓이를 식으로 나타내어 보자. $(a+b)(a-b)$

풀이 [그림 1]의 떡 케이크의 밑면의 가로의 길이는 $a+b$, 세로의 길이는 $a-b$이므로 그 넓이는 $(a+b)(a-b)$이다.

활동 ❷ [그림 2]에서 떡 케이크의 밑면의 넓이를 한 변의 길이가 각각 a, b인 두 정사각형의 넓이를 이용하여 식으로 나타내어 보자. a^2-b^2

풀이 [그림 2]의 떡 케이크의 밑면은 한 변의 길이가 a인 정사각형에서 한 변의 길이가 b인 정사각형을 잘라 낸 것과 같으므로 그 넓이는 a^2-b^2이다.

탐구하기 에서 가로의 길이가 $a+b$, 세로의 길이가 $a-b$인 떡 케이크의 밑면의 넓이는 $(a+b)(a-b)$이다. 한편, [그림 2]에서 떡 케이크의 밑면의 넓이는 한 변의 길이가 a인 정사각형의 넓이에서 한 변의 길이가 b인 정사각형의 넓이를 뺀 값이므로 a^2-b^2이다. 따라서

$$(a+b)(a-b)=a^2-b^2$$

임을 알 수 있다.

또한, 이 식은 두 다항식 $a+b$, $a-b$의 곱 $(a+b)(a-b)$를 분배법칙을 이용하여 다음과 같이 전개한 것과 같다.

$$(a+b)(a-b)=a^2-ab+ab-b^2=a^2-b^2$$

이상을 정리하면 다음과 같은 곱셈 공식을 얻는다.

곱셈 공식(2)

$$(a+b)(a-b)=a^2-b^2$$

함께해 보기 4

다음은 다항식의 곱을 전개하는 과정이다. □ 안에 알맞은 것을 써넣어 보자.

(1) $(a+4)(a-4)=a^2-\boxed{4}^2=a^2-\boxed{16}$

(2) $(-3x-y)(-3x+y)=(-3x)^2-y^2=\boxed{9x^2}-y^2$

Tip
- $(a-b)(a+b)$
  $=(a+b)(a-b)$
  $=a^2-b^2$
- $(-a+b)(a+b)$
  $=(b-a)(b+a)$
  $=b^2-a^2$
- $(a-b)(-a-b)$
  $=(-b+a)(-b-a)$
  $=(-b)^2-a^2$
  $=b^2-a^2$

6. 다음 식을 전개하시오.

(1) $\left(x+\frac{1}{2}\right)\left(x-\frac{1}{2}\right)$ $x^2-\frac{1}{4}$

(2) $(2a-3b)(2a+3b)$ $4a^2-9b^2$

풀이 (1) $\left(x+\frac{1}{2}\right)\left(x-\frac{1}{2}\right)=x^2-\left(\frac{1}{2}\right)^2=x^2-\frac{1}{4}$

(2) $(2a-3b)(2a+3b)=(2a)^2-(3b)^2=4a^2-9b^2$

두 수의 곱을 구할 때, 곱셈 공식을 이용하면 편리한 경우가 있다.

함께해 보기 5

다음은 곱셈 공식을 이용하여 101×99를 계산하는 과정이다. □ 안에 알맞은 수를 써넣어 보자.

$$101\times99=(100+1)(100-1)$$
$$=\boxed{100}^2-1^2=\boxed{10000}-1=\boxed{9999}$$

7. 곱셈 공식을 이용하여 다음을 계산하시오.

(1) 103×97 9991

(2) 71×69 4899

풀이 (1) $103\times97=(100+3)(100-3)=100^2-3^2=10000-9=9991$

(2) $71\times69=(70+1)(70-1)=70^2-1^2=4900-1=4899$

곱셈 공식 $(a+b)(a-b)=a^2-b^2$을 이용하면 분모에 근호가 있는 분수의 분모를 유리화할 수 있다.

함께해 보기 6

다음은 곱셈 공식을 이용하여 $\frac{2}{\sqrt{3}+1}$의 분모를 유리화하는 과정이다. □ 안에 알맞은 수를 써넣어 보자.

$\frac{2}{\sqrt{3}+1}$의 분모, 분자에 각각 $\sqrt{3}-1$을 곱하면

$$\frac{2}{\sqrt{3}+1}=\frac{2(\sqrt{3}-1)}{(\sqrt{3}+1)(\sqrt{3}-1)}=\frac{2(\sqrt{3}-1)}{(\sqrt{3})^2-\boxed{1}^2}=\frac{2(\sqrt{3}-1)}{3-\boxed{1}}=\boxed{\sqrt{3}}-1$$

8. 다음 수의 분모를 유리화하시오.

(1) $\dfrac{\sqrt{2}-1}{\sqrt{2}+1}$ $3-2\sqrt{2}$

(2) $\dfrac{1}{\sqrt{5}-2}$ $\sqrt{5}+2$

풀이 (1) $\dfrac{\sqrt{2}-1}{\sqrt{2}+1}=\dfrac{(\sqrt{2}-1)^2}{(\sqrt{2}+1)(\sqrt{2}-1)}=\dfrac{2-2\sqrt{2}+1}{2-1}=3-2\sqrt{2}$

(2) $\dfrac{1}{\sqrt{5}-2}=\dfrac{1\times(\sqrt{5}+2)}{(\sqrt{5}-2)(\sqrt{5}+2)}=\dfrac{\sqrt{5}+2}{5-4}=\sqrt{5}+2$

$(x+a)(x+b)$, $(ax+b)(cx+d)$는 어떻게 전개할까?

두 다항식의 곱 $(x+a)(x+b)$를 분배법칙을 이용하여 다음과 같이 전개할 수 있다.

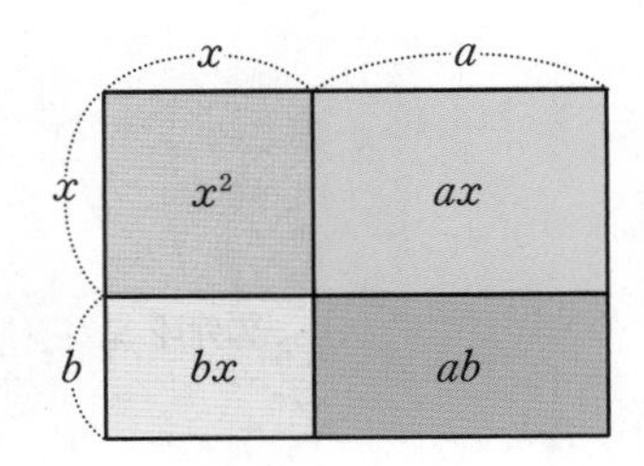

$$\begin{aligned}(x+a)(x+b)&=x^2+bx+ax+ab\\&=x^2+ax+bx+ab\\&=x^2+(a+b)x+ab\end{aligned}$$

이상을 정리하면 다음과 같은 곱셈 공식을 얻는다.

곱셈 공식 (3)

$$(x+a)(x+b)=x^2+(a+b)x+ab$$

Tip 곱셈 공식(3)에서 x의 계수는 a와 b의 합과 같고, 상수항은 a와 b의 곱과 같다. 전개할 때 부호가 틀리지 않도록 주의한다.

$(x+a)(x+b)=x^2+(a+b)x+ab$ (합: $a+b$, 곱: ab)

함께해 보기 7

다음은 다항식의 곱을 전개하는 과정이다. □ 안에 알맞은 수를 써넣어 보자.

(1) $(x+2)(x+4)$
$=x^2+(2+\boxed{4})x+2\times4$
$=x^2+\boxed{6}x+8$

(2) $(x-1)(x+5)$
$=x^2+(\boxed{-1}+5)x+(-1)\times5$
$=x^2+\boxed{4}x-5$

9. 다음 식을 전개하시오.

(1) $(a+5)(a+3)$ $a^2+8a+15$

(2) $(a-1)(a+6)$ a^2+5a-6

(3) $(x+7)(x-4)$ $x^2+3x-28$

(4) $(x-5)(x-6)$ $x^2-11x+30$

풀이 (1) $(a+5)(a+3)=a^2+(5+3)a+5\times3=a^2+8a+15$
(2) $(a-1)(a+6)=a^2+(-1+6)a+(-1)\times6=a^2+5a-6$
(3) $(x+7)(x-4)=x^2+(7-4)x+7\times(-4)=x^2+3x-28$
(4) $(x-5)(x-6)=x^2+(-5-6)x+(-5)\times(-6)=x^2-11x+30$

두 다항식의 곱 $(ax+b)(cx+d)$를 분배법칙을 이용하여 다음과 같이 전개할 수 있다.

$$(ax+b)(cx+d)$$
$$=acx^2+adx+bcx+bd$$
$$=acx^2+(ad+bc)x+bd$$

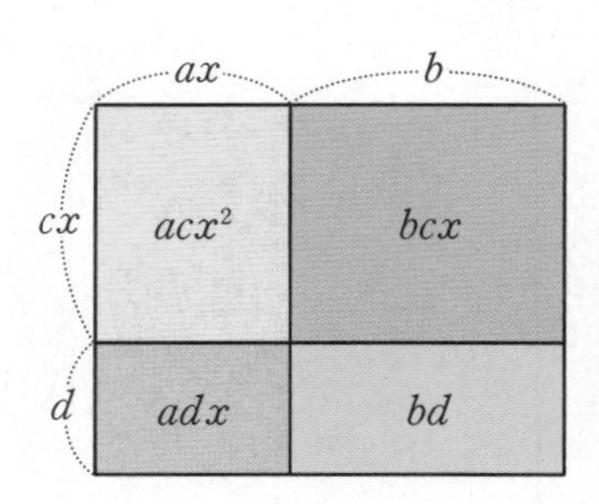

이상을 정리하면 다음과 같은 곱셈 공식을 얻는다.

곱셈 공식(4)

$$(ax+b)(cx+d)=acx^2+(ad+bc)x+bd$$

함께해 보기 8

다음은 다항식의 곱을 전개하는 과정이다. □ 안에 알맞은 것을 써넣어 보자.

(1) $(2x+1)(x+4)=(2\times1)x^2+(2\times\boxed{4}+1\times1)x+1\times\boxed{4}$
$=2x^2+\boxed{9x}+\boxed{4}$

(2) $(5x+3)(2x-3)=(5\times2)x^2+\{\boxed{5}\times(-3)+3\times2\}x+\boxed{3}\times(-3)$
$=10x^2-\boxed{9x}-\boxed{9}$

10. 다음 식을 전개하시오.

(1) $(a-5)(2a+1)$ $2a^2-9a-5$

(2) $(3a-2)(2a-7)$ $6a^2-25a+14$

(3) $(5x+1)(-3x+1)$ $-15x^2+2x+1$

(4) $(-4x+3)(x-1)$ $-4x^2+7x-3$

풀이 (1) $(a-5)(2a+1)=(1\times2)a^2+\{1\times1+(-5)\times2\}a+(-5)\times1=2a^2-9a-5$
(2) $(3a-2)(2a-7)=(3\times2)a^2+\{3\times(-7)+(-2)\times2\}a+(-2)\times(-7)=6a^2-25a+14$
(3) $(5x+1)(-3x+1)=\{5\times(-3)\}x^2+\{5\times1+1\times(-3)\}x+1\times1=-15x^2+2x+1$
(4) $(-4x+3)(x-1)=\{(-4)\times1\}x^2+\{(-4)\times(-1)+3\times1\}x+3\times(-1)=-4x^2+7x-3$

생각 나누기 문제 해결 창의·융합 의사소통

다음과 같이 어떤 수의 곱셈은 곱셈 공식을 이용하면 편리한 경우가 있다. 이와 같이 곱셈 공식을 이용하여 편리하게 계산할 수 있는 곱셈식을 만들고, 그 풀이법을 친구들과 이야기하여 보자. 풀이 참조

102×105
$=(100+2)(100+5)$
$=100^2+(2+5)\times100+2\times5$
$=10000+700+10$
$=10710$

102×98
$=(100+2)(100-2)$
$=100^2-2^2$
$=10000-4$
$=9996$

풀이 | 예시 | $99\times98=(100-1)(100-2)$
$=100^2+(-1-2)\times100+(-1)\times(-2)$
$=10000-300+2$
$=9702$

스스로 점검하기

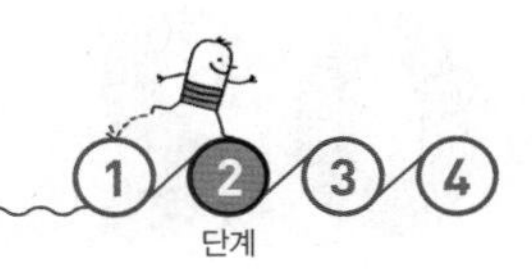

개념 점검하기

잘함 보통 모름

(1) 다항식의 곱셈 : $(a+b)(c+d)=ac+ad+bc+bd$

(2) 다항식의 곱셈 공식

① $(a+b)^2=a^2+2ab+b^2$, $(a-b)^2=a^2-2ab+b^2$

② $(a+b)(a-b)=$ [a^2-b^2]

③ $(x+a)(x+b)=x^2+($ [$a+b$] $)x+ab$

④ $(ax+b)(cx+d)=acx^2+($ [$ad+bc$] $)x+bd$

1

49쪽

$(x+a)(2y-3)$을 전개한 식에서 y의 계수가 4일 때, 상수 a의 값을 구하시오. 2

풀이 $(x+a)(2y-3)=2xy-3x+2ay-3a$에서
y의 계수가 4이므로 $2a=4$이다.
따라서 $a=2$이다.

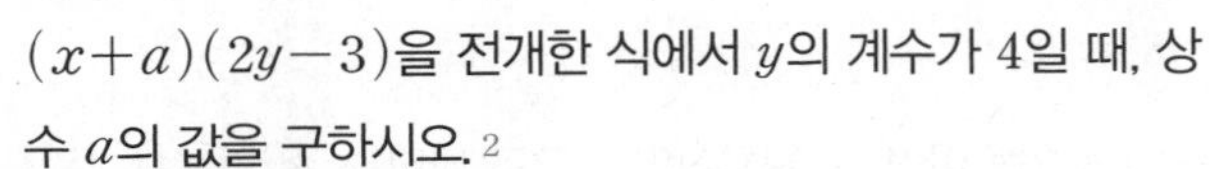

2

51쪽

다음 식을 전개하시오.

(1) $(4a+3)^2$ $16a^2+24a+9$

(2) $(3a-2b)^2$ $9a^2-12ab+4b^2$

(3) $(2x-1)^2$ $4x^2-4x+1$

(4) $(-2x+4)^2$ $4x^2-16x+16$

풀이 (1) $(4a+3)^2=(4a)^2+2\times4a\times3+3^2=16a^2+24a+9$
(2) $(3a-2b)^2=(3a)^2-2\times3a\times2b+(2b)^2=9a^2-12ab+4b^2$
(3) $(2x-1)^2=(2x)^2-2\times2x\times1+1^2=4x^2-4x+1$
(4) $(-2x+4)^2=(-2x)^2+2\times(-2x)\times4+4^2=4x^2-16x+16$

3

52쪽

$(\sqrt{2}-\sqrt{5})^2=a+b\sqrt{10}$일 때, 유리수 a, b의 값을 각각 구하시오. $a=7$, $b=-2$

풀이 $(\sqrt{2}-\sqrt{5})^2=(\sqrt{2})^2-2\times\sqrt{2}\times\sqrt{5}+(\sqrt{5})^2$
$=2-2\sqrt{10}+5=7-2\sqrt{10}$
따라서 $a=7$, $b=-2$이다.

4

53쪽

다음 식을 전개하시오.

(1) $(a-2)(a+5)$ $a^2+3a-10$

(2) $(x+3)(x-3)$ x^2-9

(3) $(a-4)(3a+5)$ $3a^2-7a-20$

(4) $(2x-4y)(3x+y)$ $6x^2-10xy-4y^2$

풀이 (1) $(a-2)(a+5)=a^2+(-2+5)a+(-2)\times5=a^2+3a-10$
(2) $(x+3)(x-3)=x^2-3^2=x^2-9$
(3) $(a-4)(3a+5)=(1\times3)a^2+\{1\times5+(-4)\times3\}a+(-4)\times5=3a^2-7a-20$
(4) $(2x-4y)(3x+y)=(2\times3)x^2+\{2\times y+(-4y)\times3\}x+(-4y)\times y$
$=6x^2-10xy-4y^2$

5

52쪽

곱셈 공식을 이용하여 다음을 계산하시오.

(1) 105^2 11025 (2) 55×65 3575

풀이 (1) $105^2=(100+5)^2=100^2+2\times100\times5+5^2=10000+1000+25=11025$
(2) $55\times65=(60-5)(60+5)=60^2-5^2=3600-25=3575$

6

56쪽

다음 직사각형에서 색칠한 부분의 넓이를 두 다항식의 곱으로 나타내고, 이를 전개하시오. $(3x+2)(2x-1)$, $6x^2+x-2$

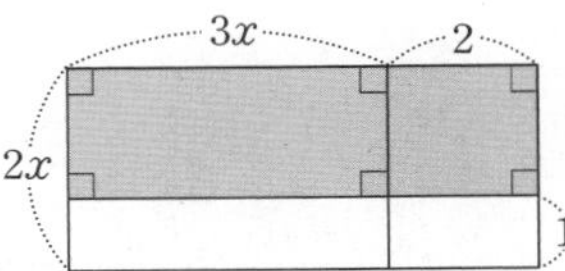

풀이 색칠한 부분의 가로의 길이는 $3x+2$, 세로의 길이는 $2x-1$이므로 그 넓이는 $(3x+2)(2x-1)$이다.
$(3x+2)(2x-1)=(3\times2)x^2+\{3\times(-1)+2\times2\}x+2\times(-1)$
$=6x^2+x-2$

다항식의 인수분해

이 단원에서 배우는 용어와 기호
인수, 인수분해, 완전제곱식

학습 목표 ‖ 다항식의 인수분해를 할 수 있다.

인수분해는 무엇일까?

탐구하기

탐구 목표
자연수의 곱셈과 소인수분해의 역관계를 통해 다항식의 곱셈과 인수분해의 역관계를 이해할 수 있다.

오른쪽 그림은 자연수의 곱셈과 소인수분해의 역관계를 나타낸 것이다. 다항식에서도 이와 유사한 관계가 성립한다. 다음 물음에 답하여 보자.

곱셈
$2\times3=6$
소인수분해

활동 1 다음은 두 일차식의 곱을 전개한 것이다. □ 안에 알맞은 수를 써넣어 보자.

$$(x+1)(x+\boxed{2})=x^2+3x+2$$

풀이 $(x+1)(x+\square)=x^2+3x+2$이므로
$x^2+(1+\square)x+1\times\square=x^2+3x+2$에서 $\square=2$이다.

활동 2 활동 1의 결과를 이용하여 다항식 x^2+3x+2는 어떤 두 일차식의 곱으로 나타낼 수 있는지 구하여 보자. $x+1,\ x+2$

풀이 활동 1에서 x^2+3x+2는 두 일차식 $x+1,\ x+2$의 곱으로 나타낼 수 있다.

탐구하기 에서 $(x+1)(x+2)=x^2+3x+2$의 좌변과 우변을 바꾸어 놓으면 $x^2+3x+2=(x+1)(x+2)$이므로 다항식 x^2+3x+2는 두 일차식 $x+1$과 $x+2$의 곱으로 나타낼 수 있다.

Tip 모든 다항식에서 1과 자기 자신도 그 다항식의 인수이다.

이와 같이 하나의 다항식을 두 개 이상의 다항식의 곱으로 나타낼 때, 각각의 식을 처음 식의 **인수**라고 한다. 예를 들어 위의 식에서 $x+1$과 $x+2$는 x^2+3x+2의 인수이다. 또, 하나의 다항식을 두 개 이상의 인수의 곱으로 나타내는 것을 그 다항식을 **인수분해**한다고 한다.

$$x^2+3x+2 \underset{\text{전개}}{\overset{\text{인수분해}}{\rightleftarrows}} (x+1)(x+2)$$

($x+1$, $x+2$: 인수)

바로 확인 $(x+3)(x-1)=x^2+2x-3$이므로 x^2+2x-3을 인수분해하면 $(x+3)(x-1)$이다. 이때 $x+3$, $\boxed{x-1}$은 x^2+2x-3의 인수이다.

1. 다음 식은 어떤 다항식을 인수분해한 것인지 말하시오.

(1) $a(a+3)$ a^2+3a　　(2) $(a+1)^2$ a^2+2a+1

(3) $(x+3)(x-3)$ x^2-9　　(4) $(x-3)(x-2)$ x^2-5x+6

풀이 (1) $a(a+3)=a^2+3a$이므로 a^2+3a를 인수분해한 것이다.
(2) $(a+1)^2=a^2+2a+1$이므로 a^2+2a+1을 인수분해한 것이다.
(3) $(x+3)(x-3)=x^2-9$이므로 x^2-9를 인수분해한 것이다.
(4) $(x-3)(x-2)=x^2-5x+6$이므로 x^2-5x+6을 인수분해한 것이다.

다항식 $ma+mb$에서 두 항 ma, mb에 공통으로 있는 인수 m을 분배법칙을 이용하여 괄호 밖으로 묶어 내면 다음과 같이 인수분해할 수 있다.

$$ma+mb=m(a+b)$$

함께해 보기 1

다음은 다항식을 인수분해하는 과정이다. □ 안에 알맞은 것을 써넣어 보자.

(1) 다항식 x^2+xy에서
두 항 x^2, xy에 공통으로 있는 인수는 $\boxed{x}$이므로
$x^2+xy=\boxed{x}(x+y)$

(2) 다항식 $x^2y-2xy^3+6x^2y^2$에서
세 항 x^2y, $-2xy^3$, $6x^2y^2$에 공통으로 있는 인수는 $\boxed{xy}$이므로
$x^2y-2xy^3+6x^2y^2=\boxed{xy}(x-\boxed{2y^2}+6xy)$

⊕ 인수분해할 때는 공통으로 있는 인수가 남지 않도록 모두 묶어 낸다.

2. 다음 식을 인수분해하시오.

(1) a^3-4a^2 $a^2(a-4)$　　(2) $2ab+3a^2b^2$ $ab(2+3ab)$

(3) x^3y^2-2xy $xy(x^2y-2)$　　(4) $xy-4xy^2+2x^2y$ $xy(1-4y+2x)$

의사소통 3. 다음과 같은 우진이와 이한이의 인수분해 결과를 보고, 인수분해할 때 주의할 점에 대하여 친구들과 이야기하시오. 풀이 참조

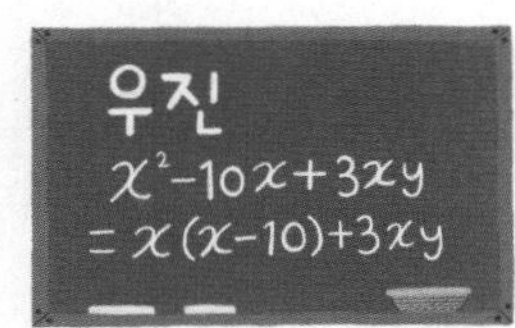

이한
$2xy-3xy^2$
$=x(2y-3y^2)$

풀이 우진: 인수분해는 하나의 다항식을 두 개 이상의 인수의 곱으로 나타내는 것이므로 인수분해한 결과는 다항식의 곱의 꼴로 나타나야 한다. 따라서 공통으로 있는 인수 x를 묶어 내어 바르게 인수분해하면 $x^2-10x+3xy=x(x-10+3y)$이다.
이한: 인수분해를 할 때는 각 항에 공통으로 있는 인수를 모두 묶어 내야 한다.
따라서 공통으로 있는 인수를 모두 묶어 내어 바르게 인수분해하면 $2xy-3xy^2=xy(2-3y)$이다.

$a^2+2ab+b^2$, $a^2-2ab+b^2$은 어떻게 인수분해할까?

탐구하기

탐구 목표
정사각형 2개와 직사각형 2개의 넓이의 합과 이를 모두 사용하여 만든 정사각형의 넓이가 같음을 이용하여 인수분해 공식
$a^2+2ab+b^2=(a+b)^2$
이 성립함을 알 수 있다.

다음 그림과 같이 정사각형 2개와 직사각형 2개를 모두 사용하여 새로운 정사각형을 만들려고 한다. 물음에 답하여 보자.

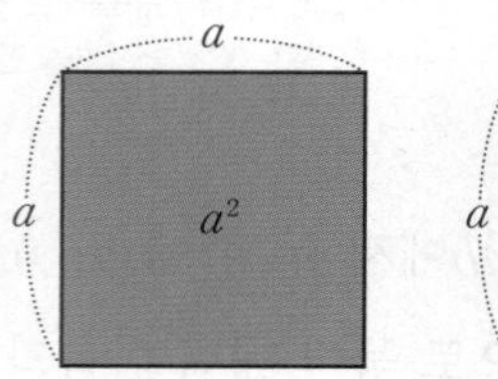

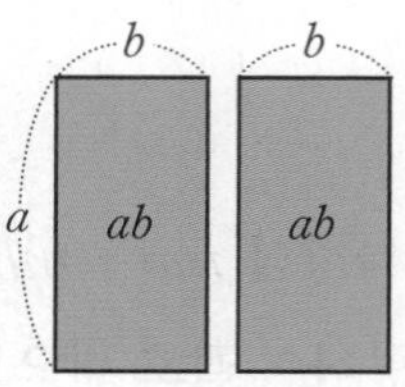

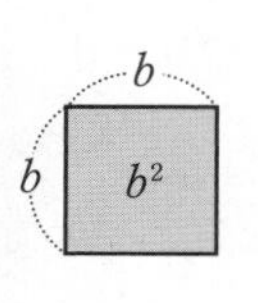

활동 1 정사각형 2개와 직사각형 2개의 넓이의 합을 구하여 보자. $a^2+2ab+b^2$

풀이 정사각형 2개와 직사각형 2개의 넓이의 합은 $a^2+b^2+ab+ab=a^2+2ab+b^2$이다.

활동 2 정사각형 2개와 직사각형 2개를 모두 사용하여 새로운 정사각형을 만들고, 그 정사각형의 한 변의 길이를 구하여 보자. 또, 이를 이용하여 그 넓이를 식으로 나타내어 보자. 풀이 참조

풀이 새로운 정사각형은 오른쪽 그림과 같고, 정사각형의 한 변의 길이가 $a+b$이므로 그 넓이는 $(a+b)^2$이다.

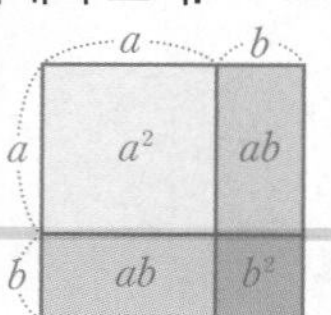

탐구하기 에서 세 종류의 사각형의 넓이는 각각 a^2, ab, b^2이므로 그 넓이의 합은 $a^2+2ab+b^2$이다. 한편, 오른쪽 그림과 같이 사각형을 모두 사용하여 만든 새로운 정사각형의 한 변의 길이는 $a+b$이므로 그 넓이는 $(a+b)^2$이다.

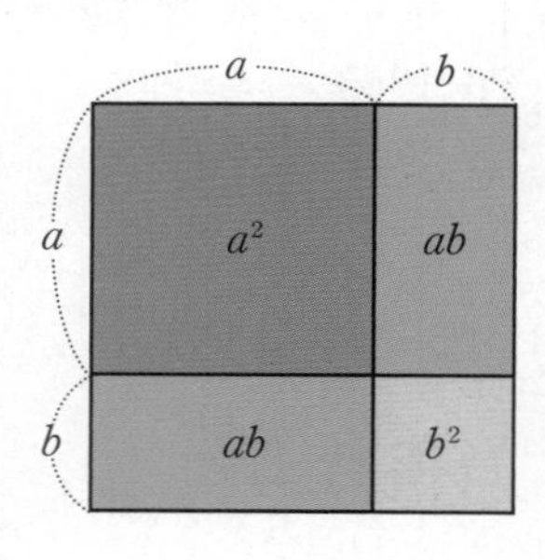

따라서

$$a^2+2ab+b^2=(a+b)^2$$

임을 알 수 있다.

Tip 다항식의 곱셈과 인수분해의 역관계를 이용하여 곱셈 공식의 좌변과 우변을 서로 바꾸어 놓으면 인수분해 공식이 된다.

Tip 인수분해 공식(1)을 적용할 때, 다음과 같은 오류를 범하지 않도록 주의한다.
- $x^2+y^2=(x+y)^2$ (×)
- $4a^2+2a+y^2=(2a+y)^2$ (×)

이런 경우는 우변을 곱셈 공식을 이용하여 전개한 후 그 결과가 좌변과 같지 않음을 확인하도록 하여 오류를 범하지 않도록 한다.

또한, 이것은 곱셈 공식 $(a+b)^2=a^2+2ab+b^2$, $(a-b)^2=a^2-2ab+b^2$에서 좌변과 우변을 서로 바꾸어 놓은 것과 같으므로 다음과 같은 인수분해 공식을 얻을 수 있다.

인수분해 공식(1)

$$a^2+2ab+b^2=(a+b)^2 \qquad a^2-2ab+b^2=(a-b)^2$$

함께해 보기 2

다음은 다항식을 인수분해하는 과정이다. □ 안에 알맞은 것을 써넣어 보자.

(1) $a^2+10a+25=a^2+2\times a\times \boxed{5}+5^2$

$=(a+\boxed{5})^2$

(2) $9x^2-6xy+y^2=(3x)^2-2\times\boxed{3x}\times y+y^2$

$=(\boxed{3x}-y)^2$

4. 다음 식을 인수분해하시오.

(1) $a^2+14a+49$ $(a+7)^2$

(2) x^2-4x+4 $(x-2)^2$

(3) $16x^2+8x+1$ $(4x+1)^2$

(4) $4a^2-4ab+b^2$ $(2a-b)^2$

풀이 (1) $a^2+14a+49=a^2+2\times a\times 7+7^2=(a+7)^2$
(2) $x^2-4x+4=x^2-2\times x\times 2+2^2=(x-2)^2$
(3) $16x^2+8x+1=(4x)^2+2\times 4x\times 1+1^2=(4x+1)^2$
(4) $4a^2-4ab+b^2=(2a)^2-2\times 2a\times b+b^2=(2a-b)^2$

Tip $(a+b)^2$의 꼴뿐만 아니라 $3(x-1)^2$과 같이 상수가 곱해진 꼴도 완전제곱식이며, 이때 앞에 곱해진 상수는 제곱수일 필요가 없음에 유의한다.

$(a+b)^2$, $(2a+1)^2$, $3(x-1)^2$과 같이 어떤 다항식의 제곱으로 이루어진 식이나 이 식에 수를 곱한 식을 **완전제곱식**이라고 하며 주어진 식이 완전제곱식임을 이용하여 다항식의 미지수인 계수나 상수항을 알아낼 수 있다.

예를 들어 다항식 $a^2+6a+\square$가 완전제곱식이 되는 경우,
$6a=2\times a\times 3$이므로 $a^2+6a+\square=(a+3)^2$이 되어야 한다. 따라서

$\square=3^2=9$

임을 알 수 있다.

또, 다항식 $4x^2+\square+9$가 완전제곱식이 되는 경우,
$9=(\pm3)^2$이므로 $4x^2+\square+9=(2x\pm3)^2$이 되어야 한다. 따라서

$\square=2\times 2x\times(\pm3)=\pm12x$

임을 알 수 있다.

풀이 (1) $a^2+12a+\square$에서 $12a=2\times a\times 6$이므로 $a^2+12a+\square=(a+6)^2$이다. 따라서 $\square=6^2=36$이다.
(2) $4x^2-16x+\square$에서 $4x^2=(2x)^2$, $16x=2\times 2x\times 4$이므로 $4x^2-16x+\square=(2x-4)^2$이다. 따라서 $\square=4^2=16$이다.
(3) $a^2+\square+16$에서 $16=(\pm4)^2$이므로 $a^2+\square+16=(a\pm4)^2$이다. 따라서 $\square=2\times a\times(\pm4)=\pm8a$이다.
(4) $9x^2+\square+y^2$에서 $9x^2=(3x)^2$, $y^2=(\pm y)^2$이므로 $9x^2+\square+y^2=(3x\pm y)^2$이다. 따라서 $\square=2\times 3x\times(\pm y)=\pm6xy$이다.

5. 다음 식이 완전제곱식이 되도록 □ 안에 알맞은 것을 써넣으시오.

(1) $a^2+12a+\boxed{36}$

(2) $4x^2-16x+\boxed{16}$

(3) $a^2+\boxed{\pm8a}+16$

(4) $9x^2+\boxed{\pm6xy}+y^2$

a^2-b^2은 어떻게 인수분해할까?

탐구하기

탐구 목표
큰 정사각형에서 작은 정사각형을 잘라 낸 색종이와 이를 이용하여 만든 직사각형 모양의 종이띠의 넓이가 같음을 이용하여 인수분해 공식 $a^2-b^2=(a+b)(a-b)$가 성립함을 알 수 있다.

다음 [그림 1]은 한 변의 길이가 a인 정사각형 모양의 색종이에서 한 변의 길이가 b인 정사각형을 잘라 낸 것이다. 또, [그림 3]은 남은 종이를 [그림 2]와 같이 잘라 직사각형 모양의 종이띠를 만든 것이다. 물음에 답하여 보자.

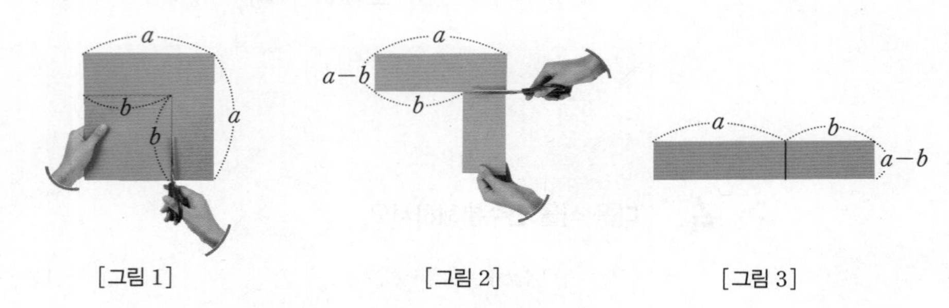

[그림 1] [그림 2] [그림 3]

활동 ❶ [그림 1]에서 색종이 전체의 넓이와 잘라 낸 정사각형의 넓이를 구하고, 이를 이용하여 [그림 2]의 도형의 넓이를 식으로 나타내어 보자. 색종이 전체의 넓이: a^2, 잘라 낸 정사각형의 넓이: b^2, [그림 2]의 도형의 넓이: a^2-b^2

활동 ❷ [그림 3]에서 만들어진 종이띠의 가로의 길이와 세로의 길이를 각각 구하고, 이를 이용하여 그 넓이를 식으로 나타내어 보자. 가로의 길이: $a+b$, 세로의 길이: $a-b$, 넓이: $(a+b)(a-b)$

탐구하기 에서 색종이 전체의 넓이는 a^2, 잘라 낸 정사각형의 넓이는 b^2이므로 [그림 2]의 도형의 넓이는 a^2-b^2이다. 한편, [그림 3]에서 만들어진 종이띠의 가로의 길이는 $a+b$, 세로의 길이는 $a-b$이므로 그 넓이는 $(a+b)(a-b)$이다.

따라서

$$a^2-b^2=(a+b)(a-b)$$

임을 알 수 있다.

또한, 이것은 곱셈 공식 $(a+b)(a-b)=a^2-b^2$에서 좌변과 우변을 서로 바꾸어 놓은 것과 같으므로 다음과 같은 인수분해 공식을 얻을 수 있다.

Tip $4x^2-y^2=(4x+y)(4x-y)$ (×)
➡ $4x^2-y^2=(2x)^2-y^2$ 이므로 바르게 인수분해하면 $4x^2-y^2=(2x+y)(2x-y)$

인수분해 공식 (2)

$$a^2-b^2=(a+b)(a-b)$$

함께해 보기 3

다음은 다항식을 인수분해하는 과정이다. □ 안에 알맞은 것을 써넣어 보자.

(1) $a^2-25=a^2-\boxed{5}^2$

$=(a+\boxed{5})(a-\boxed{5})$

(2) $9x^2-y^2=(\boxed{3x})^2-y^2$

$=(\boxed{3x}+y)(\boxed{3x}-y)$

6. 다음 식을 인수분해하시오.

(1) $4a^2-1$ $(2a+1)(2a-1)$

(2) $x^2-\frac{1}{4}$ $\left(x+\frac{1}{2}\right)\left(x-\frac{1}{2}\right)$

(3) $16x^2-y^2$ $(4x+y)(4x-y)$

(4) $4x^2-9y^2$ $(2x+3y)(2x-3y)$

풀이 (1) $4a^2-1=(2a)^2-1^2=(2a+1)(2a-1)$

(2) $x^2-\frac{1}{4}=x^2-\left(\frac{1}{2}\right)^2=\left(x+\frac{1}{2}\right)\left(x-\frac{1}{2}\right)$

(3) $16x^2-y^2=(4x)^2-y^2=(4x+y)(4x-y)$

(4) $4x^2-9y^2=(2x)^2-(3y)^2=(2x+3y)(2x-3y)$

의사소통 **7.** 65^2-45^2을 계산하여 보고, 자신의 방법을 친구들에게 설명하시오. 2200, 풀이 참조

풀이 | 예시 | 인수분해 공식(2)를 이용하여 다음과 같이 계산할 수 있다.

$65^2-45^2=(65+45)(65-45)$

$=110\times 20$

$=2200$

의사소통 **8.** 주어진 식을 인수분해하는 방법에 대하여 친구들과 이야기하시오. 풀이 참조

풀이 주어진 다항식의 두 항의 순서를 바꾸어 다음과 같이 인수분해할 수 있다.

$-4x^2+1=1-4x^2$

$=1^2-(2x)^2$

$=(1+2x)(1-2x)$

$x^2+(a+b)x+ab$는 어떻게 인수분해할까?

탐구하기

탐구 목표

대수 막대 6개의 넓이의 합과 대수 막대 6개를 모두 사용하여 만든 직사각형의 넓이가 같음을 이용하여 인수분해 공식(3)이 성립함을 알 수 있다.

오른쪽 그림과 같이 넓이가 x^2, x, 1인 세 종류의 대수 막대 6개를 모두 사용하여 새로운 직사각형을 만들려고 한다. 다음 물음에 답하여 보자.

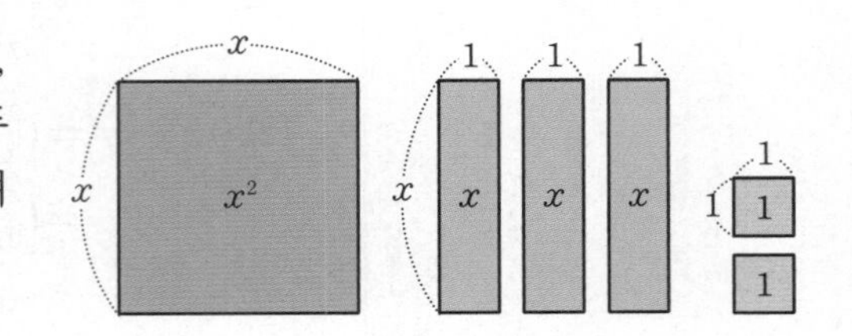

활동 1 대수 막대 6개의 넓이의 합을 구하여 보자. x^2+3x+2

풀이 대수 막대 6개의 넓이의 합은 $x^2+x+x+x+1+1=x^2+3x+2$

활동 2 대수 막대 6개를 모두 사용하여 새로운 직사각형을 만들어 보고, 그 넓이를 가로의 길이와 세로의 길이의 곱으로 나타내어 보자. 풀이 참조

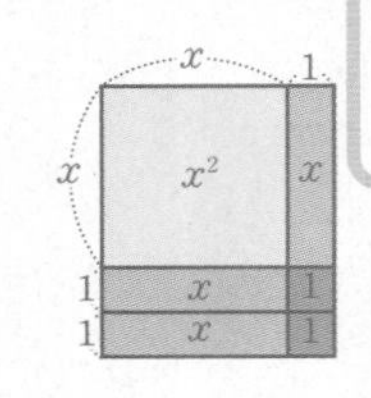

풀이 | 예시 | 새로 만든 직사각형은 왼쪽 그림과 같고, 직사각형의 가로의 길이가 $x+1$, 세로의 길이가 $x+2$이므로 그 넓이는 $(x+1)(x+2)$이다.

탐구하기 에서 대수 막대 6개의 넓이의 합은 x^2+3x+2이다. 한편, 오른쪽 그림과 같이 대수 막대 6개를 모두 사용하여 만든 새로운 직사각형의 가로의 길이는 $x+1$, 세로의 길이는 $x+2$이므로 그 넓이는 $(x+1)(x+2)$이다.

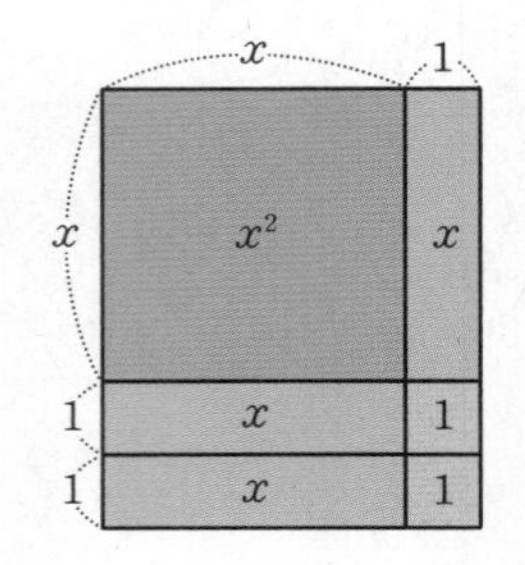

따라서

$$x^2+3x+2=(x+1)(x+2)$$

임을 알 수 있다.

또한, 이것은 $(x+1)(x+2)=x^2+3x+2$에서 좌변과 우변을 서로 바꾸어 놓은 것과 같으므로 다음과 같은 인수분해 공식을 얻을 수 있다.

인수분해 공식(3)

$$x^2+(a+b)x+ab=(x+a)(x+b)$$

Tip 주어진 다항식의 항이 3개이고 이차항의 계수가 1인 경우에는 일반적으로 인수분해 공식(3)을 이용한다.

이제 다항식 x^2+5x+6을 인수분해하여 보자.

인수분해 공식(3)의 좌변 $x^2+(a+b)x+ab$와 다항식 x^2+5x+6을 비교하면 $a+b=5$, $ab=6$이므로 합이 5이고, 곱이 6인 두 정수 a, b를 찾으면

$$x^2+(a+b)x+ab$$
$$x^2+\ 5x\ +6$$

$$x^2+5x+6=(x+a)(x+b)$$

와 같이 인수분해할 수 있다.

Tip x^2+mx+n
$=(x+a)(x+b)$일 때, m, n의 부호와 a, b의 부호 사이의 관계는 다음과 같다.
(1) $m>0$, $n>0$이면 a, b는 모두 양수
(2) $m>0$, $n<0$이면 a, b 중에서 절댓값이 큰 쪽은 양수, 절댓값이 작은 쪽은 음수
(3) $m<0$, $n>0$이면 a, b는 모두 음수
(4) $m<0$, $n<0$이면 a, b 중에서 절댓값이 큰 쪽은 음수, 절댓값이 작은 쪽은 양수

오른쪽 표에서 곱이 6인 두 정수 중 합이 5인 두 수는 2와 3이므로

$$x^2+5x+6=(x+2)(x+3)$$

과 같이 인수분해할 수 있다.

곱이 6인 두 정수	두 정수의 합
1, 6	7
−1, −6	−7
2, 3	5
−2, −3	−5

함께해 보기 4

다음은 다항식을 인수분해하는 과정이다. □ 안에 알맞은 것을 써넣어 보자.

(1) x^2+5x-6

오른쪽 표에서 곱이 -6인 두 정수 중 합이 [5]인 두 수는 -1과 [6]이므로

$$x^2+5x-6=(x-1)(x+[6])$$

과 같이 인수분해할 수 있다.

곱이 −6인 두 정수	두 정수의 합
1, −6	−5
−1, [6]	[5]
2, −3	−1
−2, [3]	1

(2) $x^2-4xy+3y^2$

오른쪽 표에서 곱이 3인 두 정수 중 합이 [−4]인 두 수는 -1과 [−3]이므로

$$x^2-4xy+3y^2=(x-y)(x-[3y])$$

와 같이 인수분해할 수 있다.

곱이 3인 두 정수	두 정수의 합
1, 3	4
−1, [−3]	[−4]

9. 다음 식을 인수분해하시오.

(1) a^2+5a+4 $(a+1)(a+4)$

(2) $a^2-5a-14$ $(a+2)(a-7)$

(3) $x^2+2xy-15y^2$ $(x-3y)(x+5y)$

(4) $x^2-6xy+8y^2$ $(x-2y)(x-4y)$

풀이 (1) 곱이 4인 두 정수 중 합이 5인 두 수는 1, 4이므로 $a^2+5a+4=(a+1)(a+4)$
(2) 곱이 -14인 두 정수 중 합이 -5인 두 수는 2, -7이므로 $a^2-5a-14=(a+2)(a-7)$
(3) 곱이 -15인 두 정수 중 합이 2인 두 수는 -3, 5이므로 $x^2+2xy-15y^2=(x-3y)(x+5y)$
(4) 곱이 8인 두 정수 중 합이 -6인 두 수는 -2, -4이므로 $x^2-6xy+8y^2=(x-2y)(x-4y)$

$acx^2+(ad+bc)x+bd$는 어떻게 인수분해할까?

곱셈 공식 $(ax+b)(cx+d)=acx^2+(ad+bc)x+bd$에서 좌변과 우변을 서로 바꾸어 놓으면 다음과 같은 인수분해 공식을 얻을 수 있다.

Tip 주어진 다항식의 항이 3개이고 이차항의 계수가 1이 아닌 경우에는 일반적으로 인수분해 공식(4)를 이용한다.

인수분해 공식 (4)

$$acx^2+(ad+bc)x+bd=(ax+b)(cx+d)$$

이제 다항식 $2x^2-7x+3$을 인수분해하여 보자.

인수분해 공식(4)의 좌변 $acx^2+(ad+bc)x+bd$와 다항식 $2x^2-7x+3$을 비교하면 $ac=2$, $ad+bc=-7$, $bd=3$이므로 이를 만족시키는 네 정수 a, b, c, d를 찾으면

$$2x^2-7x+3=(ax+b)(cx+d)$$

와 같이 인수분해할 수 있다.

$acx^2+(ad+bc)x+bd$
↓ ↓ ↓
$2x^2 \quad -7x \quad + \quad 3$

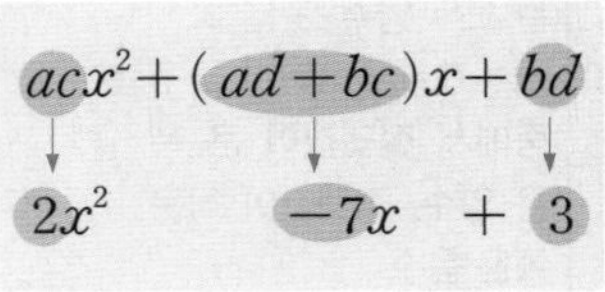

먼저 $ac=2$인 두 양의 정수 a, c와 $bd=3$인 두 정수 b, d를 구하여 오른쪽과 같이 나타낸 후에 $ad+bc=-7$이 되는 a, b, c, d를 찾는다.

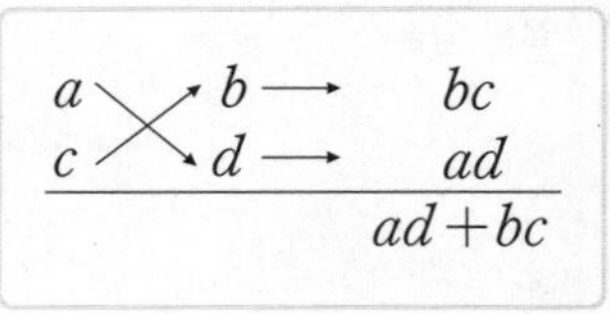

$a \quad b \rightarrow bc$
$c \quad d \rightarrow ad$
$ad+bc$

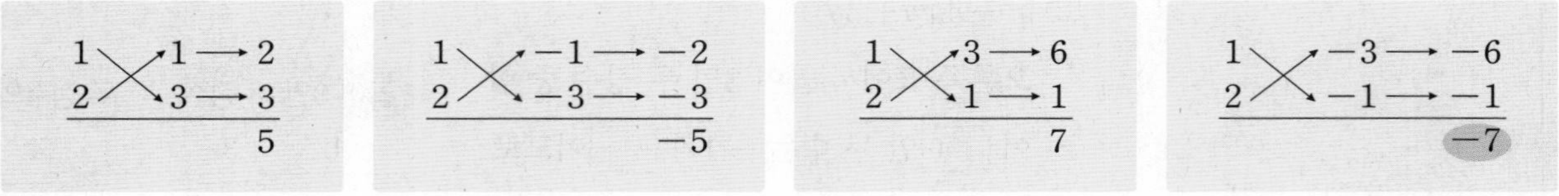

1	1 →	2
2	3 →	3
		5

1	−1 →	−2
2	−3 →	−3
		−5

1	3 →	6
2	1 →	1
		7

1	−3 →	−6
2	−1 →	−1
		−7

위에서 $a=1$, $b=-3$, $c=2$, $d=-1$ 이므로

$$2x^2-7x+3=(x-3)(2x-1)$$

과 같이 인수분해할 수 있다.

$2x^2-7x+3$
1 −3 → −6 ⋯ $x-3$
2 −1 → −1 ⋯ $2x-1$
−7

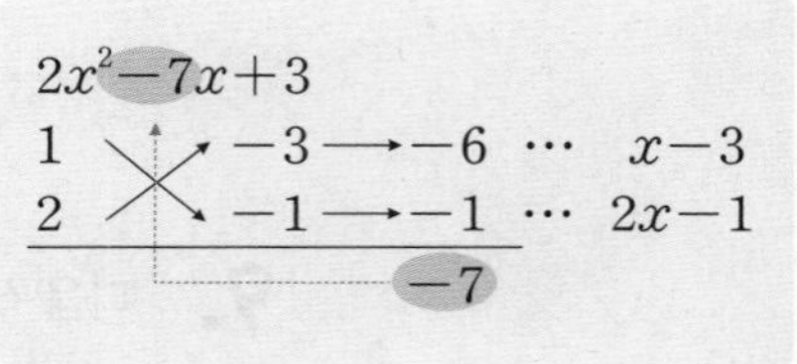

Tip 다항식을 인수분해할 때, 곱해지는 수끼리 짝 지어 $2x^2-7x+3$ $=(x-1)(2x-3)$ 과 같이 쓰지 않도록 주의한다.

함께해 보기 5

다음은 다항식 $5x^2+8x-4$를 인수분해하는 과정이다. □ 안에 알맞은 수를 써넣어 보자.

곱이 5인 두 양의 정수 1, 5와 곱이 -4인 두 정수 2, -2를 오른쪽과 같이 나타내면 $1\times(-2)+5\times2=8$이므로

$$5x^2+8x-4=(x+\boxed{2})(5x-2)$$

와 같이 인수분해할 수 있다.

$5x^2+8x-4$
1 $\boxed{2}$ → 10 ⋯ $x+\boxed{2}$
5 −2 → −2 ⋯ $5x-2$
8

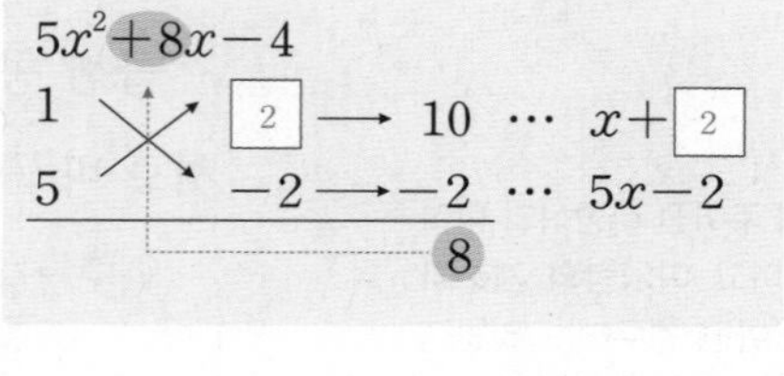

10. 다음 식을 인수분해하시오.

(1) $2x^2+5x+3$ $(x+1)(2x+3)$ (2) $4x^2-4x-3$ $(2x+1)(2x-3)$

(3) $3x^2+7x-10$ $(x-1)(3x+10)$ (4) $6x^2-5xy-y^2$ $(x-y)(6x+y)$

풀이 (1) $2x^2+5x+3$
$1 \quad 1 \to 2 \cdots x+1$
$2 \quad 3 \to 3 \cdots 2x+3$
5

(2) $4x^2-4x-3$
$2 \quad 1 \to 2 \cdots 2x+1$
$2 \quad -3 \to -6 \cdots 2x-3$
-4

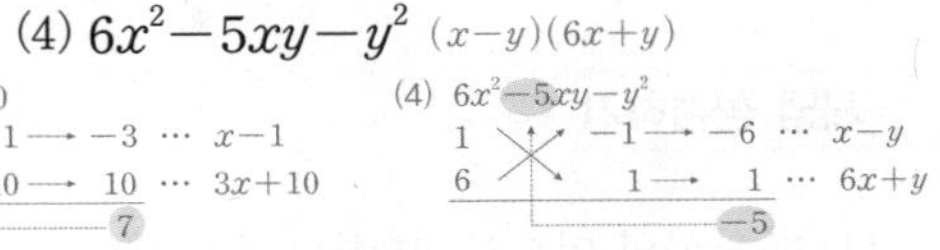

(3) $3x^2+7x-10$
$1 \quad -1 \to -3 \cdots x-1$
$3 \quad 10 \to 10 \cdots 3x+10$
7

(4) $6x^2-5xy-y^2$
$1 \quad -1 \to -6 \cdots x-y$
$6 \quad 1 \to 1 \cdots 6x+y$
-5

따라서 $2x^2+5x+3=(x+1)(2x+3)$이다. 따라서 $4x^2-4x-3=(2x+1)(2x-3)$이다. 따라서 $3x^2+7x-10=(x-1)(3x+10)$이다. 따라서 $6x^2-5xy-y^2=(x-y)(6x+y)$이다.

인수분해할 때, 공통으로 있는 인수가 있으면 먼저 공통으로 있는 인수를 묶어 낸 다음 인수분해 공식을 이용하여 인수분해한다.

함께해 보기 6

다음은 다항식 $6x^2y+5xy-6y$를 인수분해하는 과정이다. □ 안에 알맞은 것을 써넣어 보자.

다항식 $6x^2y+5xy-6y$의 세 항에 공통으로 있는 인수 $\boxed{y}$를 묶어 내면 $\boxed{y}(6x^2+5x-\boxed{6})$이고, 괄호 안의 식을 다시 인수분해하면

$$6x^2y+5xy-6y=\boxed{y}(6x^2+5x-\boxed{6})$$
$$=\boxed{y}(2x+3)(3x-2)$$

이다.

11. 다음 식을 인수분해하시오.

(1) a^3-ab^2 $a(a+b)(a-b)$ (2) $x^2y-3xy+2y$ $y(x-1)(x-2)$

풀이 (1) $a^3-ab^2=a(a^2-b^2)=a(a+b)(a-b)$
(2) $x^2y-3xy+2y=y(x^2-3x+2)=y(x-1)(x-2)$

의사소통 12. $x=\sqrt{3}+1$, $y=\sqrt{3}-1$일 때, 주어진 식의 값을 구하는 방법에 대해 친구들과 이야기하고, 그 방법으로 식의 값을 구하시오.

풀이 참조, $8\sqrt{3}$

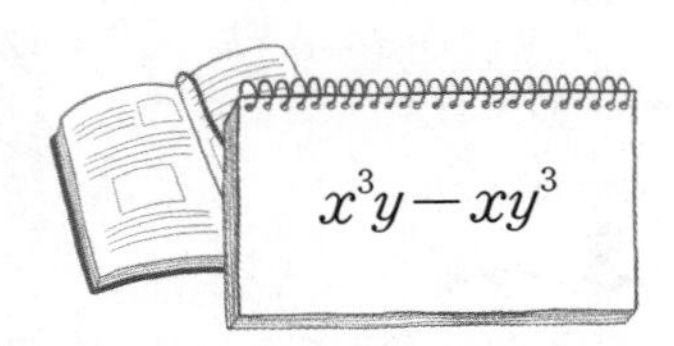

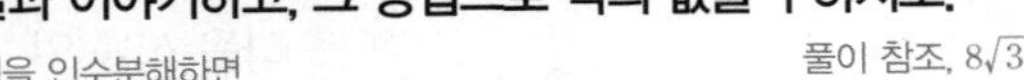

풀이 주어진 식을 인수분해하면
$x^3y-xy^3=xy(x^2-y^2)=xy(x+y)(x-y)$이다.

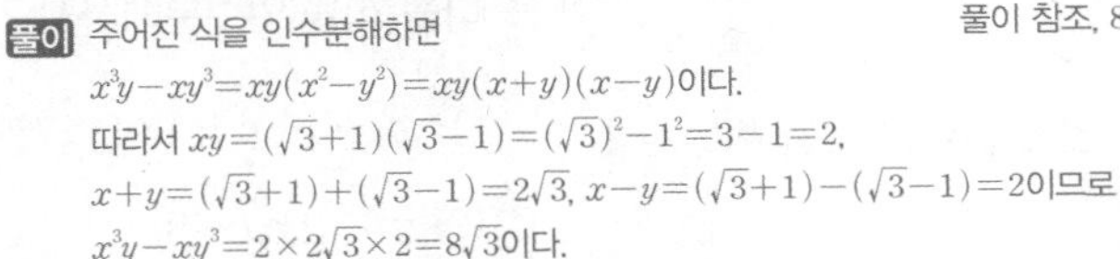

따라서 $xy=(\sqrt{3}+1)(\sqrt{3}-1)=(\sqrt{3})^2-1^2=3-1=2$,
$x+y=(\sqrt{3}+1)+(\sqrt{3}-1)=2\sqrt{3}$, $x-y=(\sqrt{3}+1)-(\sqrt{3}-1)=2$이므로
$x^3y-xy^3=2\times2\sqrt{3}\times2=8\sqrt{3}$이다.

생각 나누기 문제 해결 추론 의사소통

다음 다항식을 인수분해하고, 자신의 방법을 친구들에게 이야기하여 보자. 풀이 참조

(1) x^2-3x+2 (2) $2x^2-x-1$ (3) x^2-9 (4) x^2-4x+4

풀이 | 예시 | (1) 인수분해 공식(3)을 이용하면 곱이 2인 두 정수 중 합이 -3인 두 수는 -1과 -2이므로
$x^2-3x+2=(x-1)(x-2)$

(2) 인수분해 공식(4)를 이용하면
$2x^2-x-1$
$1 \quad -1 \to -2 \cdots x-1$
$2 \quad 1 \to 1 \cdots 2x+1$
-1
$2x^2-x-1=(x-1)(2x+1)$

(3) 인수분해 공식(2)를 이용하면
$x^2-9=x^2-3^2$
$=(x+3)(x-3)$

(4) 인수분해 공식(1)을 이용하면
$x^2-4x+4=x^2-2\times x\times2+2^2$
$=(x-2)^2$

스스로 점검하기

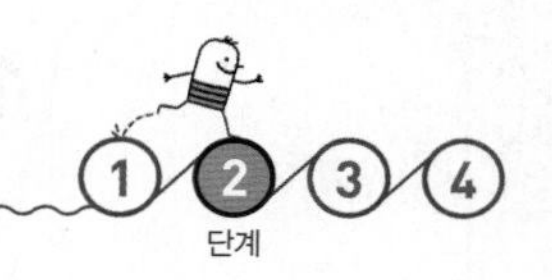

개념 점검하기

(1) 다항식의 인수분해: 하나의 다항식을 두 개 이상의 [인수]의 곱으로 나타내는 것

(2) 다항식의 인수분해 공식

① $a^2+2ab+b^2=(a+b)^2$, $a^2-2ab+b^2=$ [$(a-b)^2$]

② $a^2-b^2=(a+b)($[$a-b$]$)$

③ $x^2+(a+b)x+ab=(x+a)(x+$[b]$)$

④ $acx^2+(ad+bc)x+bd=(ax+b)($[$cx+d$]$)$

1 ●●●

다음 식을 인수분해하시오.

(1) $ax+3x$ $x(a+3)$　　(2) a^2+ab $a(a+b)$

(3) $4a^2b+ab$ $ab(4a+1)$　　(4) $4x^2y-3xy$ $xy(4x-3)$

풀이 (1) 공통으로 있는 인수는 x이므로 $ax+3x=x(a+3)$이다.
(2) 공통으로 있는 인수는 a이므로 $a^2+ab=a(a+b)$이다.
(3) 공통으로 있는 인수는 ab이므로 $4a^2b+ab=ab(4a+1)$이다.
(4) 공통으로 있는 인수는 xy이므로 $4x^2y-3xy=xy(4x-3)$이다.

2 ●●●

 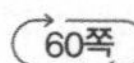 

$a=1-\sqrt{5}$, $b=2+\sqrt{5}$일 때, $a^2+2ab+b^2$의 값을 구하시오. 9

풀이 $a^2+2ab+b^2=(a+b)^2$이고 $a+b=(1-\sqrt{5})+(2+\sqrt{5})=3$이므로
$a^2+2ab+b^2=(a+b)^2=3^2=9$이다.

3 ●●●

다음 식이 완전제곱식이 되도록 □ 안에 알맞은 것을 써넣으시오.

(1) $4a^2+12a+$[9]

(2) $25a^2-20ab+$[$4b^2$]

(3) x^2+[$\pm12x$]$+36$

(4) $9x^2+$[$\pm30xy$]$+25y^2$

풀이 (1) $4a^2+12a+\square=(2a)^2+2\times2a\times3+3^2$이므로 $\square=3^2=9$이다.
(2) $25a^2-20ab+\square=(5a)^2-2\times5a\times2b+(2b)^2$이므로
$\square=(2b)^2=4b^2$이다.
(3) $\square=2\times x\times(\pm6)=\pm12x$
(4) $\square=2\times3x\times(\pm5y)=\pm30xy$

4 ●●●

다음 그림과 같이 가로의 길이가 $2x+1$, 넓이가 $4x^2-1$인 직사각형의 둘레의 길이를 구하시오. $8x$

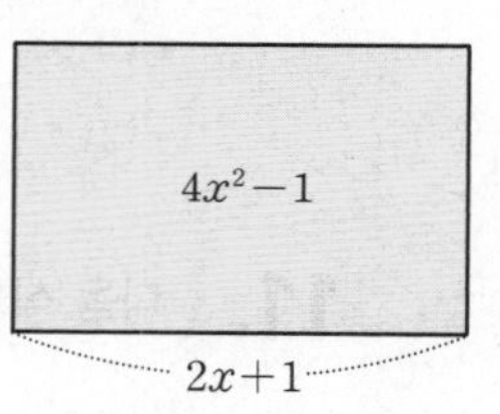

풀이 $4x^2-1=(2x)^2-1^2=(2x+1)(2x-1)$이고 가로의 길이가 $2x+1$이므로 세로의 길이는 $2x-1$이다.
따라서 직사각형의 둘레의 길이는
$2\times\{(2x+1)+(2x-1)\}=2\times4x=8x$이다.

5 ●●●

다음 식을 인수분해하시오.

(1) $x^2+11x+18$ $(x+2)(x+9)$

(2) $x^2-2xy-8y^2$ $(x+2y)(x-4y)$

(3) $4x^2+8x+3$ $(2x+1)(2x+3)$

(4) $12x^2-xy-y^2$ $(3x-y)(4x+y)$

풀이 (1) 곱이 18인 두 정수 중 합이 11인 두 수는 2, 9이므로
$x^2+11x+18=(x+2)(x+9)$이다.

(2) 곱이 -8인 두 정수 중 합이 -2인 것은 2, -4이므로
$x^2-2xy-8y^2=(x+2y)(x-4y)$이다.

(3) $4x^2+8x+3$
2 ╳ 1 → 2 ⋯ $2x+1$
2 ╳ 3 → 6 ⋯ $2x+3$
합: 8
따라서 $4x^2+8x+3=(2x+1)(2x+3)$이다.

(4) $12x^2-xy-y^2$
3 ╳ -1 → -4 ⋯ $3x-y$
4 ╳ 1 → 3 ⋯ $4x+y$
합: -1
따라서 $12x^2-xy-y^2=(3x-y)(4x+y)$이다.

다항식 퍼즐 만들기

다항식의 곱셈과 인수분해의 역관계를 이용하여 다음과 같은 다항식 퍼즐을 만들 수 있다.
다음 다항식 퍼즐을 완성하여 보자.

예 오른쪽 다항식 퍼즐에서 ⓐ는 가로축의 다항식 $x+2$와 세로축의 다항식 $x-3$을 곱한 결과이다.

×	$x+2$
$x-3$	ⓐ x^2-x-6

활동 ① 다음 다항식 퍼즐을 완성하여 보자.

풀이

×	$x+5$	$x-2$	$2x-3$
$x+4$	$x^2+9x+20$	x^2+2x-8	$2x^2+5x-12$
$x-2$	$x^2+3x-10$	x^2-4x+4	$2x^2-7x+6$
$x+3$	$x^2+8x+15$	x^2+x-6	$2x^2+3x-9$

활동 ② 나만의 다항식 퍼즐을 만들고 친구와 교환하여 서로의 퍼즐을 완성한 후, 자신의 방법을 친구에게 설명하여 보자.

풀이 | 예시 |

×	$x+1$	$2x-1$	$x-1$
$x+1$	x^2+2x+1	$2x^2+x-1$	x^2-1
$2x+1$	$2x^2+3x+1$	$4x^2-1$	$2x^2-x-1$
$x-4$	x^2-3x-4	$2x^2-9x+4$	x^2-5x+4

| 상호 평가표 |

평가 내용		자기 평가			친구 평가		
		😄	😊	😵	😄	😊	😵
내용	다항식의 곱셈과 인수분해의 역관계를 이용하여 문제를 해결할 수 있다.						
	해결 가능한 다항식 퍼즐을 만들고, 완성할 수 있다.						
태도	퍼즐을 만들고 해결하는 데 적극 참여하였다.						

중단원

스스로 확인하기

1. $(2x+a)(x-4)$를 전개하면 상수항이 4이다. 이 전개식의 x의 계수를 구하시오. (단, a는 상수이다.) -9

풀이 $(2x+a)(x-4)=2x^2+(-8+a)x-4a$
상수항이 4이므로 $-4a=4$, $a=-1$이다.
따라서 x의 계수는 $-8+(-1)=-9$이다.

2. 다음을 만족시키는 상수 a, b에 대하여 $a+b$의 값을 구하시오.

(1) $(3x-a)^2=9x^2+bx+49$ (단, $a>0$이다.) -35

(2) $(ax-2)^2=bx^2-20x+4$ 30

풀이 (1) $(3x-a)^2=(3x)^2-2\times3x\times a+a^2=9x^2-6ax+a^2$이므로
$-6a=b$, $a^2=49$이다.
$a>0$이므로 $a=7$, $b=-42$이다.
따라서 $a+b=7+(-42)=-35$이다.
(2) $(ax-2)^2=(ax)^2-2\times ax\times2+2^2=a^2x^2-4ax+4$이므로
$a^2=b$, $4a=20$이다.
따라서 $a=5$, $b=25$이므로 $a+b=5+25=30$이다.

3. 다음 수의 분모를 유리화하시오.

(1) $\dfrac{\sqrt{3}}{\sqrt{2}+1}$ $\sqrt{6}-\sqrt{3}$ (2) $\dfrac{2}{\sqrt{7}-\sqrt{3}}$ $\dfrac{\sqrt{7}+\sqrt{3}}{2}$

풀이 (1) $\dfrac{\sqrt{3}}{\sqrt{2}+1}=\dfrac{\sqrt{3}(\sqrt{2}-1)}{(\sqrt{2}+1)(\sqrt{2}-1)}=\dfrac{\sqrt{6}-\sqrt{3}}{2-1}=\sqrt{6}-\sqrt{3}$

(2) $\dfrac{2}{\sqrt{7}-\sqrt{3}}=\dfrac{2(\sqrt{7}+\sqrt{3})}{(\sqrt{7}-\sqrt{3})(\sqrt{7}+\sqrt{3})}=\dfrac{2(\sqrt{7}+\sqrt{3})}{7-3}=\dfrac{\sqrt{7}+\sqrt{3}}{2}$

4. 다음은 102×98을 계산하는 과정이다. □ 안에 알맞은 수를 써넣으시오.

$$102\times98=(\boxed{100}+2)(\boxed{100}-2)$$
$$=\boxed{100}^2-2^2$$
$$=\boxed{9996}$$

풀이 $102\times98=(100+2)(100-2)=100^2-2^2=9996$

5. 다음 그림과 같은 직사각형 모양의 액자의 가로의 길이가 $(2x+5y)$ cm이고 넓이가 $(6x^2+17xy+5y^2)$ cm^{2}일 때, 이 액자의 세로의 길이를 구하시오. $(3x+y)$ cm

풀이 액자의 넓이를 인수분해하면
$6x^2+17xy+5y^2=(2x+5y)(3x+y)$이고
가로의 길이가 $(2x+5y)$ cm이므로
세로의 길이는 $(3x+y)$ cm이다.

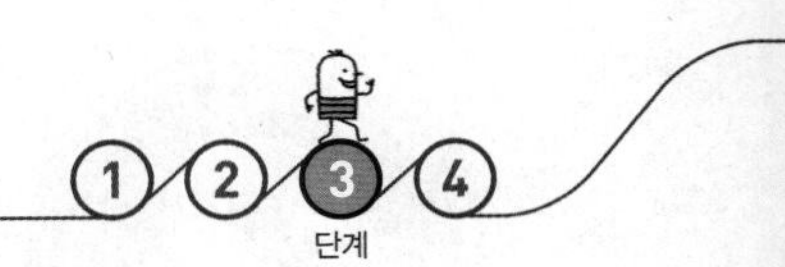

실력 업(UP) 발전 문제

6. 곱셈 공식 $(a+b)(a-b)=a^2-b^2$을 이용하여 다음 식을 간단히 하시오. a^8-1

$$(a-1)(a+1)(a^2+1)(a^4+1)$$

풀이 $(a-1)(a+1)(a^2+1)(a^4+1)$
$=(a^2-1)(a^2+1)(a^4+1)$
$=(a^4-1)(a^4+1)$
$=a^8-1$

7. 어떤 이차식을 인수분해하였는데, 인서는 일차항의 계수를 잘못 보아 $(x+3)(x-8)$로 인수분해하였고 우진이는 상수항을 잘못 보아 $(x+4)(x-2)$로 인수분해하였다. 처음의 이차식을 구하고, 이 이차식을 바르게 인수분해하시오. $x^2+2x-24$, $(x-4)(x+6)$

풀이 $(x+3)(x-8)=x^2-5x-24$이고 인서는 일차항의 계수를 잘못 보았으므로 처음의 이차식은 $x^2+\square x-24$의 꼴이다.
또, $(x+4)(x-2)=x^2+2x-8$이고 우진이는 상수항을 잘못 보았으므로 처음의 이차식은 $x^2+2x+\square$의 꼴이다.
따라서 처음의 이차식은 $x^2+2x-24$이고, 이 이차식을 인수분해하면 $x^2+2x-24=(x-4)(x+6)$이다.

8. $0<a<2$일 때, 다음 식을 간단히 하시오. 4

$$\sqrt{a^2+4a+4}+\sqrt{a^2-4a+4}$$

풀이 $0<a<2$에서 $a+2>0$, $a-2<0$이므로
$\sqrt{a^2+4a+4}+\sqrt{a^2-4a+4}=\sqrt{(a+2)^2}+\sqrt{(a-2)^2}$
$=a+2-a+2=4$

교과서 문제 뛰어 넘기

9. $2^x=\dfrac{2}{3+\sqrt{7}}$, $2^y=\dfrac{2}{3-\sqrt{7}}$일 때, 두 유리수 x, y에 대하여 $x+y$의 값을 구하시오.

10. $a<6$이고 $\sqrt{x}=a-3$일 때, $\sqrt{x-6a+27}-\sqrt{x+2a-5}$의 값 중 가장 큰 값을 구하시오.

11. $\left(1-\dfrac{1}{2^2}\right)\left(1-\dfrac{1}{3^2}\right)\left(1-\dfrac{1}{4^2}\right)\cdots\left(1-\dfrac{1}{9^2}\right)\left(1-\dfrac{1}{10^2}\right)$을 계산하시오.

이차방정식

01. 이차방정식과 그 풀이 | 02. 완전제곱식을 이용한 이차방정식의 풀이

이것만은 알고 가자

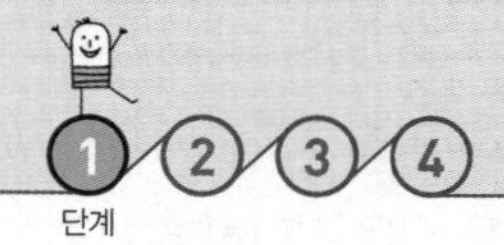

중1 일차방정식

알고 있나요?
일차방정식을 풀 수 있는가?
잘함 보통 모름

1. 다음 일차방정식을 푸시오.

(1) $2x-1=6$ $x=\frac{7}{2}$

(2) $3x+1=5x-3$ $x=2$

(3) $x-2=4(2-x)$ $x=2$

| 개념 체크 |

일차방정식의 풀이 방법

❶ 일차항은 좌변으로, 상수항 은 우변으로 이항한다.

❷ 양변을 정리하여 $ax=b$(단, $a\neq0$)의 꼴로 고친다.

❸ 양변을 x의 계수로 나눈다.

풀이 (1) $2x-1=6$, $2x=7$, $x=\frac{7}{2}$

(2) $3x+1=5x-3$, $-2x=-4$, $x=2$

(3) $x-2=4(2-x)$, $x-2=8-4x$, $5x=10$, $x=2$

중3 제곱근

알고 있나요?
제곱근의 뜻을 알고 있는가?
잘함 보통 모름

2. 다음 수의 제곱근을 구하시오.

(1) 16 ±4 (2) 5 $\pm\sqrt{5}$ (3) $\frac{25}{9}$ $\pm\frac{5}{3}$ (4) $\frac{7}{4}$ $\pm\frac{\sqrt{7}}{2}$

중3 다항식의 인수분해

알고 있나요?
다항식의 인수분해를 할 수 있는가?
잘함 보통 모름

3. 다음 식을 인수분해하시오.

(1) x^2+6x+9 $(x+3)^2$ (2) x^2-4 $(x+2)(x-2)$

(3) x^2+5x+6 $(x+2)(x+3)$ (4) $3x^2-8x-3$ $(x-3)(3x+1)$

부족한 부분을 보충하고 본 학습을 준비하여 보자.

한 눈에 개념 정리

01 이차방정식과 그 풀이

1. 이차방정식

(1) x에 대한 이차방정식: 방정식의 모든 항을 좌변으로 이항하여 정리하였을 때,

(x에 대한 이차식)$=0$

의 꼴로 나타내어지는 방정식을 x에 대한 이차방정식이라고 한다.

(2) 이차방정식의 해(근): 이차방정식을 참이 되게 하는 x의 값을 이차방정식의 해 또는 근이라 하고, 이차방정식의 해를 모두 구하는 것을 이차방정식을 푼다고 한다.

2. 이차방정식의 풀이

(1) 인수분해를 이용한 이차방정식의 풀이

① 이차방정식을 $ax^2+bx+c=0\ (a\neq0)$의 꼴로 정리한다.

② 좌변을 인수분해한다.

③ 두 식 A, B에 대하여 $AB=0$이면 $A=0$ 또는 $B=0$인 성질을 이용한다.

④ 해를 구한다.

(2) 이차방정식의 중근

① 중근: 이차방정식의 두 해가 중복되어 서로 같을 때, 이 해를 중근이라고 한다.

② 이차방정식이 '(완전제곱식)$=0$'의 꼴로 변형되면 이 이차방정식은 중근을 가진다.

02 완전제곱식을 이용한 이차방정식의 풀이

1. 제곱근을 이용한 이차방정식의 풀이

$ax^2+c=0\ (ac<0)$ ➡ $x^2=k\ (k>0)$의 꼴로 고친 후, k의 제곱근을 구한다.

2. 완전제곱식을 이용한 이차방정식의 풀이

이차방정식 $ax^2+bx+c=0\ (a\neq0)$에서

❶ 이차항의 계수 a로 양변을 나누어 x^2의 계수를 1로 만든다.

❷ 상수항을 우변으로 이항한다.

❸ 양변에 $\left(\frac{x\text{의 계수}}{2}\right)^2$을 더한다.

❹ 좌변을 완전제곱식으로 나타내고, 우변을 정리한다.

❺ 제곱근을 이용하여 해를 구한다.

3. 이차방정식의 근의 공식

이차방정식 $ax^2+bx+c=0\ (a\neq0)$의 해 ➡ $x=\frac{-b\pm\sqrt{b^2-4ac}}{2a}$ (단, $b^2-4ac>0$)

4. 이차방정식의 활용 문제를 해결하는 순서

❶ 문제의 뜻을 파악하고, 구하고자 하는 것을 미지수 x로 놓는다.

❷ 수량 사이의 관계를 이차방정식으로 나타낸다.

❸ 이차방정식을 푼다.

❹ 구한 해가 문제의 뜻에 맞는지 확인한다.

01 이차방정식과 그 풀이

이 단원에서 배우는 용어와 기호
이차방정식, 중근

학습 목표 ▮ • 이차방정식과 그 해의 의미를 이해한다.
• 인수분해를 이용하여 이차방정식을 풀 수 있다.

 이차방정식은 무엇일까?

탐구하기

탐구 목표
이차방정식의 의미를 이해할 수 있다.

오른쪽 그림은 빗변의 길이가 5 cm인 직각삼각형 ABC이다. $\overline{AC}$의 길이가 $\overline{BC}$의 길이보다 1 cm만큼 길 때, 다음 물음에 답하여 보자.

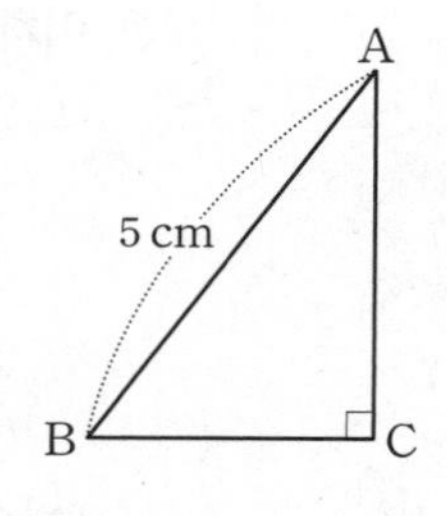

활동 ① $\overline{BC}$의 길이를 x cm라고 할 때, 직각삼각형의 세 변의 길이 사이의 관계를 x에 대한 등식으로 나타내어 보자. $x^2+(x+1)^2=5^2$

풀이 $\overline{BC}=x$ cm라고 하면, $\overline{AC}=(x+1)$ cm이므로 피타고라스 정리에 의하여 $x^2+(x+1)^2=5^2$이 성립한다.

활동 ② 활동 ①의 등식을 (x에 대한 식)$=0$의 꼴로 나타내어 보자. 이때 좌변은 x에 대한 몇 차식인지 말하여 보자. $x^2+x-12=0$, 좌변은 x에 대한 이차식이다.

풀이 $x^2+(x+1)^2=5^2$에서 $2x^2+2x-24=0$, $x^2+x-12=0$이므로 좌변은 x에 대한 이차식이다.

탐구하기 에서 $\overline{BC}=x$ cm라고 하면, $\overline{AC}=(x+1)$ cm이므로 피타고라스 정리에 의하여 $x^2+(x+1)^2=5^2$이 성립한다.

이 등식의 모든 항을 좌변으로 이항하여 정리하면

$$2x^2+2x-24=0,\ x^2+x-12=0$$

이 된다. 이와 같이 방정식의 모든 항을 좌변으로 이항하여 정리하였을 때

$$(x\text{에 대한 이차식})=0$$

의 꼴이 되는 방정식을 x에 대한 **이차방정식**이라고 한다.

일반적으로 x에 대한 이차방정식은

$$ax^2+bx+c=0\ (a,\ b,\ c\text{는 실수},\ a\neq 0)$$

의 꼴로 나타낼 수 있다.

1. 다음 중 이차방정식을 모두 찾으시오.

(1) $x^2+2=7$ (2) $4x^2+2x=3x+6$

(3) $x(x-3)=x^2+2$ (4) $(x+1)(x-2)=0$

풀이 모든 항을 좌변으로 이항하여 정리하면
(1) $x^2-5=0$ (2) $4x^2-x-6=0$ (3) $-3x-2=0$ (4) $x^2-x-2=0$
따라서 이차방정식은 (1), (2), (4)이다.

이차방정식의 해는 무엇일까?

함께해 보기 1

x의 값이 -1, 0, 1, 2일 때, 이차방정식 $x^2-x-2=0$이 참이 되는지 거짓이 되는지 알아보려고 한다. 다음 표를 완성하고, □ 안에 알맞은 수를 써넣어 보자.

> **Tip** $x=p$가 이차방정식 $ax^2+bx+c=0(a\neq0)$의 해이면 $x=p$를 대입했을 때 $ap^2+bp+c=0$이 된다.

x	좌변의 값	우변의 값	$x^2-x-2=0$의 참/거짓
-1	$(-1)^2-(-1)-2=0$	0	참
0	$0^2-0-2=-2$	0	거짓
1	$1^2-1-2=-2$	0	거짓
2	$2^2-2-2=0$	0	참

따라서 위의 표에서 이차방정식 $x^2-x-2=0$을 참이 되게 하는 x의 값은

$x=$ [-1] 또는 $x=$ [2]이다.
또는 2 / 또는 -1

> **참고** 특별한 말이 없으면 x의 값의 범위는 실수 전체라고 생각한다.

함께해 보기 1과 같이 이차방정식을 참이 되게 하는 x의 값을 그 이차방정식의 해 또는 근이라 하고, 이차방정식의 해를 모두 구하는 것을 이차방정식을 푼다고 한다.

바로 확인 **함께해 보기 1**에서 이차방정식 $x^2-x-2=0$의 해는 $x=$ [-1] 또는 $x=$ [2]이다.
또는 2 / 또는 -1

2. x의 값이 0, 1, 2, 3일 때, 다음 표를 완성하고 이차방정식 $x^2-3x+2=0$의 해를 모두 구하시오. $x=1$ 또는 $x=2$

x	좌변의 값	우변의 값	$x^2-3x+2=0$의 참/거짓
0	$0^2-3\times0+2=2$	0	거짓
1	$1^2-3\times1+2=0$	0	참
2	$2^2-3\times2+2=0$	0	참
3	$3^2-3\times3+2=2$	0	거짓

풀이 (1)

x	좌변의 값	우변의 값	참/거짓
-1	$(-1)^2=1$	$2\times(-1)=-2$	거짓
0	$0^2=0$	$2\times0=0$	참
1	$1^2=1$	$2\times1=2$	거짓
2	$2^2=4$	$2\times2=4$	참

따라서 이차방정식 $x^2=2x$의 해는 $x=0$ 또는 $x=2$이다.

(2)

x	좌변의 값	우변의 값	참/거짓
-1	$(-1+1)\times(-1-2)=0$	0	참
0	$(0+1)\times(0-2)=-2$	0	거짓
1	$(1+1)\times(1-2)=-2$	0	거짓
2	$(2+1)\times(2-2)=0$	0	참

따라서 이차방정식 $(x+1)(x-2)=0$의 해는 $x=-1$ 또는 $x=2$이다.

(3)

x	좌변의 값	우변의 값	참/거짓
-1	$(-1)^2-1=0$	0	참
0	$0^2-1=-1$	0	거짓
1	$1^2-1=0$	0	참
2	$2^2-1=3$	0	거짓

따라서 이차방정식 $x^2-1=0$의 해는 $x=-1$ 또는 $x=1$이다.

(4)

x	좌변의 값	우변의 값	참/거짓
-1	$(-1)^2-3\times(-1)+2=6$	0	거짓
0	$0^2-3\times0+2=2$	0	거짓
1	$1^2-3\times1+2=0$	0	참
2	$2^2-3\times2+2=0$	0	참

따라서 이차방정식 $x^2-3x+2=0$의 해는 $x=1$ 또는 $x=2$이다.

3. x의 값이 -1, 0, 1, 2일 때, 다음 이차방정식을 푸시오.

(1) $x^2=2x$ $x=0$ 또는 $x=2$

(2) $(x+1)(x-2)=0$ $x=-1$ 또는 $x=2$

(3) $x^2-1=0$ $x=-1$ 또는 $x=1$

(4) $x^2-3x+2=0$ $x=1$ 또는 $x=2$

인수분해를 이용하여 이차방정식을 어떻게 풀까?

탐구하기

탐구 목표
두 수 a, b의 곱을 생각해 보고 '$ab=0$'은 '$a=0$ 또는 $b=0$'과 서로 같은 뜻임을 이해할 수 있다.

다음을 보고, 물음에 답하여 보자.

a=-1, b=2 | a=0, b=2 | a=-1, b=0 | a=0, b=0

활동 1 위에서 두 수 a, b에 대하여 $ab=0$이 참이 되는 경우를 모두 찾아보자.
$a=0$, $b=2$ 또는 $a=-1$, $b=0$ 또는 $a=0$, $b=0$이다.

탐구하기 에서 두 수 a, b의 값 중에 적어도 하나가 0이면 $ab=0$임을 알 수 있다.

일반적으로 두 수 또는 두 식 A, B에 대하여 $AB=0$이면

(1) $A=0$, $B=0$ (2) $A=0$, $B\neq0$ (3) $A\neq0$, $B=0$

의 세 가지 중 어느 하나가 반드시 성립한다.

이 세 가지 경우를 통틀어 $A=0$ 또는 $B=0$이라고 한다. 즉,

$AB=0$이면 $A=0$ 또는 $B=0$

이다. 또,

$A=0$ 또는 $B=0$이면 $AB=0$

이다.

이 성질을 이용하면 (일차식)×(일차식)=0의 꼴의 이차방정식을 풀 수 있다.

함께해 보기 2

다음 이차방정식을 풀어 보자.

(1) $(x-2)(x-3)=0$

$(x-2)(x-3)=0$이므로

$x-2=0$ 또는 $x-3=0$

따라서 $x=2$ 또는 $x=$ [3]

(2) $x(x+5)=0$

$x(x+5)=0$이므로

$x=0$ 또는 [$x+5=0$]

따라서 $x=0$ 또는 $x=$ [-5]

개념 쏙

$AB=0$이면
$A=0$ 또는 $B=0$이다.

Tip $x(x-a)=0\,(a\neq0)$의 꼴의 이차방정식의 해를 $x=a$로만 구하는 경우가 있다.
$x(x-a)$는 x와 $x-a$를 곱한 것이므로
$x(x-a)=0$의 해는
$x=0$ 또는 $x=a$이다.

4. 다음 이차방정식을 푸시오.

(1) $(x-3)(x+2)=0$ $x=3$ 또는 $x=-2$

(2) $(x+4)(2x-1)=0$ $x=-4$ 또는 $x=\frac{1}{2}$

(3) $x(x-1)=0$ $x=0$ 또는 $x=1$

(4) $2(3x-1)(x+6)=0$ $x=\frac{1}{3}$ 또는 $x=-6$

풀이 (1) $(x-3)(x+2)=0$이므로 $x-3=0$ 또는 $x+2=0$
따라서 $x=3$ 또는 $x=-2$이다.
(3) $x(x-1)=0$이므로 $x=0$ 또는 $x-1=0$
따라서 $x=0$ 또는 $x=1$이다.
(2) $(x+4)(2x-1)=0$이므로 $x+4=0$ 또는 $2x-1=0$
따라서 $x=-4$ 또는 $x=\frac{1}{2}$이다.
(4) $2(3x-1)(x+6)=0$이므로 $3x-1=0$ 또는 $x+6=0$
따라서 $x=\frac{1}{3}$ 또는 $x=-6$이다.

이차방정식 $ax^2+bx+c=0$의 좌변을 두 일차식의 곱으로 인수분해할 수 있을 때에는 앞의 방법을 이용하여 이차방정식을 풀 수 있다.

함께해 보기 3

다음 이차방정식을 풀어 보자.

(1) $x^2+2x-8=0$

좌변을 인수분해하면

$(x+4)(x-2)=0$이므로

$x+4=0$ 또는 $x-2=0$

따라서 $x=-4$ 또는 $x=$ [2]

(2) $4x^2-1=0$

좌변을 인수분해하면

$(2x+1)(2x-1)=0$이므로

[$2x+1=0$] 또는 $2x-1=0$

따라서 $x=$ [$-\frac{1}{2}$] 또는 $x=\frac{1}{2}$

개념 쏙

(이차식)$=0$의 꼴의 이차방정식에서 좌변을 인수분해할 수 있을 때에는 (일차식)$\times$(일차식)$=0$의 꼴로 바꾸어 해를 구할 수 있다.

풀이 (1) 좌변을 인수분해하면 $(x+5)(x-2)=0$이므로
$x+5=0$ 또는 $x-2=0$
따라서 $x=-5$ 또는 $x=2$이다.
(2) 모든 항을 좌변으로 이항하여 정리하면
$2x^2+12x+10=0$, $x^2+6x+5=0$
좌변을 인수분해하면 $(x+5)(x+1)=0$이므로
$x+5=0$ 또는 $x+1=0$
따라서 $x=-5$ 또는 $x=-1$이다.
(3) 모든 항을 좌변으로 이항하여 정리하면 $x^2-2x-15=0$
좌변을 인수분해하면 $(x+3)(x-5)=0$이므로
$x+3=0$ 또는 $x-5=0$
따라서 $x=-3$ 또는 $x=5$이다.
(4) 모든 항을 좌변으로 이항하여 정리하면 $x^2-16=0$
좌변을 인수분해하면 $(x+4)(x-4)=0$이므로
$x+4=0$ 또는 $x-4=0$
따라서 $x=-4$ 또는 $x=4$이다.

5. 다음 이차방정식을 푸시오.

(1) $x^2+3x-10=0$ $x=-5$ 또는 $x=2$

(2) $2x^2+3x=-9x-10$ $x=-5$ 또는 $x=-1$

(3) $x(x-2)=15$ $x=-3$ 또는 $x=5$

(4) $x^2+4x=4(x+4)$ $x=-4$ 또는 $x=4$

Tip (x에 대한 이차식)$=0$의 꼴이 아닌 이차방정식은 모든 항을 좌변으로 이항하여 정리한 후 좌변을 인수분해한다.

추론 의사소통 **6.** $x=1$ 또는 $x=-4$를 근으로 가지는 이차방정식을 만들고, 친구들과 이야기하시오. 풀이 참조

풀이 $x=1$ 또는 $x=-4$는 $x-1=0$ 또는 $x+4=0$이므로 $(x-1)(x+4)=0$이다.
따라서 $a\neq0$인 상수 a에 대하여 이차방정식 $a(x-1)(x+4)=0$은 $x=1$ 또는 $x=-4$를 근으로 갖는다.
예를 들어 $a=2$일 때, 이차방정식 $2(x-1)(x+4)=0$은 주어진 값을 근으로 갖는다.

이제 이차방정식 $x^2-4x+4=0$을 풀어 보자.

이차방정식의 좌변을 인수분해하면 $(x-2)^2=0$이다. 그런데 이 식은

$$(x-2)(x-2)=0$$

과 같으므로

$$x-2=0 \text{ 또는 } x-2=0$$

이다. 따라서 이 이차방정식의 해는

$$x=2 \text{ 또는 } x=2$$

로 서로 같다.

이와 같이 이차방정식의 두 해가 중복되어 서로 같을 때, 이 해를 주어진 이차방정식의 **중근**이라고 한다. 즉, $x=2$는 이차방정식 $x^2-4x+4=0$의 중근이다.

Tip 이차방정식이 중근을 가질 때, 중근의 경우 근이 중복되어 있는 것으로 일차방정식에서 하나의 해를 갖는 것과는 다른 것이다.

일반적으로 이차방정식이 '(완전제곱식)$=0$'의 꼴로 변형되면 이 이차방정식은 중근을 가진다.

바로 확인 이차방정식 $x^2-6x+9=0$의 좌변을 인수분해하면 $(x-3)^2=0$이므로 $x-3=0$ 또는 $x-3=0$이다. 따라서 해는 $x=$ [3] 이다.

이차방정식 $ax^2+bx+c=0$의 좌변을 완전제곱식으로 인수분해할 수 있을 때에는 앞의 방법을 이용하여 이차방정식을 풀 수 있다.

함께해 보기 4

이차방정식 $9x^2-6x+1=0$을 풀어 보자.

좌변을 인수분해하면

$$(3x-1)^2=0$$

$$3x-1=0 \text{ 또는 } 3x-1=0$$

따라서 $x=$ [$\frac{1}{3}$]

7. 다음 보기 중 중근을 갖는 이차방정식을 모두 찾으시오.

보기	
ㄱ. $x^2-5x+10=0$	ㄴ. $3x^2+6x+1=0$
ㄷ. $x^2-3x=x-4$	ㄹ. $9x^2+2x=8x-1$

풀이 ㄷ. $x^2-3x=x-4$를 정리하면 $x^2-4x+4=0$, 좌변을 인수분해하면 $(x-2)^2=0$, $x-2=0$ 또는 $x-2=0$이므로 $x=2$
ㄹ. $9x^2+2x=8x-1$을 정리하면 $9x^2-6x+1=0$, 좌변을 인수분해하면 $(3x-1)^2=0$, $3x-1=0$ 또는 $3x-1=0$이므로 $x=\frac{1}{3}$
따라서 중근을 갖는 이차방정식은 ㄷ, ㄹ이다.

8. 다음 이차방정식을 푸시오.

(1) $x^2-10x+25=0$ $x=5$

(2) $4x^2+4x+1=0$ $x=-\frac{1}{2}$

(3) $x^2=8x-16$ $x=4$

(4) $2x(x-6)=x^2+2x-49$ $x=7$

풀이 (1) 좌변을 인수분해하면 $(x-5)^2=0$, $x-5=0$ 또는 $x-5=0$이므로 $x=5$
(2) 좌변을 인수분해하면 $(2x+1)^2=0$, $2x+1=0$ 또는 $2x+1=0$이므로 $x=-\frac{1}{2}$
(3) 모든 항을 좌변으로 이항하여 정리하면 $x^2-8x+16=0$, 좌변을 인수분해하면 $(x-4)^2=0$, $x-4=0$ 또는 $x-4=0$이므로 $x=4$
(4) 모든 항을 좌변으로 이항하여 정리하면 $x^2-14x+49=0$, 좌변을 인수분해하면 $(x-7)^2=0$, $x-7=0$ 또는 $x-7=0$이므로 $x=7$

생각 나누기 문제 해결 의사소통 추론

이차방정식 $x^2-8x+3a+1=0$이 중근을 가질 때, 상수 a의 값을 구하여 보자. 5

풀이 '(완전제곱식)$=0$'의 꼴로 변형되는 이차방정식은 중근을 가지므로
$x^2-8x+3a+1$이 완전제곱식이어야 한다.
따라서 $3a+1=(-4)^2=16$, $3a=15$, $a=5$이다.

중근을 갖는 이차방정식은 '(완전제곱식)$=0$'의 꼴로 변형되니까….

진수

스스로 점검하기

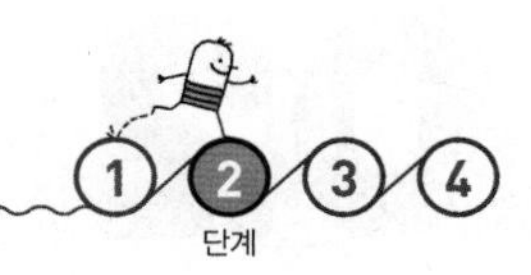

개념 점검하기

잘함 보통 모름

(1) 이차방정식 : (x에 대한 이차식)=0의 꼴이 되는 방정식

(2) 이차방정식의 해 (또는 근): 이차방정식을 참이 되게 하는 x의 값

(3) 인수분해를 이용한 이차방정식의 풀이

① 이차방정식 $ax^2+bx+c=0$의 좌변을 두 일차식 A와 B의 곱으로 인수분해할 수 있을 때에는 $AB=0$이면 $A=0$ 또는 $B=0$ 임을 이용하여 이차방정식을 풀 수 있다.

② 이차방정식의 두 해가 중복되어 서로 같을 때, 이 해를 주어진 이차방정식의 중근 이라고 한다.

1 ●●●

74쪽

다음 보기 중 이차방정식인 것을 모두 고르시오.

보기

ㄱ. $x^2-6x+3=0$

ㄴ. $x(2+x^2)=x$

ㄷ. $(x-1)(x+1)=x^2+3x$

ㄹ. $(x-5)^2=4$

풀이 모든 항을 좌변으로 이항하여 정리하면

ㄱ. $x^2-6x+3=0$의 좌변은 x에 대한 이차식이다.

ㄴ. $x^3+x=0$의 좌변은 x에 대한 이차식이 아니다.

ㄷ. $-3x-1=0$의 좌변은 x에 대한 일차식이다.

ㄹ. $x^2-10x+21=0$의 좌변은 x에 대한 이차식이다.

따라서 이차방정식인 것은 ㄱ, ㄹ이다.

2 ●●●

  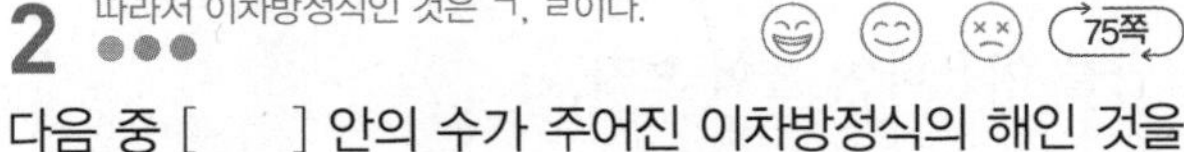

75쪽

다음 중 [ ] 안의 수가 주어진 이차방정식의 해인 것을 모두 고르시오.

(1) $x^2-3x=0$ [3]

(2) $x^2+2x-3=0$ [-1]

(3) $2x^2-x-1=0$ [1]

(4) $4x^2+3x-1=0$ [-2]

풀이 (1) $x=3$을 대입하면 $3^2-3\times3=0$이므로 등식이 참이다.

(2) $x=-1$을 대입하면 $(-1)^2+2\times(-1)-3=-4\neq0$이므로 등식이 거짓이다.

(3) $x=1$을 대입하면 $2\times1^2-1-1=0$이므로 등식이 참이다.

(4) $x=-2$를 대입하면 $4\times(-2)^2+3\times(-2)-1=9\neq0$이므로 등식이 거짓이다.

따라서 [ ] 안의 수가 주어진 이차방정식의 해인 것은 (1), (3)이다.

3 ●●●

77쪽

이차방정식 $x^2+3x-a=0$의 한 근이 2일 때, 다른 한 근을 구하시오. (단, a는 상수이다.) $x=-5$

풀이 $x=2$를 대입하면

$2^2+3\times2-a=0$, $10-a=0$, $a=10$

$x^2+3x-10=0$의 좌변을 인수분해하면

$(x+5)(x-2)=0$, $x=-5$ 또는 $x=2$

따라서 다른 한 근은 $x=-5$이다.

4 ●●●

76쪽

다음 이차방정식을 푸시오.

(1) $(x-2)(x+6)=0$ $x=2$ 또는 $x=-6$

(2) $(x-2)(x+2)=0$ $x=2$ 또는 $x=-2$

(3) $x(x-2)=8$ $x=-2$ 또는 $x=4$

(4) $6x^2+7x-3=0$ $x=-\frac{3}{2}$ 또는 $x=\frac{1}{3}$

풀이 (1) $(x-2)(x+6)=0$이므로 $x=2$ 또는 $x=-6$

(2) $(x-2)(x+2)=0$이므로 $x=2$ 또는 $x=-2$

(3) $x(x-2)=8$, $x^2-2x-8=0$, $(x+2)(x-4)=0$이므로 $x=-2$ 또는 $x=4$

(4) $6x^2+7x-3=0$, $(2x+3)(3x-1)=0$이므로 $x=-\frac{3}{2}$ 또는 $x=\frac{1}{3}$

5 ●●●

78쪽

이차방정식 $2x^2-12x+5k+3=0$이 중근을 가질 때, 상수 k의 값과 그 중근을 구하시오. $k=3$, $x=3$

풀이 $2x^2-12x+5k+3=0$, $x^2-6x+\frac{5k+3}{2}=0$

좌변이 완전제곱식이어야 하므로 $x^2-6x+\frac{5k+3}{2}=x^2-2\times x\times3+3^2$

$\frac{5k+3}{2}=3^2=9$, $5k+3=18$, $5k=15$, $k=3$이다.

따라서 $x^2-6x+9=0$, $(x-3)^2=0$의 해는 $x=3$이다.

완전제곱식을 이용한 이차방정식의 풀이

학습 목표 ▮ 이차방정식을 풀 수 있고, 이를 활용하여 문제를 해결할 수 있다.

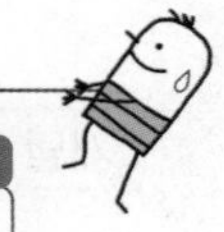

이 단원에서 배우는 용어와 기호

근의 공식

제곱근을 이용하여 이차방정식을 어떻게 풀까?

탐구하기

탐구 목표
일차항이 없는 이차방정식을 제곱근을 이용하여 풀 수 있다.

다음 세 친구의 대화를 읽고, 물음에 답하여 보자.

활동 1 동주가 생각한 식으로 이차방정식 $x^2-5=0$의 해를 찾아보자. $x=\pm\sqrt{5}$

풀이 동주가 생각한 식 $x^2=5$에서 x는 5의 제곱근이므로 $x=\pm\sqrt{5}$이다.
따라서 이차방정식 $x^2-5=0$의 해는 $x=\pm\sqrt{5}$이다.

탐구하기 의 동주와 같이 이차방정식 $x^2-5=0$을 $x^2=5$로 나타내면 이 이차방정식은 5의 제곱근을 이용하여 풀 수 있다.

이차방정식 $x^2-5=0$을 제곱근을 이용하여 풀어 보자.

이차방정식 $x^2-5=0$에서 좌변의 -5를 우변으로 이항하면

$$x^2=5$$

이다. 이 식을 참이 되게 하는 x의 값은 5의 제곱근이므로 이 이차방정식의 해는

$$x=\sqrt{5} \text{ 또는 } x=-\sqrt{5}$$

이다.

⊕ $x=\sqrt{5}$ 또는 $x=-\sqrt{5}$를 간단히 $x=\pm\sqrt{5}$로 나타내기도 한다.

> 일반적으로 $ax^2+c=0(ac<0)$의 꼴의 이차방정식은 $x^2=k(k>0)$의 꼴로 고친 후, k의 제곱근을 구하여 풀 수 있다.

개념 쏙
이차방정식 $ax^2+c=0$의 근
➡ $x=\pm\sqrt{-\frac{c}{a}}$ (단, $ac<0$)

함께해 보기 1

이차방정식 $ax^2=q$의 근

➡ $x=\pm\sqrt{\frac{q}{a}}$

이차방정식 $4x^2-3=0$을 풀어 보자.

좌변의 -3을 우변으로 이항하면 $4x^2=3$

양변을 4로 나누면 $x^2=\frac{3}{4}$

따라서 이 이차방정식의 해는 $x=\pm\sqrt{\frac{3}{4}}=\pm$ $\boxed{\frac{\sqrt{3}}{2}}$

1. 다음 이차방정식을 푸시오.

(1) $x^2=8$ $x=\pm2\sqrt{2}$

(2) $5x^2-10=0$ $x=\pm\sqrt{2}$

(3) $4x^2-7=0$ $x=\pm\frac{\sqrt{7}}{2}$

(4) $18x^2=3$ $x=\pm\frac{\sqrt{6}}{6}$

풀이 (1) $x^2=8$, $x=\pm2\sqrt{2}$

(2) $5x^2-10=0$, $5x^2=10$, $x^2=2$, $x=\pm\sqrt{2}$

(3) $4x^2-7=0$, $4x^2=7$, $x^2=\frac{7}{4}$, $x=\pm\frac{\sqrt{7}}{2}$

(4) $18x^2=3$, $x^2=\frac{1}{6}$, $x=\pm\frac{1}{\sqrt{6}}=\pm\frac{\sqrt{6}}{6}$

함께해 보기 2

이차방정식 $a(x+p)^2=q$의 근

➡ $x+p=\pm\sqrt{\frac{q}{a}}$

➡ $x=-p\pm\sqrt{\frac{q}{a}}$

제곱근을 이용하여 다음 이차방정식을 풀어 보자.

(1) $(x-1)^2=2$

$x-1$은 2의 제곱근이므로 $x-1=\pm\sqrt{2}$

좌변의 -1을 우변으로 이항하면 $x=\boxed{1}\pm\sqrt{2}$

(2) $(2x+1)^2=3$

$2x+1$은 3의 제곱근이므로 $2x+1=\pm\sqrt{3}$

좌변의 $+1$을 우변으로 이항하면 $2x=\boxed{-1}\pm\sqrt{3}$

양변을 2로 나누면 $x=\frac{\boxed{-1}\pm\sqrt{3}}{2}$

2. 다음 이차방정식을 푸시오.

(1) $(x-3)^2=8$ $x=3\pm2\sqrt{2}$

(2) $(x+2)^2-2=0$ $x=-2\pm\sqrt{2}$

(3) $(3x+1)^2=6$ $x=\frac{-1\pm\sqrt{6}}{3}$

(4) $2(x-5)^2-10=0$ $x=5\pm\sqrt{5}$

풀이 (1) $(x-3)^2=8$, $x-3=\pm2\sqrt{2}$, $x=3\pm2\sqrt{2}$

(2) $(x+2)^2-2=0$, $(x+2)^2=2$, $x+2=\pm\sqrt{2}$, $x=-2\pm\sqrt{2}$

(3) $(3x+1)^2=6$, $3x+1=\pm\sqrt{6}$, $3x=-1\pm\sqrt{6}$, $x=\frac{-1\pm\sqrt{6}}{3}$

(4) $2(x-5)^2-10=0$, $(x-5)^2=5$, $x-5=\pm\sqrt{5}$, $x=5\pm\sqrt{5}$

완전제곱식을 이용하여 이차방정식을 어떻게 풀까?

탐구하기

탐구 목표
알콰리즈미의 방법을 통하여 이차방정식을 완전제곱식으로 나타내어 해를 구할 수 있다.

다음은 아라비아의 수학자 알콰리즈미(Al−Khwarizmi, 780?~850?)의 방법과 같이 도형의 넓이를 이용하여 이차방정식 $x^2+4x=37$의 양수인 해를 구하는 과정이다. 물음에 답하여 보자.

❶ 넓이가 x^2인 정사각형 1개와 넓이가 $4x$인 직사각형 1개를 붙여 넓이가 x^2+4x인 직사각형을 만든다.
이 직사각형의 넓이가 37이라고 할 때, 이를 식으로 나타내면
[x^2+4x] $=37$

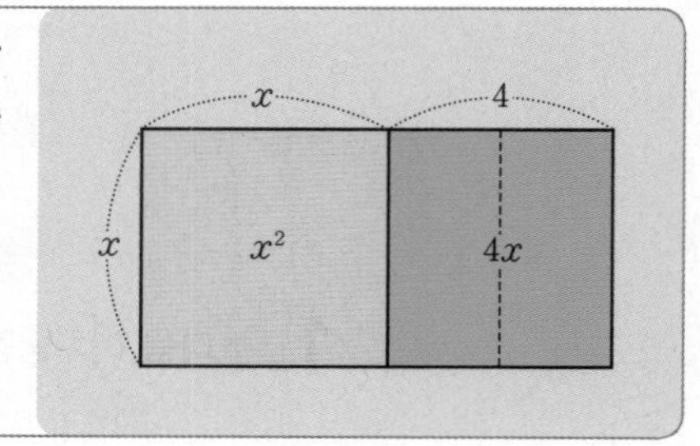

↓

❷ 넓이가 x^2인 정사각형에 넓이가 $4x$인 직사각형을 넓이가 $2x$인 직사각형 두 개로 나누어 붙이고, 여기에 한 변의 길이가 2인 정사각형을 추가한다.
이를 식으로 나타내면
x^2+4x+ [4] $=37+$ [4]

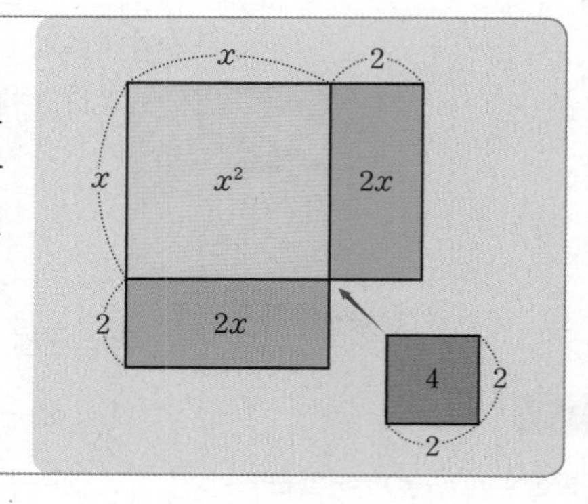

↓

❸ 추가한 정사각형을 붙여 새로운 정사각형을 만든다. 이때 새로운 정사각형의 한 변의 길이는 $x+$ [2] 이고,
넓이는 $37+$ [4] $=$ [41] 이다.
이를 식으로 나타내면
$(x+2)^2=$ [41]

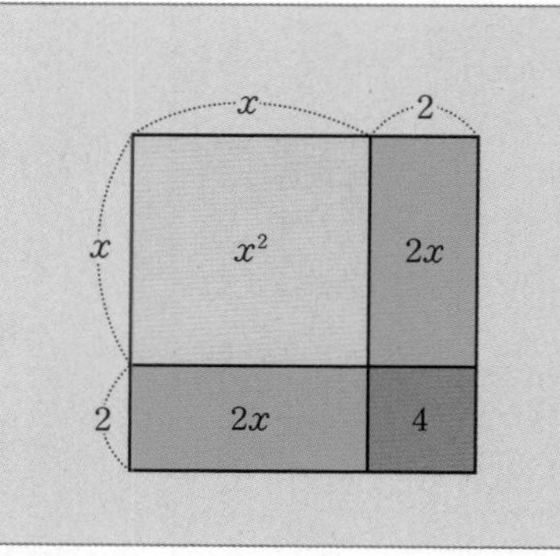

활동 ❶ 위 과정의 빈칸을 채워 보자.

활동 ❷ **활동 ❶**을 이용하여 이차방정식 $x^2+4x=37$의 양수인 해를 구하여 보자. $x=-2+\sqrt{41}$

풀이 $(x+2)^2=41$에서 정사각형의 한 변의 길이는 $x+2=\sqrt{41}$이므로 $x=-2+\sqrt{41}$이다.
따라서 이차방정식 $x^2+4x=37$의 양수인 해는 $x=-2+\sqrt{41}$이다.

탐구하기에서 x의 값은 정사각형의 한 변의 길이이므로 이차방정식 $x^2+4x=37$의 양수인 해만 구할 수 있었다.

이제 이 방법을 이용하여 이차방정식 $x^2+4x=37$의 모든 해를 구해 보자.

x의 계수 4의 $\frac{1}{2}$인 2를 제곱한 값 4를 양변에 더하면

$$x^2+4x+4=37+4$$

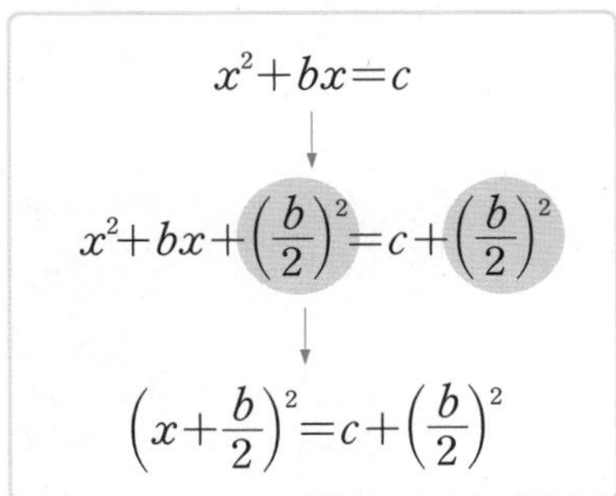

이다. 이제 좌변을 완전제곱식으로 나타내고, 우변을 정리하면

$$(x+2)^2=41$$

이다. $x+2$는 41의 제곱근이므로

$$x+2=\pm\sqrt{41}$$

이다. 따라서 이차방정식 $x^2+4x=37$의 해는

$$x=-2\pm\sqrt{41}$$

이다.

Tip $(x+p)^2=q$에서
① $q<0$ → 해가 없다.
② $q=0$ → $x=-p$ (중근)
③ $q>0$ → $x=-p\pm\sqrt{q}$
➡ 해를 가질 조건: $q\geq 0$

이와 같이 이차방정식 $x^2+bx+c=0$의 좌변을 인수분해하기 어려울 때에는 상수항을 우변으로 이항하고, 좌변을 완전제곱식으로 나타낸 후 제곱근을 이용하여 이차방정식을 풀 수 있다.

함께해 보기 3

완전제곱식을 이용하여 이차방정식 $x^2-6x+3=0$을 풀어 보자.

상수항 3을 우변으로 이항하면

$$x^2-6x=-3$$

x의 계수 -6의 $\frac{1}{2}$을 제곱한 값 $(-3)^2$을 양변에 더하면

$$x^2-6x+(-3)^2=-3+(-3)^2$$

좌변을 완전제곱식으로 나타내고, 우변을 정리하면

$$(x-3)^2=6$$

$x-3$은 6의 제곱근이므로

$$x-3=\pm\sqrt{\boxed{6}}$$

이다. 따라서 이차방정식 $x^2-6x+3=0$의 해는

$$x=3\pm\sqrt{\boxed{6}}$$

풀이 (1) $x^2-8x+10=0$, $x^2-8x=-10$, $x^2-8x+(-4)^2=-10+(-4)^2$, $(x-4)^2=6$, $x-4=\pm\sqrt{6}$, $x=4\pm\sqrt{6}$
(2) $x^2+2x-2=0$, $x^2+2x=2$, $x^2+2x+1^2=2+1^2$, $(x+1)^2=3$, $x+1=\pm\sqrt{3}$, $x=-1\pm\sqrt{3}$

3. 다음 이차방정식을 푸시오.

(1) $x^2-8x+10=0$ $x=4\pm\sqrt{6}$

(2) $x^2+2x-2=0$ $x=-1\pm\sqrt{3}$

(3) $x^2-3x+1=0$ $x=\frac{3\pm\sqrt{5}}{2}$

(4) $x^2+5x-2=0$ $x=\frac{-5\pm\sqrt{33}}{2}$

(3) $x^2-3x+1=0$, $x^2-3x=-1$, $x^2-3x+\left(-\frac{3}{2}\right)^2=-1+\left(-\frac{3}{2}\right)^2$, $\left(x-\frac{3}{2}\right)^2=\frac{5}{4}$, $x-\frac{3}{2}=\pm\frac{\sqrt{5}}{2}$, $x=\frac{3}{2}\pm\frac{\sqrt{5}}{2}=\frac{3\pm\sqrt{5}}{2}$

(4) $x^2+5x-2=0$, $x^2+5x=2$, $x^2+5x+\left(\frac{5}{2}\right)^2=2+\left(\frac{5}{2}\right)^2$, $\left(x+\frac{5}{2}\right)^2=\frac{33}{4}$,
$x+\frac{5}{2}=\pm\frac{\sqrt{33}}{2}$, $x=-\frac{5}{2}\pm\frac{\sqrt{33}}{2}=\frac{-5\pm\sqrt{33}}{2}$

이차방정식의 근의 공식은 무엇일까?

이차방정식 $2x^2+5x+1=0$을 완전제곱식을 이용하여 푸는 과정을 이용하여 이차방정식 $ax^2+bx+c=0(a\neq0)$의 풀이 방법을 알아보자.

$2x^2+5x+1=0$의 풀이	$ax^2+bx+c=0(a\neq0)$의 풀이
양변을 x^2의 계수로 나눈다.	
$x^2+\frac{5}{2}x+\frac{1}{2}=0$	$x^2+\frac{b}{a}x+\frac{c}{a}=0$
상수항을 우변으로 이항한다.	
$x^2+\frac{5}{2}x=-\frac{1}{2}$	$x^2+\frac{b}{a}x=-\frac{c}{a}$
$\left(\frac{x\text{의 계수}}{2}\right)^2$을 양변에 더한다.	
$x^2+\frac{5}{2}x+\left(\frac{5}{4}\right)^2=-\frac{1}{2}+\left(\frac{5}{4}\right)^2$	$x^2+\frac{b}{a}x+\left(\frac{b}{2a}\right)^2=-\frac{c}{a}+\left(\frac{b}{2a}\right)^2$
좌변을 완전제곱식으로 나타내고, 우변을 정리한다.	
$\left(x+\frac{5}{4}\right)^2=\frac{17}{16}$	$\left(x+\frac{b}{2a}\right)^2=\frac{b^2-4ac}{4a^2}$
제곱근을 구한다. (단, $b^2-4ac\geq0$이다.)	
$x+\frac{5}{4}=\pm\frac{\sqrt{17}}{4}$	$x+\frac{b}{2a}=\pm\frac{\sqrt{b^2-4ac}}{2a}$
해를 구한다.	
$x=\frac{-5\pm\sqrt{17}}{4}$	$x=\frac{-b\pm\sqrt{b^2-4ac}}{2a}$

이상을 정리하면 이차방정식 $ax^2+bx+c=0(a\neq0)$의 근을 구하는 공식을 얻을 수 있다. 이 식을 이차방정식의 **근의 공식**이라고 한다.

이차방정식의 근의 공식

이차방정식 $ax^2+bx+c=0(a\neq0)$의 근은

$$x=\frac{-b\pm\sqrt{b^2-4ac}}{2a}\ (\text{단, } b^2-4ac\geq0\text{이다.})$$

Tip 이차방정식 $ax^2+bx+c=0$의 근의 공식 $x=\frac{-b\pm\sqrt{b^2-4ac}}{2a}$에서
① $b^2-4ac=0$ → 근이 1개 (중근)
② $b^2-4ac>0$ → 근이 2개
③ $b^2-4ac<0$ → 근이 없다.

함께해 보기 4

이차방정식 $x^2+3x-5=0$을 근의 공식을 이용하여 풀어 보자.

근의 공식에 $a=1$, $b=3$, $c=-5$를 대입하면

$$x=\frac{-\boxed{3}\pm\sqrt{\boxed{3}^2-4\times1\times(-5)}}{2\times1}$$

$$=\frac{-\boxed{3}\pm\sqrt{9+20}}{2}=\frac{-\boxed{3}\pm\sqrt{29}}{2}$$

풀이 (1) 근의 공식에 $a=1$, $b=7$, $c=-2$를 대입하면 $x=\frac{-7\pm\sqrt{7^2-4\times1\times(-2)}}{2\times1}=\frac{-7\pm\sqrt{57}}{2}$

(2) 근의 공식에 $a=1$, $b=-6$, $c=-4$를 대입하면 $x=\frac{-(-6)\pm\sqrt{(-6)^2-4\times1\times(-4)}}{2\times1}=\frac{6\pm\sqrt{52}}{2}=\frac{6\pm2\sqrt{13}}{2}=3\pm\sqrt{13}$

4. 다음 이차방정식을 근의 공식을 이용하여 푸시오.

(1) $x^2+7x-2=0$ $x=\frac{-7\pm\sqrt{57}}{2}$

(2) $x^2-6x-4=0$ $x=3\pm\sqrt{13}$

(3) $3x^2-4x-1=0$ $x=\frac{2\pm\sqrt{7}}{3}$

(4) $5x^2+7x+1=0$ $x=\frac{-7\pm\sqrt{29}}{10}$

(3) 근의 공식에 $a=3$, $b=-4$, $c=-1$을 대입하면 $x=\frac{-(-4)\pm\sqrt{(-4)^2-4\times3\times(-1)}}{2\times3}=\frac{4\pm\sqrt{28}}{6}=\frac{4\pm2\sqrt{7}}{6}=\frac{2\pm\sqrt{7}}{3}$

(4) 근의 공식에 $a=5$, $b=7$, $c=1$을 대입하면 $x=\frac{-7\pm\sqrt{7^2-4\times5\times1}}{2\times5}=\frac{-7\pm\sqrt{29}}{10}$

⊕ 상수항도 계수로 본다.

계수가 분수 또는 소수인 이차방정식을 풀 때에는 먼저 양변에 적당한 수를 곱하여 계수를 정수로 고친 후 해를 구하면 편리하다.

함께해 보기 5

이차방정식 $x^2-\frac{1}{2}x-\frac{1}{3}=0$을 풀어 보자.

$x^2-\frac{1}{2}x-\frac{1}{3}=0$의 양변에 $\boxed{6}$을 곱하면 $6x^2-3x-2=0$

근의 공식에 $a=6$, $b=-3$, $c=\boxed{-2}$를 대입하면

$$x=\frac{-(-3)\pm\sqrt{(-3)^2-4\times6\times\boxed{(-2)}}}{2\times6}$$

$$=\frac{3\pm\sqrt{9+\boxed{48}}}{12}=\frac{3\pm\sqrt{\boxed{57}}}{12}$$

풀이 (1) $\frac{1}{3}x^2+\frac{1}{4}x-\frac{1}{4}=0$의 양변에 12를 곱하면

$4x^2+3x-3=0$

근의 공식에 $a=4$, $b=3$, $c=-3$을 대입하면

$x=\frac{-3\pm\sqrt{3^2-4\times4\times(-3)}}{2\times4}=\frac{-3\pm\sqrt{57}}{8}$

(2) $0.2x(x+1)=0.5x+0.1$의 양변에 10을 곱하면

$2x(x+1)=5x+1$, $2x^2-3x-1=0$

근의 공식에 $a=2$, $b=-3$, $c=-1$을 대입하면

$x=\frac{-(-3)\pm\sqrt{(-3)^2-4\times2\times(-1)}}{2\times2}=\frac{3\pm\sqrt{17}}{4}$

5. 다음 이차방정식을 푸시오.

(1) $\frac{1}{3}x^2+\frac{1}{4}x-\frac{1}{4}=0$ $x=\frac{-3\pm\sqrt{57}}{8}$

(2) $0.2x(x+1)=0.5x+0.1$ $x=\frac{3\pm\sqrt{17}}{4}$

실생활에서 이차방정식을 어떻게 활용할까?

함께해 보기 6

수학자 톡톡

홍정하(洪正夏, 1684~?)

조선 시대의 수학자로 18세기 초 방정식의 구성과 해법에 대하여 가장 앞선 결과를 얻어 낸 『구일집』의 저자이다. (출처: 한국민족문화대백과사전, 2018)

다음은 조선 시대의 수학책 『구일집』에 나오는 문제를 재구성한 것으로 작은 정사각형의 한 변의 길이를 구하는 과정이다. □ 안에 알맞은 수나 식을 써넣어 보자.

> 크고 작은 두 개의 정사각형이 있다.
> 두 정사각형의 넓이의 합은 468 m^2이고, 큰 정사각형의 한 변의 길이는 작은 정사각형의 한 변의 길이보다 6 m만큼 길다.

1단계 **구하고자 하는 것을 미지수 x로 놓는다.**

작은 정사각형의 한 변의 길이를 x m라고 하자.

2단계 **수량 사이의 관계를 이차방정식으로 나타낸다.**

작은 정사각형의 한 변의 길이가 x m이므로

큰 정사각형의 한 변의 길이는 $(x+6)$ m이고,

두 정사각형의 넓이의 합이 468 m^2이므로 x^2+ [$(x+6)^2$] $=468$이다.

3단계 **이차방정식을 푼다.**

$x^2+x^2+12x+36=468$, $x^2+6x-216=0$, $(x+18)(x-$ [12] $)=0$

따라서 $x=-18$ 또는 $x=$ [12]이다.

이때 x는 양수이므로 작은 정사각형의 한 변의 길이는 [12] m이다.

4단계 **구한 해가 문제의 뜻에 맞는지 확인한다.**

작은 정사각형의 한 변의 길이가 [12] m이므로 넓이는 [144] m^2이고,

큰 정사각형의 한 변의 길이가 $12+6=18$(m)이므로 넓이는 324 m^2이다.

따라서 두 정사각형의 넓이의 합은 468 m^2이므로 구한 해는 문제의 뜻에 맞는다.

일반적으로 이차방정식을 활용하여 문제를 해결하는 순서는 다음과 같다.

이차방정식을 활용하여 문제를 해결하는 순서

❶ 문제의 뜻을 파악하고, 구하고자 하는 것을 미지수 x로 놓는다.

❷ 수량 사이의 관계를 이차방정식으로 나타낸다.

❸ 이차방정식을 푼다.

❹ 구한 해가 문제의 뜻에 맞는지 확인한다.

6. 다음 그림과 같이 정사각형 모양의 종이에서 네 귀퉁이를 한 변의 길이가 5 cm인 정사각형 모양으로 잘라 내어 뚜껑이 없는 직육면체 모양의 상자를 만들었다. 이 상자의 부피가 720 cm^3일 때, 처음 정사각형 모양의 종이의 한 변의 길이를 구하시오. 22 cm

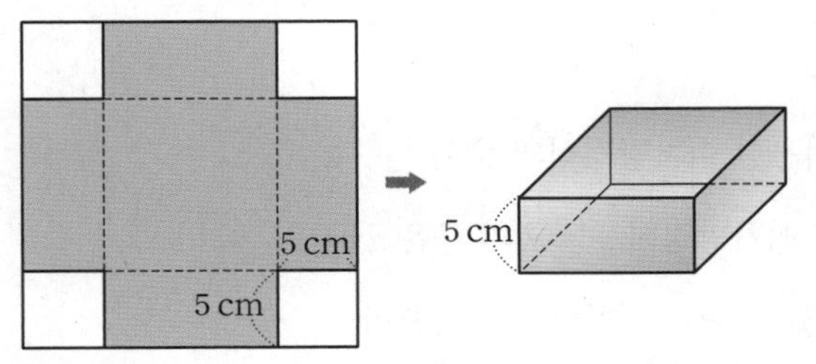

풀이 처음 정사각형 모양의 종이의 한 변의 길이를 $x\text{ cm}$라고 하면 이 상자는 밑면은 한 변의 길이가 $(x-10)\text{ cm}$인 정사각형이고 높이가 5 cm인 직육면체이다. 이 상자의 부피가 720 cm^3이므로
$(x-10)^2\times5=720$, $(x-10)^2=144$, $x-10=\pm12$, $x=10\pm12$
따라서 $x=22$ 또는 $x=-2$
이때 x는 양수이므로 처음 정사각형 모양의 종이의 한 변의 길이는 22 cm이다.
한편, 처음 정사각형 모양의 종이의 한 변의 길이가 22 cm이면 이 상자의 밑면은 한 변의 길이가 12 cm인 정사각형이다.
따라서 이 상자의 부피는 $12^2\times5=720(\text{cm}^3)$이므로 구한 해는 문제의 뜻에 맞는다.

7. 정n각형의 대각선의 개수는 $\frac{n(n-3)}{2}$이다. 이때 대각선의 개수가 54인 정다각형을 구하시오. 정십이각형

풀이 정x각형의 대각선의 개수를 54라고 하면 $\frac{x(x-3)}{2}=54$, $x^2-3x-108=0$, $(x+9)(x-12)=0$
따라서 $x=-9$ 또는 $x=12$
이때 x는 양수이므로 구하는 정다각형은 정십이각형이다.
한편, 정십이각형의 대각선의 개수는 $\frac{12\times9}{2}=54$이므로 구한 해는 문제의 뜻에 맞는다.

8. 오른쪽 그림과 같이 공원의 원형 화단 주위로 폭이 1 m인 지압로를 만들었더니 화단의 넓이와 지압로의 넓이가 같아졌다. 이 화단의 반지름의 길이를 구하시오. $(1+\sqrt{2})\text{ m}$

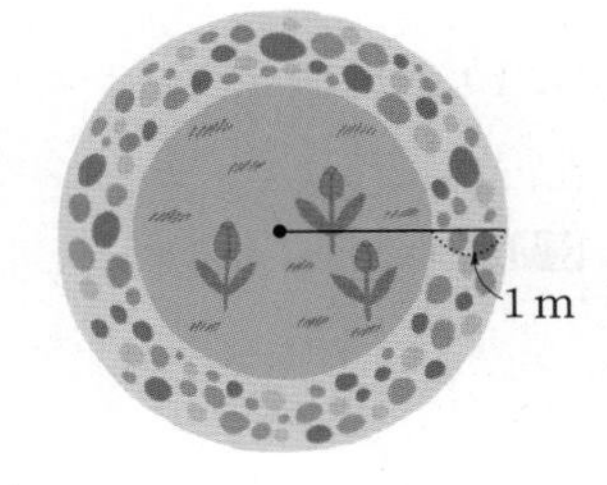

풀이 화단의 반지름의 길이를 $x\text{ m}$라고 하면 화단과 지압로의 넓이가 같으므로
$\pi x^2=\pi(x+1)^2-\pi x^2$, $x^2-2x-1=0$
근의 공식을 이용하면 $x=\frac{2\pm\sqrt{8}}{2}=\frac{2\pm2\sqrt{2}}{2}=1\pm\sqrt{2}$
이때 x는 양수이므로 화단의 반지름의 길이는 $(1+\sqrt{2})\text{ m}$이다.
한편, 화단의 반지름의 길이가 $(1+\sqrt{2})\text{ m}$이면 화단의 넓이는 $\pi(1+\sqrt{2})^2=(3+2\sqrt{2})\pi(\text{m}^2)$이고,
지압로의 넓이는 $\pi(2+\sqrt{2})^2-\pi(1+\sqrt{2})^2=(6+4\sqrt{2})\pi-(3+2\sqrt{2})\pi=(3+2\sqrt{2})\pi(\text{m}^2)$이다.
따라서 화단의 넓이와 지압로의 넓이가 같으므로 구한 해는 문제의 뜻에 맞는다.

문제 해결 | 추론 | 의사소통

생각 나누기

다음 이차방정식을 여러 가지 방법으로 풀어 보고, 자신의 풀이법을 친구들에게 이야기하여 보자. 풀이 참조

(1) $x^2-6x+5=0$ (2) $x^2+4x+2=0$ (3) $(3x-2)^2=5$

풀이
(1) ① 인수분해를 이용: 좌변을 인수분해하면
$(x-1)(x-5)=0$이므로 $x-1=0$ 또는 $x-5=0$
따라서 $x=1$ 또는 $x=5$이다.
② 근의 공식을 이용: $a=1$, $b=-6$, $c=5$이므로
$x=\frac{6\pm\sqrt{16}}{2}=3\pm2$
따라서 $x=1$ 또는 $x=5$이다.

(2) ① 완전제곱식을 이용: 상수항을 이항하면 $x^2+4x=-2$
좌변을 완전제곱식으로 나타내고, 우변을 정리하면
$(x+2)^2=2$, $x+2$는 2의 제곱근이므로 $x+2=\pm\sqrt{2}$
따라서 $x=-2\pm\sqrt{2}$이다.
② 근의 공식을 이용: $a=1$, $b=4$, $c=2$
이므로 $x=\frac{-4\pm\sqrt{8}}{2}=\frac{-4\pm2\sqrt{2}}{2}=-2\pm\sqrt{2}$이다.

(3) ① 제곱근을 이용: $3x-2$는 5의 제곱근이므로
$3x-2=\pm\sqrt{5}$, $3x=2\pm\sqrt{5}$ 따라서 $x=\frac{2\pm\sqrt{5}}{3}$이다.
② 근의 공식을 이용: $(3x-2)^2=5$는 $9x^2-12x-1=0$이므로
$a=9$, $b=-12$, $c=-1$이다.
따라서 $x=\frac{12\pm\sqrt{180}}{18}=\frac{12\pm6\sqrt{5}}{18}=\frac{2\pm\sqrt{5}}{3}$이다.

소단원 스스로 점검하기

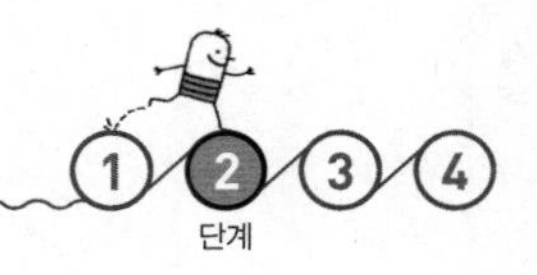

개념 점검하기

잘함 보통 모름

(1) 제곱근을 이용한 이차방정식의 풀이

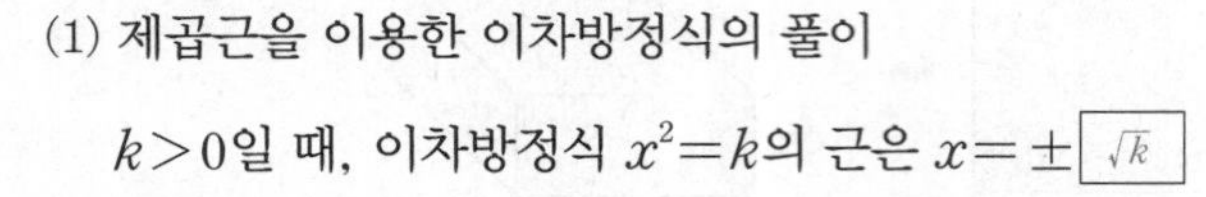

$k>0$일 때, 이차방정식 $x^2=k$의 근은 $x=\pm$ $\boxed{\sqrt{k}}$

(2) 완전제곱식을 이용한 이차방정식의 풀이

예 이차방정식 $x^2+4x=1$의 풀이

좌변을 완전제곱식으로 나타내면 $x^2+4x+4=1+4$, $(x+2)^2=5$

$x+2$는 5의 제곱근이므로 $x+2=\pm\sqrt{5}$

따라서 $x=-2\pm\sqrt{5}$

(3) 이차방정식의 근의 공식

이차방정식 $ax^2+bx+c=0(a\neq0)$의 근은 $x=\dfrac{-b\pm\sqrt{\boxed{b^2-4ac}}}{2a}$ (단, $\boxed{b^2-4ac}\geq0$이다.)

1 ●●●  81쪽

다음 이차방정식을 제곱근을 이용하여 푸시오.

(1) $25x^2=9$ $x=\pm\frac{3}{5}$

(2) $2x^2-5=0$ $x=\pm\frac{\sqrt{10}}{2}$

(3) $(x+1)^2=7$ $x=-1\pm\sqrt{7}$

(4) $4(x+2)^2=3$ $x=-2\pm\frac{\sqrt{3}}{2}$

풀이 (1) $25x^2=9$, $x^2=\frac{9}{25}$, $x=\pm\frac{3}{5}$

(2) $2x^2-5=0$, $2x^2=5$, $x^2=\frac{5}{2}$, $x=\pm\sqrt{\frac{5}{2}}=\pm\frac{\sqrt{10}}{2}$

(3) $(x+1)^2=7$, $x+1=\pm\sqrt{7}$, $x=-1\pm\sqrt{7}$

(4) $4(x+2)^2=3$, $(x+2)^2=\frac{3}{4}$, $x+2=\pm\frac{\sqrt{3}}{2}$, $x=-2\pm\frac{\sqrt{3}}{2}$

2 ●●● 83쪽

다음 이차방정식을 완전제곱식을 이용하여 푸시오.

(1) $x^2-6x+7=0$ $x=3\pm\sqrt{2}$

(2) $2x^2-8x+3=0$ $x=2\pm\frac{\sqrt{10}}{2}$

(3) $x^2+4x+2=0$ $x=-2\pm\sqrt{2}$

(4) $3x^2+5x-1=0$ $x=\frac{-5\pm\sqrt{37}}{6}$

풀이 (1) $x^2-6x+7=0$, $x^2-6x=-7$, $x^2-6x+9=-7+9$
$(x-3)^2=2$, $x-3=\pm\sqrt{2}$, $x=3\pm\sqrt{2}$

(2) $2x^2-8x+3=0$, $x^2-4x=-\frac{3}{2}$, $x^2-4x+4=-\frac{3}{2}+4$
$(x-2)^2=\frac{5}{2}$, $x-2=\pm\frac{\sqrt{10}}{2}$, $x=2\pm\frac{\sqrt{10}}{2}$

(3) $x^2+4x+2=0$, $x^2+4x=-2$, $x^2+4x+4=-2+4$
$(x+2)^2=2$, $x+2=\pm\sqrt{2}$, $x=-2\pm\sqrt{2}$

(4) $3x^2+5x-1=0$, $x^2+\frac{5}{3}x=\frac{1}{3}$, $x^2+\frac{5}{3}x+\frac{25}{36}=\frac{1}{3}+\frac{25}{36}$
$\left(x+\frac{5}{6}\right)^2=\frac{37}{36}$, $x+\frac{5}{6}=\pm\frac{\sqrt{37}}{6}$, $x=\frac{-5\pm\sqrt{37}}{6}$

3 ●●●  84쪽

다음 이차방정식을 근의 공식을 이용하여 푸시오.

(1) $2x^2+7x+1=0$ $x=\frac{-7\pm\sqrt{41}}{4}$

(2) $3x^2-6x-1=0$ $x=\frac{3\pm2\sqrt{3}}{3}$

(3) $0.1x^2-0.4x+0.1=0$ $x=2\pm\sqrt{3}$

풀이 (1) $x=\frac{-7\pm\sqrt{7^2-4\times2\times1}}{2\times2}=\frac{-7\pm\sqrt{41}}{4}$

(2) $x=\frac{-(-6)\pm\sqrt{(-6)^2-4\times3\times(-1)}}{2\times3}=\frac{3\pm2\sqrt{3}}{3}$

(3) $0.1x^2-0.4x+0.1=0$, $x^2-4x+1=0$이므로
$x=\frac{-(-4)\pm\sqrt{(-4)^2-4\times1\times1}}{2\times1}=2\pm\sqrt{3}$

4 ●●●  86쪽

연속하는 두 자연수의 제곱의 합이 61일 때, 두 자연수를 구하시오. 5, 6

풀이 연속하는 두 자연수를 x, $x+1$이라고 하면
$x^2+(x+1)^2=61$, $2x^2+2x-60=0$, $x^2+x-30=0$
$(x+6)(x-5)=0$이므로 $x=-6$ 또는 $x=5$
이때 x는 자연수이므로 연속하는 두 자연수는 5, 6이다.
한편, $5^2+6^2=61$이므로 구한 해는 문제의 뜻에 맞는다.

5 ●●●   86쪽

어떤 사다리꼴의 아랫변의 길이는 높이의 두 배이고, 높이는 윗변의 길이보다 1 cm 길다. 이 사다리꼴의 넓이가 51 cm^2일 때, 높이를 구하시오. 6 cm

풀이 사다리꼴의 높이를 x cm라고 하면 아랫변의 길이는 $2x$ cm, 윗변의 길이는 $(x-1)$ cm이므로 넓이는 $\frac{1}{2}\times\{(x-1)+2x\}\times x=51$, $3x^2-x-102=0$
$(3x+17)(x-6)=0$, $x=-\frac{17}{3}$ 또는 $x=6$, 이때 $x>0$이므로 사다리꼴의 높이는 6 cm
한편, 사다리꼴의 높이가 6 cm이면 아랫변의 길이는 $2\times6=12(\text{cm})$이고, 윗변의 길이는 $6-1=5(\text{cm})$이므로 넓이는 $\frac{1}{2}\times(5+12)\times6=51(\text{cm}^2)$이다.

고대 수학책에서 이차방정식을 찾다!

다음은 중국의 고대 수학책 『구장산술』의 구고장에 실려 있는 문제이다. 물음에 답하여 보자.

경계가 정사각형 모양인 마을이 있다. 이 마을에 있는 네 개의 성벽 중앙에는 성문이 하나씩 나 있다. 북문을 나와 북쪽으로 20보가 되는 지점에 나무 A가 서 있다. 또, 남문을 나와 남쪽으로 14보를 걸은 다음 방향을 바꿔 서쪽으로 1775보를 갔더니 나무 A가 보였다. 그렇다면 성벽의 한 변의 길이는 몇 보인가? (단, 점 C와 점 F는 각각 한 성벽의 중점이고, 보는 거리의 단위로 1보는 한 걸음 정도의 거리를 의미한다.)

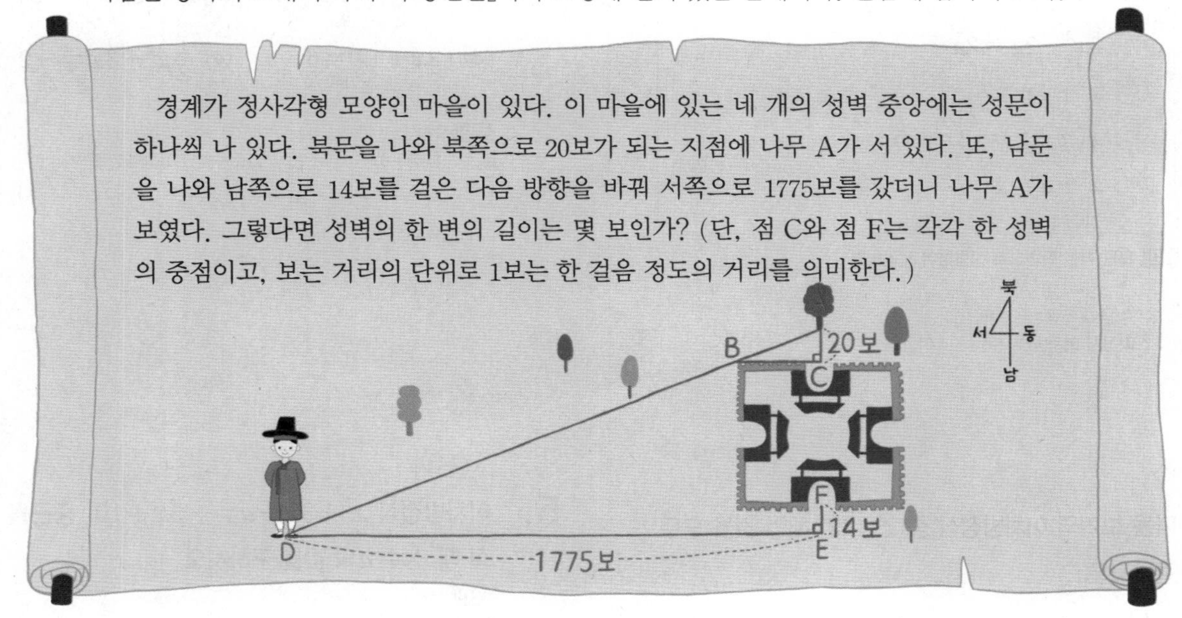

활동 ① 위의 글을 읽고, 다음 순서에 따라 성벽의 한 변의 길이를 구하여 보자.

1단계 구하고자 하는 것을 미지수 x로 놓는다.

풀이 성벽의 한 변의 길이를 x보라고 하자.

2단계 그림에서 서로 닮은 두 삼각형의 닮음비를 이용하여 이차방정식으로 나타낸다.

풀이 오른쪽 그림에서 $\triangle ABC \backsim \triangle ADE$이므로 $\overline{BC} : \overline{DE} = \overline{AC} : \overline{AE}$, $\frac{x}{2} : 1775 = 20 : (x+34)$, $x^2+34x=71000$이다. 따라서 $x^2+34x-71000=0$이다.

3단계 이차방정식을 푼다.

풀이 인수분해를 이용하여 이차방정식을 풀면 $x^2+34x-71000=0$, $(x-250)(x+284)=0$, $x=250$ 또는 $x=-284$
이때 $x>0$이므로 $x=250$이다. 따라서 성벽의 한 변의 길이는 250보이다.

4단계 구한 해가 문제의 뜻에 맞는지 확인한다.

풀이 직각삼각형 ABC에서 $\overline{BC}=125$보, $\overline{AC}=20$보, 직각삼각형 ADE에서 $\overline{DE}=1775$보, $\overline{AE}=284$보이므로 $\overline{BC} : \overline{DE} = \overline{AC} : \overline{AE}$가 성립한다. 따라서 구한 해는 문제의 뜻에 맞는다.

활동 ② 활동 ①의 3단계에 대한 자신의 풀이법을 친구에게 설명하여 보자. 또, 친구들의 풀이법과 비교하여 보자.

풀이 이차방정식 $x^2+34x-71000=0$에 대한 자신의 풀이법을 친구들의 풀이법과 비교하여 본다.

| 상호 평가표 |

평가 내용		자기 평가			친구 평가		
		😄	😊	😵	😄	😊	😵
내용	문제 해결 순서에 따라 이차방정식을 활용하여 문제를 해결할 수 있다.						
	이차방정식을 풀이하는 자신의 풀이법을 설명할 수 있다.						
태도	문제를 여러 가지 방법으로 해결하려고 노력하였다.						

스스로 확인하기

1. 다음 보기 중 이차방정식을 모두 고르시오.

| 보기 |

ㄱ. $2x^2-3x=2x^2$

ㄴ. $x^2+4x=7$

ㄷ. $x(x+2)=2x^2-5$

ㄹ. $x^2+x=x^3$

풀이 모든 항을 좌변으로 이항하여 정리하면

ㄱ. $-3x=0$　　ㄴ. $x^2+4x-7=0$

ㄷ. $-x^2+2x+5=0$　　ㄹ. $-x^3+x^2+x=0$

따라서 이차방정식은 ㄴ, ㄷ이다.

2. 다음 보기의 이차방정식 중 $x=2$가 해인 것을 모두 고르시오.

| 보기 |

ㄱ. $x^2+x-6=0$

ㄴ. $2x^2+3x-5=0$

ㄷ. $x^2-8=-6x$

ㄹ. $x^2-3x+2=0$

풀이 이차방정식에 $x=2$를 대입하면

ㄱ. $2^2+2-6=0$　　ㄴ. $2\times2^2+3\times2-5=9\neq0$

ㄷ. (좌변)$-4\neq$(우변)-12　　ㄹ. $2^2-3\times2+2=0$

따라서 $x=2$가 해인 것은 ㄱ, ㄹ이다.

3. 이차방정식 $x^2+ax-10=0$의 한 근이 $x=-2$일 때, 상수 a의 값을 구하시오. -3

풀이 $x=-2$를 대입하면 $-2a=6$, $a=-3$

4. 다음 이차방정식을 푸시오.

(1) $3x^2-5x+2=0$　$x=\frac{2}{3}$ 또는 $x=1$

(2) $x^2-8x=7-2x$　$x=-1$ 또는 $x=7$

(3) $(2x+1)^2=6$　$x=\frac{-1\pm\sqrt{6}}{2}$

(4) $\frac{1}{2}x^2-3x=-2$　$x=3\pm\sqrt{5}$

풀이 (1) $(3x-2)(x-1)=0$이므로 $x=\frac{2}{3}$ 또는 $x=1$

(2) $x^2-6x-7=0$, $(x+1)(x-7)=0$이므로 $x=-1$ 또는 $x=7$

(3) $2x+1=\pm\sqrt{6}$, $2x=-1\pm\sqrt{6}$, $x=\frac{-1\pm\sqrt{6}}{2}$

(4) $x^2-6x=-4$, $x^2-6x+9=-4+9$, $(x-3)^2=5$, $x-3=\pm\sqrt{5}$, $x=3\pm\sqrt{5}$

5. 이차방정식 $x^2+3x+a=-5x+1$이 중근을 가질 때, 상수 a의 값을 구하시오. 17

풀이 $x^2+3x+a=-5x+1$, $x^2+8x+a-1=0$

좌변이 완전제곱식이어야 하므로 $a-1=\left(\frac{8}{2}\right)^2=16$, $a=17$

6. 이차방정식 $x^2-5x+2=0$의 근이 $x=\frac{5\pm\sqrt{A}}{2}$일 때, 정수 A의 값을 구하시오. 17

풀이 $x=\frac{-(-5)\pm\sqrt{(-5)^2-4\times1\times2}}{2\times1}=\frac{5\pm\sqrt{17}}{2}$

따라서 $A=17$이다.

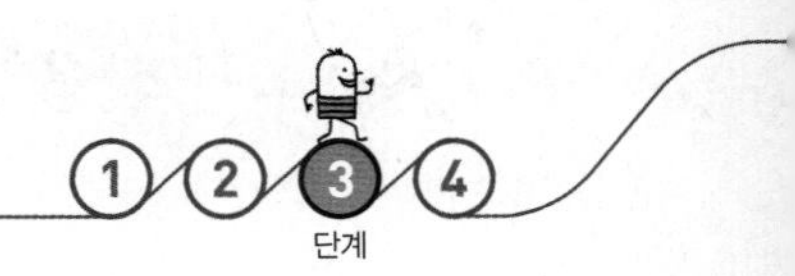

실력 업(UP) 발전 문제

7. 이차방정식 $2x^2+10x-3=0$을 $(x+p)^2=q$의 꼴로 나타낼 때, 상수 p, q에 대하여 $p-q$의 값을 구하시오. $-\frac{21}{4}$

풀이 $2x^2+10x-3=0$, $x^2+5x=\frac{3}{2}$, $x^2+5x+\left(\frac{5}{2}\right)^2=\frac{3}{2}+\left(\frac{5}{2}\right)^2$,
$\left(x+\frac{5}{2}\right)^2=\frac{31}{4}$이므로 $p=\frac{5}{2}$, $q=\frac{31}{4}$이다.
따라서 $p-q=\frac{5}{2}-\frac{31}{4}=-\frac{21}{4}$이다.

8. 다음 그림과 같은 직사각형 모양의 공원에 폭이 일정한 길이 있다. 이 길을 제외한 공원의 넓이가 540 m^2일 때, 길의 폭을 구하시오. 2 m

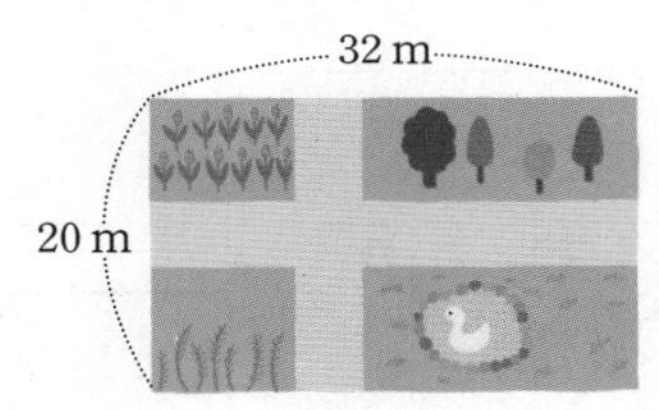

풀이 길의 폭을 x m라고 하면 $(32-x)(20-x)=540$, $x^2-52x+100=0$,
$(x-50)(x-2)=0$, $x=50$ 또는 $x=2$이다.
이때 $x<20$이므로 길의 폭은 2 m이다.
한편, 길의 폭이 2 m이면 남은 화단의 넓이는
$30\times18=540(\text{m}^2)$이므로 구한 해는 문제의 뜻에 맞는다.

9. 지면에서 초속 50 m로 쏘아 올린 물체의 x초 후의 높이를 $(50x-5x^2)$ m라고 한다. 이 물체의 높이가 120 m가 되는 때는 쏘아 올린 지 몇 초 후인지 구하시오. 4초 후 또는 6초 후

풀이 x초 후 물체의 높이가 120 m라고 하면
$50x-5x^2=120$, $x^2-10x+24=0$, $(x-4)(x-6)=0$,
$x=4$ 또는 $x=6$이다. 따라서 구하는 때는 4초 후 또는 6초 후이다.
한편, $50\times4-5\times4^2=120$, $50\times6-5\times6^2=120$
이므로 구한 해는 문제의 뜻에 맞는다.

교과서 문제 뛰어 넘기

10. 이차방정식
$(a-1)x^2+(a^2-2)x-3a-12=0$의 한 근이 1일 때, 나머지 한 근은 양수가 되도록 하는 상수 a의 값을 구하시오.

11. 재정이는 어떤 이차방정식을 $(x-a)^2=b$의 꼴로 변형하는데 실수로 a와 b를 서로 바꾸어 놓고 풀었더니 이 이차방정식의 해가 $x=5\pm\sqrt{2}$가 되었다. 이 이차방정식의 올바른 해는 $x=c\pm\sqrt{d}$일 때, $a+b+c+d$의 값을 구하시오. (단, a, b, c, d는 유리수이다.)

12. 오른쪽 그림과 같이 $\overline{\text{AB}}=\overline{\text{AC}}=12$ cm인 이등변삼각형 ABC에 대하여 ∠C의 이등분선이 $\overline{\text{AB}}$와 만나는 점을 D라고 할 때, $\overline{\text{BC}}$의 길이를 구하시오.

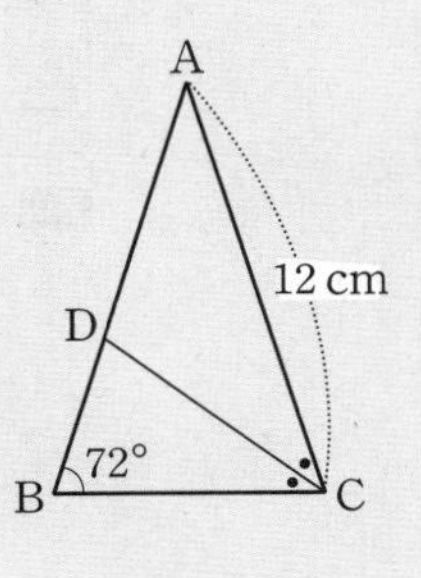

황금비와 직사각형

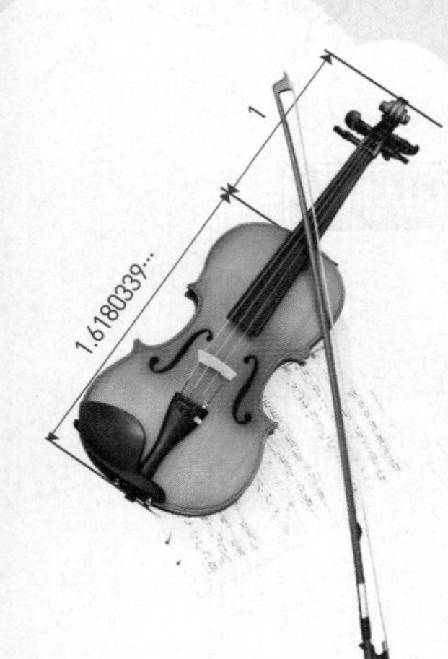

황금비(Golden Ratio)란 길이를 가장 '이상적으로' 나누는 비율을 의미한다.

정확히는 어떤 길이를 나눠 두 부분으로 만들었을 때, 전체와 긴 부분이 이루는 비율이 긴 부분과 짧은 부분이 이루는 비율과 같은 경우를 말한다.

이를 수학적으로 표현하면 오른쪽 그림에서 긴 부분을 a, 짧은 부분을 b라고 할 때,

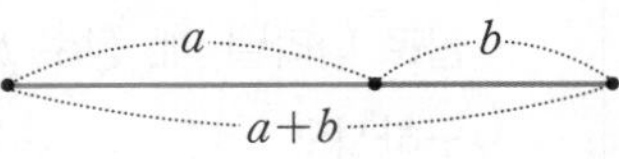

$$(a+b):a=a:b$$

가 된다. 이러한 황금비는 무리수로 존재한다고 한다. 황금비를 구하여 보자.

(출처: 사이언스올, 2018)

활동 1 **긴 부분을 x, 짧은 부분을 1이라 하고, 황금비를 구하여 보자.**

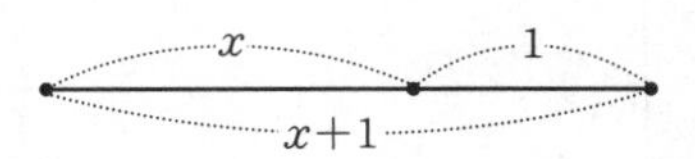

풀이 $(x+1):x=x:1$이므로 $x^2=x+1$, $x^2-x-1=0$, $x=\frac{1\pm\sqrt{5}}{2}$

이때 $x>0$이므로 $x=\frac{1+\sqrt{5}}{2}$이다. 따라서 황금비는 $\frac{1+\sqrt{5}}{2}:1$이다.

활동 2 **두 변의 길이의 비가 황금비를 이루는 직사각형을 황금 사각형이라고 한다. 다음과 같이 황금 사각형을 작도하고, 사각형 ABPH가 황금 사각형인 까닭을 설명하여 보자.**

황금 사각형 작도하기

【준비물】 종이, 컴퍼스, 눈금이 없는 자

❶	❷	❸
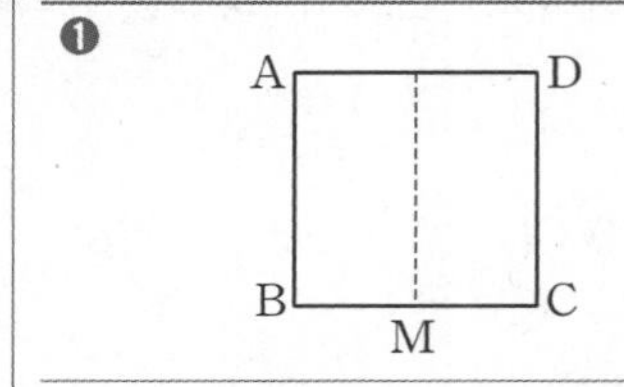	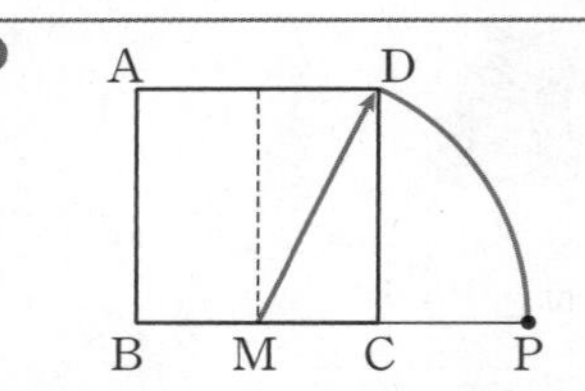	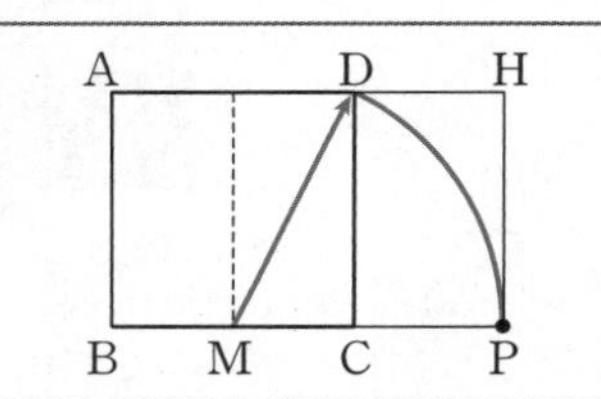
종이 위에 정사각형 ABCD를 작도하고, $\overline{BC}$의 중점을 M으로 놓는다.	점 M을 중심으로 하고, $\overline{MD}$를 반지름으로 하는 원을 그려 $\overline{BC}$의 연장선과의 교점을 P로 놓는다.	점 P를 지나고 $\overline{AB}$와 평행한 직선을 작도한다. 이 직선이 $\overline{AD}$의 연장선과 만나는 점을 H로 놓는다.

풀이 정사각형의 한 변의 길이를 2라고 하면 $\overline{AB}=\overline{CD}=2$, $\overline{BM}=\overline{CM}=1$이므로

$\overline{DM}=\overline{PM}=\sqrt{1^2+2^2}=\sqrt{5}$

따라서 직사각형 ABPH에서 $\overline{BP}=1+\sqrt{5}$, $\overline{AB}=2$이므로

긴 변과 짧은 변의 길이의 비가 $(1+\sqrt{5}):2=\frac{1+\sqrt{5}}{2}:1$의 황금비를 이루므로 황금 사각형이다.

| 상호 평가표 |

평가 내용		자기 평가 😄	자기 평가 🙂	자기 평가 😵	친구 평가 😄	친구 평가 🙂	친구 평가 😵
내용	이차방정식을 이용하여 황금비를 구할 수 있다.						
	황금 사각형을 작도하고, 황금 사각형임을 설명할 수 있다.						
태도	자신의 생각을 수학적으로 표현하려고 노력하였다.						

1. x^2-2x-n이 계수가 정수인 두 일차식의 곱으로 인수분해되도록 하는 20보다 크고 70보다 작은 정수 n의 개수를 구하시오.

2. 아라비아의 수학자인 알콰리즈미는 이차방정식을 정사각형의 한 변의 길이와 넓이를 관련지어 푸는 방법을 고안해냈다. 예를 들어 이차방정식 $x^2+10x=39$의 양수인 해를 다음과 같이 구했다고 한다.

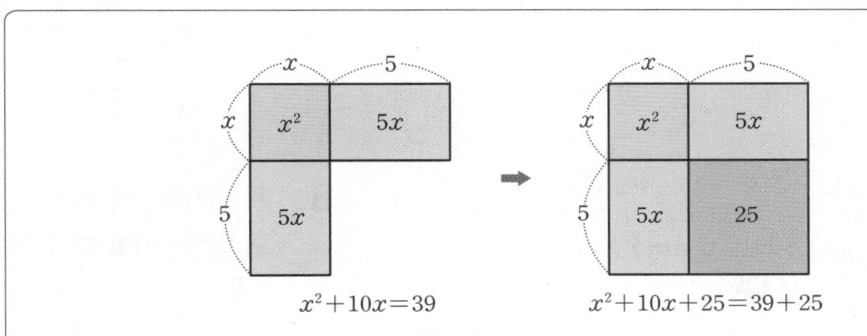

① 좌변 x^2+10x가 나타내는 도형을 그린다.

② 정사각형을 만들기 위해서 한 변의 길이가 5인 정사각형을 붙인다.

③ 좌변이 완전제곱식이므로 제곱근의 성질을 이용하여 근을 구한다.

$x^2+10x+25=39+25$, $(x+5)^2=64$

$x+5=\pm 8$, $x=-13$ 또는 $x=3$

$x>0$이므로 $x=3$

위와 같은 방법으로 $x^2+16x=36$의 양수인 해를 도형을 이용하여 구하는 과정을 설명해보고, 양수인 해를 구하시오.

스스로 마무리하기

1. 두 다항식 x^2y-3xy와 $xy-3y^2$에 공통으로 있는 인수는?

① x ② $x-3$ ③ y
④ xy ⑤ $x-3y$

풀이 $x^2y-3xy=xy(x-3)$, $xy-3y^2=y(x-3y)$이므로 공통으로 있는 인수는 ③ y이다.

2. $x^2+ax-10$이 $(x+b)(x+c)$의 꼴로 인수분해될 때, 다음 중 상수 a의 값이 될 수 없는 것은? (단, b와 c는 정수이다.)

① -9 ② -3 ③ 3
④ 7 ⑤ 9

풀이 $b+c=a$, $bc=-10$이므로 상수 a는 곱이 -10인 두 정수의 합이다.
따라서 a의 값이 될 수 없는 것은 ④이다.

곱이 -10인 두 정수		두 정수의 합$=a$
1	-10	-9
-1	10	9
2	-5	-3
-2	5	3

3. $(x-7)(x+1)+k$가 완전제곱식이 되도록 하는 상수 k의 값은?

① 16 ② 19 ③ 22
④ 25 ⑤ 28

풀이 $(x-7)(x+1)+k=x^2-6x-7+k$가 완전제곱식이 되려면 $-7+k=\left(\frac{-6}{2}\right)^2=9$, $k=9+7=16$이다.

4. 다음 중 이차방정식을 모두 고르면? (정답 2개)

① x^2-2x-3
② $6x+7=0$
③ $x^2(x-2)=x^3-4$
④ $(1-x)(2+x)=x-3x^2$
⑤ $3x^2+1=3(x+1)^2$

풀이 모든 항을 좌변으로 이항하여 정리하면
② $6x+7=0$
③ $-2x^2+4=0$
④ $2x^2-2x+2=0$
⑤ $-6x-2=0$
따라서 이차방정식은 ③, ④이다.

5. 다음 중 중근을 갖는 이차방정식은?

① $(x+1)^2=5$
② $x^2+x+\frac{1}{4}=0$
③ $3x^2-x-1=0$
④ $(x-6)(4x+1)=0$
⑤ $x(x+1)=7$

풀이 ② $\left(x+\frac{1}{2}\right)^2=0$이므로 중근을 갖는다.

6. 다음 이차방정식 $x^2=a$가 서로 다른 두 근을 가지도록 하는 상수 a의 값의 범위는?

① $a>-2$ ② $a\geq-1$
③ $a>-1$ ④ $a\geq0$
⑤ $a>0$

풀이 $x^2=a$에서 $a>0$이면 $x=\pm\sqrt{a}$, $a=0$이면 $x=0$이다.
따라서 다른 두 근을 가지려면 ⑤ $a>0$이다.

7. $2x+5$가 $6x^2-ax-15$의 인수일 때, 상수 a의 값을 구하시오. -9

풀이 $2x+5$가 $6x^2-ax-15$의 인수이므로
$6x^2-ax-15=(2x+5)(3x-3)$
따라서 $-ax=-6x+15x=9x$이므로 $a=-9$이다.

8. 두 이차방정식 $3x^2-2x-5=0$, $x^2-4x-5=0$의 공통인 해를 구하시오. $x=-1$

풀이 $3x^2-2x-5=0$, $(3x-5)(x+1)=0$이므로
$x=\frac{5}{3}$ 또는 $x=-1$
$x^2-4x-5=0$, $(x-5)(x+1)=0$이므로
$x=5$ 또는 $x=-1$
따라서 두 이차방정식의 공통인 해는 $x=-1$이다.

9. 이차방정식 $x^2+(3k-2)x+16=0$이 $x=1$을 근으로 가질 때, 상수 k의 값과 다른 한 근을 구하시오. $k=-5$, $x=16$

풀이 $x=1$을 대입하면 $3k+15=0$, $3k=-15$, $k=-5$
$x^2-17x+16=0$에서 $(x-1)(x-16)=0$이므로
$x=1$ 또는 $x=16$
따라서 다른 한 근은 $x=16$이다.

10. 이차방정식 $x^2+x+2=k$의 해가 $x=\frac{-1\pm\sqrt{5}}{2}$일 때, 상수 k의 값을 구하시오. 3

풀이 $x^2+x+2=k$, $x^2+x+(2-k)=0$이므로
$x=\frac{-1\pm\sqrt{1^2-4\times1\times(2-k)}}{2\times1}=\frac{-1\pm\sqrt{4k-7}}{2}=\frac{-1\pm\sqrt{5}}{2}$
따라서 $4k-7=5$이므로 $k=3$이다.

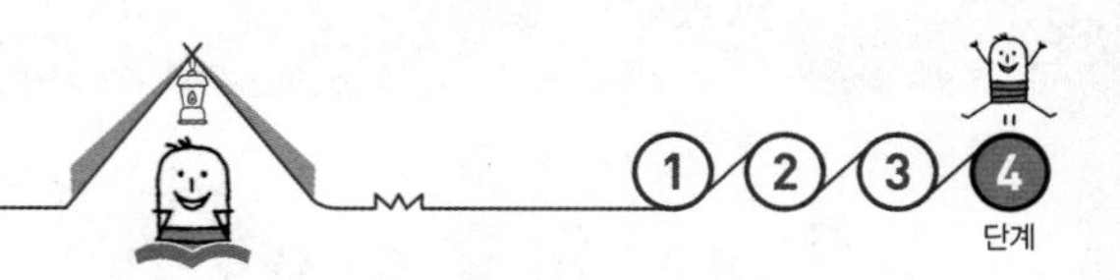

[11~13] **서술형 문제** 문제의 풀이 과정과 답을 쓰고, 스스로 채점하여 보자.

11. 오른쪽 그림과 같이 높이가 $(a+1)$ cm인 삼각형의 넓이가 $(2a^2-a-3)$ cm^{2}일 때, 밑변의 길이를 구하시오. [5점] $(4a-6)$ cm

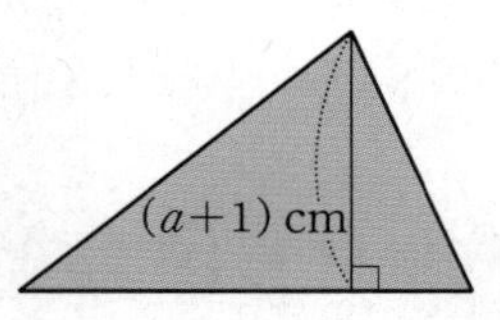

풀이 삼각형의 넓이를 인수분해하면

$2a^2-a-3=(2a-3)(a+1)$

$=\frac{1}{2}\times$(밑변의 길이)$\times(a+1)$

이므로 밑변의 길이는 $2(2a-3)=4a-6$(cm)이다.

채점 기준	배점
(i) 넓이를 바르게 인수분해한 경우	3점
(ii) 밑변의 길이를 바르게 구한 경우	2점

12. 형은 철수보다 2살 많다고 한다. 철수의 나이를 제곱하면 형 나이의 10배보다 36살 많아진다고 할 때, 철수의 나이를 구하시오. [5점] 14살

풀이 철수의 나이를 x살이라고 하면 형은 $(x+2)$살이므로

$x^2=10(x+2)+36$, $x^2-10x-56=0$, $(x+4)(x-14)=0$,

$x=-4$ 또는 $x=14$이다.

이때 $x>0$이므로 철수는 14살이다.

한편, 철수가 14살이면 형은 16살이고, $14^2=16\times10+36$이므로 구한 해는 문제의 뜻에 맞는다.

채점 기준	배점
(i) 미지수를 바르게 설정한 경우	1점
(ii) 이차방정식을 바르게 세운 경우	2점
(iii) 이차방정식을 바르게 푼 경우	1점
(iv) 답을 바르게 구한 경우	1점

13. 다음 그림과 같이 두 변의 길이가 2 cm, 4 cm인 직각삼각형 ABC의 세 변 위에 각각 점 P, Q, R가 있다. 직사각형 PQCR의 넓이가 1.5 cm^{2}일 때, 변 PR의 길이를 구하시오. (단, $\overline{PQ}<\overline{PR}$이다.) 1.5 cm [5점]

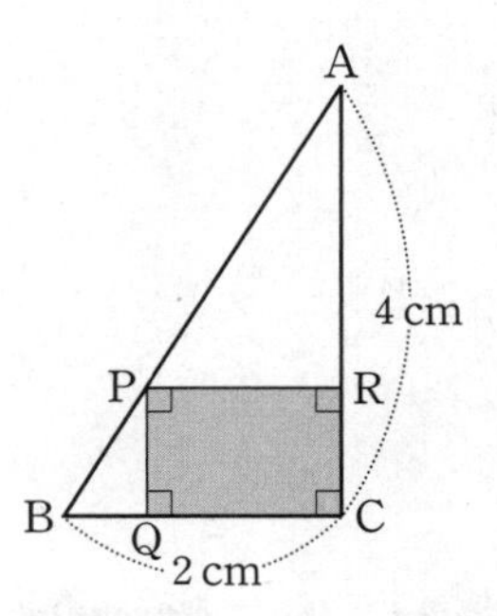

풀이 $\overline{PR}=x$ cm라고 하면 $\overline{BQ}=(2-x)$ cm,

$\overline{PQ}=2(2-x)$ cm이므로 $x\times2(2-x)=1.5$,

$4x^2-8x+3=0$, $(2x-1)(2x-3)=0$,

$x=0.5$ 또는 $x=1.5$이다.

이때 $\overline{PQ}<\overline{PR}$이므로 $x=1.5$이다.

따라서 변 PR의 길이는 1.5 cm이다.

한편, $\overline{PR}=1.5$ cm이면 $\overline{PQ}=1$ cm이고, □PQCR$=1.5$ cm^{2}이므로 구한 해는 문제의 뜻에 맞는다.

채점 기준	배점
(i) 미지수를 바르게 설정한 경우	1점
(ii) 이차방정식을 바르게 세운 경우	2점
(iii) 이차방정식을 바르게 푼 경우	1점
(iv) 답을 바르게 구한 경우	1점

공원에서 찾은 이차함수

어떤 물체가 일정한 시간 동안 떨어지는 거리와 쏘아 올린 폭죽의 높이는 시간에 대한 이차식으로 나타난다. 또, 분수대의 물줄기, 농구 선수가 농구 골대를 향해 던진 농구공이 움직이는 모양은 이차함수의 그래프 모양의 곡선을 그린다.

이와 같이 우리 주변에는 이차함수로 나타낼 수 있는 현상들이 많이 있다.

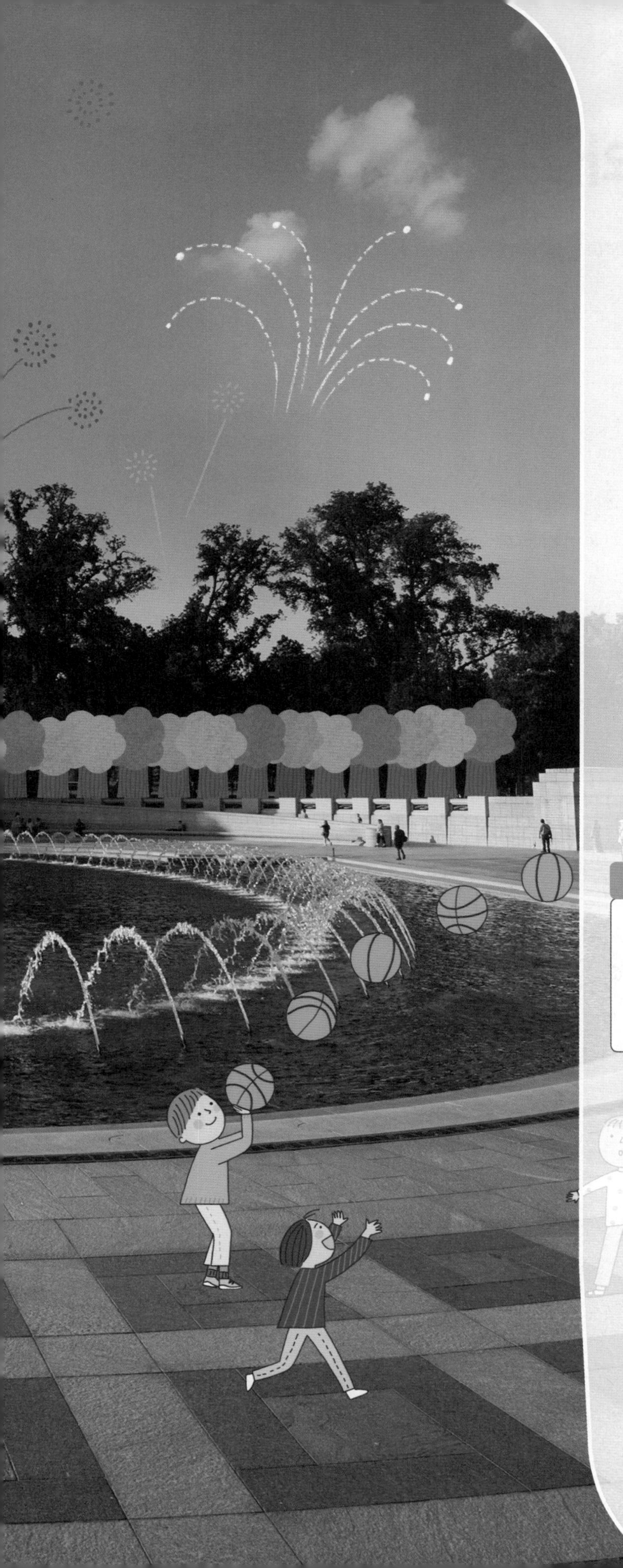

Ⅲ

이차함수

1. 이차함수와 그래프

| 단원의 계통도 살펴보기 |

이전에 배웠어요.

| 중학교 1학년 |

Ⅲ－1. 좌표평면과 그래프

| 중학교 2학년 |

Ⅲ－1. 일차함수와 그래프

Ⅲ－2. 일차함수와 일차방정식의 관계

이번에 배워요.

Ⅲ－1. 이차함수와 그래프

01. 이차함수의 뜻

02. 이차함수 $y=ax^2$의 그래프

03. 이차함수 $y=a(x-p)^2+q$의 그래프

04. 이차함수 $y=ax^2+bx+c$의 그래프

이후에 배울 거예요.

| 고등학교 〈수학〉 |

- 함수
- 유리함수와 무리함수

이차함수와 그래프

이것만은 알고 가자

중2 일차함수

1. 다음 중 y가 x의 일차함수인 것을 모두 찾으시오.

(1) $y=-x+1$　　(2) $y=\dfrac{3}{x}$

(3) $y=2x^2$　　(4) $y=x(x-1)-x^2$

알고 있나요?
일차함수의 의미를 이해하고 있는가?
잘함 보통 모름

| 개념 체크 |

함수 $y=f(x)$에서

$$y=ax+b(a,\ b\text{는 상수, } a\neq0)$$

와 같이 y가 x에 대한 일차식으로 나타날 때, 이 함수를 x의 일차함수 라고 한다.

풀이 (4) $y=x(x-1)-x^2=x^2-x-x^2=-x$
이므로 y는 x에 대한 일차식이다. 즉, y는 x의 일차함수이다.
따라서 일차함수인 것은 (1), (4)이다.

중2 일차함수의 그래프

2. 다음 일차함수의 그래프를 오른쪽 일차함수 $y=2x$의 그래프를 이용하여 그리고, 각각 일차함수 $y=2x$의 그래프를 y축의 방향으로 얼마만큼 평행이동하였는지 구하시오.

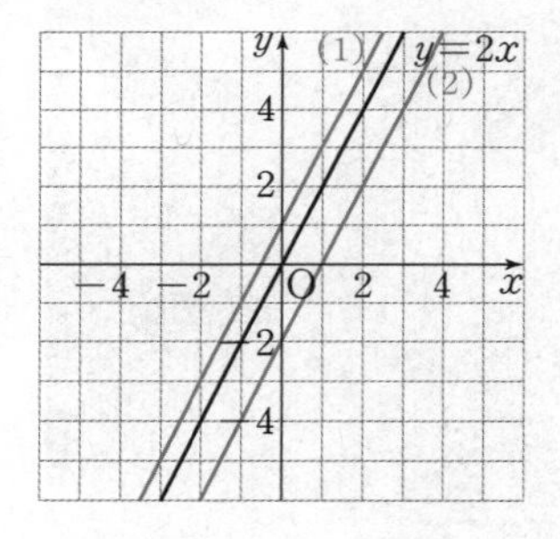

(1) $y=2x+1$　1

(2) $y=2x-2$　-2

알고 있나요?
일차함수의 그래프를 그릴 수 있는가?
잘함 보통 모름

풀이 (1) 일차함수 $y=2x+1$의 그래프는 $y=2x$의 그래프를 y축의 방향으로 1만큼 평행이동한 것이다.
(2) 일차함수 $y=2x-2$의 그래프는 $y=2x$의 그래프를 y축의 방향으로 -2만큼 평행이동한 것이다.

중3 다항식의 인수분해

3. 다음 □ 안에 알맞은 양수를 써넣으시오.

(1) $x^2-6x+\boxed{9}=(x-\boxed{3})^2$

(2) $x^2+\boxed{8}x+16=(x+\boxed{4})^2$

알고 있나요?
다항식의 인수분해를 할 수 있는가?
잘함 보통 모름

부족한 부분을 보충하고 본 학습을 준비하여 보자.

한 눈에 개념 정리

01 이차함수의 뜻

1. **이차함수**: 함수 $y=f(x)$에서 y가 x에 대한 이차식, 즉

$$y=ax^2+bx+c \text{ (단, } a, b, c\text{는 상수, } a\neq 0)$$

로 나타내어질 때, 이 함수를 x의 이차함수라 한다.

02 이차함수 $y=ax^2$의 그래프

1. **이차함수 $y=ax^2$의 그래프**

(1) y축($x=0$)을 축으로 하고, 원점을 꼭짓점으로 하는 포물선이다.

(2) $a>0$이면 아래로 볼록하고, $a<0$이면 위로 볼록하다.

(3) a의 절댓값이 클수록 그래프의 폭이 좁아진다.

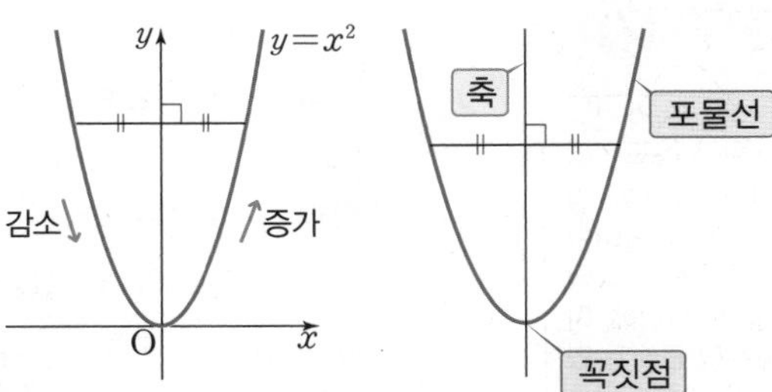

(4) 이차함수 $y=-ax^2$의 그래프와 x축에 대하여 서로 대칭이다.

03 이차함수 $y=a(x-p)^2+q$의 그래프

1. **이차함수 $y=ax^2+q$의 그래프**: 이차함수 $y=ax^2$의 그래프를 y축의 방향으로 q만큼 평행이동한 그래프

(1) 꼭짓점의 좌표: $(0, q)$　　(2) 축의 방정식: $x=0$

2. **이차함수 $y=a(x-p)^2$의 그래프**: 이차함수 $y=ax^2$의 그래프를 x축의 방향으로 p만큼 평행이동한 그래프

(1) 꼭짓점의 좌표: $(p, 0)$　　(2) 축의 방정식: $x=p$

3. **이차함수 $y=a(x-p)^2+q$의 그래프**: 이차함수 $y=ax^2$의 그래프를 x축의 방향으로 p만큼, y축의 방향으로 q만큼 평행이동한 그래프

(1) 꼭짓점의 좌표: (p, q)　　(2) 축의 방정식: $x=p$

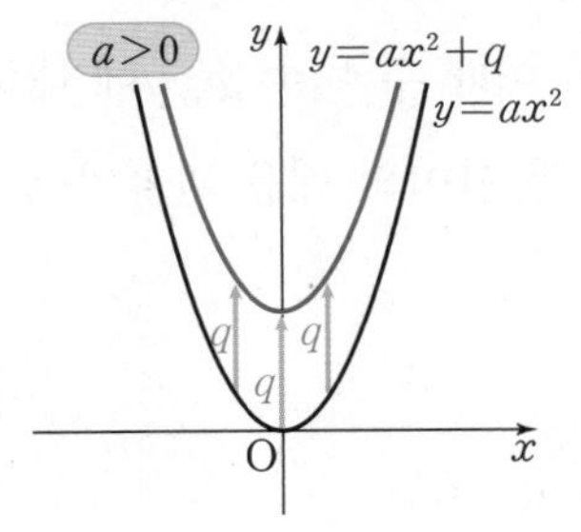

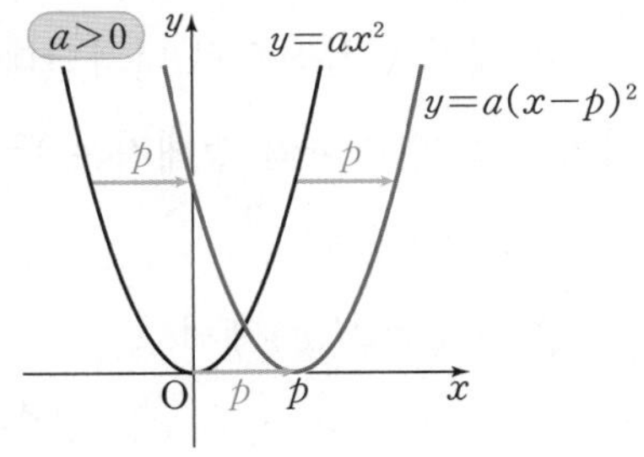

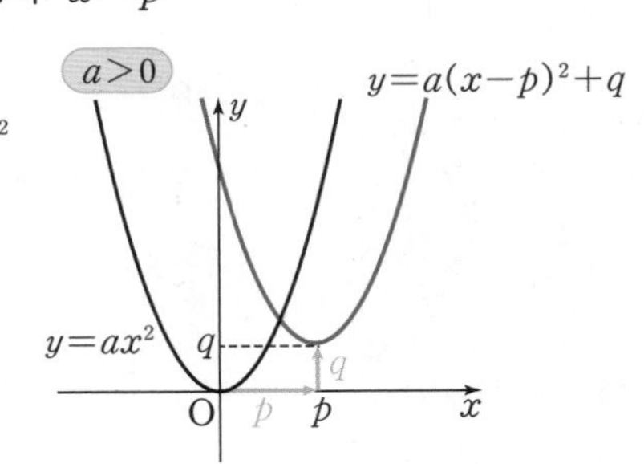

04 이차함수 $y=ax^2+bx+c$의 그래프

1. **이차함수 $y=ax^2+bx+c$의 그래프**

(1) 이차함수 $y=ax^2+bx+c$의 그래프는 $y=a(x-p)^2+q$의 꼴로 고쳐서 그린다.

(2) y축과의 교점의 좌표는 $(0, c)$이다.

(3) $a>0$이면 아래로 볼록하고, $a<0$이면 위로 볼록하다.

01 이차함수의 뜻

이 단원에서 배우는 용어와 기호
이차함수

학습 목표 | 이차함수의 의미를 이해한다.

이차함수는 무엇일까?

탐구하기

탐구 목표
줄어든 가로의 길이, 세로의 길이와 새로운 직사각형의 넓이 사이에 이차함수의 관계가 있음을 알 수 있다.

오른쪽 그림과 같이 가로의 길이가 15 cm, 세로의 길이가 10 cm인 직사각형의 가로의 길이와 세로의 길이를 각각 x cm만큼 줄여서 만든 새로운 직사각형의 넓이를 $y\ \mathrm{cm}^2$라고 할 때, 다음 물음에 답하여 보자.

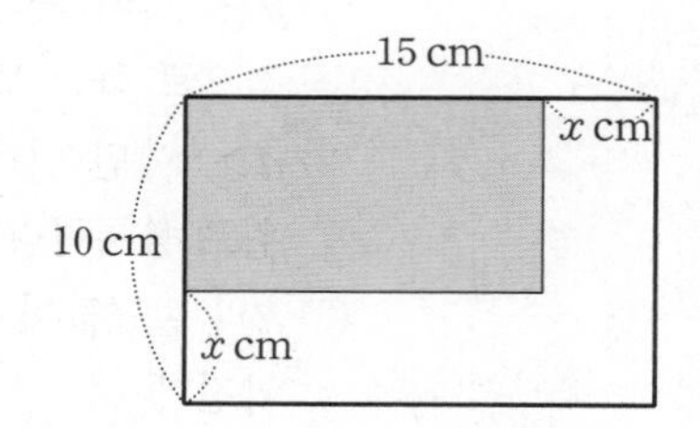

활동 1 y를 x에 대한 식으로 나타내어 보자. $y=x^2-25x+150$

풀이 가로의 길이와 세로의 길이가 각각 15 cm, 10 cm인 직사각형의 가로의 길이와 세로의 길이를 각각 x cm만큼 줄여서 만든 새로운 직사각형의 넓이 $y\ \mathrm{cm}^2$는 $y=(15-x)(10-x)=x^2-25x+150$이다.

활동 2 y는 x의 함수인지 말하여 보자. 함수이다.

풀이 x의 값이 변함에 따라 y의 값이 하나씩 정해지는 두 양 사이의 대응 관계가 성립하므로 y는 x의 함수이다.

탐구하기 에서 직사각형의 가로의 길이와 세로의 길이를 각각 x cm만큼 줄여서 만든 새로운 직사각형의 넓이 $y\ \mathrm{cm}^2$는

$$y=(15-x)(10-x)=x^2-25x+150$$

이므로 y는 x에 대한 이차식으로 나타난다. 이때 두 변수 x, y에 대하여 x의 값이 변함에 따라 y의 값이 하나씩 정해지는 두 양 사이의 대응 관계가 성립하므로 y는 x의 함수이다.

일반적으로 함수 $y=f(x)$에서

$$y=ax^2+bx+c\ (a,\ b,\ c\text{는 상수},\ a\neq 0)$$

와 같이 y가 x에 대한 이차식으로 나타날 때, 이 함수를 x의 **이차함수**라고 한다.

Tip 특별한 조건이 주어지지 않으면 이차함수에서 x의 값의 범위는 실수 전체로 생각한다.

1. 다음 중 y가 x의 이차함수인 것을 모두 찾으시오.

(1) $y=-x^2$ (2) $y=\dfrac{1}{x^2}$

(3) $y=x^2(1-x)$ (4) $y=x^3-x(x^2-x)$

풀이 (1) 이차함수이다.
(2) 이차함수가 아니다.
(3) $y=x^2(1-x)=-x^3+x^2$이므로 이차함수가 아니다.
(4) $y=x^3-x(x^2-x)=x^2$이므로 이차함수이다.
따라서 y가 x의 이차함수인 것은 (1), (4)이다.

2. 다음에서 y를 x에 대한 식으로 나타내고, y가 x의 이차함수인 것을 모두 찾으시오.

(1) 한 변의 길이가 $(x+3)$ cm인 정사각형의 넓이는 y cm^{2}이다. $y=x^2+6x+9$

(2) 시속 150 km로 일정하게 달리는 기차가 x시간 동안 달린 거리는 y km이다. $y=150x$

(3) 지름이 x cm인 원의 넓이는 y cm^{2}이다. $y=\frac{\pi}{4}x^2$

(4) 정 x각형의 대각선의 개수는 y이다. $y=\frac{1}{2}x^2-\frac{3}{2}x$

풀이 (1) $y=(x+3)^2=x^2+6x+9$이므로 이차함수이다.
(2) $y=150x$이므로 이차함수가 아니다.
(3) $y=\pi\times\left(\frac{x}{2}\right)^2=\frac{\pi}{4}x^2$이므로 이차함수이다.
(4) $y=\frac{x(x-3)}{2}=\frac{1}{2}x^2-\frac{3}{2}x$이므로 이차함수이다.
따라서 y가 x의 이차함수인 것은 (1), (3), (4)이다.

이전 내용 톡톡
함수 $y=f(x)$에서 x의 값에 따라 하나로 정해지는 y의 값을 x의 함숫값이라고 하며, 이것을 기호 $f(x)$로 나타낸다.

3. 이차함수 $f(x)=x^2+2x-3$에 대하여 다음 함숫값을 구하시오.

(1) $f(-3)$ 0 (2) $f(0)$ -3 (3) $f(2)$ 5

풀이 (1) $f(-3)=(-3)^2+2\times(-3)-3=0$
(2) $f(0)=0^2+2\times0-3=-3$
(3) $f(2)=2^2+2\times2-3=5$

함께해 보기 1

이전 내용 톡톡
y가 x에 정비례할 때, x와 y 사이에는 $y=ax$ (단, a는 0이 아닌 상수)가 성립한다.

오른쪽 그림은 진공 상태에서 낙하하는 공의 위치를 1초 간격으로 측정하여 나타낸 것이다. 처음 x초 동안 공이 낙하한 거리를 y m라고 하면 y는 x^2에 정비례한다고 한다. 다음 물음에 답하여 보자.

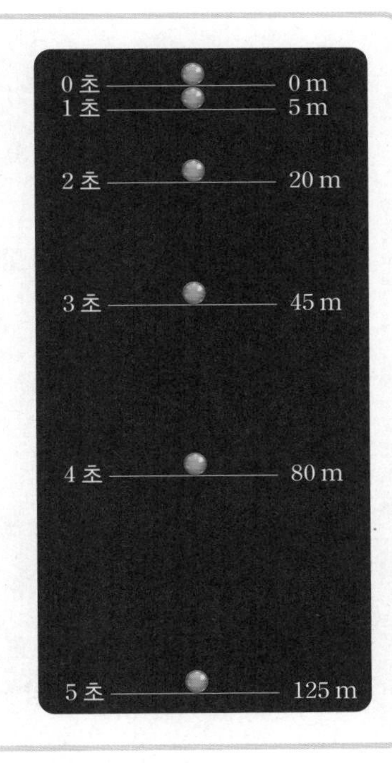

(1) 아래의 표를 완성하여 보자.

x(초)	0	1	2	3	4	5
y(m)	0	5	20	45	80	125

(2) 위의 표를 이용하여 y를 x에 대한 식으로 나타내어 보자. $y=5x^2$

풀이 y는 x^2에 정비례하므로 x^2과 y 사이에는 $y=ax^2(a\neq0)$이 성립한다. $x=1$일 때, $y=5$이므로 $5=a\times1$, $a=5$이다. 따라서 y를 x에 대한 식으로 나타내면 $y=5x^2$이다.

(3) y가 x의 이차함수인지 말하여 보자. 이차함수이다.

풀이 y가 x에 대한 이차식이므로 y는 x의 이차함수이다.

4. 오른쪽 그림과 같이 기울기가 일정한 경사면에서 굴린 공이 처음 x초 동안 굴러 내려간 거리를 y m라고 하면 y는 x^2에 정비례한다고 한다. 공이 처음 0.5초 동안 0.25 m만큼 굴러 내려갔을 때, 다음 물음에 답하시오.

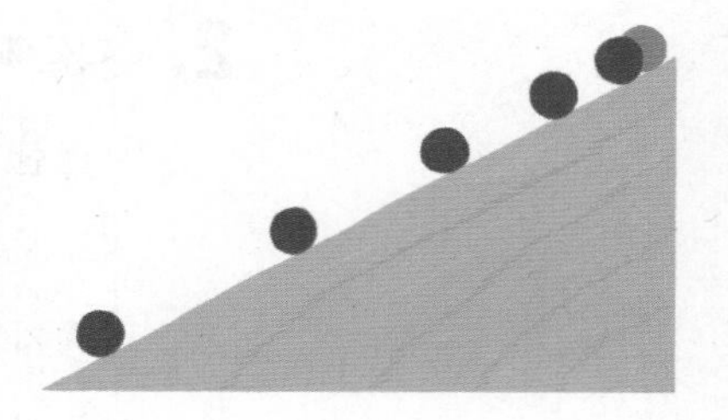

(1) y를 x에 대한 식으로 나타내시오. $y=x^2$

(2) y가 x의 이차함수인지 말하시오. 이차함수이다.

(3) 이 공이 처음 3초 동안 굴러 내려간 거리를 구하시오. 9 m

풀이 (1) y는 x^2에 정비례하므로 $y=ax^2(a\neq0)$이 성립한다.
처음 0.5초 동안 공이 0.25 m만큼 굴러 내려갔으므로, $0.25=a\times(0.5)^2$, $0.25=0.25a$, $a=1$이다.
따라서 y를 x에 대한 식으로 나타내면 $y=x^2$이다.
(2) y가 x에 대한 이차식이므로 y는 x의 이차함수이다.
(3) $x=3$일 때, $y=3^2=9$이므로 처음 3초 동안 이 공이 굴러 내려간 거리는 9 m이다.

참고
제동 거리란?
실제로 브레이크가 작동한 순간부터 멈출 때까지 차가 이동한 거리

5. 시속 x km로 달리는 자동차의 브레이크가 작동하기 시작할 때부터 정지할 때까지 움직인 거리를 y m라고 하면 y는 x^2에 정비례한다고 한다. 오른쪽 그림과 같이 시속 50 km로 달리던 자동차가 브레이크가 작동하기 시작할 때부터 정지할 때까지 20 m를 움직였다고 할 때, 다음 물음에 답하시오.

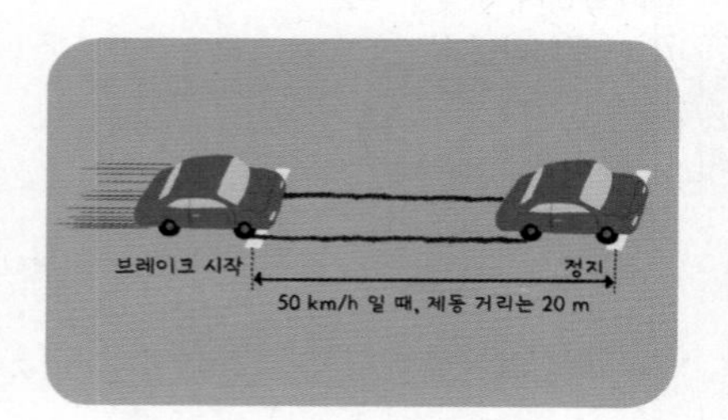

(1) y를 x에 대한 식으로 나타내시오. $y=0.008x^2$

(2) y가 x의 이차함수인지 말하시오. 이차함수이다.

(3) 이 자동차가 시속 100 km로 달리다가 브레이크를 밟았을 때, 브레이크가 작동하기 시작할 때부터 정지할 때까지 움직인 거리를 구하시오. 80 m

풀이 (1) y는 x^2에 정비례하므로 $y=ax^2(a\neq0)$이 성립한다.
시속 50 km로 달리던 자동차의 브레이크가 작동하기 시작할 때부터 정지할 때까지 20 m를 움직였으므로,
$20=a\times50^2$, $a=\frac{20}{2500}=0.008$
따라서 y를 x에 대한 식으로 나타내면 $y=0.008x^2$이다.
(2) y가 x에 대한 이차식이므로 y는 x의 이차함수이다.
(3) $x=100$일 때, $y=0.008\times100^2=80$이므로 이 자동차가 시속 100 km로 달리다가 브레이크를 밟았을 때, 브레이크가 작동하기 시작할 때부터 정지할 때까지 움직인 거리는 80 m이다.

생각 나누기 문제 해결 의사소통

일상생활에서 변화하는 두 양 x와 y 사이의 관계가 이차함수인 경우를 찾고, 친구들과 이야기하여 보자. 풀이 참조

풀이 | 예시 | 초속 v m로 던져 올린 물체의 t초 후의 높이 h m는 다음과 같이 나타낼 수 있다. (단, 공기의 마찰은 무시한다.)
$h=vt-4.9t^2$
이때 h는 t에 대한 이차식이므로 h는 t의 이차함수이다.

스스로 점검하기

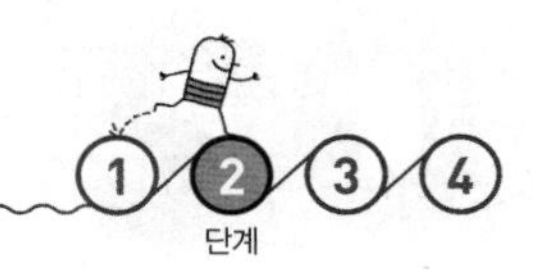

개념 점검하기

함수 $y=f(x)$에서

$$y=ax^2+bx+c(a,\ b,\ c\text{는 상수, } a\neq 0)$$

와 같이 y가 x에 대한 이차식으로 나타날 때, 이 함수를 x의 [이차함수] 라고 한다.

1 ●●●

다음 중 y가 x의 이차함수인 것을 모두 찾으시오.

(1) $y=2x^2+5x-1$　　(2) $y=x^2-x^3$

(3) $y=x(x-1)+2$　　(4) $y=(2x+1)^2-4x^2$

풀이 (1) y는 x에 대한 이차식이므로 이차함수이다.
(2) y는 x에 대한 이차식이 아니므로 이차함수가 아니다.
(3) $y=x(x-1)+2=x^2-x+2$이므로 이차함수이다.
(4) $y=(2x+1)^2-4x^2=4x^2+4x+1-4x^2=4x+1$이므로 이차함수가 아니다.
따라서 y가 x의 이차함수인 것은 (1), (3)이다.

2 ●●●

다음 보기 중 y가 x의 이차함수인 것을 모두 고르시오.

보기

ㄱ. 밑변의 길이와 높이가 모두 x cm인 삼각형의 넓이 y cm^2

ㄴ. 밑면의 반지름의 길이가 x cm이고, 높이가 3 cm인 원기둥의 부피 y cm^3

ㄷ. 한 모서리의 길이가 x cm인 정육면체의 부피 y cm^3

풀이 ㄱ. $y=\frac{1}{2}\times x\times x=\frac{1}{2}x^2$이므로 이차함수이다.
ㄴ. $y=\pi x^2\times 3=3\pi x^2$이므로 이차함수이다.
ㄷ. $y=x^3$이므로 이차함수가 아니다.
따라서 y가 x의 이차함수인 것은 ㄱ, ㄴ이다.

3 ●●●

이차함수 $f(x)=\frac{1}{2}x^2-2x+1$에 대하여 다음 함숫값을 구하시오.

(1) $f(-2)$ 7　　(2) $f(0)$ 1　　(3) $f(4)$ 1

풀이 (1) $f(-2)=\frac{1}{2}\times(-2)^2-2\times(-2)+1=2+4+1=7$
(2) $f(0)=\frac{1}{2}\times 0^2-2\times 0+1=1$
(3) $f(4)=\frac{1}{2}\times 4^2-2\times 4+1=8-8+1=1$

4 ●●●

함수 $y=2x^2+x(ax+5)+3$이 x의 이차함수가 되기 위한 상수 a의 조건을 구하시오. $a\neq -2$

풀이 $y=2x^2+x(ax+5)+3=(a+2)x^2+5x+3$
이므로 y가 x의 이차함수가 되려면 $a+2\neq 0$이어야 한다.
따라서 $a\neq -2$이다.

5 ●●●

다음 그림과 같이 가로의 길이가 3 cm, 세로의 길이가 2 cm인 직사각형의 가로의 길이와 세로의 길이를 각각 x cm만큼 늘여서 새로운 직사각형을 만들었다. 이 직사각형의 넓이를 y cm^{2}라고 할 때, 물음에 답하시오.

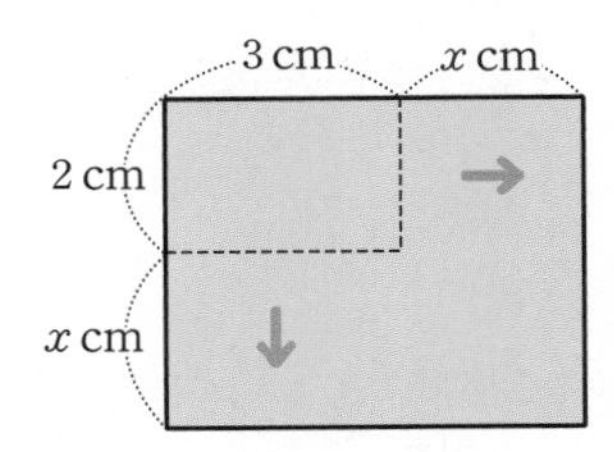

(1) y를 x에 대한 식으로 나타내시오. $y=x^2+5x+6$

(2) y는 x의 이차함수인지 말하시오. 이차함수이다.

풀이 (1) $y=(3+x)(2+x)=x^2+5x+6$
(2) y는 x에 대한 이차식이므로 y는 x의 이차함수이다.

02 이차함수 $y=ax^2$의 그래프

이 단원에서 배우는 용어와 기호

포물선, 축, 꼭짓점

학습 목표 | 이차함수 $y=ax^2$의 그래프를 그릴 수 있고, 그 그래프의 성질을 이해한다.

이차함수 $y=x^2$의 그래프는 어떻게 그릴까?

탐구하기

탐구 목표
주어진 표를 완성하고, 이차함수 $y=x^2$의 그래프를 좌표평면 위에 그릴 수 있다.

이차함수 $y=x^2$에 대하여 다음 물음에 답하여 보자.

활동 ① 다음 표를 완성하고, 그 순서쌍 (x, y)를 좌표로 하는 점들을 아래의 좌표평면 위에 나타내어 보자.

x	…	-3	-2	-1	0	1	2	3	…
y	…	9	4	1	0	1	4	9	…

풀이

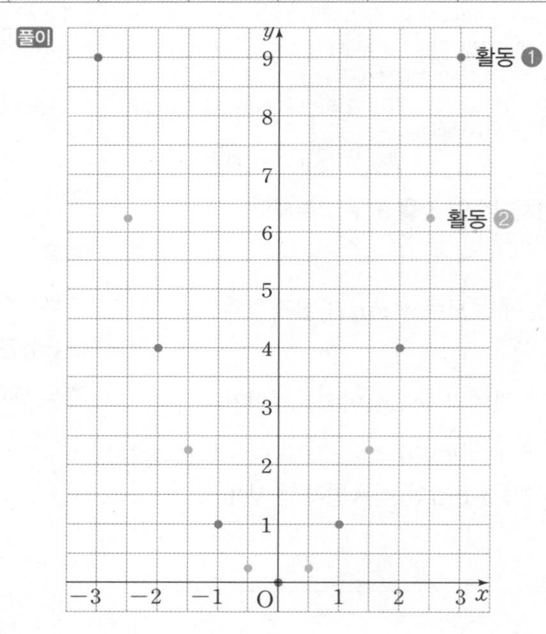

활동 ② 다음 표를 완성하고, 그 순서쌍 (x, y)를 좌표로 하는 점들을 **활동 ①**의 좌표평면 위에 나타내어 보자.

x	…	-2.5	-1.5	-0.5	0.5	1.5	2.5	…
y	…	6.25	2.25	0.25	0.25	2.25	6.25	…

활동 ③ x의 값의 범위가 실수 전체일 때, 이차함수 $y=x^2$의 그래프의 모양을 추측하여 보자.

원점을 지나고 y축에 대칭인 매끄러운 곡선이 된다.

참고
특별한 말이 없으면 x의 값의 범위는 실수 전체라고 생각한다.

탐구하기 에서 x의 값 사이의 간격을 점점 작게 하여 그 범위를 실수 전체로 확장하면 이차함수 $y=x^2$의 그래프는 아래 맨 오른쪽 그림과 같이 매끄러운 곡선이 된다. 이 곡선이 x의 값의 범위가 실수 전체일 때 이차함수 $y=x^2$의 그래프이다.

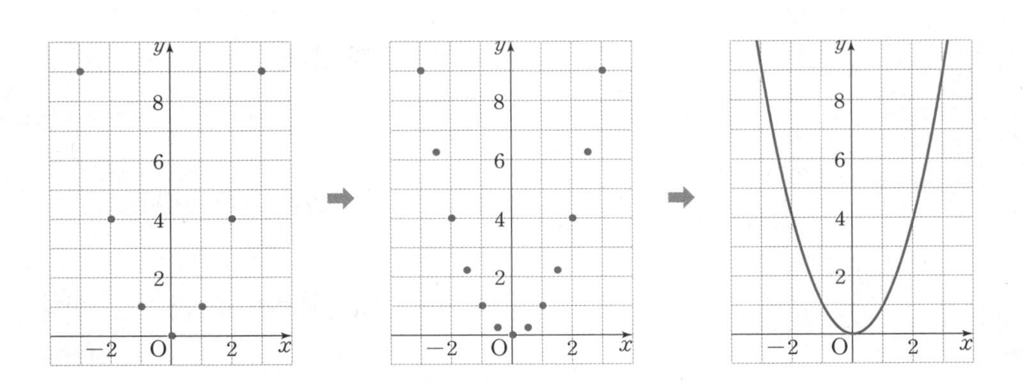

함께해 보기 1

이차함수 $y=x^2$의 그래프를 x의 값 사이의 간격을 0.1로 하여 그려 보자.

(1) 다음 표를 완성하여 보자.

x	−0.5	−0.4	−0.3	−0.2	−0.1	0	0.1	0.2	0.3	0.4	0.5
y	0.25	0.16	0.09	0.04	0.01	0	0.01	0.04	0.09	0.16	0.25

(2) 위의 표에서 순서쌍 (x, y)를 좌표로 하는 점들을 아래의 좌표평면 위에 나타내어 보자.

풀이

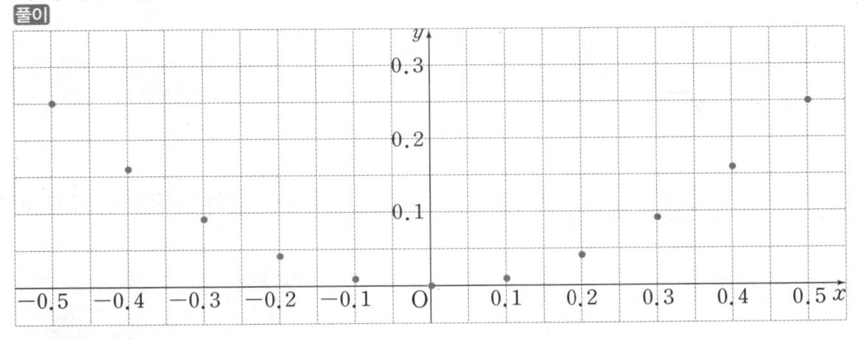

함께해 보기 1 에서 이차함수 $y=x^2$의 그래프는 매끄러운 곡선이 됨을 확인할 수 있다.

앞의 활동에서 이차함수 $y=x^2$의 그래프는 원점을 지나고 아래로 볼록하며 y축에 대칭인 곡선임을 알 수 있다. 또, $x<0$일 때에는 x의 값이 증가하면 y의 값은 감소하고, $x>0$일 때에는 x의 값이 증가하면 y의 값도 증가함을 알 수 있다.

이상을 정리하면 다음과 같다.

이차함수 $y=x^2$의 그래프

1. 원점을 지나고 아래로 볼록한 곡선이다.
2. y축에 대칭이다.
3. $x<0$일 때, x의 값이 증가하면 y의 값은 감소한다.
   $x>0$일 때, x의 값이 증가하면 y의 값도 증가한다.

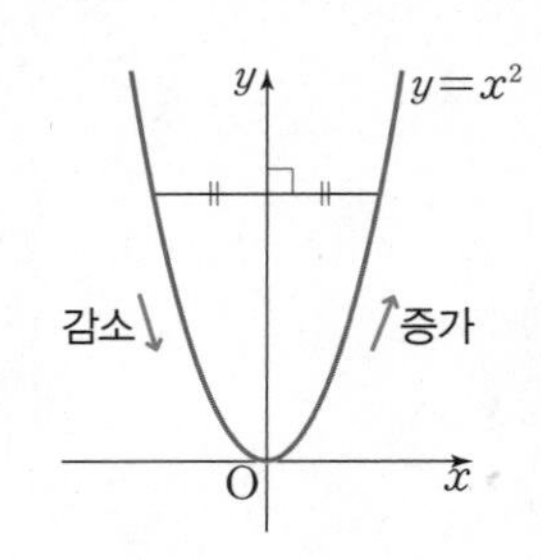

1. 오른쪽 그림은 이차함수 $y=x^2$의 그래프이다. 다음과 같이 x의 값이 증가할 때 y의 값은 증가하는지, 감소하는지 말하시오.

(1) x의 값이 -3에서 -1까지 증가 감소한다.

(2) x의 값이 2에서 3까지 증가 증가한다.

풀이 (1) x의 값이 -3에서 -1까지 증가하면 y의 값은 9에서 1까지 감소한다.
(2) x의 값이 2에서 3까지 증가하면 y의 값은 4에서 9까지 증가한다.

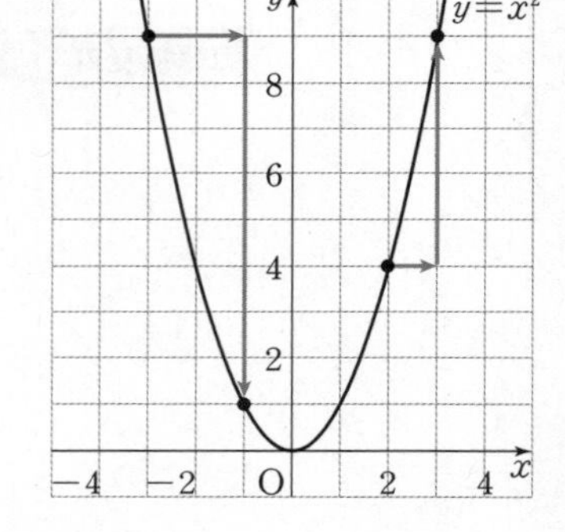

의사소통 **2.** 이차함수 $y=x^2$의 그래프가 x축의 아래쪽에 그려지지 않는 까닭을 말하시오. 풀이 참조

풀이 모든 실수 x에 대하여 $x^2\geq 0$이므로 이차함수 $y=x^2$의 모든 함숫값은 음이 아니다.
따라서 이차함수 $y=x^2$의 그래프는 x축의 아래쪽에 그려지지 않는다.

이차함수 $y=ax^2$의 그래프는 어떻게 그릴까?

탐구하기

탐구 목표
이차함수 $y=x^2$을 이용하여 이차함수 $y=2x^2$의 그래프를 그릴 수 있다.

두 이차함수 $y=x^2$, $y=2x^2$에 대하여 다음 물음에 답하여 보자.

활동 1 다음 표를 완성하여 보자.

x	$\cdots$	-3	-2	-1	0	1	2	3	$\cdots$
$y=x^2$	$\cdots$	9	4	1	0	1	4	9	$\cdots$
$y=2x^2$	$\cdots$	18	8	2	0	2	8	18	$\cdots$

활동 2 x의 각 값에 대하여 두 이차함수 $y=x^2$과 $y=2x^2$의 함숫값을 비교하여 보자.

이차함수 $y=2x^2$의 함숫값은 이차함수 $y=x^2$의 함숫값의 2배이다.

활동 3 **활동 2**의 사실을 이용하여 이차함수 $y=2x^2$의 그래프를 오른쪽 좌표평면 위에 그려 보자.

풀이 이차함수 $y=2x^2$의 그래프는 이차함수 $y=x^2$의 그래프에서 각 점의 y좌표를 2배로 하는 점을 잡아서 오른쪽과 같이 그릴 수 있다.

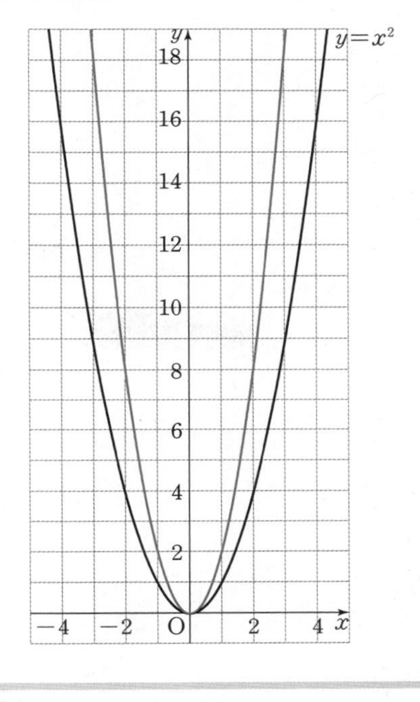

탐구하기에서 x의 각 값에 대하여 이차함수 $y=2x^2$의 함숫값은 이차함수 $y=x^2$의 함숫값의 2배임을 알 수 있다.

따라서 이차함수 $y=2x^2$의 그래프는 오른쪽 그림과 같이 이차함수 $y=x^2$의 그래프에서 각 점의 y좌표를 2배로 하는 점을 잡아서 그릴 수 있다.

이때 이차함수 $y=2x^2$의 그래프는 이차함수 $y=x^2$의 그래프와 마찬가지로 원점을 지나고 아래로 볼록하며 y축에 대칭인 곡선이다.

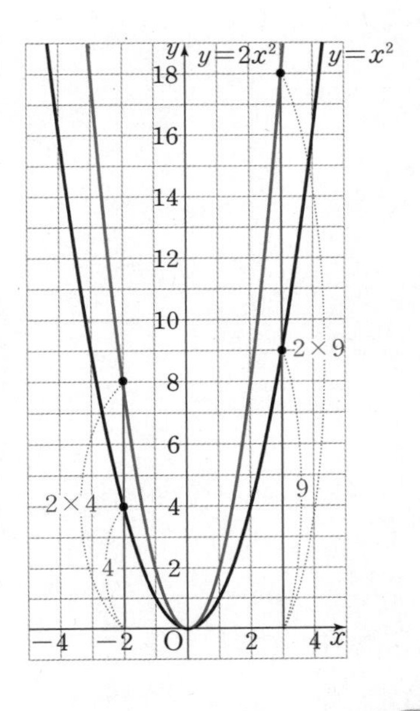

개념 쏙

이차함수 $y=ax^2(a>0)$의 그래프

- 함숫값이 $y=x^2$의 a배이다.
- 아래로 볼록한 그래프이다.
- y축에 대칭이다.

일반적으로 $a>0$일 때, 이차함수 $y=ax^2$의 그래프는 이차함수 $y=x^2$의 그래프에서 각 점의 y좌표를 a배로 하는 점을 잡아서 그릴 수 있다.

3. **이차함수 $y=x^2$의 그래프를 이용하여 다음 이차함수의 그래프를 그리시오.**

(1) $y=\frac{1}{2}x^2$

(2) $y=3x^2$

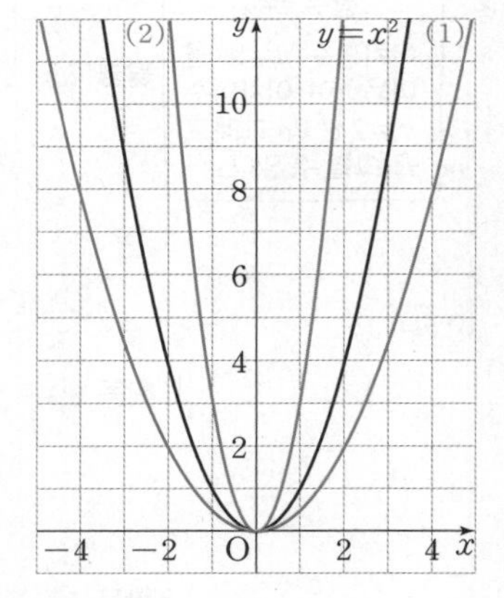

풀이 (1) 이차함수 $y=\frac{1}{2}x^2$의 그래프는 이차함수 $y=x^2$의 그래프의 각 점의 y좌표를 $\frac{1}{2}$배로 하는 점을 연결하여 오른쪽과 같이 그릴 수 있다.

(2) 이차함수 $y=3x^2$의 그래프는 이차함수 $y=x^2$의 그래프의 각 점의 y좌표를 3배로 하는 점을 연결하여 오른쪽과 같이 그릴 수 있다.

이제 $a>0$일 때, 이차함수 $y=-ax^2$의 그래프를 그려 보자.

함께해 보기 2

다음은 이차함수 $y=x^2$의 그래프를 이용하여 이차함수 $y=-x^2$의 그래프를 그리는 과정이다. 물음에 답하여 보자.

(1) 아래의 표를 완성하여 보자.

x	⋯	-3	-2	-1	0	1	2	3	⋯
$y=x^2$	⋯	9	4	1	0	1	4	9	⋯
$y=-x^2$	⋯	-9	-4	-1	0	-1	-4	-9	⋯

(2) 다음 문장을 완성하고, 이 사실을 이용하여 이차함수 $y=-x^2$의 그래프를 그려 보자.

> 위의 표에서 x의 각 값에 대하여 이차함수 $y=-x^2$의 함숫값은 이차함수 $y=x^2$의 함숫값과 절댓값은 같고, 부호는 서로 (같다, 반대이다).
>
> 따라서 이차함수 $y=-x^2$의 그래프는 이차함수 $y=x^2$의 그래프와 (x축, y축)에 대하여 서로 대칭인 곡선이다.

풀이

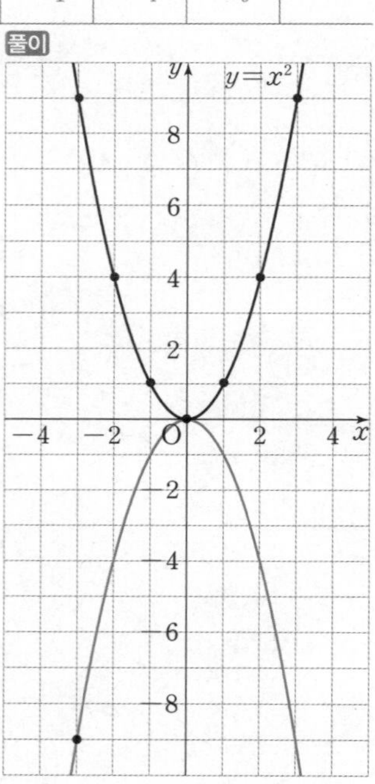

함께해 보기 2 에서 이차함수 $y=-x^2$의 그래프는 이차함수 $y=x^2$의 그래프 위의 각 점과 x축에 대하여 서로 대칭인 점을 잡아서 그릴 수 있다.

이때 이차함수 $y=-x^2$의 그래프는 원점을 지나고 위로 볼록하며 y축에 대칭인 곡선이다.

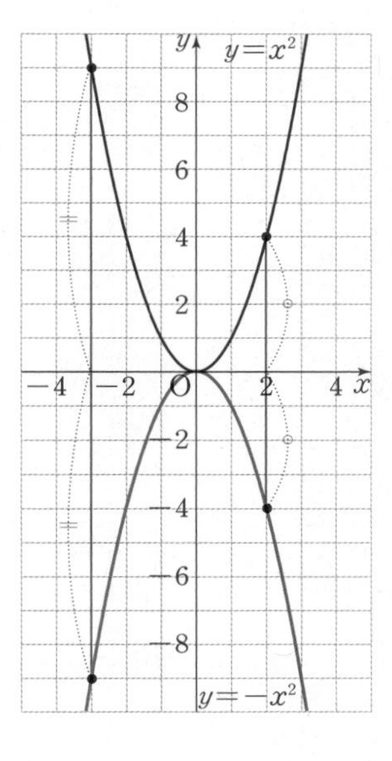

개념 쏙

이차함수 $y=ax^2(a<0)$의 그래프
- 함숫값이 $y=x^2$의 a배이다.
- 위로 볼록한 그래프이다.
- y축에 대칭이다.

일반적으로 $a>0$일 때, 이차함수 $y=-ax^2$의 그래프는 이차함수 $y=ax^2$의 그래프 위의 각 점과 x축에 대하여 서로 대칭인 점을 잡아서 그릴 수 있다.

4. **오른쪽 그림의 두 이차함수 $y=2x^2$, $y=\frac{1}{2}x^2$의 그래프를 이용하여 다음 이차함수의 그래프를 그리시오.**

(1) $y=-2x^2$

(2) $y=-\frac{1}{2}x^2$

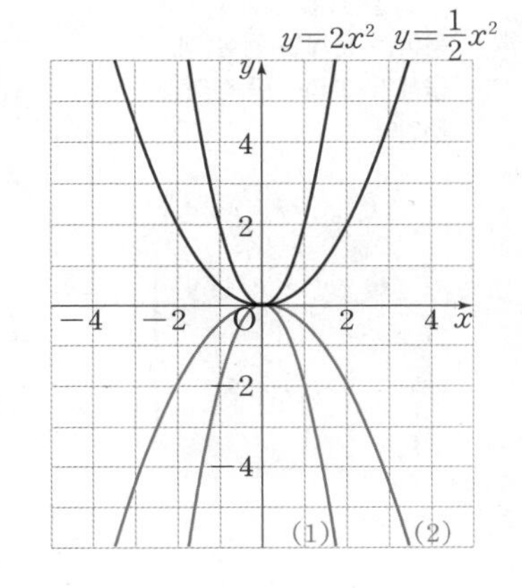

풀이 (1) 이차함수 $y=-2x^2$의 그래프는 이차함수 $y=2x^2$의 그래프 위의 각 점과 x축에 대하여 서로 대칭인 점을 잡아서 오른쪽과 같이 그릴 수 있다.

(2) 이차함수 $y=-\frac{1}{2}x^2$의 그래프는 이차함수 $y=\frac{1}{2}x^2$의 그래프 위의 각 점과 x축에 대하여 서로 대칭인 점을 잡아서 오른쪽과 같이 그릴 수 있다.

참고

공학적 도구를 이용하여 이차함수의 성질을 탐색할 수도 있다.

이제 이차함수 $y=ax^2$의 그래프의 성질을 알아보자.

이차함수 $y=ax^2$에서 a의 값이 각각 -2, -1, $-\frac{1}{2}$, $\frac{1}{2}$, 1, 2일 때의 그래프는 다음 그림과 같다.

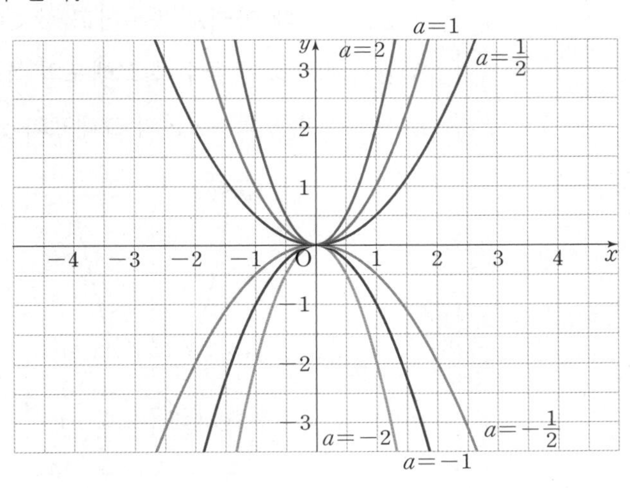

앞의 그림에서 알 수 있듯이 이차함수 $y=ax^2$의 그래프는 모두 원점을 지나고 y축에 대칭이다.

또, $a>0$일 때에는 아래로 볼록하고, $a<0$일 때에는 위로 볼록한 곡선이다. 이때 a의 절댓값이 클수록 그래프의 폭이 좁아진다.

한편, 이차함수 $y=ax^2$의 그래프와 이차함수 $y=-ax^2$의 그래프는 x축에 대하여 서로 대칭이다.

참고

포물선(抛物線)이라는 용어는 물체를 던질 때, 그 물체가 그리는 곡선이라는 뜻이다.

이차함수 $y=ax^2$의 그래프와 같은 모양의 곡선을 **포물선**이라고 한다. 포물선은 선대칭도형이며 그 대칭축을 포물선의 **축**이라 하고, 포물선과 축의 교점을 포물선의 **꼭짓점**이라고 한다.

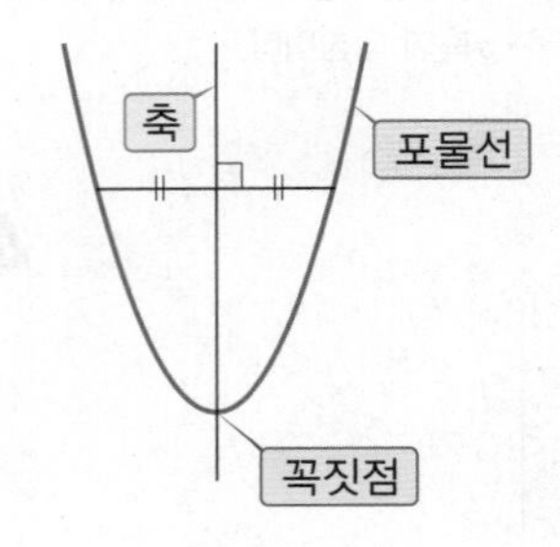

따라서 이차함수 $y=ax^2$의 그래프는 y축을 축으로 하고, 원점을 꼭짓점으로 하는 포물선이다.

일반적으로 이차함수 $y=ax^2$의 그래프는 다음과 같은 성질을 가진다.

이차함수 $y=ax^2$의 그래프

1. y축을 축으로 하고, 원점을 꼭짓점으로 하는 포물선이다.
2. $a>0$일 때 아래로 볼록하고, $a<0$일 때 위로 볼록하다.
3. a의 절댓값이 클수록 그래프의 폭이 좁아진다.
4. 이차함수 $y=-ax^2$의 그래프와 x축에 대하여 서로 대칭이다.

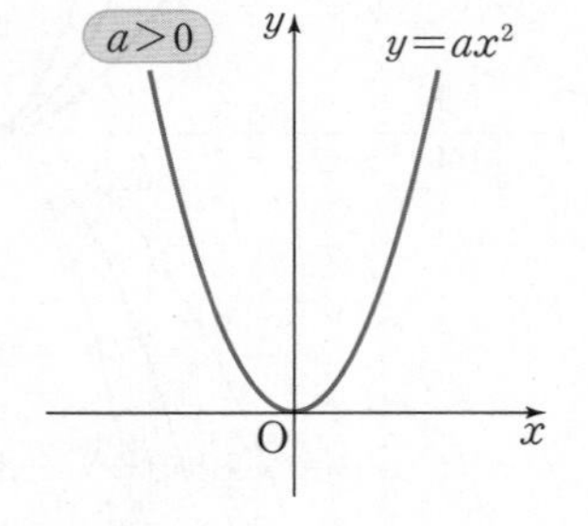

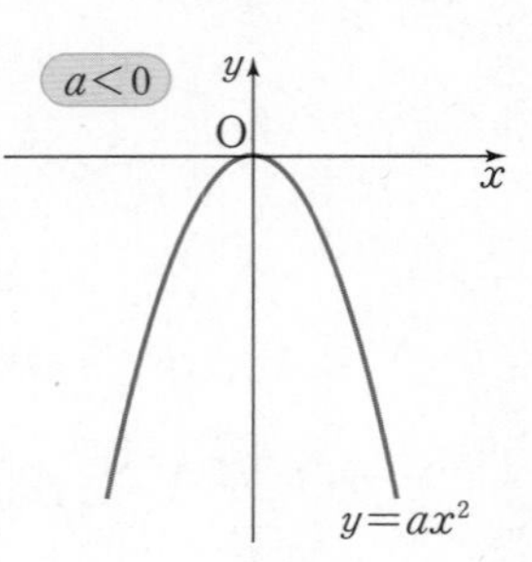

5. 다음 이차함수의 그래프에 대하여 물음에 답하시오.

ㄱ. $y=6x^2$	ㄴ. $y=\frac{2}{3}x^2$	ㄷ. $y=-4x^2$
ㄹ. $y=-\frac{2}{3}x^2$	ㅁ. $y=4x^2$	ㅂ. $y=-\frac{1}{6}x^2$

(1) 그래프가 아래로 볼록한 것을 모두 찾으시오. ㄱ, ㄴ, ㅁ

(2) 그래프의 폭이 가장 넓은 것과 가장 좁은 것을 찾으시오. 폭이 가장 넓은 것: ㅂ, 폭이 가장 좁은 것: ㄱ

(3) 그래프가 x축에 대하여 서로 대칭인 것끼리 짝 지으시오. ㄴ－ㄹ, ㄷ－ㅁ

풀이 (1) 이차함수 $y=ax^2$의 그래프는 $a>0$일 때, 아래로 볼록하므로 아래로 볼록한 것은 ㄱ, ㄴ, ㅁ이다.
(2) 이차함수 $y=ax^2$의 그래프는 a의 절댓값이 클수록 그래프의 폭이 좁아지므로 폭이 가장 넓은 것은 ㅂ이고, 폭이 가장 좁은 것은 ㄱ이다.
(3) 이차함수 $y=ax^2$과 이차함수 $y=-ax^2$의 그래프는 x축에 대하여 서로 대칭이므로 x축에 대하여 서로 대칭인 것끼리 짝 지으면 ㄴ－ㄹ, ㄷ－ㅁ이다.

6. 오른쪽은 알지오매스를 이용하여 네 이차함수의 그래프를 나타낸 것이다. 다음 이차함수의 식에 알맞은 그래프를 찾으시오.

알지오매스 (AlgeoMath) https: //www. algeomath.kr

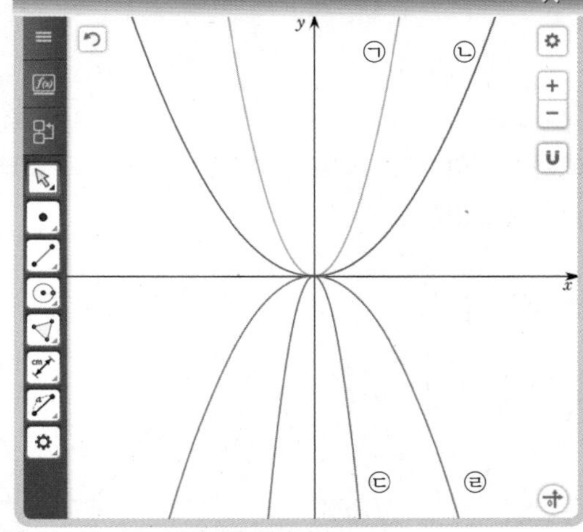

(1) $y=-5x^2$ ㉢

(2) $y=\frac{3}{2}x^2$ ㉠

(3) $y=-\frac{1}{2}x^2$ ㉣

(4) $y=\frac{1}{3}x^2$ ㉡

풀이 이차함수 $y=ax^2$의 그래프는 a의 절댓값이 클수록 그래프의 폭이 좁아진다.
이때 $\left|\frac{1}{3}\right|<\left|-\frac{1}{2}\right|<\left|\frac{3}{2}\right|<|-5|$이므로 그래프의 폭은 (4)－(3)－(2)－(1) 순으로 좁아진다.
또, $a>0$일 때 아래로 볼록하고, $a<0$일 때 위로 볼록하므로 (2), (4)는 아래로 볼록하고, (1), (3)은 위로 볼록하다.
따라서 (1) ㉢, (2) ㉠, (3) ㉣, (4) ㉡이다.

생각 나누기

문제 해결 의사소통

다음은 이차함수 $y=ax^2$의 그래프에 대한 세 학생의 설명이다. 틀린 부분을 찾아 바르게 고치고, 친구들에게 설명하여 보자. 풀이 참조

풀이 상원: 이차함수 $y=ax^2$의 그래프는 $a>0$일 때 아래로 볼록한 포물선이다.
라온: 이차함수 $y=ax^2$의 그래프와 x축에 대하여 서로 대칭인 그래프는 이차함수 $y=-ax^2$의 그래프이다.
슬찬: 이차함수 $y=ax^2$의 그래프는 a의 절댓값이 클수록 그래프의 폭이 좁아진다.

스스로 점검하기

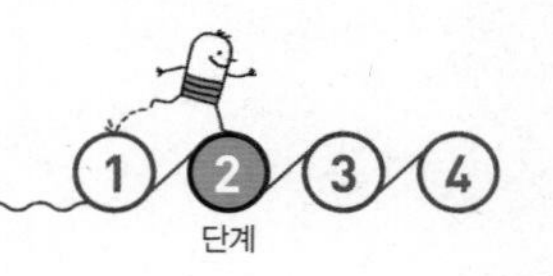

개념 점검하기

잘함 보통 모름

이차함수 $y=ax^2$의 그래프는

(1) y축을 축으로 하고, [원점] 을 꼭짓점으로 하는 포물선이다.

(2) $a>0$일 때 (아래로, 위로) 볼록하고, $a<0$일 때 (아래로, 위로) 볼록하다.

(3) a의 [절댓값] 이 클수록 그래프의 폭이 좁아진다.

(4) 이차함수 $y=-ax^2$의 그래프와 (x축, y축)에 대하여 서로 대칭이다.

1 ●●●

107쪽

다음 이차함수의 그래프를 주어진 이차함수의 그래프를 이용하여 그리시오.

(1) $y=\frac{1}{4}x^2$ (2) $y=-\frac{1}{3}x^2$

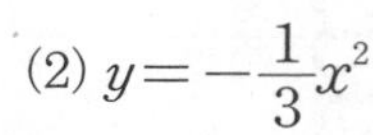

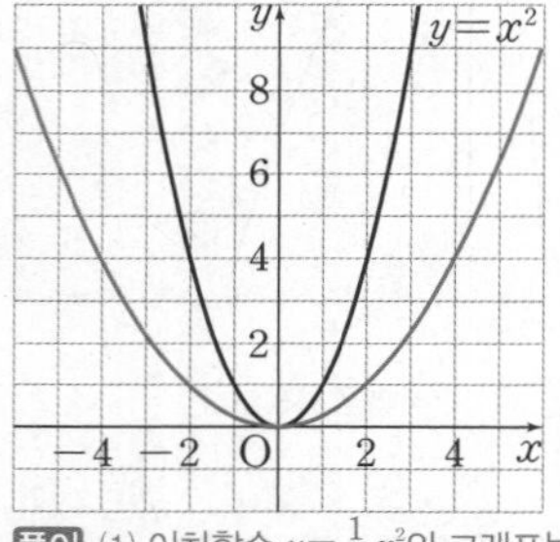

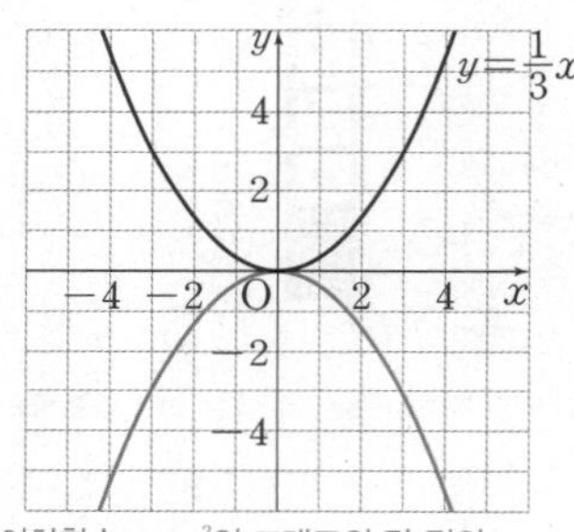

풀이 (1) 이차함수 $y=\frac{1}{4}x^2$의 그래프는 이차함수 $y=x^2$의 그래프의 각 점의 y좌표를 $\frac{1}{4}$배로 하는 점을 연결하여 위와 같이 그릴 수 있다.

(2) 이차함수 $y=-\frac{1}{3}x^2$의 그래프는 이차함수 $y=\frac{1}{3}x^2$의 그래프 위의 각 점과 x축에 대하여 서로 대칭인 점을 잡아서 위와 같이 그릴 수 있다.

2 ●●●

108쪽

이차함수 $y=-x^2$의 그래프가 두 점 $(2, a)$, $(b, -9)$를 지날 때, a와 b의 값을 각각 구하시오. (단, $b<0$이다.)

$a=-4$, $b=-3$

풀이 이차함수 $y=-x^2$의 그래프가 두 점 $(2, a)$, $(b, -9)$를 지나므로 $a=-2^2$, $-9=-b^2$이다.
따라서 $a=-4$이고, $b<0$이므로 $b=-3$이다.

3 ●●●

109쪽

이차함수 $y=x^2$의 그래프와 x축에 대하여 서로 대칭인 그래프가 점 $(-2, k)$를 지날 때, k의 값을 구하시오. -4

풀이 이차함수 $y=x^2$의 그래프와 x축에 대하여 서로 대칭인 그래프가 나타내는 이차함수의 식은 $y=-x^2$이다.
또, 이 이차함수의 그래프가 점 $(-2, k)$를 지나므로 $k=-(-2)^2=-4$이다.

4 ●●●

110쪽

다음 그림과 같이 원점을 꼭짓점으로 하고, 점 $\mathrm{A}(-2, 1)$을 지나는 포물선이 나타내는 이차함수의 식을 구하시오.

$y=\frac{1}{4}x^2$

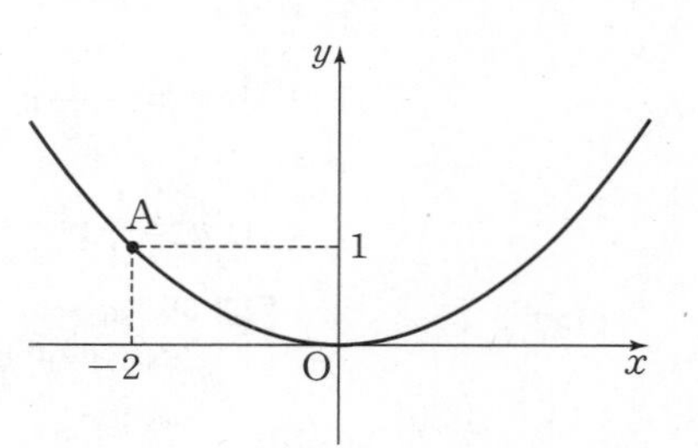

풀이 원점을 꼭짓점으로 하고, y축을 축으로 하는 포물선이 나타내는 이차함수의 식은 $y=ax^2$이고, 점 $\mathrm{A}(-2, 1)$을 지나므로 $1=4a$, $a=\frac{1}{4}$이다.
따라서 $y=\frac{1}{4}x^2$이다.

5 ●●●

110쪽

다음 이차함수의 그래프에 대하여 물음에 답하시오.

ㄱ. $y=3x^2$	ㄴ. $y=-\frac{4}{3}x^2$
ㄷ. $y=-2x^2$	ㄹ. $y=\frac{3}{4}x^2$

(1) 그래프가 위로 볼록한 것을 모두 고르시오. ㄴ, ㄷ

(2) 그래프의 폭이 좁은 것부터 차례대로 나열하시오. ㄱ, ㄷ, ㄴ, ㄹ

풀이 (1) 이차함수 $y=ax^2$의 그래프는 $a<0$일 때 위로 볼록하므로 위로 볼록한 것은 ㄴ, ㄷ이다.

(2) 이차함수 $y=ax^2$의 그래프는 a의 절댓값이 클수록 그래프의 폭이 좁아지므로 그래프의 폭이 좁은 것부터 차례대로 나열하면 ㄱ, ㄷ, ㄴ, ㄹ이다.

규칙 속에서 찾은 이차함수

다음은 일정한 규칙에 따라 정사각형을 이어 붙여 만든 도형을 순서대로 나열한 것이다.
100번째 도형을 만들기 위해 이어 붙인 정사각형은 몇 개일까?
우리 함께 알아보자.

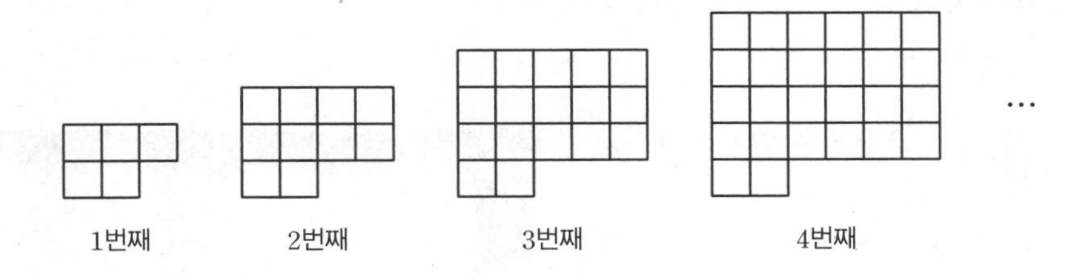

활동 1 5번째 도형을 직접 그려 보자.

풀이

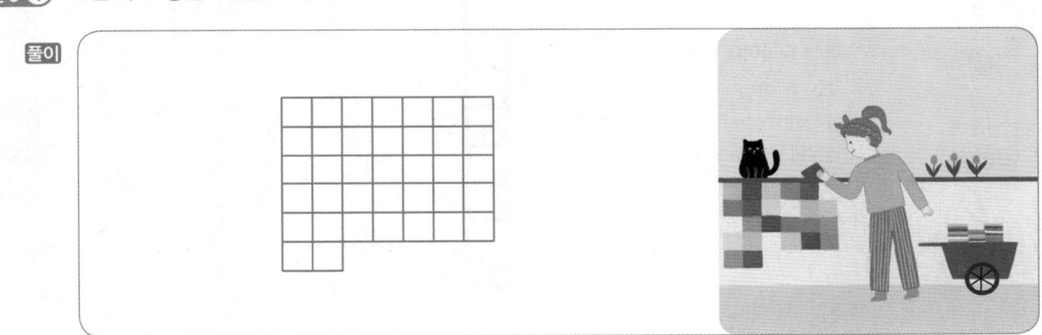

활동 2 x번째 도형의 정사각형의 개수를 y라고 할 때, x와 y 사이의 관계를 식으로 나타내어 보자. 또, 자신의 방법을 친구들이 구한 방법과 비교하여 보자.

풀이 | 예시 |

	방법 1	방법 2	방법 3
1번째	$1\times3+2$	2^2+1	$2\times3-1$
2번째	$2\times4+2$	3^2+1	$3\times4-2$
3번째	$3\times5+2$	4^2+1	$4\times5-3$
⋮	⋮	⋮	⋮
x번째	$x(x+2)+2$	$(x+1)^2+1$	$(x+1)(x+2)-x$

따라서 $y=x^2+2x+2$이다.
이때 방법은 다양하지만 결과는 동일함을 확인할 수 있다.

활동 3 활동 2 의 결과를 이용하여 100번째 도형을 만들기 위해 이어 붙인 정사각형의 개수를 구하여 보자.

풀이 활동 2에서 구한 식에 $x=100$을 대입하면 $y=100^2+2\times100+2=10202$
이므로, 100번째 도형을 만들기 위해 이어 붙인 정사각형은 10202개이다.

이 활동에서 재미있었던 점과 어려웠던 점을 적어 보자.

재미있었던 점	어려웠던 점

03 이차함수 $y=a(x-p)^2+q$의 그래프

학습 목표 ‖ 이차함수 $y=a(x-p)^2+q$의 그래프를 그릴 수 있고, 그 그래프의 성질을 이해한다.

이차함수 $y=ax^2+q$의 그래프는 어떻게 그릴까?

탐구하기

탐구 목표
공학적 도구를 이용하여 이차함수 $y=ax^2+q$의 그래프가 이차함수 $y=ax^2$의 그래프를 y축의 방향으로 q만큼 평행이동한 것임을 알 수 있다.

참고
이 책의 128~129쪽에서 알지오매스의 사용법을 확인할 수 있다.

정보처리

오른쪽은 알지오매스를 이용하여 두 이차함수 $y=2x^2$과 $y=2x^2+q$의 그래프를 나타낸 것이다. 다음 물음에 답하여 보자. (단, q는 상수이다.)

슬라이더 기능이란?
어떤 범위 안에서 슬라이더를 움직이며 상수의 값에 따른 변화를 관찰할 수 있도록 돕는 도구이다.

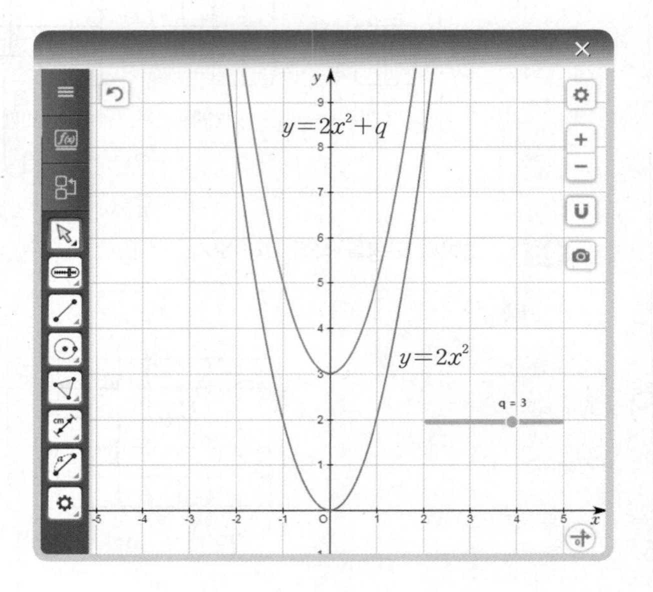

활동 1 상수 q에 대한 슬라이더를 움직이며 이차함수 $y=2x^2+q$의 그래프의 변화를 관찰하고, 상수 q의 값에 따라 이차함수 $y=2x^2+q$의 그래프가 어떻게 움직이는지 말하여 보자. 풀이 참조

풀이 이차함수 $y=2x^2+q$의 그래프는 이차함수 $y=2x^2$의 그래프를 y축의 방향으로 q만큼 평행이동하여 움직인다.

이전 내용 톡톡
한 도형을 일정한 방향으로 일정한 거리만큼 옮기는 것을 평행이동이라고 한다.

탐구하기 에서 상수 q의 값에 따라 이차함수 $y=2x^2+q$의 그래프는 이차함수 $y=2x^2$의 그래프를 y축의 방향으로 q만큼 평행이동한 것임을 알 수 있다.

또, $q=3$일 때, x의 각 값에 대하여 이차함수 $y=2x^2$의 함숫값과 이차함수 $y=2x^2+3$의 함숫값을 표로 나타내면 다음과 같다.

x	…	-3	-2	-1	0	1	2	3	…
$y=2x^2$	…	18	8	2	0	2	8	18	…
$y=2x^2+3$	…	21	11	5	3	5	11	21	…

(각 열에서 $+3$)

앞의 표에서 x의 각 값에 대하여 이차함수 $y=2x^2+3$의 함숫값은 이차함수 $y=2x^2$의 함숫값보다 항상 3만큼 크다는 것을 알 수 있다.

따라서 이차함수 $y=2x^2+3$의 그래프는 오른쪽 그림과 같이 이차함수 $y=2x^2$의 그래프를 y축의 방향으로 3만큼 평행이동하여 그릴 수 있다.

이때 이차함수 $y=2x^2+3$의 그래프는 y축을 축으로 하고, 점 $(0, 3)$을 꼭짓점으로 하는 아래로 볼록한 포물선이다.

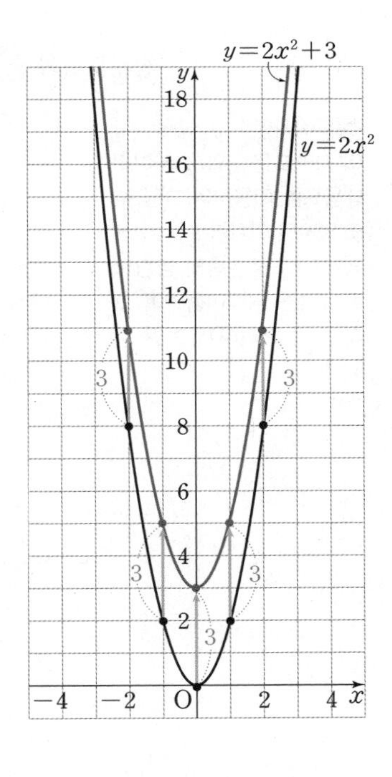

Tip 이차함수 $y=ax^2+q$의 그래프는 이차함수 $y=ax^2$의 그래프를 y축의 방향으로 q만큼 평행이동한 것이므로 그래프의 폭, 모양, 축은 변하지 않고 꼭짓점의 위치만 옮겨진 것이다. 따라서 꼭짓점의 평행이동만 생각하면 그래프의 모양을 쉽게 그릴 수 있다.

일반적으로 이차함수 $y=ax^2+q$의 그래프는 다음과 같은 성질을 가진다.

이차함수 $y=ax^2+q$의 그래프

1. 이차함수 $y=ax^2$의 그래프를 y축의 방향으로 q만큼 평행이동한 것이다.
2. y축을 축으로 하고, 점 $(0, q)$를 꼭짓점으로 하는 포물선이다.

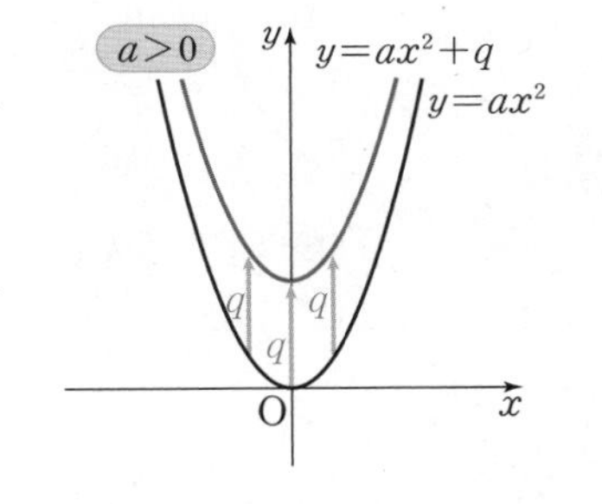

바로 확인 오른쪽 그림과 같이 이차함수 $y=-\frac{1}{2}x^2-2$의 그래프는 이차함수 $y=-\frac{1}{2}x^2$의 그래프를 y축의 방향으로 [-2]만큼 평행이동한 것이다.

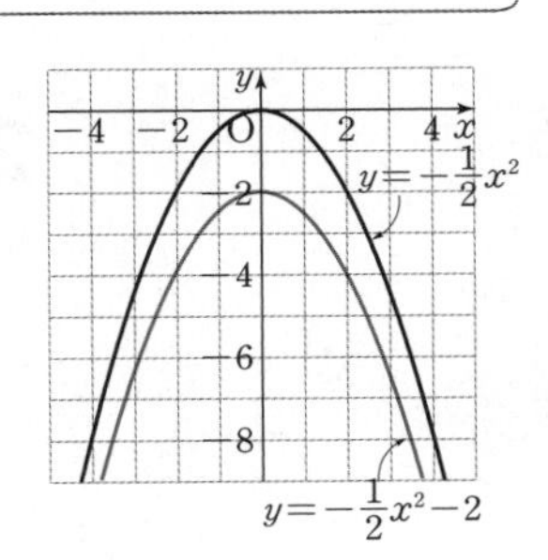

1. 다음 이차함수의 그래프는 이차함수 $y=-x^2$의 그래프를 y축의 방향으로 얼마만큼 평행이동한 것인지 말하시오.

(1) $y=-x^2+1$ 1

(2) $y=-x^2-2$ -2

(3) $y=-x^2+\frac{1}{2}$ $\frac{1}{2}$

(4) $y=-x^2-\frac{1}{3}$ $-\frac{1}{3}$

풀이 (1) 이차함수 $y=-x^2$의 그래프를 y축의 방향으로 1만큼 평행이동
(2) 이차함수 $y=-x^2$의 그래프를 y축의 방향으로 -2만큼 평행이동
(3) 이차함수 $y=-x^2$의 그래프를 y축의 방향으로 $\frac{1}{2}$만큼 평행이동
(4) 이차함수 $y=-x^2$의 그래프를 y축의 방향으로 $-\frac{1}{3}$만큼 평행이동

함께해 보기 1

Tip 이차함수 $y=ax^2+q$의 그래프를 x와 y 사이의 대응표를 이용하여 그릴 수도 있지만 이차함수 $y=ax^2$의 그래프를 y축의 방향으로 q만큼 평행이동하여 그리면 더 편리하게 그릴 수 있다.

이차함수 $y=\frac{1}{2}x^2-2$의 그래프를 그려 보자.

(1) 다음 문장을 완성하고, 이차함수 $y=\frac{1}{2}x^2$의 그래프를 이용하여 이차함수 $y=\frac{1}{2}x^2-2$의 그래프를 그려 보자.

> 이차함수 $y=\frac{1}{2}x^2-2$의 그래프는 이차함수 $y=\frac{1}{2}x^2$의 그래프를 y축의 방향으로 [-2] 만큼 평행이동하여 그릴 수 있다.

풀이

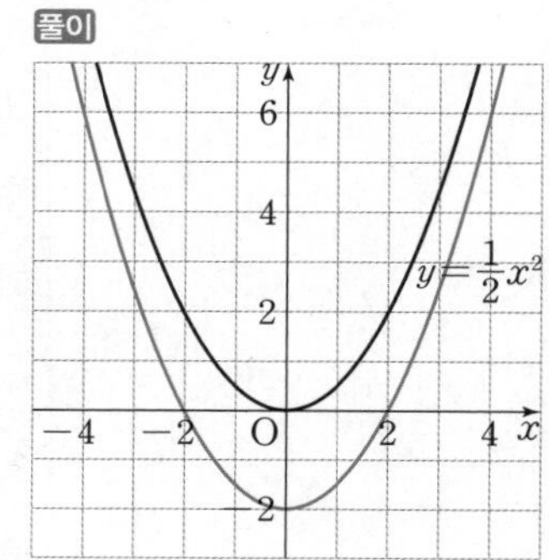

(2) 이차함수 $y=\frac{1}{2}x^2-2$의 그래프를 보고, 그 성질을 말하여 보자.

> 이차함수 $y=\frac{1}{2}x^2-2$의 그래프는 [y축] 을 축으로 하고, 점 ([0], [-2])를 꼭짓점으로 하는 아래로 볼록한 포물선이다.

2. 다음 이차함수의 그래프를 주어진 이차함수의 그래프를 이용하여 그리고, 축과 꼭짓점의 좌표를 각각 구하시오.

(1) $y=\frac{3}{2}x^2+2$ 축: y축, 꼭짓점: $(0,\ 2)$

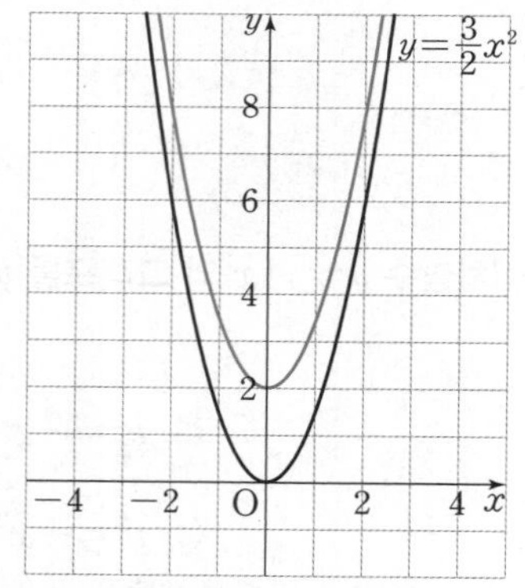

(2) $y=-2x^2-1$ 축: y축, 꼭짓점: $(0,\ -1)$

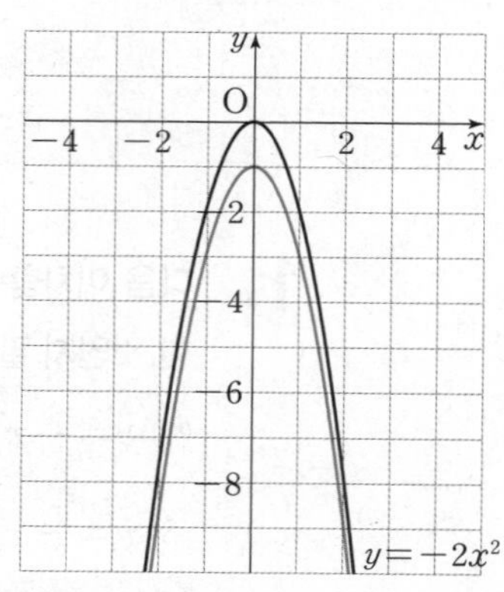

풀이 (1) 이차함수 $y=\frac{3}{2}x^2+2$의 그래프는 이차함수 $y=\frac{3}{2}x^2$의 그래프를 y축의 방향으로 2만큼 평행이동하여 그릴 수 있다. 따라서 y축을 축으로 하고, 꼭짓점의 좌표는 $(0,\ 2)$이다.

(2) 이차함수 $y=-2x^2-1$의 그래프는 이차함수 $y=-2x^2$의 그래프를 y축의 방향으로 -1만큼 평행이동하여 그릴 수 있다. 따라서 y축을 축으로 하고, 꼭짓점의 좌표는 $(0,\ -1)$이다.

이차함수 $y=a(x-p)^2$의 그래프는 어떻게 그릴까?

탐구하기

탐구 목표
공학적 도구를 이용하여 이차함수 $y=a(x-p)^2$의 그래프가 이차함수 $y=ax^2$의 그래프를 x축의 방향으로 p만큼 평행이동한 것임을 알 수 있다.

정보 처리

다음은 알지오매스를 이용하여 두 이차함수 $y=x^2$과 $y=(x-p)^2$의 그래프를 나타낸 것이다. 물음에 답하여 보자. (단, p는 상수이다.)

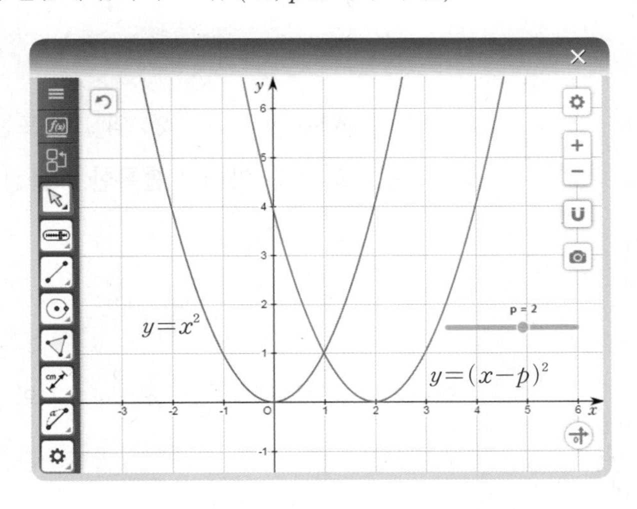

활동 1 상수 p에 대한 슬라이더를 움직이며 이차함수 $y=(x-p)^2$의 그래프의 변화를 관찰하고, 상수 p의 값에 따라 이차함수 $y=(x-p)^2$의 그래프가 어떻게 움직이는지 말하여 보자. 풀이 참조

풀이 이차함수 $y=(x-p)^2$의 그래프는 이차함수 $y=x^2$의 그래프를 x축의 방향으로 p만큼 평행이동하여 움직인다.

탐구하기 에서 상수 p의 값에 따라 이차함수 $y=(x-p)^2$의 그래프는 이차함수 $y=x^2$의 그래프를 x축의 방향으로 p만큼 평행이동한 것임을 알 수 있다.

또, $p=2$일 때, x의 각 값에 대하여 이차함수 $y=x^2$의 함숫값과 이차함수 $y=(x-2)^2$의 함숫값을 표로 나타내면 다음과 같다.

x	$\cdots$	-3	-2	-1	0	1	2	3	$\cdots$
$y=x^2$	$\cdots$	9	4	1	0	1	4	9	$\cdots$
$y=(x-2)^2$	$\cdots$	25	16	9	4	1	0	1	$\cdots$

위의 표에서 x의 값이 -3, -2, -1, 0, 1일 때 이차함수 $y=x^2$의 함숫값은 x의 값이 -1, 0, 1, 2, 3일 때 이차함수 $y=(x-2)^2$의 함숫값과 각각 같음을 알 수 있다.

따라서 이차함수 $y=(x-2)^2$의 그래프는 이차함수 $y=x^2$의 그래프를 x축의 방향으로 2만큼 평행이동하여 그릴 수 있다.

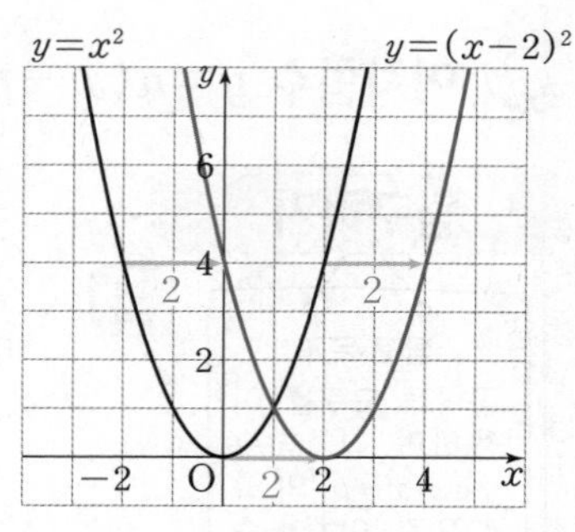

이때 이차함수 $y=(x-2)^2$의 그래프는 직선 $x=2$를 축으로 하고, 점 $(2, 0)$을 꼭짓점으로 하는 아래로 볼록한 포물선이다.

Tip 이차함수 $y=a(x-p)^2$의 그래프는 이차함수 $y=ax^2$의 그래프를 x축의 방향으로 p만큼 평행이동한 것이므로 그래프의 폭과 모양은 변하지 않고 축과 꼭짓점의 위치가 옮겨진 것임을 알 수 있다.

일반적으로 이차함수 $y=a(x-p)^2$의 그래프는 다음과 같은 성질을 가진다.

이차함수 $y=a(x-p)^2$의 그래프

1. 이차함수 $y=ax^2$의 그래프를 x축의 방향으로 p만큼 평행이동한 것이다.
2. 직선 $x=p$를 축으로 하고, 점 $(p, 0)$을 꼭짓점으로 하는 포물선이다.

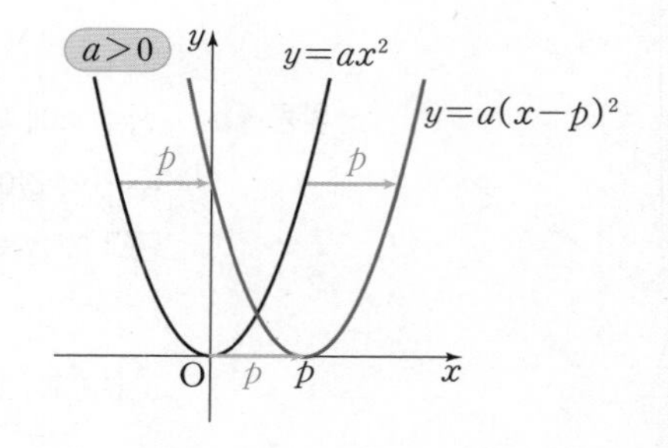

바로 확인 오른쪽 그림과 같이 이차함수 $y=-\frac{5}{2}(x-1)^2$의 그래프는 이차함수 $y=-\frac{5}{2}x^2$의 그래프를 x축의 방향으로 [1] 만큼 평행이동한 것이다.

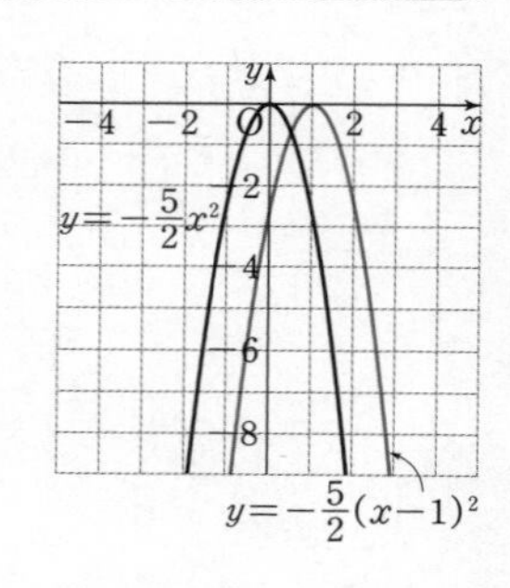

3. 다음 이차함수의 그래프는 이차함수 $y=-x^2$의 그래프를 x축의 방향으로 얼마만큼 평행이동한 것인지 말하시오.

(1) $y=-(x-1)^2$ 1

(2) $y=-(x+3)^2$ -3

(3) $y=-\left(x-\frac{1}{2}\right)^2$ $\frac{1}{2}$

(4) $y=-\left(x+\frac{3}{4}\right)^2$ $-\frac{3}{4}$

풀이 (1) 이차함수 $y=-x^2$의 그래프를 x축의 방향으로 1만큼 평행이동
(2) 이차함수 $y=-x^2$의 그래프를 x축의 방향으로 -3만큼 평행이동
(3) 이차함수 $y=-x^2$의 그래프를 x축의 방향으로 $\frac{1}{2}$만큼 평행이동
(4) 이차함수 $y=-x^2$의 그래프를 x축의 방향으로 $-\frac{3}{4}$만큼 평행이동

함께해 보기 2 이차함수 $y=-\frac{2}{3}(x+1)^2$의 그래프를 그려 보자.

Tip 이차함수 $y=a(x-p)^2$의 그래프를 x와 y 사이의 대응표를 이용하여 그릴 수도 있지만 이차함수 $y=ax^2$의 그래프를 x축의 방향으로 p만큼 평행이동하여 그리면 더 편리하게 그릴 수 있다.

(1) 다음 문장을 완성하고, 이차함수 $y=-\frac{2}{3}x^2$의 그래프를 이용하여 이차함수 $y=-\frac{2}{3}(x+1)^2$의 그래프를 그려 보자.

이차함수 $y=-\frac{2}{3}(x+1)^2$의 그래프는 이차함수 $y=-\frac{2}{3}x^2$의 그래프를 x축의 방향으로 [-1]만큼 평행이동하여 그릴 수 있다.

풀이

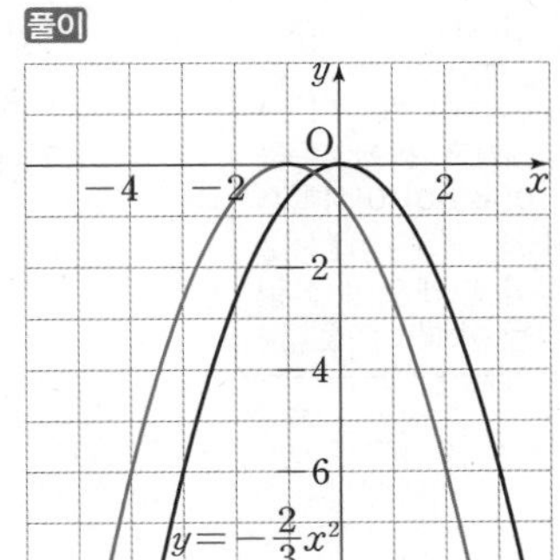

(2) 이차함수 $y=-\frac{2}{3}(x+1)^2$의 그래프를 보고, 그 성질을 말하여 보자.

이차함수 $y=-\frac{2}{3}(x+1)^2$의 그래프는 직선 [$x=-1$]을 축으로 하고, 점 ([-1], [0])을 꼭짓점으로 하는 위로 볼록한 포물선이다.

4. 다음 이차함수의 그래프를 주어진 이차함수의 그래프를 이용하여 그리고, 축의 방정식과 꼭짓점의 좌표를 각각 구하시오.

(1) $y=\frac{1}{2}(x-1)^2$ 축의 방정식: 직선 $x=1$, 꼭짓점: $(1, 0)$

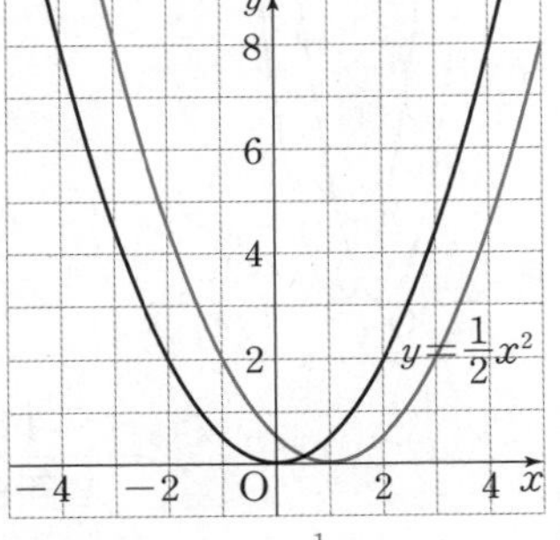

(2) $y=-2(x+3)^2$ 축의 방정식: 직선 $x=-3$, 꼭짓점: $(-3, 0)$

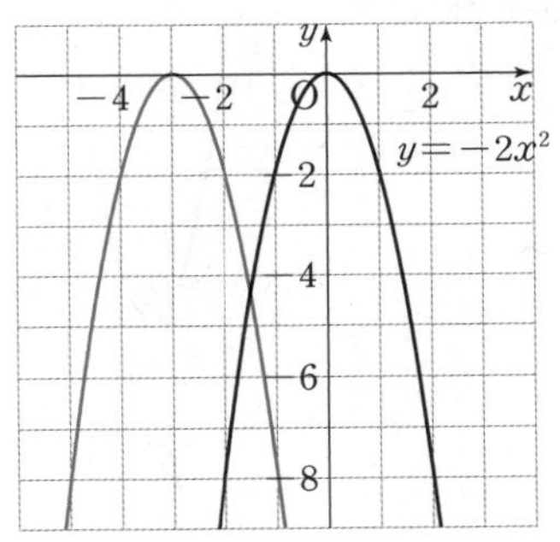

풀이 (1) 이차함수 $y=\frac{1}{2}(x-1)^2$의 그래프는 이차함수 $y=\frac{1}{2}x^2$의 그래프를 x축의 방향으로 1만큼 평행이동하여 그릴 수 있다.
따라서 이 그래프는 직선 $x=1$을 축으로 하고, 꼭짓점의 좌표는 $(1, 0)$이다.
(2) 이차함수 $y=-2(x+3)^2$의 그래프는 이차함수 $y=-2x^2$의 그래프를 x축의 방향으로 -3만큼 평행이동하여 그릴 수 있다.
따라서 이 그래프는 직선 $x=-3$을 축으로 하고, 꼭짓점의 좌표는 $(-3, 0)$이다.

이차함수 $y=a(x-p)^2+q$의 그래프는 어떻게 그릴까?

탐구하기

탐구 목표
이차함수 $y=ax^2$, $y=a(x-p)^2$, $y=ax^2+q$의 그래프와 평행이동을 이용하여 이차함수 $y=a(x-p)^2+q$의 그래프의 성질을 이해할 수 있다.

정보처리

오른쪽은 알지오매스를 이용하여 세 이차함수 $y=2x^2$, $y=2(x-1)^2$, $y=2(x-1)^2+3$의 그래프를 각각 나타낸 것이다. 다음 물음에 답하여 보자.

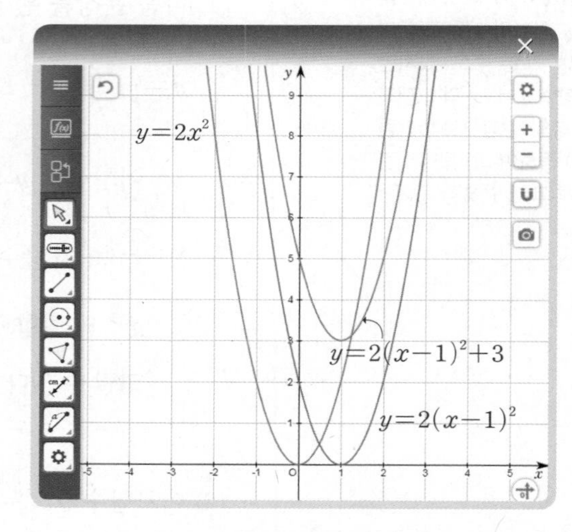

활동 ① 이차함수 $y=2(x-1)^2$의 그래프는 이차함수 $y=2x^2$의 그래프를 어떻게 평행이동한 것인지 말하여 보자. x축의 방향으로 1만큼 평행이동

풀이 이차함수 $y=2(x-1)^2$의 그래프는 이차함수 $y=2x^2$의 그래프를 x축의 방향으로 1만큼 평행이동한 것이다.

활동 ② 이차함수 $y=2(x-1)^2+3$의 그래프는 이차함수 $y=2(x-1)^2$의 그래프를 어떻게 평행이동한 것인지 말하여 보자. y축의 방향으로 3만큼 평행이동

풀이 이차함수 $y=2(x-1)^2+3$의 그래프는 이차함수 $y=2(x-1)^2$의 그래프를 y축의 방향으로 3만큼 평행이동한 것이다.

활동 ③ 이차함수 $y=2(x-1)^2+3$의 그래프는 이차함수 $y=2x^2$의 그래프를 어떻게 평행이동한 것인지 말하여 보자. x축의 방향으로 1만큼, y축의 방향으로 3만큼 평행이동

풀이 이차함수 $y=2(x-1)^2+3$의 그래프는 이차함수 $y=2x^2$의 그래프를 x축의 방향으로 1만큼, y축의 방향으로 3만큼 평행이동한 것이다.

Tip 이차함수 $y=ax^2$의 그래프를 평행이동하면 이차함수 $y=ax^2+q$, $y=a(x-p)^2$, $y=a(x-p)^2+q$의 그래프와 포개어진다. 즉, x^2의 계수가 같은 이차함수의 그래프는 평행이동하여도 그 모양이 변하지 않는다.

탐구하기 에서 이차함수 $y=2(x-1)^2$의 그래프는 이차함수 $y=2x^2$의 그래프를 x축의 방향으로 1만큼 평행이동한 것이고, 이차함수 $y=2(x-1)^2+3$의 그래프는 이차함수 $y=2(x-1)^2$의 그래프를 y축의 방향으로 3만큼 평행이동한 것이다.

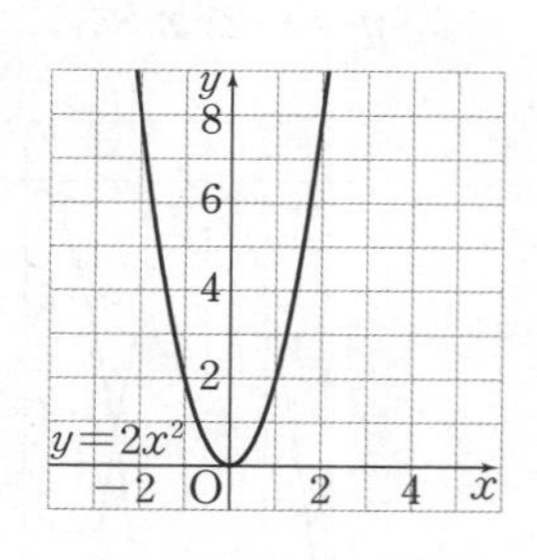

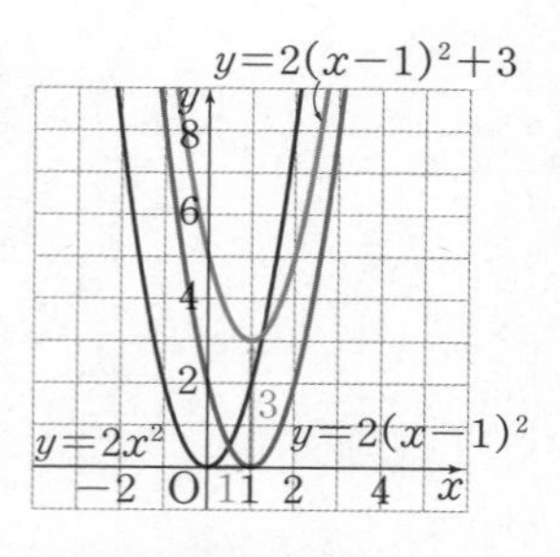

$y=2x^2$	x축의 방향으로 1만큼 평행이동 →	$y=2(x-1)^2$	y축의 방향으로 3만큼 평행이동 →	$y=2(x-1)^2+3$

참고 이차함수 $y=2(x-1)^2+3$의 그래프는 이차함수 $y=2x^2$의 그래프를 y축의 방향으로 3만큼, x축의 방향으로 1만큼 평행이동하여도 동일하게 그릴 수 있다.

따라서 이차함수 $y=2(x-1)^2+3$의 그래프는 이차함수 $y=2x^2$의 그래프를 x축의 방향으로 1만큼, y축의 방향으로 3만큼 평행이동하여 그릴 수 있다.

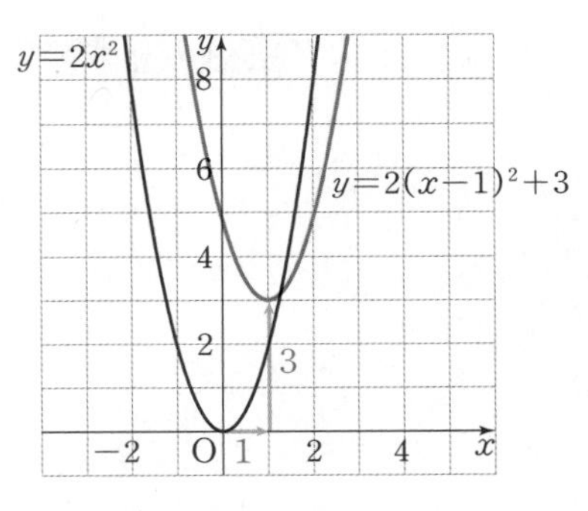

이때 이차함수 $y=2(x-1)^2+3$의 그래프는 직선 $x=1$을 축으로 하고, 점 $(1, 3)$을 꼭짓점으로 하는 아래로 볼록한 포물선이다.

일반적으로 이차함수 $y=a(x-p)^2+q$의 그래프는 다음과 같은 성질을 가진다.

이차함수 $y=a(x-p)^2+q$의 그래프

1. 이차함수 $y=ax^2$의 그래프를 x축의 방향으로 p만큼, y축의 방향으로 q만큼 평행이동한 것이다.
2. 직선 $x=p$를 축으로 하고, 점 (p, q)를 꼭짓점으로 하는 포물선이다.

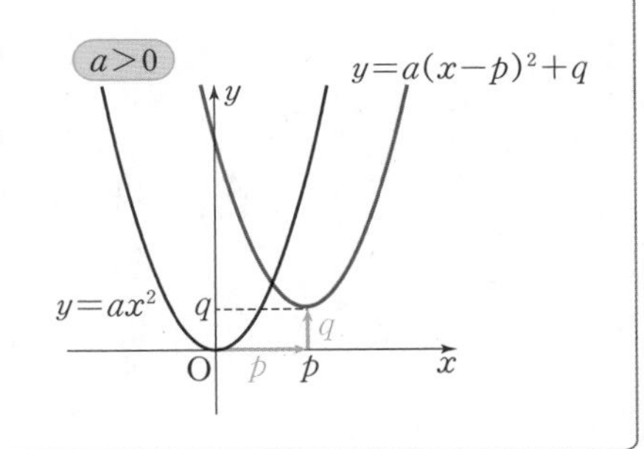

바로 확인 오른쪽 그림과 같이 이차함수 $y=-(x+1)^2-2$의 그래프는 이차함수 $y=-x^2$의 그래프를 x축의 방향으로 $\boxed{-1}$만큼, y축의 방향으로 $\boxed{-2}$만큼 평행이동한 것이다.

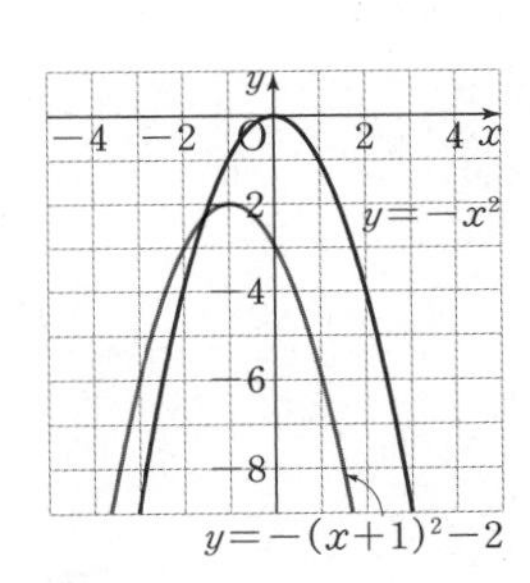

풀이 (1) 이차함수 $y=\frac{1}{3}x^2$의 그래프를 x축의 방향으로 2만큼, y축의 방향으로 1만큼 평행이동
(2) 이차함수 $y=\frac{1}{3}x^2$의 그래프를 x축의 방향으로 1만큼, y축의 방향으로 -2만큼 평행이동

5. 다음 이차함수의 그래프는 이차함수 $y=\frac{1}{3}x^2$의 그래프를 x축, y축의 방향으로 각각 얼마만큼 평행이동한 것인지 말하시오.

(1) $y=\frac{1}{3}(x-2)^2+1$ x축: 2, y축: 1

(2) $y=\frac{1}{3}(x-1)^2-2$ x축: 1, y축: -2

(3) $y=\frac{1}{3}(x+3)^2+3$ x축: -3, y축: 3

(4) $y=\frac{1}{3}(x+2)^2-4$ x축: -2, y축: -4

(3) 이차함수 $y=\frac{1}{3}x^2$의 그래프를 x축의 방향으로 -3만큼, y축의 방향으로 3만큼 평행이동
(4) 이차함수 $y=\frac{1}{3}x^2$의 그래프를 x축의 방향으로 -2만큼, y축의 방향으로 -4만큼 평행이동

함께해 보기 3

이차함수 $y=-(x+2)^2-1$의 그래프를 그려 보자.

(1) 다음 문장을 완성하고, 이차함수 $y=-x^2$의 그래프를 이용하여 이차함수 $y=-(x+2)^2-1$의 그래프를 그려 보자. 풀이

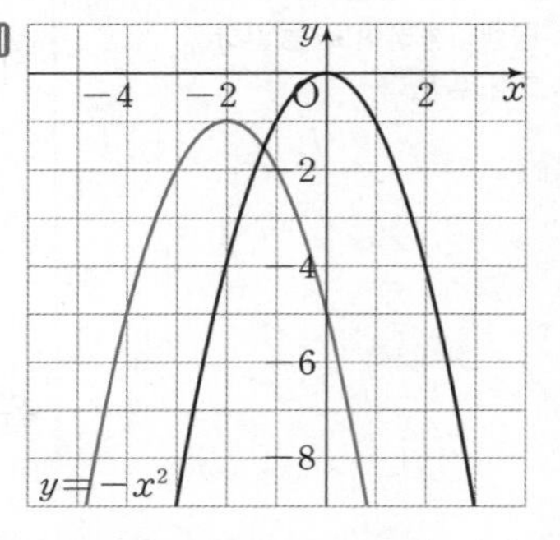

> 이차함수 $y=-(x+2)^2-1$의 그래프는 이차함수 $y=-x^2$의 그래프를 x축의 방향으로 [-2]만큼, y축의 방향으로 [-1]만큼 평행이동하여 그릴 수 있다.

(2) 이차함수 $y=-(x+2)^2-1$의 그래프를 보고, 그 성질을 말하여 보자.

> 이차함수 $y=-(x+2)^2-1$의 그래프는 직선 [$x=-2$]를 축으로 하고, 점 ([-2], [-1])을 꼭짓점으로 하는 위로 볼록한 포물선이다.

6. 다음 이차함수의 그래프를 주어진 이차함수의 그래프를 이용하여 그리고, 축의 방정식과 꼭짓점의 좌표를 각각 구하시오.

(1) $y=\frac{1}{2}(x+1)^2-3$ 축의 방정식: 직선 $x=-1$, 꼭짓점: $(-1, -3)$

(2) $y=-2(x-2)^2+1$ 축의 방정식: 직선 $x=2$, 꼭짓점: $(2, 1)$

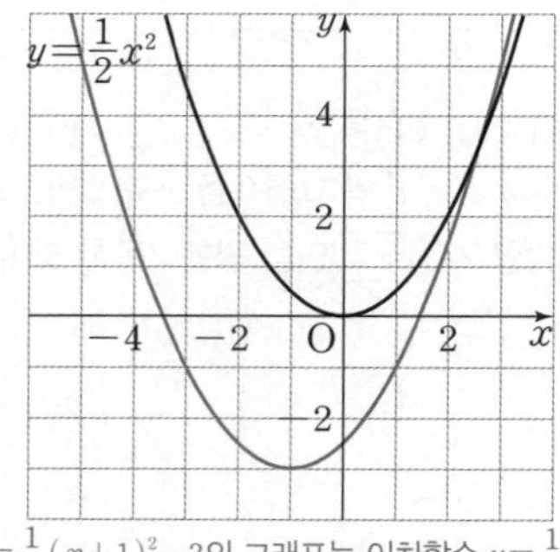

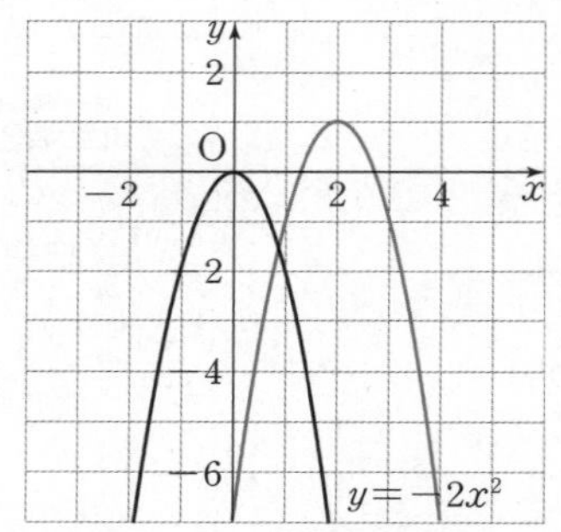

풀이 (1) 이차함수 $y=\frac{1}{2}(x+1)^2-3$의 그래프는 이차함수 $y=\frac{1}{2}x^2$의 그래프를 x축의 방향으로 -1만큼, y축의 방향으로 -3만큼 평행이동하여 그릴 수 있다. 따라서 직선 $x=-1$을 축으로 하고, 꼭짓점의 좌표는 $(-1, -3)$이다.

(2) 이차함수 $y=-2(x-2)^2+1$의 그래프는 이차함수 $y=-2x^2$의 그래프를 x축의 방향으로 2만큼, y축의 방향으로 1만큼 평행이동하여 그릴 수 있다. 따라서 직선 $x=2$를 축으로 하고, 꼭짓점의 좌표는 $(2, 1)$이다.

생각 나누기 추론 의사소통

다음 이차함수의 그래프 중에서 평행이동하여 서로 포갤 수 있는 것끼리 짝 지어 보고, 친구들과 비교하여 보자. 풀이 참조

$y=-2x^2+1$	$y=\frac{1}{2}x^2$	$y=3(x-2)^2$
$y=-3(x-2)^2+5$	$y=-2(x+3)^2$	$y=\frac{1}{2}(x-1)^2-4$

풀이
- $y=-2x^2+1$ $\xrightarrow[y\text{축의 방향으로 } -1\text{만큼}]{x\text{축의 방향으로 } -3\text{만큼}}$ $y=-2(x+3)^2$
- $y=\frac{1}{2}x^2$ $\xrightarrow[y\text{축의 방향으로 } -4\text{만큼}]{x\text{축의 방향으로 } 1\text{만큼}}$ $y=\frac{1}{2}(x-1)^2-4$
- 이차함수 $y=3(x-2)^2$의 그래프와 이차함수 $y=-3(x-2)^2+5$의 그래프는 x^2의 계수가 서로 다르므로 평행이동하여 포갤 수 없다.

스스로 점검하기

개념 점검하기

잘함 보통 모름

이차함수 $y=a(x-p)^2+q$의 그래프는

(1) 이차함수 $y=ax^2$의 그래프를 x축의 방향으로 [p] 만큼, y축의 방향으로 [q] 만큼 평행이동한 것이다.

(2) 축의 방정식은 직선 [$x=p$] 이다.

(3) 꼭짓점의 좌표는 [(p, q)] 이다.

1 ●●●

115쪽

다음 그림의 이차함수 $y=\frac{1}{2}x^2$의 그래프를 이용하여 아래의 이차함수의 그래프를 그리시오.

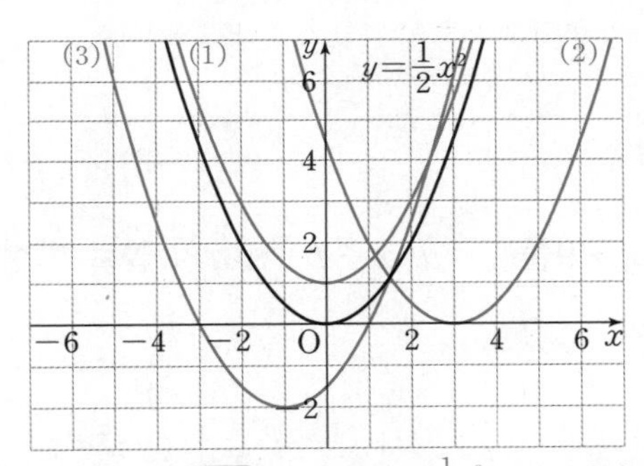

(1) $y=\frac{1}{2}x^2+1$

(2) $y=\frac{1}{2}(x-3)^2$

(3) $y=\frac{1}{2}(x+1)^2-2$

풀이 (1) 이차함수 $y=\frac{1}{2}x^2+1$의 그래프는 이차함수 $y=\frac{1}{2}x^2$의 그래프를 y축의 방향으로 1만큼 평행이동하여 그릴 수 있다.
(2) 이차함수 $y=\frac{1}{2}(x-3)^2$의 그래프는 이차함수 $y=\frac{1}{2}x^2$의 그래프를 x축의 방향으로 3만큼 평행이동하여 그릴 수 있다.
(3) 이차함수 $y=\frac{1}{2}(x+1)^2-2$의 그래프는 이차함수 $y=\frac{1}{2}x^2$의 그래프를 x축의 방향으로 -1만큼, y축의 방향으로 -2만큼 평행이동하여 그릴 수 있다.
따라서 (1), (2), (3)의 그래프는 위의 그림과 같다.

2 ●●●

121쪽

다음 이차함수의 그래프는 이차함수 $y=\frac{2}{3}x^2$의 그래프를 x축, y축의 방향으로 각각 얼마만큼 평행이동한 것인지 말하시오.

(1) $y=\frac{2}{3}(x-1)^2+2$ x축: 1, y축: 2

(2) $y=\frac{2}{3}\left(x+\frac{1}{2}\right)^2-1$ x축: $-\frac{1}{2}$, y축: -1

풀이 (1) 이차함수 $y=\frac{2}{3}(x-1)^2+2$의 그래프는 이차함수 $y=\frac{2}{3}x^2$의 그래프를 x축의 방향으로 1만큼, y축의 방향으로 2만큼 평행이동한 것이다.
(2) 이차함수 $y=\frac{2}{3}\left(x+\frac{1}{2}\right)^2-1$의 그래프는 이차함수 $y=\frac{2}{3}x^2$의 그래프를 x축의 방향으로 $-\frac{1}{2}$만큼, y축의 방향으로 -1만큼 평행이동한 것이다.

3 ●●●

121쪽

다음 이차함수의 그래프를 x축, y축의 방향으로 각각 [x축, y축] 안의 값만큼 평행이동한 그래프를 나타내는 이차함수의 식을 구하시오.

(1) $y=\frac{1}{3}x^2$ $[1, -2]$ $y=\frac{1}{3}(x-1)^2-2$

(2) $y=-2x^2$ $[-2, 3]$ $y=-2(x+2)^2+3$

(3) $y=-\frac{3}{2}x^2$ $[-1, -4]$ $y=-\frac{3}{2}(x+1)^2-4$

4 ●●●

121쪽

다음 이차함수의 그래프의 축의 방정식과 꼭짓점의 좌표를 각각 구하시오.

(1) $y=5(x-2)^2$ 축의 방정식: 직선 $x=2$, 꼭짓점: $(2, 0)$

(2) $y=-\frac{1}{2}(x+1)^2+7$ 축의 방정식: 직선 $x=-1$, 꼭짓점: $(-1, 7)$

풀이 (1) 이차함수 $y=5(x-2)^2$의 그래프의 축의 방정식은 직선 $x=2$이고, 꼭짓점의 좌표는 $(2, 0)$이다.
(2) 이차함수 $y=-\frac{1}{2}(x+1)^2+7$의 그래프의 축의 방정식은 직선 $x=-1$이고, 꼭짓점의 좌표는 $(-1, 7)$이다.

5 ●●●

121쪽

이차함수 $y=-3x^2$의 그래프를 x축의 방향으로 2만큼, y축의 방향으로 -1만큼 평행이동하면 점 $(3, k)$를 지난다. 이때 k의 값을 구하시오. -4

풀이 이차함수 $y=-3x^2$의 그래프를 x축의 방향으로 2만큼, y축의 방향으로 -1만큼 평행이동한 그래프가 나타내는 이차함수의 식은 $y=-3(x-2)^2-1$이다. 이때 이 이차함수의 그래프가 점 $(3, k)$를 지나므로
$k=-3\times(3-2)^2-1=-4$이다.

04 이차함수 $y=ax^2+bx+c$의 그래프

학습 목표 ‖ 이차함수 $y=ax^2+bx+c$의 그래프를 그릴 수 있고, 그 그래프의 성질을 이해한다.

이차함수 $y=ax^2+bx+c$의 그래프는 어떻게 그릴까?

탐구하기

탐구 목표
이차함수 $y=ax^2+bx+c$를 $y=a(x-p)^2+q$의 꼴로 변형할 수 있게 하고, 그 그래프를 그리는 방법을 생각할 수 있다.

오른쪽은 이차함수 $y=x^2-4x+9$를 $y=a(x-p)^2+q$의 꼴로 변형하는 과정이다. 다음 물음에 답하여 보자.

$$\begin{aligned}y&=x^2-4x+9\\&=(x^2-4x+\boxed{4}-\boxed{4})+9\\&=(x^2-4x+\boxed{4})-\boxed{4}+9\\&=(x-\boxed{2})^2+\boxed{5}\end{aligned}$$

활동 ① □ 안에 알맞은 수를 써넣어 보자.

활동 ② 활동 ①의 결과를 이용하여 이차함수 $y=x^2-4x+9$의 그래프는 이차함수 $y=x^2$의 그래프를 어떻게 평행이동한 것인지 말하여 보자. x축의 방향으로 2만큼, y축의 방향으로 5만큼 평행이동

Tip 이차함수 $y=ax^2+bx+c$를 $y=a(x-p)^2+q$의 꼴로 변형하는 방법은 다음과 같다.

$y=ax^2+bx+c$
↓
$y=a\left(x^2+\frac{b}{a}x\right)+c$
↓
$y=a\left(x^2+\frac{b}{a}x+\frac{b^2}{4a^2}-\frac{b^2}{4a^2}\right)+c$
↓
$y=a\left(x+\frac{b}{2a}\right)^2-\frac{b^2}{4a}+c$
↓
$y=a\left(x+\frac{b}{2a}\right)^2-\frac{b^2-4ac}{4a}$

탐구하기 에서 이차함수 $y=x^2-4x+9$를 $y=a(x-p)^2+q$의 꼴로 변형하면

$$\begin{aligned}y&=x^2-4x+9\\&=(x^2-4x+4-4)+9\\&=(x-2)^2+5\end{aligned}$$

이다.

따라서 이차함수 $y=x^2-4x+9$의 그래프는 이차함수 $y=x^2$의 그래프를 x축의 방향으로 2만큼, y축의 방향으로 5만큼 평행이동하여 그릴 수 있다.

이때 이차함수 $y=x^2-4x+9$의 그래프는 직선 $x=2$를 축으로 하고, 점 $(2, 5)$를 꼭짓점으로 하는 아래로 볼록한 포물선이다.

또, 이차함수 $y=x^2-4x+9$에서 $x=0$일 때, $y=9$이므로 y축과의 교점의 좌표는 $(0, 9)$이다.

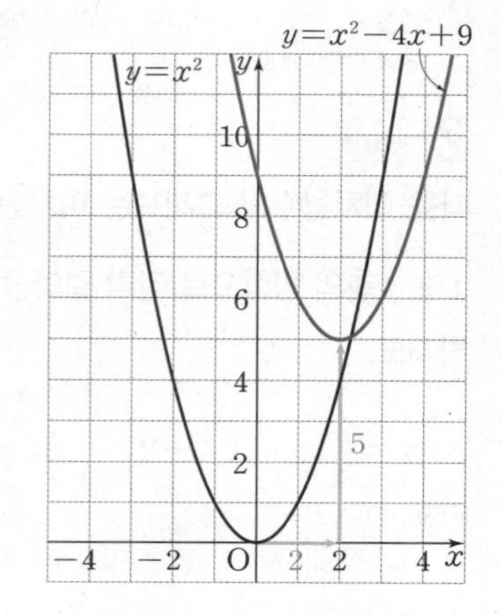

Tip 주어진 이차함수를 $y=a(x-p)^2+q$의 꼴로 변형하는 것이 그래프를 그리는 데 편리하다.

이와 같이 이차함수 $y=ax^2+bx+c$의 그래프는 이차함수의 식을 $y=a(x-p)^2+q$의 꼴로 변형하면 그리기 편리하다.

일반적으로 이차함수 $y=ax^2+bx+c$의 그래프는 다음과 같은 성질을 가진다.

이차함수 $y=ax^2+bx+c$의 그래프

1. 이차함수의 식을 $y=a(x-p)^2+q$의 꼴로 변형하여 그릴 수 있다.
2. y축과의 교점의 좌표는 $(0,\ c)$이다.
3. $a>0$이면 아래로 볼록하고, $a<0$이면 위로 볼록하다.

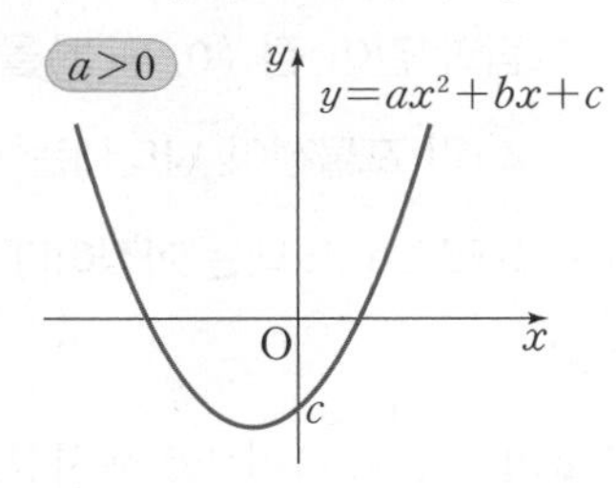

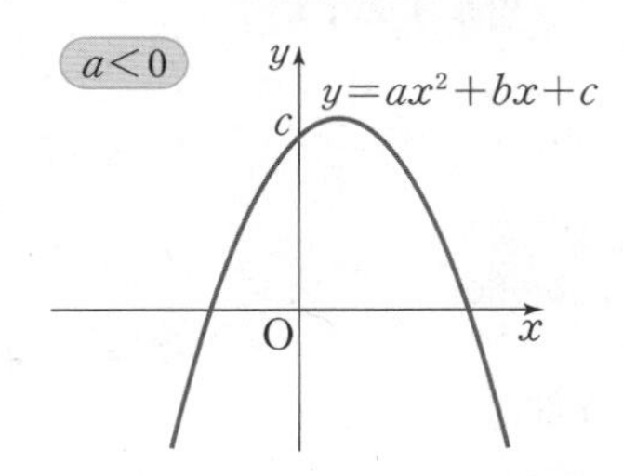

함께해 보기 1

이차함수 $y=-x^2+6x-7$의 그래프를 그려 보자.

(1) 다음 □ 안에 알맞은 수를 써넣고, 이차함수 $y=-x^2$의 그래프를 이용하여 이차함수 $y=-x^2+6x-7$의 그래프를 그려 보자.

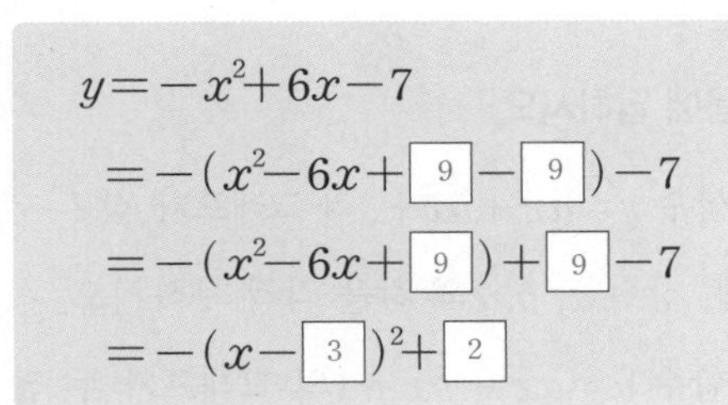

$$\begin{aligned} y&=-x^2+6x-7 \\ &=-(x^2-6x+\boxed{9}-\boxed{9})-7 \\ &=-(x^2-6x+\boxed{9})+\boxed{9}-7 \\ &=-(x-\boxed{3})^2+\boxed{2} \end{aligned}$$

이므로 이차함수 $y=-x^2+6x-7$의 그래프는 이차함수 $y=-x^2$의 그래프를 x축의 방향으로 $\boxed{3}$만큼, y축의 방향으로 $\boxed{2}$만큼 평행이동하여 그릴 수 있다.

풀이

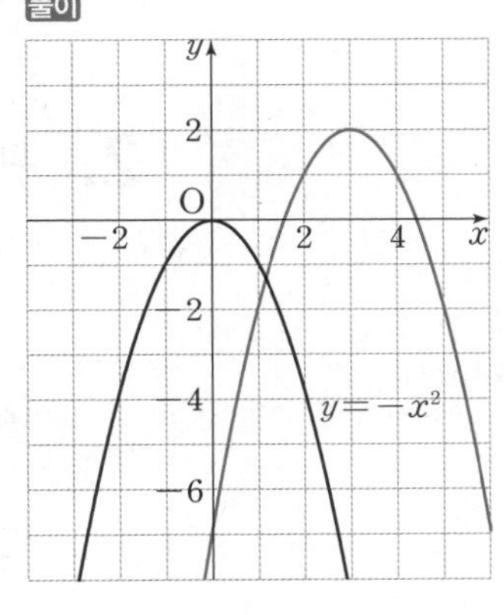

(2) 이차함수 $y=-x^2+6x-7$의 그래프의 축의 방정식과 꼭짓점의 좌표, y축과의 교점의 좌표를 각각 구하시오. 축의 방정식: 직선 $x=3$, 꼭짓점: $(3,\ 2)$, y축과의 교점: $(0,\ -7)$

풀이 (1) 이차함수 $y=2x^2-4x-1$을 변형하면 $y=2(x-1)^2-3$이므로 직선 $x=1$을 축으로 하고, 꼭짓점의 좌표는 $(1, -3)$, y축과의 교점의 좌표는 $(0, -1)$이다.

1. **다음 이차함수의 그래프를 오른쪽 좌표평면 위에 그리고, 축의 방정식과 꼭짓점의 좌표, y축과의 교점의 좌표를 각각 구하시오.** 풀이 참조

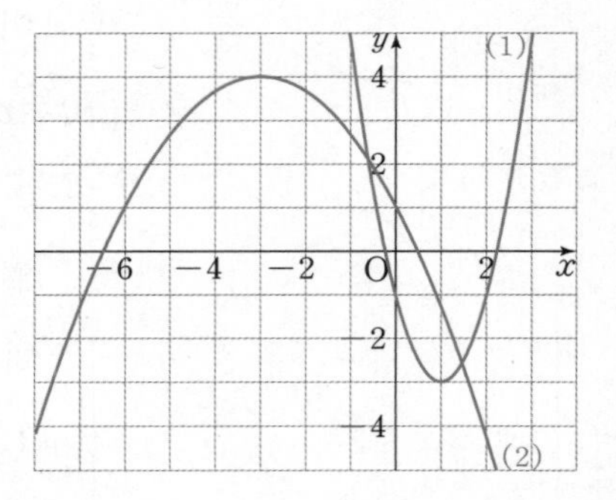

(1) $y=2x^2-4x-1$

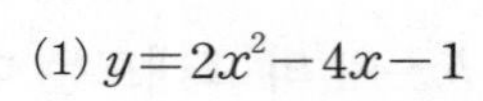

(2) $y=-\frac{1}{3}x^2-2x+1$

(2) 이차함수 $y=-\frac{1}{3}x^2-2x+1$을 변형하면 $y=-\frac{1}{3}(x+3)^2+4$이므로 직선 $x=-3$을 축으로 하고, 꼭짓점의 좌표는 $(-3, 4)$, y축과의 교점의 좌표는 $(0, 1)$이다.

따라서 (1), (2)의 그래프는 오른쪽 그림과 같다.

함께해 보기 2

개념 쏙

이차함수의 그래프의 꼭짓점의 좌표가 (p, q)이면 이 이차함수의 식은 $y=a(x-p)^2+q$이다.

다음은 오른쪽 그림과 같이 점 $(0, -3)$을 지나고, 꼭짓점의 좌표가 $(1, -4)$인 포물선이 나타내는 이차함수의 식을 $y=ax^2+bx+c$의 꼴로 나타내는 과정이다. □ 안에 알맞은 것을 써넣어 보자.

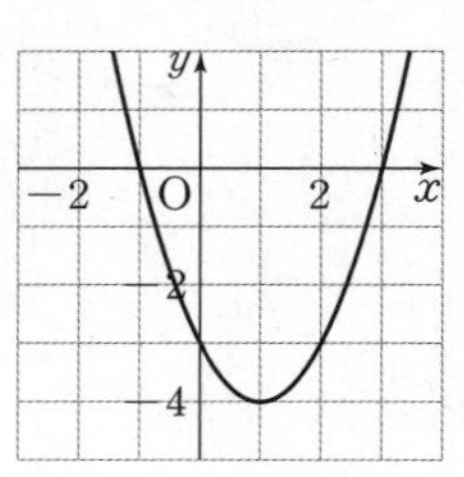

꼭짓점의 좌표가 $(1, -4)$이므로 이차함수의 식을

$$y=a(x-\boxed{1})^2-\boxed{4} \qquad \cdots ㉠$$

로 나타낼 수 있다. 이 이차함수의 그래프가 점 $(0, -3)$을 지나므로 ㉠의 식에 $x=0$, $y=-3$을 대입하면

$$-3=a(0-\boxed{1})^2-\boxed{4},\ a=\boxed{1}$$

이다. 따라서 구하는 이차함수의 식은 $y=\boxed{(x-1)^2-4}$이므로 $y=ax^2+bx+c$의 꼴로 나타내면 $y=\boxed{x^2-2x-3}$이다.

2. 다음 물음에 답하시오.

(1) 이차함수 $y=ax^2+bx+c$의 그래프가 점 $(-2, 0)$을 지나고, 꼭짓점의 좌표가 $(-1, 3)$일 때, 상수 a, b, c의 값을 각각 구하시오. $a=-3, b=-6, c=0$

(2) 이차함수 $y=ax^2+bx+1$의 그래프가 두 점 $(-3, 4)$, $(1, -4)$를 지날 때, 상수 a, b의 값을 각각 구하시오. $a=-1, b=-4$

풀이 (1) 꼭짓점의 좌표가 $(-1, 3)$이므로 이차함수의 식을 $y=a(x+1)^2+3$으로 나타낼 수 있다. 이 이차함수의 그래프가 점 $(-2, 0)$을 지나므로 $0=a+3$, $a=-3$이다.
따라서 $y=-3(x+1)^2+3=-3x^2-6x$이므로 $a=-3$, $b=-6$, $c=0$이다.

(2) 점 $(-3, 4)$를 지나므로 $4=9a-3b+1$, $3a-b=1$ …… ㉠
또, 점 $(1, -4)$를 지나므로 $-4=a+b+1$, $a+b=-5$ …… ㉡
따라서 ㉠, ㉡을 연립하여 풀면 $a=-1$, $b=-4$이다.

생각 키우기 문제 해결

오른쪽은 이차함수 $y=-2x^2+4kx-1$의 그래프의 꼭짓점에 대한 설명이다. 이 조건을 모두 만족시키는 상수 k의 값을 구하여 보자. 풀이 참조

1. 제2사분면 위의 점이다.
2. y좌표가 7이다.

풀이 $y=-2x^2+4kx-1=-2(x^2-2kx+k^2)+2k^2-1=-2(x-k)^2+2k^2-1$
이므로 이 이차함수의 그래프의 꼭짓점의 좌표는 $(k, 2k^2-1)$이다.
꼭짓점의 y좌표가 7이므로 $2k^2-1=7$, $k=\pm2$이다.
이때 꼭짓점은 제2사분면 위의 점이므로 $k<0$이다.
따라서 $k=-2$이다.

스스로 점검하기

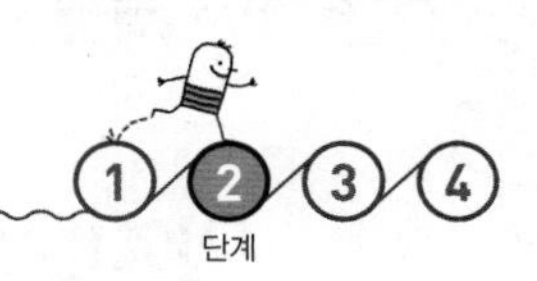

개념 점검하기

잘함 보통 모름

이차함수 $y=ax^2+bx+c$의 그래프는

(1) 이차함수의 식을 $y=a(x-p)^2+q$ 의 꼴로 변형하여 그릴 수 있다.

(2) y축과의 교점의 좌표는 $(0, c)$이다.

(3) $a>0$이면 (아래로, 위로) 볼록하고, $a<0$이면 (아래로, 위로) 볼록하다.

1 ●●●

124쪽

다음 이차함수의 식을 $y=a(x-p)^2+q$의 꼴로 변형하고, 아래의 좌표평면 위에 그리시오.

(1) $y=x^2-2x+5$ $y=(x-1)^2+4$

(2) $y=-\frac{1}{2}x^2-4x$ $y=-\frac{1}{2}(x+4)^2+8$

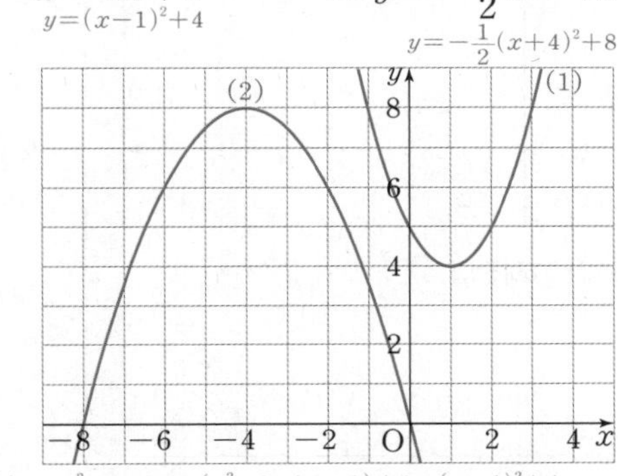

풀이 (1) $y=x^2-2x+5=(x^2-2x+1-1)+5=(x-1)^2+4$

(2) $y=-\frac{1}{2}x^2-4x=-\frac{1}{2}(x^2+8x)=-\frac{1}{2}(x^2+8x+16-16)$
$=-\frac{1}{2}(x+4)^2+8$

2 ●●●

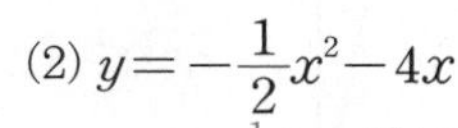

125쪽

다음 보기 중 이차함수 $y=-x^2-6x+2$의 그래프에 대한 설명으로 옳은 것을 모두 고르시오.

| 보기 |

ㄱ. 꼭짓점의 좌표는 $(-3, 11)$이다.
ㄴ. 축의 방정식은 직선 $x=-3$이다.
ㄷ. 점 $(0, 2)$를 지난다.
ㄹ. 제1사분면을 지나지 않는다.

풀이 이차함수 $y=-x^2-6x+2$를 변형하면 $y=-(x+3)^2+11$이므로 그 그래프는 오른쪽 그림과 같이 직선 $x=-3$을 축으로 하고, 꼭짓점의 좌표는 $(-3, 11)$이며, 점 $(0, 2)$를 지난다. 또, 이 그래프는 모든 사분면을 지난다. 따라서 옳은 것은 ㄱ, ㄴ, ㄷ이다.

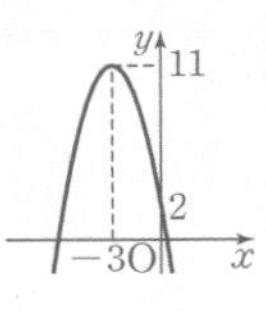

3 ●●●

125쪽

이차함수 $y=-2x^2$의 그래프를 x축의 방향으로 1만큼, y축의 방향으로 -2만큼 평행이동하였더니 이차함수 $y=-2x^2+ax+b$의 그래프와 일치하였다. 이때 상수 a, b의 값을 각각 구하시오. $a=4$, $b=-4$

풀이 $y=-2x^2$의 그래프를 x축의 방향으로 1만큼, y축의 방향으로 -2만큼 평행이동한 그래프가 나타내는 이차함수의 식은 $y=-2(x-1)^2-2$이다.
즉, $y=-2x^2+4x-4$이다.
따라서 $a=4$, $b=-4$이다.

4 ●●●

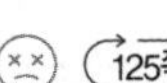
125쪽

두 이차함수 $y=x^2-2x-2$와 $y=\frac{1}{2}x^2+ax+b$의 그래프의 꼭짓점이 서로 일치할 때, 상수 a, b의 값을 각각 구하시오. $a=-1$, $b=-\frac{5}{2}$

풀이 이차함수 $y=x^2-2x-2$를 변형하면 $y=(x-1)^2-3$이므로 이 이차함수의 그래프의 꼭짓점의 좌표는 $(1, -3)$이다. 즉, 이차함수 $y=\frac{1}{2}x^2+ax+b$의 그래프의 꼭짓점의 좌표는 $(1, -3)$이므로 $y=\frac{1}{2}(x-1)^2-3=\frac{1}{2}x^2-x-\frac{5}{2}$이다.
따라서 $a=-1$, $b=-\frac{5}{2}$이다.

5 ●●●

126쪽

이차함수 $y=ax^2+bx+c$의 그래프가 점 $(0, -1)$을 지나고, 꼭짓점의 좌표가 $(2, 3)$일 때, 상수 a, b, c의 값을 각각 구하시오. $a=-1$, $b=4$, $c=-1$

풀이 꼭짓점의 좌표가 $(2, 3)$이므로 이차함수의 식을 $y=a(x-2)^2+3$으로 나타낼 수 있다. 이 이차함수의 그래프가 점 $(0, -1)$을 지나므로 $-1=4a+3$, $a=-1$이다.
따라서 $y=-(x-2)^2+3=-x^2+4x-1$이므로 $a=-1$, $b=4$, $c=-1$이다.

알지오매스(AlgeoMath)로 이차함수의 그래프 탐구하기

공학적 도구를 이용하면 이차함수의 그래프를 간편하고, 정확하게 그릴 수 있다. 알지오매스를 이용하여 이차함수의 그래프를 그려 보자.

알지오매스(AlgeoMath) (https: //www.algeomath.kr)

실습 ① 이차함수 $y=2x^2-4x+1$의 그래프 그리기

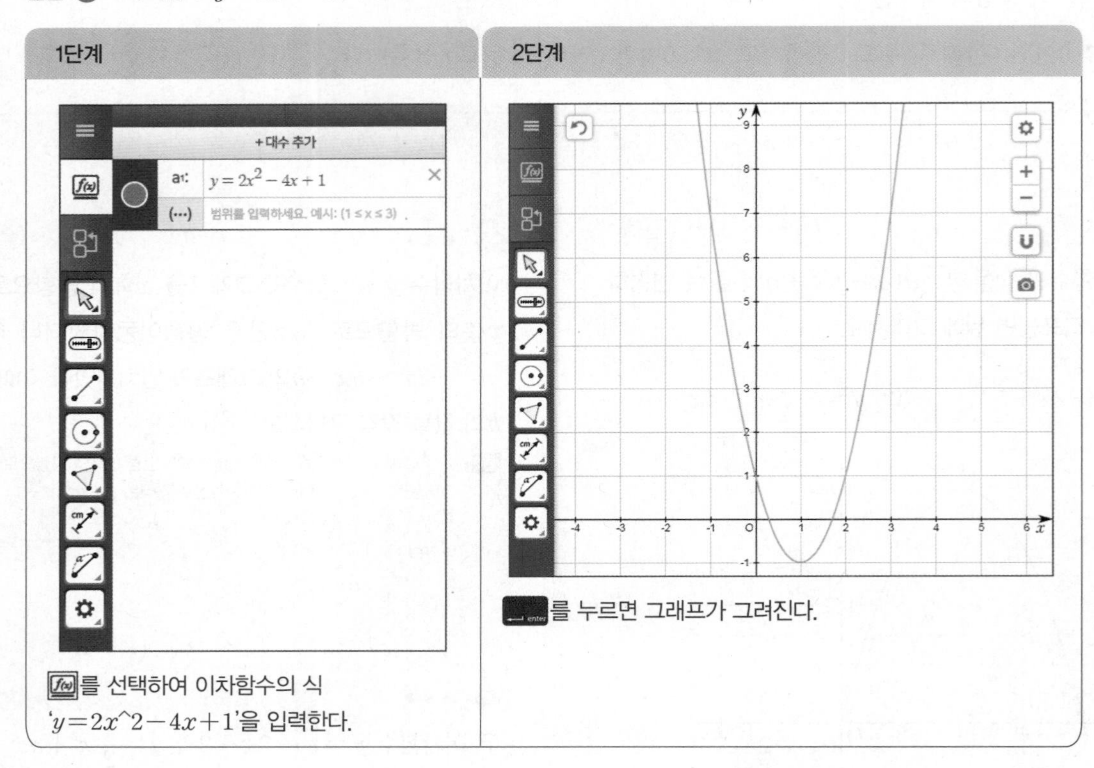

(1단계) $f(x)$를 선택하여 이차함수의 식 '$y=2x^2-4x+1$'을 입력한다.

(2단계) enter를 누르면 그래프가 그려진다.

알지오매스(AlgeoMath)를 이용하여 다음 이차함수의 그래프를 각각 그려 보고, 두 그래프를 비교하여 보자.

(1) $y=-3x^2+6x-2$ (2) $y=-3(x-1)^2+1$

풀이 두 이차함수의 그래프는 각각 다음과 같다.

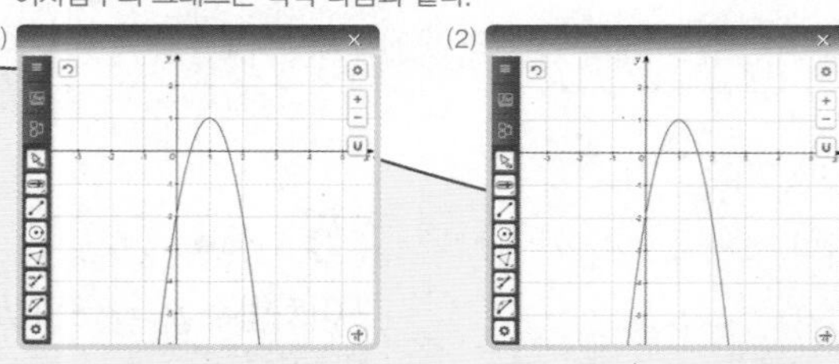

따라서 두 이차함수의 그래프는 점 $(0, -2)$를 지나며 직선 $x=1$을 축으로 하고, 점 $(1, 1)$을 꼭짓점으로 하는 위로 볼록한 포물선으로 그 모양은 일치한다.
실제로 이차함수 $y=-3x^2+6x-2$를 변형하면 $y=-3(x-1)^2+1$이 되므로 두 이차함수는 동일하다.
이와 같이 공학적 도구를 이용하면 주어진 이차함수의 식을 $y=a(x-p)^2+q$의 꼴로 변형하지 않고도 두 이차함수의 그래프는 동일하다는 사실을 확인할 수 있다.

문제 해결 | 추론 | 창의·융합 | 의사소통 | 정보처리 | 태도 및 실천

실습 ❷ 슬라이더 기능을 이용하여 이차함수 $y=ax^2+bx+c$의 그래프의 특징 관찰하기

1단계	2단계	3단계
슬라이더를 선택한다.	슬라이더의 위치를 선택하여 상수 a, b, c에 대한 슬라이더를 만든다.	f(x)를 선택하여 이차함수의 식 '$y=ax^2+bx+c$'를 입력하고 enter를 누른다. 그리고 각 슬라이더를 움직이며 그래프의 변화를 관찰한다.

알지오매스(AlgeoMath)의 슬라이더 기능을 이용하여 다음 이차함수의 그래프를 각각 그리고, 주어진 상수에 따라 그 그래프가 어떻게 변하는지 이야기하여 보자.

(1) $y=a(x-p)^2+q$ (단, a, p, q는 상수, $a\neq0$이다.)

(2) $y=ax^2+bx+c$ (단, a, b, c는 상수, $a\neq0$이다.)

풀이 (1) 이차함수 $y=a(x-p)^2+q(a\neq0)$의 그래프는 다음과 같다.

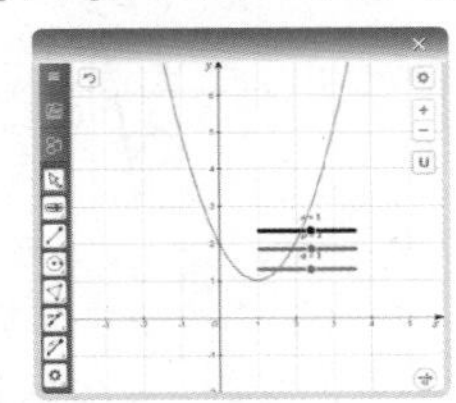

① 슬라이더 a를 움직이면 그래프의 모양이 변한다. 즉, $a>0$이면 아래로 볼록한 포물선이고, $a<0$이면 위로 볼록한 포물선이 된다. 또, a의 절댓값이 커질수록 그래프의 폭은 좁아진다.
② 슬라이더 p를 움직이면 그래프가 x축의 방향으로 p만큼 평행이동한다.
③ 슬라이더 q를 움직이면 그래프가 y축의 방향으로 q만큼 평행이동한다.

(2) 이차함수 $y=ax^2+bx+c(a\neq0)$의 그래프는 다음과 같다.

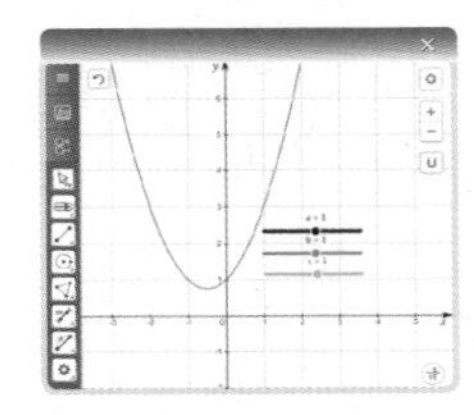

① 슬라이더 a를 움직이면 그래프의 모양이 변한다. 즉, $a>0$이면 아래로 볼록한 포물선이고, $a<0$이면 위로 볼록한 포물선이 된다. 또, a의 절댓값이 커질수록 그래프의 폭은 좁아진다.
② 슬라이더 a, b를 움직이면 그래프의 축의 위치가 변한다. 즉, ab의 값의 부호로 다음과 같이 축의 위치가 결정된다.
(ⅰ) $ab>0$이면 축이 y축의 왼쪽에 있다.
(ⅱ) $ab=0$이면 축은 y축이다.
(ⅲ) $ab<0$이면 축이 y축의 오른쪽에 있다.
③ 슬라이더 c를 움직이면 그래프의 y축과의 교점이 바뀐다. 즉, c의 값의 부호로 다음과 같이 y축과의 교점의 위치가 결정된다.
(ⅰ) $c>0$이면 $y>0$인 범위에서 그래프가 y축과 만난다.
(ⅱ) $c=0$이면 그래프가 원점을 지난다.
(ⅲ) $c<0$이면 $y<0$인 범위에서 그래프가 y축과 만난다.

| 상호 평가표 |

평가 내용		자기 평가 😄	자기 평가 😊	자기 평가 😵	친구 평가 😄	친구 평가 😊	친구 평가 😵
내용	공학적 도구를 이용하여 다양한 형태의 이차함수의 그래프를 그릴 수 있다.						
	상수에 따라 이차함수가 어떻게 변하는지 설명할 수 있다.						
태도	관심과 흥미를 가지고 공학적 도구를 활용하였다.						

중단원 스스로 확인하기

1. 이차함수 $y=-2x^2$의 그래프와 x축에 대하여 서로 대칭인 그래프가 점 $(3, k)$를 지날 때, k의 값을 구하시오. 18

풀이 이차함수 $y=-2x^2$의 그래프와 x축에 대하여 서로 대칭인 그래프가 나타내는 이차함수의 식은 $y=2x^2$이다.
이 이차함수의 그래프가 점 $(3, k)$를 지나므로 $k=2\times3^2=18$이다.

2. 이차함수 $y=ax^2-1$의 그래프를 y축의 방향으로 q만큼 평행이동하였더니 이차함수 $y=-3x^2-2$의 그래프와 일치하였다. 이때 $a+q$의 값을 구하시오. (단, a는 상수이다.) -4

풀이 이차함수 $y=ax^2-1$의 그래프를 y축의 방향으로 q만큼 평행이동한 그래프가 나타내는 이차함수의 식은
$y=ax^2-1+q$이고, 이차함수 $y=-3x^2-2$의 그래프와 일치하므로 $a=-3$, $-1+q=-2$, 즉 $q=-1$이다.
따라서 $a+q=(-3)+(-1)=-4$이다.

3. 초속 40 m로 쏘아 올린 물 로켓의 x초 후의 높이를 y m라고 하면 $y=-5x^2+ax+b$인 관계가 성립한다고 한다. 이 물 로켓의 4초 후의 높이가 80 m일 때, 상수 a, b에 대하여 $4a+b$의 값을 구하시오. 160

풀이 물 로켓의 4초 후의 높이가 80 m이므로
$80=-5\times4^2+a\times4+b$
$=-80+4a+b$
따라서 $4a+b=160$이다.

4. 이차함수 $y=x^2-4x+5$의 그래프는 이차함수 $y=x^2$의 그래프를 x축, y축의 방향으로 각각 얼마만큼 평행이동한 것인지 구하시오.
x축의 방향으로 2만큼, y축의 방향으로 1만큼 평행이동

풀이 이차함수 $y=x^2-4x+5$를 변형하면
$y=(x-2)^2+1$이므로 이차함수 $y=x^2$의 그래프를 x축의 방향으로 2만큼, y축의 방향으로 1만큼 평행이동한 것이다.

5. 다음 그림과 같이 이차함수 $y=-2x^2+4x+1$의 그래프에서 꼭짓점을 A, y축과의 교점을 B, 원점을 O라고 할 때, △ABO의 넓이를 구하시오. $\frac{1}{2}$

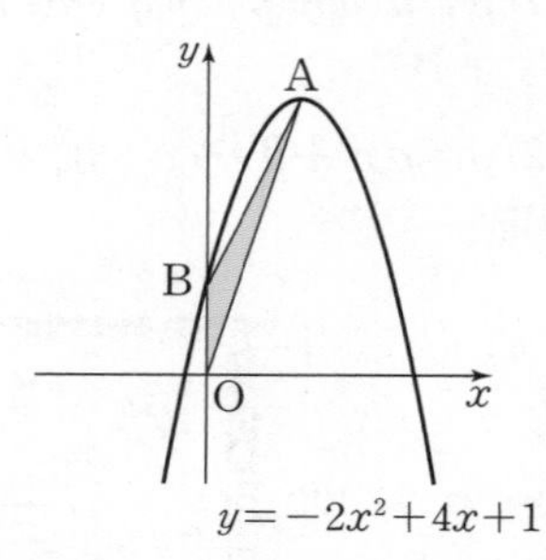

풀이 이차함수 $y=-2x^2+4x+1$을 변형하면 $y=-2(x-1)^2+3$이므로
A(1, 3), B(0, 1)이다. 따라서 $\triangle ABO=\frac{1}{2}\times1\times1=\frac{1}{2}$이다.

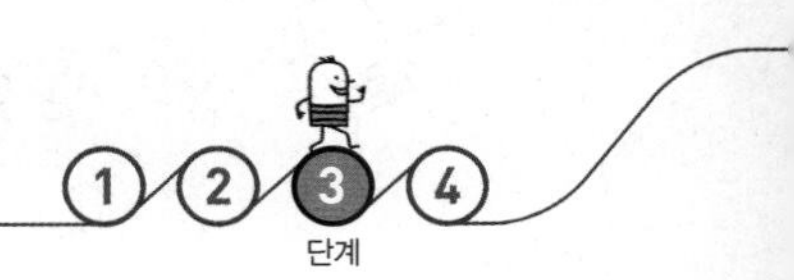

실력 업(UP) 발전 문제

6. 다음 그림과 같이 이차함수 $y=a(x-p)^2$의 그래프와 이차함수 $y=-x^2+4x$의 그래프가 서로의 꼭짓점을 지날 때, 상수 a, p에 대하여 $a-p$의 값을 구하시오. (단, $p>0$이다.) -3

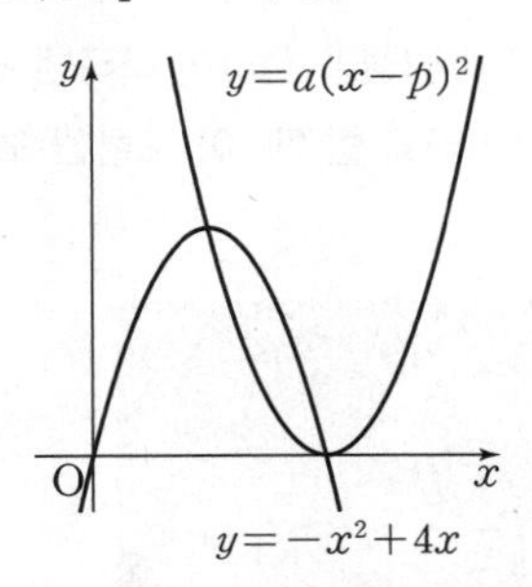

풀이 이차함수 $y=a(x-p)^2$의 그래프의 꼭짓점의 좌표는 $(p, 0)$이다.
이차함수 $y=-x^2+4x$를 변형하면 $y=-(x-2)^2+4$이므로 이 이차함수의 그래프의 꼭짓점의 좌표는 $(2, 4)$이다.
이때 이차함수 $y=-x^2+4x$의 그래프가 점 $(p, 0)$을 지나고 $p>0$이므로 $0=-p^2+4p$, $p(p-4)=0$, $p=4$이다. 또, 이차함수 $y=a(x-p)^2$의 그래프가 점 $(2, 4)$를 지나므로 $4=4a$, $a=1$이다.
따라서 $a-p=1-4=-3$이다.

7. 일차함수 $y=ax+b$의 그래프가 다음 그림과 같을 때, 이차함수 $y=a(x-b)^2+ab$의 그래프가 지나는 사분면을 모두 구하시오. (단, a, b는 상수이다.) 제1사분면, 제2사분면

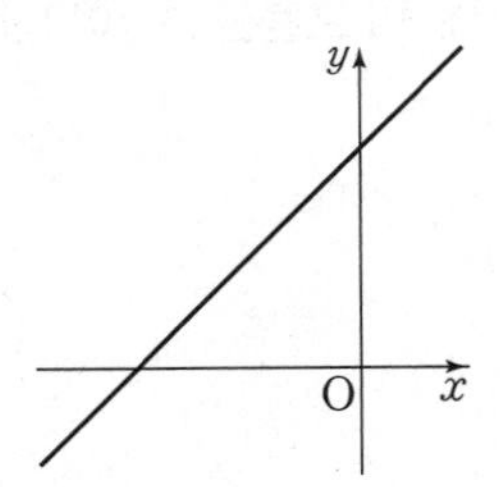

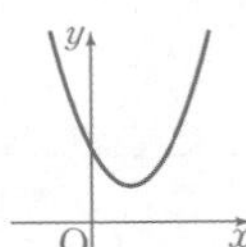

풀이 일차함수 $y=ax+b$의 그래프에서 기울기와 y절편이 모두 양수이므로 $a>0$, $b>0$이다.
즉, $ab>0$이다.
따라서 이차함수 $y=a(x-b)^2+ab$의 그래프는 $a>0$이므로 아래로 볼록하고, 꼭짓점 (b, ab)는 제1사분면 위의 점이고, 직선 $x=b$를 축으로 하는 포물선이다.
즉, 이 이차함수의 그래프가 지나는 사분면은 제1사분면, 제2사분면이다.

교과서 문제 뛰어 넘기

8. 오른쪽 그림에서 두 점 A, B는 각각 두 이차함수 $y=4x^2-2$, $y=-\frac{1}{3}(x-5)^2$의 그래프 위의 점이다. $\overline{AB}$는 x축에 수직이고 길이가 17일 때, 제4사분면 위의 점 B의 좌표를 구하시오.

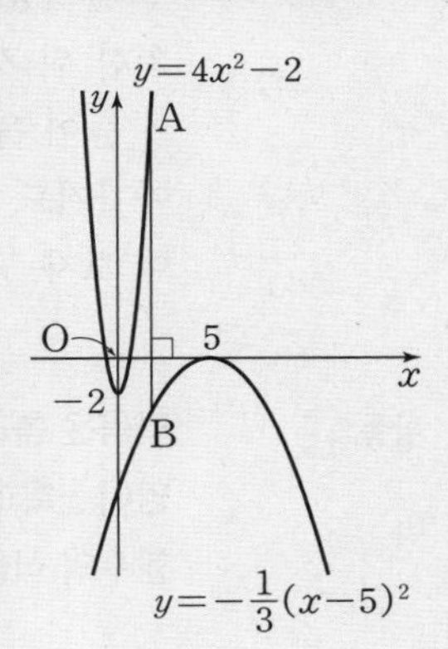

9. 이차함수 $y=2(x-1)^2+4$의 그래프를 x축의 방향으로 k만큼, y축의 방향으로 $-k$만큼 평행이동한 그래프의 꼭짓점이 직선 $y=4x-3$ 위에 있을 때, k의 값을 구하시오.

10. 이차함수 $y=-x^2+4x-1$의 그래프를 x축의 방향으로 -2만큼, y축의 방향으로 n만큼 평행이동한 그래프가 y축과 만나는 점을 A, x축과 만나는 두 점 중 x좌표가 작은 점을 B, 큰 점을 C라고 하자. 이때 $\triangle$ABC가 정삼각형이 되도록 하는 n의 값을 구하시오. (단, 정삼각형의 한 변의 길이가 a이면 그 높이는 $\frac{\sqrt{3}}{2}a$이다.)

롤러코스터 속의 이차함수

놀이공원에서 인기 있는 놀이 기구 중 하나인 롤러코스터는 지상에서 일정한 높이까지 지지대를 설치한 뒤 지지대 사이에 레일을 연결해 그 레일 위를 오르내리며 달릴 수 있도록 만든 열차이다.

높이 올라간 열차가 빙글빙글 돌기도 하고, 아래로 빠른 속도로 내려오기도 하며 거꾸로 한 바퀴씩 돌아가기도 한다. 롤러코스터의 일부가 포물선 모양일 때, 이 포물선 모양이 나타내는 이차함수를 생각하여 보자.

활동 1 **다음은 롤러코스터의 일부가 포물선 모양일 때, 사진 위에 좌표축과 원점을 정하여 나타낸 것이다. 이 포물선 모양이 x축과 만나는 두 점의 좌표를 각각 $(-100, 0)$, $(100, 0)$이라고 할 때, 이 포물선 모양이 나타내는 이차함수의 식을 구하기 위해 어떤 정보가 필요한지 말하여 보자.**

풀이 • 포물선 모양이 x축과 만나는 두 점의 좌표가 $(-100, 0)$, $(100, 0)$이므로 꼭짓점은 y축 위에 있음을 알 수 있다.
따라서 꼭짓점의 y좌표를 알면 주어진 포물선 모양이 나타내는 이차함수의 식을 구할 수 있다.
• 포물선 모양이 나타내는 이차함수의 식은 그래프가 지나가는 세 점의 좌표를 알면 구할 수 있다.
따라서 두 점 $(-100, 0)$, $(100, 0)$ 외의 그래프 위의 한 점의 좌표를 알면 주어진 포물선 모양이 나타내는 이차함수의 식을 구할 수 있다.

활동 2 **활동 1의 포물선 모양에서 꼭짓점의 좌표를 $(0, 140)$이라고 할 때, 이 포물선 모양이 나타내는 이차함수의 식을 구하여 보자.**

풀이 꼭짓점의 좌표가 $(0, 140)$이므로 포물선 모양이 나타내는 이차함수의 식은 $y=ax^2+140$이다.
그런데 이 포물선 모양이 점 $(100, 0)$을 지나므로 $0=10000a+140$, 즉 $a=-0.014$이다.
따라서 $y=-0.014x^2+140$이다.

| 상호 평가표 |

평가 내용		자기 평가			친구 평가		
		😄	😊	😵	😄	😊	😵
내용	포물선 모양이 나타내는 이차함수의 식을 구하기 위해 어떤 정보가 필요한지 말할 수 있다.						
	주어진 조건을 이용하여 이차함수의 식을 구할 수 있다.						
태도	활동에 적극 참여하였다.						

1. 오른쪽 그림과 같이 직선 $x+y=8$이 x축, y축과 만나는 점을 각각 A, B라 하고, 두 포물선 $y=ax^2$과 $y=bx^2$의 그래프가 $\overline{AB}$와 제1사분면에서 만나는 점을 각각 C, D라고 하자. $\overline{BC}:\overline{CD}:\overline{DA}=2:3:3$일 때, 두 상수 a, b에 대하여 ab의 값을 구하시오.

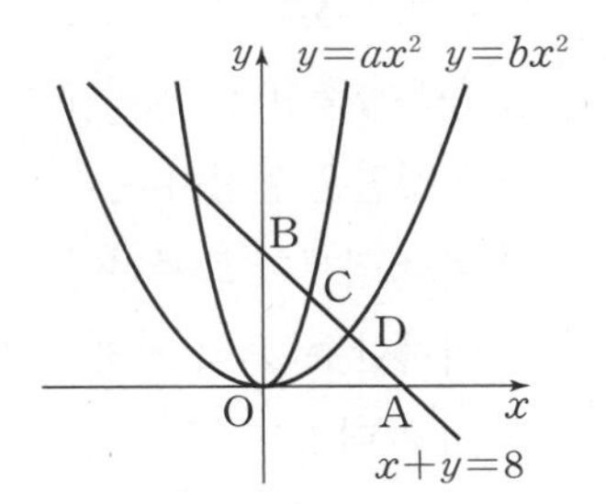

2. 서로 다른 두 개의 주사위를 동시에 던져 나오는 눈의 수를 각각 a, b라고 할 때, 이차함수 $y=2x^2+8x+a+b$의 그래프의 꼭짓점이 제3사분면 위의 점일 확률을 구하시오.

스스로 마무리하기

1. 다음 중 이차함수 $y=-2x^2$의 그래프에 대한 설명으로 옳지 않은 것은?

① 축은 y축이다.
② 꼭짓점은 원점이다.
③ 위로 볼록한 포물선이다.
④ 이차함수 $y=2x^2$의 그래프와 x축에 대하여 서로 대칭이다.
⑤ $x>0$이면 x의 값이 증가할 때 y의 값도 증가한다.

풀이 $y=-2x^2$의 그래프는 $x>0$이면 x의 값이 증가할 때 y의 값은 감소한다.
따라서 옳지 않은 것은 ⑤이다.

2. 세 이차함수 $y=ax^2$, $y=2x^2$, $y=\frac{1}{3}x^2$의 그래프가 다음 그림과 같을 때, 상수 a의 값이 될 수 있는 것은?

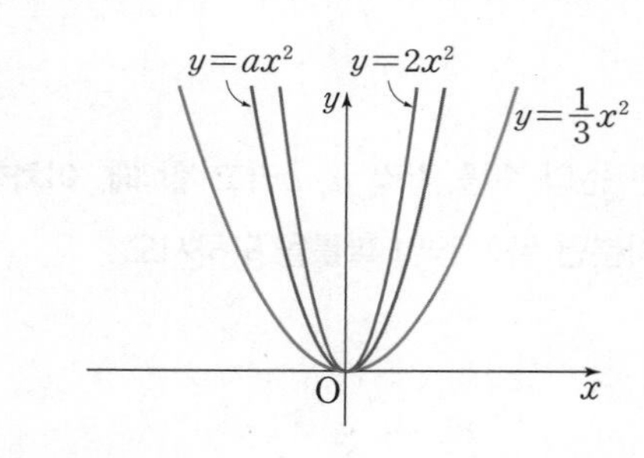

① $-\frac{5}{4}$　② $-\frac{1}{4}$　③ $\frac{1}{4}$
④ $\frac{3}{4}$　⑤ $\frac{9}{4}$

풀이 이차함수 $y=ax^2$의 그래프는 a의 절댓값이 작을수록 그래프의 폭이 넓어진다. 또, $y=ax^2$의 그래프는 아래로 볼록하므로 $a>0$이다.
따라서 $\frac{1}{3}<a<2$이어야 하므로 그래프의 a의 값이 될 수 있는 것은 ④이다.

3. 이차함수 $y=ax^2$의 그래프가 두 점 $(-2, -2)$, $(3, b)$를 지날 때, $a+b$의 값은? (단, a는 상수이다.)

① -5　② -3　③ -1
④ 3　⑤ 5

풀이 이차함수 $y=ax^2$의 그래프가 점 $(-2, -2)$를 지나므로
$-2=4a$, $a=-\frac{1}{2}$이다.
또, 점 $(3, b)$를 지나므로 $b=-\frac{1}{2}\times3^2=-\frac{9}{2}$이다.
따라서 $a+b=\left(-\frac{1}{2}\right)+\left(-\frac{9}{2}\right)=-5$이다.

4. 이차함수 $y=2x^2$의 그래프를 꼭짓점의 좌표가 $(3, 0)$이 되도록 평행이동하면 점 $(m, 8)$을 지날 때, m의 값을 구하시오. (단, $m>3$이다.) 5

풀이 이차함수 $y=2x^2$의 그래프를 꼭짓점의 좌표가 $(3, 0)$이 되도록 평행이동한 그래프가 나타내는 이차함수의 식은 $y=2(x-3)^2$이다. 이 이차함수의 그래프가 점 $(m, 8)$을 지나므로
$8=2(m-3)^2$, $m-3=\pm2$이다. 즉, $m=5$ 또는 $m=1$이고, $m>3$이므로 $m=5$이다.

5. 오른쪽 그림과 같이 점 $(0, 6)$을 지나고, 꼭짓점의 좌표가 $(-2, 0)$인 포물선이 나타내는 이차함수의 식을 구하시오.

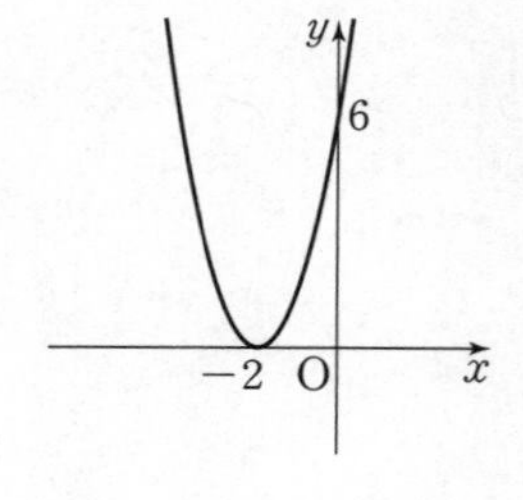

$y=\frac{3}{2}(x+2)^2$

풀이 꼭짓점의 좌표가 $(-2, 0)$이므로 이차함수의 식을 $y=a(x+2)^2$으로 나타낼 수 있다. 이 이차함수의 그래프가 점 $(0, 6)$을 지나므로 $a=\frac{3}{2}$이다. 따라서 구하는 이차함수의 식은 $y=\frac{3}{2}(x+2)^2$이다.

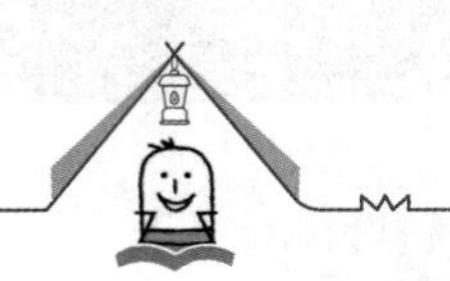

6. 이차함수 $y=2(x-1)^2-8$의 그래프가 x축과 만나는 두 점의 x좌표를 각각 a, b라 하고, y축과 만나는 점의 y좌표를 c라고 할 때, $a+b+c$의 값을 구하시오. -4

풀이 $y=2(x-1)^2-8$에 $y=0$을 대입하면 $0=2(x-1)^2-8$, $(x-1)^2=4$, $x-1=\pm2$이다. 따라서 $x=-1$ 또는 $x=3$이다.
또, $y=2(x-1)^2-8$에 $x=0$을 대입하면 $y=2-8=-6$이다.
따라서 $a+b+c=(-1)+3+(-6)=-4$이다.

7. 이차함수 $y=2x^2-mx+7$의 그래프가 이차함수 $y=-\frac{1}{3}x^2+2x+1$의 그래프의 꼭짓점을 지날 때, 상수 m의 값을 구하시오. 7

풀이 이차함수 $y=-\frac{1}{3}x^2+2x+1$을 변형하면 $y=-\frac{1}{3}(x-3)^2+4$이므로 이 이차함수의 그래프의 꼭짓점의 좌표는 $(3, 4)$이다.
또, 이차함수 $y=2x^2-mx+7$의 그래프가 점 $(3, 4)$를 지나므로 $4=18-3m+7$, $3m=21$이다. 따라서 $m=7$이다.

8. 오른쪽 그림과 같이 이차함수 $y=a(x-p)^2+q$의 그래프의 꼭짓점이 y축 위에 있을 때, 이차함수 $y=qx^2+px+a$의 그래프가 지나는 사분면을 모두 구하시오. (단, a, p, q는 상수이다.) 제1, 2, 3, 4사분면

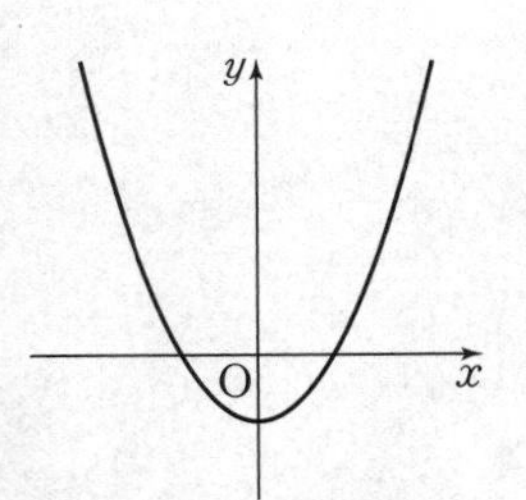

풀이 이차함수 $y=a(x-p)^2+q$의 그래프가 아래로 볼록하므로 $a>0$, 꼭짓점이 y축 위에 있으므로 $p=0$이고 $y<0$인 범위에서 y축과 만나므로 $q<0$이다.
따라서 이차함수 $y=qx^2+px+a=qx^2+a$의 그래프는 오른쪽 그림과 같다.
즉, 이 이차함수의 그래프는 모든 사분면을 지난다.

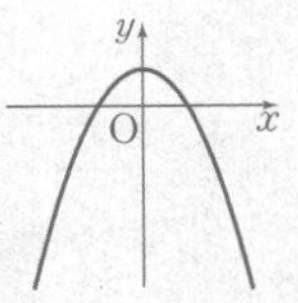

[9~10] **서술형 문제** 문제의 풀이 과정과 답을 쓰고, 스스로 채점하여 보자.

9. 이차함수 $y=ax^2+bx+c$의 그래프가 오른쪽 그림과 같을 때, 상수 a, b, c에 대하여 $a+b-c$의 값을 구하시오. [4점] -1

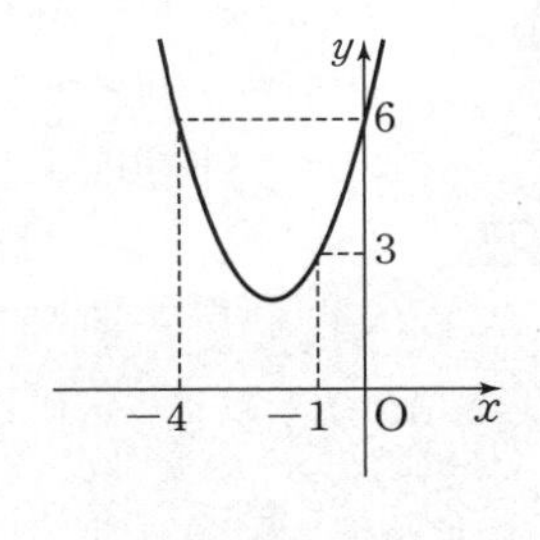

풀이 이차함수 $y=ax^2+bx+c$의 그래프가 점 $(0, 6)$을 지나므로 $c=6$이고, 두 점 $(-4, 6)$, $(-1, 3)$을 지나므로 $16a-4b+6=6$, $a-b+6=3$이다.
두 식을 연립하여 풀면 $a=1$, $b=4$이다.
따라서 $a+b-c=1+4-6=-1$이다.

채점 기준	배점
(i) a, b, c의 값을 바르게 구한 경우	각 1점
(ii) $a+b-c$의 값을 바르게 구한 경우	1점

10. 다음 그림과 같이 이차함수 $y=x^2-6x+8$의 그래프의 꼭짓점을 A, y축과의 교점을 B, 원점을 O라고 할 때, $\triangle$ABO의 넓이를 구하시오. [4점] 12

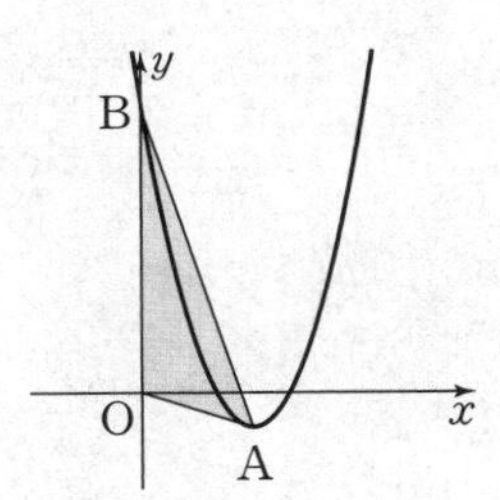

풀이 $y=x^2-6x+8=(x-3)^2-1$이므로 꼭짓점 A의 좌표는 A$(3, -1)$이다.
또, $x=0$일 때 $y=8$이므로 점 B의 좌표는 B$(0, 8)$이다.
따라서 $\triangle ABO=\frac{1}{2}\times3\times8=12$이다.

채점 기준	배점
(i) 두 점 A, B의 좌표를 바르게 구한 경우	각 1점
(ii) $\triangle$ABO의 넓이를 바르게 구한 경우	2점

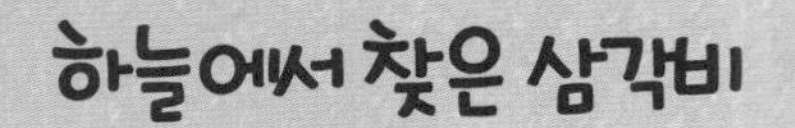

하늘에서 찾은 삼각비

고대의 사람들은 하늘의 별이 지구를 중심으로 구 모양으로 돌고 있다고 생각하였다. 이를 통해 지구와 두 별을 연결하여 나타나는 삼각형의 각의 크기와 변의 길이 사이의 관계를 이용하여 별과 별 사이의 거리를 측정하였다.

이를 토대로 고대의 사람들은 천문 위도 · 경도를 파악하여 항성 지도를 만들었고, 이는 현대적 의미의 삼각비의 토대가 되었다. 이와 같이 각의 크기와 변의 길이 사이의 관계를 나타내는 삼각비에 대하여 알아보자.

IV 삼각비

1. 삼각비
2. 삼각비의 활용

| 단원의 계통도 살펴보기 |

이전에 배웠어요.

| 중학교 2학년 |
Ⅳ－1. 삼각형의 성질
Ⅳ－2. 사각형의 성질
Ⅴ－1. 도형의 닮음
Ⅴ－2. 닮은 도형의 성질
Ⅴ－3. 피타고라스 정리

이번에 배워요.

Ⅳ－1. 삼각비
01. 삼각비의 뜻
02. 삼각비의 값
Ⅳ－2. 삼각비의 활용
01. 삼각비의 활용

이후에 배울 거예요.

| 고등학교 〈수학 Ⅰ〉 |
• 삼각함수

1 삼각비

01. 삼각비의 뜻 | 02. 삼각비의 값

이것만은 알고 가자

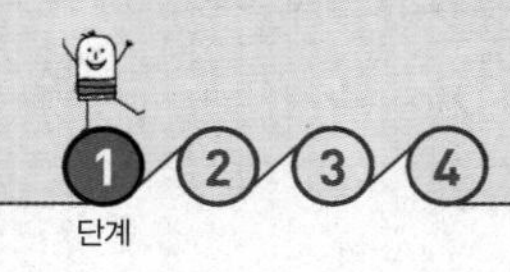

중2 도형의 닮음

1. 다음 그림에서 $\triangle ABC \backsim \triangle DEF$일 때, 물음에 답하시오.

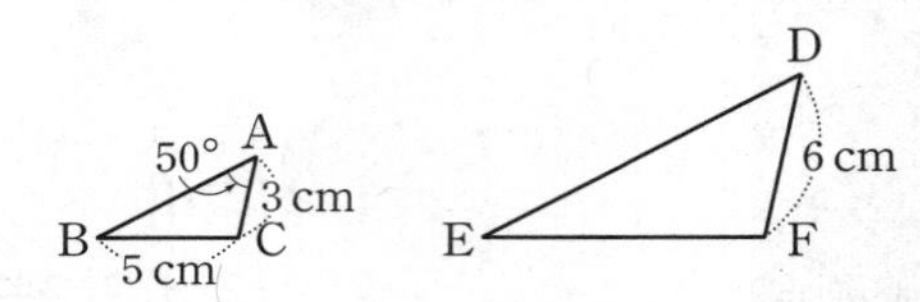

(1) $\triangle ABC$와 $\triangle DEF$의 닮음비를 구하시오. 1 : 2

(2) $\triangle DEF$에서 $\overline{EF}$의 길이와 $\angle D$의 크기를 각각 구하시오. $\overline{EF}=10$ cm, $\angle D=50°$

풀이 (1) $\overline{AC}$에 대응하는 변은 $\overline{DF}$이므로 닮음비는 $\overline{AC} : \overline{DF}=3 : 6=1 : 2$이다.
(2) 닮음비가 1 : 2이고 $\overline{BC}$에 대응하는 변이 $\overline{EF}$이므로 $\overline{BC} : \overline{EF}=1 : 2$, $5 : \overline{EF}=1 : 2$, $\overline{EF}=10$(cm)이다.
또, $\angle A$에 대응하는 각이 $\angle D$이므로 $\angle D=\angle A=50°$이다.

알고 있나요?
도형의 닮음의 의미와 닮은 도형의 성질을 이해하고 있는가?
잘함 보통 모름

중2 삼각형의 닮음 조건

2. 오른쪽 그림에서 $\triangle ABC$와 $\triangle EDF$가 서로 닮음인 까닭을 말하시오. 풀이 참조

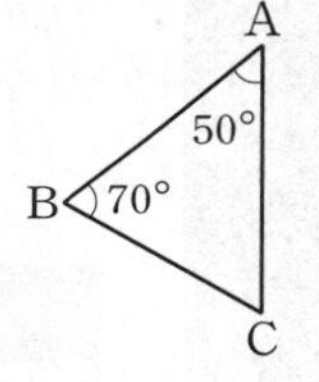

D
E 50° 60° F

풀이 $\triangle ABC$와 $\triangle EDF$에서 $\angle A=\angle E=50°$, $\angle B=\angle D=70°$이므로
$\triangle ABC \backsim \triangle EDF$(AA 닮음)이다.

알고 있나요?
삼각형의 닮음 조건을 이해하고 있는가?
잘함 보통 모름

중2 피타고라스 정리

3. 다음 그림과 같은 직각삼각형에서 x^2의 값을 구하시오.

(1)

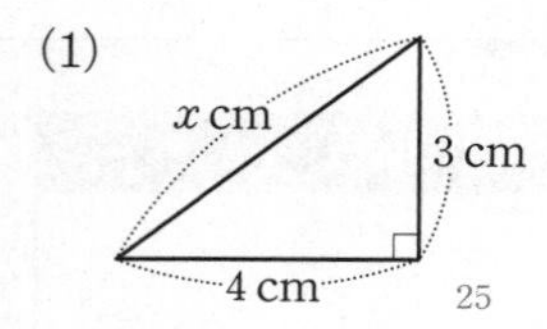

25

(2)

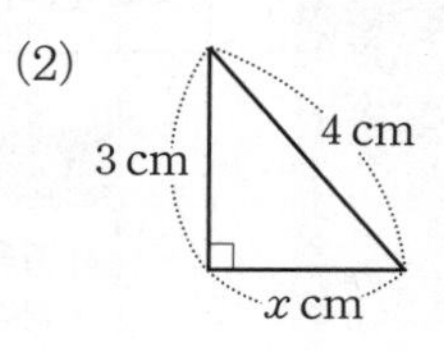

7

| 개념 체크 |

피타고라스 정리: 직각삼각형 ABC에서 직각을 낀 두 변의 길이를 각각 a, b라 하고, 빗변의 길이를 c라고 하면 $a^2+b^2=c^2$ 이 성립한다.

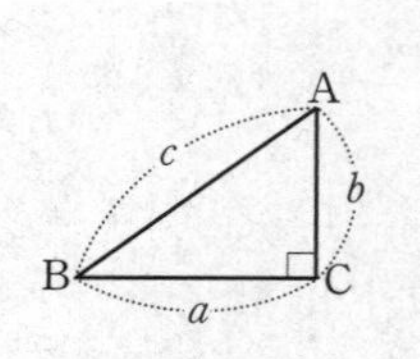

풀이 (1) 피타고라스 정리에 의하여 $3^2+4^2=x^2$이므로 $x^2=25$이다.
(참고로 이차방정식 $x^2=25$의 해는 $x=\pm 5$이다. 이때 $x>0$이므로 $x=5$이다.)
(2) 피타고라스 정리에 의하여 $3^2+x^2=4^2$이므로 $x^2=4^2-3^2=7$이다.
(참고로 이차방정식 $x^2=7$의 해는 $x=\pm\sqrt{7}$이다. 이때 $x>0$이므로 $x=\sqrt{7}$이다.)

알고 있나요?
피타고라스 정리를 이해하고 있는가?
잘함 보통 모름

부족한 부분을 보충하고 본 학습을 준비하여 보자.

한 눈에 개념 정리

01 삼각비의 뜻

1. 삼각비

오른쪽 그림과 같이 $\angle C=90^\circ$인 직각삼각형 ABC에서 $\angle A$, $\angle B$, $\angle C$의 대변의 길이를 각각 a, b, c라고 할 때,

$$\sin B=\frac{b}{c},\ \cos B=\frac{a}{c},\ \tan B=\frac{b}{a}$$

이다.

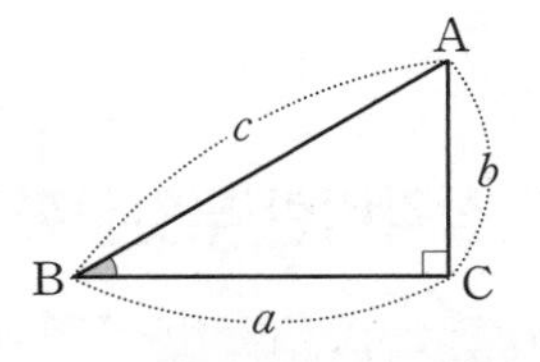

02 삼각비의 값

1. 30°, 45°, 60°의 삼각비의 값

삼각비 \ A	30°	45°	60°
$\sin A$	$\frac{1}{2}$	$\frac{\sqrt{2}}{2}$	$\frac{\sqrt{3}}{2}$
$\cos A$	$\frac{\sqrt{3}}{2}$	$\frac{\sqrt{2}}{2}$	$\frac{1}{2}$
$\tan A$	$\frac{\sqrt{3}}{3}$	1	$\sqrt{3}$

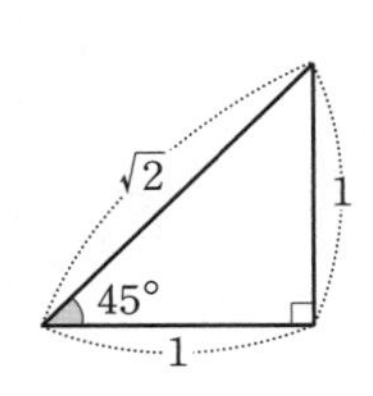

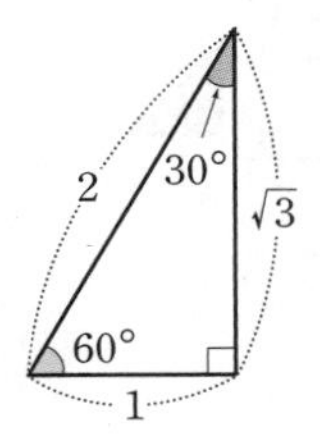

2. 예각의 삼각비의 값

오른쪽 그림과 같이 반지름의 길이가 1인 사분원에서

(1) $\sin x^\circ=\frac{\overline{AB}}{\overline{OA}}=\frac{\overline{AB}}{1}=\overline{AB}$

(2) $\cos x^\circ=\frac{\overline{OB}}{\overline{OA}}=\frac{\overline{OB}}{1}=\overline{OB}$

(3) $\tan x^\circ=\frac{\overline{CD}}{\overline{OD}}=\frac{\overline{CD}}{1}=\overline{CD}$

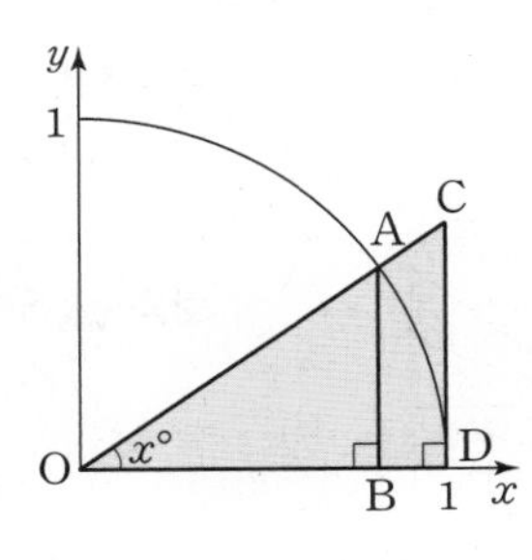

3. 0°, 90°의 삼각비의 값

(1) 0°의 삼각비의 값: $\sin 0^\circ=0$, $\cos 0^\circ=1$, $\tan 0^\circ=0$

(2) 90°의 삼각비의 값: $\sin 90^\circ=1$, $\cos 90^\circ=0$, $\tan 90^\circ$의 값은 정할 수 없다.

4. 삼각비의 표

(1) 삼각비의 표: 0°에서부터 90°까지의 삼각비의 값을 반올림하여 소수점 아래 넷째 자리까지 나타낸 표

(2) 삼각비의 표에서 가로줄과 세로줄이 만나는 곳의 수가 삼각비의 값이다.

예 $\sin 35^\circ=0.5736$,
$\cos 35^\circ=0.8192$, $\tan 35^\circ=0.7002$

각도	사인(sin)	코사인(cos)	탄젠트(tan)
⋮	⋮	⋮	⋮
34°	0.5592	0.8290	0.6745
35°	0.5736	0.8192	0.7002
36°	0.5878	0.8090	0.7265
⋮	⋮	⋮	⋮

01 삼각비의 뜻

학습 목표 ‖ 삼각비의 뜻을 알 수 있다.

이 단원에서 배우는 용어와 기호

사인, $\sin B$, 코사인, $\cos B$, 탄젠트, $\tan B$, 삼각비

삼각비란 무엇일까?

탐구하기

탐구 목표
서로 닮은 두 직각삼각형에서 대응하는 변의 길이의 비가 일정함을 알 수 있다.

다음은 한 눈금의 길이가 1인 모눈종이 위에 ∠B를 공통으로 가지는 세 개의 직각삼각형 ABC, DBE, FBG를 그린 것이다. 물음에 답하여 보자.

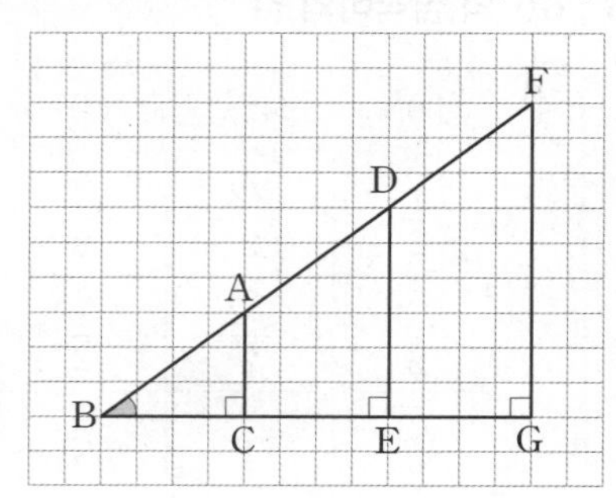

활동 1 서로 닮은 삼각형을 찾고, 그 까닭을 설명하여 보자. 풀이 참조

풀이 세 직각삼각형 ABC, DBE, FBG에서 ∠BCA = ∠BED = ∠BGF = 90°, ∠B는 공통이므로 △ABC, △DBE, △FBG는 서로 닮은 삼각형이다.

참고

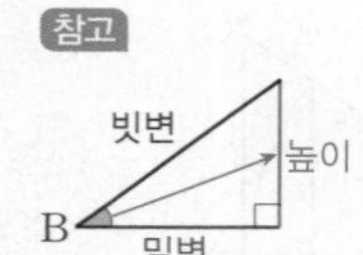

활동 2 △ABC, △DBE, △FBG에서 $\frac{(\text{높이})}{(\text{빗변의 길이})}$, $\frac{(\text{밑변의 길이})}{(\text{빗변의 길이})}$, $\frac{(\text{높이})}{(\text{밑변의 길이})}$의 값들이 각각 일정한지 확인하여 보자. 풀이 참조

풀이 $\frac{(\text{높이})}{(\text{빗변의 길이})}$의 값은 $\frac{3}{5}$, $\frac{(\text{밑변의 길이})}{(\text{빗변의 길이})}$의 값은 $\frac{4}{5}$, $\frac{(\text{높이})}{(\text{밑변의 길이})}$의 값은 $\frac{3}{4}$으로 일정하다.

	△ABC	△DBE	△FBG
$\frac{(\text{높이})}{(\text{빗변의 길이})}$	$\frac{\overline{AC}}{\overline{AB}}=\frac{3}{5}$	$\frac{\overline{DE}}{\overline{DB}}=\frac{3}{5}$	$\frac{\overline{FG}}{\overline{FB}}=\frac{3}{5}$
$\frac{(\text{밑변의 길이})}{(\text{빗변의 길이})}$	$\frac{\overline{BC}}{\overline{AB}}=\frac{4}{5}$	$\frac{\overline{BE}}{\overline{DB}}=\frac{4}{5}$	$\frac{\overline{BG}}{\overline{FB}}=\frac{4}{5}$
$\frac{(\text{높이})}{(\text{밑변의 길이})}$	$\frac{\overline{AC}}{\overline{BC}}=\frac{3}{4}$	$\frac{\overline{DE}}{\overline{BE}}=\frac{3}{4}$	$\frac{\overline{FG}}{\overline{BG}}=\frac{3}{4}$

이전 내용 톡톡
대응하는 두 쌍의 각의 크기가 각각 같은 두 삼각형은 서로 닮음이다.

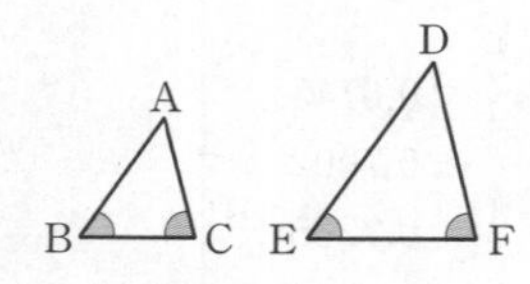

오른쪽 그림에서 △ABC, △DBE, △FBG, ⋯는 모두 ∠B가 공통인 직각삼각형이므로 이들은 서로 닮은 도형이다. 서로 닮은 도형은 대응하는 변의 길이의 비가 일정하므로

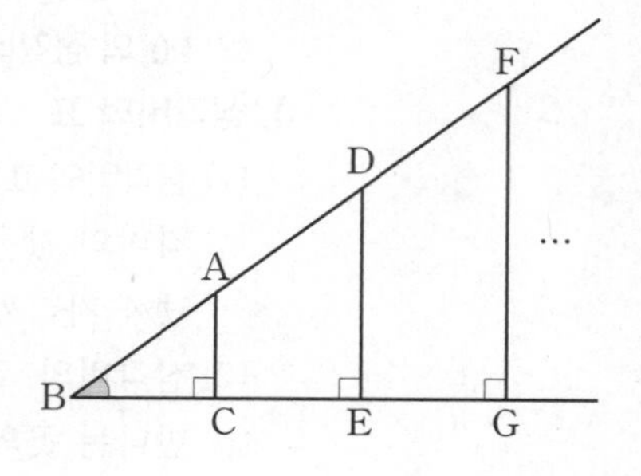

$$\frac{\overline{AC}}{\overline{AB}}=\frac{\overline{DE}}{\overline{DB}}=\frac{\overline{FG}}{\overline{FB}}=\cdots$$

$$\frac{\overline{BC}}{\overline{AB}}=\frac{\overline{BE}}{\overline{DB}}=\frac{\overline{BG}}{\overline{FB}}=\cdots$$

$$\frac{\overline{AC}}{\overline{BC}}=\frac{\overline{DE}}{\overline{BE}}=\frac{\overline{FG}}{\overline{BG}}=\cdots$$

가 성립한다.

Tip 직각삼각형은 한 각의 크기가 직각이므로 한 예각의 크기가 같으면 서로 닮은 도형이 된다.

이와 같이 직각삼각형에서 한 예각의 크기가 정해지면, 직각삼각형의 크기와 관계없이 두 변의 길이의 비는 항상 일정하다.

참고
① sin, cos, tan는 각각 sine, cosine, tangent의 약자이다.
② sin B, cos B, tan B에서 B는 $\angle$B의 크기를 나타낸 것이다.

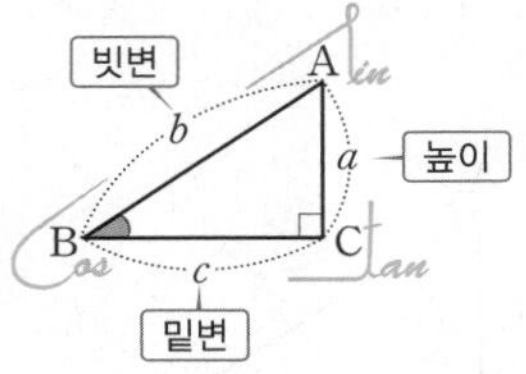

$\angle$C$=90^\circ$인 직각삼각형 ABC에서 $\angle$B의 삼각비는
① $\angle$B의 사인
: $\sin B=\dfrac{(\text{높이})}{(\text{빗변의 길이})}=\dfrac{a}{b}$
② $\angle$B의 코사인
: $\cos B=\dfrac{(\text{밑변의 길이})}{(\text{빗변의 길이})}=\dfrac{c}{b}$
③ $\angle$B의 탄젠트
: $\tan B=\dfrac{(\text{높이})}{(\text{밑변의 길이})}=\dfrac{a}{c}$

Tip 다음 그림에서 $\angle$A를 기준으로 생각하면

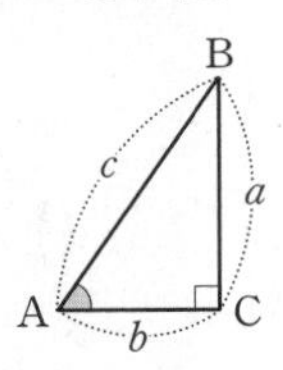

$\sin A=\dfrac{a}{c}$, $\cos A=\dfrac{b}{c}$, $\tan A=\dfrac{a}{b}$이다.

$\angle$C$=90^\circ$인 직각삼각형 ABC에서

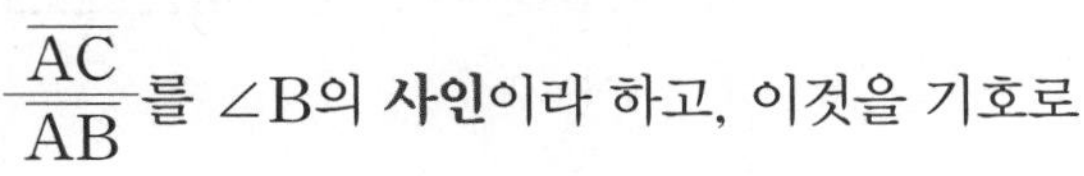

$\dfrac{\overline{AC}}{\overline{AB}}$를 $\angle$B의 **사인**이라 하고, 이것을 기호로

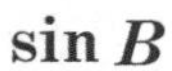

sin $\boldsymbol{B}$

와 같이 나타낸다.

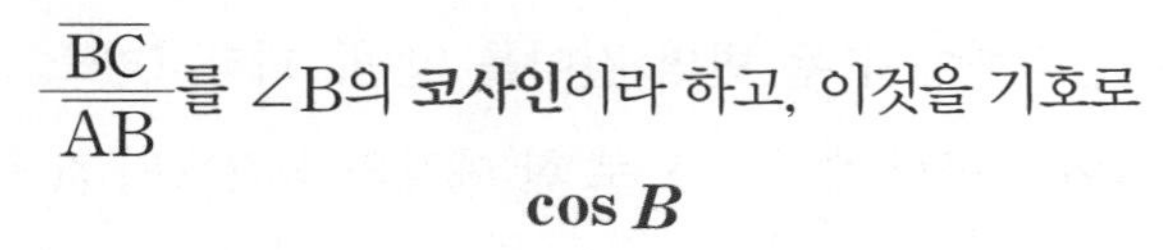

$\dfrac{\overline{BC}}{\overline{AB}}$를 $\angle$B의 **코사인**이라 하고, 이것을 기호로

cos $\boldsymbol{B}$

와 같이 나타낸다.

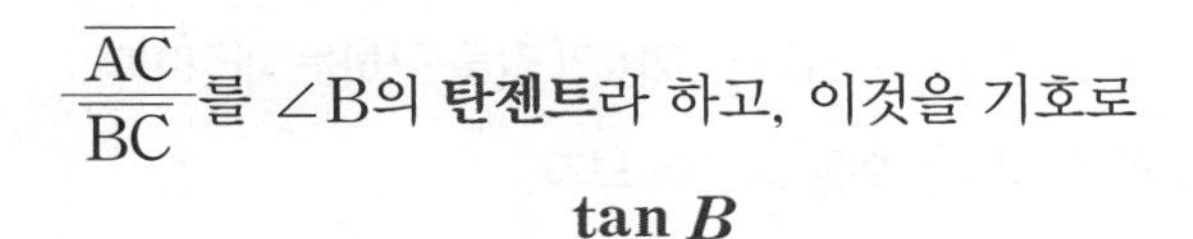

$\dfrac{\overline{AC}}{\overline{BC}}$를 $\angle$B의 **탄젠트**라 하고, 이것을 기호로

tan $\boldsymbol{B}$

와 같이 나타낸다.

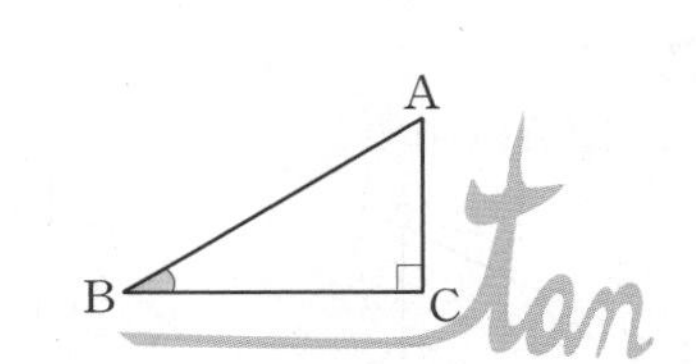

그리고 sin B, cos B, tan B를 통틀어 $\angle$B의 **삼각비**라고 한다.

이상을 정리하면 다음과 같다.

삼각비

$\angle$C$=90^\circ$인 직각삼각형 ABC에서 $\angle$A, $\angle$B, $\angle$C의 대변의 길이를 각각 a, b, c라고 할 때,

$$\sin B=\frac{b}{c},\ \cos B=\frac{a}{c},\ \tan B=\frac{b}{a}$$

이다.

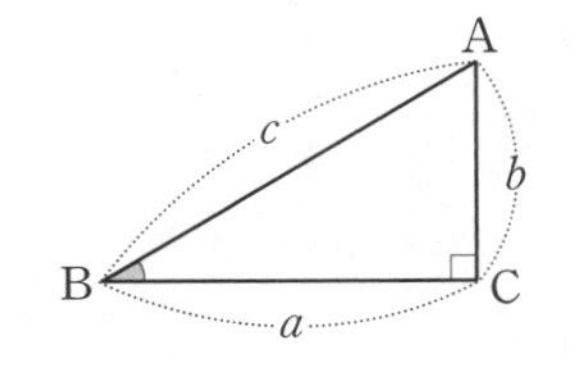

바로 확인 오른쪽 그림의 직각삼각형 ABC에서 $\angle$A, $\angle$B의 삼각비의 값을 각각 구하면

$\sin B=\dfrac{\boxed{3}}{5}$, $\cos B=\dfrac{\boxed{4}}{5}$, $\tan B=\dfrac{\boxed{3}}{4}$

$\sin A=\dfrac{4}{\boxed{5}}$, $\cos A=\dfrac{\boxed{3}}{5}$, $\tan A=\dfrac{4}{\boxed{3}}$

1. 다음 그림의 직각삼각형 ABC에서 ∠A와 ∠B의 삼각비의 값을 각각 구하시오. 풀이 참조

(1)

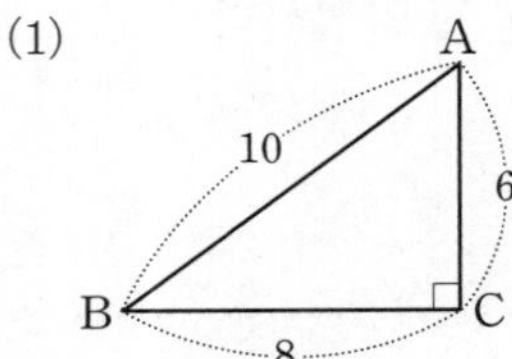

(2)

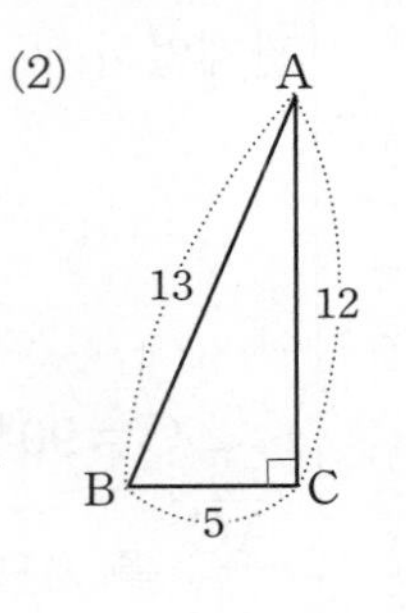

풀이 (1) $\sin A=\frac{8}{10}=\frac{4}{5}$, $\cos A=\frac{6}{10}=\frac{3}{5}$, $\tan A=\frac{8}{6}=\frac{4}{3}$

$\sin B=\frac{6}{10}=\frac{3}{5}$, $\cos B=\frac{8}{10}=\frac{4}{5}$, $\tan B=\frac{6}{8}=\frac{3}{4}$

(2) $\sin A=\frac{5}{13}$, $\cos A=\frac{12}{13}$, $\tan A=\frac{5}{12}$

$\sin B=\frac{12}{13}$, $\cos B=\frac{5}{13}$, $\tan B=\frac{12}{5}$

직각삼각형에서 두 변의 길이를 알면, 피타고라스 정리를 이용하여 나머지 한 변의 길이를 구할 수 있으므로 한 예각의 삼각비의 값을 구할 수 있다.

함께해 보기 1

참고

직각삼각형 ABC에서

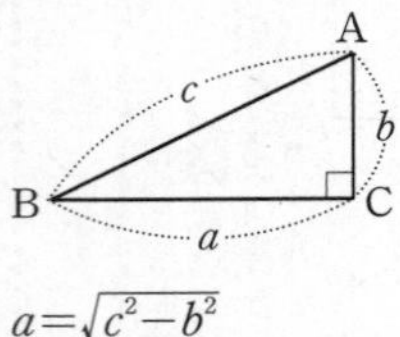

$a=\sqrt{c^2-b^2}$
$b=\sqrt{c^2-a^2}$
$c=\sqrt{a^2+b^2}$

다음은 오른쪽 그림의 직각삼각형 ABC에서 $\overline{AB}=3$, $\overline{AC}=\sqrt{2}$일 때, ∠B의 삼각비의 값을 구하는 과정이다. □ 안에 알맞은 수를 써넣어 보자.

(1) $\overline{BC}$의 길이를 구하여 보자.

피타고라스 정리에 의하여

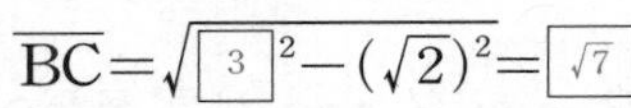

$\overline{BC}=\sqrt{\boxed{3}^2-(\sqrt{2})^2}=\boxed{\sqrt{7}}$

(2) ∠B의 삼각비의 값을 구하여 보자.

$\sin B=\frac{\boxed{\sqrt{2}}}{3}$

$\cos B=\frac{\boxed{\sqrt{7}}}{3}$

$\tan B=\frac{\sqrt{2}}{\boxed{\sqrt{7}}}=\frac{\boxed{\sqrt{14}}}{7}$

Tip 직각삼각형에서 두 변의 길이가 주어지면 피타고라스 정리를 이용하여 나머지 한 변의 길이를 구할 수 있다.

2. 다음 그림의 직각삼각형 ABC에서 ∠B의 삼각비의 값을 구하시오.

(1)

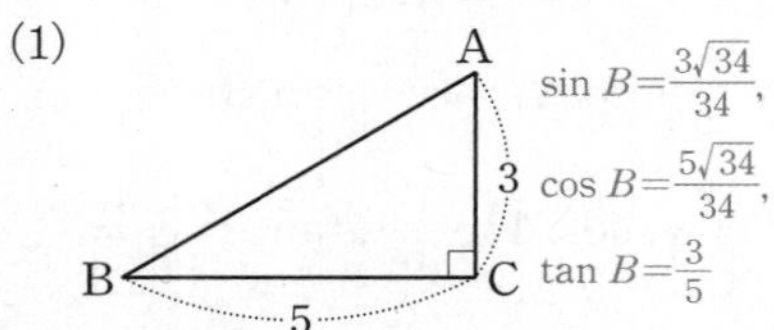

$\sin B=\frac{3\sqrt{34}}{34}$, $\cos B=\frac{5\sqrt{34}}{34}$, $\tan B=\frac{3}{5}$

(2)

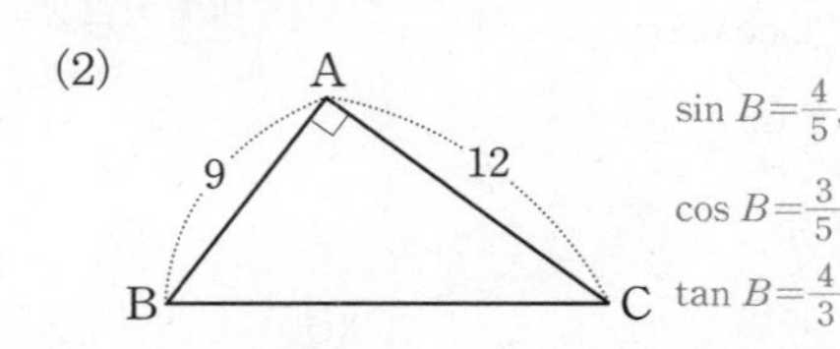

$\sin B=\frac{4}{5}$, $\cos B=\frac{3}{5}$, $\tan B=\frac{4}{3}$

풀이 (1) 피타고라스 정리에 의하여 $\overline{AB}=\sqrt{5^2+3^2}=\sqrt{34}$이므로 $\sin B=\frac{3}{\sqrt{34}}=\frac{3\sqrt{34}}{34}$, $\cos B=\frac{5}{\sqrt{34}}=\frac{5\sqrt{34}}{34}$, $\tan B=\frac{3}{5}$

(2) 피타고라스 정리에 의하여 $\overline{BC}=\sqrt{9^2+12^2}=\sqrt{225}=15$이므로 $\sin B=\frac{12}{15}=\frac{4}{5}$, $\cos B=\frac{9}{15}=\frac{3}{5}$, $\tan B=\frac{12}{9}=\frac{4}{3}$

직각삼각형에서 한 예각의 삼각비 중 하나의 값을 알면 나머지 삼각비의 값도 구할 수 있다.

함께해 보기 2

다음은 $\angle C=90^\circ$인 직각삼각형 ABC에서 $\sin B=\frac{8}{17}$일 때, $\cos B$와 $\tan B$의 값을 구하는 과정이다. □ 안에 알맞은 수를 써넣어 보자.

(1) $\sin B=\frac{8}{17}$을 만족시키는 직각삼각형 ABC를 찾아보자.

$\sin B=\frac{8}{17}$이므로 오른쪽 그림과 같이

$\angle C=90^\circ$, $\overline{AB}=17$, $\overline{AC}=8$

인 직각삼각형 ABC를 생각할 수 있다.

이때 피타고라스 정리에 의하여

$\overline{BC}=\sqrt{17^2-8^2}=\boxed{15}$

이다.

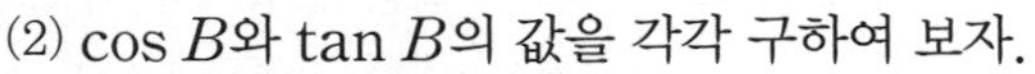

(2) $\cos B$와 $\tan B$의 값을 각각 구하여 보자.

$\cos B=\frac{\overline{BC}}{\overline{AB}}=\frac{\boxed{15}}{17}$, $\tan B=\frac{\overline{AC}}{\overline{BC}}=\frac{8}{\boxed{15}}$

Tip $\cos B=\frac{\sqrt{2}}{2}$를 만족시키는 직각삼각형 ABC를 생각한다.

3. $\angle C=90^\circ$**인 직각삼각형 ABC에서** $\cos B=\frac{\sqrt{2}}{2}$**일 때,** $\sin B$**와** $\tan B$**의 값을 각각 구하시오.** $\sin B=\frac{\sqrt{2}}{2}$, $\tan B=1$

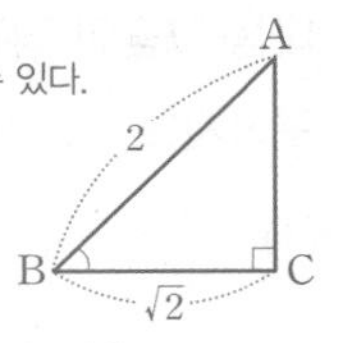

풀이 $\cos B=\frac{\sqrt{2}}{2}$이므로 오른쪽 그림과 같이 $\angle C=90^\circ$, $\overline{AB}=2$, $\overline{BC}=\sqrt{2}$인 직각삼각형 ABC를 생각할 수 있다.

이때 피타고라스 정리에 의하여 $\overline{AC}=\sqrt{2^2-(\sqrt{2})^2}=\sqrt{2}$이므로

$\sin B=\frac{\overline{AC}}{\overline{AB}}=\frac{\sqrt{2}}{2}$, $\tan B=\frac{\overline{AC}}{\overline{BC}}=\frac{\sqrt{2}}{\sqrt{2}}=1$

생각 나누기 추론 의사소통

$\angle C=90^\circ$이고 $\sin B=\frac{5}{13}$인 직각삼각형 ABC에 대한 우진이의 질문에 대해 친구들과 이야기하여 보자. 풀이 참조

$\sin B=\frac{5}{13}$인 직각삼각형은 빗변의 길이가 13이고 높이가 5인 직각삼각형 한 개뿐일까?

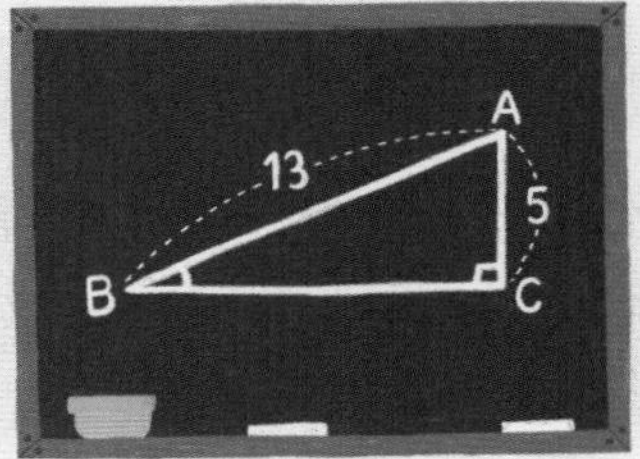

풀이 $\angle C=90^\circ$이고 $\sin B=\frac{5}{13}$인 직각삼각형 ABC는 오른쪽 그림과 같다. $(a>0)$

즉, $\sin B=\frac{5}{13}$인 직각삼각형은 그 개수가 무수히 많다. $\overline{AB}:\overline{AC}=13:5$인 모든 직각삼각형 ABC에 대하여 $\sin B=\frac{5}{13}$이므로 직각삼각형 ABC의 빗변의 길이와 높이가 각각 13과 5가 아닌 다른 값도 될 수 있다.

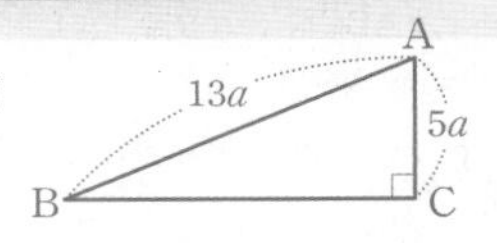

스스로 점검하기

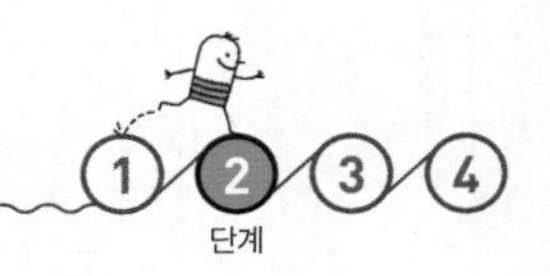

개념 점검하기

(1) 직각삼각형에서 한 예각의 크기가 정해지면, 직각삼각형의 크기와 관계없이 두 변의 길이의 비는 항상 [일정]하다.

(2) $\angle C=90^\circ$인 직각삼각형 ABC에서 $\angle A$, $\angle B$, $\angle C$의 대변의 길이를 각각 a, b, c라고 할 때, $\sin B=\left[\frac{b}{c}\right]$, $\cos B=\left[\frac{a}{c}\right]$, $\tan B=\left[\frac{b}{a}\right]$이다.

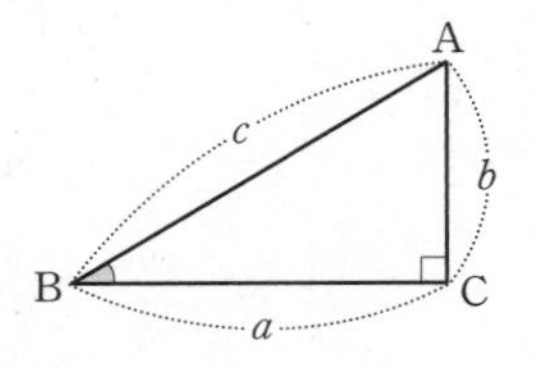

1

다음 그림의 직각삼각형 ABC에서 $\angle A$와 $\angle B$의 삼각비의 값을 각각 구하시오. 풀이 참조

(1)

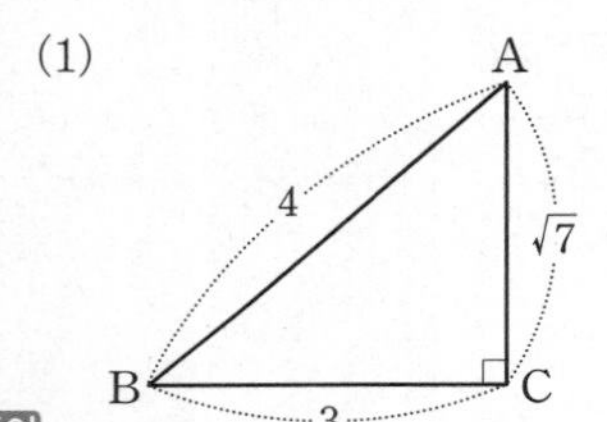

(2)

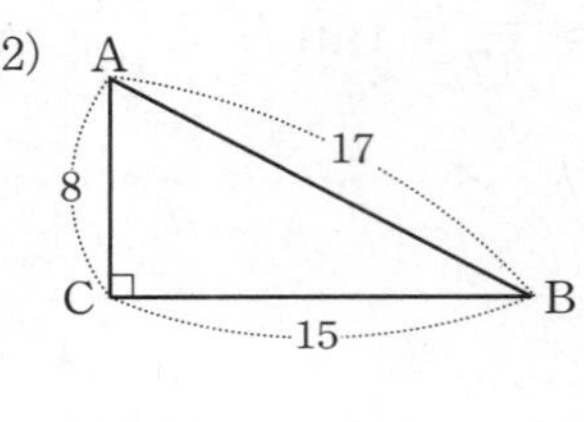

풀이
(1) $\sin A=\frac{3}{4}$, $\cos A=\frac{\sqrt{7}}{4}$, $\tan A=\frac{3\sqrt{7}}{7}$
$\sin B=\frac{\sqrt{7}}{4}$, $\cos B=\frac{3}{4}$, $\tan B=\frac{\sqrt{7}}{3}$
(2) $\sin A=\frac{15}{17}$, $\cos A=\frac{8}{17}$, $\tan A=\frac{15}{8}$
$\sin B=\frac{8}{17}$, $\cos B=\frac{15}{17}$, $\tan B=\frac{8}{15}$

2

다음 그림의 직각삼각형 ABC에서 $\angle B$의 삼각비의 값을 구하시오. 풀이 참조

(1)

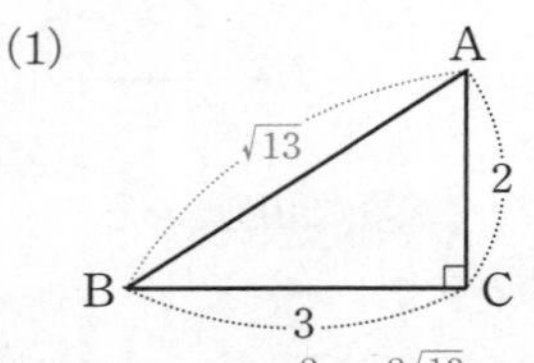

(2)

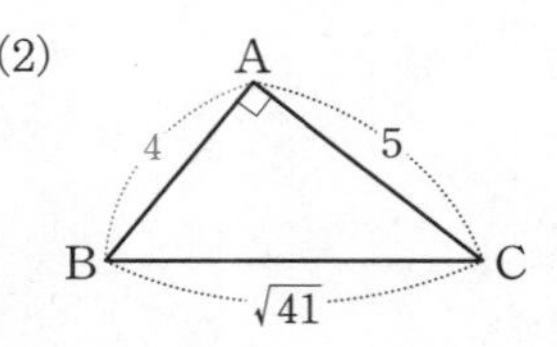

풀이 (1) $\sin B=\frac{2}{\sqrt{13}}=\frac{2\sqrt{13}}{13}$, $\cos B=\frac{3}{\sqrt{13}}=\frac{3\sqrt{13}}{13}$, $\tan B=\frac{2}{3}$
(2) $\sin B=\frac{5}{\sqrt{41}}=\frac{5\sqrt{41}}{41}$, $\cos B=\frac{4}{\sqrt{41}}=\frac{4\sqrt{41}}{41}$, $\tan B=\frac{5}{4}$

3

$\angle C=90^\circ$인 직각삼각형 ABC에서 $\sin B=\frac{1}{3}$일 때, $\cos B$와 $\tan B$의 값을 각각 구하시오. $\cos B=\frac{2\sqrt{2}}{3}$, $\tan B=\frac{\sqrt{2}}{4}$

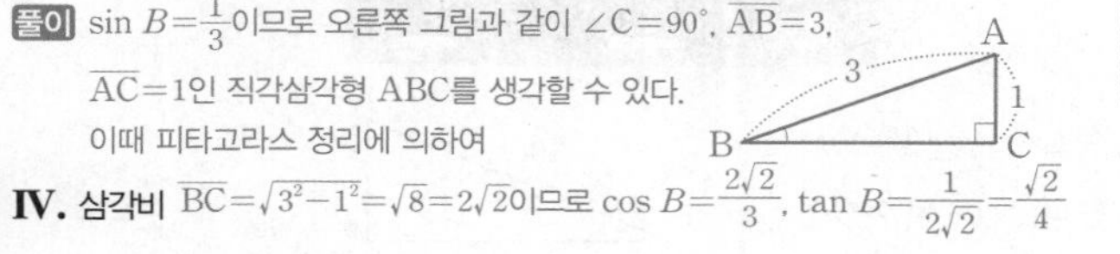

풀이 $\sin B=\frac{1}{3}$이므로 오른쪽 그림과 같이 $\angle C=90^\circ$, $\overline{AB}=3$, $\overline{AC}=1$인 직각삼각형 ABC를 생각할 수 있다.
이때 피타고라스 정리에 의하여
$\overline{BC}=\sqrt{3^2-1^2}=\sqrt{8}=2\sqrt{2}$이므로 $\cos B=\frac{2\sqrt{2}}{3}$, $\tan B=\frac{1}{2\sqrt{2}}=\frac{\sqrt{2}}{4}$

4

다음 그림과 같이 $\angle A=90^\circ$인 직각삼각형 ABC에서 $\overline{AB}=2\sqrt{10}$, $\overline{AC}=3$이다. $\overline{AB}$, $\overline{BC}$ 위의 점 D, E에 대하여 $\overline{DE}\perp\overline{BC}$이고 $\angle BDE=x^\circ$일 때, $\cos x^\circ$의 값을 구하시오. $\frac{3}{7}$

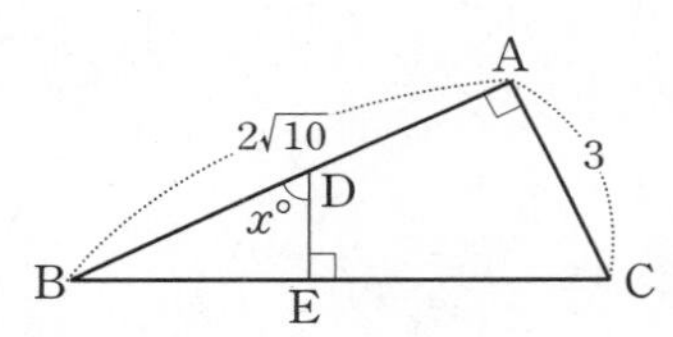

풀이 $\triangle ABC$에서 피타고라스 정리에 의하여
$\overline{BC}=\sqrt{(2\sqrt{10})^2+3^2}=\sqrt{49}=7$이고,
$\angle C=\angle BDE=x^\circ$이므로 $\cos x^\circ=\cos C=\frac{\overline{AC}}{\overline{BC}}=\frac{3}{7}$

5

다음 그림과 같이 $\angle A=90^\circ$인 직각삼각형 ABC에서 $\overline{AB}=5$, $\overline{AH}=3$이고 $\overline{AH}\perp\overline{BC}$일 때, $\sin C$의 값을 구하시오. $\frac{4}{5}$

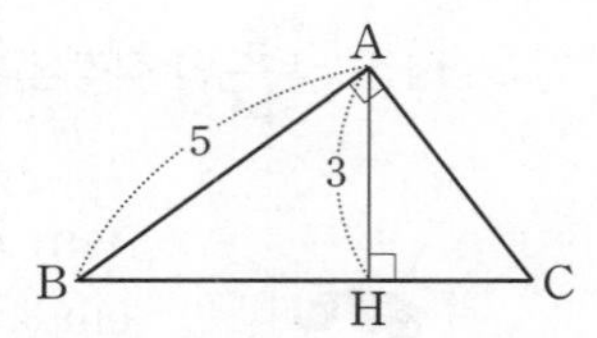

풀이 $\triangle ABH$에서 피타고라스 정리에 의하여
$\overline{BH}=\sqrt{5^2-3^2}=\sqrt{16}=4$이고, $\angle C=\angle BAH$이므로 $\angle BAH=x^\circ$라고 하면
$\sin C=\sin x^\circ=\frac{\overline{BH}}{\overline{AB}}=\frac{4}{5}$

삼각비의 값

학습 목표 ‖ 간단한 삼각비의 값을 구할 수 있다.

30°, 45°, 60°의 삼각비의 값은 어떻게 구할까?

탐구하기

탐구 목표
30°, 45°, 60°의 삼각비의 값을 구할 수 있다.

다음 그림과 같이 한 변의 길이가 10 cm인 정사각형과 정삼각형 모양의 색종이를 반으로 접어서 두 직각삼각형 ABC와 DEF를 만들었다. 물음에 답하여 보자.

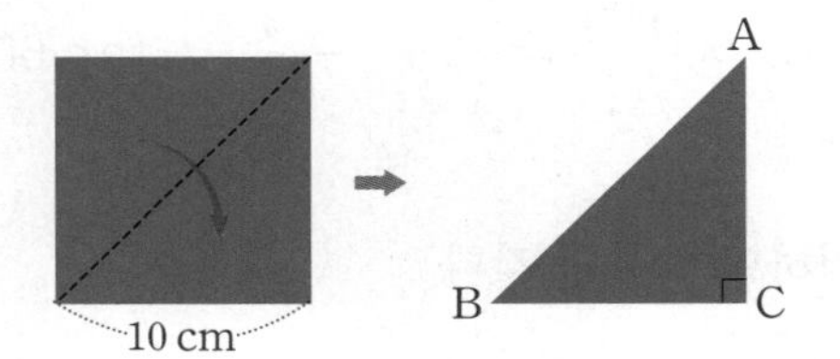

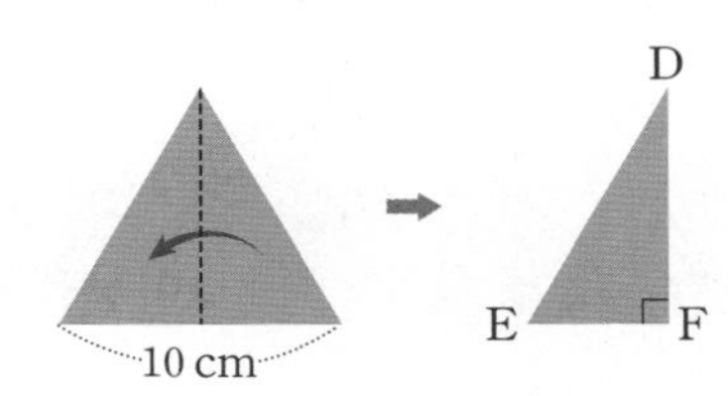

활동 1 △ABC와 △DEF에서 ∠A, ∠B, ∠D, ∠E의 크기를 각각 구하여 보자.
∠A=45°, ∠B=45°, ∠D=30°, ∠E=60°

활동 2 △ABC와 △DEF에서 $\overline{AB}$, $\overline{EF}$, $\overline{DF}$의 길이를 각각 구하여 보자. $\overline{AB}=10\sqrt{2}$ cm, $\overline{EF}=5$ cm, $\overline{DF}=5\sqrt{3}$ cm

풀이 직각삼각형 ABC에서 $\overline{BC}=\overline{AC}=10$ cm이므로 피타고라스 정리에 의하여 $\overline{AB}=\sqrt{10^2+10^2}=10\sqrt{2}$ (cm)
또, 직각삼각형 DEF에서 $\overline{DE}=10$ cm, $\overline{EF}=5$ cm이므로 피타고라스 정리에 의하여 $\overline{DF}=\sqrt{10^2-5^2}=5\sqrt{3}$ (cm)

활동 3 △ABC와 △DEF에서 ∠B, ∠D, ∠E의 삼각비의 값을 각각 구하여 보자. 풀이 참조

풀이 ① ∠B의 삼각비의 값: $\sin B=\frac{\overline{AC}}{\overline{AB}}=\frac{10}{10\sqrt{2}}=\frac{\sqrt{2}}{2}$, $\cos B=\frac{\overline{BC}}{\overline{AB}}=\frac{10}{10\sqrt{2}}=\frac{\sqrt{2}}{2}$, $\tan B=\frac{\overline{AC}}{\overline{BC}}=\frac{10}{10}=1$

② ∠D의 삼각비의 값: $\sin D=\frac{\overline{EF}}{\overline{DE}}=\frac{5}{10}=\frac{1}{2}$, $\cos D=\frac{\overline{DF}}{\overline{DE}}=\frac{5\sqrt{3}}{10}=\frac{\sqrt{3}}{2}$, $\tan D=\frac{\overline{EF}}{\overline{DF}}=\frac{5}{5\sqrt{3}}=\frac{1}{\sqrt{3}}=\frac{\sqrt{3}}{3}$

③ ∠E의 삼각비의 값: $\sin E=\frac{\overline{DF}}{\overline{DE}}=\frac{5\sqrt{3}}{10}=\frac{\sqrt{3}}{2}$, $\cos E=\frac{\overline{EF}}{\overline{DE}}=\frac{5}{10}=\frac{1}{2}$, $\tan E=\frac{\overline{DF}}{\overline{EF}}=\frac{5\sqrt{3}}{5}=\sqrt{3}$

오른쪽 그림과 같이 한 변의 길이가 1인 정사각형에서 대각선을 그으면 한 내각의 크기가 45°인 직각삼각형 ABC를 얻는다. 이때 $\overline{AB}$의 길이는 피타고라스 정리에 의하여 $\sqrt{2}$가 된다.

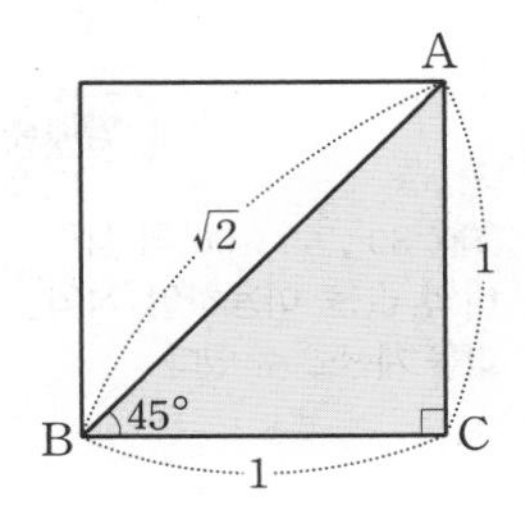

따라서 45°의 삼각비의 값을 구하면 다음과 같다.

$$\sin 45^\circ=\frac{\overline{AC}}{\overline{AB}}=\frac{1}{\sqrt{2}}=\frac{\sqrt{2}}{2}$$

$$\cos 45^\circ=\frac{\overline{BC}}{\overline{AB}}=\frac{1}{\sqrt{2}}=\frac{\sqrt{2}}{2}$$

$$\tan 45^\circ=\frac{\overline{AC}}{\overline{BC}}=\frac{1}{1}=1$$

오른쪽 그림과 같이 한 변의 길이가 2인 정삼각형 ABC의 꼭짓점 A에서 $\overline{BC}$에 내린 수선의 발을 D라고 하면 세 내각의 크기가 30°, 60°, 90°인 직각삼각형 ABD를 얻는다. 이때 $\overline{BD}=1$이므로 $\overline{AD}$의 길이는 피타고라스 정리에 의하여 $\sqrt{3}$이 된다.

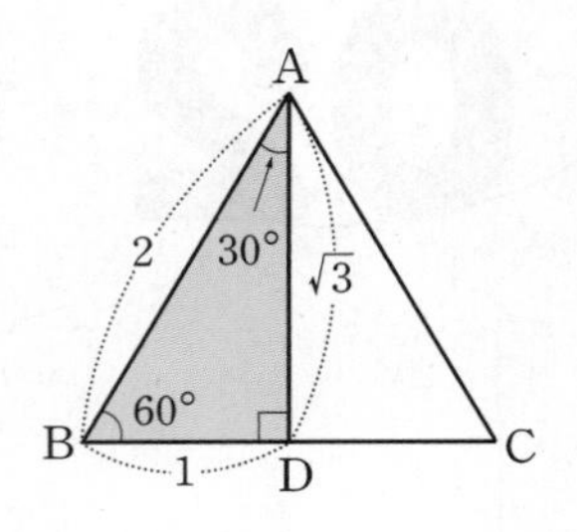

따라서 30°와 60°의 삼각비의 값을 각각 구하면 다음과 같다.

$$\sin 30^\circ=\frac{\overline{BD}}{\overline{AB}}=\frac{1}{2} \qquad \sin 60^\circ=\frac{\overline{AD}}{\overline{AB}}=\frac{\sqrt{3}}{2}$$

$$\cos 30^\circ=\frac{\overline{AD}}{\overline{AB}}=\frac{\sqrt{3}}{2} \qquad \cos 60^\circ=\frac{\overline{BD}}{\overline{AB}}=\frac{1}{2}$$

$$\tan 30^\circ=\frac{\overline{BD}}{\overline{AD}}=\frac{1}{\sqrt{3}}=\frac{\sqrt{3}}{3} \qquad \tan 60^\circ=\frac{\overline{AD}}{\overline{BD}}=\frac{\sqrt{3}}{1}=\sqrt{3}$$

이상을 정리하면 다음과 같다.

30°, 45°, 60°의 삼각비의 값

삼각비 \ A	30°	45°	60°
$\sin A$	$\frac{1}{2}$	$\frac{\sqrt{2}}{2}$	$\frac{\sqrt{3}}{2}$
$\cos A$	$\frac{\sqrt{3}}{2}$	$\frac{\sqrt{2}}{2}$	$\frac{1}{2}$
$\tan A$	$\frac{\sqrt{3}}{3}$	1	$\sqrt{3}$

함께해 보기 1

Tip 30°, 45°, 60°의 삼각비의 값을 이용하여 식의 값을 계산할 수 있다.

30°, 45°, 60°의 삼각비의 값을 이용하여 다음을 계산하여 보자.

(1) $\sin 30^\circ+\cos 60^\circ=\frac{1}{2}+\boxed{\frac{1}{2}}=\boxed{1}$

(2) $\cos 45^\circ\times\tan 60^\circ=\boxed{\frac{\sqrt{2}}{2}}\times\sqrt{3}=\boxed{\frac{\sqrt{6}}{2}}$

1. 다음을 계산하시오.

(1) $\sin 60^\circ+\cos 30^\circ$ $\sqrt{3}$

(2) $\cos 45^\circ-\sin 45^\circ$ 0

(3) $\sin 30^\circ\times\tan 45^\circ$ $\frac{1}{2}$

(4) $\tan 60^\circ\div\tan 30^\circ$ 3

풀이 (1) $\sin 60^\circ+\cos 30^\circ=\frac{\sqrt{3}}{2}+\frac{\sqrt{3}}{2}=\sqrt{3}$

(2) $\cos 45^\circ-\sin 45^\circ=\frac{\sqrt{2}}{2}-\frac{\sqrt{2}}{2}=0$

(3) $\sin 30^\circ\times\tan 45^\circ=\frac{1}{2}\times1=\frac{1}{2}$

(4) $\tan 60^\circ\div\tan 30^\circ=\sqrt{3}\div\frac{\sqrt{3}}{3}=\sqrt{3}\times\frac{3}{\sqrt{3}}=3$

함께해 보기 2

Tip 직각삼각형에서 한 변의 길이와 한 예각의 크기를 알 때, 30°, 45°, 60°의 삼각비의 값을 이용하여 나머지 두 변의 길이를 구할 수 있다.

다음은 오른쪽 그림의 $\angle C=90°$인 직각삼각형 ABC에서 $\overline{AB}=10$ cm, $\angle B=30°$일 때, $\overline{AC}$와 $\overline{BC}$의 길이를 각각 구하는 과정이다. □ 안에 알맞은 수를 써넣어 보자.

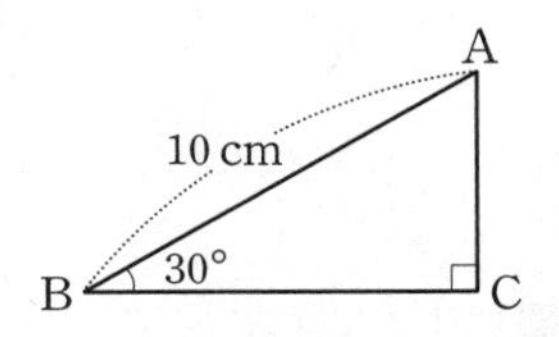

$\sin 30°=\dfrac{\overline{AC}}{\overline{AB}}=\dfrac{\overline{AC}}{10}$이므로

$$\overline{AC}=10\times\sin 30°=10\times\boxed{\tfrac{1}{2}}=\boxed{5}\text{(cm)}$$

$\cos 30°=\dfrac{\overline{BC}}{\overline{AB}}=\dfrac{\overline{BC}}{10}$이므로

$$\overline{BC}=10\times\cos 30°=10\times\boxed{\tfrac{\sqrt{3}}{2}}=\boxed{5\sqrt{3}}\text{(cm)}$$

2. 다음 그림의 직각삼각형 ABC에서 x와 y의 값을 각각 구하시오.

(1)

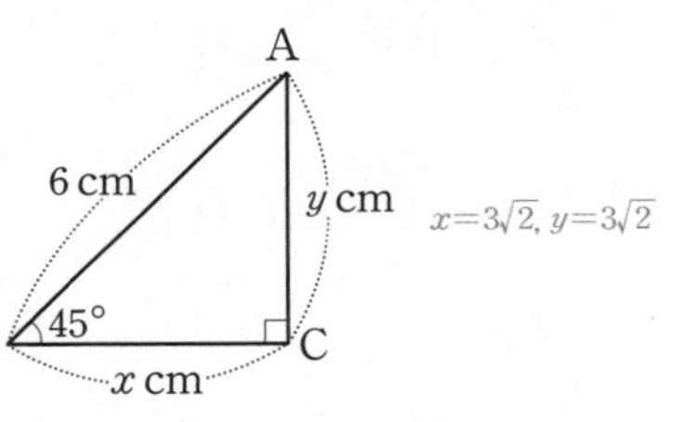

$x=3\sqrt{2}$, $y=3\sqrt{2}$

(2)

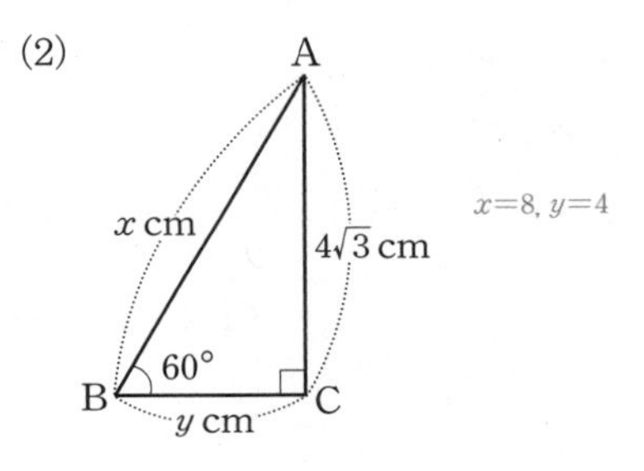

$x=8$, $y=4$

풀이 (1) $\cos B=\cos 45°=\dfrac{\overline{BC}}{\overline{AB}}=\dfrac{x}{6}$이므로 $x=6\times\cos 45°=6\times\dfrac{\sqrt{2}}{2}=3\sqrt{2}$

$\sin 45°=\dfrac{\overline{AC}}{\overline{AB}}=\dfrac{y}{6}$이므로 $y=6\times\sin 45°=6\times\dfrac{\sqrt{2}}{2}=3\sqrt{2}$

(2) $\sin B=\sin 60°=\dfrac{\overline{AC}}{\overline{AB}}=\dfrac{4\sqrt{3}}{x}$이므로 $x=4\sqrt{3}\div\sin 60°=4\sqrt{3}\div\dfrac{\sqrt{3}}{2}=4\sqrt{3}\times\dfrac{2}{\sqrt{3}}=8$

$\cos 60°=\dfrac{\overline{BC}}{\overline{AB}}=\dfrac{y}{8}$이므로 $y=8\times\cos 60°=8\times\dfrac{1}{2}=4$

예각의 삼각비의 값은 어떻게 구할까?

탐구하기

탐구 목표
직각삼각형에서 삼각비를 한 변의 길이를 이용하여 나타낼 수 있다.

오른쪽 그림의 직각삼각형 ABC에서 $\angle B=x°$라고 할 때, 다음 물음에 답하여 보자.

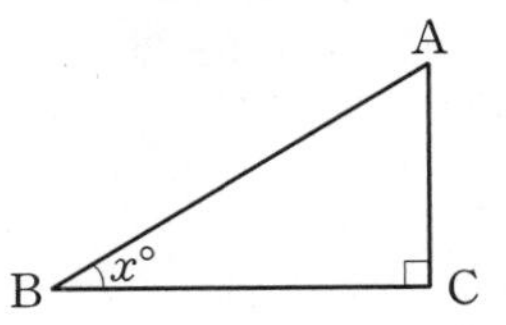

활동 1 △ABC에서 $\sin x°$, $\cos x°$, $\tan x°$를 △ABC의 변의 길이를 이용하여 각각 나타내어 보자. $\sin x°=\dfrac{\overline{AC}}{\overline{AB}}$, $\cos x°=\dfrac{\overline{BC}}{\overline{AB}}$, $\tan x°=\dfrac{\overline{AC}}{\overline{BC}}$

활동 2 △ABC에서 $\overline{AB}=1$일 때, $\sin x°$, $\cos x°$를 △ABC의 변의 길이를 이용하여 각각 나타내어 보자. $\sin x°=\overline{AC}$, $\cos x°=\overline{BC}$

풀이 $\sin x°=\dfrac{\overline{AC}}{\overline{AB}}=\dfrac{\overline{AC}}{1}=\overline{AC}$, $\cos x°=\dfrac{\overline{BC}}{\overline{AB}}=\dfrac{\overline{BC}}{1}=\overline{BC}$

활동 3 △ABC에서 $\overline{BC}=1$일 때, $\tan x°$를 △ABC의 변의 길이를 이용하여 나타내어 보자. $\tan x°=\overline{AC}$

풀이 $\tan x°=\dfrac{\overline{AC}}{\overline{BC}}=\dfrac{\overline{AC}}{1}=\overline{AC}$

탐구하기 에서 직각삼각형 ABC의 빗변의 길이가 1이면 $\sin x°$, $\cos x°$를 하나의 선분의 길이로 나타낼 수 있다. 또, 직각삼각형 ABC의 밑변의 길이가 1이면 $\tan x°$를 하나의 선분의 길이로 나타낼 수 있다.

Tip 예각: 0°보다 크고 90°보다 작은 각

이를 이용하면 예각에 대한 삼각비의 값을 구할 수 있다.

Tip 두 변의 길이의 비에서 분모가 되는 변의 길이가 1이 되도록 변형하면 분자가 되는 변의 길이가 구하는 삼각비의 값이 된다.

오른쪽 그림과 같이 좌표평면 위에 원점 O를 중심으로 하고 반지름의 길이가 1인 사분원을 그린다. 사분원 위에 한 점 A를 잡고, 점 A에서 x축에 내린 수선의 발을 B, 점 D에서 x축에 수직인 직선을 그어 $\overline{OA}$의 연장선과 만나는 점을 C라고 하자.

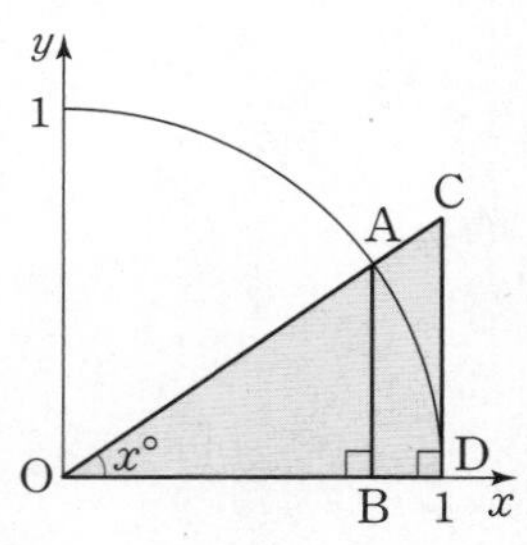

$\angle AOB = \angle COD = x°$라고 할 때, 직각삼각형 AOB에서

$$\sin x° = \frac{\overline{AB}}{\overline{OA}} = \frac{\overline{AB}}{1} = \overline{AB}$$

$$\cos x° = \frac{\overline{OB}}{\overline{OA}} = \frac{\overline{OB}}{1} = \overline{OB}$$

이다. 또, 직각삼각형 COD에서

$$\tan x° = \frac{\overline{CD}}{\overline{OD}} = \frac{\overline{CD}}{1} = \overline{CD}$$

이다.

참고

오른쪽 그림에서 선분의 길이 0.64, 0.77, 1.19는 어림수이다.

예를 들어 50°의 삼각비의 값을 구하여 보자.

오른쪽 그림과 같이 모눈종이 위에 점 O를 중심으로 하고 반지름의 길이가 1인 사분원을 그리고, 그 위에 각도기를 이용하여 $\angle AOB = \angle COD = 50°$가 되도록 두 직각삼각형 AOB, COD를 그린다.

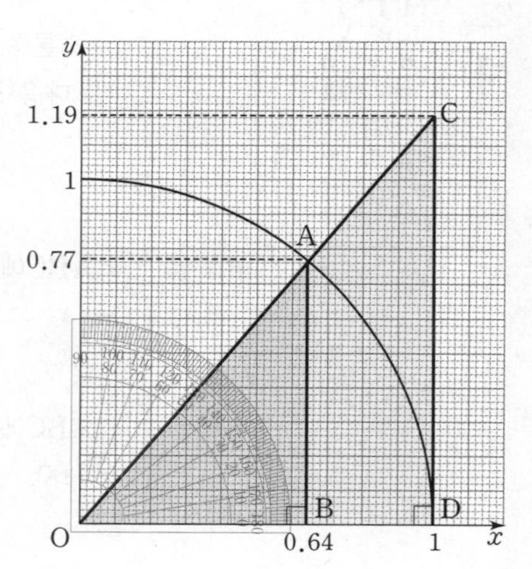

두 직각삼각형 AOB, COD에서 $\overline{OA} = \overline{OD} = 1$이므로

$$\sin 50° = \overline{AB} = 0.77$$

$$\cos 50° = \overline{OB} = 0.64$$

$$\tan 50° = \overline{CD} = 1.19$$

이다.

Tip 예각의 삼각비를 구할 때, 사인과 코사인은 빗변의 길이가 1인 삼각형을 이용하고, 탄젠트는 밑변의 길이가 1인 삼각형을 이용한다.

3. 오른쪽 그림을 이용하여 다음 삼각비의 값을 구하시오.

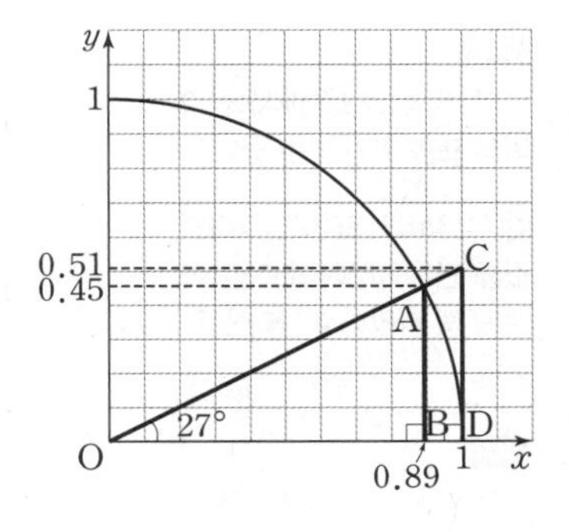

(1) $\sin 27°$ 0.45

(2) $\cos 27°$ 0.89

(3) $\tan 27°$ 0.51

풀이 (1) $\sin 27° = \frac{\overline{AB}}{1} = 0.45$

(2) $\cos 27° = \frac{\overline{OB}}{1} = 0.89$

(3) $\tan 27° = \frac{\overline{CD}}{1} = 0.51$

개념 쏙

(1) 0°의 삼각비의 값
$\sin 0° = 0$
$\cos 0° = 1$
$\tan 0° = 0$

(2) 90°의 삼각비의 값
$\sin 90° = 1$
$\cos 90° = 0$
$\tan 90°$의 값은 정할 수 없다.

이제 0°와 90°의 삼각비의 값을 알아보자.

오른쪽 그림과 같이 반지름의 길이가 1인 사분원 안의 직각삼각형 AOB에서 ∠AOB의 크기가 0°에 가까워지면 $\overline{AB}$의 길이는 0에 가까워지고, $\overline{OB}$의 길이는 1에 가까워지므로

$$\sin 0° = 0,\ \cos 0° = 1$$

로 정한다.

또, ∠AOB의 크기가 90°에 가까워지면 $\overline{AB}$의 길이는 1에 가까워지고, $\overline{OB}$의 길이는 0에 가까워지므로

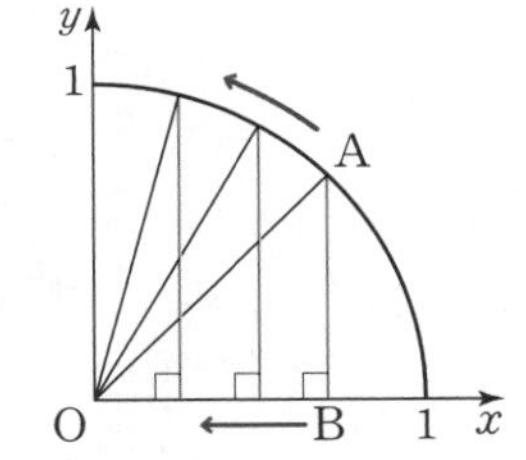

$$\sin 90° = 1,\ \cos 90° = 0$$

으로 정한다.

한편, 직각삼각형 COD에서 ∠COD의 크기가 0°에 가까워지면 $\overline{CD}$의 길이는 0에 가까워지므로

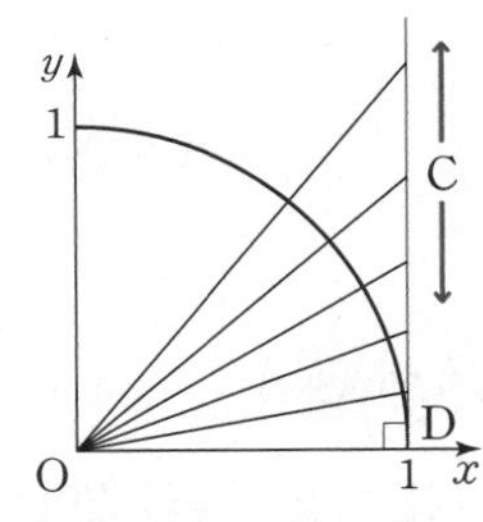

$$\tan 0° = 0$$

으로 정한다.

그러나 ∠COD의 크기가 90°에 가까워지면 $\overline{CD}$의 길이는 한없이 커지므로 $\tan 90°$의 값은 정할 수 없다.

Tip $x°$의 크기가 0°에서 90°로 증가할 때,
(1) $\sin x°$의 값은 0에서 1로 증가한다.
(2) $\cos x°$의 값은 1에서 0으로 감소한다.
(3) $\tan x°$의 값은 0에서 무한히 증가한다.

4. 다음을 계산하시오.

(1) $\sin 90° \times \cos 0° - \sin 0° \times \cos 30°$ 1

(2) $\sin 60° \times \tan 0° + \tan 45° \times \cos 90°$ 0

풀이 (1) $\sin 90° \times \cos 0° - \sin 0° \times \cos 30° = 1 \times 1 - 0 \times \frac{\sqrt{3}}{2} = 1$

(2) $\sin 60° \times \tan 0° + \tan 45° \times \cos 90° = \frac{\sqrt{3}}{2} \times 0 + 1 \times 0 = 0$

참고

이 책의 281쪽에서 삼각비의 표를 확인할 수 있다.

⊕ 삼각비의 표는 삼각비의 값을 반올림하여 소수점 아래 넷째 자리까지 나타낸 것이다.

참고

다음과 같이 컴퓨터의 공학용 계산기를 이용하여 sin 35°의 값을 구할 수 있다.

❶ 3, 5를 누른다.

❷ sin을 누른다.

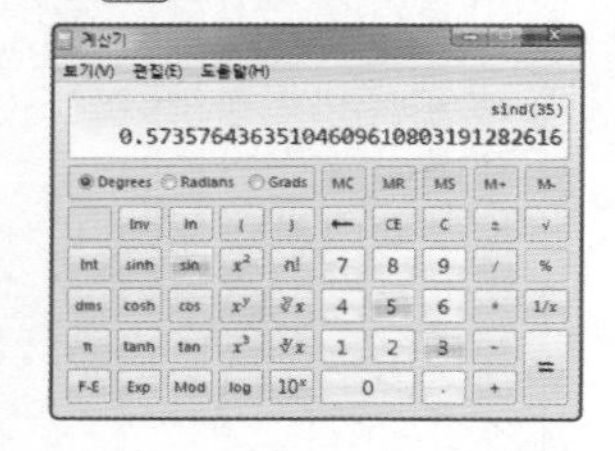

Tip 특수한 각 0°, 30°, 45°, 60°, 90° 이외의 삼각비의 값은 삼각비의 표를 이용하여 찾는다.

예각의 삼각비의 값은 삼각비의 표를 이용하여 소수점 아래 넷째 자리까지 구할 수 있다.

예를 들어 $\sin 35°$의 값은 삼각비의 표에서 35°의 가로줄과 사인의 세로줄이 만나는 곳에 있는 수를 읽으면 된다.

즉, 오른쪽 표에서

$$\sin 35° = 0.5736$$

이다. 같은 방법으로

$$\cos 35° = 0.8192$$

$$\tan 35° = 0.7002$$

이다.

각도	사인(sin)	코사인(cos)	탄젠트(tan)
⋮	⋮	⋮	⋮
34°	0.5592	0.8290	0.6745
35°	0.5736	0.8192	0.7002
36°	0.5878	0.8090	0.7265
⋮	⋮	⋮	⋮

5. 삼각비의 표를 이용하여 다음 삼각비의 값을 구하시오.

(1) $\sin 25°$ 0.4226 (2) $\cos 65°$ 0.4226 (3) $\tan 72°$ 3.0777

6. 삼각비의 표를 이용하여 다음 x의 값을 구하시오.

(1) $\sin x° = 0.7880$ 52 (2) $\cos x° = 0.8387$ 33 (3) $\tan x° = 0.1763$ 10

풀이 (1) $\sin 52° = 0.7880$이므로 $x = 52$

(2) $\cos 33° = 0.8387$이므로 $x = 33$

(3) $\tan 10° = 0.1763$이므로 $x = 10$

생각 나누기 추론 의사소통

다음은 반지름의 길이가 1인 사분원 안의 직각삼각형 AOB에 대한 효은이의 설명이다. 효은이의 설명을 완성하여 보자. 풀이 참조

직각삼각형 AOB에서 sin 37°의 값과 cos 53°의 값은 같아. 왜냐하면….

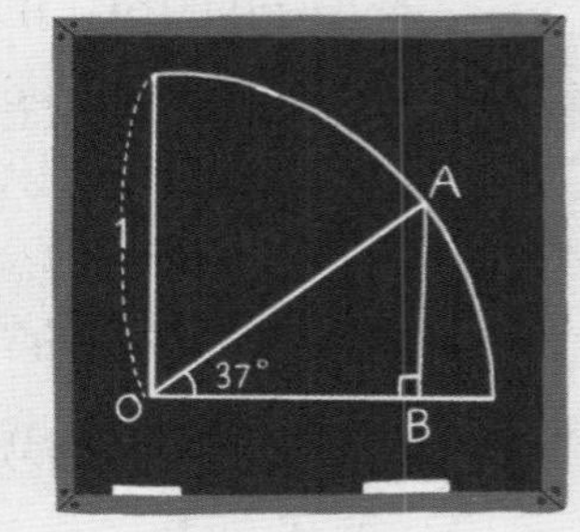

풀이 직각삼각형 AOB에서 $\angle AOB = 37°$, $\angle OAB = 53°$이므로

$\sin 37° = \dfrac{\overline{AB}}{\overline{OA}} = \dfrac{\overline{AB}}{1} = \overline{AB}$이고, $\cos 53° = \dfrac{\overline{AB}}{\overline{OA}} = \dfrac{\overline{AB}}{1} = \overline{AB}$이다.

따라서 $\sin 37° = \cos 53°$이다.

스스로 점검하기

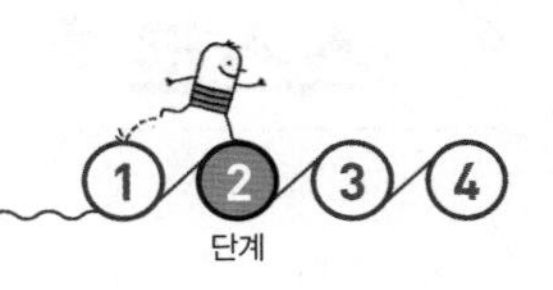

개념 점검하기

(1) 0°, 30°, 45°, 60°, 90°의 삼각비의 값은 다음과 같다.

삼각비 \ A	0°	30°	45°	60°	90°
$\sin A$	0	$\frac{1}{2}$	$\frac{\sqrt{2}}{2}$	$\frac{\sqrt{3}}{2}$	1
$\cos A$	1	$\frac{\sqrt{3}}{2}$	$\frac{\sqrt{2}}{2}$	$\frac{1}{2}$	0
$\tan A$	0	$\frac{\sqrt{3}}{3}$	1	$\sqrt{3}$	

풀이 (1) $\cos B=\cos 45°=\frac{x}{3\sqrt{2}}$이므로 $x=3\sqrt{2}\times\cos 45°=3\sqrt{2}\times\frac{\sqrt{2}}{2}=3$

$\sin B=\sin 45°=\frac{y}{3\sqrt{2}}$이므로 $y=3\sqrt{2}\times\sin 45°=3\sqrt{2}\times\frac{\sqrt{2}}{2}=3$

1

147쪽

다음 그림의 직각삼각형 ABC에서 x와 y의 값을 각각 구하시오.

(1) $x=3$, $y=3$

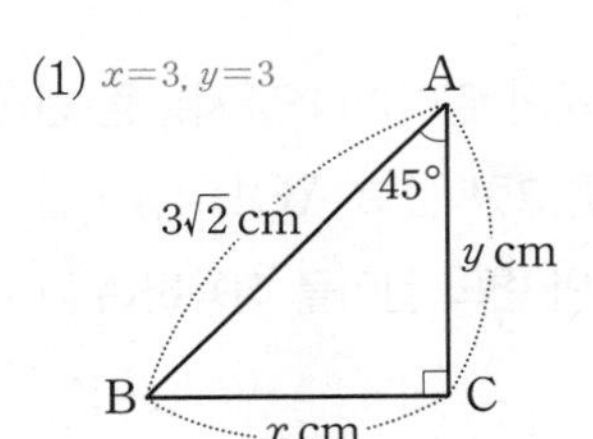

(2) $x=4$, $y=2$

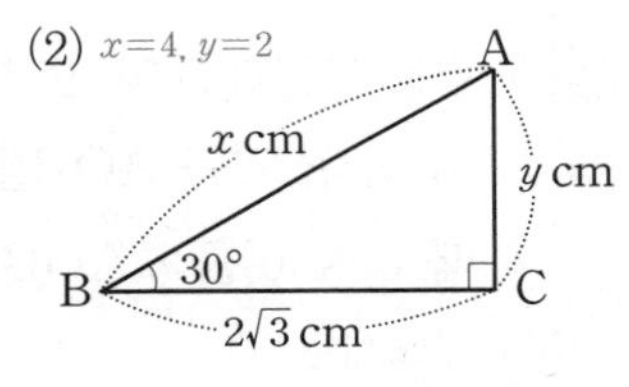

(2) $\cos 30°=\frac{2\sqrt{3}}{x}$이므로 $x=2\sqrt{3}\div\cos 30°=2\sqrt{3}\div\frac{\sqrt{3}}{2}=2\sqrt{3}\times\frac{2}{\sqrt{3}}=4$

$\sin 30°=\frac{y}{x}=\frac{y}{4}$이므로 $y=4\times\sin 30°=4\times\frac{1}{2}=2$

2

148쪽

다음 그림을 이용하여 $\cos 42°+\tan 42°$의 값을 구하시오. 1.64

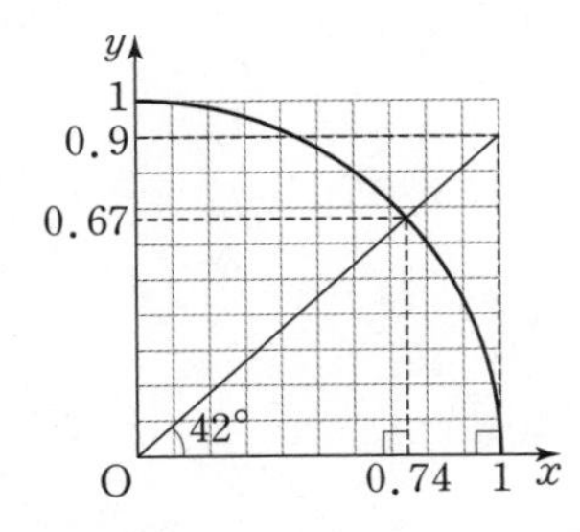

풀이 $\cos 42°+\tan 42°=0.74+0.9=1.64$

3

146쪽

다음을 계산하시오.

(1) $\sin 30°+\cos 60°-\tan 45°$ 0

(2) $\sin 0°-\cos 0°+\sin 90°\div\cos 60°$ 1

(3) $\tan 60°\div\cos 30°\times\sin 45°$ $\sqrt{2}$

풀이 (1) $\sin 30°+\cos 60°-\tan 45°=\frac{1}{2}+\frac{1}{2}-1=0$

(2) $\sin 0°-\cos 0°+\sin 90°\div\cos 60°=0-1+1\div\frac{1}{2}=-1+1\times 2=1$

(3) $\tan 60°\div\cos 30°\times\sin 45°=\sqrt{3}\div\frac{\sqrt{3}}{2}\times\frac{\sqrt{2}}{2}=\sqrt{3}\times\frac{2}{\sqrt{3}}\times\frac{\sqrt{2}}{2}=\sqrt{2}$

4

150쪽

삼각비의 표를 이용하여 다음 삼각비의 값을 구하시오.

(1) $\sin 62°$ 0.8829 (2) $\cos 15°$ 0.9659 (3) $\tan 38°$ 0.7813

5

147쪽

다음 그림의 직각삼각형 ABC에서 $\overline{AD}$는 ∠A의 이등분선이다. ∠B=30°, $\overline{AC}$=6 cm일 때, $\overline{BD}$의 길이를 구하시오. $4\sqrt{3}$ cm

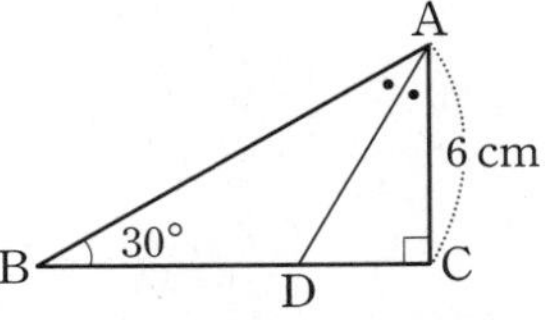

풀이 직각삼각형 ABC에서 ∠A=60°이므로 ∠BAD=∠CAD=$\frac{1}{2}$∠A=30°이다.

직각삼각형 DAC에서 $\cos 30°=\frac{\overline{AC}}{\overline{AD}}=\frac{6}{\overline{AD}}$이므로

$\overline{AD}=6\div\cos 30°=6\div\frac{\sqrt{3}}{2}=6\times\frac{2}{\sqrt{3}}=4\sqrt{3}$(cm)이다.

이때 △DAB는 ∠DAB=∠DBA인 이등변삼각형이므로

$\overline{BD}=\overline{AD}=4\sqrt{3}$ cm이다.

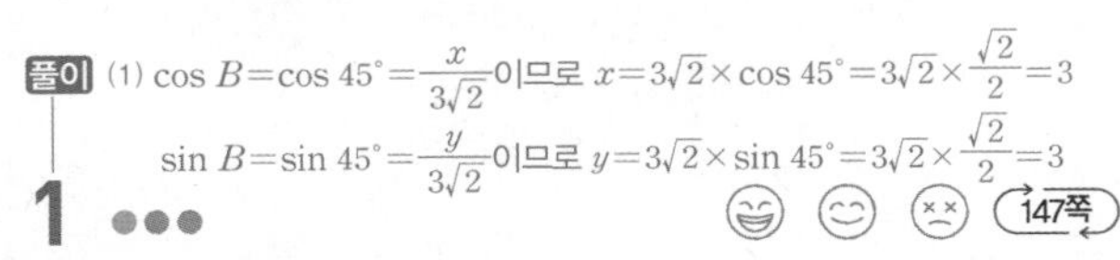

스스로 확인하기

1. 다음 그림과 같이 $\overline{AD} /\!/ \overline{BC}$인 등변사다리꼴 ABCD에서 $\overline{AB}=5$ cm, $\overline{BC}=10$ cm, $\overline{AD}=6$ cm일 때, $\cos B$의 값을 구하시오. $\frac{2}{5}$

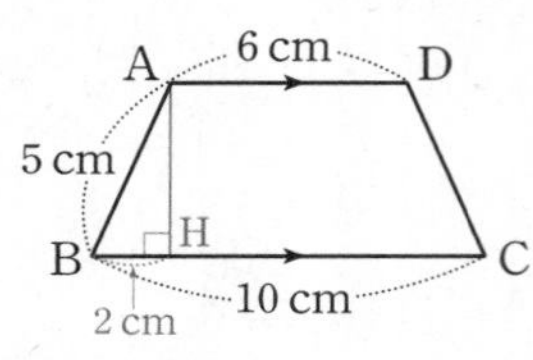

풀이 위의 그림과 같이 꼭짓점 A에서 $\overline{BC}$에 내린 수선의 발을 H라고 하면 직각삼각형 ABH에서
$\cos B=\frac{\overline{BH}}{\overline{AB}}=\frac{2}{5}$이다.

2. 다음 그림과 같은 직각삼각형 ABC에서 $\overline{AB}=15$ cm이고 $\sin B=\frac{3}{5}$일 때, $\overline{BC}$의 길이를 구하시오. 12 cm

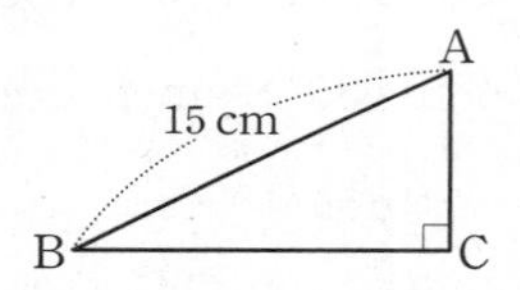

풀이 $\sin B=\frac{\overline{AC}}{\overline{AB}}=\frac{\overline{AC}}{15}=\frac{3}{5}$이므로 $\overline{AC}=15\times\frac{3}{5}=9$(cm)이다.
피타고라스 정리에 의하여 $\overline{BC}=\sqrt{15^2-9^2}=\sqrt{144}=12$(cm)이다.

3. 다음을 계산하시오. 3

$$(\sin 90^\circ+\cos 60^\circ)\div(\cos 30^\circ\times\tan 30^\circ)$$

풀이 (주어진 식)$=\left(1+\frac{1}{2}\right)\div\left(\frac{\sqrt{3}}{2}\times\frac{\sqrt{3}}{3}\right)$
$=\frac{3}{2}\div\frac{1}{2}=\frac{3}{2}\times 2=3$

4. 다음 그림의 직각삼각형 ABC에서 $\overline{AD}\perp\overline{BC}$이고 $\overline{AD}=3$ cm, $\angle B=30^\circ$일 때, $\overline{BC}$의 길이를 구하시오. $4\sqrt{3}$ cm

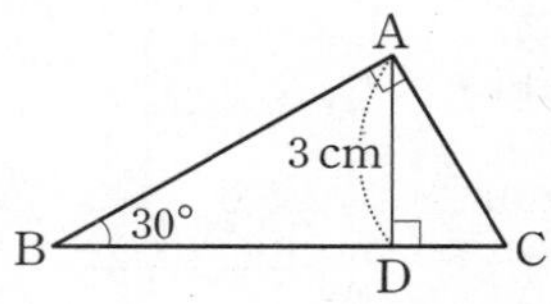

풀이 직각삼각형 ABD에서 $\tan 30^\circ=\frac{\overline{AD}}{\overline{BD}}=\frac{3}{\overline{BD}}$이므로
$\overline{BD}=\frac{3}{\tan 30^\circ}=3\div\frac{\sqrt{3}}{3}=3\sqrt{3}$(cm)
직각삼각형 ACD에서 $\tan 60^\circ=\frac{\overline{AD}}{\overline{CD}}=\frac{3}{\overline{CD}}$이므로
$\overline{CD}=\frac{3}{\tan 60^\circ}=3\div\sqrt{3}=\sqrt{3}$(cm)
따라서 $\overline{BC}=\overline{BD}+\overline{CD}=4\sqrt{3}$(cm)

5. 다음 그림과 같이 반지름의 길이가 1인 사분원 안에 직각삼각형 AOB를 그렸다. $\angle AOB=40^\circ$일 때, $\cos 50^\circ$를 $\triangle AOB$의 변의 길이를 이용하여 나타내시오. $\overline{AB}$

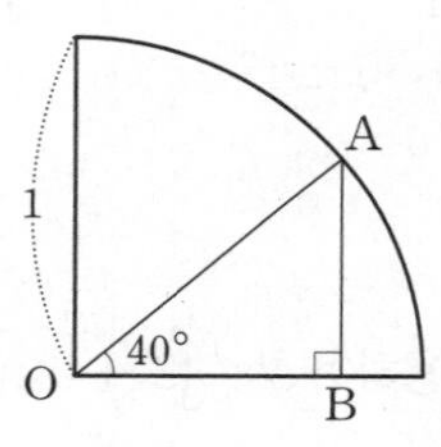

풀이 $\cos 50^\circ=\frac{\overline{AB}}{\overline{OA}}=\frac{\overline{AB}}{1}=\overline{AB}$

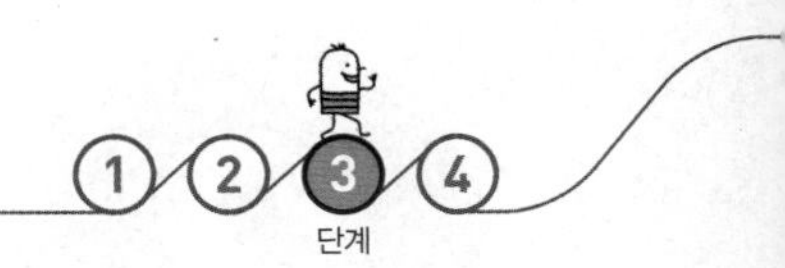

실력 업(UP) 발전 문제

6. 오른쪽 그림의 직각삼각형 ABC에서 점 D는 변 AC의 중점이고 $\cos x^\circ=\frac{2}{3}$일 때, $\sin A$의 값을 구하시오. $\frac{\sqrt{6}}{6}$

풀이 $\cos x^\circ=\frac{2}{3}$이므로 $\overline{BD}=3a(a>0)$라고 하면, $\overline{BC}=2a$이다.
피타고라스 정리에 의하여 직각삼각형 BCD에서
$\overline{CD}=\sqrt{(3a)^2-(2a)^2}=\sqrt{5}a$, 직각삼각형 ABC에서
$\overline{AB}=\sqrt{(2a)^2+(2\sqrt{5}a)^2}=2\sqrt{6}a$이다.
따라서 $\sin A=\frac{\overline{BC}}{\overline{AB}}=\frac{2a}{2\sqrt{6}a}=\frac{\sqrt{6}}{6}$이다.

7. 다음 그림의 직각삼각형 ABC에서 $\overline{AB}\perp\overline{CD}$, $\overline{AC}\perp\overline{DE}$이고, $\overline{AB}=16$ cm, $\angle B=60^\circ$일 때, $\overline{AE}$의 길이를 구하시오. $6\sqrt{3}$ cm

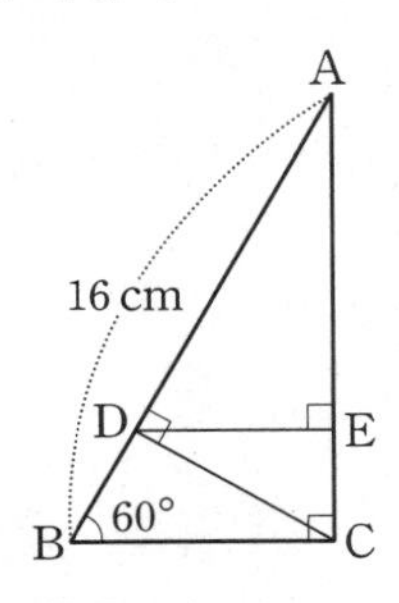

풀이 $\angle B=\angle DCE=\angle ADE=60^\circ$
$\triangle ABC$에서 $\cos 60^\circ=\frac{\overline{BC}}{16}$이므로
$\overline{BC}=16\times\cos 60^\circ=16\times\frac{1}{2}=8(\text{cm})$
$\triangle CBD$에서 $\cos 60^\circ=\frac{\overline{BD}}{8}$이므로
$\overline{BD}=8\times\cos 60^\circ=8\times\frac{1}{2}=4(\text{cm})$
$\triangle ADE$에서 $\overline{AD}=16-4=12(\text{cm})$이고 $\sin 60^\circ=\frac{\overline{AE}}{12}$이므로
$\overline{AE}=12\times\sin 60^\circ=12\times\frac{\sqrt{3}}{2}=6\sqrt{3}(\text{cm})$이다.

교과서 문제 뛰어 넘기

8. 오른쪽 그림에서 두 점 A, B는 각각 직선 $y=ax+b$와 x축, y축의 교점이고 $\overline{AB}\perp\overline{OH}$, $\overline{OH}=3$이다. $\tan A=\frac{3}{4}$일 때, 상수 a, b에 대하여 $\frac{b}{a}$의 값을 구하시오. (단, $a>0$, $b>0$이다.)

9. 오른쪽 그림과 같이 한 모서리의 길이가 8인 정육면체의 점 D에서 $\overline{BH}$에 내린 수선의 발을 N이라고 하자. $\angle NDH=x^\circ$라고 할 때, $\sin x^\circ\times\cos x^\circ\times\tan x^\circ$의 값을 구하시오.

10. 직사각형 모양의 종이 ABCD를 $\overline{EF}$를 접는 선으로 하여 접었더니 점 D가 점 B에 겹쳐졌다. $\overline{ED}=4$ cm, $\overline{CD}=2$ cm이고 $\angle BEF=x^\circ$라고 할 때, $\tan x^\circ$의 값을 구하시오.

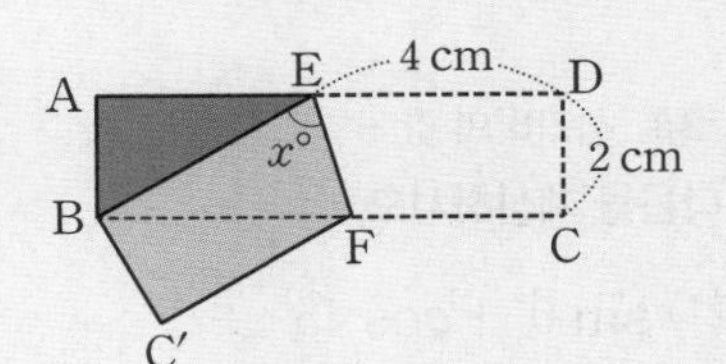

삼각비의 활용

01. 삼각비의 활용

이것만은 알고 가자

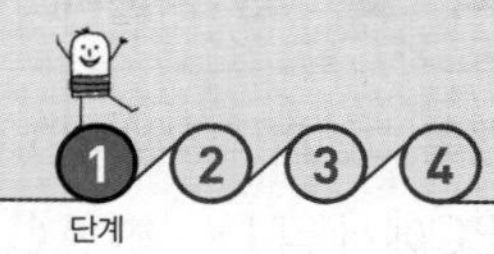

초등 삼각형의 넓이

1. 다음 그림의 $\triangle$ABC의 넓이를 구하시오.

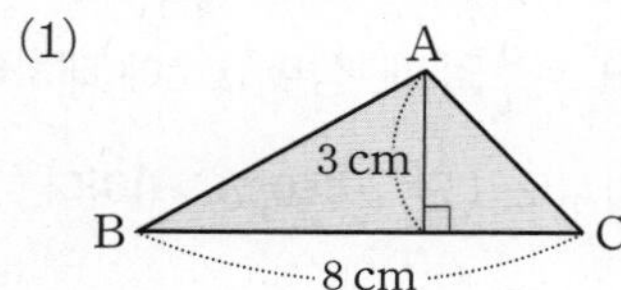

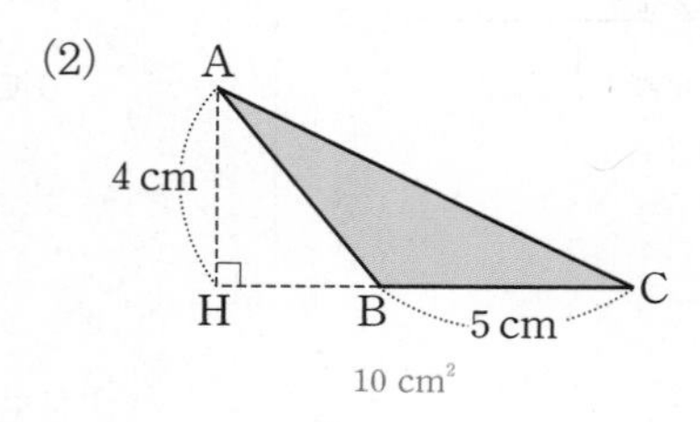

12 cm² 10 cm²

풀이 (1) $\triangle ABC=\frac{1}{2}\times 8\times 3=12(\text{cm}^2)$

(2) $\triangle ABC=\frac{1}{2}\times 5\times 4=10(\text{cm}^2)$

알고 있나요?
삼각형의 넓이를 구할 수 있는가?

중3 삼각비

2. 오른쪽 그림의 직각삼각형 ABC에서 $\angle$B의 삼각비의 값을 구하시오. $\sin B=\frac{\sqrt{5}}{5}$, $\cos B=\frac{2\sqrt{5}}{5}$, $\tan B=\frac{1}{2}$

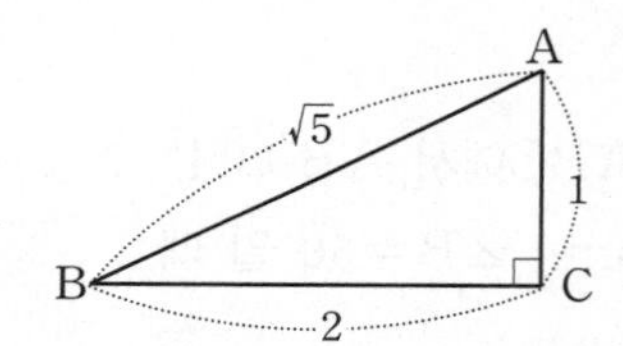

알고 있나요?
삼각비의 뜻을 알고, 간단한 삼각비의 값을 구할 수 있는가?
잘함 보통 모름

| 개념 체크 |

$\angle C=90^\circ$인 직각삼각형 ABC에서 $\angle$A, $\angle$B, $\angle$C의 대변의 길이를 각각 a, b, c라고 할 때,

$$\sin B=\boxed{\frac{b}{c}},\ \cos B=\boxed{\frac{a}{c}},\ \tan B=\boxed{\frac{b}{a}}$$

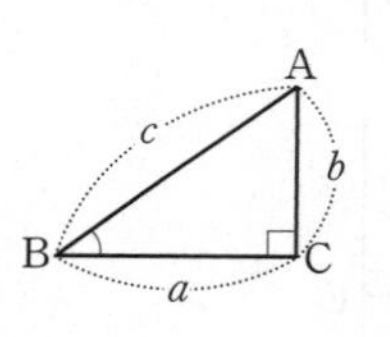

중3 삼각비의 값

3. 다음을 계산하시오.

(1) $\sin 0^\circ+\cos 45^\circ$ $\frac{\sqrt{2}}{2}$

(2) $\cos 60^\circ-\sin 30^\circ$ 0

(3) $\sin 60^\circ\times\tan 45^\circ$ $\frac{\sqrt{3}}{2}$

(4) $\tan 60^\circ\div\cos 0^\circ$ $\sqrt{3}$

풀이 (1) $\sin 0^\circ+\cos 45^\circ=0+\frac{\sqrt{2}}{2}=\frac{\sqrt{2}}{2}$

(2) $\cos 60^\circ-\sin 30^\circ=\frac{1}{2}-\frac{1}{2}=0$

(3) $\sin 60^\circ\times\tan 45^\circ=\frac{\sqrt{3}}{2}\times 1=\frac{\sqrt{3}}{2}$

(4) $\tan 60^\circ\div\cos 0^\circ=\sqrt{3}\div 1=\sqrt{3}$

알고 있나요?
0°에서 90°까지의 삼각비의 값을 구할 수 있는가?

부족한 부분을 보충하고 본 학습을 준비하여 보자.

한 눈에 개념 정리

01 삼각비를 활용하여 변의 길이 구하기

1. 직각삼각형의 변의 길이 구하기

오른쪽 그림과 같이 $\angle C=90°$인 직각삼각형 ABC에서

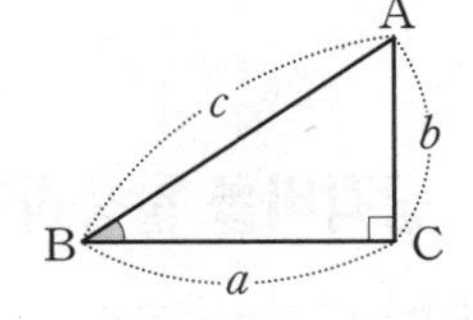

(1) $\angle B$의 크기와 빗변의 길이 c를 알 때: $a=c\cos B$, $b=c\sin B$

(2) $\angle B$의 크기와 밑변의 길이 a를 알 때: $b=a\tan B$, $c=\dfrac{a}{\cos B}$

(3) $\angle B$의 크기와 높이 b를 알 때: $a=\dfrac{b}{\tan B}$, $c=\dfrac{b}{\sin B}$

2. 일반 삼각형의 변의 길이 구하기

$\triangle ABC$가 직각삼각형이 아닐 때는 다음과 같은 방법으로 나머지 변의 길이를 구할 수 있다.

(1) 두 변의 길이 a, c와 그 끼인각 $\angle B$의 크기를 알 때

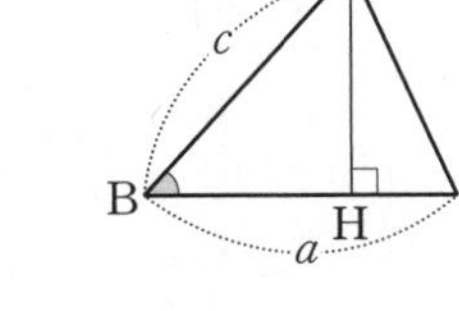

❶ $\overline{AH}$를 긋는다.

❷ 직각삼각형 ABH에서
$\overline{AH}=c\sin B$, $\overline{BH}=c\cos B$, $\overline{CH}=a-c\cos B$

❸ 직각삼각형 AHC에서
$\overline{AC}=\sqrt{\overline{AH}^2+\overline{CH}^2}=\sqrt{(c\sin B)^2+(a-c\cos B)^2}$

(2) 한 변의 길이 c와 그 양 끝 각 $\angle A$, $\angle B$의 크기를 알 때

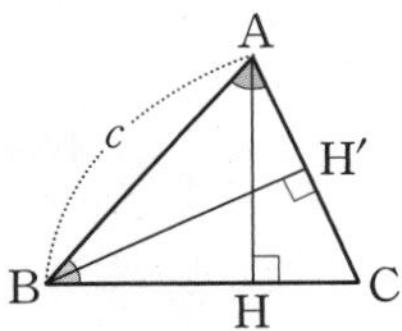

❶ $\overline{AH}$, $\overline{BH'}$을 긋는다.

❷ 직각삼각형 ABH에서 $\overline{AH}=c\sin B$
직각삼각형 BAH′에서 $\overline{BH'}=c\sin A$

❸ 직각삼각형 AHC에서 $\overline{AC}=\dfrac{\overline{AH}}{\sin C}=\dfrac{c\sin B}{\sin C}$ ⬅ $\angle C=180°-(\angle A+\angle B)$

직각삼각형 BH′C에서 $\overline{BC}=\dfrac{\overline{BH'}}{\sin C}=\dfrac{c\sin A}{\sin C}$ ⬅ $\angle C=180°-(\angle A+\angle B)$

02 삼각비를 활용하여 삼각형의 넓이 구하기

$\triangle ABC$에서 두 변의 길이 b, c와 그 끼인각 $\angle A$의 크기를 알 때, 이 삼각형의 넓이 S는 다음과 같다.

(1) $\angle A$가 예각일 때

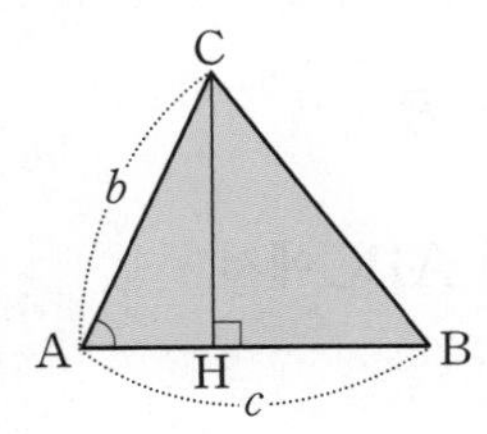

$S=\dfrac{1}{2}bc\sin A$

(2) $\angle A$가 둔각일 때

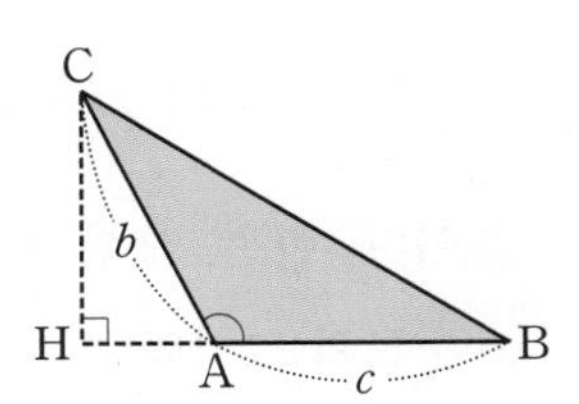

$S=\dfrac{1}{2}bc\sin(180°-A)$

01 삼각비의 활용

학습 목표 ‖ 삼각비를 활용하여 여러 가지 문제를 해결할 수 있다.

삼각비를 활용하여 거리는 어떻게 구할까?

탐구하기

탐구 목표
삼각비를 활용하여 거리를 구할 수 있다.

오른쪽 그림과 같이 모노레일이 지면과 30° 의 경사를 이루는 경사로 위를 이동하고 있다. $\overline{AB}=30$ m, $\overline{AD}=70$ m일 때, 다음 물음에 답하여 보자.

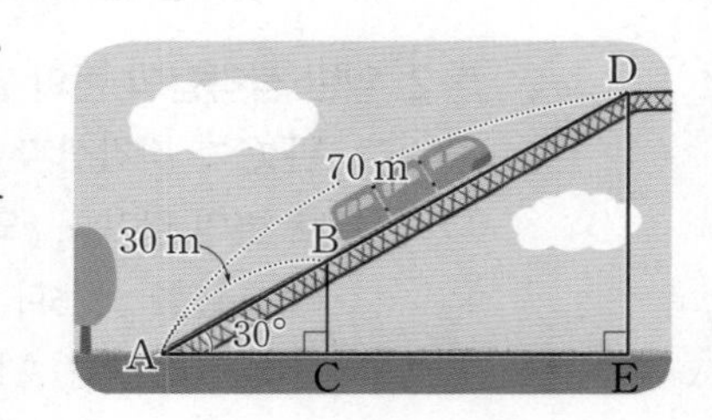

활동 1 지점 B에서 지점 C까지의 거리를 구하여 보자. 15 m

풀이 직각삼각형 ABC에서 $\sin 30^\circ=\frac{\overline{BC}}{30}$이므로 $\overline{BC}=30\times\sin 30^\circ=30\times\frac{1}{2}=15(\text{m})$이다.
따라서 지점 B에서 지점 C까지의 거리는 15 m이다.

활동 2 지점 D에서 지점 E까지의 거리를 구하여 보자. 35 m

풀이 직각삼각형 ADE에서 $\sin 30^\circ=\frac{\overline{DE}}{70}$이므로 $\overline{DE}=70\times\sin 30^\circ=70\times\frac{1}{2}=35(\text{m})$이다.
따라서 지점 D에서 지점 E까지의 거리는 35 m이다.

탐구하기 에서와 같이 삼각비를 활용하면 직접 측정하기 어려운 두 지점 사이의 거리를 구할 수 있다.

오른쪽 그림과 같이 직각삼각형 ABC에서 ∠B의 크기와 $\overline{AB}$의 길이 c를 알면

$$\sin B=\frac{\overline{AC}}{c}\text{이므로 } \overline{AC}=c\sin B$$

$$\cos B=\frac{\overline{BC}}{c}\text{이므로 } \overline{BC}=c\cos B$$

이다. 한편, 오른쪽 그림과 같이 직각삼각형 ABC에서 ∠B의 크기와 $\overline{AC}$의 길이 b를 알면

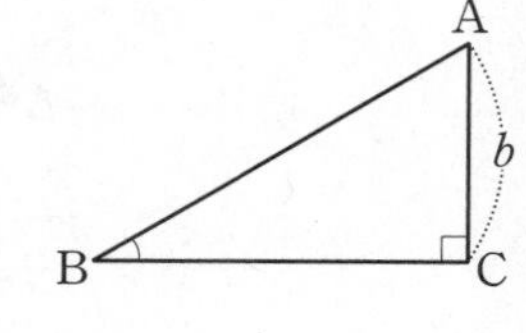

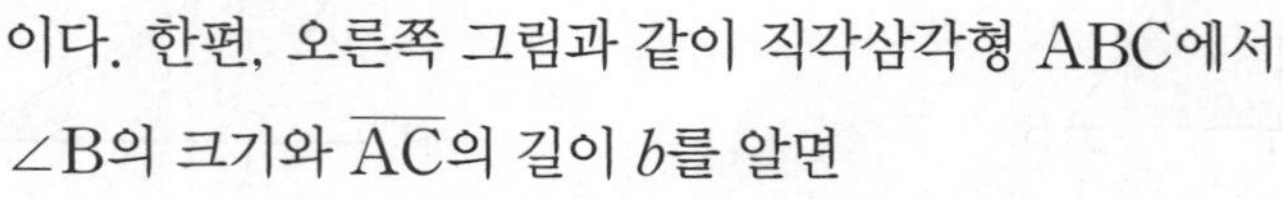

$$\sin B=\frac{b}{\overline{AB}}\text{이므로 } \overline{AB}=\frac{b}{\sin B}$$

$$\tan B=\frac{b}{\overline{BC}}\text{이므로 } \overline{BC}=\frac{b}{\tan B}$$

이다.

이와 같이 직각삼각형에서 한 예각의 크기와 한 변의 길이를 알 때, 삼각비를 활용하여 나머지 두 변의 길이를 구할 수 있다.

1. **오른쪽 그림과 같이 지면 위의 한 지점 B에서 길이가 4 m인 사다리를 벽에 걸쳐 놓았다. 사다리가 지면과 이루는 각이 45° 일 때, 지점 A의 지면으로부터의 높이를 구하시오.** $2\sqrt{2}$ m

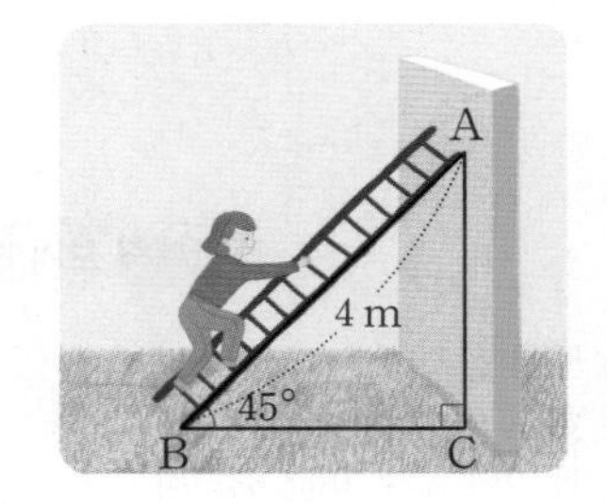

풀이 직각삼각형 ABC에서 $\sin 45° = \frac{\overline{AC}}{\overline{AB}} = \frac{\overline{AC}}{4}$이므로

$\overline{AC} = 4 \times \sin 45° = 4 \times \frac{\sqrt{2}}{2} = 2\sqrt{2}$(m)

따라서 지점 A의 지면으로부터의 높이는 $2\sqrt{2}$ m이다.

함께해 보기 1

오른쪽 그림과 같이 지면에 수직으로 서 있는 등대의 꼭대기 지점 A에서 바다 위의 배가 있는 지점 B를 내려다본 각의 크기가 25°이다. 등대의 높이가 12 m일 때, 두 지점 B, C 사이의 거리를 구하여 보자. (단, 반올림하여 소수점 아래 둘째 자리까지 구한다.)

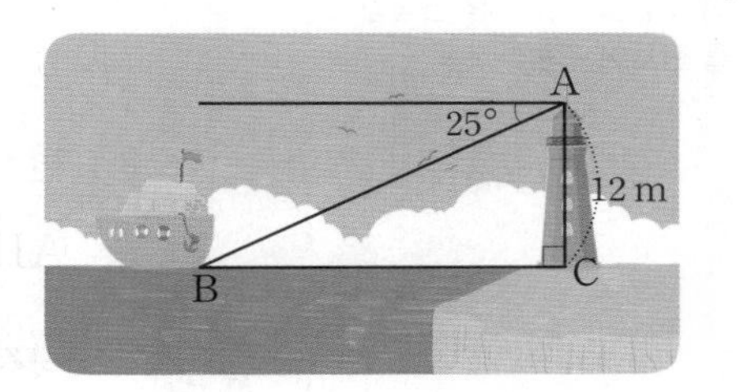

직각삼각형 ABC에서 $\angle ABC = 25°$, $\tan 25° = \frac{\overline{AC}}{\overline{BC}} = \frac{12}{\overline{BC}}$이므로

$$\overline{BC} = \frac{12}{\tan 25°}$$

이다. 삼각비의 표에서 $\tan 25° = 0.4663$이므로

$$\overline{BC} = \frac{12}{\tan 25°} = \frac{12}{\boxed{0.4663}} = \boxed{25.73}$$

따라서 두 지점 B, C 사이의 거리는 $\boxed{25.73}$ m이다.

2. **오른쪽 그림과 같이 민호가 지면에 수직으로 서 있는 나무로부터 3 m만큼 떨어진 지점에서 나무의 꼭대기 지점 A를 올려다본 각의 크기는 60°이다. 민호의 눈높이가 1.5 m일 때, 나무의 높이를 구하시오.** $(3\sqrt{3}+1.5)$ m

풀이 직각삼각형 ABC에서 $\overline{BC} = 3$ m, $\angle ABC = 60°$이므로

$\tan 60° = \frac{\overline{AC}}{\overline{BC}} = \frac{\overline{AC}}{3}$이고,

$\overline{AC} = 3 \times \tan 60° = 3 \times \sqrt{3} = 3\sqrt{3}$(m)이다.

즉, $\overline{CE} = \overline{BD} = 1.5$ m이므로

$\overline{AE} = \overline{AC} + \overline{CE} = 3\sqrt{3} + 1.5$(m)이다.

따라서 나무의 높이는 $(3\sqrt{3}+1.5)$ m이다.

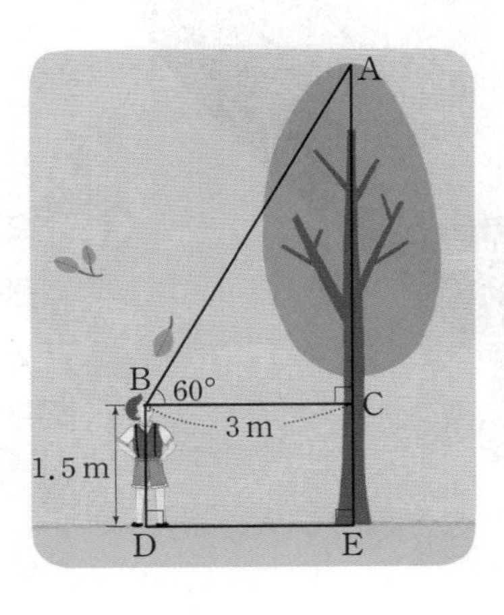

삼각형에서 한 변의 길이와 그 양 끝 각의 크기를 알 때, 삼각비를 활용하여 나머지 두 변의 길이를 구할 수 있다. 또, 삼각형의 두 변의 길이와 그 끼인각의 크기를 알 때, 삼각비를 활용하여 다른 한 변의 길이를 구할 수 있다.

함께해 보기 2

> **Tip** 삼각비는 직접 측정하기 어려운 길이를 구할 때 이용한다. 이때 삼각비는 직각삼각형에서 생각해야 하므로 일반 삼각형에서는 한 꼭짓점에서 그 대변에 수선을 그어 직각삼각형을 만들어 구한다.

오른쪽 그림과 같이 어느 공연장의 천장에 삼각형 모양의 조명 레일을 설치하려고 한다. 두 지점 A와 B 사이의 거리는 4 m이고 $\angle A=60^\circ$, $\angle B=75^\circ$일 때, 지점 A에서 지점 C를 잇는 조명 레일의 길이를 구하여 보자.

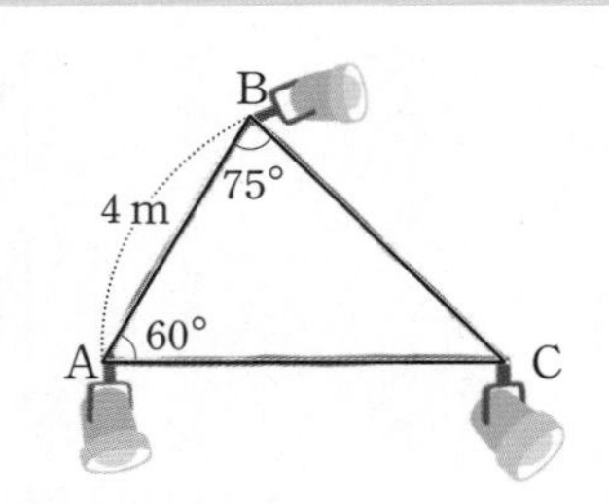

(1) 오른쪽 그림과 같이 $\triangle ABC$의 꼭짓점 B에서 변 AC에 내린 수선의 발을 H라고 할 때, 두 변 AH, BH의 길이를 구하여 보자.

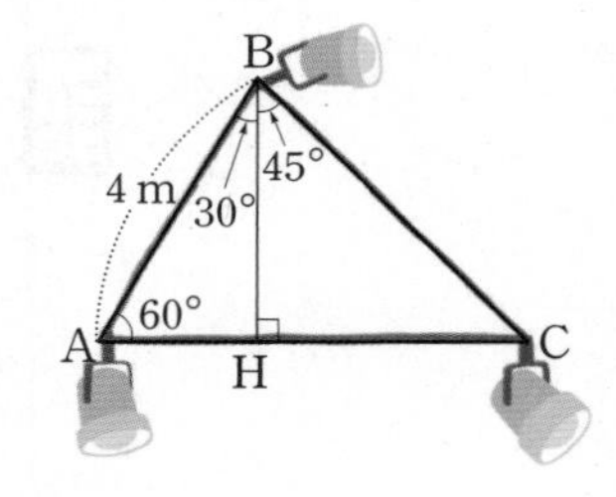

직각삼각형 BAH에서 $\cos 60^\circ=\dfrac{\overline{AH}}{4}$이므로

$$\overline{AH}=4\times\cos 60^\circ=4\times\frac{1}{2}=2(\text{m})$$

또, $\sin 60^\circ=\dfrac{\overline{BH}}{4}$이므로

$$\overline{BH}=4\times\sin 60^\circ=4\times\boxed{\frac{\sqrt{3}}{2}}=\boxed{2\sqrt{3}}\ (\text{m})$$

(2) 변 AC의 길이를 구하여 보자.

직각삼각형 BCH에서 $\angle C=\boxed{45}^\circ$이므로

$$\overline{CH}=\overline{BH}=\boxed{2\sqrt{3}}\ \text{m}$$

따라서 $\overline{AC}=\overline{AH}+\overline{CH}=\boxed{2(1+\sqrt{3})}\ (\text{m})$이다.

즉, 지점 A에서 지점 C를 잇는 조명 레일의 길이는 $\boxed{2(1+\sqrt{3})}$ m이다.

3. **오른쪽 그림과 같이 두 지점 A, B에서 지점 C의 열기구를 관측하였다. 관측 지점 A와 B 사이의 거리가 90 m이고 $\angle A=75^\circ$, $\angle B=45^\circ$일 때, 두 지점 A, C 사이의 거리를 구하시오.** $30\sqrt{6}$ m

풀이 $\triangle ABC$의 꼭짓점 A에서 $\overline{BC}$에 내린 수선의 발을 H라고 하면 직각삼각형 ABH에서 $\sin 45^\circ=\dfrac{\overline{AH}}{90}$이므로 $\overline{AH}=90\times\sin 45^\circ=90\times\dfrac{\sqrt{2}}{2}=45\sqrt{2}(\text{m})$

직각삼각형 ACH에서 $\cos 30^\circ=\dfrac{\overline{AH}}{\overline{AC}}=\dfrac{45\sqrt{2}}{\overline{AC}}$이므로

$\overline{AC}=45\sqrt{2}\div\cos 30^\circ=45\sqrt{2}\div\dfrac{\sqrt{3}}{2}=30\sqrt{6}(\text{m})$

따라서 두 지점 A, C 사이의 거리는 $30\sqrt{6}$ m이다.

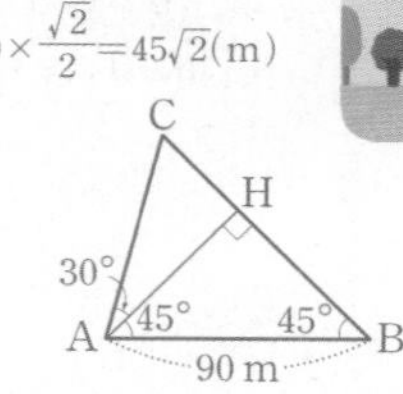

4. 오른쪽 그림과 같이 세 지점 A, B, C에 각각 병원, 소방서, 경찰서가 있다. 지점 C에서 지점 A까지의 거리는 6 km이고, 지점 B까지의 거리는 8 km이다. $\angle C=60°$일 때, 두 지점 A, B 사이의 거리를 구하시오. $2\sqrt{13}$ km

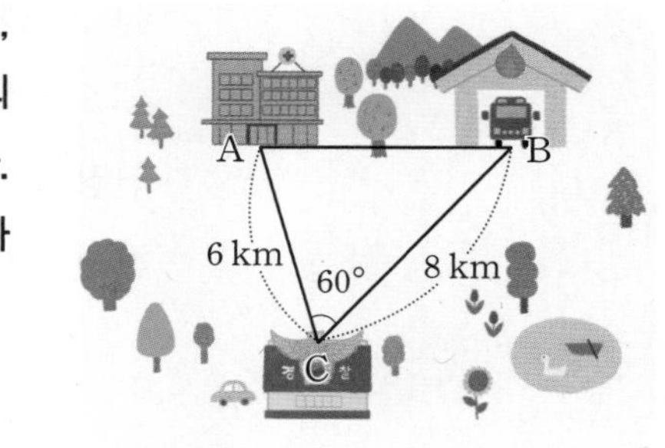

풀이 $\triangle ABC$의 꼭짓점 A에서 $\overline{BC}$에 내린 수선의 발을 H라고 하면, 직각삼각형 ACH에서 $\sin 60°=\frac{\overline{AH}}{6}$이므로 $\overline{AH}=6\times\sin 60°=6\times\frac{\sqrt{3}}{2}=3\sqrt{3}(\text{km})$

또, $\cos 60°=\frac{\overline{CH}}{6}$이므로 $\overline{CH}=6\times\cos 60°=6\times\frac{1}{2}=3(\text{km})$, $\overline{BH}=\overline{BC}-\overline{CH}=8-3=5(\text{km})$

$\triangle AHB$에서 피타고라스 정리에 의하여 $\overline{AB}=\sqrt{\overline{AH}^2+\overline{BH}^2}=\sqrt{(3\sqrt{3})^2+5^2}=\sqrt{52}=2\sqrt{13}(\text{km})$

따라서 두 지점 A, B 사이의 거리는 $2\sqrt{13}$ km이다.

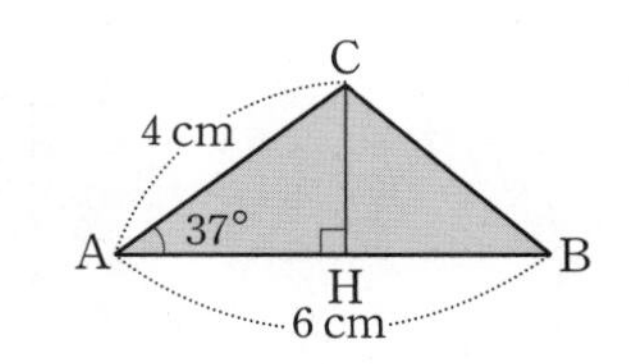

삼각비를 활용하여 넓이는 어떻게 구할까?

탐구하기

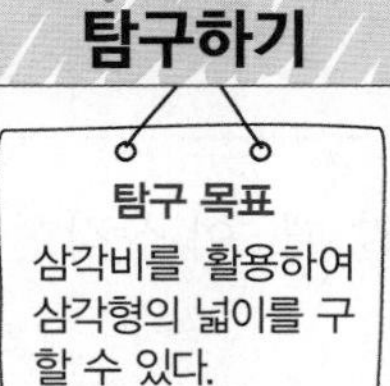

탐구 목표
삼각비를 활용하여 삼각형의 넓이를 구할 수 있다.

오른쪽 그림과 같이 $\triangle ABC$의 꼭짓점 C에서 변 AB에 내린 수선의 발을 H라고 하자. $\overline{AB}=6\text{cm}$, $\overline{AC}=4\text{cm}$, $\angle A=37°$일 때, 다음 물음에 답하여 보자.

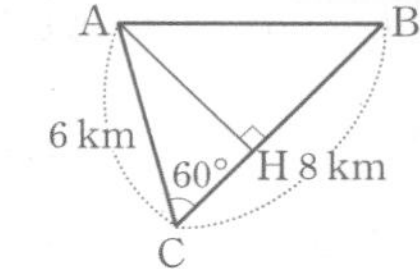

활동 1 37°의 삼각비를 이용하여 선분 CH의 길이를 나타내어 보자. $4\sin 37°$ cm

풀이 직각삼각형 CAH에서 $\sin 37°=\frac{\overline{CH}}{4}$이므로 $\overline{CH}=4\times\sin 37°(\text{cm})$
따라서 선분 CH의 길이는 $4\sin 37°$ cm이다.

활동 2 37°의 삼각비를 이용하여 $\triangle ABC$의 넓이를 나타내어 보자. $12\sin 37°\ \text{cm}^2$

풀이 $\triangle ABC=\frac{1}{2}\times\overline{AB}\times\overline{CH}=\frac{1}{2}\times 6\times 4\times\sin 37°=12\times\sin 37°(\text{cm}^2)$
따라서 $\triangle ABC$의 넓이는 $12\sin 37°\ \text{cm}^2$이다.

탐구하기 에서와 같이 삼각형에서 두 변의 길이와 그 끼인각의 크기를 알 때, 삼각비를 활용하여 삼각형의 넓이를 구할 수 있다.

$\triangle ABC$에서 두 변의 길이 b, c와 그 끼인각 $\angle A$의 크기를 알 때, 삼각형의 넓이를 구하여 보자.

❶ $\angle A$가 예각인 경우

오른쪽 그림의 $\triangle ABC$의 꼭짓점 C에서 밑변 AB에 내린 수선의 발 H에 대하여 $\overline{CH}=h$라고 하면

$$\sin A=\frac{h}{b},\ h=b\sin A$$

이므로 $\triangle ABC$의 넓이 S는 다음과 같다.

$$S=\frac{1}{2}ch=\frac{1}{2}bc\sin A$$

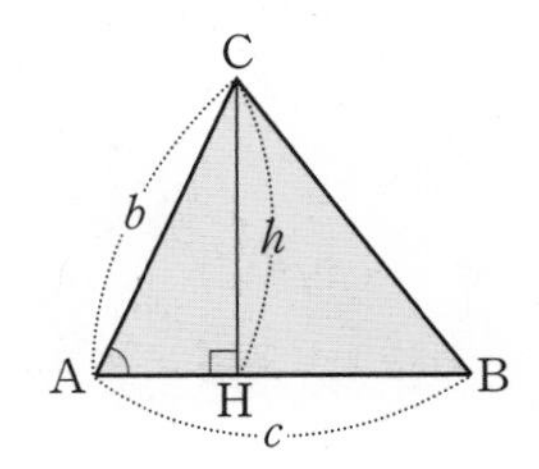

❷ ∠A가 둔각인 경우

오른쪽 그림의 △ABC의 꼭짓점 C에서 밑변 AB의 연장선 위에 내린 수선의 발 H에 대하여 $\overline{CH}=h$라고 하면 $\angle CAH=180^\circ-A$이고,

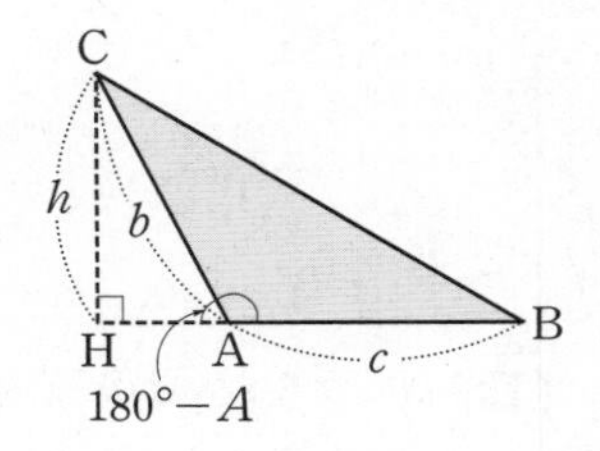

$$\sin(180^\circ-A)=\frac{h}{b},\ h=b\sin(180^\circ-A)$$

이므로 △ABC의 넓이 S는 다음과 같다.

$$S=\frac{1}{2}ch=\frac{1}{2}bc\sin(180^\circ-A)$$

이상을 정리하면 다음과 같다.

삼각형의 넓이

△ABC에서 두 변의 길이 b, c와 그 끼인각 ∠A의 크기를 알 때, 이 삼각형의 넓이 S는 다음과 같다.

❶ ∠A가 예각일 때

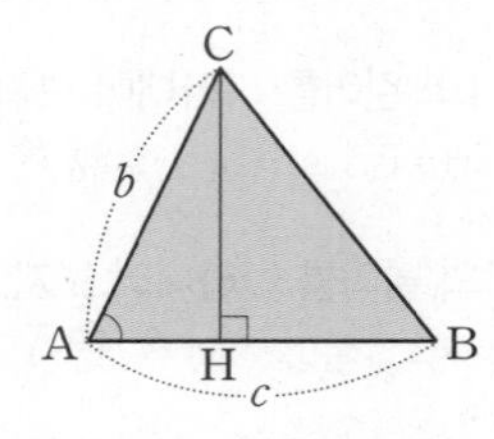

$S=\frac{1}{2}bc\sin A$

❷ ∠A가 둔각일 때

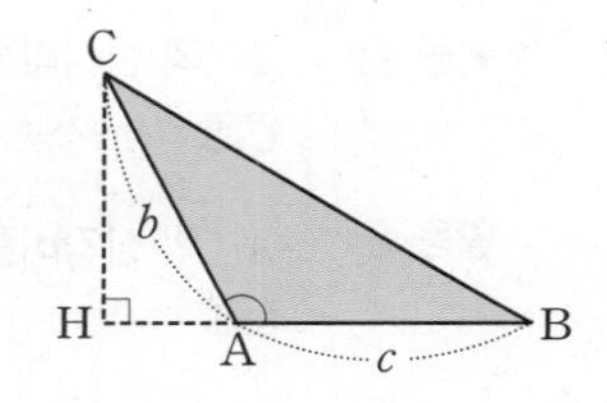

$S=\frac{1}{2}bc\sin(180^\circ-A)$

함께해 보기 3

다음은 △ABC의 넓이를 구하는 과정이다. □ 안에 알맞은 것을 써넣어 보자.

(1) ∠A는 예각이므로 △ABC의 넓이를 S라고 하면

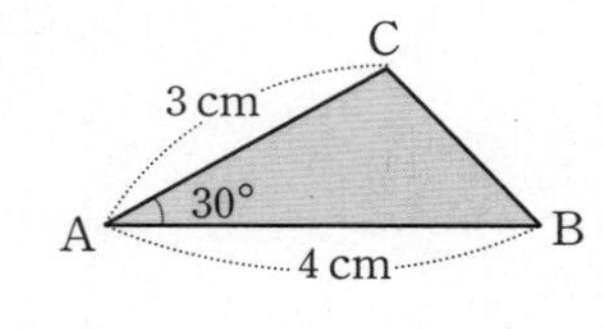

$S=\frac{1}{2}\times3\times4\times\sin$ [30°]

$=\frac{1}{2}\times3\times4\times$ [$\frac{1}{2}$] $=$ [3] (cm^2)

(2) ∠A는 둔각이므로 △ABC의 넓이를 S라고 하면

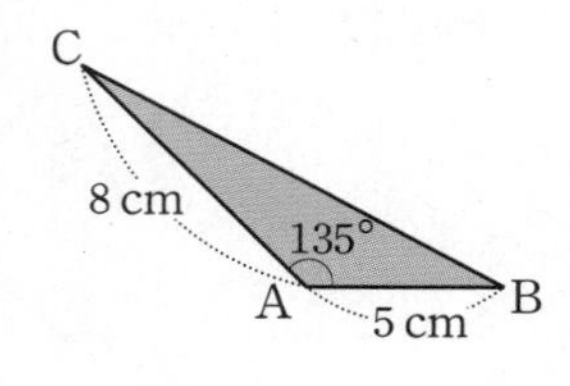

$S=\frac{1}{2}\times5\times8\times\sin(180^\circ-$ [135°] $)$

$=20\times\sin$ [45°] $=20\times$ [$\frac{\sqrt{2}}{2}$] $=$ [$10\sqrt{2}$] (cm^2)

5. 다음 △ABC의 넓이를 구하시오.

(1)

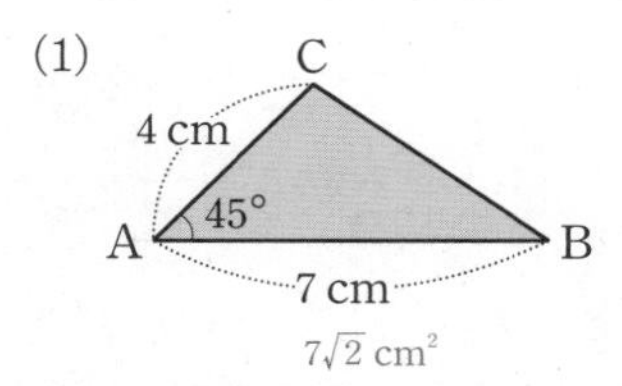

$7\sqrt{2}$ cm²

(2)

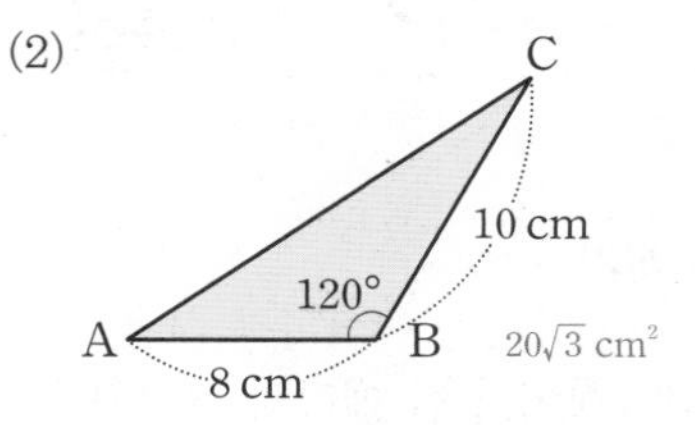

$20\sqrt{3}$ cm²

풀이 (1) ∠A는 예각이므로 △ABC의 넓이를 S라고 하면

$S=\frac{1}{2}\times4\times7\times\sin45^\circ=\frac{1}{2}\times4\times7\times\frac{\sqrt{2}}{2}=7\sqrt{2}(\text{cm}^2)$

(2) ∠B는 둔각이므로 △ABC의 넓이를 S라고 하면

$S=\frac{1}{2}\times8\times10\times\sin(180^\circ-120^\circ)=\frac{1}{2}\times8\times10\times\frac{\sqrt{3}}{2}=20\sqrt{3}(\text{cm}^2)$

추론 의사소통

6. 다음 □ABCD의 넓이를 구하는 방법에 대하여 친구들과 이야기하시오. 또, 그 방법에 따라 □ABCD의 넓이를 구하시오.

(1)

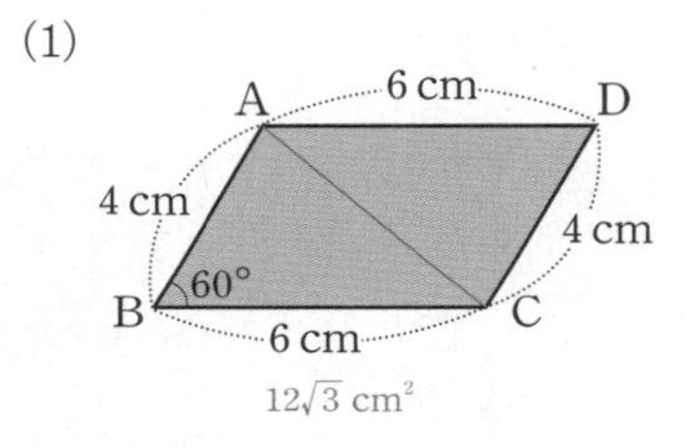

$12\sqrt{3}$ cm²

(2)

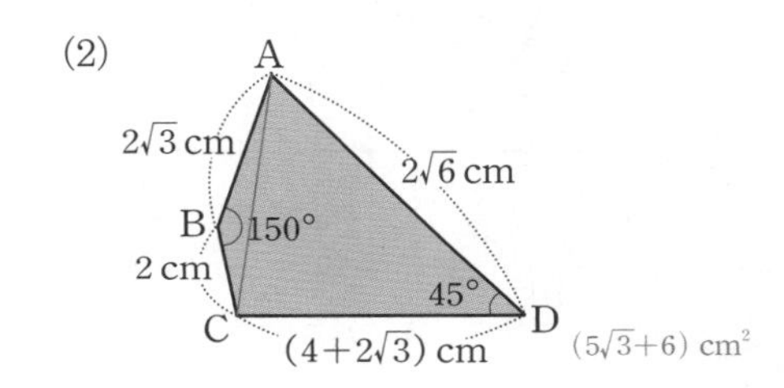

$(5\sqrt{3}+6)$ cm²

풀이 (1) $\overline{AC}$를 그으면

$\square ABCD=2\triangle ABC=2\times\left(\frac{1}{2}\times4\times6\times\sin60^\circ\right)=2\times\left(\frac{1}{2}\times4\times6\times\frac{\sqrt{3}}{2}\right)=12\sqrt{3}(\text{cm}^2)$

(2) $\overline{AC}$를 그으면

$\square ABCD=\triangle ABC+\triangle ACD=\frac{1}{2}\times2\times2\sqrt{3}\times\sin(180^\circ-150^\circ)+\frac{1}{2}\times2\sqrt{6}\times(4+2\sqrt{3})\times\sin45^\circ$

$=\sqrt{3}+2(2\sqrt{3}+3)=5\sqrt{3}+6(\text{cm}^2)$

생각 나누기

문제 해결 추론 의사소통

다음 두 친구의 방법으로 정삼각형 ABC의 넓이를 각각 구하여 보고, 그 결과를 비교하여 보자. (단, $a>0$이다.) 풀이 참조

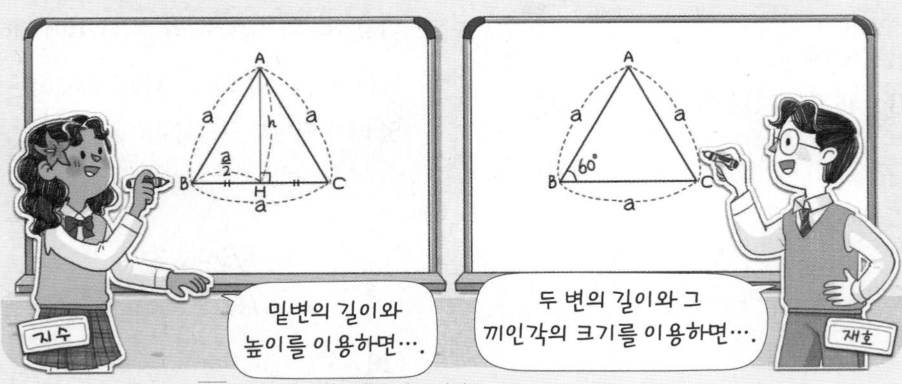

풀이 지수: 정삼각형 ABC의 꼭짓점 A에서 $\overline{BC}$에 내린 수선의 발을 H라고 하면

$\overline{AB}=a$, $\overline{BH}=\frac{1}{2}a$이므로 피타고라스 정리에 의하여 $\overline{AH}=\sqrt{a^2-\left(\frac{1}{2}a\right)^2}=\sqrt{\frac{3}{4}a^2}=\frac{\sqrt{3}}{2}a$이다. 따라서 $\triangle ABC=\frac{1}{2}\times a\times\frac{\sqrt{3}}{2}a=\frac{\sqrt{3}}{4}a^2$

재호: $\angle B=60^\circ$이고 $\overline{AB}=\overline{BC}=a$이므로 $\triangle ABC=\frac{1}{2}\times\overline{AB}\times\overline{BC}\times\sin60^\circ=\frac{1}{2}\times a\times a\times\frac{\sqrt{3}}{2}=\frac{\sqrt{3}}{4}a^2$

따라서 두 친구의 방법 모두 동일한 결과를 얻는다.

스스로 점검하기

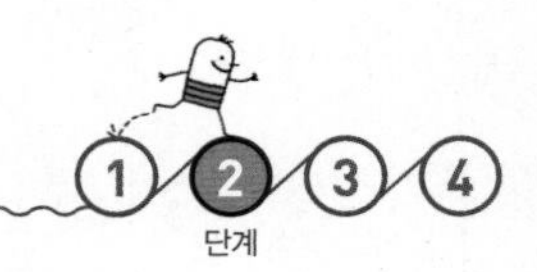

개념 점검하기

(1) 직각삼각형에서 한 예각의 크기와 한 변의 길이를 알 때, 삼각비를 활용하여 나머지 두 [변]의 길이를 구할 수 있다.

(2) △ABC에서 두 변의 길이 b, c와 그 끼인각 ∠A의 크기를 알 때, 삼각형의 넓이 S는 다음과 같다.

❶ ∠A가 예각일 때

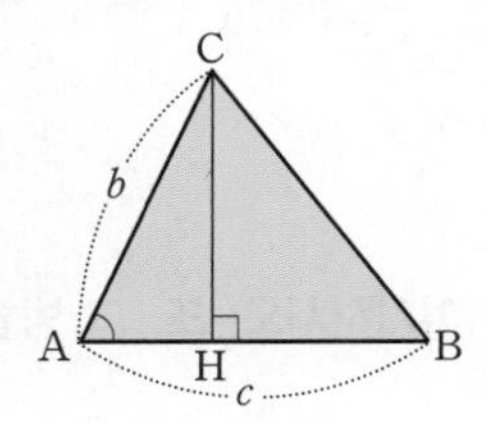

$S=\frac{1}{2}bc$ [$\sin A$]

❷ ∠A가 둔각일 때

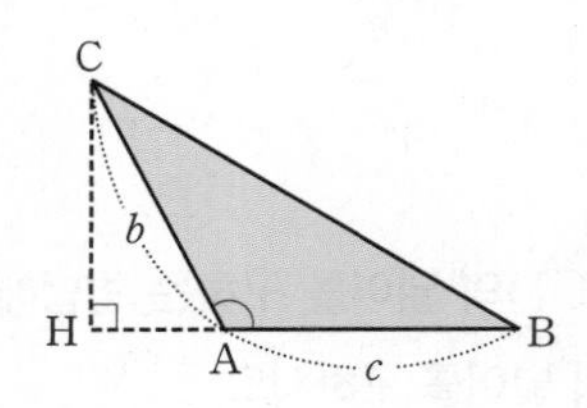

$S=\frac{1}{2}bc\sin($[$180°$]$-A)$

1 ●●● 

다음 그림과 같이 지면과 30°의 경사를 이루는 스키장의 지점 A에서 지점 B까지의 거리는 300 m이다. 두 지점 A, C 사이의 거리를 구하시오. 150 m

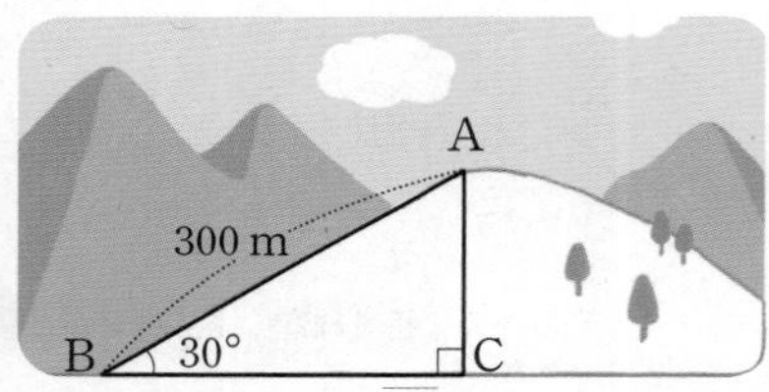

풀이 직각삼각형 ABC에서 $\sin 30°=\frac{\overline{AC}}{300}$이므로
$\overline{AC}=300\times\sin 30°=300\times\frac{1}{2}=150(\text{m})$이다. 따라서 두 지점 A, C 사이의 거리는 150 m이다.

2 ●●● 158쪽

다음 그림과 같이 △ABC에서 $\overline{AB}=4$ cm, $\overline{BC}=3\sqrt{2}$ cm, ∠B=45°일 때, $\overline{AC}$의 길이를 구하시오. $\sqrt{10}$ cm

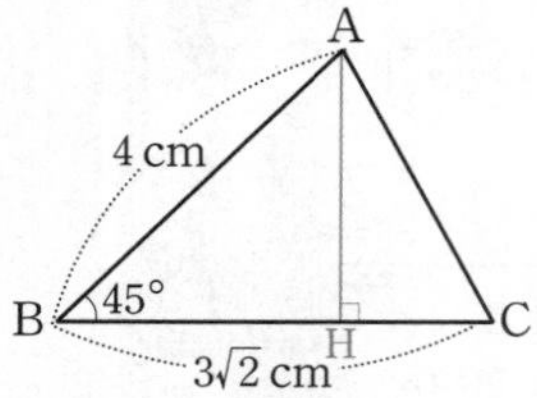

풀이 직각삼각형 ABH에서 $\sin 45°=\frac{\overline{AH}}{4}$이므로
$\overline{AH}=4\times\sin 45°=4\times\frac{\sqrt{2}}{2}=2\sqrt{2}(\text{cm})$, $\overline{BH}=\overline{AH}$이므로 $\overline{BH}=2\sqrt{2}$ cm이다.
이때 $\overline{CH}=\overline{BC}-\overline{BH}=3\sqrt{2}-2\sqrt{2}=\sqrt{2}(\text{cm})$이다.
따라서 직각삼각형 ACH에서 피타고라스 정리에 의하여
$\overline{AC}=\sqrt{\overline{AH}^2+\overline{CH}^2}=\sqrt{(2\sqrt{2})^2+(\sqrt{2})^2}=\sqrt{10}(\text{cm})$이다.

3 ●●●  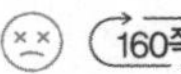

다음 그림과 같이 △ABC에서 $\overline{AB}=6$ cm, $\overline{AC}=8$ cm, ∠A=150°일 때, △ABC의 넓이를 구하시오. 12 cm²

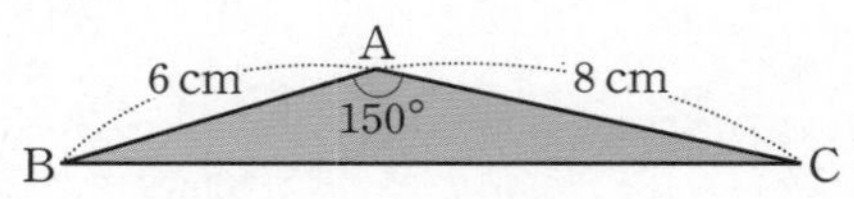

풀이 ∠A는 둔각이므로 △ABC의 넓이를 S라고 하면
$S=\frac{1}{2}\times6\times8\times\sin(180°-150°)$
$=24\times\sin 30°=24\times\frac{1}{2}=12(\text{cm}^2)$

4 ●●● 

다음 그림의 △ABC와 △ADE에 대하여 $\overline{AE}=\frac{1}{2}\overline{AC}$, $\overline{AD}=3\overline{AB}$일 때, △ADE의 넓이는 △ABC의 넓이의 몇 배가 되는지 구하시오. $\frac{3}{2}$배

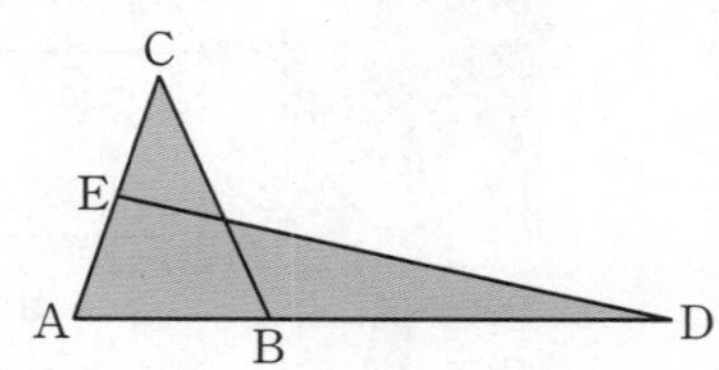

풀이 $\triangle ABC=\frac{1}{2}\times\overline{AB}\times\overline{AC}\times\sin A$이므로
$\triangle ADE=\frac{1}{2}\times\overline{AD}\times\overline{AE}\times\sin A=\frac{1}{2}\times3\overline{AB}\times\frac{1}{2}\overline{AC}\times\sin A$
$=\frac{3}{2}\times\left(\frac{1}{2}\times\overline{AB}\times\overline{AC}\times\sin A\right)=\frac{3}{2}\triangle ABC$
따라서 △ADE의 넓이는 △ABC의 넓이의 $\frac{3}{2}$배이다.

정다각형의 넓이 구하기

삼각비의 표를 이용하여 정다각형의 넓이를 구하여 보자.

활동 1 오른쪽 그림은 5개의 합동인 이등변삼각형을 모아서 만든 정오각형이다. 다음 순서에 따라 한 변의 길이가 2 cm인 정오각형 ABCDE의 넓이를 구하여 보자.

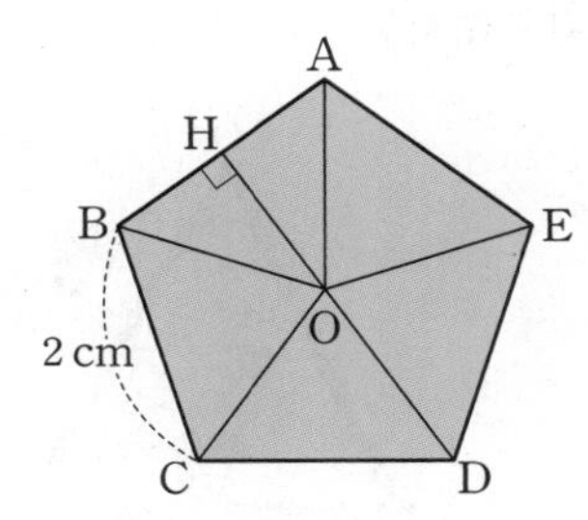

1단계 이등변삼각형 OAB의 한 내각 ∠OAB의 크기를 구하여 보자.

풀이 정오각형 ABCDE에서 $\angle AOB=\frac{1}{5}\times 360^\circ=72^\circ$이므로 이등변삼각형 OAB에서 $\angle OAB=\frac{1}{2}\times(180^\circ-72^\circ)=54^\circ$이다.

2단계 이등변삼각형 OAB의 높이 $\overline{OH}$를 구하여 보자.

풀이 △OAH에서 $\tan 54^\circ=\frac{\overline{OH}}{\overline{AH}}=\frac{\overline{OH}}{1}=\overline{OH}$이므로 $\overline{OH}=\tan 54^\circ=1.3764(\text{cm})$이다.

3단계 이등변삼각형 OAB의 넓이를 구하여 보자.

풀이 $\triangle OAB=\frac{1}{2}\times\overline{AB}\times\overline{OH}=\frac{1}{2}\times 2\times 1.3764=1.3764(\text{cm}^2)$

4단계 정오각형 ABCDE의 넓이를 구하여 보자.

풀이 정오각형 ABCDE의 넓이는 △OAB의 넓이의 5배이므로 $5\times\triangle OAB=5\times 1.3764=6.882(\text{cm}^2)$이다.

활동 2 한 변의 길이가 2 cm인 정구각형의 넓이를 구하는 방법에 대하여 친구들과 이야기하여 보자. 또, 그 방법으로 정구각형의 넓이를 구하여 보자.

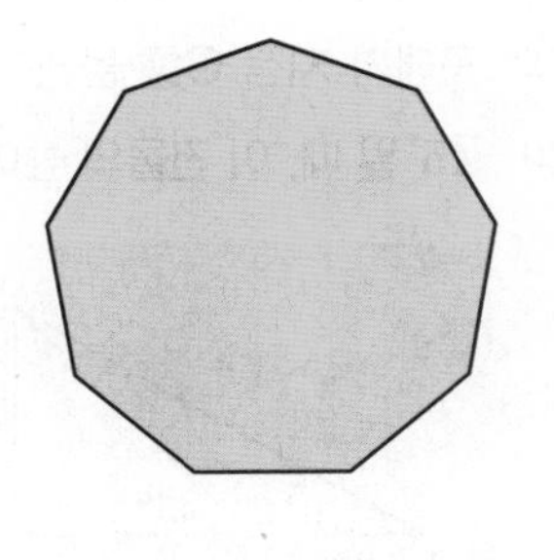

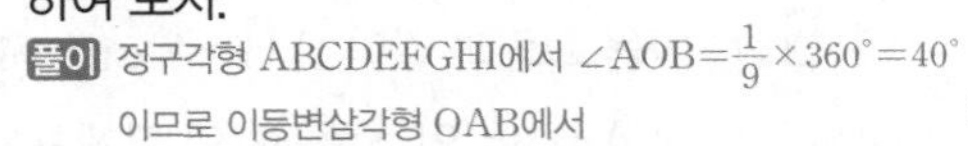

풀이 정구각형 ABCDEFGHI에서 $\angle AOB=\frac{1}{9}\times 360^\circ=40^\circ$이므로 이등변삼각형 OAB에서
$\angle OAB=\frac{1}{2}\times(180^\circ-40^\circ)=70^\circ$이다.
이때 △OAJ에서 $\tan 70^\circ=\frac{\overline{OJ}}{\overline{AJ}}=\frac{\overline{OJ}}{1}=\overline{OJ}$이므로
$\overline{OJ}=\tan 70^\circ=2.7475(\text{cm})$이다.
따라서 $\triangle OAB=\frac{1}{2}\times\overline{AB}\times\overline{OJ}=\frac{1}{2}\times 2\times 2.7475=2.7475(\text{cm}^2)$이므로
정구각형 ABCDEFGHI의 넓이는 $9\times\triangle OAB=9\times 2.7475=24.7275(\text{cm}^2)$이다.

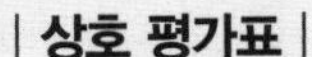

| 상호 평가표 |

평가 내용		자기 평가			친구 평가		
		😄	🙂	😵	😄	🙂	😵
내용	삼각비를 활용하여 정다각형의 넓이를 구할 수 있다.						
	삼각비를 활용하여 정다각형의 넓이를 구하는 방법을 설명할 수 있다.						
태도	삼각비의 유용성과 필요성을 인식하였다.						

스스로 확인하기

1. 다음 그림과 같이 줄의 길이가 2 m인 그네가 앞뒤로 흔들리고 있다. 그네가 제일 낮은 지점 A에 있을 때보다 60°만큼 회전한 지점 B에 있을 때, 얼마나 더 높은지 구하시오. 1 m

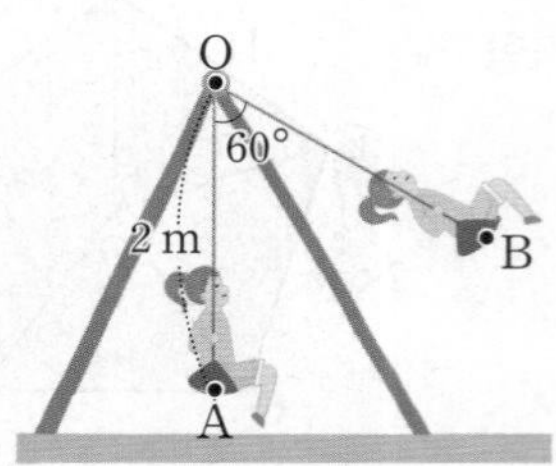

풀이 △BOH에서 $\cos 60° = \frac{\overline{OH}}{\overline{OB}}$이므로

$\overline{OH} = 2 \times \cos 60° = 2 \times \frac{1}{2} = 1(\text{m})$

따라서 $\overline{AH} = \overline{OA} - \overline{OH} = 2 - 1 = 1(\text{m})$이므로

그네가 제일 낮은 지점 A에 있을 때보다

지점 B에 있을 때 1 m 더 높다.

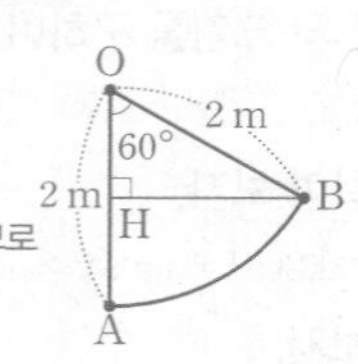

2. 다음 그림과 같이 30 m 떨어진 두 지점 A, B에서 건물의 꼭대기 지점 C를 올려다본 각의 크기가 각각 30°, 45°일 때, 이 건물의 높이를 구하시오. $15(\sqrt{3}+1)$ m

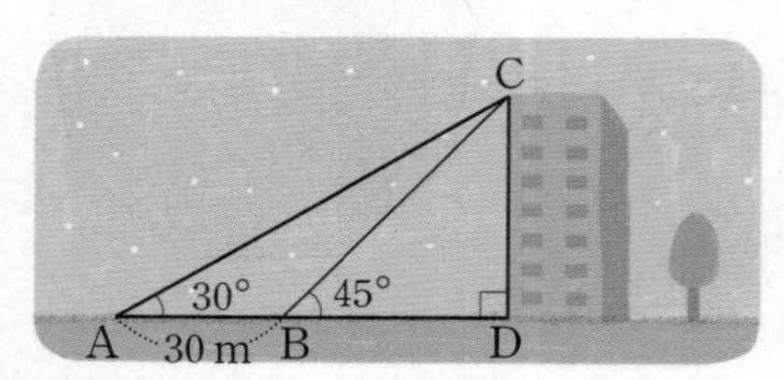

풀이 $\overline{BD} = \overline{CD} = x$ m라고 하면 직각삼각형 CAD에서

$\tan 30° = \frac{\overline{CD}}{\overline{AD}} = \frac{x}{30+x} = \frac{\sqrt{3}}{3}$이므로

$3x = 30\sqrt{3} + \sqrt{3}x$, $(3-\sqrt{3})x = 30\sqrt{3}$

$x = \frac{30\sqrt{3}}{3-\sqrt{3}} = \frac{90\sqrt{3}+90}{6} = 15(\sqrt{3}+1)$이다.

따라서 건물의 높이는 $15(\sqrt{3}+1)$ m이다.

3. 다음 그림과 같이 $\overline{AC} = 6$ cm, $\angle A = 105°$, $\angle B = 45°$인 △ABC에서 $\overline{BC}$의 길이를 구하시오. $3(1+\sqrt{3})$ cm

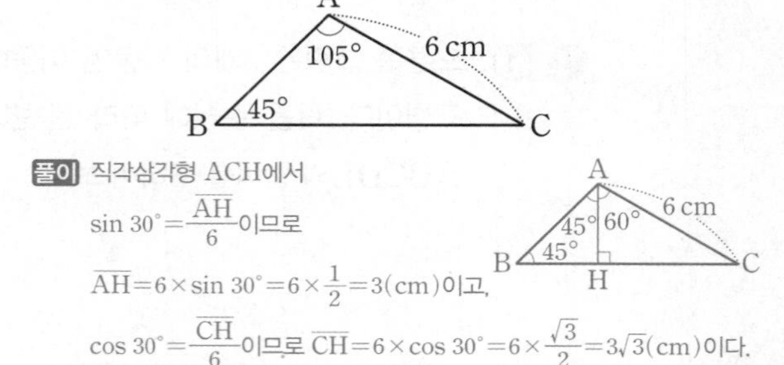

풀이 직각삼각형 ACH에서

$\sin 30° = \frac{\overline{AH}}{6}$이므로

$\overline{AH} = 6 \times \sin 30° = 6 \times \frac{1}{2} = 3(\text{cm})$이고,

$\cos 30° = \frac{\overline{CH}}{6}$이므로 $\overline{CH} = 6 \times \cos 30° = 6 \times \frac{\sqrt{3}}{2} = 3\sqrt{3}(\text{cm})$이다.

즉, 직각삼각형 ABH에서 $\overline{BH} = \overline{AH} = 3(\text{cm})$이다.

따라서 $\overline{BC} = \overline{BH} + \overline{CH} = 3(1+\sqrt{3})(\text{cm})$이다.

4. 다음 그림과 같이 $\overline{AB} = 4$ cm, $\angle B = 45°$인 마름모 ABCD의 넓이를 구하시오. $8\sqrt{2}$ cm²

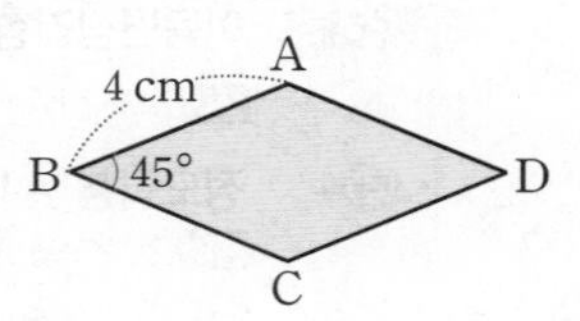

풀이 (마름모 ABCD의 넓이)

$= 2 \times \left(\frac{1}{2} \times \overline{AB} \times \overline{BC} \times \sin 45°\right) = 4 \times 4 \times \frac{\sqrt{2}}{2} = 8\sqrt{2}(\text{cm}^2)$

5. 다음 그림과 같이 $\overline{AB} = 8$ cm, $\overline{AC} = 6$ cm, $\angle A = 60°$인 △ABC의 무게중심이 G일 때, △GBC의 넓이를 구하시오. $4\sqrt{3}$ cm²

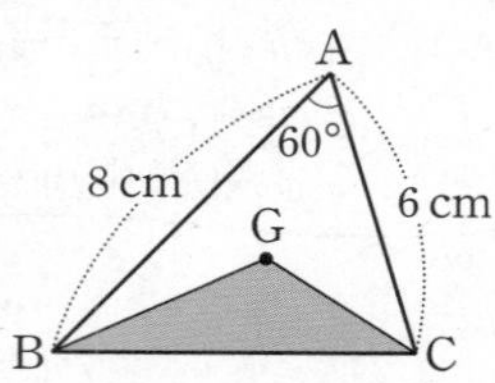

풀이 $\triangle ABC = \frac{1}{2} \times \overline{AB} \times \overline{AC} \times \sin 60° = \frac{1}{2} \times 8 \times 6 \times \frac{\sqrt{3}}{2} = 12\sqrt{3}(\text{cm}^2)$

점 G가 △ABC의 무게중심이므로

$\triangle GBC = \frac{1}{3} \times \triangle ABC = \frac{1}{3} \times 12\sqrt{3} = 4\sqrt{3}(\text{cm}^2)$

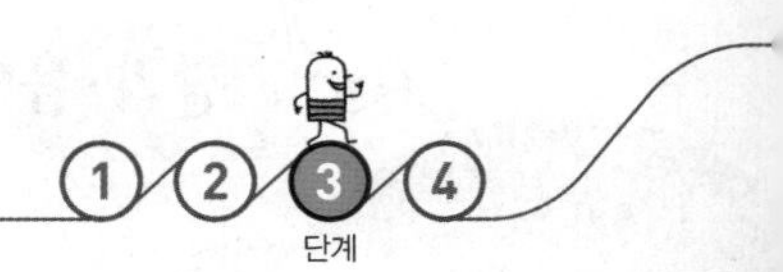

6. 삼각비의 표를 이용하여 반지름의 길이가 1 cm인 원 O에 내접하는 정오각형의 넓이를 구하시오. (단, 반올림하여 소수점 아래 둘째 자리까지 구한다.) $2.38\ \text{cm}^2$

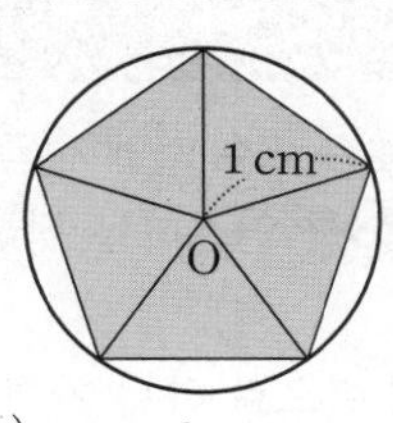

풀이 $\frac{1}{5}\times 360^\circ = 72^\circ$이고 $\sin 72^\circ = 0.9511$이므로

(정오각형의 넓이) $= 5\times\left(\frac{1}{2}\times 1\times 1\times \sin 72^\circ\right)$

$= 5\times\left(\frac{1}{2}\times 1\times 1\times 0.9511\right) = 2.37775(\text{cm}^2)$

따라서 정오각형의 넓이를 반올림하여 소수점 아래 둘째 자리까지 구하면 $2.38\ \text{cm}^2$이다.

7. 다음 그림과 같이 두 대각선의 길이가 각각 6 cm, 10 cm이고, 두 대각선이 이루는 예각의 크기가 60°인 □ABCD의 넓이를 구하시오. $15\sqrt{3}\ \text{cm}^2$

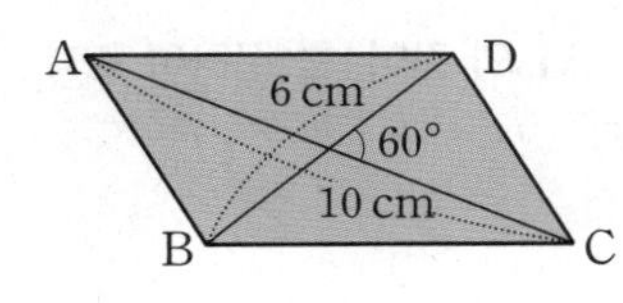

풀이

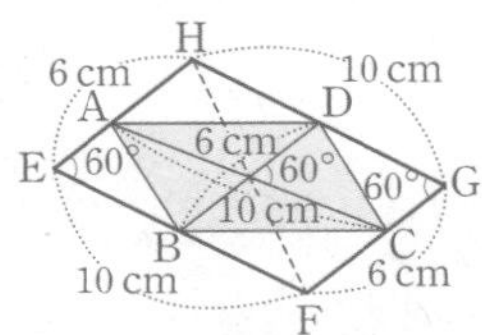

위의 그림과 같이 □ABCD에서 두 대각선 AC, BD에 평행한 선분을 각각 2개씩 그어 □EFGH를 만들면 이 사각형은 평행사변형이 된다.

이때 □EFGH $= 2\times\triangle\text{EFH} = 2\times\left(\frac{1}{2}\times 6\times 10\times\sin 60^\circ\right)$

$= 6\times 10\times\frac{\sqrt{3}}{2} = 30\sqrt{3}(\text{cm}^2)$이다.

따라서 □ABCD $= \frac{1}{2}\times$□EFGH $= \frac{1}{2}\times 30\sqrt{3} = 15\sqrt{3}(\text{cm}^2)$이다.

교과서 문제 뛰어 넘기

8. 오른쪽 그림과 같이 120 m 떨어진 두 지점 B, C에서 하늘에 떠 있는 기구 A를 올려다본 각의 크기가 각각 60°, 45°이었다. 지면에서부터 기구까지의 높이를 구하시오.

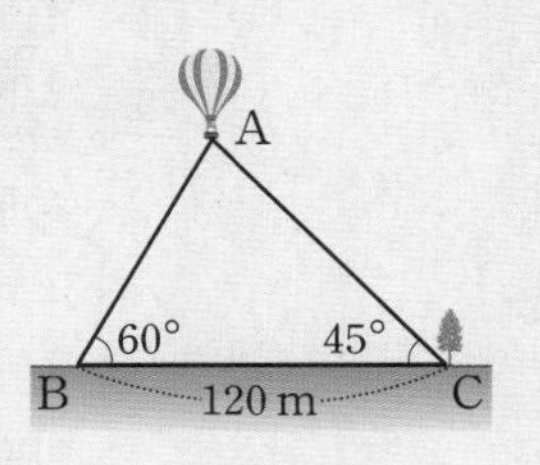

9. 다음 그림의 평행사변형 ABCD에서 두 점 M, N은 각각 $\overline{AB}$, $\overline{BC}$의 중점이다. 이때 △DMN의 넓이를 구하시오.

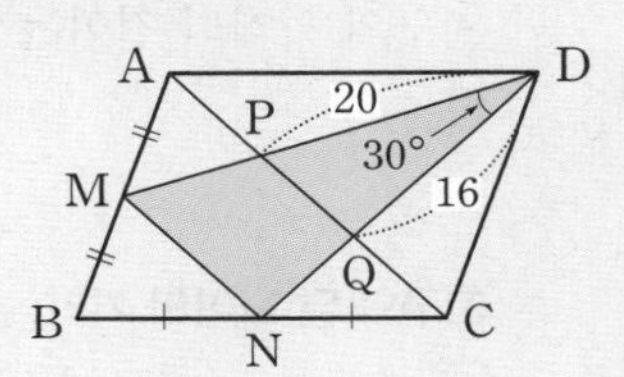

10. 오른쪽 그림과 같이 $\overline{AD}=12$, $\angle C=45^\circ$인 △ABC에서 점 I는 내심이고, 점 D는 $\overline{AI}$의 연장선과 $\overline{BC}$가 만나는 점이다. $\angle BAD=30^\circ$일 때, △ABC의 넓이를 구하시오.

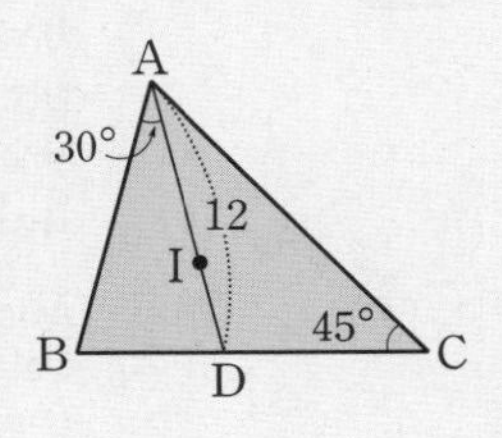

창의·융합 프로젝트

지구와 달 사이의 거리 구하기

그리스의 천문학자 히파르코스(Hipparchos, B.C. 190?~B.C. 125?)는 삼각비를 이용하여 지구와 달 사이의 거리를 구하기 위하여 다음과 같은 직각삼각형을 생각하였다.

지구와 달의 중심을 각각 A, B라 하고 달의 중심 B에서 그은 직선이 지구와 접하는 지점을 C라고 하자. 또, 지구의 중심 A와 달의 중심 B를 연결하는 직선이 지표면과 만나는 지점을 D라고 하자.

이때 세 점 A, B, C를 연결하면 $\overline{AB}$를 빗변으로 하는 거대한 직각삼각형 ABC가 만들어진다.

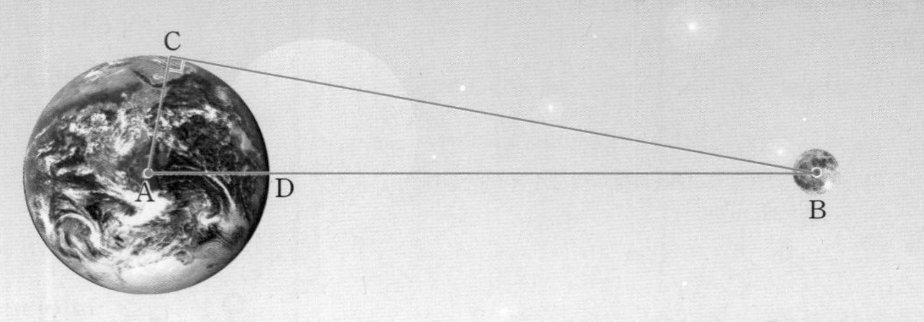

(출처: EBS Math, 2018)

우리도 이와 같은 직각삼각형을 이용하여 지구와 달 사이의 거리를 구하여 보자. (단, 원주율은 3, 지구의 둘레의 길이는 40020 km, $\overset{\frown}{CD}=9894$ km로 계산하며, 답은 반올림하여 일의 자리까지 구한다.)

활동 1 지구와 달 사이의 거리($\overline{AB}$의 길이)를 구하는 방법에 대하여 조별로 이야기하여 보자.

풀이 | 예시 | $\angle C=90^\circ$인 직각삼각형 ABC에서 $\overline{AC}$의 길이(지구의 반지름의 길이)와 $\angle A$의 크기를 알면 삼각비를 활용하여 $\overline{AB}$의 길이(지구와 달 사이의 거리)를 구할 수 있다.

활동 2 주어진 조건과 삼각비의 표를 이용하여 지구와 달 사이의 거리($\overline{AB}$의 길이)를 구하여 보자.

풀이 지구의 반지름의 길이를 r km라고 하면, 지구의 둘레의 길이가 40020 km이므로

$r=\dfrac{40020}{2\times 3}=6670$이다.

따라서 지구의 반지름의 길이 $\overline{AC}=6670$ km이다.

한편, (지구의 둘레의 길이) : $\overset{\frown}{CD}=360^\circ : \angle A$이므로 $40020 : 9894=360^\circ : \angle A$이다.

따라서 $\angle A$의 크기는 반올림하여 일의 자리까지 나타내면 $\angle A=89^\circ$이다.

직각삼각형 ABC에서 $\cos A=\dfrac{\overline{AC}}{\overline{AB}}$이므로

$\overline{AB}=\overline{AC}\div\cos A=6670\div\cos 89^\circ=6670\div 0.0175=381142.8\cdots$(km)

따라서 지구와 달 사이의 거리는 반올림하여 일의 자리까지 나타내면 381143 km이다.

| 상호 평가표 |

평가 내용		자기 평가 😄	자기 평가 😊	자기 평가 😵	친구 평가 😄	친구 평가 😊	친구 평가 😵
내용	삼각비를 활용하여 문제를 해결할 수 있다.						
내용	지구와 달 사이의 거리를 구하는 방법에 대하여 말할 수 있다.						
태도	모둠 활동 전체 과정에서 모둠원 모두가 적극 참여하였다.						

1. 오른쪽 그림과 같이 반지름의 길이가 24 cm인 구 위의 한 점 P에 길이가 $8\pi\text{ cm}$인 실의 한쪽 끝을 고정하고, 실을 팽팽하게 유지하면서 실의 나머지 한쪽 끝을 구의 표면을 따라 한 바퀴 돌렸다. 이때 실의 나머지 한쪽 끝이 지나간 자리의 길이를 구하시오.

(단, 실의 매듭은 무시한다.)

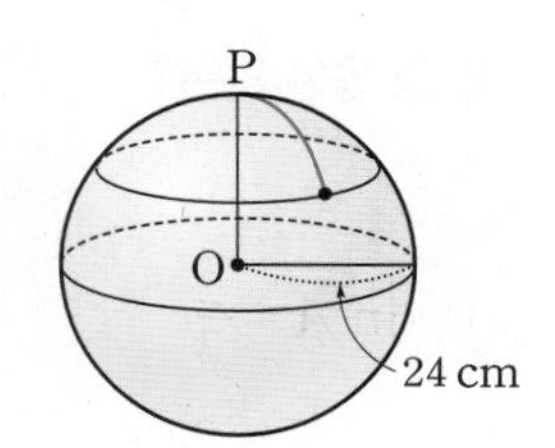

2. 오른쪽 그림과 같은 정사각형 모양의 시계에서 12시와 1시 사이의 삼각형의 넓이를 P, 1시와 2시 사이의 사각형의 넓이를 Q라고 하자. $P : Q=1 : k$일 때, k의 값을 구하시오.

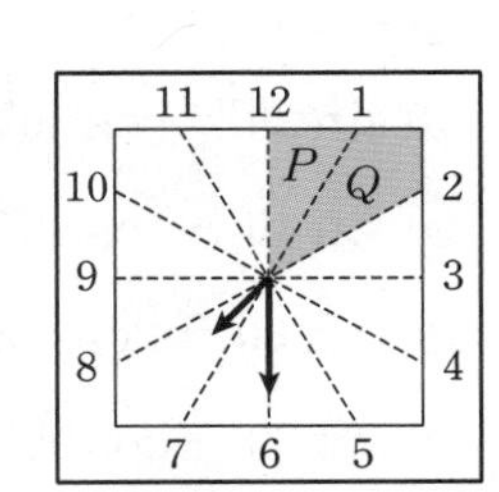

스스로 마무리하기

1. 오른쪽 그림의 직각삼각형 ABC에 대하여 다음 중 옳은 것은?

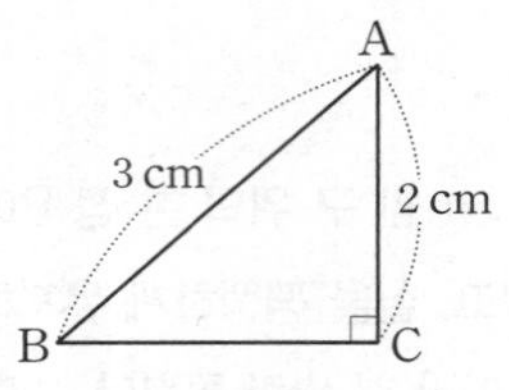

① $\sin A=\frac{2}{3}$　② $\cos A=\frac{\sqrt{5}}{3}$

③ $\tan A=\frac{2\sqrt{5}}{5}$　④ $\cos B=\frac{\sqrt{5}}{3}$

⑤ $\tan B=\frac{\sqrt{5}}{2}$

풀이 $\overline{BC}=\sqrt{3^2-2^2}=\sqrt{5}$
① $\sin A=\frac{\sqrt{5}}{3}$　② $\cos A=\frac{2}{3}$
③ $\tan A=\frac{\sqrt{5}}{2}$　⑤ $\tan B=\frac{2\sqrt{5}}{5}$

2. 오른쪽 그림과 같이 일차함수 $y=2x+6$의 그래프가 x축과 이루는 예각의 크기를 $a°$라고 할 때, $\cos a°$의 값을 구하시오. $\frac{\sqrt{5}}{5}$

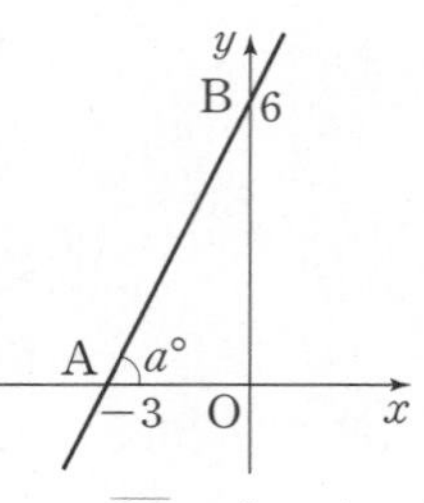

풀이 $\overline{AB}=\sqrt{3^2+6^2}=\sqrt{45}=3\sqrt{5}$이므로 $\cos a°=\frac{\overline{OA}}{\overline{AB}}=\frac{3}{3\sqrt{5}}=\frac{1}{\sqrt{5}}=\frac{\sqrt{5}}{5}$

3. 다음 중 옳은 것을 모두 고르면?(정답 2개)

① $\sin 0°+\cos 0°=1$

② $\sin 30°=\cos 30°$

③ $\sin 45°+\cos 45°=1$

④ $\tan 60°=2\cos 30°$

⑤ $\sin 90°+\cos 90°=2$

풀이 ② $\sin 30°=\frac{1}{2}$, $\cos 30°=\frac{\sqrt{3}}{2}$
③ $\sin 45°+\cos 45°=\frac{\sqrt{2}}{2}+\frac{\sqrt{2}}{2}=\sqrt{2}$
⑤ $\sin 90°+\cos 90°=1+0=1$

4. 다음 삼각비에 대한 설명 중 옳은 것은 ○표, 틀린 것은 ×표를 하시오.

(1) $0°\le x°\le 90°$일 때, $0\le\sin x°\le 1$ (○)

(2) $0°\le x°<90°$일 때, $0\le\tan x°<1$ (×)

(3) 각의 크기가 0°에서 90°까지 커지면 코사인의 값은 작아진다. (○)

(4) 각의 크기가 0°에서 90°까지 커지면 탄젠트의 값은 작아진다. (×)

풀이 직각삼각형 BAH에서 $\tan 30°=\frac{\overline{BH}}{\overline{AH}}$이므로
$\overline{AH}=\frac{\overline{BH}}{\tan 30°}=1.5\div\frac{\sqrt{3}}{3}=1.5\times\sqrt{3}=1.5\sqrt{3}$(m)
직각삼각형 CAH에서 $\overline{CH}=\overline{AH}=1.5\sqrt{3}$ m
따라서 나무의 높이는 $\overline{BC}=\overline{BH}+\overline{CH}=1.5(1+\sqrt{3})$(m)

5. 다음 그림과 같이 눈높이가 1.5 m인 소은이가 나무의 꼭대기 지점 C를 올려다본 각의 크기가 45°이고, 나무의 아랫부분 지점 B를 내려다본 각의 크기가 30°이다. 이 나무의 높이를 구하시오. $1.5(1+\sqrt{3})$ m

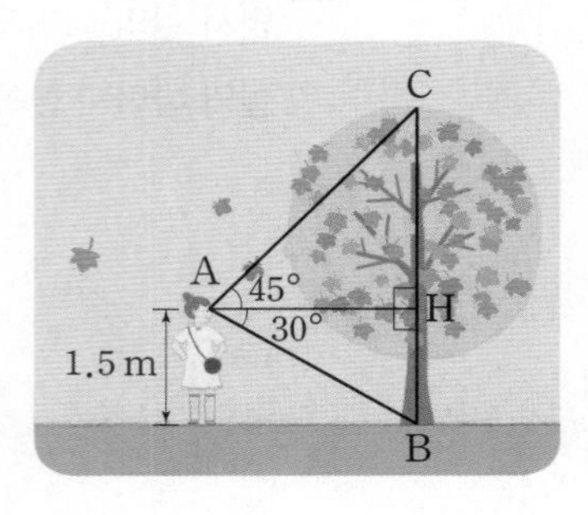

6. 다음 그림과 같은 평행사변형 ABCD에서 $\overline{AB}=4$ cm, $\overline{BC}=7$ cm, $\angle A=120°$일 때, 대각선 BD의 길이를 구하시오. $\sqrt{93}$ cm

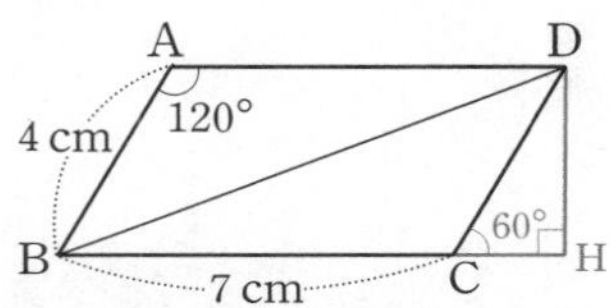

풀이 $\overline{DH}=4\times\sin 60°=2\sqrt{3}$(cm), $\overline{CH}=4\times\cos 60°=2$(cm)
따라서 $\overline{BD}=\sqrt{\overline{BH}^2+\overline{DH}^2}=\sqrt{9^2+(2\sqrt{3})^2}=\sqrt{93}$(cm)

7. 폭이 3 cm로 일정한 직사각형 모양의 종이테이프를 다음 그림과 같이 선분 BC를 따라 접었다. $\angle BAC=30°$일 때, $\triangle ABC$의 넓이를 구하시오. 9 cm²

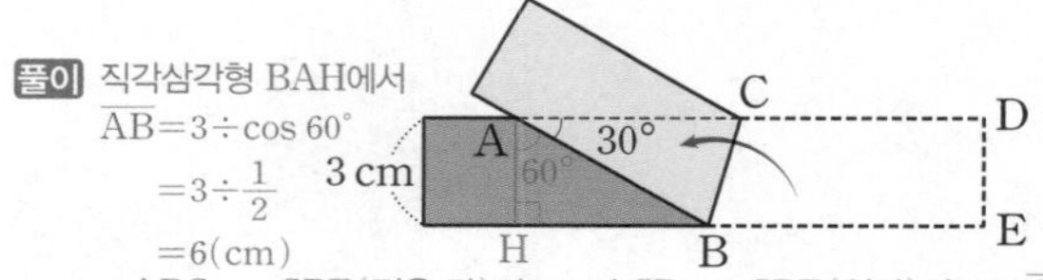

풀이 직각삼각형 BAH에서
$\overline{AB}=3\div\cos 60°=3\div\frac{1}{2}=6$(cm)
$\angle ABC=\angle CBE$(접은 각)이고 $\angle ACB=\angle CBE$(엇각)이므로 $\overline{AC}=\overline{AB}=6$ cm
따라서 $\triangle ABC=\frac{1}{2}\times6\times6\times\sin 30°=\frac{1}{2}\times6\times6\times\frac{1}{2}=9$(cm²)이다.

8. 다음 그림과 같이 지름의 길이가 12 cm인 반원에서 $\angle CAB=30°$일 때, 색칠한 부분의 넓이를 구하시오. $3(3\sqrt{3}+2\pi)$ cm²

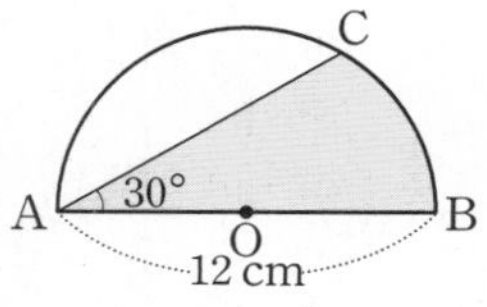

풀이 $\triangle OAC=\frac{1}{2}\times6\times6\times\sin(180°-120°)=\frac{1}{2}\times6\times6\times\frac{\sqrt{3}}{2}=9\sqrt{3}$(cm²)
(부채꼴 COB의 넓이)$=\pi\times6^2\times\frac{60}{360}=6\pi$(cm²)
따라서 색칠한 부분의 넓이는 $9\sqrt{3}+6\pi=3(3\sqrt{3}+2\pi)$(cm²)이다.

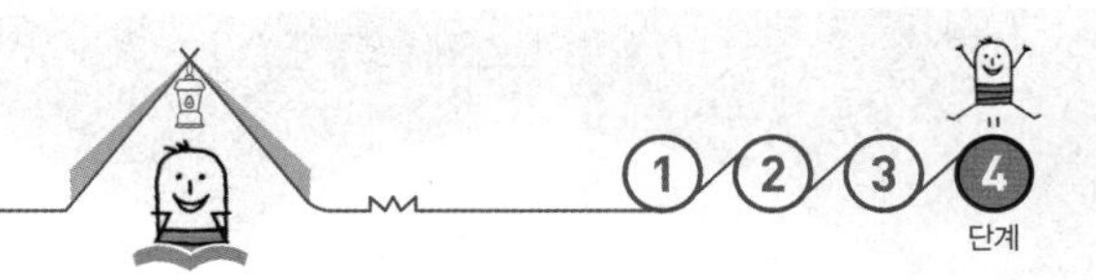

[9~10] **서술형 문제** 문제의 풀이 과정과 답을 쓰고, 스스로 채점하여 보자.

9. 다음 그림과 같은 직육면체에서 $\overline{FG}=\overline{GH}=4$ cm, $\overline{DH}=2$ cm, $\angle DFH=x°$일 때, $x°$의 삼각비의 값을 구하시오. [5점] $\sin x°=\frac{1}{3}$, $\cos x°=\frac{2\sqrt{2}}{3}$, $\tan x°=\frac{\sqrt{2}}{4}$

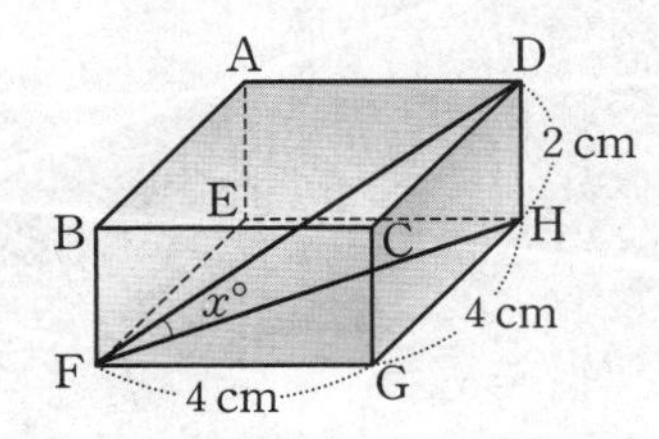

풀이 피타고라스 정리에 의하여

$\triangle FGH$에서 $\overline{FH}=\sqrt{4^2+4^2}=4\sqrt{2}$ (cm),

$\triangle DFH$에서 $\overline{DF}=\sqrt{\overline{FH}^2+\overline{DH}^2}$

$=\sqrt{(4\sqrt{2})^2+2^2}$

$=\sqrt{36}=6$ (cm)

이다.

따라서 $\sin x°=\frac{\overline{DH}}{\overline{DF}}=\frac{2}{6}=\frac{1}{3}$,

$\cos x°=\frac{\overline{FH}}{\overline{DF}}=\frac{4\sqrt{2}}{6}=\frac{2\sqrt{2}}{3}$,

$\tan x°=\frac{\overline{DH}}{\overline{FH}}=\frac{2}{4\sqrt{2}}=\frac{1}{2\sqrt{2}}=\frac{\sqrt{2}}{4}$

채점 기준	배점
(i) $\overline{FH}$, $\overline{DF}$의 길이를 각각 바르게 구한 경우	각 1점
(ii) $x°$의 삼각비의 값을 바르게 구한 경우	3점

10. 다음 그림과 같은 정사각형 ABCD에서 $\overline{AB}$, $\overline{BC}$의 중점을 각각 M, N이라 하자. $\angle MDN=x°$일 때, $\sin x°$의 값을 구하시오. [5점] $\frac{3}{5}$

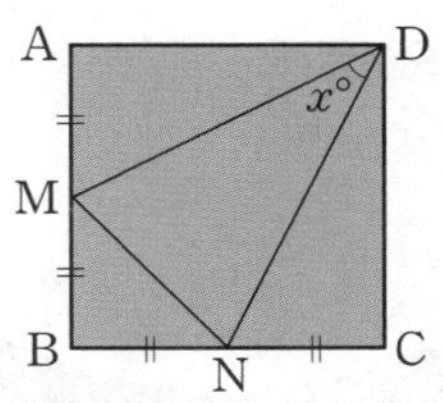

풀이 정사각형 ABCD의 한 변의 길이를 $2a(a>0)$라고 하면

$\overline{DM}=\overline{DN}=\sqrt{(2a)^2+a^2}=\sqrt{5a^2}=\sqrt{5}a$이다. 따라서

$\triangle DMN=\frac{1}{2}\times\sqrt{5}a\times\sqrt{5}a\times\sin x°=\frac{5}{2}a^2\sin x°$ …… ①

한편, $\triangle DMN=\square ABCD-2\triangle AMD-\triangle MNB$

$=4a^2-2a^2-\frac{1}{2}a^2=\frac{3}{2}a^2$ …… ②

이때 ①, ②에 의하여 $\frac{5}{2}a^2\sin x°=\frac{3}{2}a^2$

따라서 $\sin x°=\frac{3}{5}$이다.

채점 기준	배점
(i) $\triangle DMN$의 넓이를 2가지 방법으로 바르게 나타낸 경우	3점
(ii) $\sin x°$의 값을 바르게 구한 경우	2점

우리 삶 속의 원의 역할

완벽한 대칭성을 가진 원은 고대부터 많은 관심과 연구의 대상이었다.

특히, 수레바퀴와 도르래는 여러 기계에 활용되어 산업 혁명의 원동력이 되었고, 오늘날에도 계속해서 응용되어 우리의 삶을 개선하고 있다.

지금까지도 연구의 대상이 되고 있는 원의 성질을 알아보자.

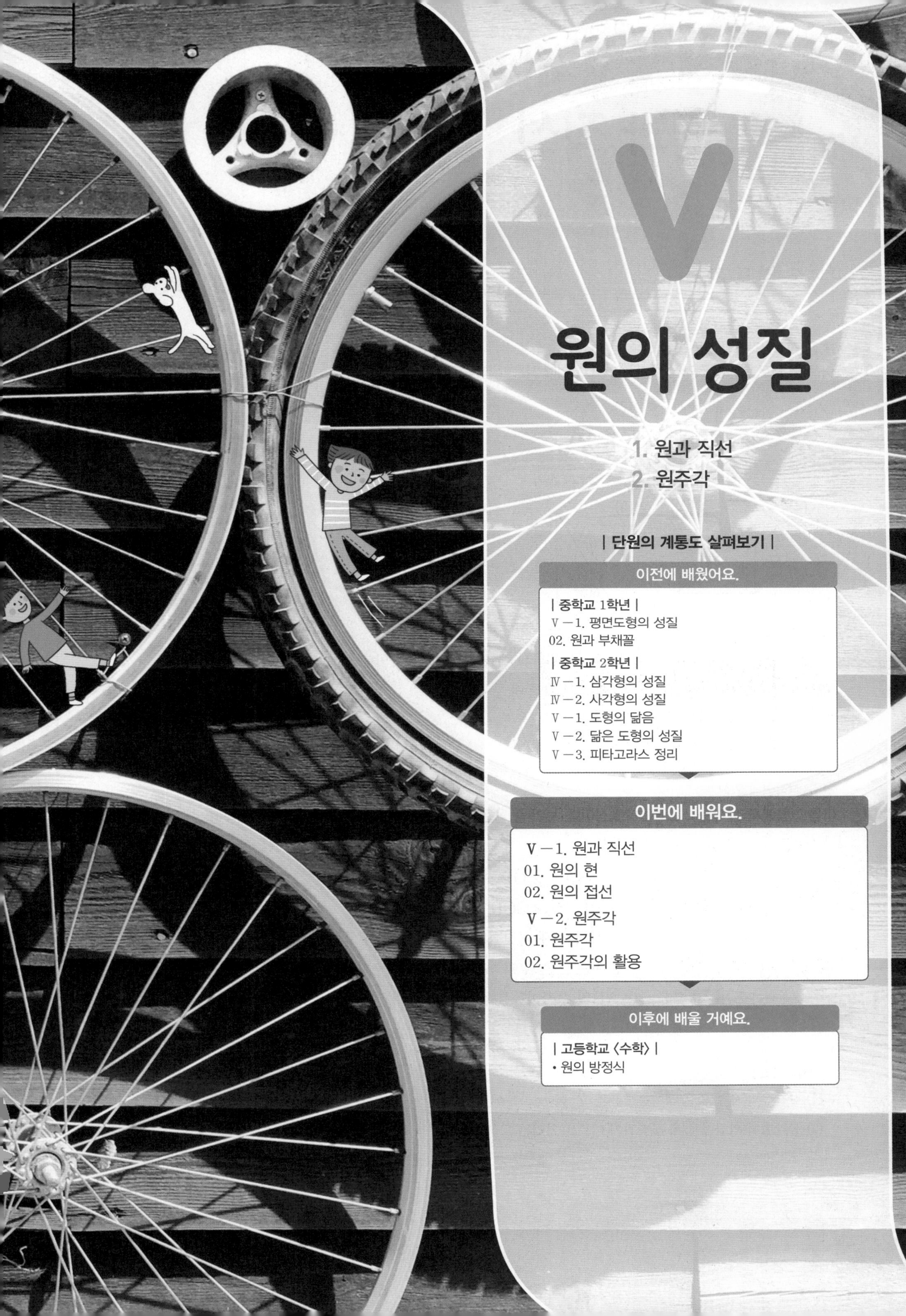

V 원의 성질

1. 원과 직선
2. 원주각

| 단원의 계통도 살펴보기 |

이전에 배웠어요.

| 중학교 1학년 |
Ⅴ－1. 평면도형의 성질
02. 원과 부채꼴

| 중학교 2학년 |
Ⅳ－1. 삼각형의 성질
Ⅳ－2. 사각형의 성질
Ⅴ－1. 도형의 닮음
Ⅴ－2. 닮은 도형의 성질
Ⅴ－3. 피타고라스 정리

이번에 배워요.

Ⅴ－1. 원과 직선
01. 원의 현
02. 원의 접선
Ⅴ－2. 원주각
01. 원주각
02. 원주각의 활용

이후에 배울 거예요.

| 고등학교 〈수학〉 |
• 원의 방정식

원과 직선

01. 원의 현 | 02. 원의 접선

이것만은 알고 가자

1 2 3 4 단계

중2 직각삼각형의 합동 조건

1. 다음 중 서로 합동인 직각삼각형을 짝 짓고, 이때 사용한 합동 조건을 각각 말하시오. 풀이 참조

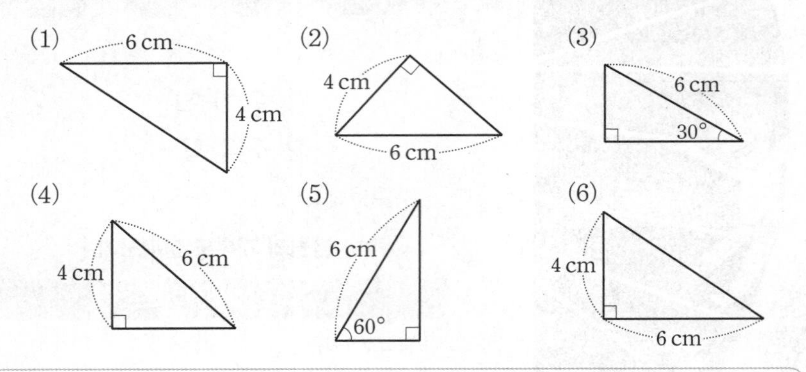

| 개념 체크 |

직각삼각형의 합동 조건: 두 직각삼각형은 다음의 각 경우에 서로 합동이다.

(1) 빗변의 길이와 한 [예각]의 크기가 각각 같을 때

(2) 빗변의 길이와 다른 한 [변]의 길이가 각각 같을 때

알고 있나요?

두 직각삼각형이 합동인지 판별할 수 있는가?

잘함 보통 모름

풀이 (1)—(6): 대응하는 두 변의 길이가 각각 같고, 그 끼인각의 크기가 같으므로 두 삼각형은 서로 합동이다.

(2)—(4): 빗변의 길이와 다른 한 변의 길이가 각각 같으므로 두 직각삼각형은 서로 합동이다.

(3)—(5): 빗변의 길이와 한 예각의 크기가 각각 같으므로 두 직각삼각형은 서로 합동이다.

중2 삼각형의 외심

2. 다음 그림에서 점 O는 $\triangle ABC$의 외심이다. 보기 중 옳은 것을 모두 고르시오.

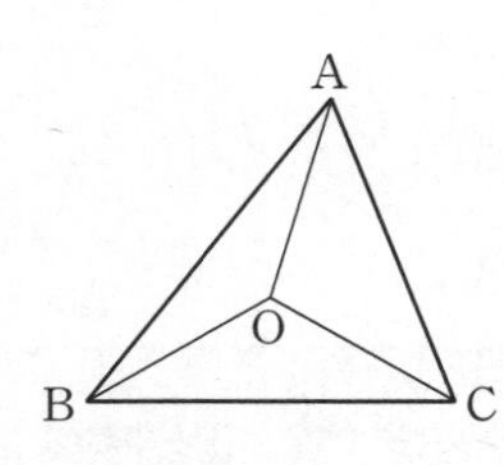

| 보기 |

ㄱ. $\angle OBA = \angle OBC$

ㄴ. $\angle OBC = \angle OCB$

ㄷ. 점 O에서 세 꼭짓점까지의 거리는 모두 같다.

ㄹ. $\overline{OA}$는 $\angle A$의 이등분선이다.

ㅁ. $\overline{AB}$의 수직이등분선은 점 O를 지난다.

| 개념 체크 |

(1) 삼각형의 세 변의 수직이등분선은 [한 점(외심)] 에서 만난다.

(2) 삼각형의 외심에서 세 꼭짓점에 이르는 거리는 [같다].

알고 있나요?

삼각형의 외심의 성질을 이해하고 설명할 수 있는가?

잘함 보통 모름

풀이 점 O는 $\triangle ABC$의 외심이므로

ㄴ. $\angle OBC = \angle OCB$

ㄷ. 점 O에서 세 꼭짓점까지의 거리는 모두 같다. 즉, $\overline{OA} = \overline{OB} = \overline{OC}$이다.

ㅁ. 삼각형의 세 변의 수직이등분선의 교점이 외심이므로 $\overline{AB}$의 수직이등분선은 점 O를 지난다.

따라서 옳은 것은 ㄴ, ㄷ, ㅁ이다.

반면, ㄱ, ㄹ은 $\triangle ABC$의 내심의 성질이다.

부족한 부분을 보충하고 본 학습을 준비하여 보자.

한 눈에 개념 정리

01 원의 중심과 현의 수직이등분선

1. 원의 중심에서 현에 내린 수선의 성질

(1) 원의 중심에서 현에 내린 수선은 그 현을 이등분한다.
➡ $\overline{AB}\perp\overline{OM}$이면 $\overline{AM}=\overline{BM}$

(2) 원에서 현의 수직이등분선은 그 원의 중심을 지난다.

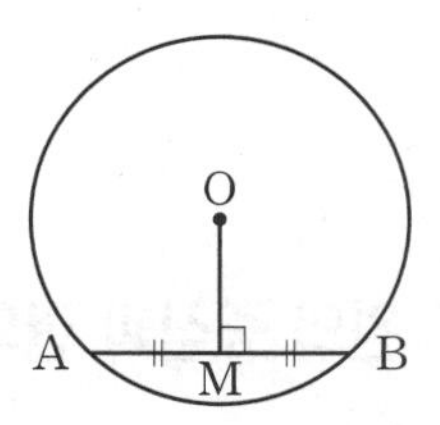

2. 원의 중심으로부터 같은 거리에 있는 두 현의 성질

(1) 한 원에서 중심으로부터 같은 거리에 있는 두 현의 길이는 같다.
➡ $\overline{OM}=\overline{ON}$이면 $\overline{AB}=\overline{CD}$

(2) 한 원에서 길이가 같은 두 현은 원의 중심으로부터 같은 거리에 있다.
➡ $\overline{AB}=\overline{CD}$이면 $\overline{OM}=\overline{ON}$

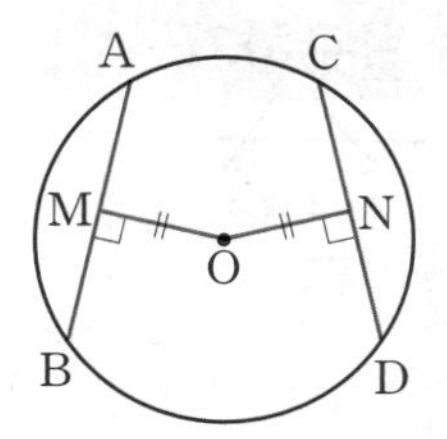

02 원의 접선

1. 접선의 길이: 원 밖의 한 점 P에서 원 O에 접선을 그을 때, 점 P에서 접점까지의 거리

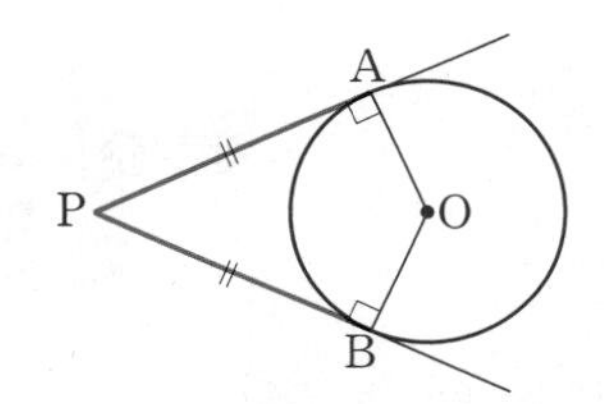

2. 접선의 성질: 원 밖의 한 점 P에서 그 원에 그은 두 접선의 길이는 서로 같다.
➡ $\overline{PA}=\overline{PB}$

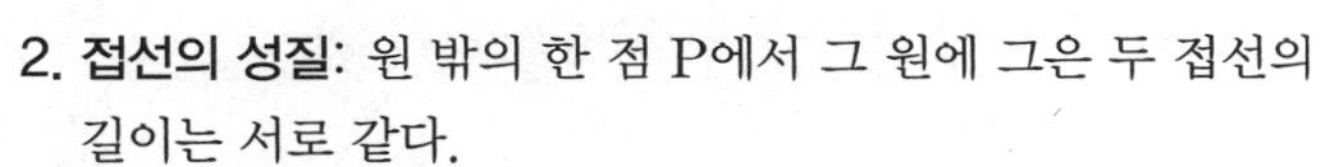

3. 삼각형의 내접원의 성질

원 O가 $\triangle ABC$에 내접하고 내접원의 반지름의 길이가 r일 때

(1) $\overline{AD}=\overline{AF}$, $\overline{BD}=\overline{BE}$, $\overline{CE}=\overline{CF}$

(2) $\triangle ABC$의 둘레의 길이: $a+b+c=2(x+y+z)$

(3) $\triangle ABC$의 넓이: $\triangle ABC=\frac{1}{2}r(a+b+c)$

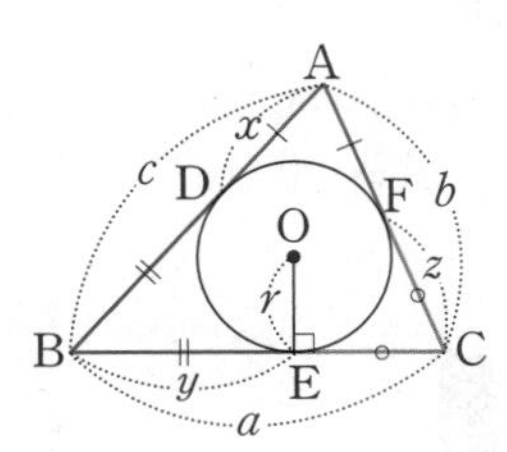

4. 원에 외접하는 사각형의 성질

(1) 원에 외접하는 사각형의 두 쌍의 대변의 길이의 합은 서로 같다.
➡ $\overline{AB}+\overline{CD}=\overline{AD}+\overline{BC}$

(2) 두 쌍의 대변의 길이의 합이 같은 사각형은 원에 외접한다.

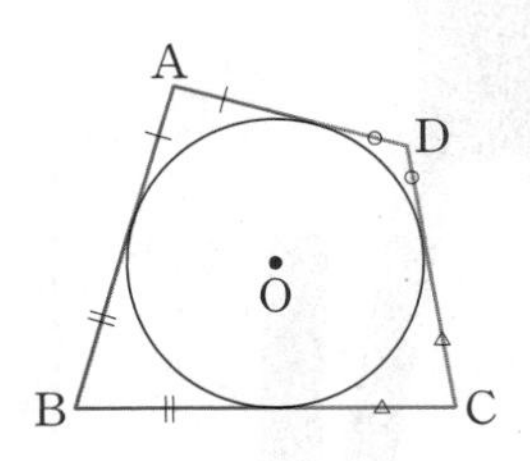

01 원의 현

학습 목표 ∥ 원의 현에 관한 성질을 이해한다.

원의 중심과 현의 수직이등분선 사이에는 어떤 관계가 있을까?

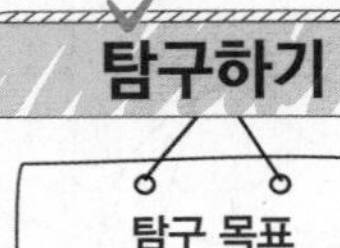

탐구 목표
원의 중심에서 현에 내린 수선의 성질을 이해할 수 있다.

다음 순서에 따라 활동을 하고, 물음에 답하여 보자.

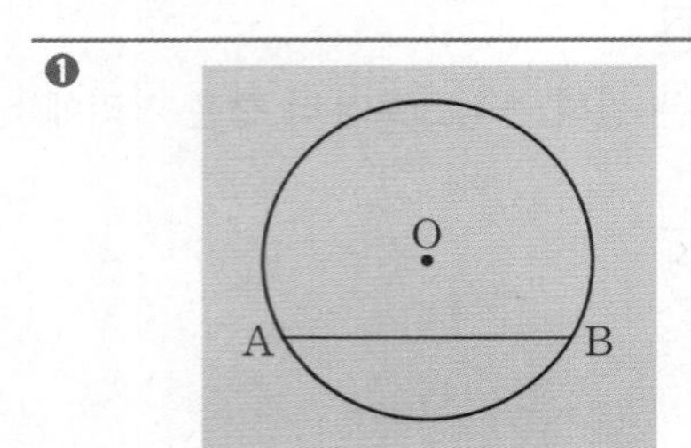

❶	❷
종이 위에 원 O를 그리고, 원 위에 두 점 A, B를 잡아 현 AB를 긋는다.	삼각자를 이용하여 원 O의 중심에서 현 AB에 내린 수선의 발을 M으로 놓는다.

활동 ❶ $\overline{AM}$과 $\overline{BM}$의 길이를 각각 측정하고, 비교하여 보자. 풀이 참조

풀이 $\overline{AM}$과 $\overline{BM}$의 길이를 각각 측정해 보면, 그 길이가 서로 같음을 확인할 수 있다. 즉, $\overline{AM}=\overline{BM}$이다.

Tip 현: 원 위의 두 점을 이은 선분

원의 중심에서 현에 내린 수선은 그 현을 이등분한다.

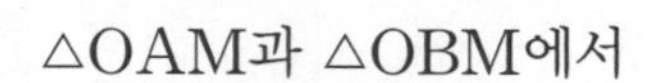

탐구하기 에서 $\overline{AM}$과 $\overline{BM}$의 길이가 서로 같음을 알 수 있다. 즉, 원의 중심에서 현에 내린 수선은 그 현을 이등분함을 알 수 있다. 이 성질이 항상 성립하는지 확인하여 보자.

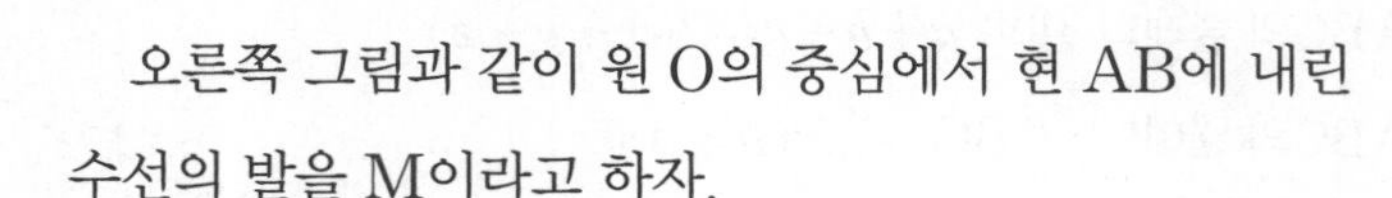

오른쪽 그림과 같이 원 O의 중심에서 현 AB에 내린 수선의 발을 M이라고 하자.

$\triangle OAM$과 $\triangle OBM$에서

$\overline{OA}=\overline{OB}$(반지름)

$\overline{OM}$은 공통

$\angle OMA=\angle OMB=90^\circ$

이므로 직각삼각형의 합동 조건에 의하여 $\triangle OAM \equiv \triangle OBM$이다. 따라서

$\overline{AM}=\overline{BM}$

이다.

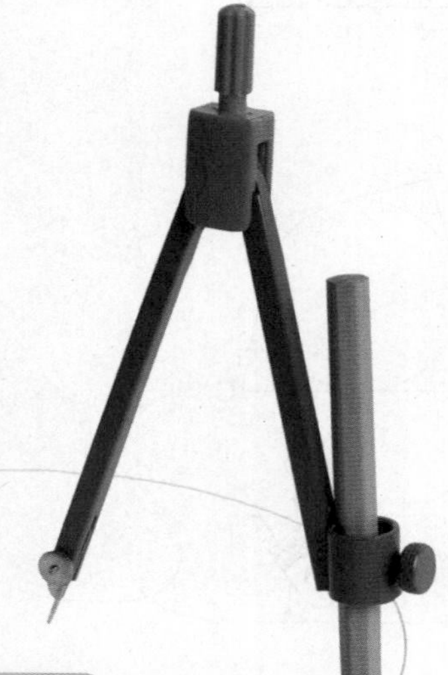
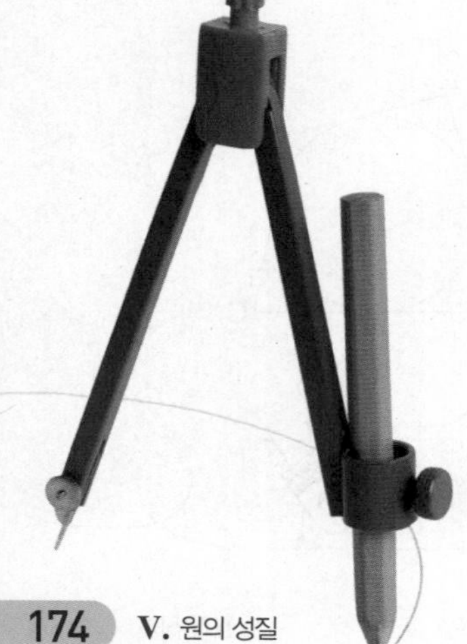

이제 원에서 현의 수직이등분선은 그 원의 중심을 지남을 알아보자.

개념 쏙

원에서 현의 수직이등분선은 그 원의 중심을 지난다.

다음 그림과 같이 색종이에서 오려 낸 원 O에서 현 AB를 접고, 두 점 A, B가 서로 포개어지도록 원을 접었다가 펼친다. 이때 접은 선 l, 즉 현 AB의 수직이등분선은 원 O의 중심을 지남을 알 수 있다.

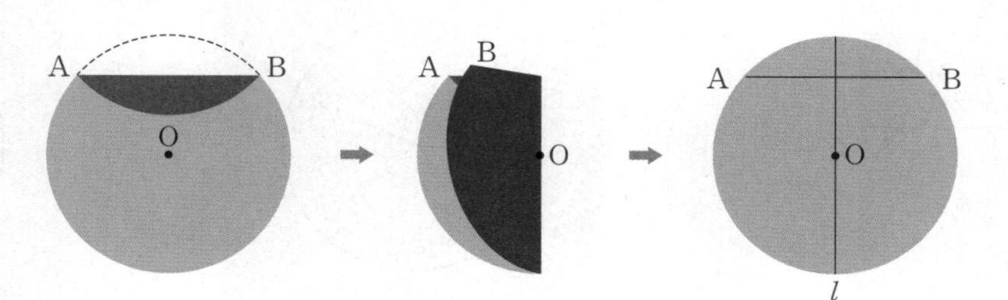

일반적으로 원 O에서 현 AB의 수직이등분선을 l이라고 하면 두 점 A, B로부터 같은 거리에 있는 점들은 모두 직선 l 위에 있다. 따라서 원의 중심도 직선 l 위에 있으므로 현 AB의 수직이등분선은 원 O의 중심을 지난다.

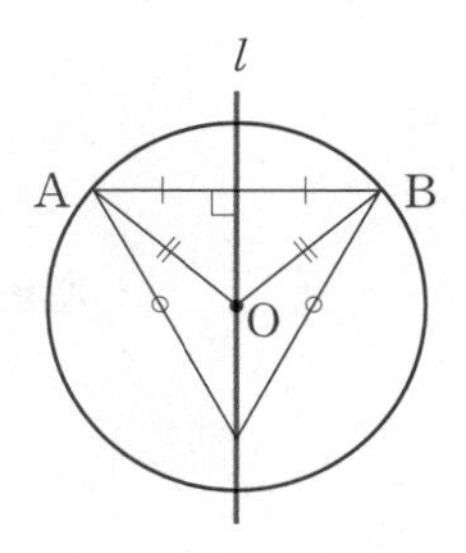

Tip

위의 그림과 같이 현 AB의 중점을 M이라고 하면 $\triangle OAM$과 $\triangle OBM$은 대응하는 세 변의 길이가 각각 같으므로 $\triangle OAM \equiv \triangle OBM$이다.
따라서 $\angle OMA = \angle OMB$이고 $\angle OMA + \angle OMB = 180°$이므로 $\angle OMA = \angle OMB = 90°$이다.
이것으로부터 $\overline{OM}$은 현 AB의 수직이등분선임을 알 수 있다.

이상을 정리하면 다음과 같다.

원의 중심과 현의 수직이등분선

1. 원의 중심에서 현에 내린 수선은 그 현을 이등분한다.
2. 원에서 현의 수직이등분선은 그 원의 중심을 지난다.

Tip 원의 중심에서 현에 내린 수선의 발은 그 현을 이등분한다.

1. 다음 그림에서 x의 값을 구하시오.

(1)

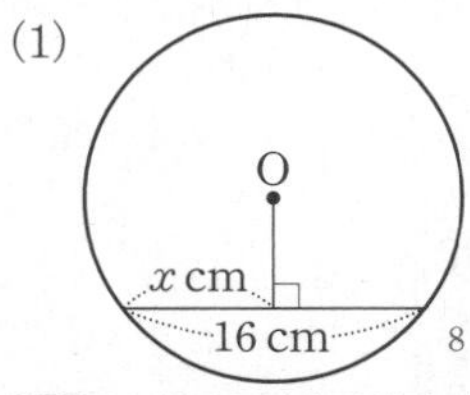

8

(2)

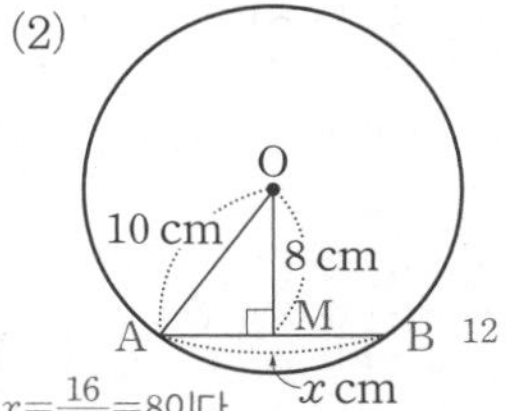

12

풀이 (1) 원의 중심에서 현에 내린 수선은 그 현을 이등분하므로 $x = \frac{16}{2} = 8$이다.
(2) $\triangle AOM$에서 $\overline{AM} = \sqrt{10^2 - 8^2} = 6(\text{cm})$
따라서 $x = 2 \times 6 = 12$이다.

의사소통 **2.** 오른쪽 그림은 원의 일부이다. 원의 중심과 현의 수직이등분선 사이의 관계를 이용하여 원의 중심을 찾아보고, 어떻게 찾았는지 설명하시오. 풀이 참조

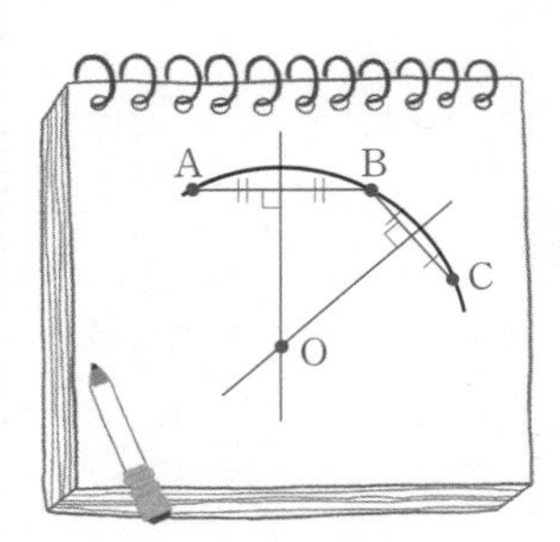

풀이 오른쪽 그림과 같이 주어진 원의 일부 위에 세 점 A, B, C를 잡고 두 현 AB, BC를 그은 후, 두 현 AB, BC의 수직이등분선을 그린다. 이때 두 현의 수직이등분선의 교점 O가 이 원의 중심이 된다.

원의 중심으로부터 같은 거리에 있는 두 현의 길이 사이에는 어떤 관계가 있을까?

탐구하기

탐구 목표
원의 중심으로부터 같은 거리에 있는 두 현의 성질을 이해할 수 있다.

다음 순서에 따라 활동을 하고, 물음에 답하여 보자.

❶	❷
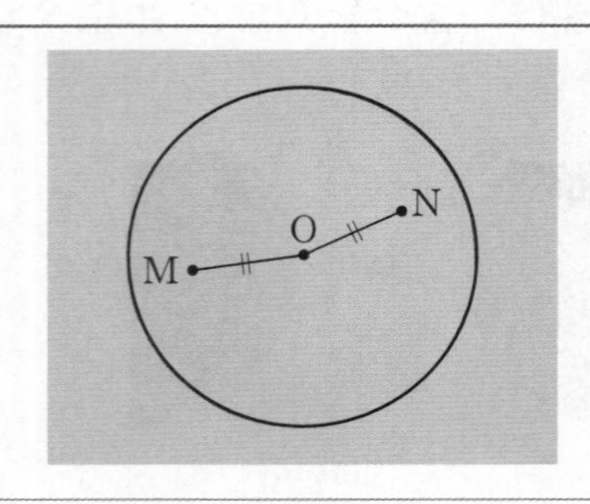	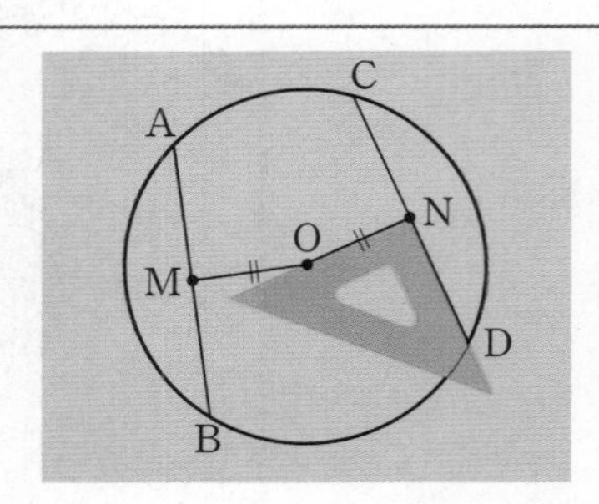
원 O의 내부에 컴퍼스와 자를 이용하여 $\overline{OM}=\overline{ON}$이 되도록 $\overline{OM}$, $\overline{ON}$을 각각 그린다.	삼각자를 이용하여 두 점 M, N에서 $\overline{OM}$, $\overline{ON}$과 수직으로 만나는 두 현 AB, CD를 각각 그린다.

활동 ❶ $\overline{AB}$와 $\overline{CD}$의 길이를 각각 측정하고, 비교하여 보자. 풀이 참조

풀이 $\overline{AB}$와 $\overline{CD}$의 길이를 각각 측정해 보면, 그 길이가 서로 같음을 확인할 수 있다. 즉, $\overline{AB}=\overline{CD}$이다.

탐구하기 에서 $\overline{AB}$와 $\overline{CD}$의 길이가 서로 같음을 알 수 있다. 즉, 한 원에서 원의 중심으로부터 같은 거리에 있는 두 현의 길이는 서로 같음을 알 수 있다. 이 성질이 항상 성립하는지 확인하여 보자.

개념 쏙
한 원에서 원의 중심으로부터 같은 거리에 있는 두 현의 길이는 서로 같다.

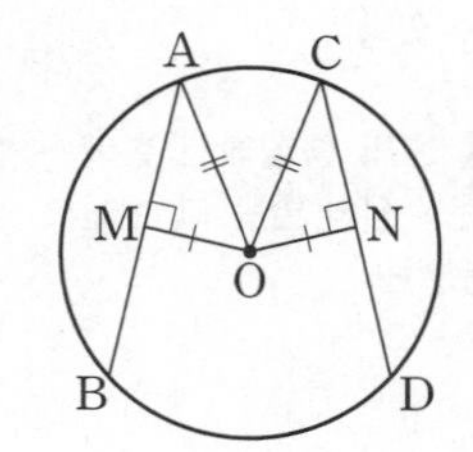

오른쪽 그림과 같이 원 O의 중심에서 두 현 AB, CD에 내린 수선의 발을 각각 M, N이라 하고, $\overline{OM}=\overline{ON}$이라고 하자.

△OAM과 △OCN에서

$\angle OMA=\angle ONC=90^\circ$

$\overline{OA}=\overline{OC}$(반지름)

$\overline{OM}=\overline{ON}$

이므로 직각삼각형의 합동 조건에 의하여 △OAM≡△OCN이다. 따라서

$\overline{AM}=\overline{CN}$

이다. 그런데 $2\overline{AM}=\overline{AB}$, $2\overline{CN}=\overline{CD}$이므로

$\overline{AB}=\overline{CD}$

이다.

이제 한 원에서 길이가 같은 두 현은 원의 중심으로부터 같은 거리에 있음을 확인하여 보자.

개념 쏙

한 원에서 길이가 같은 두 현은 원의 중심으로부터 같은 거리에 있다.

오른쪽 그림과 같이 원 O의 중심에서 두 현 AB, CD에 내린 수선의 발을 각각 M, N이라 하고, $\overline{AB}=\overline{CD}$라고 하자.

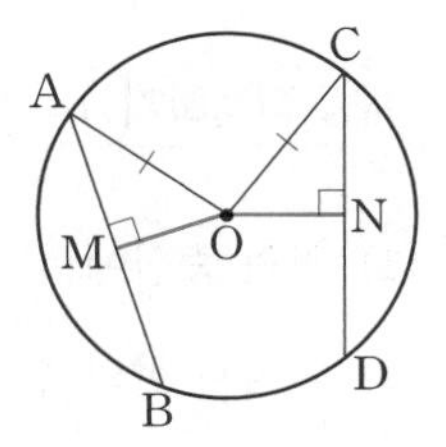

$\triangle$OAM과 $\triangle$OCN에서

$$\angle OMA=\angle ONC=90^\circ$$

$$\overline{OA}=\overline{OC}(\text{반지름})$$

$$\overline{AM}=\frac{1}{2}\overline{AB}=\frac{1}{2}\overline{CD}=\overline{CN}$$

이므로 직각삼각형의 합동 조건에 의하여 $\triangle OAM\equiv\triangle OCN$이다. 따라서

$$\overline{OM}=\overline{ON}$$

이다.

이상을 정리하면 다음과 같다.

개념 쏙

① $\overline{OM}=\overline{ON}$이면 $\overline{AB}=\overline{CD}$

② $\overline{AB}=\overline{CD}$이면 $\overline{OM}=\overline{ON}$

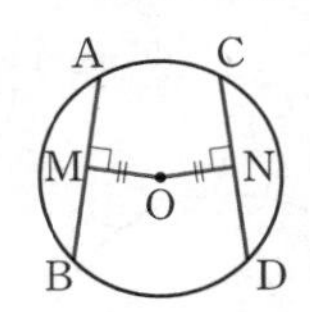

원의 중심으로부터 같은 거리에 있는 두 현의 길이

1. 한 원에서 원의 중심으로부터 같은 거리에 있는 두 현의 길이는 서로 같다.

2. 한 원에서 길이가 같은 두 현은 원의 중심으로부터 같은 거리에 있다.

3. 다음 그림에서 x의 값을 구하시오.

(1)

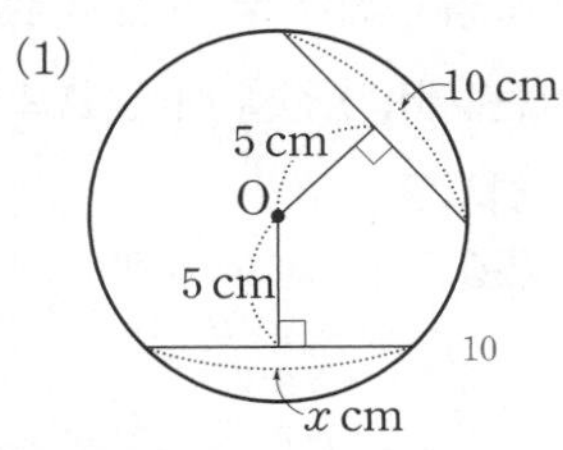

10

(2)

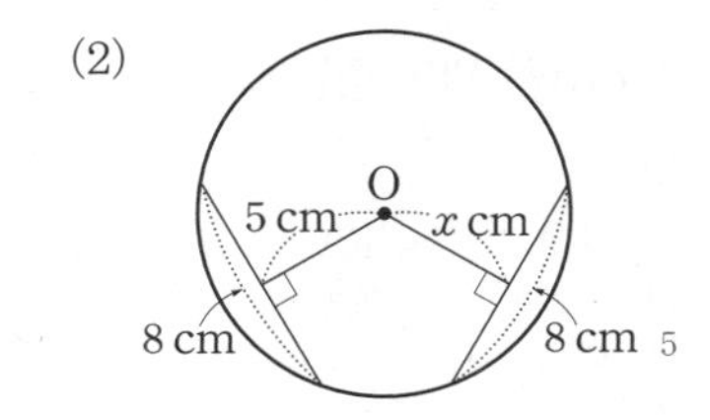

5

풀이 (1) 한 원에서 원의 중심으로부터 같은 거리에 있는 두 현의 길이는 서로 같으므로 $x=10$이다.
(2) 한 원에서 길이가 같은 두 현은 원의 중심으로부터 같은 거리에 있으므로 $x=5$이다.

추론 의사소통

생각 나누기

오른쪽 그림과 같이 $\triangle$ABC의 내접원과 외접원의 중심이 일치할 때, $\triangle$ABC가 정삼각형인 까닭을 친구들과 이야기하여 보자. (단, D, E, F는 접점이다.) 풀이 참조

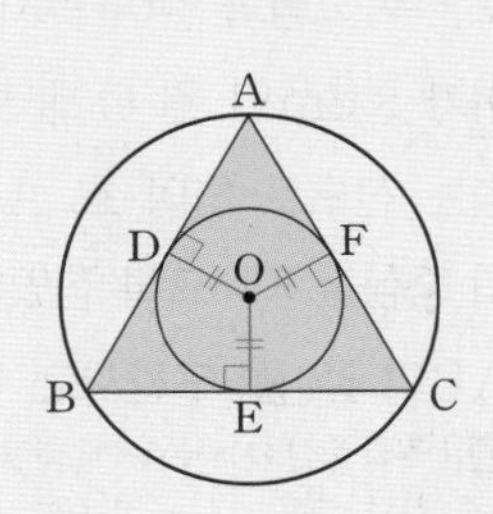

풀이 (i) 작은 원 O는 $\triangle$ABC의 내접원이므로 점 O에서 세 변에 이르는 거리가 같다.
즉, $\overline{OD}=\overline{OE}=\overline{OF}$이다.
(ii) 큰 원 O는 $\triangle$ABC의 외접원이므로 세 변 AB, BC, CA는 원 O의 현이다.
이때 (i)에 의하여 세 현 AB, BC, CA는 원 O의 중심으로부터 같은 거리에 있으므로 그 길이가 모두 같다.
즉, $\overline{AB}=\overline{BC}=\overline{CA}$이다.
따라서 내접원과 외접원의 중심이 일치하는 $\triangle$ABC는 정삼각형이다.

스스로 점검하기

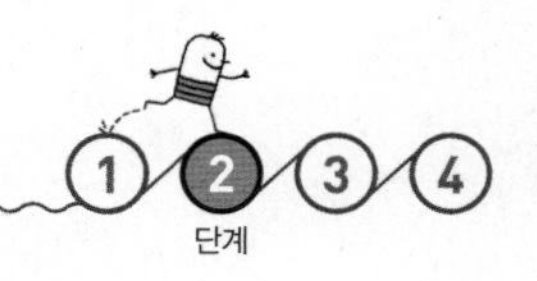

개념 점검하기

잘함 보통 모름

(1) 원의 중심에서 현에 내린 [수선] 은 그 현을 이등분한다.

(2) 원에서 현의 수직이등분선은 그 원의 [중심] 을 지난다.

(3) 한 원에서 원의 중심으로부터 같은 거리에 있는 두 현의 길이는 서로 [같다].

(4) 한 원에서 길이가 같은 두 현은 원의 [중심] 으로부터 같은 거리에 있다.

1 ●●●

175쪽

다음 그림에서 x의 값을 구하시오.

(1)

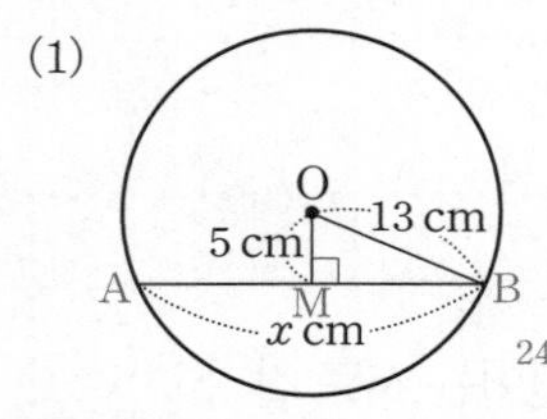

24

(2)

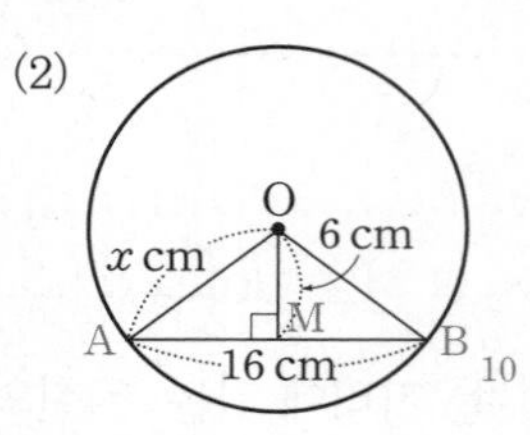

10

풀이 (1) $\overline{MB}=\sqrt{13^2-5^2}=12(\text{cm})$이다.
원의 중심에서 현에 내린 수선은 그 현을 이등분하므로 $x=2\times12=24$이다.
(2) 원의 중심에서 현에 내린 수선은 그 현을 이등분하므로
$\overline{AM}=\frac{1}{2}\times16=8(\text{cm})$이다.
따라서 $x=\sqrt{6^2+8^2}=10$이다.

2 ●●●

175쪽

반지름의 길이가 5 cm인 원의 중심에서 3 cm 떨어진 현의 길이를 구하시오. 8 cm

풀이 오른쪽 그림에서 $\overline{BM}=\sqrt{5^2-3^2}=4(\text{cm})$
따라서 $\overline{AB}=2\overline{BM}=8(\text{cm})$
즉, 현의 길이는 8 cm이다.

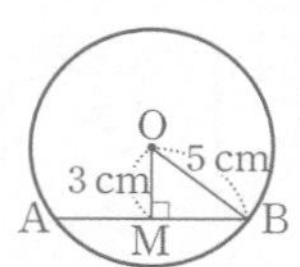

3 ●●●

175쪽

오른쪽 그림과 같이 반지름의 길이가 8 cm인 원 O에서 $\overline{AB}$를 접는 선으로 하여 호 AB가 원의 중심을 지나도록 접었다. 이때 $\overline{AB}$의 길이를 구하시오. $8\sqrt{3}$ cm

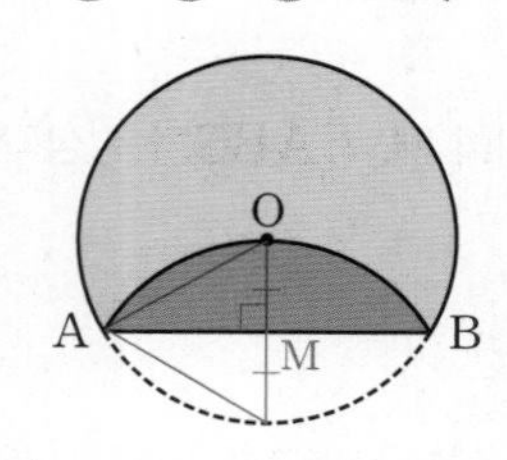

풀이 원의 중심 O에서 $\overline{AB}$에 내린 수선의 발을 M이라고 하면 $\overline{OA}=8$ cm, $\overline{OM}=\overline{MC}=4$ cm이므로 $\triangle OAM$에서 $\overline{AM}=\sqrt{8^2-4^2}=4\sqrt{3}$ (cm)이다.
따라서 $\overline{AB}=2\overline{AM}=8\sqrt{3}$ (cm)이다.

4 ●●●

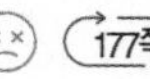

177쪽

다음 그림에서 x의 값을 구하시오.

(1)

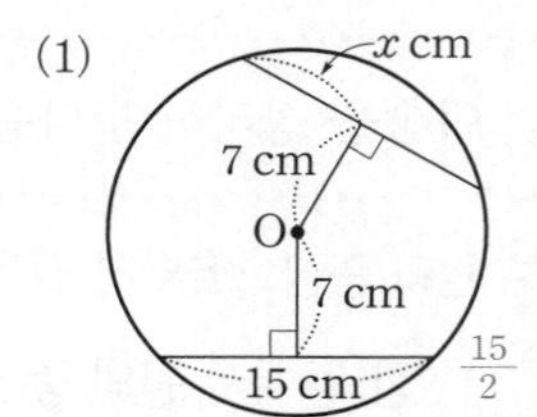

$\frac{15}{2}$

(2)

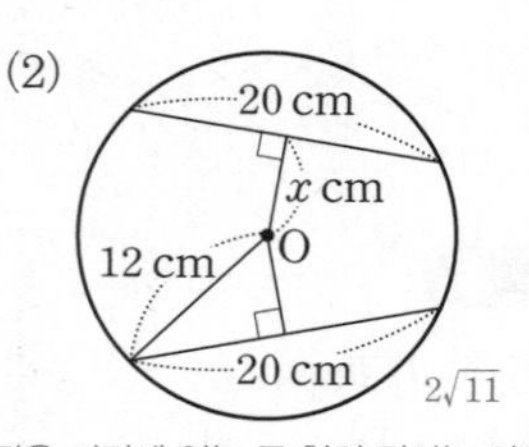

$2\sqrt{11}$

풀이 (1) 한 원에서 원의 중심으로부터 같은 거리에 있는 두 현의 길이는 서로 같고, 원의 중심에서 현에 내린 수선은 그 현을 이등분하므로 $2x=15$, $x=\frac{15}{2}$이다.
(2) 한 원에서 길이가 같은 두 현은 원의 중심으로부터 같은 거리에 있고, 원의 중심에서 현에 내린 수선은 그 현을 이등분하므로
$x=\sqrt{12^2-10^2}=2\sqrt{11}$이다.

5 ●●●

177쪽

오른쪽 그림과 같이 삼각형 ABC의 외심 O에서 두 현 AB, AC에 이르는 거리가 같을 때, $\angle A$의 크기를 구하시오. 50°

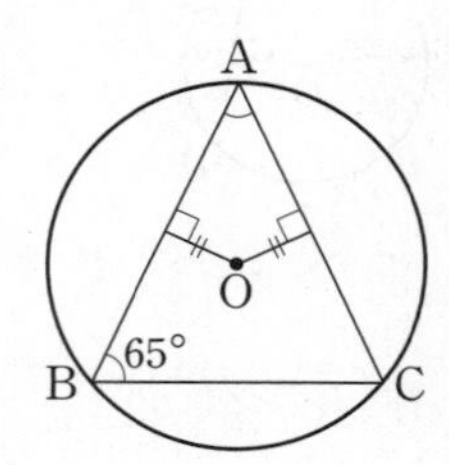

풀이 두 현 AB, AC는 원의 중심으로부터 같은 거리에 있으므로 $\overline{AB}=\overline{AC}$이다.
따라서 $\triangle ABC$가 이등변삼각형이고,
$\angle A=180°-65°\times2=50°$이다.

6 ●●●

175쪽

오른쪽 그림은 원의 일부분이다. $\overline{AD}=\overline{BD}=9$ cm, $\overline{CD}=3$ cm일 때, 이 원의 반지름의 길이를 구하시오. 15 cm

풀이 오른쪽 그림에서 $\overline{CD}$의 연장선은 $\overline{AB}$의 수직이등분선이므로 원의 중심 O를 지난다. 원의 반지름의 길이를 r cm라고 하면 $\overline{OD}=(r-3)$ cm이므로
$\triangle AOD$에서 $r^2=(r-3)^2+9^2$,
$r^2=r^2-6r+9+81$, $6r=90$, $r=15$
따라서 이 원의 반지름의 길이는 15 cm이다.

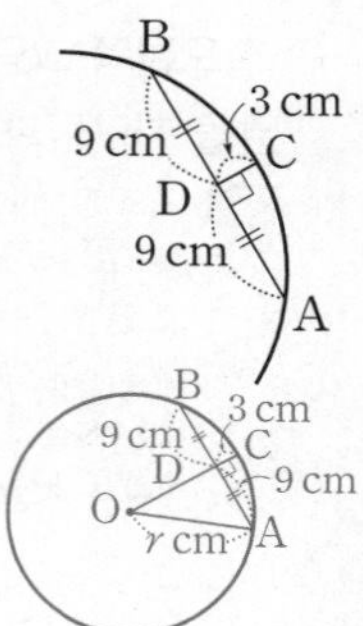

원의 접선

학습 목표 ▮ 원의 접선에 관한 성질을 이해한다.

 원의 접선은 어떤 성질을 가지고 있을까?

탐구하기

탐구 목표
원의 접선에 관한 성질을 이해할 수 있다.

정보처리

오른쪽 그림은 알지오매스를 이용하여 원 O를 그리고, 원 O 밖의 한 점 P에서 두 접선을 그은 것이다.

두 접선의 접점을 각각 A, B라고 할 때, 다음 물음에 답하여 보자.

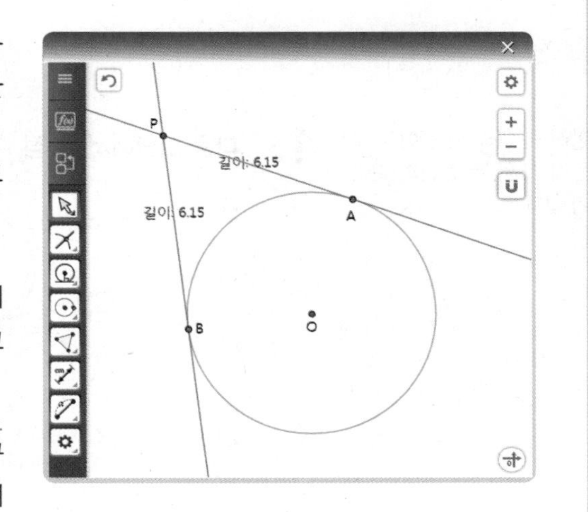

활동 1 원 O 밖에서 한 점 P의 위치를 자유롭게 바꾸어 가면서 $\overline{PA}$와 $\overline{PB}$의 길이를 비교하여 보자. 풀이 참조

풀이 점 P의 위치가 바뀌어도 $\overline{PA}$와 $\overline{PB}$의 길이는 서로 같다.

활동 2 원 O의 반지름의 길이를 자유롭게 바꾸어 가면서 $\overline{PA}$와 $\overline{PB}$의 길이를 비교하여 보자. 풀이 참조

풀이 원 O의 크기가 바뀌어도 $\overline{PA}$와 $\overline{PB}$의 길이는 서로 같다.

탐구하기 에서 점 P의 위치나 원 O의 크기에 상관없이 $\overline{PA}$와 $\overline{PB}$의 길이가 서로 같음을 알 수 있다. 이 성질이 항상 성립하는지 확인하여 보자.

오른쪽 그림과 같이 원 O 밖의 한 점 P에서 원 O에 그을 수 있는 접선은 2개이다. 이때 두 접선의 접점을 각각 A, B라고 하자.

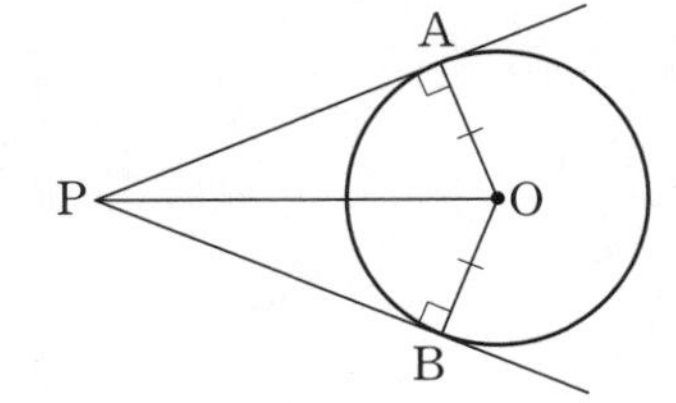

$\triangle PAO$와 $\triangle PBO$에서

$$\angle PAO = \angle PBO = 90^\circ$$

$$\overline{OA} = \overline{OB}\text{(반지름)}$$

$$\overline{OP}\text{는 공통}$$

이므로 직각삼각형의 합동 조건에 의하여 $\triangle PAO \equiv \triangle PBO$이다. 따라서

$$\overline{PA} = \overline{PB}$$

이다.

이전 내용 톡톡
원 O의 접선 l은 접점 T를 지나는 반지름 OT에 수직이다.

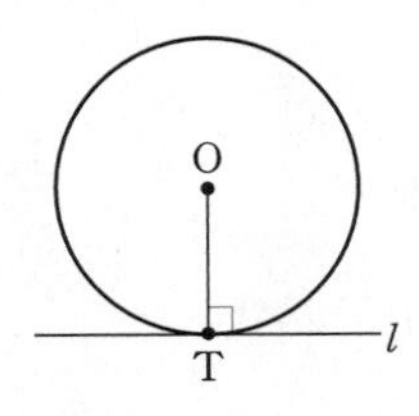

Tip 두 선분 PA, PB의 길이를 각각 점 P에서 원 O에 그은 접선의 길이라고 한다.

이상을 정리하면 다음과 같다.

접선의 성질

원 밖의 한 점에서 그 원에 두 접선을 그을 때, 그 점에서 두 접점까지의 거리는 서로 같다.

즉, 오른쪽 그림에서

$$\overline{PA}=\overline{PB}$$

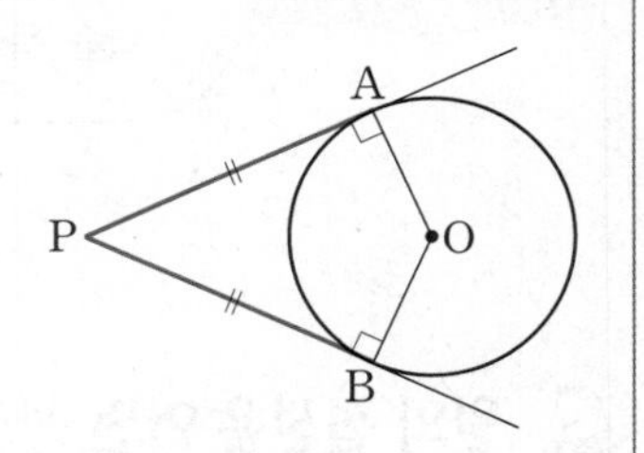

Tip 원 밖의 한 점에서 그 원에 그은 두 접선의 길이가 같다.

1. 다음 그림에서 두 점 A, B는 점 P에서 원 O에 그은 두 접선의 접점이다. x의 값을 구하시오.

(1)

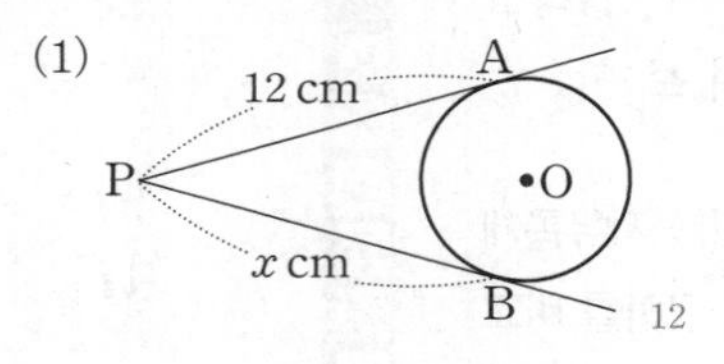

(2)

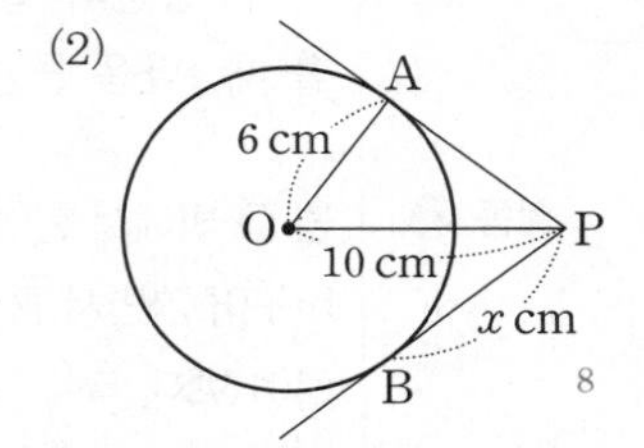

풀이 (1) 원 밖의 한 점에서 그 원에 그은 두 접선의 길이는 서로 같으므로 $\overline{PA}=\overline{PB}$이다. 따라서 $x=12$

(2) $\overline{PB}=\overline{PA}=x$ cm이므로 $\triangle PAO$에서 $x=\sqrt{10^2-6^2}=8$

함께해 보기 1

오른쪽 그림에서 원 O는 $\triangle ABC$의 내접원이고, 세 점 P, Q, R는 각각 원 O의 접점이다. $\overline{AB}=10$ cm, $\overline{BC}=14$ cm, $\overline{CA}=8$ cm일 때, x의 값을 구하여 보자.

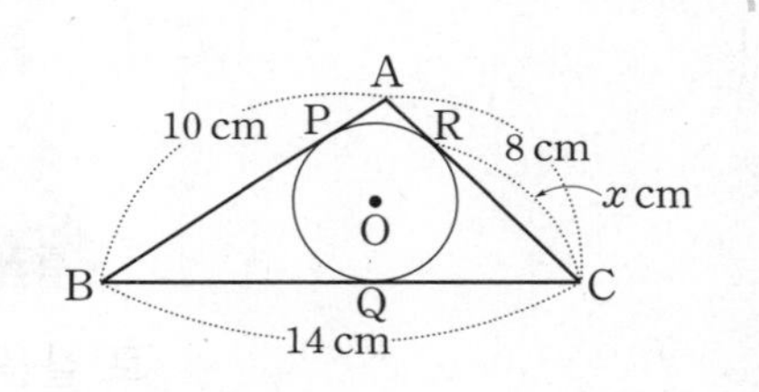

(1) 다음 각 변의 길이를 x를 사용하여 나타내어 보자.

$\overline{AB}$, $\overline{BC}$, $\overline{CA}$는 각각 원 O의 접선이므로

$\overline{CR}=\overline{CQ}=x$(cm), $\overline{AP}=\overline{AR}=8-x$(cm),

$\overline{BP}=\overline{BQ}=14-$ [x] (cm)

이다.

(2) x의 값을 구하여 보자.

$\overline{AB}=\overline{AP}+\overline{BP}$이고, $\overline{AB}=10$cm이므로

$10=(8-x)+($ [$14-x$] $)$, $2x=$ [12]

따라서 $x=$ [6] 이다.

Tip 접선의 길이에 대한 성질을 이용하여 길이가 같은 두 선분을 찾는다.

2. **오른쪽 그림에서 원 O는 $\triangle$ABC의 내접원이고, 세 점 P, Q, R는 각각 원 O의 접점이다. $\overline{AB}=10$ cm, $\overline{BQ}=6$ cm, $\overline{CA}=8$ cm일 때, x의 값을 구하시오.** 10

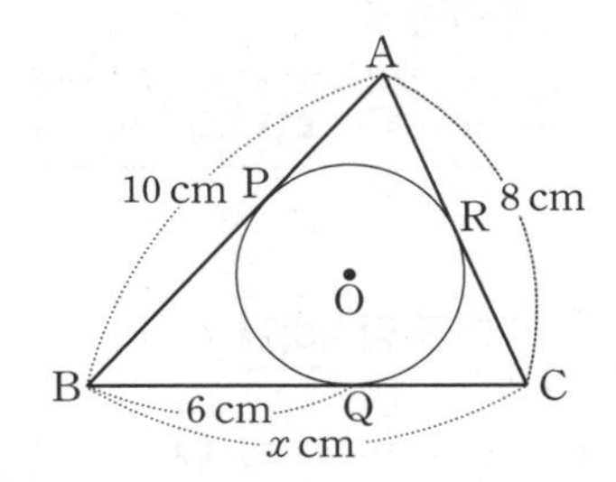

풀이 $\overline{BP}=\overline{BQ}=6$ cm이므로 $\overline{AP}=10-6=4$(cm)
$\overline{AR}=\overline{AP}=4$ cm이므로 $\overline{CR}=8-4=4$(cm)
따라서 $\overline{CR}=\overline{CQ}=4$ cm이므로 $x=4+6=10$이다.

Tip 접선의 길이에 관한 성질에 의하여 $\overline{AB}+\overline{CD}=\overline{AD}+\overline{BC}$이다.

3. **오른쪽 그림과 같이 원 O가 □ABCD와 네 점 P, Q, R, S에서 접하고 있다. $\overline{AP}=4$ cm, $\overline{BQ}=6$ cm, $\overline{CR}=5$ cm이고 □ABCD의 둘레의 길이가 36 cm일 때, x의 값을 구하시오.** 3

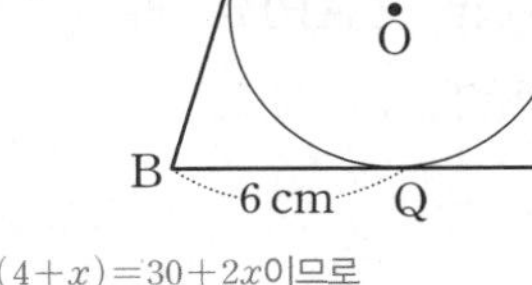

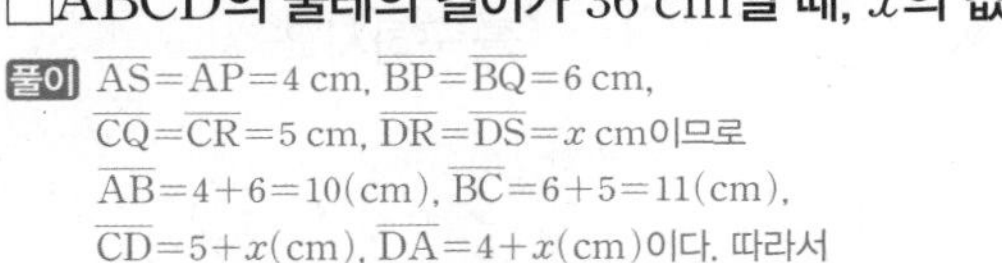

풀이 $\overline{AS}=\overline{AP}=4$ cm, $\overline{BP}=\overline{BQ}=6$ cm,
$\overline{CQ}=\overline{CR}=5$ cm, $\overline{DR}=\overline{DS}=x$ cm이므로
$\overline{AB}=4+6=10$(cm), $\overline{BC}=6+5=11$(cm),
$\overline{CD}=5+x$(cm), $\overline{DA}=4+x$(cm)이다. 따라서
(□ABCD의 둘레의 길이)$=\overline{AB}+\overline{BC}+\overline{CD}+\overline{DA}=10+11+(5+x)+(4+x)=30+2x$이므로
$30+2x=36$, $2x=6$, $x=3$이다.

풀이 | 예시 | 서현: 원 밖의 한 점에서 그 원에 그은 두 접선의 길이는 서로 같으므로 $\overline{AS}=\overline{AP}$, $\overline{BP}=\overline{BQ}$, $\overline{CQ}=\overline{CR}$, $\overline{DR}=\overline{DS}$이다.
따라서 $\overline{AB}+\overline{CD}=(\overline{AP}+\overline{BP})+(\overline{CR}+\overline{DR})=\overline{AS}+\overline{BQ}+\overline{CQ}+\overline{DS}=(\overline{AS}+\overline{DS})+(\overline{BQ}+\overline{CQ})=\overline{AD}+\overline{BC}$이다.
주하: 원 O의 반지름의 길이를 r라 하고, 서현이의 결과를 이용하면

$$\triangle OAB+\triangle OCD=\left(\frac{1}{2}\times\overline{AB}\times r\right)+\left(\frac{1}{2}\times\overline{CD}\times r\right)=\frac{1}{2}\times(\overline{AB}+\overline{CD})\times r$$
$$=\frac{1}{2}\times(\overline{AD}+\overline{BC})\times r=\left(\frac{1}{2}\times\overline{AD}\times r\right)+\left(\frac{1}{2}\times\overline{BC}\times r\right)$$
$$=\triangle ODA+\triangle OBC$$

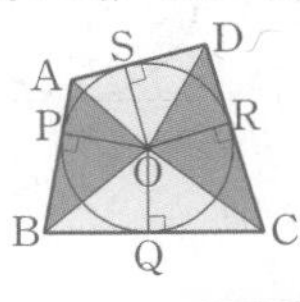

문제 해결 | 추론 | 의사소통

생각 키우기

다음 두 학생의 대화를 읽고, 원 O가 □ABCD와 네 점 P, Q, R, S에서 접할 때, 서현이와 주하의 주장이 각각 옳은 까닭을 친구들과 이야기하여 보자. 풀이 참조

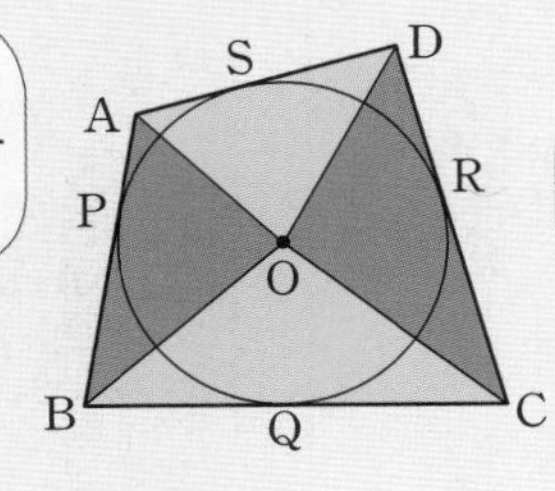

스스로 점검하기

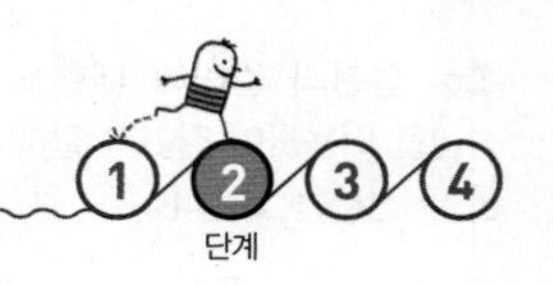

개념 점검하기

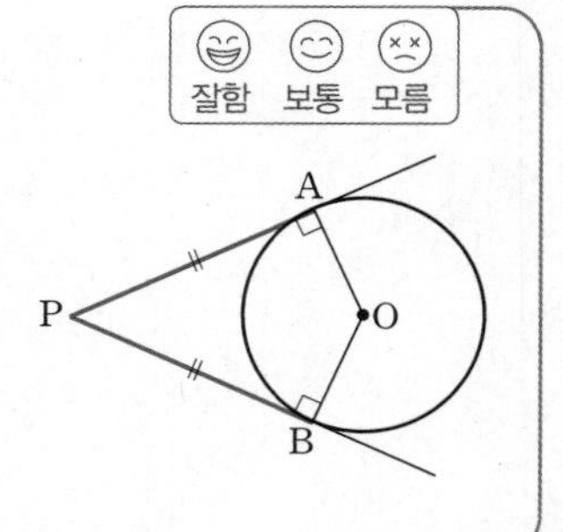

원 밖의 한 점에서 그 원에 두 접선을 그을 때, 그 점에서 두 접점까지의 거리는 서로 같다. 즉, 오른쪽 그림에서

$\overline{PA}=$ [$\overline{PB}$]

1 ●●● 180쪽

오른쪽 그림에서 두 점 A, B는 점 P에서 원 O에 그은 두 접선의 접점이다.

$\overline{PA}=8$ cm, $\angle APB=50°$ 일 때, 다음을 구하시오.

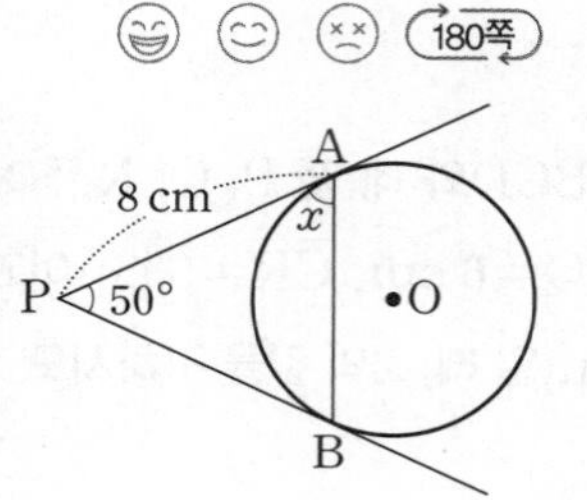

(1) $\overline{PB}$의 길이 8 cm (2) $\angle x$의 크기 65°

풀이 (1) $\overline{PA}=\overline{PB}=8$ cm

(2) △PAB가 이등변삼각형이므로 $\angle x=\frac{1}{2}\times(180°-50°)=65°$

2 ●●● 180쪽

오른쪽 그림과 같이 두 점 A, B가 점 P에서 원 O에 그은 두 접선의 접점일 때, x의 값을 구하시오. 4

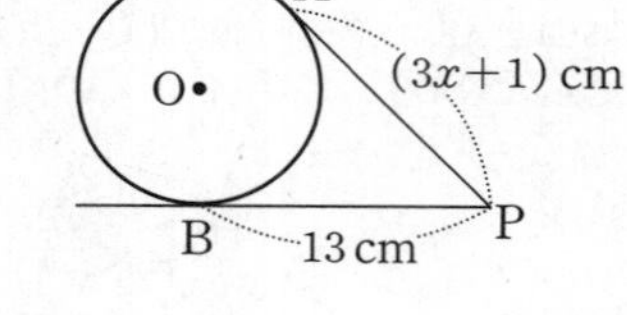

풀이 $\overline{PA}=\overline{PB}$이므로

$3x+1=13$, $3x=12$, $x=4$

3 ●●● 180쪽

다음 그림에서 $\overline{AD}$, $\overline{AF}$, $\overline{BC}$가 각각 세 점 D, F, E를 접점으로 하는 원 O의 접선일 때, $\overline{BC}$의 길이를 구하시오. 5 cm

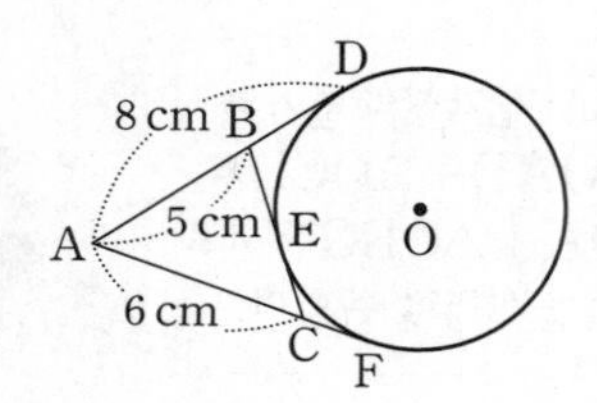

풀이 $\overline{AF}=\overline{AD}=8$ cm이므로

$\overline{CF}=\overline{CE}=8-6=2$(cm), $\overline{BD}=\overline{BE}=8-5=3$(cm)

따라서 $\overline{BC}=\overline{BE}+\overline{CE}=3+2=5$(cm)이다.

4 ●●● 181쪽

다음 그림에서 원 O는 △ABC의 내접원이고 세 점 D, E, F는 각각 원 O의 접점이다. $\overline{AD}=2$ cm, $\overline{CA}=6$ cm이고, △ABC의 둘레의 길이가 24 cm일 때, $\overline{BE}$의 길이를 구하시오. 6 cm

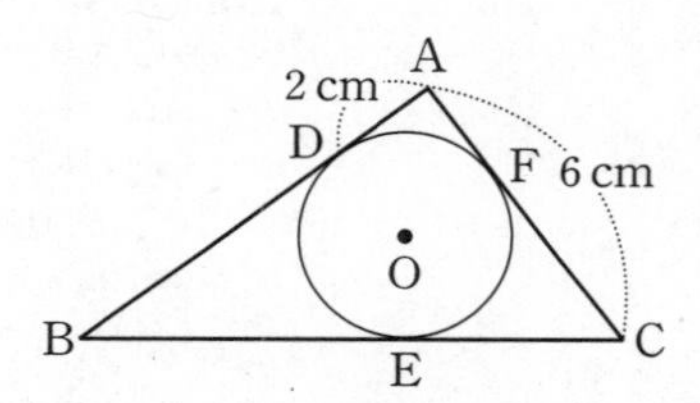

풀이 $\overline{AF}=\overline{AD}=2$ cm, $\overline{CF}=\overline{CE}=6-2=4$(cm)이므로

$\overline{BE}=\overline{BD}=x$ cm라고 하면 $\overline{AB}=(x+2)$ cm, $\overline{BC}=(x+4)$ cm이다.

△ABC의 둘레의 길이가 24 cm이므로

$(x+2)+(x+4)+6=24$, $2x=12$, $x=6$

따라서 $\overline{BE}$의 길이는 6 cm이다.

5 ●●● 181쪽

다음 그림과 같이 원 O에 외접하는 □ABCD에서 $\overline{AB}=6$ cm, $\overline{BC}=10$ cm, $\overline{DA}=5$ cm일 때, $\overline{CD}$의 길이를 구하시오. 9 cm

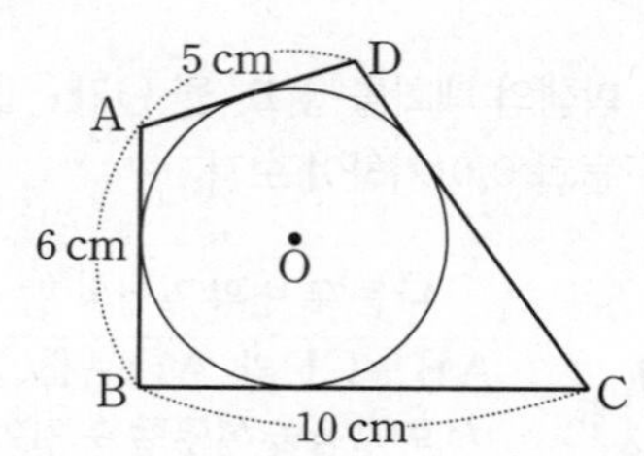

풀이 $\overline{AB}+\overline{CD}=\overline{AD}+\overline{BC}$이므로 $6+\overline{CD}=5+10$

따라서 $\overline{CD}=9$(cm)이다.

한 원을 결정하는 점의 개수는?

자와 컴퍼스를 이용하여 한 점, 두 점, 세 점을 지나는 원을 그려 보고, 각각의 경우의 원의 특징을 알아보자. 또, 한 원을 결정하는 점의 개수에 대해 알아보자.

활동 ① 한 점 A를 지나는 원을 2개 이상 그려 보자.

풀이 오른쪽 그림과 같이 한 점 A를 지나는 원은 무수히 많다.

활동 ② 원에서 현의 수직이등분선은 그 원의 중심을 지난다는 성질을 이용하여 두 점 A, B를 지나는 원을 2개 이상 그려 보자.

풀이 원에서 현의 수직이등분선은 그 원의 중심을 지나므로 두 점 A, B를 지나는 원의 중심은 항상 $\overline{AB}$의 수직이등분선 위에 있다.
따라서 두 점 A, B를 지나는 원은 오른쪽 그림과 같이 무수히 많다.

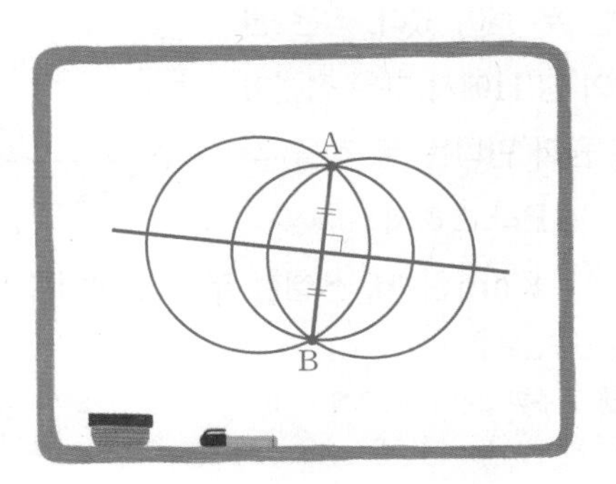

활동 ③ 한 직선 위에 있지 않은 세 점 A, B, C를 지나는 원을 그려 보자. 이때 원은 몇 개의 점으로 결정할 수 있는지 친구들과 이야기하여 보자.

풀이 $\overline{AB}$의 수직이등분선과 $\overline{BC}$의 수직이등분선의 교점은 하나뿐이다. 즉, 그 교점이 세 점 A, B, C를 지나는 원의 중심이 된다.
따라서 오른쪽 그림과 같이 한 직선 위에 있지 않은 세 점 A, B, C를 지나는 원은 하나뿐이다.
단, 세 점이 한 직선 위에 있으면 세 점을 모두 지나는 원은 존재하지 않는다.

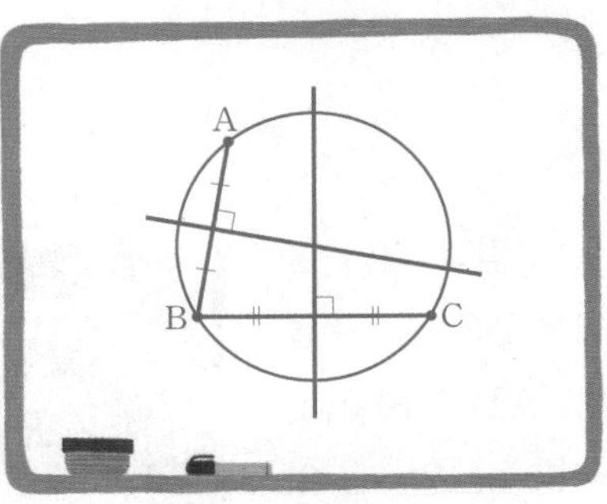

| 상호 평가표 |

평가 내용		자기 평가 (😄)	자기 평가 (😊)	자기 평가 (😵)	친구 평가 (😄)	친구 평가 (😊)	친구 평가 (😵)
내용	원의 중심과 현의 수직이등분선의 성질을 설명할 수 있다.						
	한 원을 결정하는 점의 개수를 말할 수 있다.						
태도	학습한 내용을 새로운 문제를 해결하는 데 적극 활용하였다.						

스스로 확인하기

1. 오른쪽 그림과 같이 중심이 O인 원에서 $\overline{AB}\perp\overline{OM}$이고 $\overline{AB}=24$ cm, $\overline{OM}=9$ cm일 때, 이 원의 넓이를 구하시오. 225π cm²

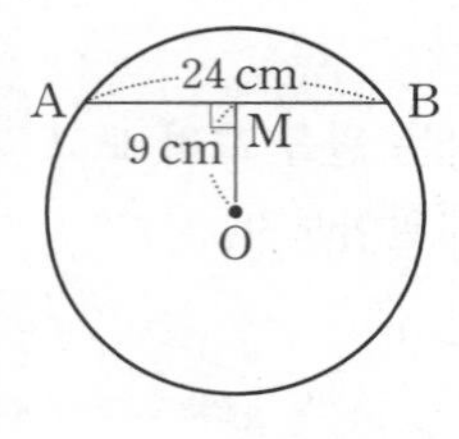

풀이 $\overline{AB}\perp\overline{OM}$이므로 $\overline{AM}=\overline{BM}=12$(cm)
△OAM에서 $\overline{OA}=\sqrt{12^2+9^2}=15$(cm)
따라서 이 원의 넓이는 $\pi\times15^2=225\pi$(cm²)이다.

2. 오른쪽 그림과 같이 중심이 같은 두 원이 있다. 작은 원 위의 점 H에서 그은 접선이 큰 원과 만나는 두 점을 각각 A, B라고 하자. $\overline{AB}=8$ cm일 때, 색칠한 부분의 넓이를 구하시오. 16π cm²

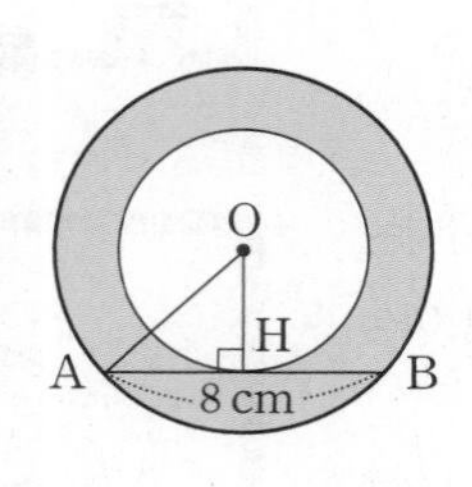

풀이 큰 원의 반지름의 길이를 R cm, 작은 원의 반지름의 길이를 r cm라고 하면 $\overline{AH}=\overline{BH}=\frac{8}{2}=4$(cm)이므로 △OAH에서 $R^2-r^2=4^2$이다.
따라서 색칠한 부분의 넓이는 $\pi R^2-\pi r^2=\pi(R^2-r^2)=16\pi$(cm²)이다.

3. 오른쪽 그림과 같이 놀이터에서 원의 일부분을 찾았다. $\overline{AB}=40$ cm, $\overline{CH}=60$ cm일 때, 이 원의 반지름의 길이를 구하시오. (단, $\overline{CH}$는 $\overline{AB}$의 수직이등분선 위에 있다.) $\frac{100}{3}$ cm

풀이 원 O의 반지름의 길이를 r cm라고 하면
$\overline{OA}=r$ cm, $\overline{AH}=20$ cm, $\overline{OH}=(60-r)$ cm
△OAH에서 $r^2=(60-r)^2+20^2$, $120r=4000$, $r=\frac{100}{3}$
따라서 이 원의 반지름의 길이는 $\frac{100}{3}$ cm이다.

4. 오른쪽 그림의 원 O에서 $\overline{OL}=\overline{OM}=\overline{ON}$, $\overline{BM}=6$ cm일 때, 삼각형 ABC의 넓이를 구하시오. $36\sqrt{3}$ cm²

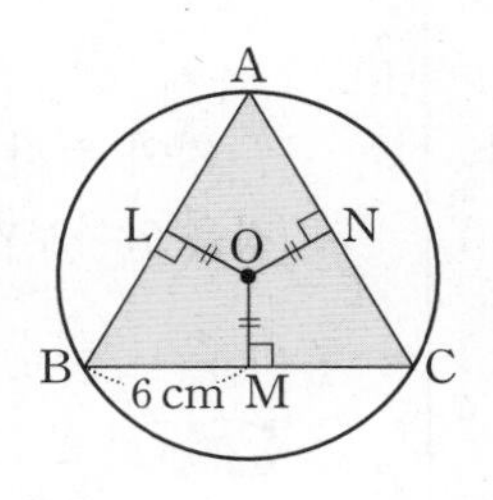

풀이 $\overline{OL}=\overline{OM}=\overline{ON}$이므로
$\overline{AB}=\overline{BC}=\overline{CA}$
즉, △ABC는 정삼각형이다.
이때 $\overline{BC}=2\overline{BM}=2\times6=12$(cm)
따라서 한 변의 길이가 12 cm인 정삼각형 ABC의 넓이는
$\frac{1}{2}\times12\times12\times\sin60°=36\sqrt{3}$(cm²)이다.

5. 오른쪽 그림에서 $\overline{AD}$, $\overline{CD}$, $\overline{BC}$가 각각 세 점 A, E, B를 접점으로 하는 반원 O의 접선일 때, $\overline{AB}$의 길이를 구하시오. $4\sqrt{5}$ cm

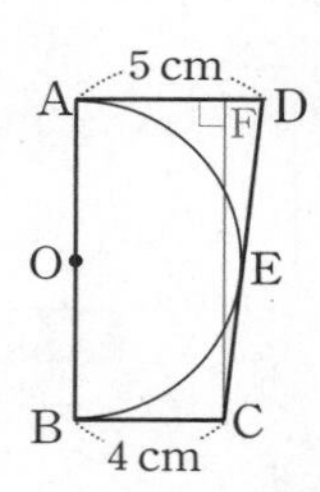

풀이 점 C에서 $\overline{DA}$에 내린 수선의 발을 F라고 하면
$\overline{DC}=\overline{DE}+\overline{CE}=\overline{DA}+\overline{CB}=5+4=9$(cm)이므로
△DFC에서 $\overline{CF}=\sqrt{9^2-1^2}=4\sqrt{5}$(cm)
따라서 $\overline{AB}=\overline{CF}=4\sqrt{5}$ cm이다.

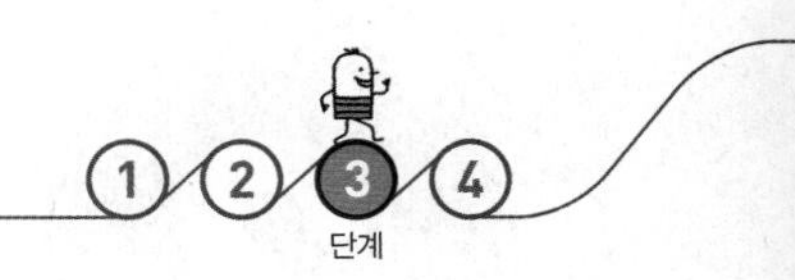

실력 업(UP) 발전 문제

6. 다음 그림과 같이 원 O는 직사각형 ABCD의 세 변과 $\overline{PC}$에 접하고, 네 점 E, F, G, H는 각각 원 O의 접점이다. 이때 $\overline{PD}$의 길이를 구하시오. $\frac{9}{2}$ cm

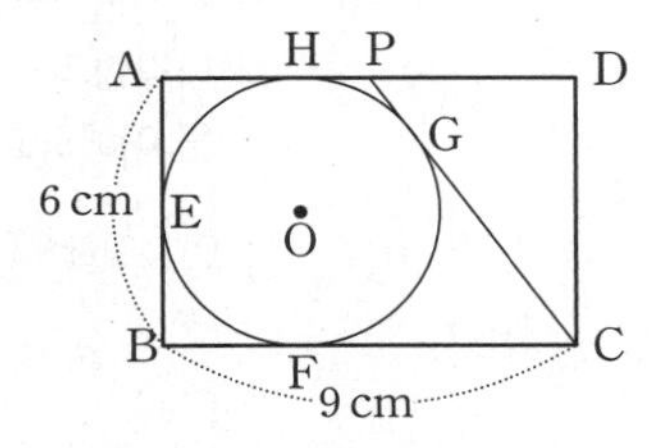

풀이 $\overline{AH}=\overline{AE}=\overline{BE}=\overline{BF}=3$ cm이므로
$\overline{DH}=\overline{CF}=\overline{CG}=9-3=6(\text{cm})$이다.
$\overline{PG}=\overline{PH}=x$ cm라고 하면 $\overline{PC}=(6+x)$ cm, $\overline{PD}=(6-x)$ cm이다.
$\triangle$PCD에서 $6^2+(6-x)^2=(6+x)^2$, $24x=36$, $x=\frac{3}{2}$
따라서 $\overline{PD}=6-\frac{3}{2}=\frac{9}{2}(\text{cm})$이다.

7. 다음 그림에서 원 O는 직각삼각형 ABC의 내접원이고 세 점 D, E, F는 각각 원 O의 접점이다. 원 O의 반지름의 길이가 2 cm이고 $\overline{AB}=10$ cm일 때, $\triangle$ABC의 넓이를 구하시오. 24 cm^2

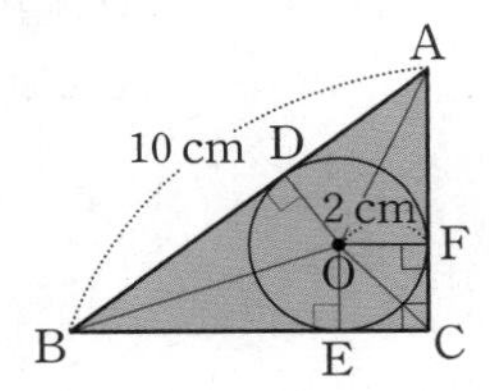

풀이 $\overline{CE}=\overline{CF}=2$ cm, $\overline{AF}=\overline{AD}$, $\overline{BE}=\overline{BD}$이므로
$\triangle$ABC의 둘레의 길이는 24 cm
따라서 $\triangle ABC=\triangle ABO+\triangle BCO+\triangle CAO$
$=\frac{1}{2}\times\overline{AB}\times\overline{OD}+\frac{1}{2}\times\overline{BC}\times\overline{OE}+\frac{1}{2}\times\overline{CA}\times\overline{OF}$
$=\frac{1}{2}\times(\overline{AB}+\overline{BC}+\overline{CA})\times\overline{OF}$
$=\frac{1}{2}\times24\times2=24(\text{cm}^2)$

교과서 문제 뛰어 넘기

8. 오른쪽 그림과 같이 중심이 같고 반지름의 길이가 각각 10 cm, 8 cm인 두 반원이 있다. 큰 반원의 현 BC가 작은 원에 접하고 $\overline{CH}\perp\overline{AB}$일 때, $\overline{CH}$의 길이를 구하시오.

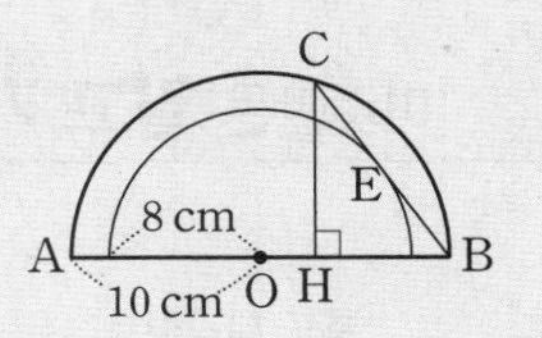

9. 오른쪽 그림에서 원 O는 정육각형 ABCDEF의 각 변과 접한다. 세 점 P, Q, R는 각각 $\overline{AB}$, $\overline{CD}$, $\overline{EF}$를 연장한 직선들이 만나서 생긴 점이다. $\overline{PQ}=12$ cm일 때, 정육각형 ABCDEF의 둘레의 길이를 구하시오.

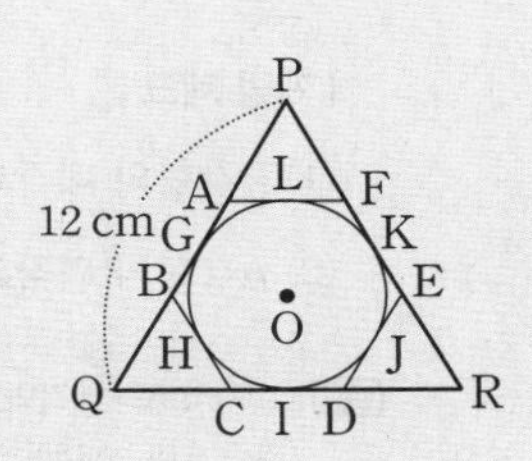

10. 오른쪽 그림과 같이 한 변의 길이가 $6+2\sqrt{3}$인 정삼각형 ABC에 합동인 세 개의 원이 꼭 맞게 들어 있다. 이 세 원의 넓이의 합을 구하시오.

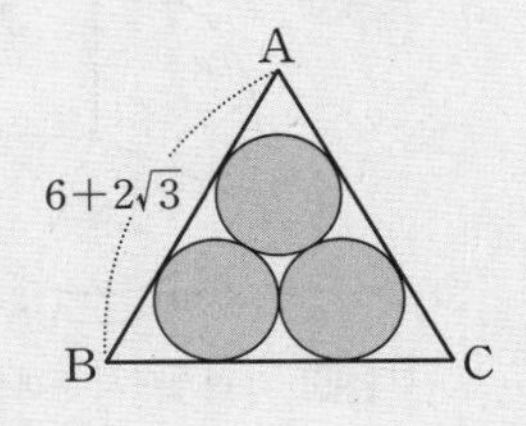

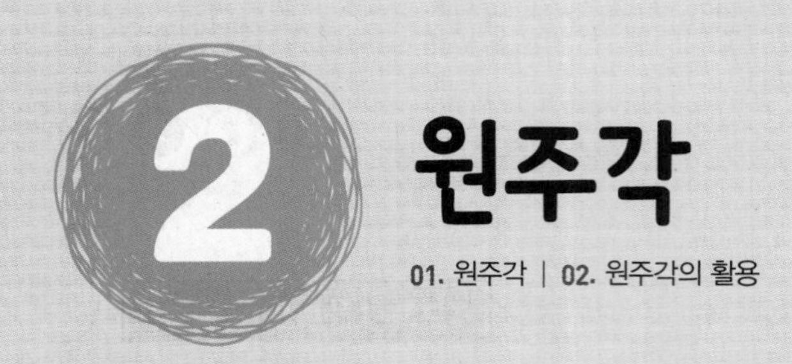

원주각

01. 원주각 | 02. 원주각의 활용

이것만은 알고 가자

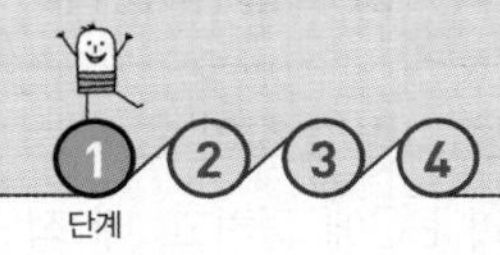

중1 다각형

알고 있나요?
다각형의 내각과 외각의 성질을 이해하고 있는가?
잘함 보통 모름

1. 다음 그림에서 $\angle x$의 크기를 구하시오.

(1)

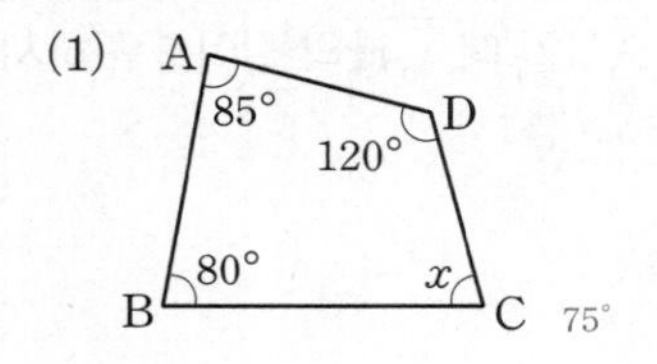

75°

(2)

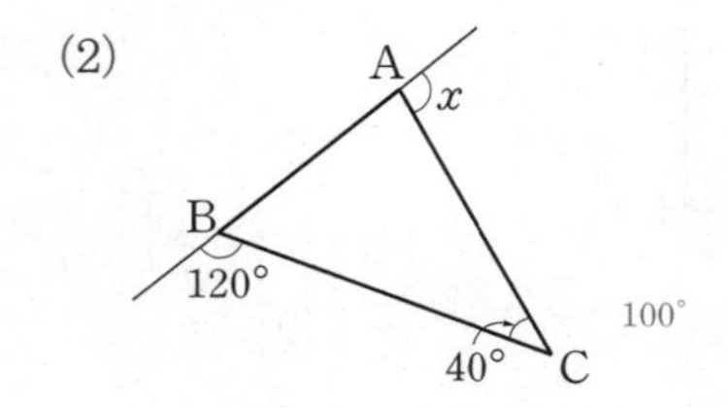

100°

| 개념 체크 |

(1) n각형의 내각의 크기의 합은 $180^\circ \times (n-2)$이다.

(2) n각형의 외각의 크기의 합은 360°이다.

풀이 (1) 사각형의 내각의 크기의 합은 360°이므로 $\angle x = 360^\circ - (85^\circ + 80^\circ + 120^\circ) = 75^\circ$이다.
(2) $\angle ABC = 180^\circ - 120^\circ = 60^\circ$이고, 삼각형의 한 외각의 크기는 그와 이웃하지 않는 두 내각의 크기의 합과 같으므로 $\angle x = 60^\circ + 40^\circ = 100^\circ$이다.

중1 원과 부채꼴

알고 있나요?
부채꼴의 중심각과 호의 관계를 이해하고 있는가?
잘함 보통 모름

2. 다음 그림에서 x의 값을 구하시오.

(1)

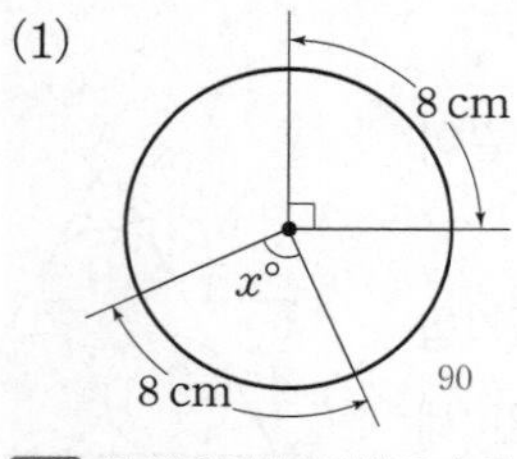

90

(2)

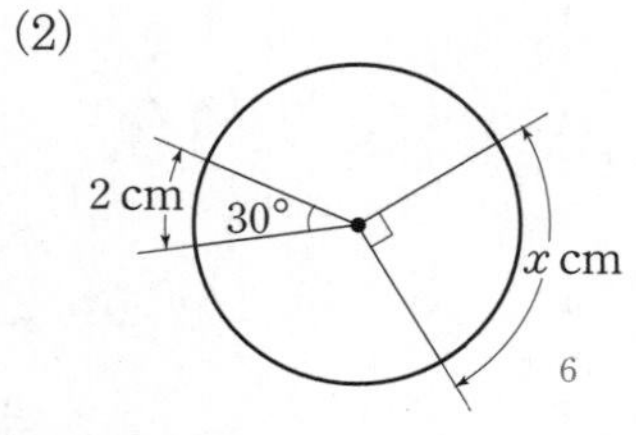

6

풀이 (2) 한 원에서 부채꼴의 호의 길이는 중심각의 크기에 정비례하므로 $30^\circ : 90^\circ = 2 : x$, $x = 6$

| 개념 체크 |

(1) 한 원에서 중심각의 크기가 같은 두 부채꼴의 호의 길이와 넓이는 각각 같다.

(2) 한 원에서 부채꼴의 호의 길이와 넓이는 각각 중심각의 크기에 정비례 한다.

부족한 부분을 보충하고 본 학습을 준비하여 보자.

한 눈에 개념 정리

01 원주각의 성질

1. 원주각: 원 O에서 호 AB 위에 있지 않은 원 위의 점 P에 대하여 ∠APB를 호 AB에 대한 원주각이라고 한다.

2. 원주각과 중심각의 크기

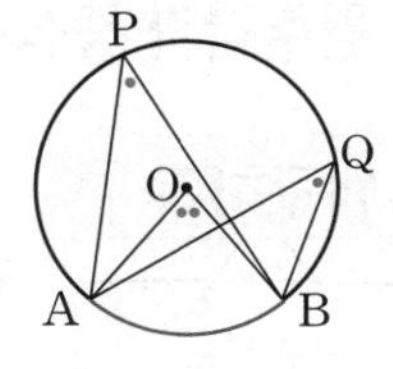

(1) 한 호에 대한 원주각의 크기는 그 호에 대한 중심각의 크기의 $\frac{1}{2}$이다.

➡ $\angle APB = \frac{1}{2}\angle AOB$

(2) 한 호에 대한 원주각의 크기는 모두 같다.

➡ $\angle APB = \angle AQB$

3. 원주각의 크기와 호의 길이

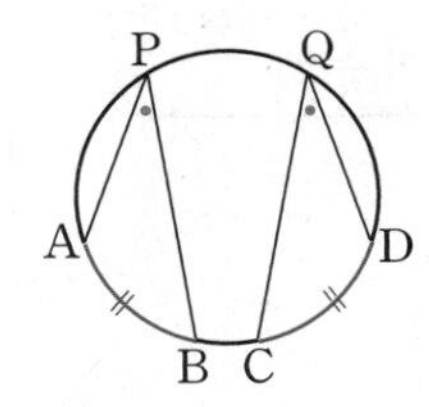

(1) 한 원에서 길이가 같은 호에 대한 원주각의 크기는 서로 같다.

➡ $\widehat{AB} = \widehat{CD}$이면 $\angle APB = \angle CQD$

(2) 한 원에서 크기가 같은 원주각에 대한 호의 길이는 서로 같다.

➡ $\angle APB = \angle CQD$이면 $\widehat{AB} = \widehat{CD}$

(3) 호의 길이와 그 호에 대한 원주각의 크기는 정비례한다.

02 원주각의 활용

1. 네 점이 한 원 위에 있을 조건

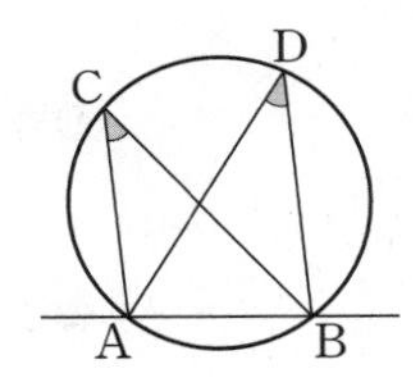

두 점 C, D가 직선 AB에 대하여 같은 쪽에 있을 때,

$\angle ACB = \angle ADB$

이면 네 점 A, B, C, D는 한 원 위에 있다.

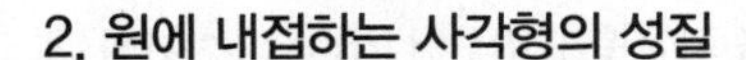

2. 원에 내접하는 사각형의 성질

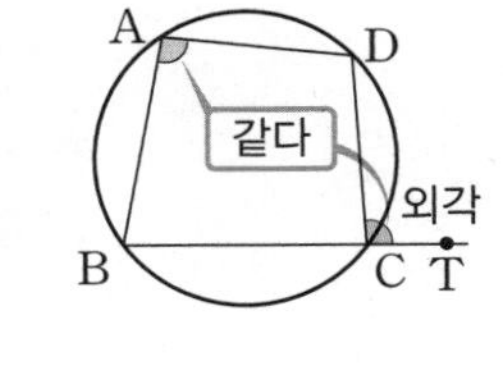

(1) 원에 내접하는 사각형에서 한 쌍의 대각의 크기의 합은 180°이다.

➡ $\angle A + \angle C = 180°$, $\angle B + \angle D = 180°$

(2) 원에 내접하는 사각형의 한 외각의 크기는 그 외각에 이웃한 내각에 대한 대각의 크기와 같다.

➡ $\angle DCT = \angle A$

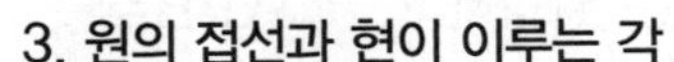

3. 원의 접선과 현이 이루는 각

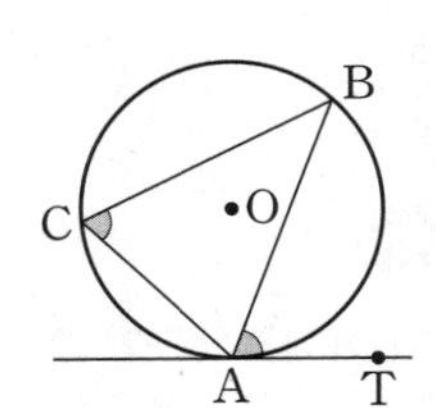

(1) 원의 접선과 그 접점을 지나는 현이 이루는 각의 크기는 그 각의 내부에 있는 호에 대한 원주각의 크기와 같다.

➡ $\angle BAT = \angle BCA$

(2) 원 O에서 $\angle BAT = \angle BCA$이면 직선 AT는 원 O의 접선이다.

01 원주각

이 단원에서 배우는 용어와 기호

원주각

학습 목표 ‖ 원주각의 성질을 이해한다.

원주각과 중심각 사이에는 어떤 관계가 있을까?

탐구하기

탐구 목표
원주각과 중심각 사이의 관계를 추측할 수 있다.

정보처리

오른쪽 그림은 알지오매스를 이용하여 원 O 위에 두 점 A, B를 잡고 중심 O와 각각 연결한 후, 호 AB 위에 있지 않은 원 O 위에 한 점 P를 잡고 두 점 A, B와 각각 연결하여 그린 것이다. 다음 물음에 답하여 보자.

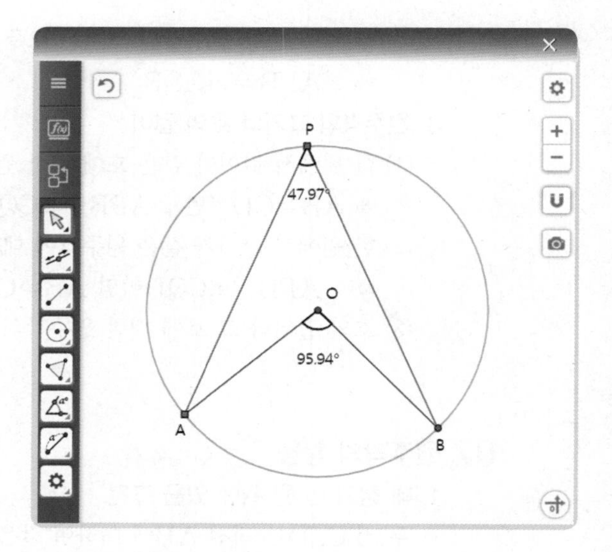

활동 1 $\angle$AOB의 크기와 $\angle$APB의 크기를 비교하여 보자. 풀이 참조

풀이 $\angle$AOB의 크기는 $\angle$APB의 크기의 2배임을 확인할 수 있다. 즉, $\angle APB=\frac{1}{2}\angle AOB$임을 확인할 수 있다.

활동 2 호 AB가 아닌 원 O 위에서 점 P의 위치를 자유롭게 바꾸어 가면서 $\angle$AOB의 크기와 $\angle$APB의 크기를 비교하여 보자. 풀이 참조

풀이 점 P의 위치를 바꾸어도 $\angle$APB의 크기는 일정하고, $\angle APB=\frac{1}{2}\angle AOB$임을 확인할 수 있다.

탐구하기 에서 원 O에서 호 AB 위에 있지 않은 원 위의 한 점 P에 대하여 점 P의 위치에 관계없이 $\angle$APB의 크기는 일정하고, $\angle APB=\frac{1}{2}\angle AOB$임을 알 수 있다.

개념 쏙

① 호 AB에 대한 원주각: 원 O에서 호 AB 위에 있지 않은 원 위의 한 점 P에 대하여 $\angle$APB

② 호 AB에 대한 중심각: 원 O에서 두 반지름 OA, OB가 이루는 $\angle$AOB

오른쪽 그림과 같이 원 O에서 호 AB 위에 있지 않은 원 위의 한 점 P에 대하여 $\angle$APB를 호 AB에 대한 **원주각**이라고 한다. 또, 호 AB를 원주각 $\angle$APB에 대한 호라고 한다.

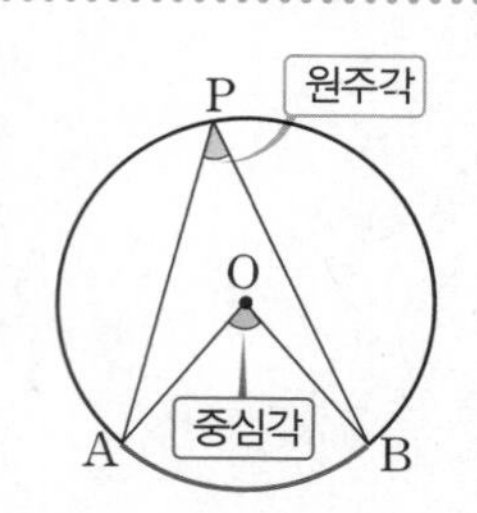

호 AB에 대한 중심각은 하나이지만 원주각은 무수히 많다.

원 O에서 호 AB에 대한 중심각 $\angle AOB$는 하나로 정해지지만 원주각 $\angle APB$는 오른쪽 그림과 같이 점 P의 위치에 따라 무수히 많다.

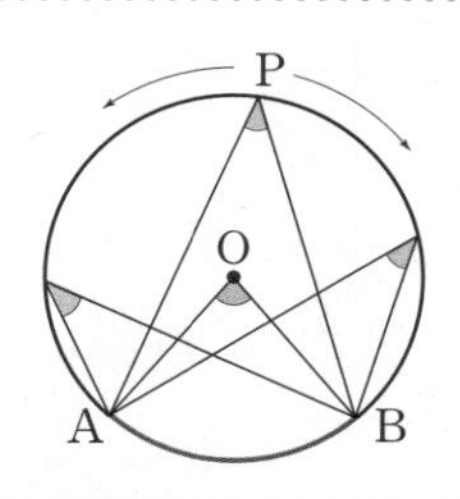

이제 한 호에 대한 원주각의 크기는 그 호에 대한 중심각의 크기의 $\frac{1}{2}$임을 확인하여 보자.

원주각 $\angle APB$와 원의 중심 O의 위치 관계는 점 P의 위치에 따라 다음과 같이 세 가지 경우로 나눌 수 있다.

이전 내용 톡톡

삼각형의 한 외각의 크기는 그와 이웃하지 않는 두 내각의 크기의 합과 같다.

❶ $\angle APB$의 한 변 위에 중심 O가 있는 경우

오른쪽 그림에서 $\triangle OPA$는 $\overline{OP}=\overline{OA}$인 이등변삼각형이므로 $\angle OPA=\angle OAP$이고, $\angle AOB$는 $\triangle OPA$의 한 외각이므로

$$\angle AOB=\angle OPA+\angle OAP=2\angle APB$$

이다. 즉, $\angle APB=\frac{1}{2}\angle AOB$이다.

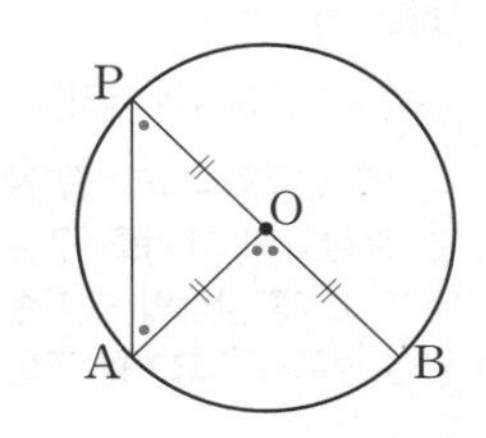

❷ $\angle APB$의 내부에 중심 O가 있는 경우

오른쪽 그림과 같이 지름 PQ를 그으면 ❶에 의하여

$\angle APQ=\frac{1}{2}\angle AOQ$, $\angle BPQ=\frac{1}{2}\angle BOQ$이므로

$$\angle APB=\angle APQ+\angle BPQ$$
$$=\frac{1}{2}(\angle AOQ+\angle BOQ)=\frac{1}{2}\angle AOB$$

이다.

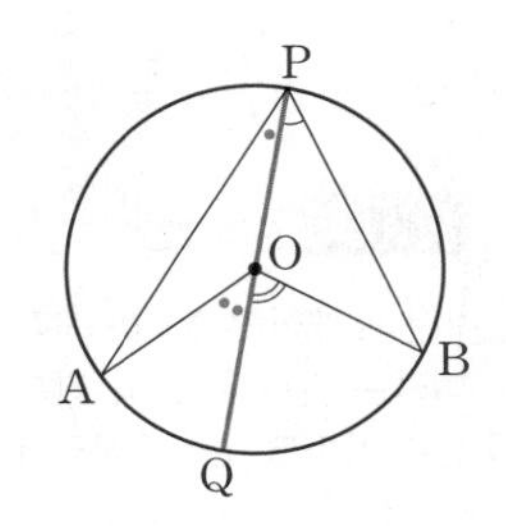

❸ $\angle APB$의 외부에 중심 O가 있는 경우

오른쪽 그림과 같이 지름 PQ를 그으면 ❶에 의하여

$\angle QPB=\frac{1}{2}\angle QOB$, $\angle QPA=\frac{1}{2}\angle QOA$이므로

$$\angle APB=\angle QPB-\angle QPA$$
$$=\frac{1}{2}(\angle QOB-\angle QOA)=\frac{1}{2}\angle AOB$$

이다.

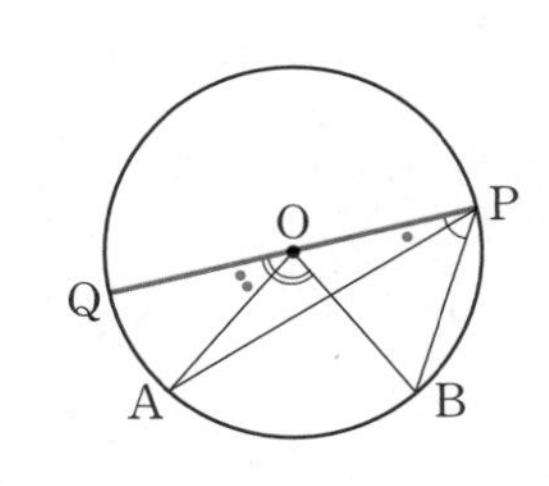

한편, 한 호에 대한 원주각은 무수히 많지만, 그 호에 대한 중심각은 하나이므로 한 호에 대한 원주각의 크기는 모두 같다.

이상을 정리하면 다음과 같다.

원주각과 중심각의 크기

1. 한 호에 대한 원주각의 크기는 그 호에 대한 중심각의 크기의 $\frac{1}{2}$이다. 즉,

$$\angle APB = \frac{1}{2}\angle AOB$$

2. 한 호에 대한 원주각의 크기는 모두 같다. 즉,

$$\angle APB = \angle AQB$$

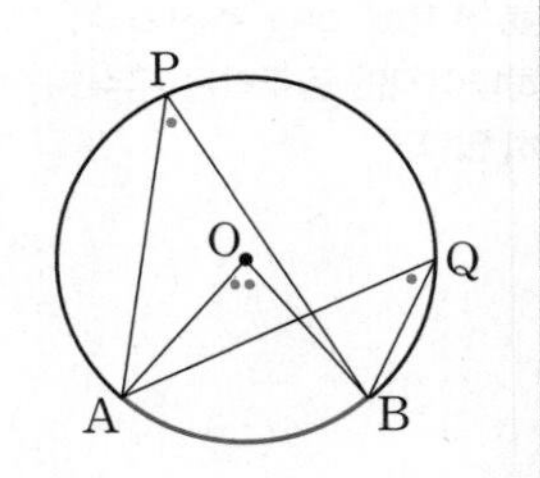

Tip (원주각의 크기) $=\frac{1}{2}\times$(중심각의 크기)이므로 원주각의 크기를 알면 중심각의 크기를 구할 수 있고, 중심각의 크기를 알면 원주각의 크기를 구할 수 있다.

1. 다음 그림에서 $\angle x$의 크기를 구하시오.

(1)

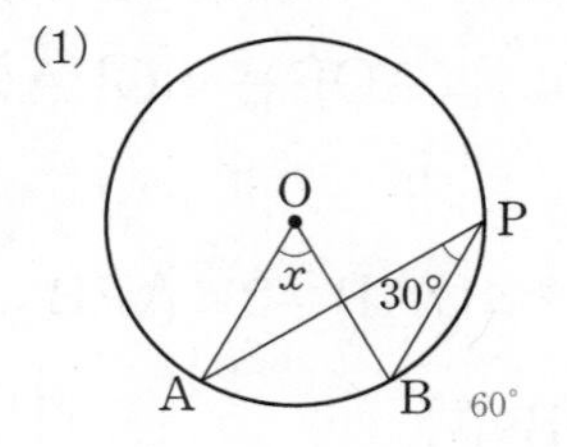

60°

(2)

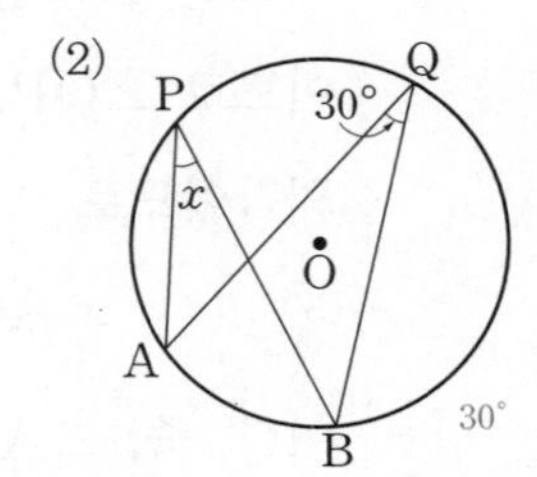

30°

풀이 (1) $\angle APB$는 호 AB에 대한 원주각이고, $\angle AOB$는 호 AB에 대한 중심각이다. 한 호에 대한 원주각의 크기는 그 호에 대한 중심각의 크기의 $\frac{1}{2}$이므로 $\angle x = 2\angle APB = 2\times 30^\circ = 60^\circ$이다.

(2) 한 호에 대한 원주각의 크기는 모두 같으므로 $\angle x = 30^\circ$이다.

반원에 대한 원주각이 직각이라는 것은 한 호에 대한 원주각의 크기는 중심각의 크기의 $\frac{1}{2}$이라는 성질의 특수한 경우이다.

특히, 오른쪽 그림과 같이 원 O에서 호 AB가 반원일 때, 중심각 $\angle AOB$의 크기가 180°이므로 반원에 대한 원주각 $\angle APB$의 크기는 90°이다. 즉,

$$\angle APB = \angle AQB = \frac{1}{2}\angle AOB = \frac{1}{2}\times 180^\circ = 90^\circ$$

또, 원주각의 크기가 90°이면 그에 대한 호는 반원이다.

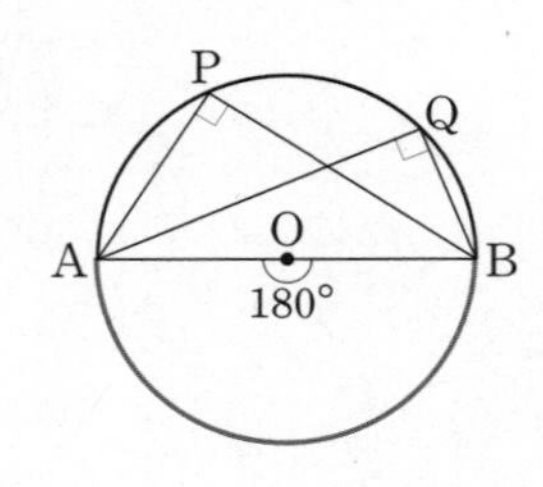

2. 다음 그림에서 $\angle x$의 크기를 구하시오.

(1)

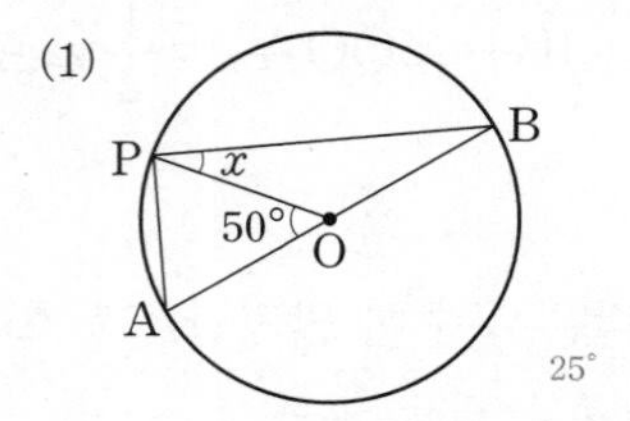

25°

(2)

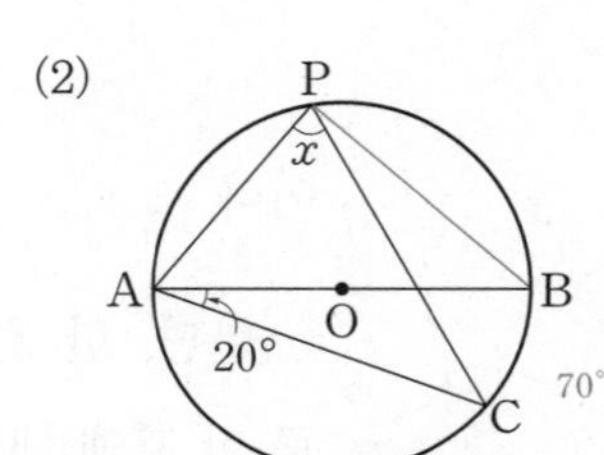

70°

풀이 (1) $\triangle OPA$는 이등변삼각형이므로 $\angle OPA = \frac{1}{2}\times(180^\circ - 50^\circ) = 65^\circ$, 반원에 대한 원주각의 크기는 90°이므로 $\angle APB = 90^\circ$
따라서 $\angle x = 90^\circ - 65^\circ = 25^\circ$이다.

(2) $\overline{PB}$를 그으면 반원에 대한 원주각의 크기가 90°이므로 $\angle APB = 90^\circ$
$\widehat{BC}$에 대한 원주각의 크기는 모두 같으므로 $\angle CPB = \angle CAB = 20^\circ$이다. 따라서 $\angle x = 90^\circ - 20^\circ = 70^\circ$이다.

함께해 보기 1

오른쪽 그림과 같이 원 O에서 두 호 AB, CD에 대한 중심각의 크기가 60°로 서로 같을 때, 다음 물음에 답하여 보자.

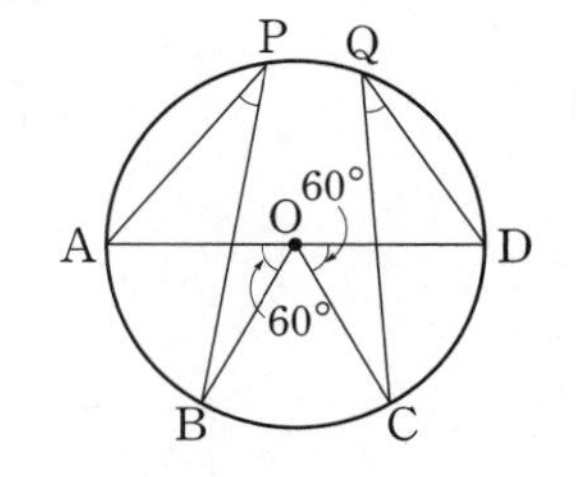

(1) 호 AB, 호 CD의 길이를 비교하여 보자. $\widehat{AB}=\widehat{CD}$

풀이 한 원에서 중심각의 크기가 같은 두 부채꼴의 호의 길이는 서로 같으므로 $\widehat{AB}=\widehat{CD}$임을 알 수 있다.

(2) 호 AB에 대한 원주각 $\angle APB$의 크기와 호 CD에 대한 원주각 $\angle CQD$의 크기를 각각 구하고, 두 각의 크기를 비교하여 보자. $\angle APB=\angle CQD=30^\circ$

풀이 원주각의 크기는 중심각의 크기의 $\frac{1}{2}$이므로 $\angle APB=\frac{1}{2}\angle AOB=30^\circ$, $\angle CQD=\frac{1}{2}\angle COD=30^\circ$이다.
따라서 $\angle APB=\angle CQD$임을 알 수 있다.

함께해 보기 1에서 두 호 AB, CD에 대한 중심각의 크기가 60°로 서로 같으므로 $\widehat{AB}=\widehat{CD}$이고, $\angle APB=\angle CQD=\frac{1}{2}\times 60^\circ=30^\circ$이다.

개념 쏙

한 원에서 길이가 같은 호에 대한 원주각의 크기는 서로 같다.
"호의 길이가 같다."
→ "중심각의 크기가 같다."
→ "원주각의 크기가 같다."

일반적으로 오른쪽 그림과 같이 원 O에서 $\widehat{AB}=\widehat{CD}$이면 길이가 같은 호에 대한 중심각의 크기가 같으므로

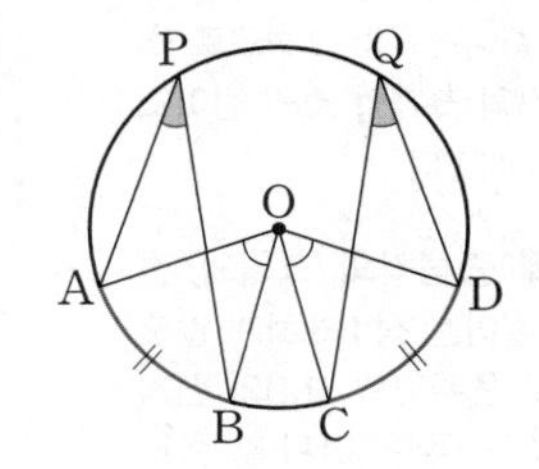

$$\angle AOB=\angle COD$$

이다. 또, 한 호에 대한 원주각의 크기는 그 호에 대한 중심각의 크기의 $\frac{1}{2}$이므로

$$\angle APB=\frac{1}{2}\angle AOB=\frac{1}{2}\angle COD=\angle CQD$$

이다. 즉, 한 원에서 길이가 같은 호에 대한 원주각의 크기는 서로 같다.

Tip 한 원에서 크기가 같은 원주각에 대한 호의 길이는 서로 같다.
"원주각의 크기가 같다."
→ "중심각의 크기가 같다."
→ "호의 길이가 같다."

3. **오른쪽 그림과 같은 원 O에서 $\angle APB=\angle CQD$일 때, $\widehat{AB}=\widehat{CD}$임을 설명하시오.** 풀이 참조

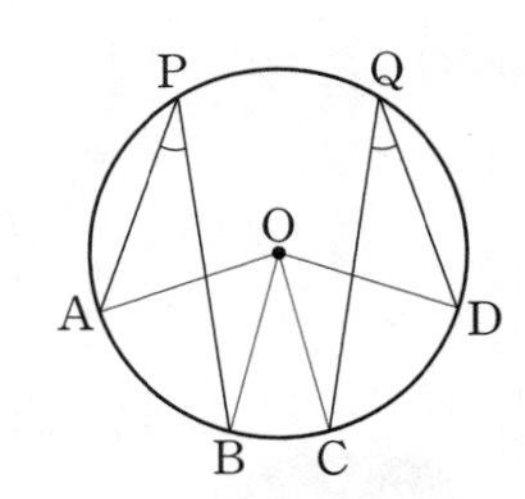

풀이 한 호에 대한 원주각의 크기는 그 호에 대한 중심각의 크기의 $\frac{1}{2}$이므로 $\angle AOB=2\angle APB$이고, $\angle COD=2\angle CQD$이다.
이때 $\angle APB=\angle CQD$이므로 $\angle AOB=\angle COD$이다.
또, 중심각의 크기가 같은 두 부채꼴의 호의 길이는 서로 같으므로 $\widehat{AB}=\widehat{CD}$이다.
즉, 한 원에서 크기가 같은 원주각에 대한 호의 길이는 서로 같다.

개념 쏙

① $\widehat{AB}=\widehat{CD}$이면 $\angle APB=\angle CQD$
② $\angle APB=\angle CQD$이면 $\widehat{AB}=\widehat{CD}$

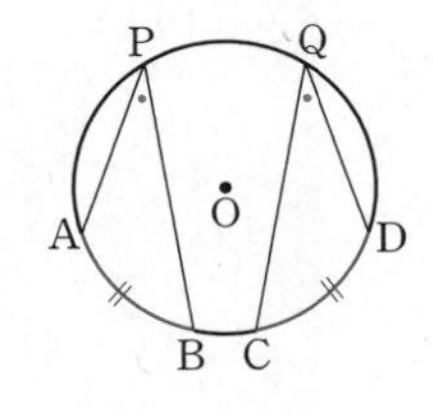

이상을 정리하면 다음과 같다.

원주각과 호

1. 한 원에서 길이가 같은 호에 대한 원주각의 크기는 서로 같다.
2. 한 원에서 크기가 같은 원주각에 대한 호의 길이는 서로 같다.

4. 다음 그림에서 x의 값을 구하시오.

(1)

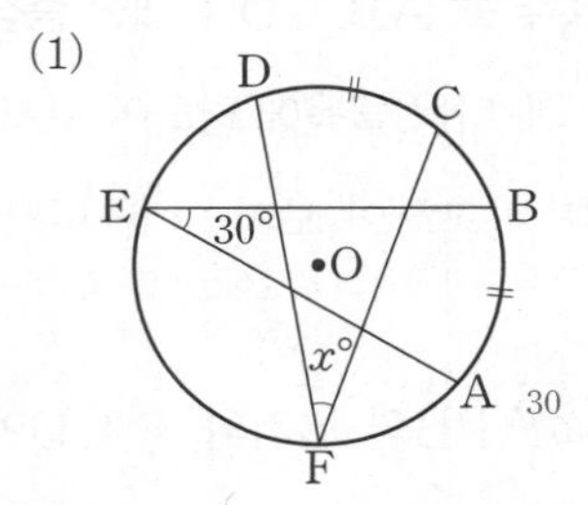

30

(2)

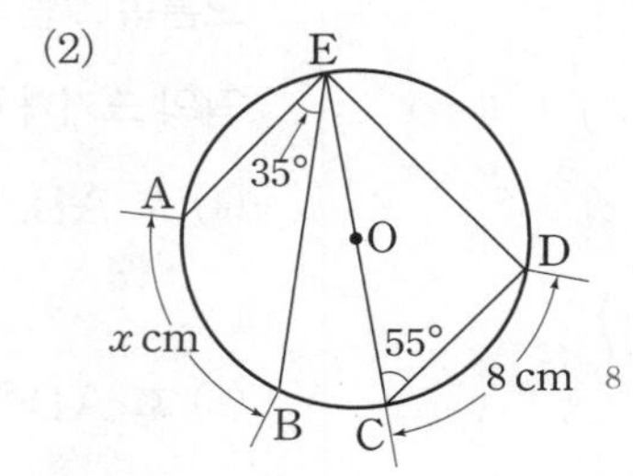

8

풀이 (1) 한 원에서 길이가 같은 호에 대한 원주각의 크기는 서로 같으므로 $x=30$

(2) 반원에 대한 원주각의 크기는 $90°$이므로 $\angle CDE=90°$이다.

또, $\triangle CDE$에서 $\angle CED=180°-(90°+55°)=35°$이다. 즉, $\angle AEB=\angle CED$

따라서 한 원에서 크기가 같은 원주각에 대한 호의 길이는 서로 같으므로 $x=8$이다.

개념 쏙

(원주각의 크기)

$=\frac{1}{2}\times$(중심각의 크기)

이고, 중심각의 크기와 호의 길이는 정비례하므로 원주각의 크기와 호의 길이도 정비례한다.

Tip 중심각의 크기와 현의 길이는 정비례하지 않으므로 원주각의 크기와 현의 길이도 정비례하지 않는다.

한편, 한 원에서 호의 길이는 그 호에 대한 중심각의 크기에 정비례하므로 호의 길이와 그 호에 대한 원주각의 크기도 정비례한다.

예를 들어 오른쪽 그림에서 $\widehat{BD}=2\widehat{AB}$이므로 $\angle BPD=2\angle APB$이다.

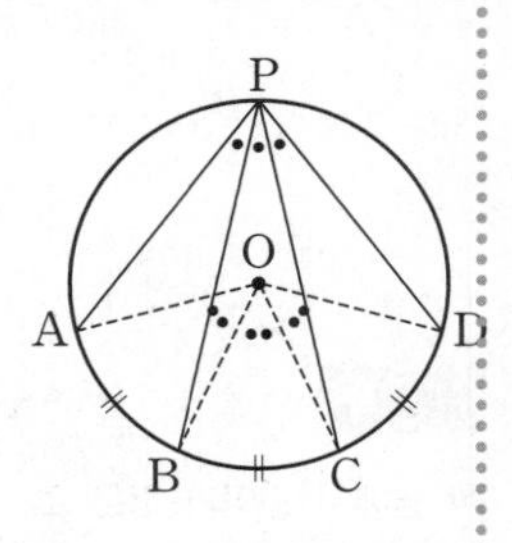

5. 다음 그림에서 x의 값을 구하시오.

(1)

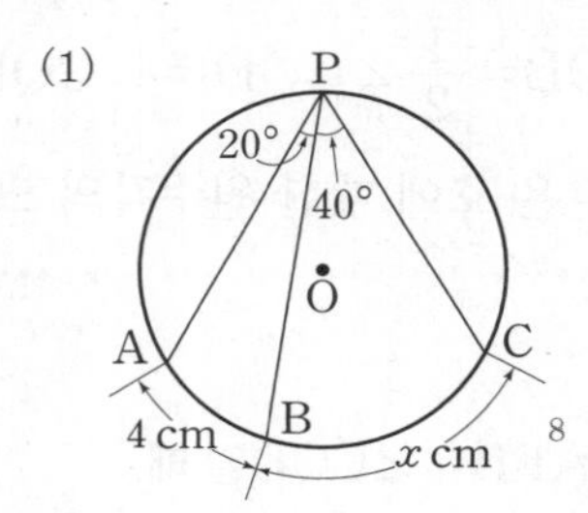

8

(2)

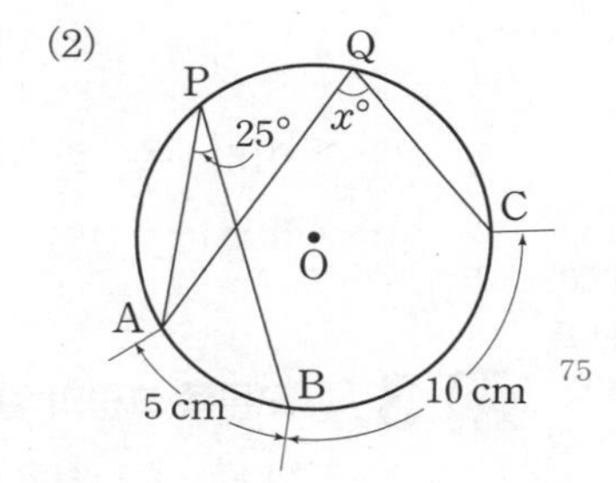

75

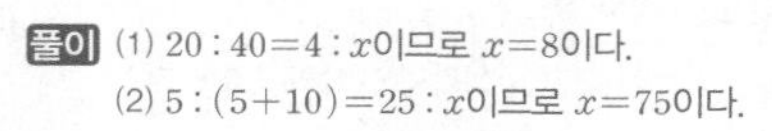

풀이 (1) $20:40=4:x$이므로 $x=8$이다.

(2) $5:(5+10)=25:x$이므로 $x=75$이다.

생각 키우기

추론 의사소통

원주각과 중심각 사이의 관계를 이용하여 채은이의 궁금증에 대한 답을 친구들과 이야기하여 보자. 풀이 참조

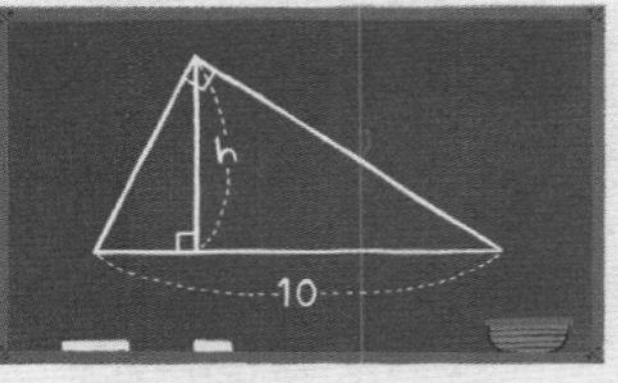

풀이 오른쪽 그림과 같이 지름의 길이가 10인 반원을 생각해 보면, 반원에 대한 원주각의 크기가 $90°$이므로 반원에 내접하는 무수히 많은 직각삼각형의 높이 h는 이 원의 반지름의 길이 5보다 작거나 같다.

따라서 채은이가 생각하는 직각삼각형은 존재하지 않는다.

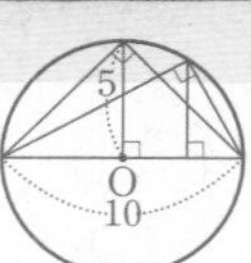

스스로 점검하기

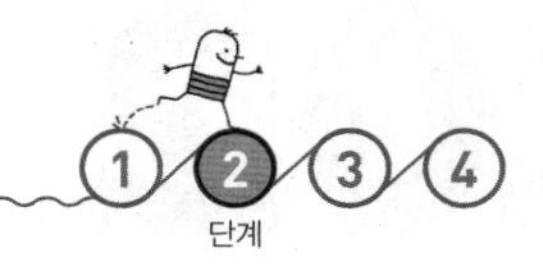

개념 점검하기

잘함 보통 모름

(1) 원에서 한 호에 대한 원주각의 크기는 그 호에 대한 중심각의 크기의 $\boxed{\frac{1}{2}}$ 이다.

(2) 원에서 한 호에 대한 원주각의 크기는 모두 같다.

(3) 한 원에서 길이가 같은 [호]에 대한 원주각의 크기는 서로 같다.

(4) 한 원에서 크기가 같은 원주각에 대한 [호]의 길이는 서로 같다.

풀이 (1) $\widehat{AB}$에 대한 중심각의 크기는 $360°-150°=210°$이다.
$\widehat{AB}$에 대한 원주각의 크기는 $\angle x=\frac{1}{2}\times210°=105°$이다.
(2) $\triangle ADE$에서 $\angle EAD=180°-(115°+35°)=30°$이다.
즉, $\angle x=30°$이다.

1 ●●●

190쪽

다음 그림에서 $\angle x$의 크기를 구하시오.

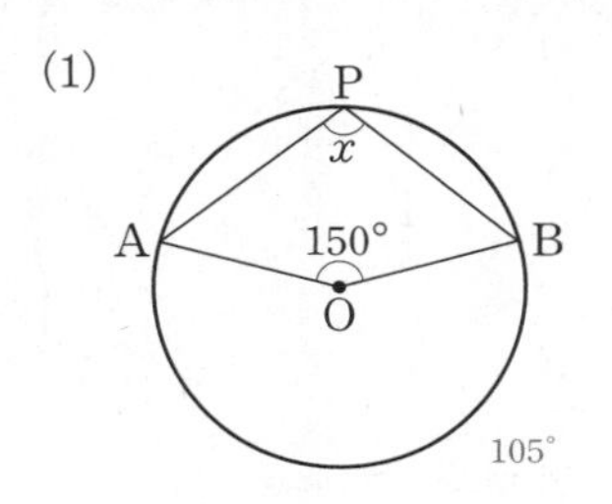

(2) A, 115°, 35°, B, x, E, D, C

30°

2 ●●●

190쪽

오른쪽 그림에서 $\overline{AC}$는 원 O의 지름이고, $\angle ACD=25°$일 때, $\angle DBC$의 크기를 구하시오. 65°

풀이 $\overline{AC}$가 원 O의 지름이므로 그에 대한 원주각 $\angle ABC=90°$이다.
또, $\widehat{AD}$에 대한 원주각의 크기는 모두 25°로 같으므로 $\angle ABD=\angle ACD=25°$
따라서 $\angle DBC=90°-25°=65°$이다.

A, D, O, 25°, B, C

3 ●●●

190쪽

오른쪽 그림과 같이 원 모양의 공연장에 가로의 길이가 20 m인 무대가 있다. 점 C에서 공연장 무대의 양 끝을 바라본 각의 크기가 30°일 때, 이 공연장의 지름의 길이를 구하시오. (단, 점 O는 공연장의 중심이다.) 40 m

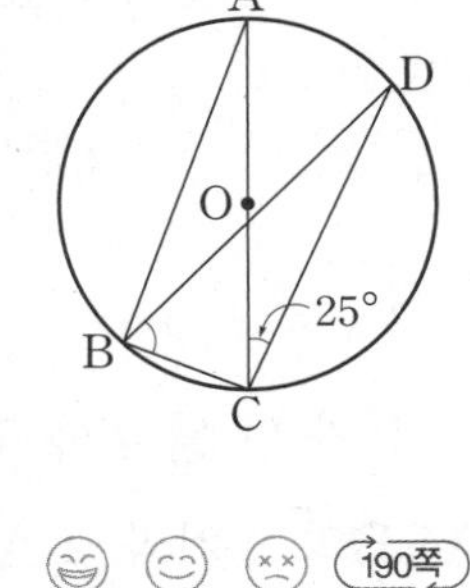

풀이 한 호에 대한 원주각의 크기는 그 호에 대한 중심각의 크기의 $\frac{1}{2}$이므로
$\angle AOB=2\angle ACB=2\times30°=60°$
이때 $\triangle AOB$는 $\overline{OA}=\overline{OB}$이고, $\angle AOB=60°$이므로 정삼각형이다. 즉, $\overline{OA}=\overline{AB}=\overline{BO}=20(m)$
따라서 원 O의 반지름의 길이가 20 m이고, 지름의 길이는 $2\times20=40(m)$

4 ●●●

191쪽

오른쪽 그림에서 $\widehat{AC}=\widehat{CD}$이고, $\angle BAD=40°$, $\angle ABC=20°$일 때, $\angle ACB$의 크기를 구하시오. 100°

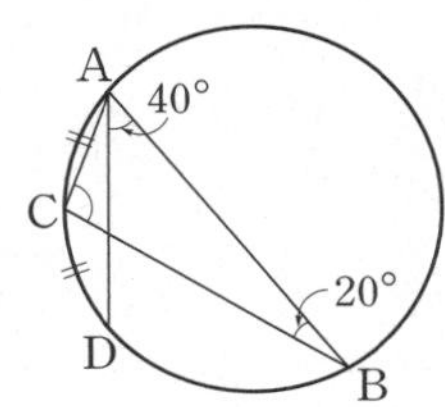

풀이 $\widehat{AC}=\widehat{CD}$이므로
$\angle CAD=\angle ABC=20°$이다.
따라서 $\triangle ABC$에서
$\angle ACB=180°-(20°+40°+20°)=100°$이다.

5 ●●●

192쪽

오른쪽 그림에서 $\angle x$의 크기를 구하시오. 45°

풀이 호의 길이와 그 호에 대한 원주각의 크기가 정비례하므로 $3:9=15°:\angle x$
따라서 $\angle x=45°$이다.

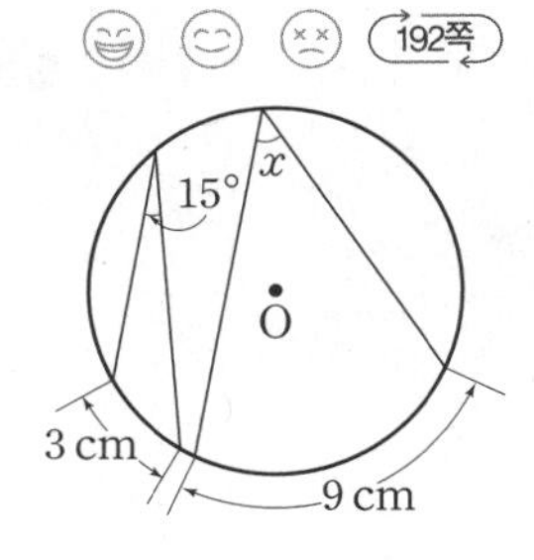

6 ●●●

192쪽

오른쪽 그림에서 $\overline{AB}$는 원 O의 지름이고, $\widehat{PA}:\widehat{PB}=1:2$일 때, $\angle x$의 크기를 구하시오. 30°

풀이 반원에 대한 원주각의 크기는 90°이므로 $\angle APB=90°$이다.
또, $\widehat{PA}:\widehat{PB}=1:2$이므로
$\angle ABP=\angle x$, $\angle BAP=2\angle x$이다.
$\triangle APB$에서 $\angle x+2\angle x+90°=180°$, $3\angle x=90°$
따라서 $\angle x=30°$이다.

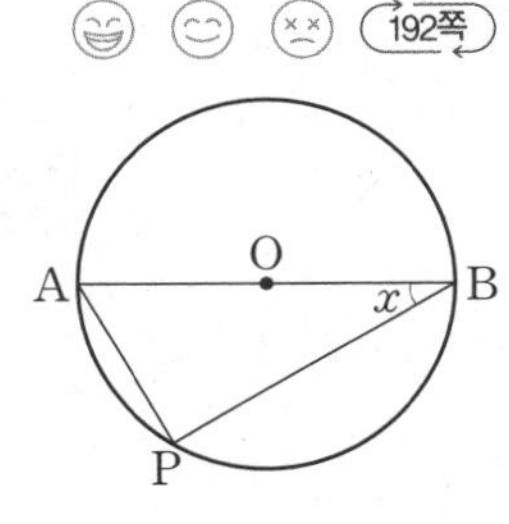

02 원주각의 활용

학습 목표 ❙ 원주각의 성질을 활용하여 여러 가지 문제를 해결할 수 있다.

네 점이 한 원 위에 있을 조건은 무엇일까?

탐구하기

탐구 목표
네 점이 한 원 위에 있을 조건을 직관적으로 이해할 수 있다.

정보 처리

오른쪽 그림은 알지오매스를 이용하여 세 점 A, B, C를 지나는 원을 그리고, 점 D를 잡아 두 점 A, B와 각각 연결한 것이다. 다음 물음에 답하여 보자. (단, 두 점 C, D는 직선 AB에 대하여 같은 쪽에 있다.)

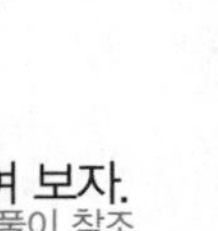

활동 ❶ $\angle ACB$의 크기를 확인하여 보자. 풀이 참조

풀이 $\angle ACB = 43.61°$임을 확인할 수 있다.

활동 ❷ 점 D의 위치를 원 위, 원의 내부 또는 외부에 있도록 바꾸어 가면서 $\angle ACB$와 $\angle ADB$의 크기를 비교하여 보자. 풀이 참조

풀이 점 D의 위치가 ① 원 위에 있는 경우: $\angle ACB = \angle ADB$, ② 원의 내부에 있는 경우: $\angle ACB < \angle ADB$, ③ 원의 외부에 있는 경우: $\angle ACB > \angle ADB$임을 확인할 수 있다.

활동 ❸ 활동 ❷의 결과를 이용하여 네 점 A, B, C, D가 한 원 위에 있을 조건을 친구들과 이야기하여 보자. 풀이 참조

풀이 두 점 C, D가 직선 AB에 대하여 같은 쪽에 있을 때, $\angle ACB = \angle ADB$이면 네 점 A, B, C, D는 한 원 위에 있음을 추측할 수 있다.

탐구하기 에서 네 점 A, B, C, D가 한 원 위에 있고 두 점 C, D가 직선 AB에 대하여 같은 쪽에 있을 때, $\angle ACB$의 크기와 $\angle ADB$의 크기가 서로 같음을 알 수 있다.

이제 원주각의 성질을 이용하여 네 점이 한 원 위에 있을 조건에 대하여 알아보자.

세 점 A, B, C를 지나는 원 O에서 점 D가 직선 AB에 대하여 점 C와 같은 쪽에 있으면 오른쪽 그림과 같이 점 D의 위치에 따라 세 가지 경우로 나눌 수 있다.

❶ 점 D가 원 O 위에 있는 경우

오른쪽 그림에서 $\widehat{AB}$에 대한 원주각의 크기는 모두 같으므로

$$\angle ACB = \angle ADB$$

이다.

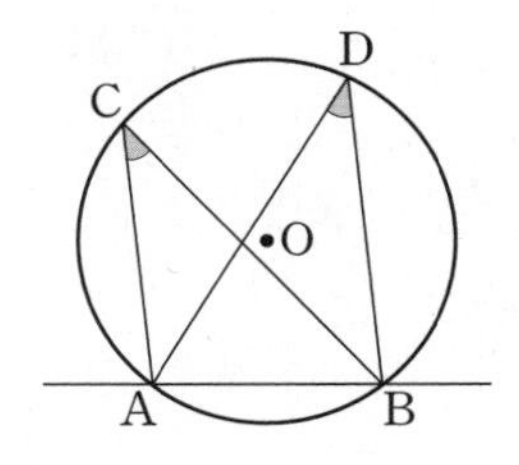

❷ 점 D가 원 O의 내부에 있는 경우

오른쪽 그림과 같이 $\overline{AD}$의 연장선이 원 O와 만나는 점을 E라고 하면 $\angle ADB$는 $\triangle DBE$의 한 외각이므로

$$\begin{aligned}\angle ADB &= \angle AEB + \angle DBE \\ &= \angle ACB + \angle DBE\end{aligned}$$

이다. 따라서 $\angle ACB < \angle ADB$이다.

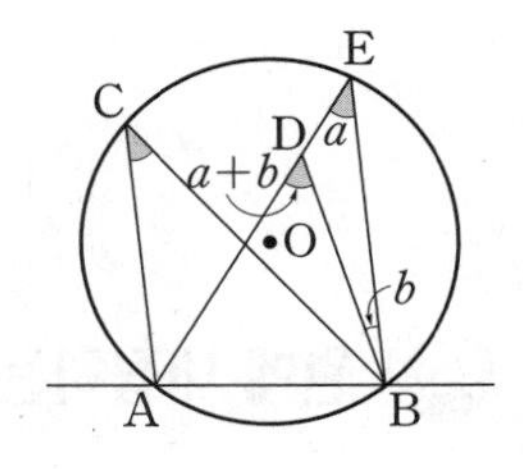

❸ 점 D가 원 O의 외부에 있는 경우

오른쪽 그림과 같이 $\overline{AD}$와 원 O가 만나는 점을 F라고 하면 $\angle AFB$는 $\triangle FBD$의 한 외각이므로

$$\begin{aligned}\angle ADB + \angle FBD &= \angle AFB \\ &= \angle ACB\end{aligned}$$

이다. 따라서 $\angle ACB > \angle ADB$이다.

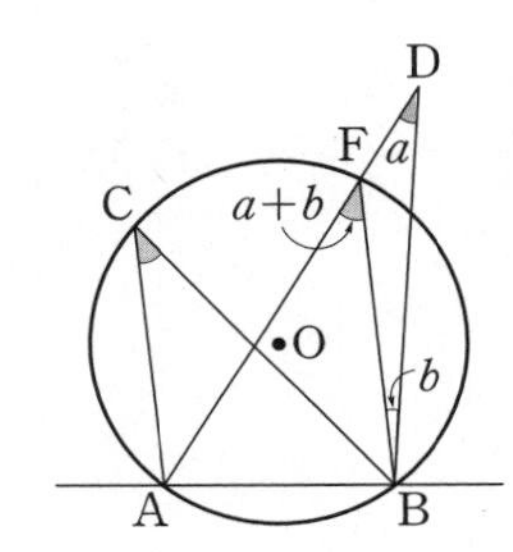

❶, ❷, ❸에서 $\angle ACB = \angle ADB$가 성립하는 경우는 ❶의 경우뿐이다. 따라서 $\angle ACB = \angle ADB$이면 네 점 A, B, C, D는 한 원 위에 있음을 알 수 있다.

이상을 정리하면 다음과 같다.

네 점이 한 원 위에 있을 조건

두 점 C, D가 직선 AB에 대하여 같은 쪽에 있을 때,

$$\angle ACB = \angle ADB$$

이면 네 점 A, B, C, D는 한 원 위에 있다.

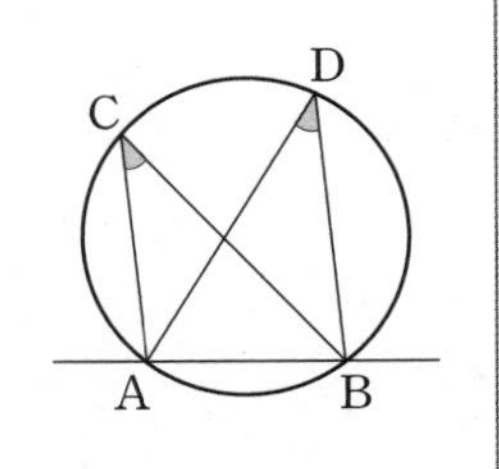

Tip 네 점이 한 원 위에 있는지를 알아보려면 한 직선에 대하여 같은 쪽에 있는 두 점으로 만들어진 각의 크기가 같은지 확인한다.

1. **다음 중 네 점 A, B, C, D가 한 원 위에 있는 것을 모두 찾으시오.**

(1)

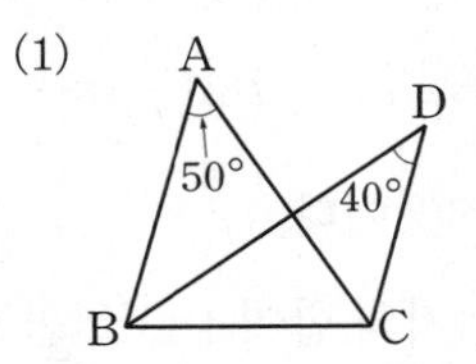

(2)

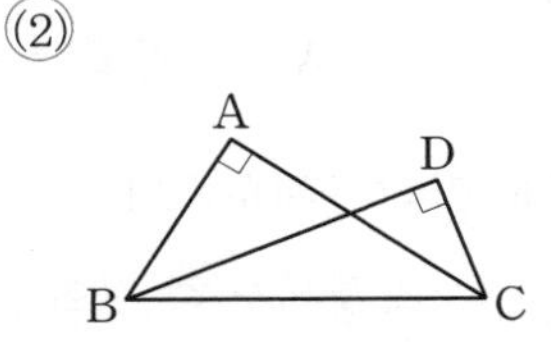

(3)

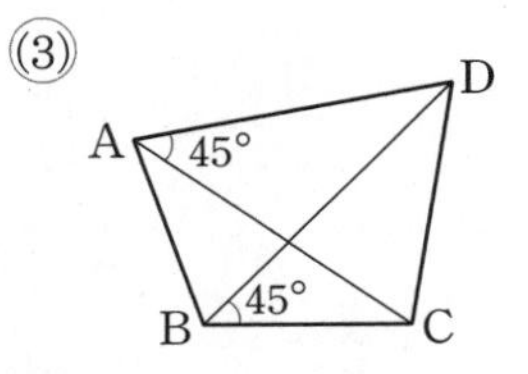

풀이 (1) 두 점 A, D에 대하여 $\angle BAC \neq \angle BDC$이므로 네 점 A, B, C, D는 한 원 위에 있지 않다.
(2) 두 점 A, D에 대하여 $\angle BAC = \angle BDC = 90°$이므로 네 점 A, B, C, D는 한 원 위에 있다.
(3) 두 점 A, B에 대하여 $\angle CAD = \angle CBD = 45°$이므로 네 점 A, B, C, D는 한 원 위에 있다.

2. 다음 그림에서 네 점 A, B, C, D가 한 원 위에 있도록 하는 $\angle x$의 크기를 구하시오.

(1) 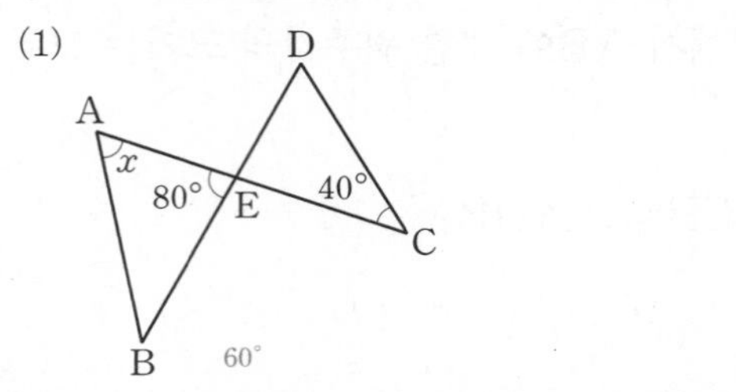

60°

(2) 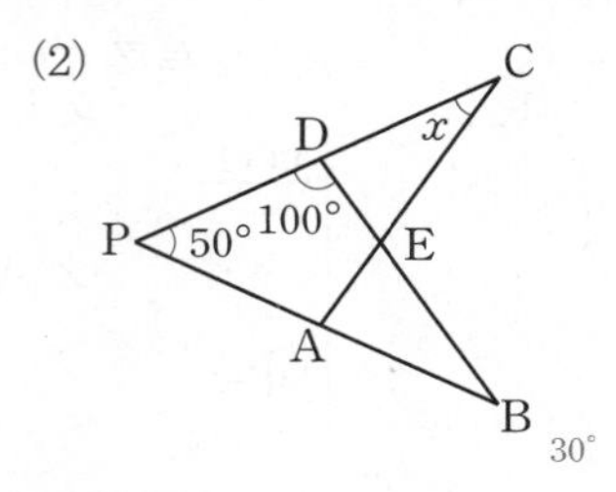

30°

풀이 (1) 맞꼭지각의 성질에 의하여 $\angle CED=80°$이므로 $\triangle CDE$에서 $\angle EDC=180°-(40°+80°)=60°$이다.
이때 두 점 A, D가 $\overline{BC}$에 대하여 같은 쪽에 있을 때, $\angle x=\angle BDC=60°$이면 네 점 A, B, C, D는 한 원 위에 있으므로 $\angle x=60°$
(2) $\triangle BDP$에서 $\angle PBD=180°-(100°+50°)=30°$이다.
이때 두 점 B, C가 $\overline{AD}$에 대하여 같은 쪽에 있을 때, $\angle x=\angle ABD=30°$이면 네 점 A, B, C, D는 한 원 위에 있으므로 $\angle x=30°$

원에 내접하는 사각형에는 어떤 성질이 있을까?

함께해 보기 1

오른쪽 그림과 같이 □ABCD가 원 O에 내접할 때, 다음 물음에 답하시오.

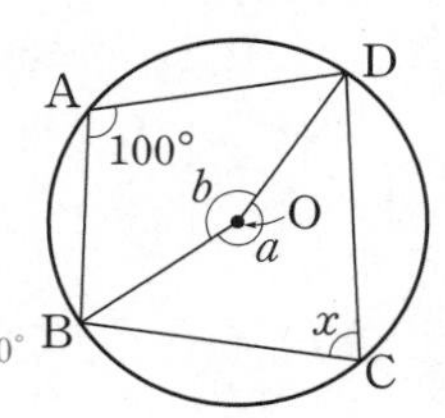

(1) 호 BCD에 대한 중심각 $\angle a$의 크기를 구하여 보자. 200°

풀이 호 BCD에 대한 원주각의 크기가 100°이므로 이 호에 대한 중심각 $\angle a$의 크기는 $\angle a=2\times100°=200°$이다.

(2) 호 BAD에 대한 원주각 $\angle x$의 크기를 구하여 보자. 80°

풀이 호 BAD에 대한 중심각 $\angle b$의 크기가 $\angle b=360°-\angle a=360°-200°=160°$이므로 이 호에 대한 원주각 $\angle x$의 크기는 $\angle x=\frac{1}{2}\times160°=80°$이다.

(3) $\angle A+\angle C$의 크기를 구하여 보자. 180°

풀이 $\angle A+\angle C=100°+80°=180°$

함께해 보기 1의 원 O에 내접하는 □ABCD에서 $\angle A=100°$일 때, $\angle A$의 대각 $\angle C$의 크기가 80°이므로 원에 내접하는 사각형에서 한 쌍의 대각의 크기의 합은 180°임을 알 수 있다. 이 성질이 항상 성립하는지 확인하여 보자.

오른쪽 그림과 같이 원 O에 내접하는 사각형 ABCD에서 호 BCD, 호 BAD에 대한 중심각을 각각 $\angle a$, $\angle c$라고 하면 원주각과 중심각 사이의 관계에 의하여

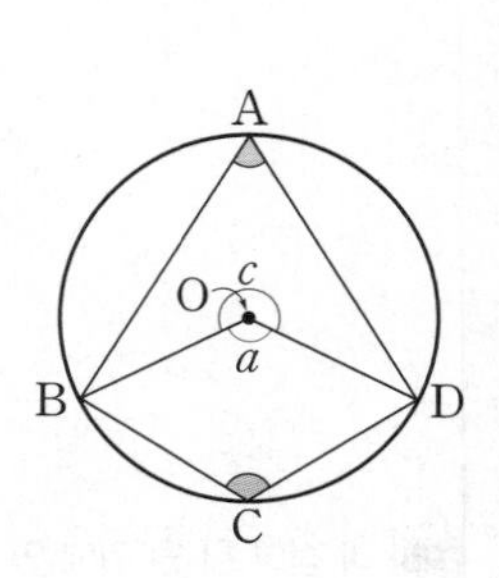

$$\angle A=\frac{1}{2}\angle a,\ \angle C=\frac{1}{2}\angle c$$

이다. 이때 $\angle a+\angle c=360°$이므로

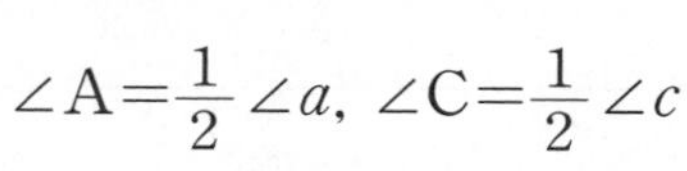

$$\angle A+\angle C=\frac{1}{2}(\angle a+\angle c)=180°$$

이다. 마찬가지로 $\angle B+\angle D=180°$이다.

또, 사각형에서 한 쌍의 대각의 크기의 합이 180°이면 이 사각형은 원에 내접한다.

이상을 정리하면 다음과 같다.

원에 내접하는 사각형의 성질

원에 내접하는 사각형에서 한 쌍의 대각의 크기의 합은 $180°$이다. 즉, 오른쪽 그림에서

$$\angle A+\angle C=180°,\ \angle B+\angle D=180°$$

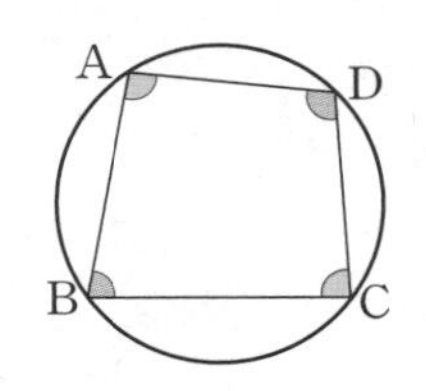

3. 다음 그림에서 $\angle x$, $\angle y$의 크기를 각각 구하시오.

(1)

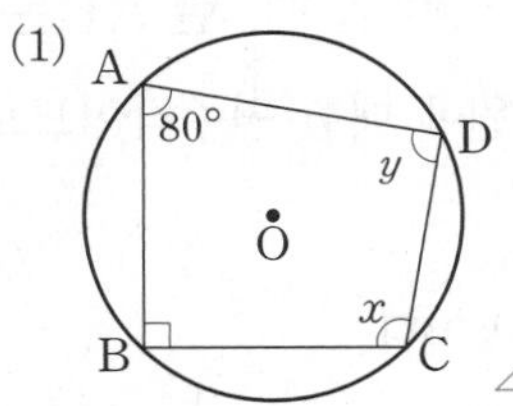

$\angle x=100°$, $\angle y=90°$

(2)

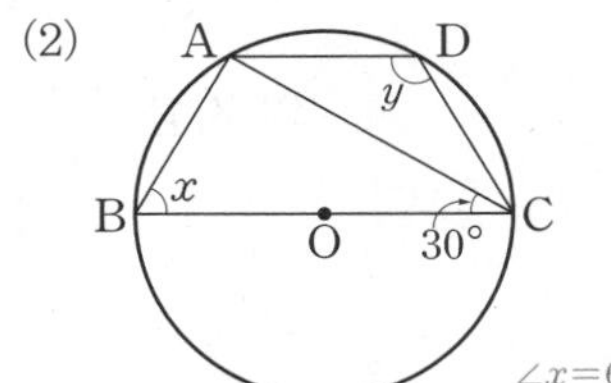

$\angle x=60°$, $\angle y=120°$

풀이 (1) □ABCD가 원 O에 내접하므로 $\angle x+80°=180°$, $\angle y+90°=180°$
따라서 $\angle x=100°$, $\angle y=90°$이다.
(2) 반원에 대한 원주각 $\angle BAC$의 크기는 $90°$이므로 $\triangle ABC$에서 $\angle x=180°-(90°+30°)=60°$이다.
또, □ABCD가 원 O에 내접하므로 $\angle x+\angle y=180°$이다.
따라서 $\angle y=120°$이다.

원의 접선과 현이 이루는 각에는 어떤 성질이 있을까?

탐구하기

탐구 목표
원의 접선과 현이 이루는 각의 크기와 그 각의 내부에 있는 호에 대한 원주각의 크기가 같음을 직관적으로 확인할 수 있다.

정보 처리

오른쪽 그림은 알지오매스를 이용하여 원 O 위에 세 점 A, B, C를 잡고 점 A를 지나는 접선 AT를 그린 후, 원 위의 한 점 P를 잡아 두 각 $\angle BCA$와 $\angle BPA$의 크기를 나타낸 것이다.

원 위의 한 점 P의 위치를 점 A 쪽으로 이동시켜 보며 다음 물음에 답하여 보자. (단, 두 점 C, P는 직선 AB에 대하여 같은 쪽에 있다.)

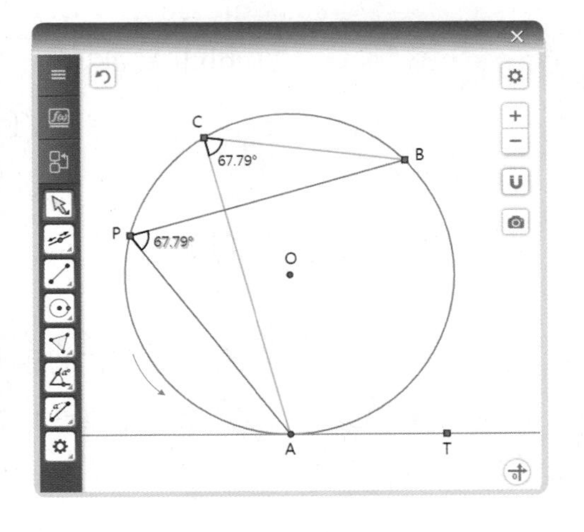

활동 1 두 각 $\angle BCA$와 $\angle BPA$의 크기를 비교하여 보자. 두 각의 크기가 같음을 확인할 수 있다.

풀이 $\angle BCA=67.79°$이고 $\angle BPA=67.79°$이다. 즉, 두 각의 크기가 같음을 확인할 수 있다.

활동 2 점 P와 점 A가 일치할 때, $\angle BCA$와 크기가 같은 각을 찾아보자.
$\angle BCA$의 크기는 $\angle BAT$의 크기와 같음을 확인할 수 있다.

풀이 점 P와 점 A가 일치하면 $\angle BCA$의 크기는 $\angle BAT$의 크기와 같음을 확인할 수 있다.

탐구하기 에서 $\angle BCA = \angle BAT$임을 알 수 있다. 즉, 원의 접선과 그 접점을 지나는 현이 이루는 각의 크기는 그 각의 내부에 있는 호에 대한 원주각의 크기와 같음을 알 수 있다. 이 성질이 항상 성립하는지 확인하여 보자.

원 O 위의 점 A를 지나는 접선 AT와 현 AB가 이루는 각인 $\angle BAT$는 그 크기에 따라 다음과 같이 세 가지 경우로 나눌 수 있다.

❶ $\angle BAT$가 직각인 경우

오른쪽 그림과 같이 $\angle BAT = 90^\circ$일 때, 현 AB는 원 O의 지름이다. 이때 $\angle BCA$는 반원에 대한 원주각이므로

$$\angle BCA = 90^\circ$$

이다. 따라서 $\angle BAT = \angle BCA$이다.

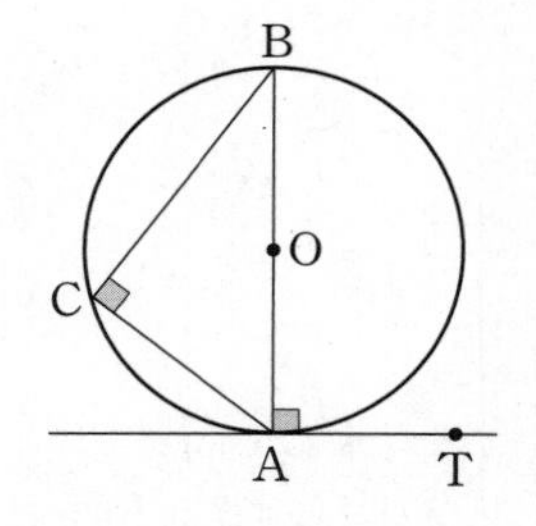

❷ $\angle BAT$가 예각인 경우

오른쪽 그림과 같이 지름 AD와 선분 CD를 그으면

$$\angle DAT = \angle DCA = 90^\circ$$

이고, $\angle BAD$와 $\angle BCD$는 $\overset{\frown}{BD}$에 대한 원주각이므로

$$\angle BAD = \angle BCD$$

이다. 따라서

$$\begin{aligned}\angle BAT &= \angle DAT - \angle BAD \\ &= \angle DCA - \angle BCD = \angle BCA\end{aligned}$$

이다.

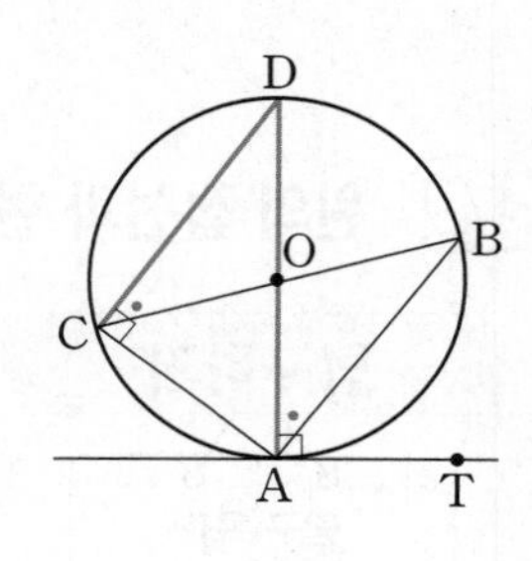

❸ $\angle BAT$가 둔각인 경우

오른쪽 그림과 같이 지름 AD와 선분 CD를 그으면

$$\angle DAT = \angle DCA = 90^\circ$$

이고, $\angle BAD$와 $\angle BCD$는 $\overset{\frown}{BD}$에 대한 원주각이므로

$$\angle BAD = \angle BCD$$

이다. 따라서

$$\begin{aligned}\angle BAT &= \angle DAT + \angle BAD \\ &= \angle DCA + \angle BCD = \angle BCA\end{aligned}$$

이다.

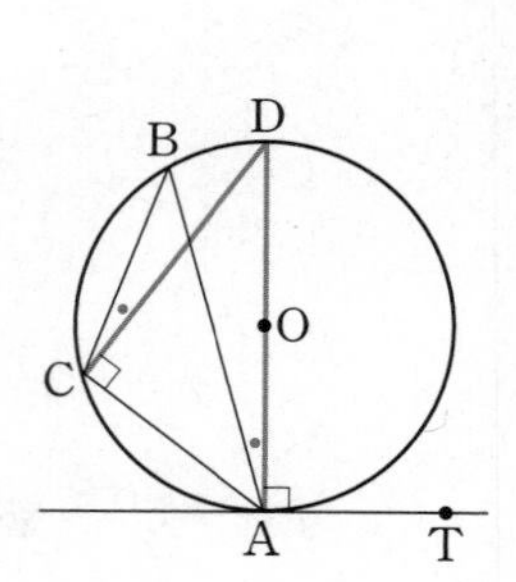

이상을 정리하면 다음과 같다.

접선과 현이 이루는 각

원의 접선과 그 접점을 지나는 현이 이루는 각의 크기는 그 각의 내부에 있는 호에 대한 원주각의 크기와 같다. 즉, 오른쪽 그림에서

$\angle BAT = \angle BCA$

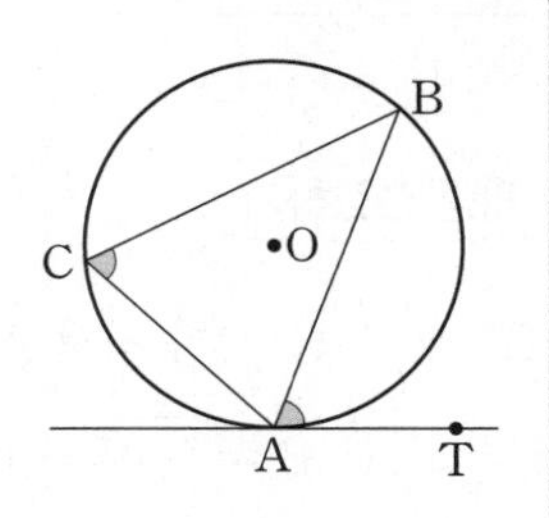

4. 다음 그림에서 직선 T′T가 원 O의 접선일 때, $\angle x$, $\angle y$의 크기를 각각 구하시오.

(1)
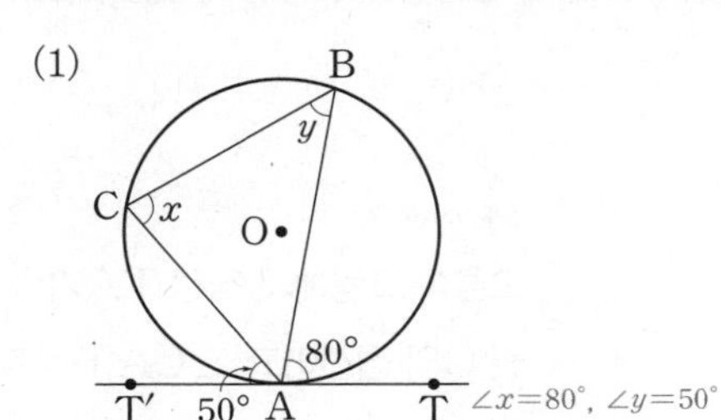

$\angle x = 80°$, $\angle y = 50°$

(2)
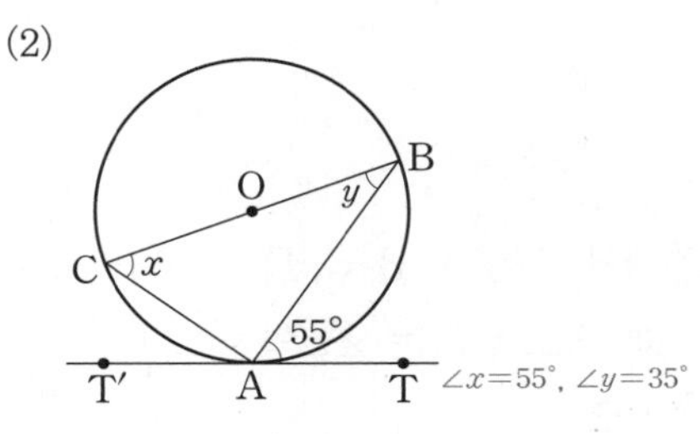

$\angle x = 55°$, $\angle y = 35°$

풀이 (1) 접선과 현이 이루는 각의 성질에 의하여 $\angle x = \angle BAT = 80°$, $\angle y = \angle CAT' = 50°$이다.
(2) $\angle BAC$는 반원에 대한 원주각이므로 $\angle BAC = 90°$이고, $\angle CAT' = 180° - (90° + 55°) = 35°$이다.
따라서 접선과 현이 이루는 각의 성질에 의하여 $\angle x = \angle BAT = 55°$, $\angle y = \angle CAT' = 35°$이다.

5. 다음 그림에서 직선 AT가 원 O의 접선일 때, $\angle x$, $\angle y$의 크기를 각각 구하시오.

(1)
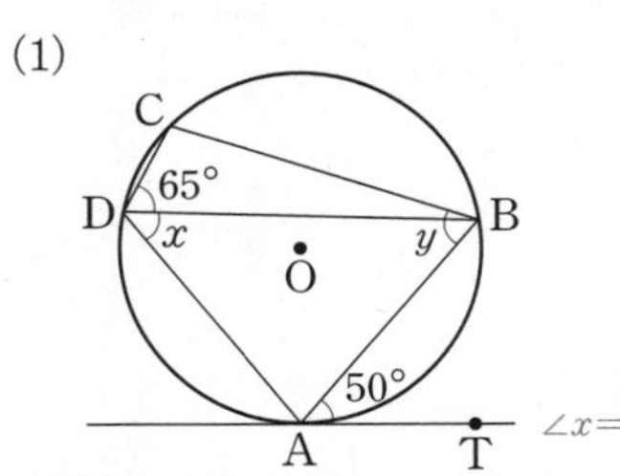

$\angle x = 50°$, $\angle y = 65°$

(2)
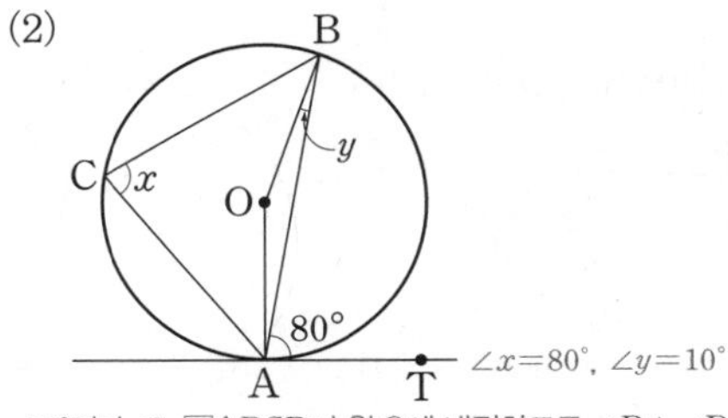

$\angle x = 80°$, $\angle y = 10°$

풀이 (1) 접선과 현이 이루는 각의 성질에 의하여 $\angle x = \angle BAT = 50°$이다. 또, □ABCD가 원 O에 내접하므로 $\angle B + \angle D = 180°$, $(65° + \angle x) + \angle y = 180°$이다. 따라서 $\angle y = 65°$이다.
(2) 접선과 현이 이루는 각의 성질에 의하여 $\angle x = \angle BAT = 80°$이다. 또, 원주각의 크기는 그 호에 대한 중심각의 크기의 $\frac{1}{2}$이므로 $\angle BOA = 2\angle BCA = 160°$이다. 따라서 $\overline{OA} = \overline{OB}$이므로 $\angle y = \frac{1}{2} \times (180° - 160°) = 10°$이다.

생각 나누기 추론 의사소통

오른쪽 그림과 같이 원 O 밖의 한 점 P에서 두 접선의 접점 A, B까지의 거리가 서로 같음을 접선과 현이 이루는 각의 성질을 이용하여 친구에게 설명하여 보자. 풀이 참조

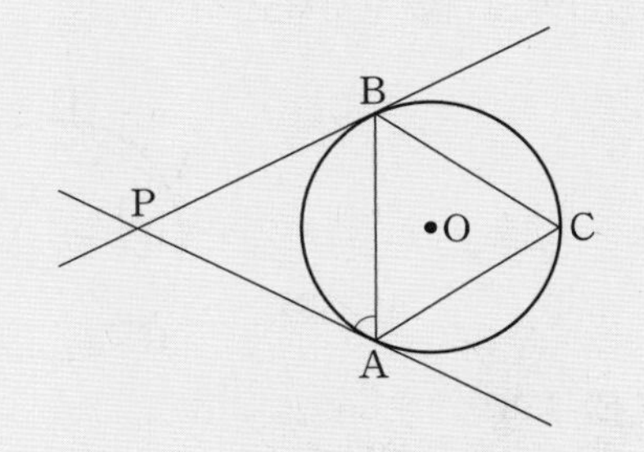

풀이 접선과 현이 이루는 각의 성질에 의하여
$\angle PAB = \angle ACB$, $\angle PBA = \angle ACB$이므로 $\angle PAB = \angle PBA$이다.
따라서 두 밑각의 크기가 같은 $\triangle PAB$는 이등변삼각형이므로 $\overline{PA} = \overline{PB}$이다.

스스로 점검하기

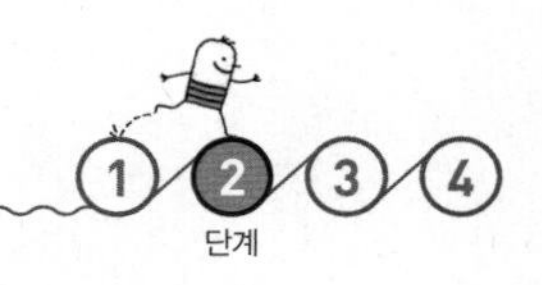

개념 점검하기

(1) 두 점 C, D가 직선 AB에 대하여 같은 쪽에 있을 때,

$\angle ACB=$ [$\angle ADB$] 이면 네 점 A, B, C, D는 한 원 위에 있다.

(2) 원에 내접하는 사각형에서 한 쌍의 대각의 크기의 합은 [$180°$] 이다.

(3) 원의 접선과 그 접점을 지나는 현이 이루는 각의 크기는 그 각의 내부에 있는 호에 대한 [원주각] 의 크기와 같다.

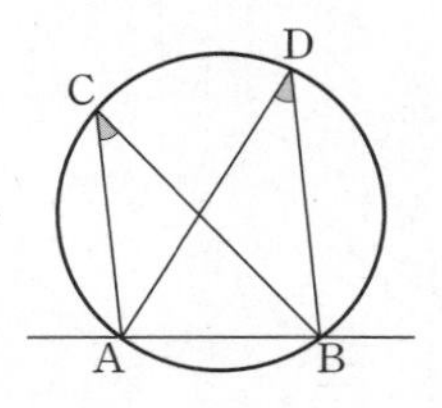

1 ●●● (195쪽)

오른쪽 그림에서 네 점 A, B, C, D가 한 원 위에 있도록 하는 $\angle x$의 크기를 구하시오. $35°$

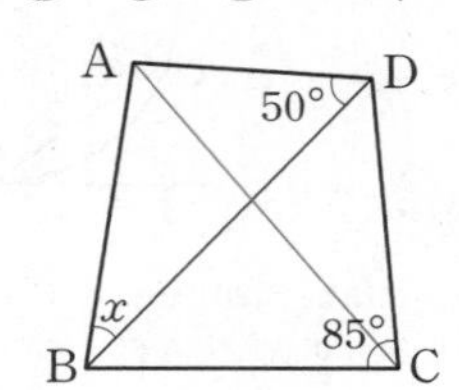

풀이 네 점 A, B, C, D가 한 원 위에 있으므로 $\overline{AC}$를 그으면 $\angle ACD=\angle ABD=\angle x$, $\angle ACB=\angle ADB=50°$이다.
따라서 $\angle x=85°-50°=35°$이다.

2 ●●● (197쪽)

오른쪽 그림에서 $\angle x$의 크기를 구하시오. $40°$

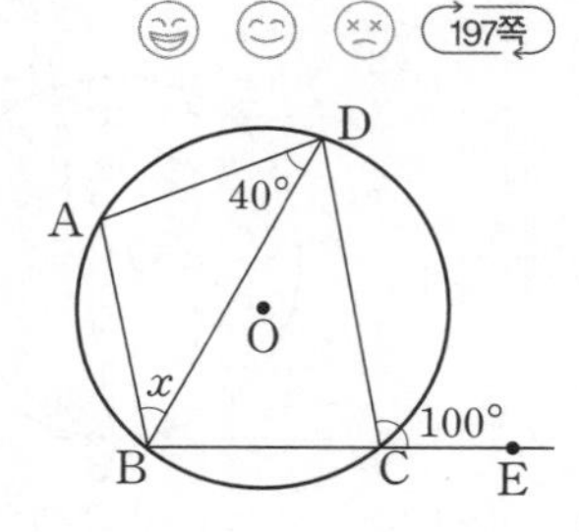

풀이 □ABCD가 원 O에 내접하므로 $\angle A=\angle DCE=100°$이다.
따라서 △ABD에서 $\angle x=180°-(100°+40°)=40°$이다.

3 ●●● (197쪽)

다음 그림에서 $\angle APB=35°$, $\angle DAB=115°$일 때, $\angle D$의 크기를 구하시오. $80°$

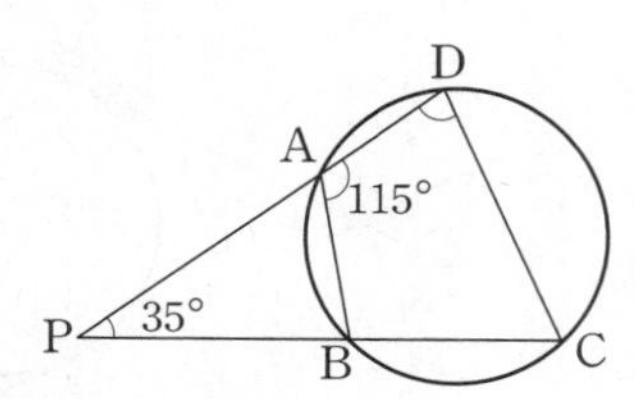

풀이 □ABCD가 원 O에 내접하므로 $\angle C=180°-115°=65°$이다.
따라서 △PCD에서 $\angle D=180°-(35°+65°)=80°$이다.

4 ●●● (199쪽)

오른쪽 그림에서 직선 TA가 원 O의 접선이고, $\angle CAT=70°$일 때, $\angle C$의 크기를 구하시오. $20°$

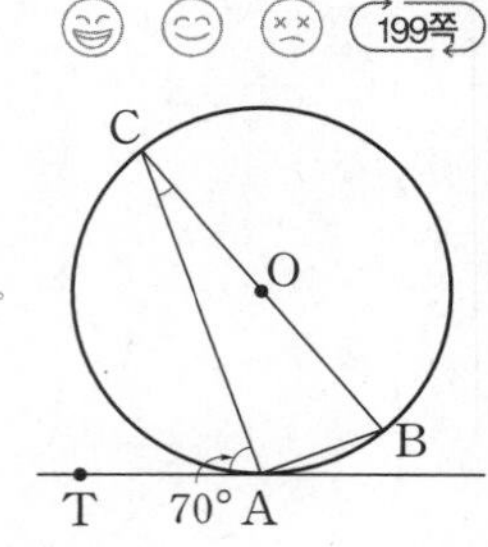

풀이 지름에 대한 원주각의 크기가 $90°$이므로 $\angle CAB=90°$이다. 또, 접선과 현이 이루는 각의 성질에 의하여 $\angle ABC=\angle CAT=70°$이다.
따라서 △ABC에서 $\angle C=180°-(90°+70°)=20°$이다.

5 ●●● (199쪽)

오른쪽 그림에서 직선 TA가 원 O의 접선이고 $\angle C=120°$, $\angle DAT=70°$일 때, $\angle ADB$의 크기를 구하시오. $50°$

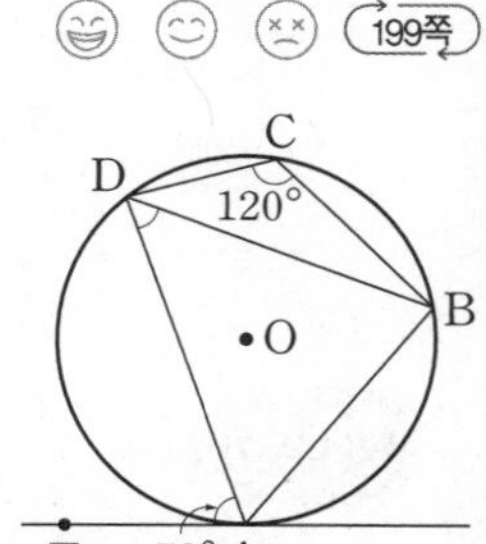

풀이 □ABCD가 원 O에 내접하므로 $\angle DAB=180°-120°=60°$이다.
또, 접선과 현이 이루는 각의 성질에 의하여 $\angle DBA=\angle DAT=70°$이다.
따라서 △ABD에서 $\angle ADB=180°-(60°+70°)=50°$이다.

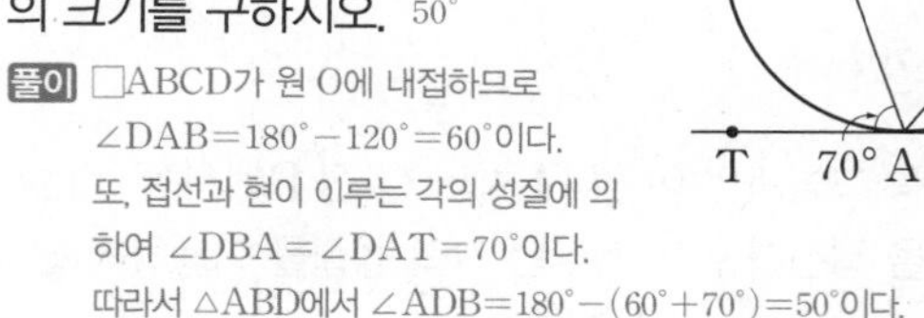

별 모양의 도형에서 각의 크기의 합 구하기

원 위에 몇 개의 점을 잡고, 점을 연결하여 별 모양의 도형을 그려 보자. 이때 이 도형에서 각의 크기의 합을 구하여 보자.

활동 ① 오른쪽 그림은 원 위의 5개의 점을 잡고, 점 A에서부터 1개의 점을 건너뛰어 가면서 두 점을 연결하며 그린 별 모양의 도형이다. 원주각과 중심각 사이의 관계를 이용하여 5개의 각 $\angle A$, $\angle B$, $\angle C$, $\angle D$, $\angle E$의 크기의 합이 $180°$임을 설명하여 보자.

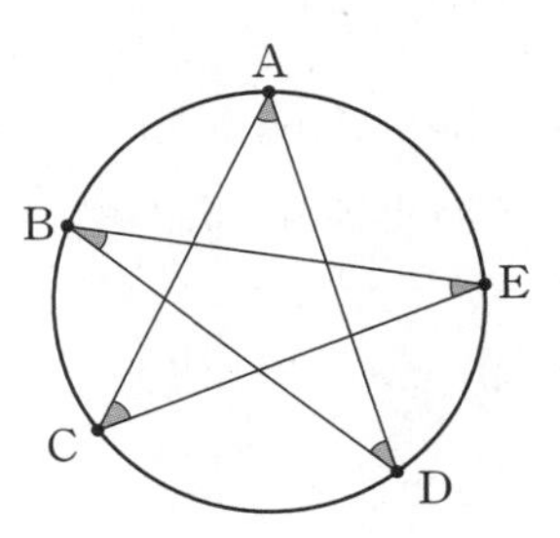

풀이 5개의 호를 연결하면 한 원의 원주가 된다. 따라서 5개의 호에 대한 중심각의 크기의 합은 $360°$이다. 이때 5개의 각 $\angle A$, $\angle B$, $\angle C$, $\angle D$, $\angle E$는 각각 5개의 호 $\widehat{CD}$, $\widehat{DE}$, $\widehat{EA}$, $\widehat{AB}$, $\widehat{BC}$에 대한 원주각이다. 원주각의 크기는 그 호에 대한 중심각의 크기의 $\frac{1}{2}$이므로

$$\angle A+\angle B+\angle C+\angle D+\angle E=\frac{1}{2}\times 360°=180°$$

이다.

활동 ② 다음 그림은 원 위의 7개의 점을 잡고, 점 A에서부터 2개 또는 1개의 점을 건너뛰어 가면서 두 점을 연결하며 그린 별 모양의 도형이다. 두 도형에서 각각 7개의 각의 크기의 합을 구하여 보자.

(1) 2개의 점을 건너뛰어 가며 그리기

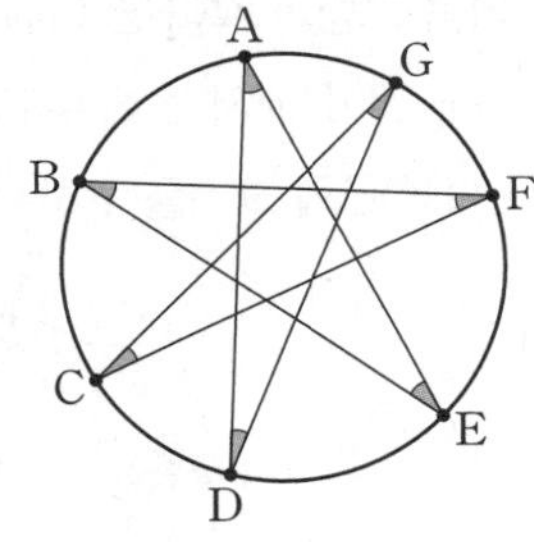

(2) 1개의 점을 건너뛰어 가며 그리기

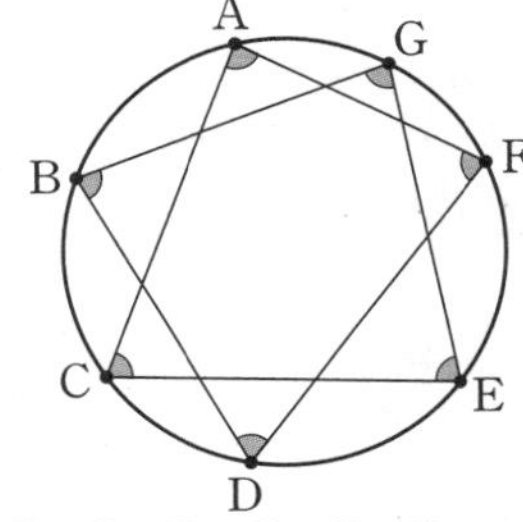

풀이 (1) 7개의 각 $\angle A$, $\angle B$, $\angle C$, $\angle D$, $\angle E$, $\angle F$, $\angle G$는 각각 7개의 호 $\widehat{DE}$, $\widehat{EF}$, $\widehat{FG}$, $\widehat{GA}$, $\widehat{AB}$, $\widehat{BC}$, $\widehat{CD}$에 대한 원주각이다.
따라서 $\angle A+\angle B+\angle C+\angle D+\angle E+\angle F+\angle G=\frac{1}{2}\times 360°=180°$이다.

(2) $\angle A$는 $\widehat{CD}$, $\widehat{DE}$, $\widehat{EF}$에 대한 원주각의 합, $\angle B$는 $\widehat{DE}$, $\widehat{EF}$, $\widehat{FG}$에 대한 원주각의 합, $\angle C$는 $\widehat{EF}$, $\widehat{FG}$, $\widehat{GA}$에 대한 원주각의 합, $\cdots$, $\angle G$는 $\widehat{BC}$, $\widehat{CD}$, $\widehat{DE}$에 대한 원주각의 합이므로 7개의 각의 크기의 합은 7개의 호에 대한 원주각의 합의 3배와 같다.
따라서 $3\times\left(\frac{1}{2}\times 360°\right)=540°$이다.

| 상호 평가표 |

평가 내용		자기 평가			친구 평가		
		😄	😊	😵	😄	😊	😵
내용	원주각의 성질을 활용하여 문제를 해결할 수 있다.						
	수학적 사실을 추측하고 논리적으로 분석할 수 있다.						
	자신의 문제 해결 과정을 친구에게 설명할 수 있다.						
태도	활동에 적극 참여하였다.						

스스로 확인하기

1. 오른쪽 그림에서 $\angle P=70^\circ$일 때, $\angle OAB$의 크기를 구하시오. 20°

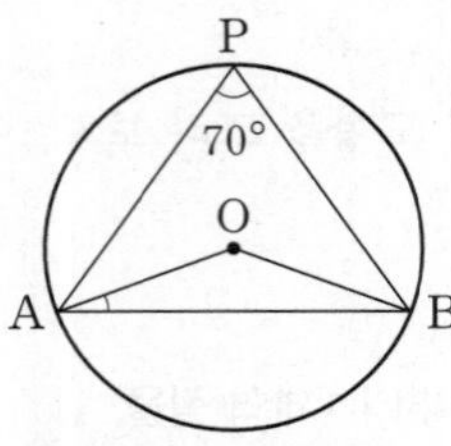

풀이 $\angle AOB=2\angle APB=2\times70^\circ=140^\circ$이므로 이등변삼각형 OAB에서 $\angle OAB=\frac{1}{2}\times(180^\circ-140^\circ)=20^\circ$이다.

2. 다음 그림에서 $\angle EBC=60^\circ$, $\angle AFB=25^\circ$일 때, $\angle DEC$의 크기를 구하시오. 95°

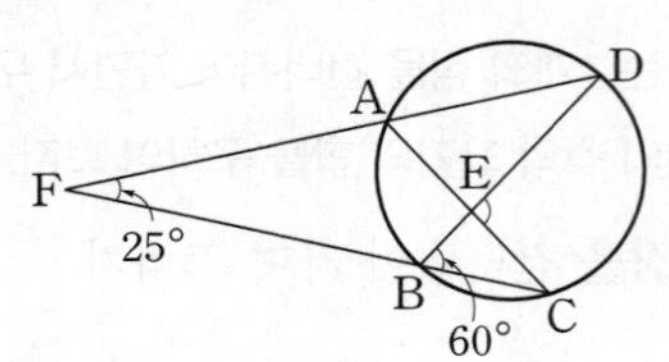

풀이 $\triangle DFB$에서 $\angle ADB=60^\circ-25^\circ=35^\circ$이다.
$\angle ADB$와 $\angle ACB$는 $\widehat{AB}$에 대한 원주각이므로
$\angle ACB=\angle ADB=35^\circ$이다.
따라서 $\triangle EBC$에서 $\angle DEC=60^\circ+35^\circ=95^\circ$이다.

3. 오른쪽 그림에서 $\widehat{AB}$는 원의 둘레의 길이의 $\frac{1}{4}$이고 $\widehat{CD}$는 원의 둘레의 길이의 $\frac{1}{6}$일 때, $\angle APB$의 크기를 구하시오. 75°

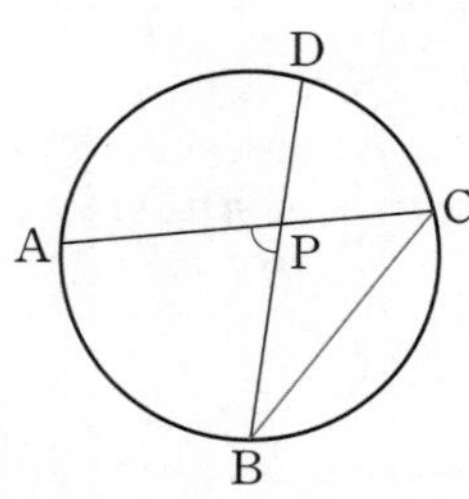

풀이 $\overline{BC}$를 그으면 $\widehat{AB}$는 원의 둘레의 길이의 $\frac{1}{4}$이므로
$\angle ACB=180^\circ\times\frac{1}{4}=45^\circ$
$\widehat{CD}$는 원의 둘레의 길이의 $\frac{1}{6}$이므로 $\angle DBC=180^\circ\times\frac{1}{6}=30^\circ$
따라서 $\triangle PBC$에서 $\angle APB=45^\circ+30^\circ=75^\circ$이다.

4. 오른쪽 그림에서 네 점 A, B, C, D는 한 원 위에 있다. $\angle BAP=60^\circ$, $\angle BPA=90^\circ$일 때, $\angle ACD$의 크기를 구하시오. 30°

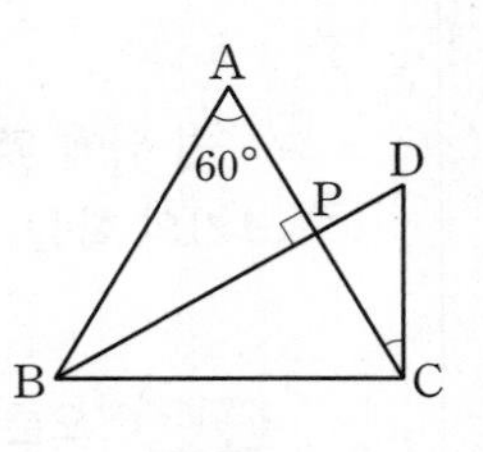

풀이 $\triangle ABP$에서 $\angle ABP=180^\circ-(90^\circ+60^\circ)=30^\circ$
따라서 $\angle ACD=\angle ABP=30^\circ$이다.

5. 다음 그림과 같이 원 O에 내접하는 오각형 ABCDE에서 $\angle A=110^\circ$, $\angle D=120^\circ$일 때, $\angle BOC$의 크기를 구하시오. 100°

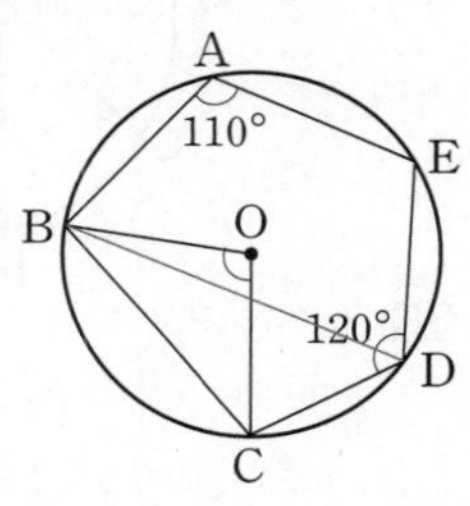

풀이 $\overline{BD}$를 그으면 □ABDE가 원 O에 내접하므로
$\angle BDE=180^\circ-110^\circ=70^\circ$이다.
따라서 $\angle BOC=2\angle BDC=2\times(120^\circ-70^\circ)=100^\circ$이다.

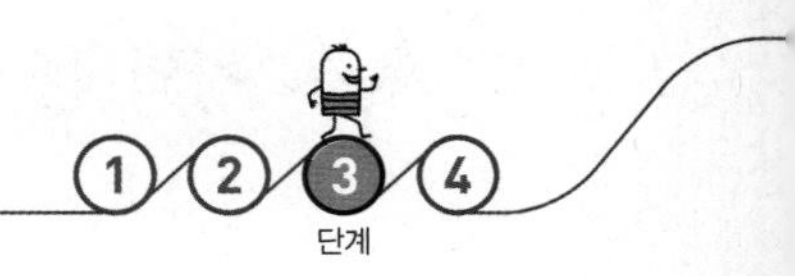

실력 업(UP) 발전 문제

6. 다음 그림에서 원 O는 $\triangle ABC$의 내접원이면서 $\triangle DEF$의 외접원이다. $\angle ABC=30°$, $\angle EDF=40°$일 때, $\angle DEF$의 크기를 구하시오. 65°

(단, D, E, F는 접점이다.)

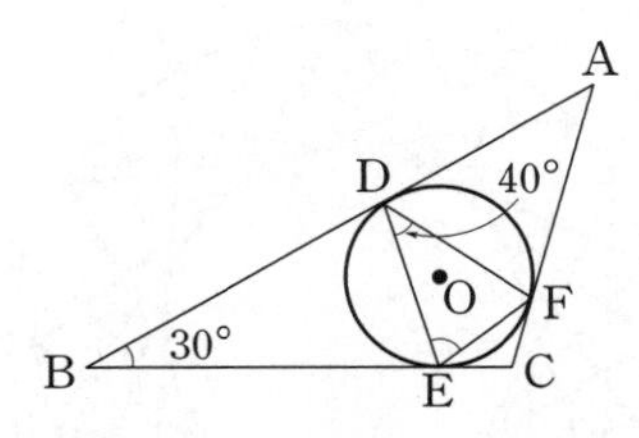

풀이 $\overline{BD}=\overline{BE}$이므로 $\angle BDE=\angle BED=\frac{1}{2}\times(180°-30°)=75°$
또, 접선과 현이 이루는 각의 성질에 의하여 $\angle DFE=\angle BDE=75°$
따라서 $\triangle DEF$에서 $\angle DEF=180°-(40°+75°)=65°$이다.

7. 다음 그림에서 원 O는 $\triangle ABC$의 외접원이고 직선 TB는 원 O의 접선이다. $\overline{AB}=6\text{ cm}$, $\tan x°=\frac{3}{2}$일 때, 원 O의 넓이를 구하시오. $13\pi\text{ cm}^2$

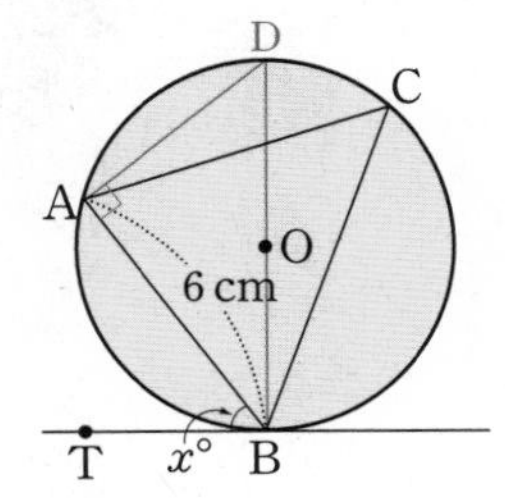

풀이 $\angle ADB=\angle ACB=x°$, $\angle BAD=90°$
이때 $\triangle ABD$에서 $\tan x°=\frac{\overline{AB}}{\overline{AD}}=\frac{6}{\overline{AD}}=\frac{3}{2}$이므로
$\overline{AD}=4(\text{cm})$, $\overline{BD}=\sqrt{4^2+6^2}=2\sqrt{13}\,(\text{cm})$
따라서 원 O의 반지름의 길이는 $\sqrt{13}$ cm이므로 원 O의 넓이는
$\pi\times(\sqrt{13})^2=13\pi(\text{cm}^2)$

교과서 문제 뛰어 넘기

8. 오른쪽 그림과 같이 원 O의 두 현 AB, CD가 점 P에서 만나고, $\angle BPD=30°$이다. $\widehat{AC}+\widehat{BD}=4\pi$일 때, 원 O의 지름의 길이를 구하시오.

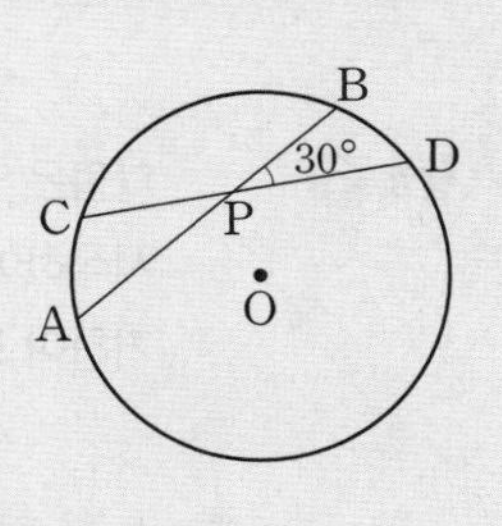

9. 오른쪽 그림에서 $\triangle ABC$는 원에 내접하고 $\overline{AE}$는 $\angle A$의 이등분선이다. $\overline{AB}=10\text{ cm}$, $\overline{BE}=4\text{ cm}$, $\overline{DE}=2\text{ cm}$일 때, $\overline{AC}+\overline{AD}$의 길이를 구하시오.

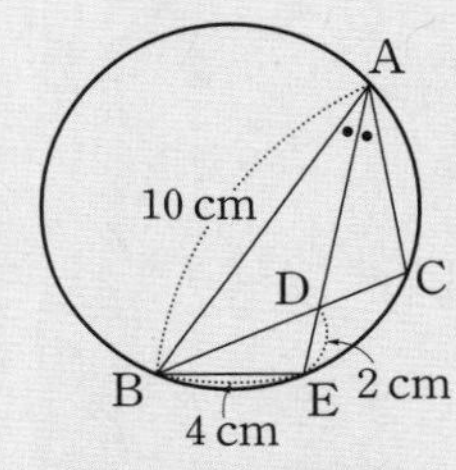

10. 오른쪽 그림에서 직선 CT는 원 O의 접선이고, 점 C는 접점이다. 점 A에서 이 접선에 내린 수선의 발을 P라 하고, $\angle PAC=a°$라고 하자. $\overline{AB}=8\text{ cm}$, $\overline{AP}=6\text{ cm}$일 때, $\tan a°$의 값을 구하시오.

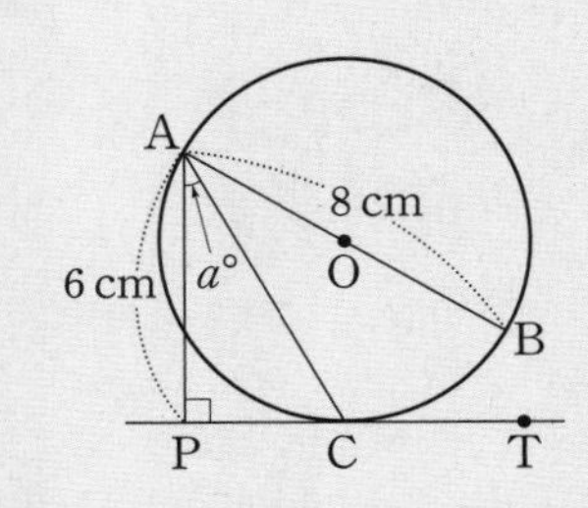

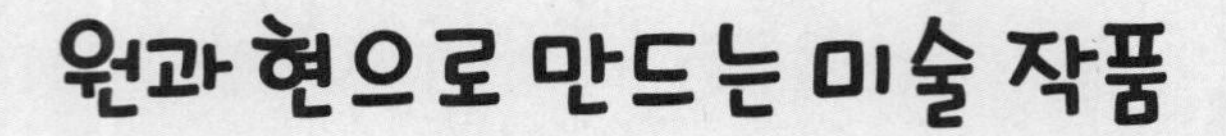

원과 현을 이용하여 아름다운 미술 작품을 만들어 보자.

활동 1 다음은 원 위에 23개의 점이 찍혀 있는 도안이다. 아래 그림과 같이 같은 간격으로 이동하여 처음 1의 점에서 시작하여 모든 점들을 거쳐 1의 점에서 끝나는 미술 작품을 완성하여 보자. 이때 어떤 모양이 나타나는지 이야기하여 보자. 또, 현의 길이에 따라 작품이 어떻게 달라지는지 친구들과 이야기하여 보자.

풀이

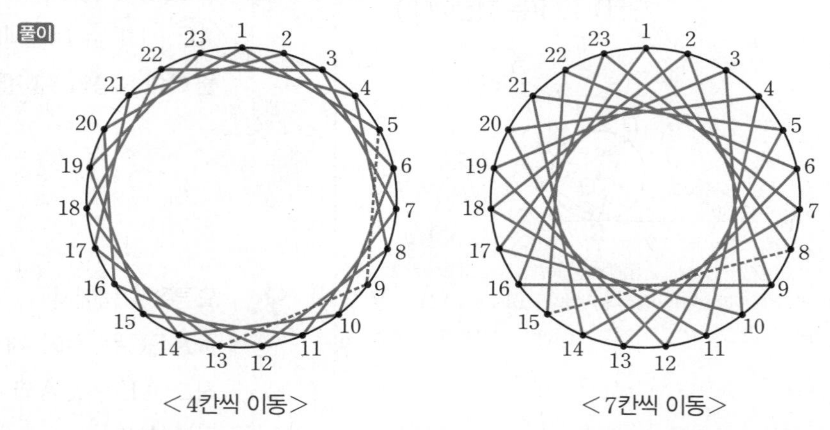

위와 같은 규칙으로 만들어진 한 원의 현들은 길이가 일정하다. 즉, 한 원에서 길이가 같은 현들은 원의 중심으로부터 같은 거리에 있으므로, 완성된 모양은 중심으로부터 같은 거리에 있는 점들이 모여 생긴 도형인 원에 가까운 모양이다.
또, 현의 길이가 짧을수록 현이 만드는 원의 크기가 크다. 따라서 원을 더 크게 만들기 위해서는 현의 길이를 짧게 조절해야 한다.

활동 2 활동 1을 응용한 다양한 규칙으로 나만의 미술 작품을 만들어 보자.

| 예시 |

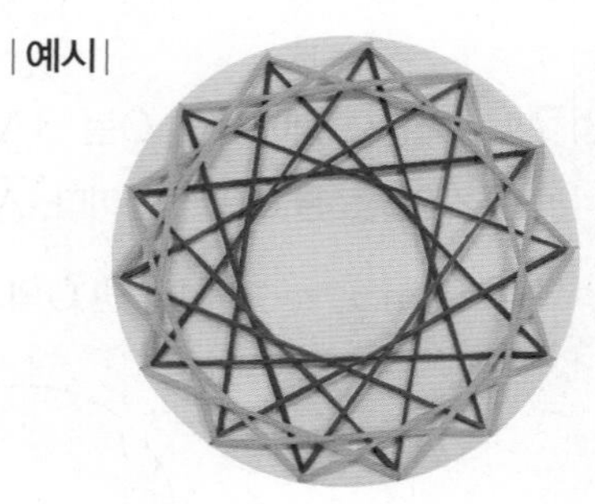

풀이 | 예시 |

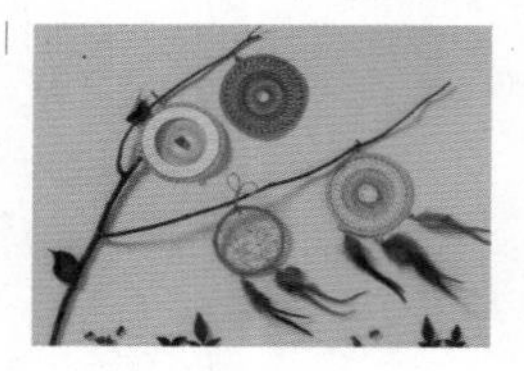

| 상호 평가표 |

평가 내용		자기 평가 😄	자기 평가 😊	자기 평가 😵	친구 평가 😄	친구 평가 😊	친구 평가 😵
내용	원의 현에 관한 성질을 설명할 수 있다.						
	원의 현에 관한 성질을 이용하여 미술 작품을 만들 수 있다.						
태도	관심과 흥미를 가지고 활동에 적극 참여하였다.						

1. 오른쪽 그림과 같이 크고 작은 두 개의 바퀴가 벨트로 연결되어 있다. 작은 바퀴 쪽의 벨트가 이루는 각의 크기가 $40°$이고 큰 바퀴에서 벨트가 닿는 부분이 이루는 호의 길이가 22π cm일 때, 큰 바퀴의 반지름의 길이를 구하시오.

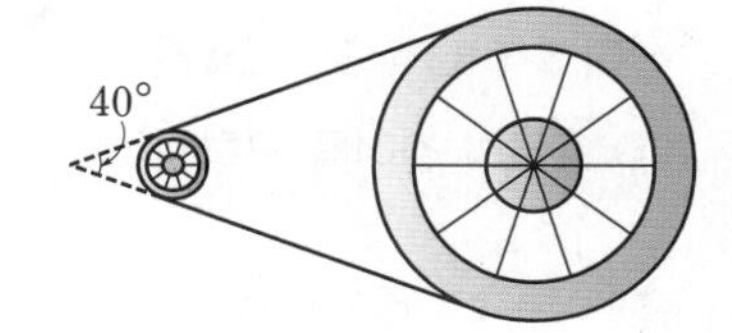

2. 오른쪽 그림에서 원 O는 $\triangle ABC$의 외접원이다. $\overset{\frown}{AB} : \overset{\frown}{AC} : \overset{\frown}{BC} = 5 : 4 : 3$이고 원 O의 반지름의 길이가 2 cm일 때, $\overline{AB}$의 길이를 구하시오.

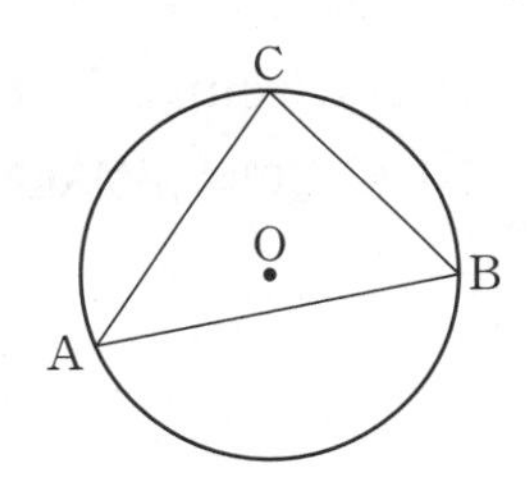

스스로 마무리하기

1. 오른쪽 그림의 원 O에서 $\overline{AB}$는 $\overline{OC}$의 수직이등분선이고 $\overline{OC}=12$ cm일 때, $\overline{AB}$의 길이를 구하시오. $12\sqrt{3}$ cm

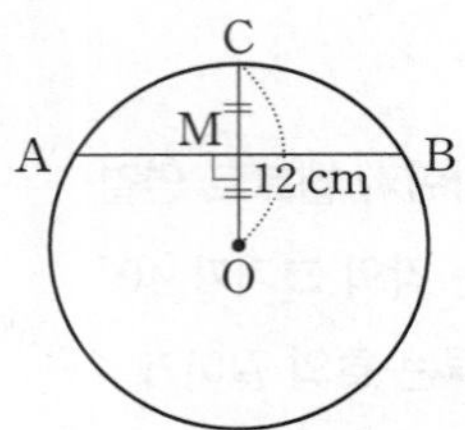

풀이 $\overline{OM}=\overline{CM}=6$ cm이고, $\overline{AB}\perp\overline{OC}$이므로 $\overline{AM}=\overline{BM}=\sqrt{12^2-6^2}=6\sqrt{3}$ (cm)
따라서 $\overline{AB}=2\overline{AM}=12\sqrt{3}$ (cm)이다.

2. 오른쪽 그림의 원 O에서 $\overline{AB}=\overline{CD}$, $\overline{AB}\perp\overline{OM}$이다. $\overline{OD}=5$ cm, $\overline{OM}=3$ cm일 때, $\triangle OCD$의 넓이를 구하시오. 12 cm²

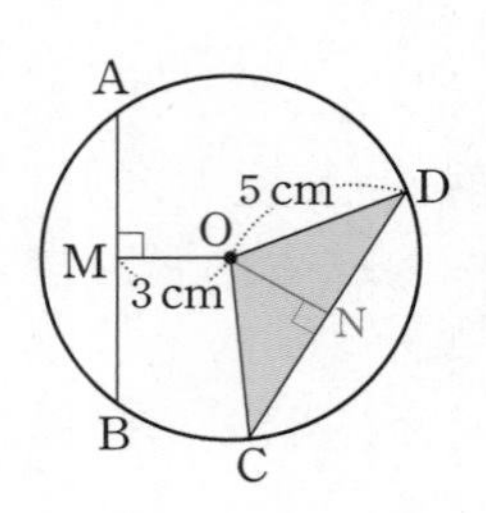

풀이 $\overline{AB}=\overline{CD}$이므로 $\overline{ON}=\overline{OM}=3$(cm)이다.
$\triangle ODN$에서 $\overline{DN}=\sqrt{5^2-3^2}=4$(cm)이므로 $\overline{CD}=2\overline{DN}=8$(cm)이다.
따라서 $\triangle OCD$의 넓이는 $\frac{1}{2}\times8\times3=12$(cm²)이다.

3. 다음 그림에서 $\overrightarrow{PA}$, $\overrightarrow{PB}$, $\overline{AB}$는 각각 원 O의 접선이고 세 점 C, D, E는 각각 원 O의 접점이다. $\overline{PA}=10$ cm, $\overline{PB}=8$ cm, $\angle PBA=90°$일 때, $\overline{BD}$의 길이를 구하시오. 4 cm

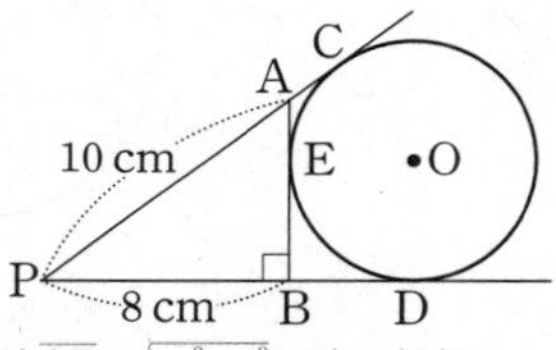

풀이 $\triangle APB$에서 $\overline{AB}=\sqrt{10^2-8^2}=6$(cm)이고,
$\overline{AE}=\overline{AC}$, $\overline{BE}=\overline{BD}$이므로
$\overline{PC}+\overline{PD}=$($\triangle APB$의 둘레의 길이)$=10+8+6=24$(cm)
이다. 이때 $\overline{PC}=\overline{PD}=\frac{1}{2}\times24=12$(cm)이다.
따라서 $\overline{BD}=12-8=4$(cm)이다.

4. 오른쪽 그림에서 $\overline{BC}$는 반원 O의 지름이고, $\angle E=48°$일 때, $\angle AOD$의 크기를 구하시오. 84°

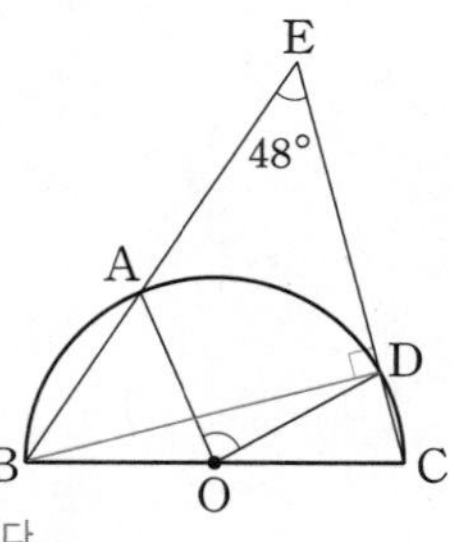

풀이 $\overline{BD}$를 그으면 $\angle BDC=90°$이므로 $\angle EBD=90°-48°=42°$이다.
따라서 $\angle AOD=2\angle ABD=2\times42°=84°$이다.

5. 오른쪽 그림과 같이 12등분된 원 O의 점 A의 위치에서 서로 이웃한 두 점 B, C를 바라보는 각의 크기를 구하시오. 15°

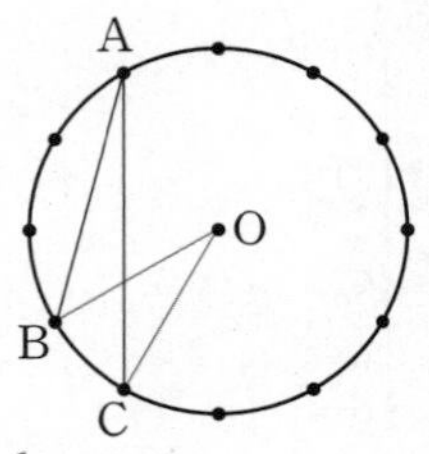

풀이 $\overline{BO}$, $\overline{CO}$를 그으면 $\angle BOC=360°\times\frac{1}{12}=30°$이다.
따라서 $\angle BAC=\frac{1}{2}\times30°=15°$이다.

6. 오른쪽 그림에서 네 점 A, B, C, D가 한 원 위에 있을 때, $\angle x$의 크기를 구하시오. 105°

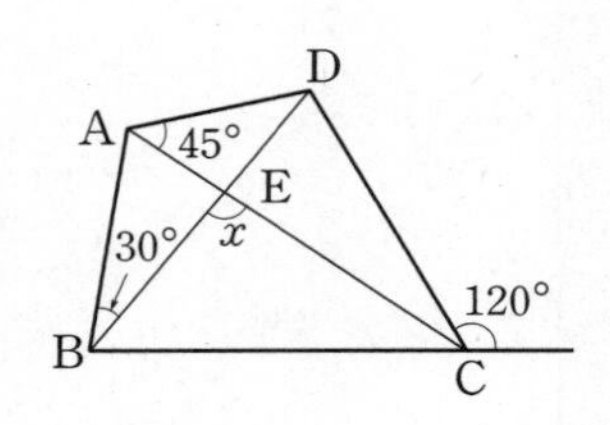

풀이 네 점 A, B, C, D가 한 원 위에 있으므로 $\angle DBC=\angle DAC=45°$, $\angle ACD=\angle ABD=30°$이다.
따라서 $\triangle BCE$에서 $\angle x=(120°+30°)-45°=105°$이다.

7. 오른쪽 그림에서 직선 AT가 원 O의 접선이고, $\widehat{AC}=\widehat{BC}$, $\angle CAT=50°$일 때, $\angle C$의 크기를 구하시오. 80°

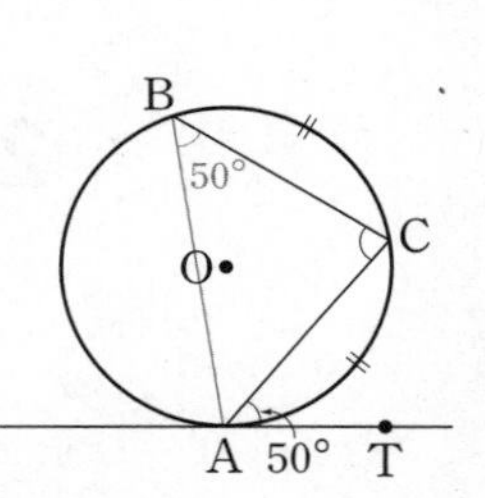

풀이 $\overline{AB}$를 그으면 $\angle ABC=\angle CAT=50°$이고, $\widehat{AC}=\widehat{BC}$이므로 $\triangle ABC$는 이등변삼각형이다.
따라서 $\angle C=180°-2\times50°=80°$이다.

8. 오른쪽 그림에서 □ABCD는 원에 내접한다. $\overline{AB}$, $\overline{CD}$의 연장선의 교점을 E, $\overline{AD}$, $\overline{BC}$의 연장선의 교점을 F라고 하자. $\angle AED=20°$, $\angle AFB=22°$일 때, $\angle x$의 크기를 구하시오. 69°

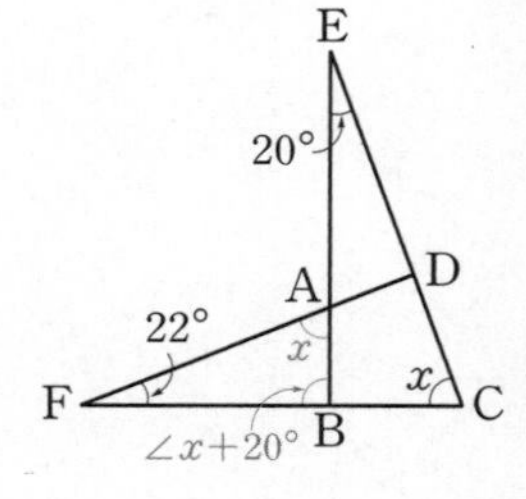

풀이 □ABCD가 원에 내접하므로 $\angle FAB=\angle x$이고, $\triangle EBC$에서 $\angle EBF=20°+\angle x$이다.
따라서 $\triangle AFB$에서 $22°+\angle x+(20°+\angle x)=180°$, $2\angle x=138°$, $\angle x=69°$이다.

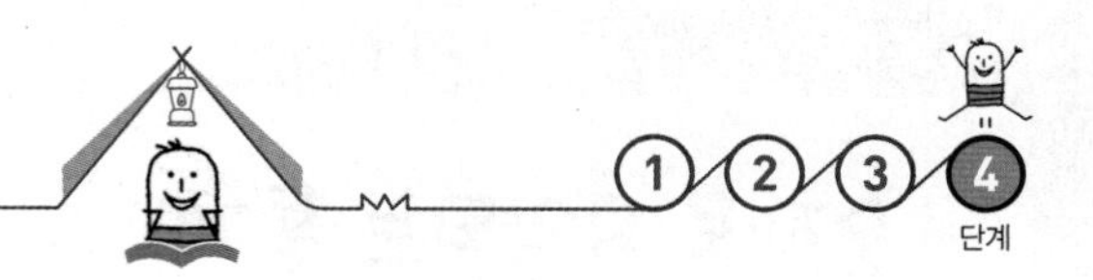

[9~10] **서술형 문제** 문제의 풀이 과정과 답을 쓰고, 스스로 채점하여 보자.

9. 지구의 상공 2000 km에서 지구 둘레를 도는 인공위성이 있다. 지구가 구 모양이고 반지름의 길이가 6400 km라고 할 때, 이 인공위성이 관찰할 수 있는 지표면까지의 최대 거리를 구하시오. (단, 인공위성의 크기는 고려하지 않으며, 계산 결과는 소수점 아래 둘째 자리에서 반올림한다.) [5점] 5440.6 km

풀이 다음 그림과 같이 인공위성을 P, 지구의 중심을 O라고 하면, 인공위성이 관찰할 수 있는 지표면까지의 최대 거리는 $\overline{PA}=\overline{PB}$이다.

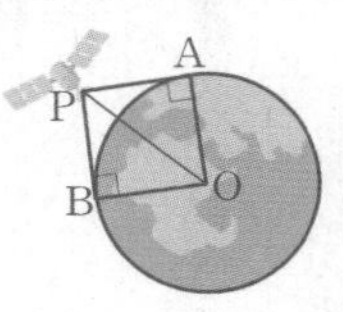

$\triangle$PAO에서

$\overline{PA}=\sqrt{8400^2-6400^2}=\sqrt{29600000}=5440.58\cdots$

따라서 인공위성이 관찰할 수 있는 지표면까지의 최대 거리는 5440.6 km이다.

채점 기준	배점
(i) 인공위성이 관찰할 수 있는 지표면까지의 최대 거리가 원 밖의 한 점에서 그은 접선의 길이임을 설명한 경우	2점
(ii) 최대 거리를 바르게 구한 경우	3점

10. 다음 그림에서 두 직선 PA, PB는 원 O의 접선이다. $\widehat{AC}:\widehat{CB}=2:3$이고 $\angle APB=30°$일 때, $\angle ABC$의 크기를 구하시오. [5점] 42°

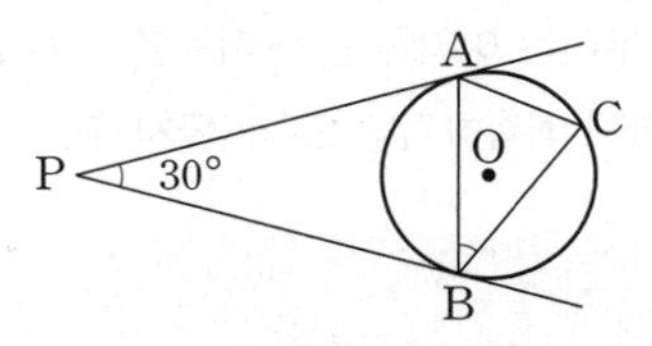

풀이 $\overline{PA}=\overline{PB}$이므로

$\angle PAB=\frac{1}{2}\times(180°-30°)=75°$

이다. 또, 접선과 현이 이루는 각의 크기의 성질에 의하여 $\angle ACB=\angle PAB=75°$이다.

이때 $\widehat{AC}:\widehat{CB}=2:3$이므로 $\angle ABC:\angle CAB=2:3$이다.

따라서 $\angle ABC=2\angle x$, $\angle CAB=3\angle x$로 놓으면

$\triangle ABC$에서 $2\angle x+3\angle x+75°=180°$, $\angle x=21°$이다.

즉, $\angle ABC=2\angle x=42°$이다.

채점 기준	배점
(i) 접선과 현이 이루는 각의 크기의 성질을 이용하여 ∠ACB의 크기를 바르게 구한 경우	2점
(ii) 원주각의 크기와 호의 길이 사이의 정비례 관계를 이용하여 ∠ABC의 크기를 바르게 구한 경우	3점

숫자로 요약되는 통계

최근 청소년 인구, 다문화 학생 현황, 수면 시간, 비만 등 다양한 분야에서 청소년에 대한 관심이 점차 높아지고 있다.

이에 통계청에서는 2002년 이후 매년 청소년의 모습을 다각적으로 조명하는 『청소년 통계』를 작성해 오고 있다.

『청소년 통계』에서는 자료의 특징에 따라 다른 방식의 도표와 수치가 사용되며, 우리는 이러한 통계 자료를 통해 청소년의 현재 모습을 이해하고 미래의 모습까지 예측하기도 한다. (출처: 통계청·여성가족부, 2018)

VI 통계

1. 대푯값과 산포도
2. 상관관계

| 단원의 계통도 살펴보기 |

이전에 배웠어요.

| 중학교 1학년 |
Ⅵ－1. 자료의 정리와 해석
01. 줄기와 잎 그림, 도수분포표
02. 히스토그램과 도수분포다각형
03. 상대도수
04. 공학적 도구를 이용한 자료의 정리와 해석

이번에 배워요.

Ⅵ－1. 대푯값과 산포도
01. 대푯값
02. 산포도
Ⅵ－2. 상관관계
01. 상관관계

이후에 배울 거예요.

| 고등학교 〈확률과 통계〉 |
• 확률분포
• 통계적 추정
| 고등학교 〈실용 수학〉 |
• 자료의 정리
• 자료의 해석

대푯값과 산포도

01. 대푯값 | 02. 산포도

이것만은 **알고 가자**

단계

초등 평균

1. 다음은 어느 중학교에서 3월부터 7월까지 상담실을 이용한 학생 수를 조사하여 나타낸 표이다. 3월부터 7월까지 상담실을 이용한 학생 수의 평균을 구하시오. 66명

상담실 이용 학생 수

월	3	4	5	6	7
학생 수(명)	85	52	64	80	49

| 개념 체크 |
변량의 총합을 변량의 개수로 나눈 값을 평균 이라고 한다.

풀이 주어진 자료의 변량의 총합은 330명이고, 변량의 개수는 5개이므로

(평균)$=\frac{330}{5}=66$(명)이다.

알고 있나요?
평균을 구할 수 있는가?
잘함 보통 모름

중1 줄기와 잎 그림

2. 다음은 배드민턴 동호회 회원 15명의 나이를 조사하여 나타낸 것이다. 물음에 답하시오.

배드민턴 동호회 회원의 나이
(단위: 세)

33	43	54	49	56	38	27	42
32	36	58	42	39	33	35	

배드민턴 동호회 회원의 나이
(2|7은 27세)

줄기	잎
2	7
3	2 3 3 5 6 8 9
4	2 2 3 9
5	4 6 8

(1) 줄기와 잎 그림을 완성하시오.

(2) 잎이 가장 많은 줄기를 구하시오. 3

알고 있나요?
자료를 줄기와 잎 그림으로 나타내고 해석할 수 있는가?
잘함 보통 모름

중1 히스토그램

3. 오른쪽은 윤섭이네 반 학생 20명의 수학 성적을 조사하여 나타낸 히스토그램이다. 다음 물음에 답하시오.

(명)
6
4
2
0
30 40 50 60 70 80 90 100(점)

(1) 계급의 크기를 구하시오. 10점

(2) 도수가 가장 큰 계급을 구하시오. 80점 이상 90점 미만

알고 있나요?
히스토그램을 해석할 수 있는가?
잘함 보통 모름

부족한 부분을 보충하고 본 학습을 준비하여 보자.

한 눈에 개념 정리

01 대푯값

1. 대푯값: 자료 전체의 특징, 특히 자료가 분포한 중심의 위치를 대표할 수 있는 값

2. 평균: 변량의 총합을 변량의 개수로 나눈 값 ➡ $(\text{평균})=\dfrac{(\text{변량의 총합})}{(\text{변량의 개수})}$

3. 중앙값: 변량을 작은 값부터 크기순으로 나열하였을 때, 한가운데 있는 값

(1) 자료가 n개일 때의 중앙값은 다음과 같다.

① n이 홀수일 때: $\dfrac{n+1}{2}$번째 자료의 값

② n이 짝수일 때: $\dfrac{n}{2}$번째와 $\dfrac{n+1}{2}$번째 자료의 값의 평균

예 1, 2, 3, 4, 5 ➡ (중앙값)$=3$

1, 2, 3, 4, 5, 6 ➡ (중앙값)$=\dfrac{3+4}{2}=3.5$

4. 최빈값: 자료의 변량 중에서 가장 많이 나타나는 값

(1) 자료의 값 중에서 도수가 가장 큰 값이 한 개 이상 있으면 그 값이 모두 최빈값이다.

(2) 자료의 값의 도수가 모두 같으면 최빈값은 없다.

02 산포도와 편차

1. 산포도: 자료가 흩어져 있는 정도를 하나의 수로 나타낸 값

➡ 산포도가 클수록 자료들이 흩어져 있고, 산포도가 작을수록 자료들이 밀집되어 있다.

2. 편차: 각 변량에서 평균을 뺀 값 ➡ (편차)$=$(변량)$-$(평균)

(1) 편차의 총합은 항상 0이다.

(2) 평균보다 큰 변량의 편차는 양수이고, 평균보다 작은 변량의 편차는 음수이다.

(3) 편차의 절댓값이 클수록 변량은 평균에서 멀리 떨어져 있고, 편차의 절댓값이 작을수록 변량은 평균 가까이에 있다.

3. 분산: 어떤 자료의 편차를 제곱한 값의 평균

➡ $(\text{분산})=\dfrac{\{(\text{편차})^2\text{의 총합}\}}{(\text{변량의 개수})}=\{(\text{편차})^2\text{의 평균}\}$

4. 표준편차: 분산의 음이 아닌 제곱근

➡ $(\text{표준편차})=\sqrt{(\text{분산})}$

참고 ① 평균, 편차, 표준편차는 주어진 변량과 단위가 같다.

② 분산 또는 표준편차가 작을수록 변량이 평균 주위에 모여 있고, 분산 또는 표준편차가 클수록 변량이 평균으로부터 넓게 흩어져 있다.

③ 분산, 표준편차 구하는 순서

평균 → 편차 → $(\text{편차})^2$의 총합 → 분산 → 표준편차

01 대푯값

이 단원에서 배우는 용어와 기호

대푯값, 중앙값, 최빈값

학습 목표 ▎중앙값, 최빈값, 평균의 의미를 이해하고, 이를 구할 수 있다.

대푯값은 무엇일까?

탐구하기

탐구 목표
평균의 의미를 이해하고 평균을 구할 수 있다.

다음은 A, B 두 야구 선수의 연도별 홈런 수를 조사하여 나타낸 표이다. 물음에 답하여 보자.

연도별 홈런 수

(단위: 개)

연도	2012	2013	2014	2015	2016	2017	2018
A 선수	3	7	2	6	4	5	1
B 선수	14	20	22	18	16	21	22

활동 1 A 선수의 홈런 수의 평균을 구하여 보자. 4개

풀이 $(\text{평균})=\frac{3+7+2+6+4+5+1}{7}=\frac{28}{7}=4(\text{개})$

활동 2 B 선수의 홈런 수의 평균을 구하여 보자. 19개

풀이 $(\text{평균})=\frac{14+20+22+18+16+21+22}{7}=\frac{133}{7}=19(\text{개})$

이전 내용 톡톡

$(\text{평균})=\frac{(\text{변량})\text{의 총합}}{(\text{변량})\text{의 개수}}$

탐구하기 와 같은 자료를 정리하여 줄기와 잎 그림, 도수분포표, 히스토그램 등으로 나타내면 자료의 분포 상태를 한눈에 알 수 있다. 그러나 자료의 분포 상태를 요약하거나 두 개 이상의 자료를 비교할 때에는 자료 전체의 특징을 하나의 값으로 나타낼 필요가 있다.

개념 쏙

자료의 모든 값을 사용하여 대푯값을 정해야 하는 경우에는 평균을 대푯값으로 한다.

이와 같이 자료 전체의 특징, 특히 자료가 분포한 중심의 위치를 대표할 수 있는 값을 **대푯값**이라고 한다. 대푯값으로 쓰이는 것은 자료의 특성에 따라 여러 가지가 있는데, 가장 많이 쓰이는 것이 평균이다.

함께해 보기 1

Tip 평균은 모든 자료의 값의 총합을 자료의 개수의 총합으로 나누어 구한다.

다음은 새로 개봉한 두 영화 A, B에 대한 평론가 10인의 평점이다. □ 안에 알맞은 것을 써넣어 보자.

평론가 10인의 평점

(단위: 점)

영화 A	6	5	5	7	4	5	5	6	4	6
영화 B	8	7	8	9	9	8	8	6	7	9

(1) 영화 A의 평론가 평균 평점을 구하여 보자.

영화 A의 평론가 평점의 총합은 [53](점)이므로

$$(\text{평균})=\frac{\boxed{53}}{10}=\boxed{5.3}(\text{점})$$

이다.

따라서 영화 A의 평론가 평균 평점은 [5.3]점이다.

(2) 영화 B의 평론가 평균 평점을 구하여 보자.

영화 B의 평론가 평점의 총합은 [79](점)이므로

$$(\text{평균})=\frac{\boxed{79}}{10}=\boxed{7.9}(\text{점})$$

이다.

따라서 영화 B의 평론가 평균 평점은 [7.9]점이다.

(3) 다음 문장을 완성하여 보자.

두 영화 A, B 중 평론가 평균 평점이 높은 것은 영화 [B]이다.

풀이 하영, 중학교 3학년 학생들의 연간 평균 독서량은 22.4권이고, 중학교 2학년 학생들의 연간 평균 독서량은 28.4권이므로 연간 평균 독서량은 3학년이 2학년보다 적다.

그러나 $(\text{평균})=\frac{(\text{변량})\text{의 총합}}{(\text{변량})\text{의 개수}}$이므로 평균이 작다고 반드시 각 변량의 값도 모두 작은 것은 아니다.

따라서 3학년 지원이의 연간 독서량이 2학년 영태의 연간 독서량보다 적다고 할 수는 없다.

의사소통 **1.** **오른쪽은 어느 중학교 2학년 학생과 3학년 학생의 연간 평균 독서량을 나타낸 자료이다. 이에 대하여 잘못 설명한 학생을 찾고, 그 까닭을 친구들과 이야기하시오.** 하영, 풀이 참조

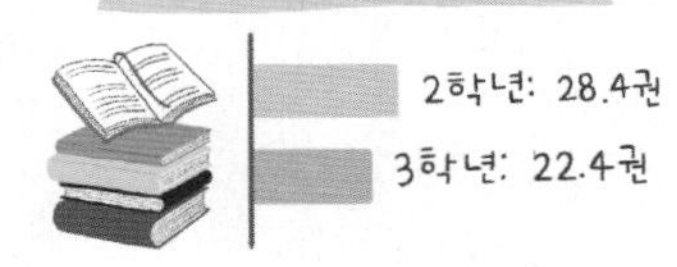

중앙값은 무엇일까?

탐구하기

탐구 목표
평균 이외의 다른 대푯값을 고려할 필요가 있음을 알 수 있다.

다음은 민준이의 블로그에 하루 동안 방문한 사람의 나이를 조사하여 나타낸 줄기와 잎 그림이다. 물음에 답하여 보자.

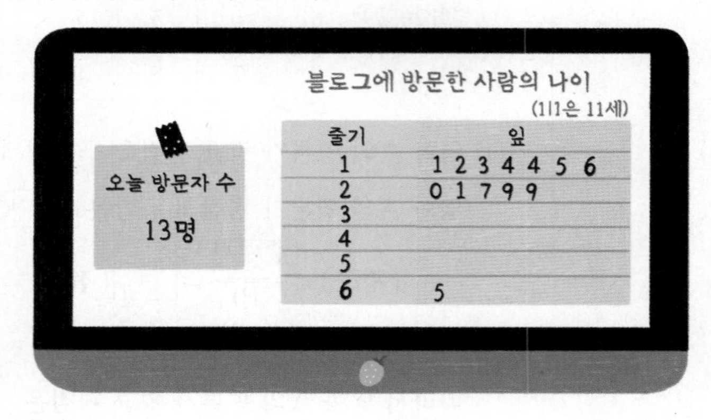

줄기	잎
1	1 2 3 4 4 5 6
2	0 1 7 9 9
3	
4	
5	
6	5

활동 1 민준이의 블로그에 하루 동안 방문한 사람의 나이의 평균을 구하여 보자. 22세

풀이 민준이의 블로그에 하루 동안 방문한 13명의 나이의 총합은 286세이므로 $(\text{평균})=\frac{286}{13}=22(\text{세})$이다.

활동 2 방문한 사람의 나이가 평균보다 적은 사람 수(9명)와 많은 사람 수(4명)를 각각 구하여 보자.

풀이 13명 중 9명의 나이는 평균보다 적고, 4명의 나이는 평균보다 많다.

활동 3 이 자료에서 평균은 대푯값으로 적절한지 말하여 보자. 풀이 참조

풀이 극단적인 값인 65세가 있어서 평균이 지나치게 높아지게 되었으므로 이 자료의 대푯값으로 평균은 적절하지 않다.

탐구하기 에서 민준이의 블로그에 하루 동안 방문한 13명의 나이의 평균은

$$(\text{평균})=\frac{286}{13}=22(\text{세})$$

이다.

그런데 13명 중 9명의 나이는 평균인 22세보다 적고, 4명의 나이는 평균보다 많다. 따라서 평균 22세는 자료의 특성을 대표하기에는 적절하지 않다.

탐구하기 와 같이 주어진 변량 중 매우 크거나 매우 작은 값이 있는 경우에 평균은 그 극단적인 값의 영향을 많이 받는다.

개념 쏙

자료에서 극단적인 값이 있어서 극단적인 값이 대푯값에 영향을 미치지 않게 해야 하는 경우에는 중앙값을 대푯값으로 한다.

이와 같은 경우에는 변량을 작은 값부터 크기순으로 나열하였을 때, 한가운데 있는 값이 평균보다 그 자료 전체의 중심의 위치를 잘 나타낼 수 있다.

이 값을 **중앙값**이라고 한다.

개념 쏙

① 변량의 개수가 홀수이면
(중앙값)
=(중앙에 위치하는 변량)

② 변량의 개수가 짝수이면
(중앙값)
=(중앙에 위치하는 두 변량의 평균)

이때 변량의 개수가 홀수인 경우에는 변량을 작은 값부터 크기순으로 나열하여 한가운데에 있는 값을 중앙값으로 한다. 또, 변량의 개수가 짝수인 경우에는 변량을 작은 값부터 크기순으로 나열하면 한가운데에 있는 값이 두 개이므로 이 두 값의 평균을 중앙값으로 한다. 예를 들어 변량이 8개이면 중앙값은

$$\frac{(\text{네 번째 변량})+(\text{다섯 번째 변량})}{2}$$

이다.

바로 확인 탐구하기에서 변량을 크기순으로 나열하면 한가운데에 있는 값이 16이므로 중앙값은 [16] 세이다.

함께해 보기 2

Tip 중앙값을 찾을 때는 먼저 자료의 변량을 작은 값부터 크기순으로 나열한다.

다음은 주어진 자료의 중앙값을 구하는 과정이다. □ 안에 알맞은 수를 써넣어 보자.

(1) 6, 34, 9, 7, 10

주어진 변량을 작은 값부터 크기순으로 나열하면 다음과 같다.

6, 7, [9], 10, 34

따라서 중앙값은 [9]이다.

(2) 89, 92, 4, 83, 85, 7

주어진 변량을 작은 값부터 크기순으로 나열하면 다음과 같다.

4, 7, 83, [85], 89, 92

따라서 중앙값은 $\frac{[83]+[85]}{2}=[84]$이다.

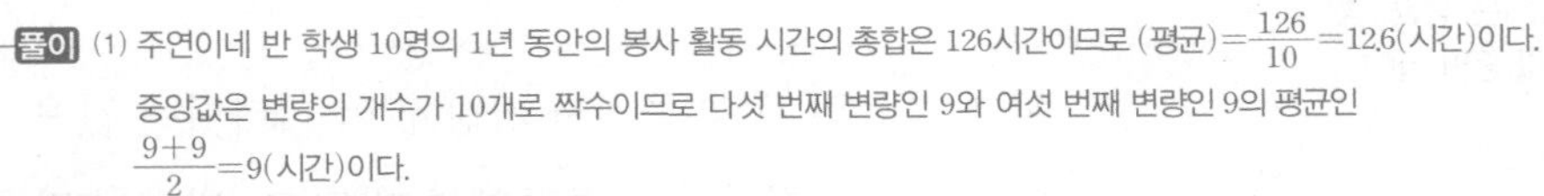
풀이 (1) 주연이네 반 학생 10명의 1년 동안의 봉사 활동 시간의 총합은 126시간이므로 (평균)$=\frac{126}{10}=12.6$(시간)이다.
중앙값은 변량의 개수가 10개로 짝수이므로 다섯 번째 변량인 9와 여섯 번째 변량인 9의 평균인 $\frac{9+9}{2}=9$(시간)이다.

2. 오른쪽은 주연이네 반 학생 10명을 대상으로 1년 동안의 봉사 활동 시간을 조사하여 나타낸 줄기와 잎 그림이다. 다음 물음에 답하시오.

(1) 평균과 중앙값을 각각 구하시오. 평균: 12.6시간, 중앙값: 9시간

(2) (1)에서 구한 값 중 어느 것이 대푯값으로 적절한지 설명하시오. 풀이 참조

(2) 극단적인 값인 49시간이 있어서 평균보다는 중앙값이 자료의 특성을 대표하기에 적절하다.
따라서 이 자료의 대푯값으로 평균보다 중앙값이 적절하다.

봉사 활동 시간

(0|4는 4시간)

줄기	잎
0	4 4 7 7 9 9
1	0 2 5
2	
3	
4	9

최빈값은 무엇일까?

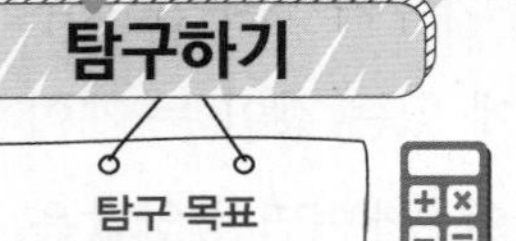

다음은 어느 신발 가게에서 운동화를 주문하기 위하여 어제 하루 동안 판매한 운동화의 크기를 조사하여 나타낸 것이다. 물음에 답하여 보자.

하루 동안 판매한 운동화의 크기

(단위: mm)

220	225	225	230	235
235	235	235	235	235
240	245	250	255	255
260	260	260	270	275

활동 ❶ 운동화의 크기의 평균과 중앙값을 각각 구하여 보자. 평균: 244 mm, 중앙값: 237.5 mm

풀이 하루 동안 판매한 운동화의 크기의 총합은 4880 mm이므로 (평균)$=\frac{4880}{20}=244$(mm)이다.

중앙값은 변량의 개수가 20개로 짝수이므로 $\frac{235+240}{2}=237.5$(mm)이다.

활동 ❷ 가장 많이 판매한 운동화의 크기를 구하여 보자. 235 mm

풀이 변량 중 가장 많이 나타나는 값은 235 mm이므로 가장 많이 판매한 운동화의 크기는 235 mm이다.

활동 ❸ 신발 가게에서 가장 많이 주문해야 할 운동화의 크기를 말하여 보자. 235 mm

풀이 신발 가게에서 가장 많이 주문해야 할 운동화의 크기를 정할 때는 하루 동안 판매한 운동화의 크기 중에서 가장 많이 판매한 것을 선택해야 하므로 신발 가게에서 가장 많이 주문해야 할 운동화의 크기는 235 mm이다.

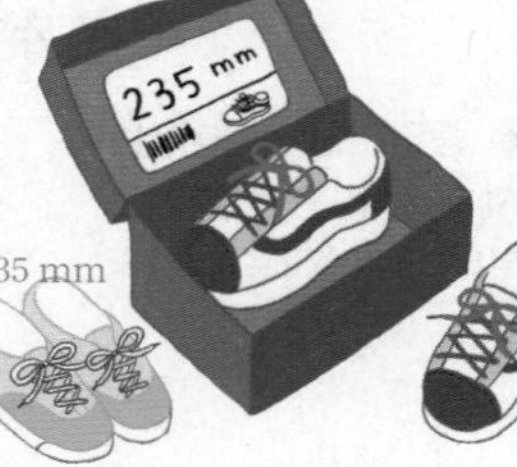

탐구하기 에서 운동화의 크기의 평균은 244 mm, 중앙값은 237.5 mm이고, 가장 많이 판매한 운동화의 크기는 235 mm이다. 따라서 이 신발 가게에서 가장 많이 주문해야 할 운동화의 크기는 235 mm임을 알 수 있다. 이와 같이 신발 가게에서는 평균이나 중앙값보다 가장 많이 판매한 운동화의 크기가 더 의미 있다.

⊕ 대푯값에는 평균, 중앙값, 최빈값 등이 있다.

변량의 개수가 많거나 변량이 중복되어 나타나는 자료, 숫자로 나타낼 수 없는 자료의 경우에는 최빈값을 대푯값으로 한다.

이때 자료의 변량 중에서 가장 많이 나타나는 값을 **최빈값**이라고 한다.

일반적으로 최빈값은 변량의 수가 많고, 변량에 같은 값이 많은 경우에 주로 대푯값으로 사용된다. 또, 가장 좋아하는 색깔이나 운동과 같이 숫자로 나타낼 수 없는 경우에도 최빈값을 구할 수 있다.

또, 자료에 따라서는 최빈값이 두 개 이상일 수도 있다.

바로 확인 (1) 변량이 1, 2, 2, 2, 3, 5인 경우 최빈값은 [2]이다.

(2) 변량이 3, 3, 4, 5, 7, 7, 9인 경우 최빈값은 3과 [7]이다.

3. 다음 자료의 최빈값을 구하시오.

(1) 2, 6, 5, 6, 7, 1, 3 6　　　　(2) 19, 17, 15, 17, 11, 14, 15, 16 15, 17

풀이 (1) 6이 2번으로 가장 많으므로 최빈값은 6이다.
(2) 15와 17이 각각 2번으로 가장 많으므로 최빈값은 15, 17이다.

Tip 도수가 가장 큰 변량이 자료의 최빈값이다.

4. 다음은 선우네 반 학생 25명이 좋아하는 운동을 1가지씩 조사하여 나타낸 표이다. 가장 많은 학생들이 좋아하는 운동을 말하시오. 농구

좋아하는 운동

운동	축구	농구	야구	탁구	총합
학생 수(명)	6	11	5	3	25

풀이 농구를 좋아하는 학생이 11명으로 가장 많다. 따라서 선우네 반 학생 중 가장 많은 학생들이 좋아하는 운동은 농구이다.

공학적 도구를 이용하여 대푯값을 어떻게 구할까?

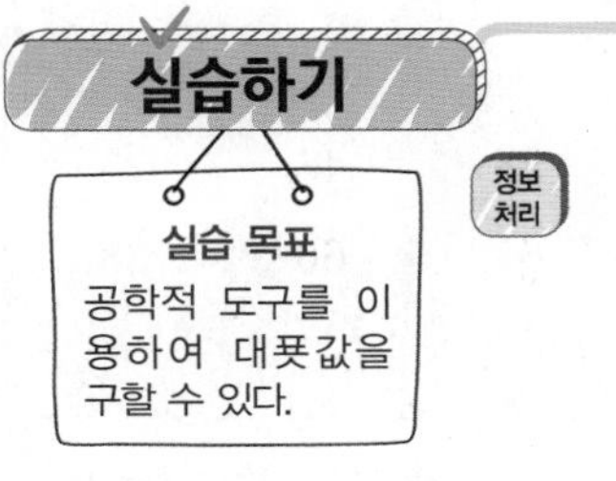

정보처리

오른쪽은 2007년부터 2017년까지 우리나라에서 관측된 규모 3.0 이상의 지진 횟수를 조사하여 나타낸 표이다. 아래 순서대로 이지통계를 이용하여 대푯값을 구하여 보자. 이지통계(http://www.ebsmath.co.kr/easyTong)

규모 3.0 이상의 지진 횟수

연도	횟수(회)
2007	2
2008	10
2009	10
2010	5
2011	14
2012	9
2013	18
2014	8
2015	5
2016	34
2017	19

(출처: 기상청 날씨누리, 2018)

1단계 **자료 입력하기**

❶ 중학교용 통계를 클릭한다. ➡ ❷ 자료를 입력한다.

자료 입력

No.	자료
1	2
2	10
3	10
4	5
5	14
6	9
7	18
8	8
9	5
10	34
11	19

2단계 **∑통곗값을 선택하여 결과 확인하기**

❶ 평균, 중앙값, 최빈값, 최댓값, 최솟값을 클릭하면 그 값이 나타난다.

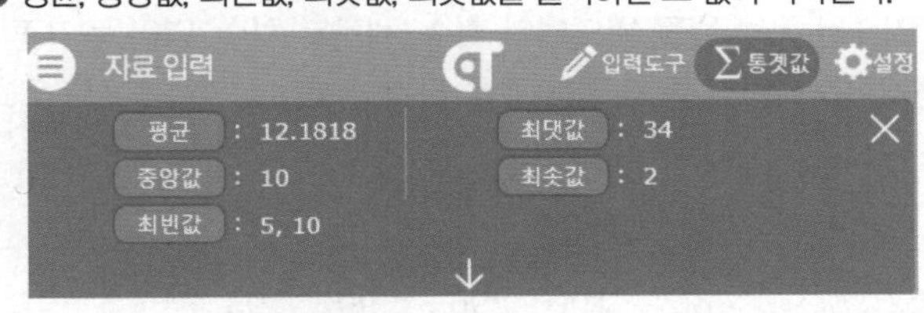

|참고| ↓화살표를 클릭하면, 다음 단원에서 학습할 분산과 표준편차도 구할 수 있다.

실습하기 와 같이 통계용 소프트웨어를 활용하면 자료의 평균, 중앙값, 최빈값, 최댓값, 최솟값 등을 매우 편리하게 구할 수 있다. 교사 또는 학생들이 사용하기에 편리한 통계용 소프트웨어로는 이지통계, 통그라미, 스프레드시트 등이 있다.

의사소통 정보처리 **5.** 다음은 대헌이네 반 학생 25명의 왕복 오래달리기 횟수를 조사하여 나타낸 것이다. 물음에 답하시오.

왕복 오래달리기 횟수

(단위: 회)

50	41	31	21	21	21	38	48	25
45	45	51	35	53	70	61	60	38
41	44	71	73	72	51	53		

(1) 이지통계를 이용하여 평균, 중앙값, 최빈값, 최댓값, 최솟값을 각각 구하시오. 풀이 참조

(2) (1)에서 구한 통곗값을 통하여 알 수 있는 자료 전체의 특징에 관하여 친구들과 이야기하시오. 풀이 참조

풀이 (1) 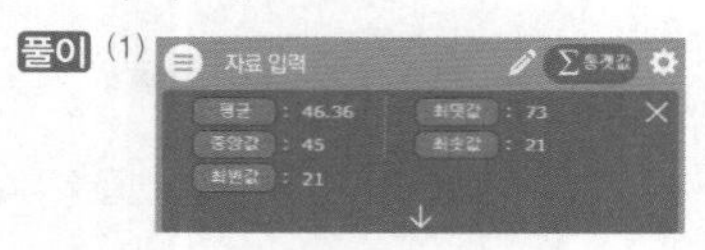

(2) 최빈값은 21회로 3번 나타난다. 그러나 21회는 자료 전체의 중심적인 경향을 나타낸다고 볼 수 없는 가장 작은 값이다.
또한, 이지통계를 이용하여 히스토그램을 그리면 오른쪽과 같음을 알 수 있다.
이때 평균, 중앙값, 최빈값의 크기를 비교하면
(최빈값) ≤ (중앙값) ≤ (평균)
의 관계가 있음을 확인할 수 있다.

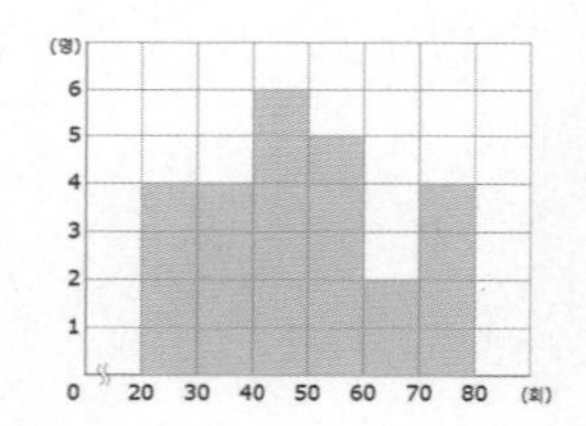

생각 나누기 추론 의사소통 정보처리

다음은 수빈이네 반 학생 10명의 1분 동안 윗몸 일으키기 횟수, 체육복 치수, 영어 듣기 평가 성적을 조사하여 나타낸 것이다. 세 자료의 대푯값으로 평균, 중앙값, 최빈값 중 적절한 것을 각각 찾고, 그 까닭을 친구들과 이야기하여 보자. 풀이 참조

윗몸 일으키기 횟수 (단위: 회)

8	35	13	17	62
14	9	38	96	59

체육복 치수 (단위: 호)

85	100	90	90	95
95	90	100	90	90

영어 듣기 평가 성적 (단위: 점)

15	18	20	16	19
16	18	20	19	17

풀이
- 윗몸 일으키기: 96회와 같이 극단적인 값이 있으므로 대푯값으로 중앙값이 적절하다. 중앙값은 변량의 개수가 10개로 짝수이므로 작은 값부터 크기순으로 나열했을 때, 다섯 번째 변량인 17과 여섯 번째 변량인 35의 평균인 $\frac{17+35}{2}=\frac{52}{2}=26$(회)이다.
- 체육복 치수: 체육복 치수는 규격화된 값이므로 대푯값으로 최빈값이 적절하다. 90호가 5번으로 가장 많으므로 최빈값은 90호이다.
- 영어 듣기 평가 성적: 성적이 고르게 분포해 있으므로 대푯값으로 평균이 적절하다. 영어 듣기 평가 성적의 총합은 178점이므로 (평균)$=\frac{178}{10}=17.8$(점)이다.

스스로 점검하기

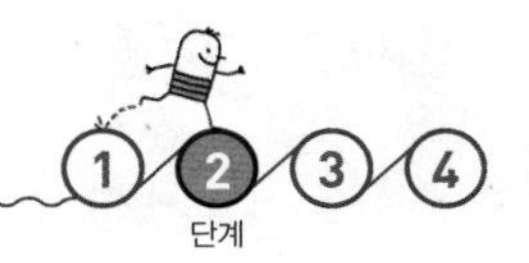

개념 점검하기

(1) 자료 전체의 특징, 특히 자료가 분포한 중심의 위치를 대표할 수 있는 값을 [대푯값]이라고 한다.

① 평균: 변량의 총합을 변량의 개수로 나눈 값

② [중앙값]: 변량을 작은 값부터 크기순으로 나열하였을 때, 한가운데 있는 값

③ [최빈값]: 변량 중에서 가장 많이 나타나는 값

1

212쪽

다음 자료의 평균을 구하시오. 11.6

7	9	11	15	16

풀이 (평균) $=\frac{7+9+11+15+16}{5}=\frac{58}{5}=11.6$

2

212쪽

다음 보기 중 대푯값에 대한 설명으로 옳은 것을 모두 고르시오.

보기

ㄱ. 평균을 구할 때에는 자료를 모두 사용하여 계산한다.

ㄴ. 자료 중에 극단적인 값이 있을 때에는 대푯값으로 평균을 사용하는 것이 좋다.

ㄷ. 변량을 크기순으로 나열할 때, 중앙에 위치하는 값을 중앙값이라고 한다.

ㄹ. 최빈값은 대푯값의 하나이다.

풀이 ㄴ. 평균은 자료 중에 극단적인 값이 있는 경우에 자료의 특성을 대표하기에 적절하지 않다.
따라서 옳은 것은 ㄱ, ㄷ, ㄹ이다.

3

215쪽

다음 자료의 중앙값과 최빈값을 각각 구하시오. 중앙값: 49, 최빈값: 49

51	49	47	48	49

풀이 변량을 작은 값부터 크기순으로 나열하면 47, 48, 49, 49, 51이므로 중앙값은 49이다. 또, 49가 2번으로 가장 많으므로 최빈값은 49이다.

4

215쪽

다음 자료를 보고, 물음에 답하시오.

5	x	6	8	11	9

(1) 중앙값이 8일 때, x의 값을 구하시오. 8

(2) 최빈값이 11일 때, x의 값을 구하시오. 11

풀이 (1) x를 제외한 나머지 5개의 변량을 작은 값부터 크기순으로 나열하면 5, 6, 8, 9, 11이다. 이때 x를 포함한 6개의 변량의 중앙값이 8이므로 6개의 변량을 작은 값부터 크기순으로 나열하면 5, 6, 8, x, 9, 11 또는 5, 6, x, 8, 9, 11이다. 따라서 $\frac{8+x}{2}=8$이므로 $x=8$이다.
(2) x를 제외한 나머지 5개의 변량은 각각 1개씩 나타나므로 최빈값이 11이 되기 위해서는 $x=11$이어야 한다. 따라서 $x=11$이다.

5

215쪽

다음은 태호네 반 학생 8명의 영어 성적을 조사하여 나타낸 것이다. 학생들의 영어 성적의 평균이 75점이라고 할 때, 중앙값과 최빈값을 각각 구하시오. 중앙값: 72.5점, 최빈값: 65점

영어 성적

(단위: 점)

75	80	x	95
65	60	70	65

풀이 (평균) $=\frac{75+80+x+95+65+60+70+65}{8}=75$이므로 $x=90$이다.
변량을 작은 값부터 크기순으로 나열하면 60, 65, 65, 70, 75, 80, 90, 95이므로 중앙값은 $\frac{70+75}{2}=72.5$(점)이다.
또, 65점이 2번으로 가장 많으므로 최빈값은 65점이다.

02 산포도

이 단원에서 배우는 용어와 기호

산포도, 편차, 분산, 표준편차

학습 목표 ‖ 분산과 표준편차의 의미를 이해하고, 이를 구할 수 있다.

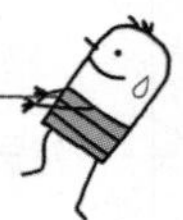

 산포도는 무엇일까?

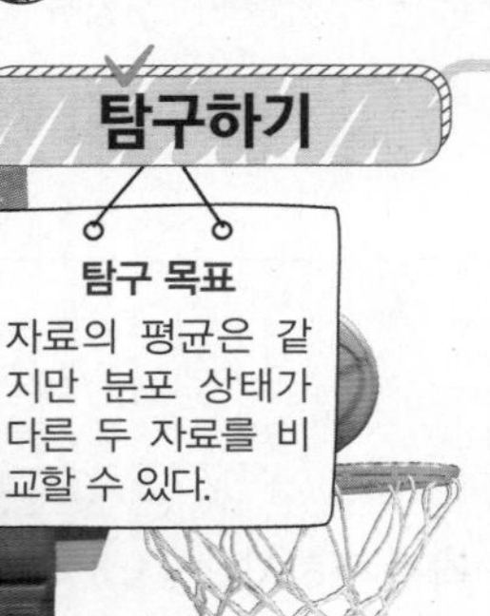

탐구하기

탐구 목표
자료의 평균은 같지만 분포 상태가 다른 두 자료를 비교할 수 있다.

다음은 어느 중학교 농구부에 소속된 진서와 우영이가 최근 10번의 농구 경기에서 얻은 점수를 나타낸 표이다. 물음에 답하여 보자.

농구 경기에서 얻은 점수

(단위: 점)

선수 \ 경기	1	2	3	4	5	6	7	8	9	10	총합
진서	5	10	9	5	8	10	9	6	8	10	80
우영	7	8	8	9	9	8	8	7	8	8	80

활동 1 두 선수가 얻은 점수의 평균을 각각 구하여 보자. 진서: 8점, 우영: 8점

풀이 진서: $\frac{80}{10}=8$(점), 우영: $\frac{80}{10}=8$(점)

활동 2 다음은 진서가 얻은 점수를 막대그래프로 나타낸 것이다. 같은 방법으로 우영이가 얻은 점수를 막대그래프로 나타내어 보자.

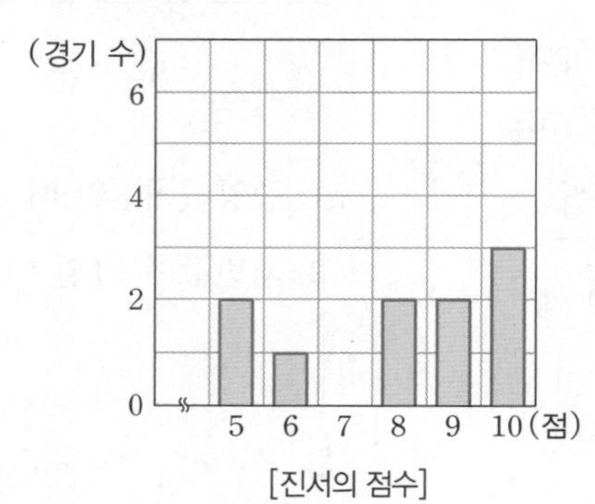

[진서의 점수]

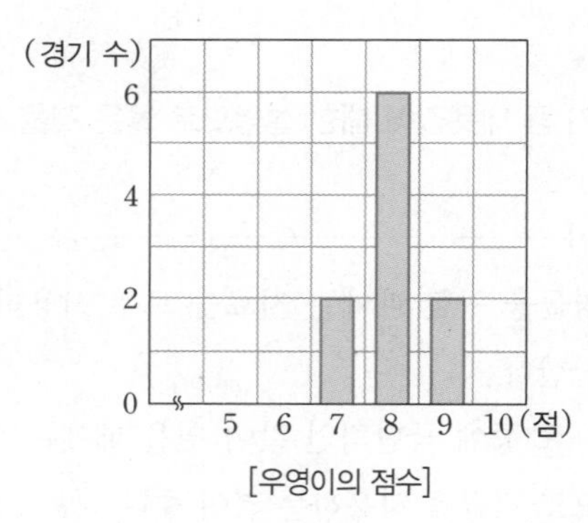

[우영이의 점수]

활동 3 두 선수 중 누구의 점수가 평균을 중심으로 더 모여 있는지 말하여 보자. 우영

풀이 활동 2의 그래프를 보면 우영이가 얻은 점수가 진서가 얻은 점수보다 평균 주위에 더 모여 있다는 것을 알 수 있다.

탐구하기 에서 진서와 우영이가 얻은 점수의 평균은 8점으로 서로 같다. 그러나 두 학생이 얻은 점수를 각각 막대그래프로 나타내면 점수의 분포 상태가 서로 다름을 알 수 있다.

다음과 같이 진서가 얻은 점수는 평균 8점을 중심으로 좌우로 넓게 흩어져 있지만 우영이가 얻은 점수는 평균 8점에 가까이 모여 있다.

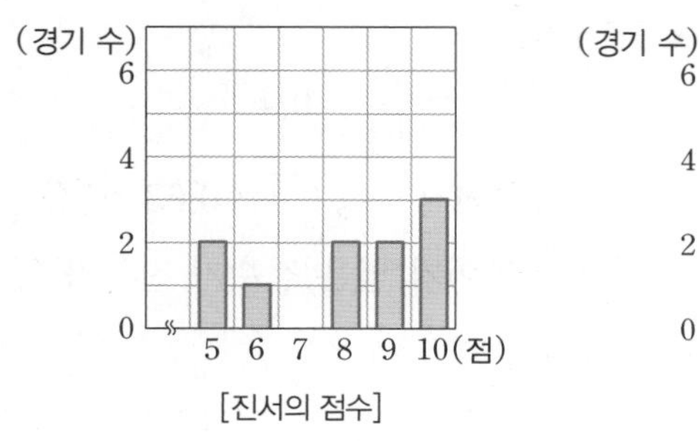

[진서의 점수]

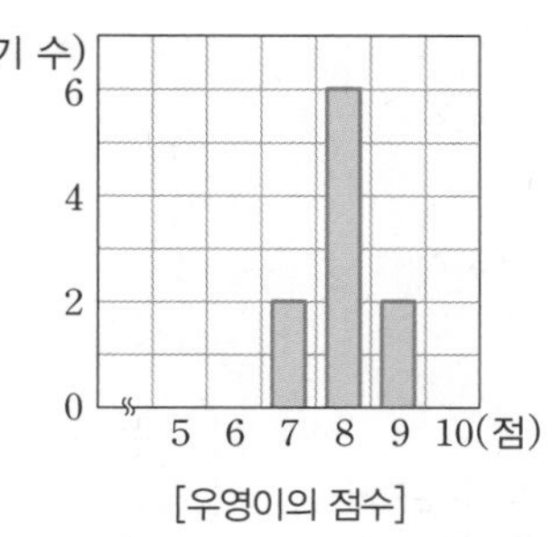

[우영이의 점수]

이와 같이 두 자료의 평균은 같아도 자료가 흩어져 있는 정도는 서로 다를 수 있으므로, 대푯값만으로는 자료의 분포 상태를 충분히 나타낼 수 없다. 따라서 자료가 흩어져 있는 정도를 하나의 수로 나타낸 값이 필요하다. 이 값을 **산포도**라고 한다.

Tip 편차의 절댓값이 클수록 변량은 평균에서 멀리 떨어져 있다.

산포도는 각 변량이 평균으로부터 얼마나 멀리 떨어져 있는가를 이용하여 알아볼 수 있다. 이때 각 변량에서 평균을 뺀 값을 그 변량의 **편차**라고 한다.

$$(\text{편차}) = (\text{변량}) - (\text{평균})$$

탐구하기 에서 진서와 우영이가 얻은 점수의 편차와 그 편차의 총합을 각각 구하면 다음 표와 같다.

경기 / 선수	1	2	3	4	5	6	7	8	9	10	편차의 총합
진서	−3	2	1	−3	0	2	1	−2	0	2	0
우영	−1	0	0	1	1	0	0	−1	0	0	0

Tip 모든 편차의 합은 0이 되어 각 편차의 평균으로는 자료의 흩어진 정도를 알 수 없으므로 편차의 제곱의 평균을 구하는 방법을 이용한다.

일반적으로 편차의 총합은 항상 0이므로 편차의 평균도 0이 되어 편차의 평균으로는 자료가 흩어져 있는 정도를 알 수 없다. 따라서 편차의 평균 대신 편차를 제곱한 값의 평균과 그 음이 아닌 제곱근을 산포도로 이용한다.

이때 어떤 자료의 편차를 제곱한 값의 평균을 **분산**이라 하고, 분산의 음이 아닌 제곱근을 **표준편차**라고 한다.

개념 쏙

- 분산: 편차를 제곱한 값의 평균
- 표준편차: 분산의 음이 아닌 제곱근

위의 표에서 진서가 얻은 점수의 분산과 표준편차를 각각 구하면

$$(\text{분산}) = \frac{(-3)^2+2^2+1^2+(-3)^2+0^2+2^2+1^2+(-2)^2+0^2+2^2}{10}$$

$$= \frac{36}{10} = 3.6$$

$$(\text{표준편차}) = \sqrt{3.6} = 1.89\cdots(\text{점})$$

이다.

또, 우영이가 얻은 점수의 분산과 표준편차를 각각 구하면

$$(\text{분산})=\frac{(-1)^2+0^2+0^2+1^2+1^2+0^2+0^2+(-1)^2+0^2+0^2}{10}$$

$$=\frac{4}{10}=0.4$$

$$(\text{표준편차})=\sqrt{0.4}=0.63\cdots(\text{점})$$

이다. 이는 우영이가 얻은 점수가 진서가 얻은 점수보다 평균 주위에 더 모여 있다는 것을 말해 준다.

산포도로 분산과 표준편차가 있다. 이들은 자료가 대푯값을 기준으로 흩어져 있는 정도를 잘 나타내는 산포도이다. 자료들이 대푯값으로부터 멀리 떨어져 있으면 산포도가 크고, 대푯값 주위에 분포되어 있으면 산포도가 작다.

⊕ 변량의 단위와 표준편차의 단위는 서로 같다.

분산과 표준편차는 자료들이 평균 주위에 모여 있을수록 작아지고, 자료들이 평균으로부터 멀리 흩어져 있을수록 커진다.

이상을 정리하면 다음과 같다.

분산과 표준편차

1. $(\text{분산})=\frac{(\text{편차})^2\text{의 총합}}{(\text{변량})\text{의 개수}}$ **2.** $(\text{표준편차})=\sqrt{(\text{분산})}$

함께해 보기 1

다음은 어느 나라의 최근 6번의 동계 올림픽에서 얻은 메달 수의 분산과 표준편차를 구하는 과정이다. □ 안에 알맞은 수를 써넣어 보자. (단, 표준편차는 소수점 아래 둘째 자리에서 반올림한다.)

오른쪽 표에서 메달 수의 총합은 60개이므로

$$(\text{평균})=\frac{60}{6}=\boxed{10}(\text{개})$$

또, 편차의 제곱의 총합은 102이므로

$$(\text{분산})=\frac{102}{6}=\boxed{17}$$

$$(\text{표준편차})=\sqrt{(\text{분산})}=\sqrt{\boxed{17}}=4.12\cdots(\text{개})$$

동계 올림픽에서 얻은 메달 수

연도	메달 수(개)	편차(개)	$(\text{편차})^2$
1998	6	−4	16
2002	5	−5	25
2006	12	2	4
2010	12	2	4
2014	8	[−2]	[4]
2018	17	7	49
총합	60	0	102

즉, 표준편차는 소수점 아래 둘째 자리에서 반올림하면 [4.1]개이다.

Tip 자료의 평균, 분산, 표준편차를 구할 때, 평균 → 분산 → 표준편차의 순으로 구한다.

1. 다음은 주영이네 반 학생 10명의 집에서 학교까지 등교하는 데 걸리는 시간을 조사하여 나타낸 것이다. 평균, 분산, 표준편차를 각각 구하시오. (단, 표준편차는 소수점 아래 둘째 자리에서 반올림한다.) 평균: 10분, 분산: 6.4, 표준편차: 2.5분

등교하는 데 걸리는 시간

(단위: 분)

5 12 8 7 10 10 13 12 10 13

풀이 10명의 학생의 등교하는 데 걸리는 시간의 총합은 100분이므로 (평균)$=\frac{100}{10}=10$(분)이다.
각 변량의 편차는 순서대로 -5, 2, -2, -3, 0, 0, 3, 2, 0, 3이다. 편차의 제곱의 총합은 64이므로
(분산)$=\frac{64}{10}=6.4$, (표준편차)$=\sqrt{6.4}=2.52\cdots$(분)이다.
즉, 표준편차를 소수점 아래 둘째 자리에서 반올림하면 2.5분이다.

2. 다음은 두 도시 A와 B의 6일 동안의 미세 먼지 최고 농도를 조사하여 나타낸 표이다. 물음에 답하시오. (단, 표준편차는 소수점 아래 둘째 자리에서 반올림한다.)

미세 먼지 최고 농도

(단위: $\mu g/m^3$)

도시 \ 일	1	2	3	4	5	6
A	91	87	87	91	90	88
B	91	93	93	90	91	94

(1) 두 도시의 미세 먼지 최고 농도의 분산과 표준편차를 각각 구하시오.
도시 A) 분산: 3, 표준편차: 1.7 $\mu g/m^3$, 도시 B) 분산: 2, 표준편차: 1.4 $\mu g/m^3$

(2) 두 도시 중 미세 먼지 최고 농도가 평균으로부터 더 멀리 흩어져 있는 도시를 말하시오. 도시 A

풀이 도시 A가 도시 B보다 분산과 표준편차가 모두 더 크므로 미세먼지 최고 농도가 평균으로부터 더 멀리 흩어져 있는 도시는 도시 A이다.

풀이 (1) 도시 A:

	1일	2일	3일	4일	5일	6일	총합
변량	91	87	87	91	90	88	534
편차	2	-2	-2	2	1	-1	0
(편차)^2	4	4	4	4	1	1	18

(평균)$=\frac{534}{6}=89(\mu g/m^3)$, (분산)$=\frac{18}{6}=3$,
(표준편차)$=\sqrt{3}=1.73\cdots(\mu g/m^3)$
즉, 표준편차는 소수점 아래 둘째 자리에서 반올림하면 1.7 $\mu g/m^3$이다.

도시 B:

	1일	2일	3일	4일	5일	6일	총합
변량	91	93	93	90	91	94	552
편차	-1	1	1	-2	-1	2	0
(편차)^2	1	1	1	4	1	4	12

(평균)$=\frac{552}{6}=92(\mu g/m^3)$, (분산)$=\frac{12}{6}=2$,
(표준편차)$=\sqrt{2}=1.41\cdots(\mu g/m^3)$
즉, 표준편차는 소수점 아래 둘째 자리에서 반올림하면 1.4 $\mu g/m^3$ 이다.

생각 나누기

추론 의사소통

다음은 A, B, C 세 선수의 양궁 결과이다. 두 학생의 대화 중 옳지 않은 부분을 찾고, 그 까닭을 친구들과 이야기하여 보자. 풀이 참조

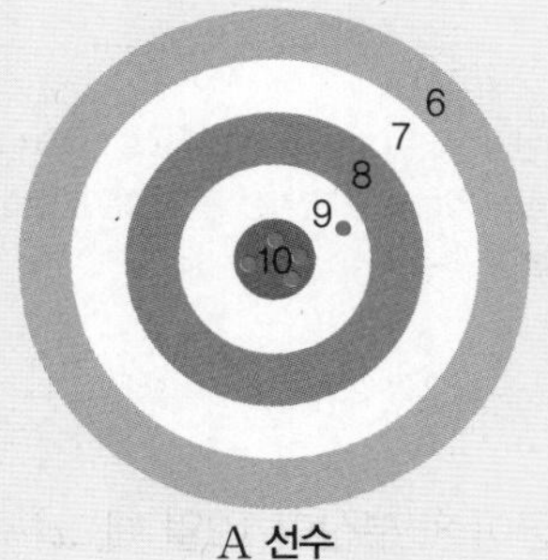

A 선수

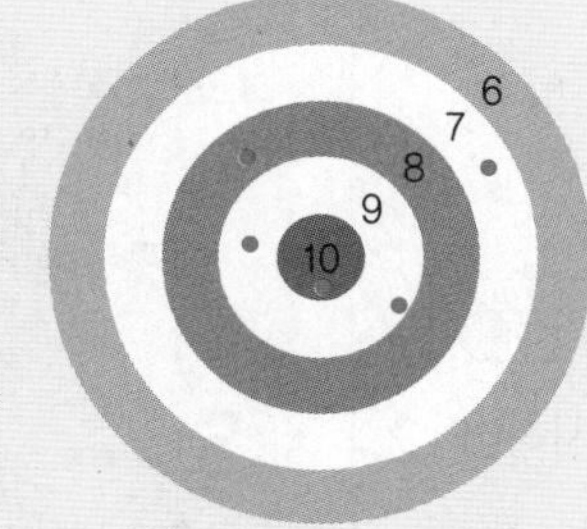

B 선수

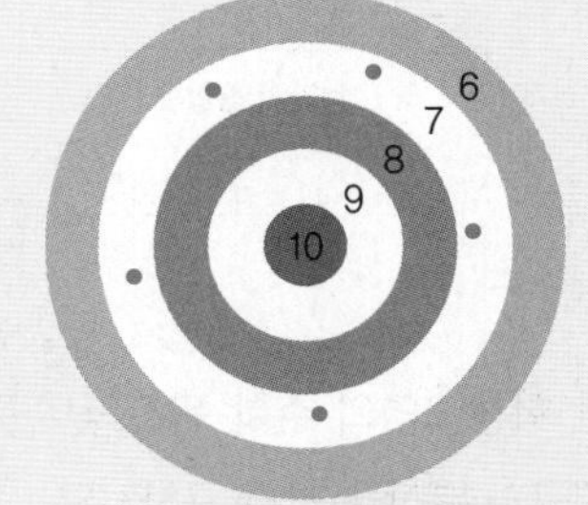

C 선수

승택: A 선수의 점수가 B 선수의 점수보다 평균 주위에 더 모여 있네.

현빈: C 선수의 점수가 A 선수의 점수보다 평균을 중심으로 더 흩어져 있어.

풀이 A 선수:

						총합
변량	10	10	10	10	9	49
편차	0.2	0.2	0.2	0.2	-0.8	0
(편차)^2	0.04	0.04	0.04	0.04	0.64	0.8

(평균)$=\frac{49}{5}=9.8$(점), (분산)$=\frac{0.8}{5}=0.16$

B 선수:

						총합
변량	7	8	9	9	10	43
편차	-1.6	-0.6	0.4	0.4	1.4	0
(편차)^2	2.56	0.36	0.16	0.16	1.96	5.2

(평균)$=\frac{43}{5}=8.6$(점), (분산)$=\frac{5.2}{5}=1.04$

C 선수:

						총합
변량	7	7	7	7	7	35
편차	0	0	0	0	0	0
(편차)^2	0	0	0	0	0	0

(평균)$=\frac{35}{5}=7$(점), (분산)$=\frac{0}{5}=0$

분산의 크기가 C 선수 < A 선수 < B 선수이므로 C 선수의 점수가 A 선수의 점수보다 평균을 중심으로 더 모여 있다. 따라서 현빈이의 말은 옳지 않다.

스스로 점검하기

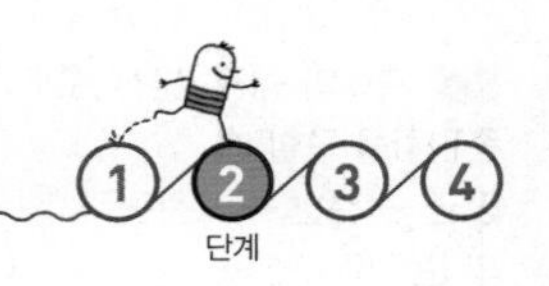

개념 점검하기

(1) 자료가 흩어져 있는 정도를 하나의 수로 나타낸 값을 [산포도]라고 한다.

① [분산] : 편차를 제곱한 값의 평균

② [표준편차] : 분산의 음이 아닌 제곱근

1 ●●●

다음은 6개의 변량 A, B, C, D, E, F의 편차를 나타낸 표이다. 6개의 변량의 평균이 52라고 할 때, 변량 D의 값을 구하시오. 53

변량	A	B	C	D	E	F
편차	-1	3	2	53	-3	-2

풀이 변량 D의 편차를 x라고 하면 편차의 총합은 0이므로
$(-1)+3+2+x+(-3)+(-2)=0$
따라서 $x=1$이다.
6개의 변량의 평균이 52이고 변량 D의 편차가 1이므로 $1=\text{D}-52$
따라서 $\text{D}=53$이다.

2 ●●●

다음은 학생 A, B, C, D, E의 영어 성적의 편차를 나타낸 표인데 일부가 찢어져 학생 E의 편차가 보이지 않는다. 분산과 표준편차를 각각 구하시오. 분산: 6.8, 표준편차: $\sqrt{6.8}$점

학생	A	B	C	D	E
편차(점)	-3	2	-1	-2	

풀이 학생 E의 편차를 x점이라고 하면 편차의 총합은 0이므로
$(-3)+2+(-1)+(-2)+x=0$, $x=4$이다.
따라서 (분산)$=\frac{(-3)^2+2^2+(-1)^2+(-2)^2+4^2}{5}=\frac{34}{5}=6.8$이고,
(표준편차)$=\sqrt{6.8}$점이다.

3 ●●●

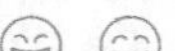

다음은 윤재네 반 학생 8명의 수학 퀴즈 점수를 조사하여 나타낸 것이다. 평균과 분산을 각각 구하시오. 평균: 11점, 분산: 7

수학 퀴즈 점수

(단위: 점)

11 5 12 11 15 12 10 12

풀이 (평균)$=\frac{11+5+12+11+15+12+10+12}{8}=\frac{88}{8}=11$(점)
각 변량의 편차는 순서대로 0, -6, 1, 0, 4, 1, -1, 1이고 편차의 제곱의 총합은 56이므로 (분산)$=\frac{56}{8}=7$이다.

4 ●●●

다음은 학생 5명의 한 달 동안의 수면 시간의 평균과 표준편차를 나타낸 표이다. 보기의 설명 중 옳은 것을 고르시오.

한 달 동안의 수면 시간

학생	민규	지현	영채	은수	성훈
평균(시간)	5.5	7	8	6.5	6
표준편차(시간)	2.5	2.1	0.5	1	0.8

보기

ㄱ. 수면 시간의 편차의 총합은 민규가 지현이보다 더 크다.

ㄴ. 수면 시간이 평균을 중심으로 흩어져 있는 정도가 가장 작은 학생은 영채이다.

ㄷ. 수면 시간이 평균을 중심으로 흩어져 있는 정도가 가장 큰 학생은 성훈이다.

풀이 ㄱ. 편차의 총합은 항상 0이다.
ㄷ. 민규의 표준편차가 2.5시간으로 가장 크다. 따라서 수면 시간이 평균을 중심으로 흩어져 있는 정도가 가장 큰 학생은 민규이다.
따라서 옳은 것은 ㄴ이다.

5 ●●●

다음 자료의 평균이 8, 분산이 12일 때, x^2+y^2의 값을 구하시오. 41

7 11 x 13 y

풀이 (평균)$=\frac{7+11+x+13+y}{5}=8$이므로 $x+y=9$
(분산)$=\frac{(7-8)^2+(11-8)^2+(x-8)^2+(13-8)^2+(y-8)^2}{5}=12$
이므로 이를 정리하면 $x^2+y^2-16(x+y)+163=60$
따라서 $x^2+y^2=16(x+y)-103=16\times9-103=41$이다.

대푯값과 산포도로 두 자료의 분포 비교하기

관광 산업과 외국인 관광객 유치의 중요성이 증대됨에 따라 우리나라는 '2016~2018 한국 방문의 해' 캠페인을 추진하고, 외국인 관광객에게 다양한 혜택을 제공하는 쇼핑 문화 관광 축제를 열기도 하였다. (출처: 한국방문위원회, 2018)

다음은 어느 여행사에서 우리나라를 5일 동안 방문한 개별 여행객 12명과 단체 여행객 12명을 대상으로 1인당 총 쇼핑비를 조사하여 나타낸 것이다.

아래의 활동으로 개별 여행객과 단체 여행객의 1인당 쇼핑비의 분포를 비교하여 보자.

개별 여행객 12인의 5일 동안의 총 쇼핑비

(단위: 달러)

943.7	944.5	883.7	687.1	705.4	721
869	753.7	1139.2	800.3	875.9	774.9

단체 여행객 12인의 5일 동안의 총 쇼핑비

(단위: 달러)

1148.5	1312.4	1330.7	1131	1108.7	1230.1
955.5	928.5	864.9	1161.8	923.8	1014.4

활동 ① 이지통계를 이용하여 개별 여행객과 단체 여행객의 1인당 쇼핑비의 평균, 중앙값, 분산, 표준편차를 각각 구하여 보자. (단, 소수점 아래 둘째 자리에서 반올림하여 구한다.)

풀이 ① 개별 여행객의 대푯값과 산포도

평균 : 841.5333 최댓값 : 1139.2
중앙값 : 834.65 최솟값 : 687.1
최빈값 : —

평균	분산	표준편차
$=\frac{10098.4}{12}$ $=841.53333333$	$\frac{184124.22666667}{12}$ $=15343.68555556$	$=\sqrt{15343.68555556}$ $=123.86963129$

따라서 개별 여행객의 1인당 쇼핑비의 평균은 841.5달러, 중앙값은 834.7달러이다.
그리고 분산은 15343.7, 표준편차는 123.9달러이다.

② 단체 여행객의 대푯값과 산포도

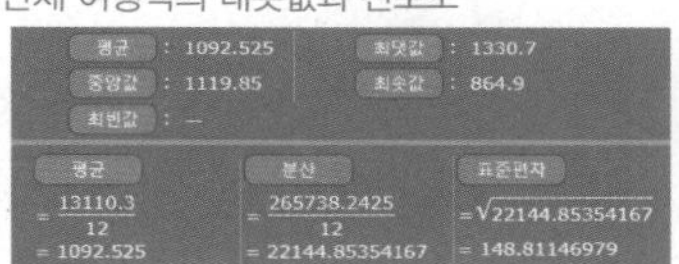

따라서 단체 여행객의 1인당 쇼핑비의 평균은 1092.5달러, 중앙값은 1119.9달러이다.
그리고 분산은 22144.9, 표준편차는 148.8달러이다.

활동 ② 활동 ①에서 구한 대푯값과 산포도를 이용하여 개별 여행객과 단체 여행객 중 1인당 쇼핑비의 변동이 큰 집단을 이야기하여 보자.

풀이 개별 여행객의 분산과 표준편차가 단체 여행객의 분산과 표준편차보다 더 작으므로 개별 여행객의 1인당 쇼핑비의 변동이 더 작다고 할 수 있다. 즉, 개별 여행객의 1인당 쇼핑비의 분포가 더 고르며 평균으로부터 흩어진 정도가 더 작다.

| 상호 평가표 |

평가 내용		자기 평가 😄	자기 평가 😊	자기 평가 😵	친구 평가 😄	친구 평가 😊	친구 평가 😵
내용	공학적 도구를 이용하여 대푯값과 산포도를 구할 수 있다.						
내용	대푯값과 산포도를 이용하여 두 자료의 분포를 비교할 수 있다.						
태도	공학적 도구를 적극적으로 활용하였다.						

스스로 확인하기

1. 다음은 수연이가 10회에 걸친 쪽지 시험에서 맞힌 문항 수를 나타낸 것이다. 맞힌 문항 수의 평균을 a개, 중앙값을 b개, 최빈값을 c개라고 할 때, a, b, c 사이의 대소 관계를 바르게 나타내시오. $a<b=c$

쪽지 시험에서 맞힌 문항 수

(단위: 개)

10	9	9	10	8
9	9	10	8	7

풀이 맞힌 문항 수의 총합은 89개이므로 (평균)$=\frac{89}{10}=8.9$(개)이다.
중앙값은 변량의 개수가 10개로 짝수이므로 다섯 번째 변량인 9와 여섯 번째 변량인 9의 평균인 $\frac{9+9}{2}=9$(개)이다.
또, 9개가 4번으로 가장 많으므로 최빈값은 9개이다.
따라서 $a=8.9$, $b=9$, $c=9$이므로 $a<b=c$이다.

2. 다음 줄기와 잎 그림에서 자료의 중앙값과 최빈값을 각각 구하시오. 중앙값: 68, 최빈값: 64

(5|1은 51)

줄기	잎
5	1 3 5
6	4 4 6 7 8
7	2 5 6 9
8	4 6 7

풀이 변량의 개수가 15개로 홀수이므로 중앙값은 여덟 번째 변량인 68이다.
또, 64가 2번으로 가장 많으므로 최빈값은 64이다.

3. 다음은 어느 꽃 가게의 1년 동안 월 매출액을 조사하여 나타낸 것이다. 월 매출액의 대푯값으로 적절한 것은 무엇인지 말하시오. 중앙값

월 매출액

(단위: 만 원)

105	110	130	1000
95	100	140	120
115	90	125	135

풀이 (평균)$=\frac{2265}{12}=188.75$(만 원)이다. 이때 평균은 극단적인 값 1000만 원의 영향을 많이 받으므로 월 매출액의 대푯값으로 적절하지 않다.
중앙값은 여섯 번째 변량인 115와 일곱 번째 변량인 120의 평균인 $\frac{115+120}{2}=117.5$(만 원)이다.
대부분의 변량이 중앙값 근처에 있으므로 월 매출액의 대푯값으로 중앙값이 적절하다고 볼 수 있다.

4. 다음은 두 학생 A, B의 수학 형성 평가 성적을 나타낸 표이다. 물음에 답하시오.

수학 형성 평가 성적

(단위: 점)

회	1	2	3	4	5
A	2	8	6	4	10
B	9	7	1	3	10

(1) 두 학생의 수학 형성 평가 성적의 평균과 분산, 표준편차를 각각 구하시오. 풀이 참조

(2) 두 학생 중에서 누구의 성적이 더 고르다고 할 수 있는지 말하시오. 학생 A

풀이 (1) 학생 A:

	1회	2회	3회	4회	5회	총합
변량	2	8	6	4	10	30
편차	−4	2	0	−2	4	0
(편차)^2	16	4	0	4	16	40

(평균)$=\frac{30}{5}=6$(점), (분산)$=\frac{40}{5}=8$,
(표준편차)$=\sqrt{8}=2\sqrt{2}$(점)

학생 B:

	1회	2회	3회	4회	5회	총합
변량	9	7	1	3	10	30
편차	3	1	−5	−3	4	0
(편차)^2	9	1	25	9	16	60

(평균)$=\frac{30}{5}=6$(점), (분산)$=\frac{60}{5}=12$,
(표준편차)$=\sqrt{12}=2\sqrt{3}$(점)

(2) 분산과 표준편차가 학생 A가 학생 B보다 더 작기 때문에 학생 A의 성적이 더 고르다고 할 수 있다.

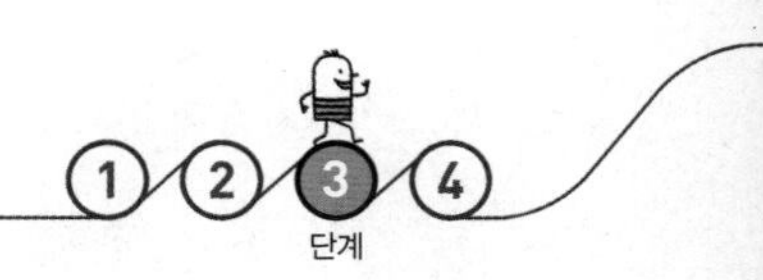

실력 업(UP) 발전 문제

5. 다음은 농구 시합에서 학생 5명이 얻은 점수를 조사하여 나타낸 것이다. 평균과 중앙값이 같다고 할 때, 가능한 x의 값을 모두 구하시오. (단, x는 자연수이다.) 7 또는 12

농구 시합에서 얻은 점수

(단위: 점)

9	12	10	x	7

풀이 (평균)$=\frac{38+x}{5}$(점)이다.

만약 $x\le 9$라고 하면, 중앙값이 9점이므로 $\frac{38+x}{5}=9$, $x=7$이다.

또, $x\ge 10$이라고 하면, 중앙값이 10점이므로 $\frac{38+x}{5}=10$, $x=12$이다.

따라서 가능한 x의 값은 7 또는 12이다.

6. 다음은 A, B 두 반의 학생 수와 기말고사 수학 시험 점수의 평균과 분산을 나타낸 표이다. 두 반 전체의 평균과 분산을 각각 구하시오. 평균: 80점, 분산: 126

반	학생 수(명)	평균(점)	분산
A	24	80	100
B	26	80	150

풀이 A 반과 B 반의 시험 점수의 총합을 각각 a, b라고 하면 $\frac{a}{24}=80$, $a=1920$이고 $\frac{b}{26}=80$, $b=2080$이다.

따라서 (두 반 전체의 평균)$=\frac{a+b}{24+26}=\frac{4000}{50}=80$(점)이다.

또, A 반과 B 반의 시험 점수의 (편차)^{2}의 총합을 각각 p, q라고 하면 $\frac{p}{24}=100$, $p=2400$이고 $\frac{q}{26}=150$, $q=3900$이다.

따라서 (두 반 전체의 분산)$=\frac{p+q}{24+26}=\frac{6300}{50}=126$이다.

교과서 문제 뛰어 넘기

7. 변량 3, 4, x, 9, 6의 중앙값을 A, 변량 2, x, 7, 5, 10의 중앙값을 B, 변량 3, x, 5, 8, 9의 중앙값을 C라고 할 때, $A<B<C$가 성립하도록 하는 자연수 x의 값의 범위를 구하시오.

8. 다음 세 자료 A, B, C의 표준편차를 각각 a, b, c라고 할 때, a, b, c 중 가장 큰 것을 고르시오.

- A: 1부터 50까지의 자연수
- B: 51부터 100까지의 자연수
- C: 1부터 100까지의 자연수 중 짝수

9. 세 정사각형 A, B, C의 둘레의 길이의 평균은 12이고, 분산은 32이다. 세 정사각형의 넓이의 합을 구하시오.

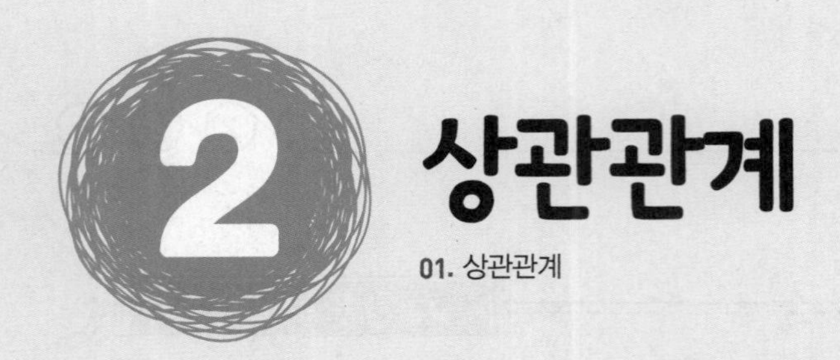

2 상관관계

01. 상관관계

이것만은 알고 가자

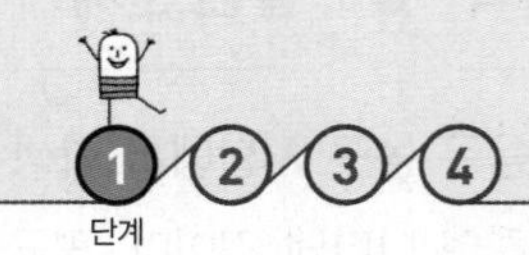

중1 자료의 정리와 해석

1. 오른쪽은 어느 동아리 회원들의 나이를 조사하여 나타낸 줄기와 잎 그림이다. 다음 물음에 답하시오.

동아리 회원들의 나이 (1|5는 15세)

줄기	잎
1	5 5 6 6 7 8
2	0 3 5 8
3	2 5 8
4	0 2

(1) 잎이 가장 많은 줄기를 구하시오. 1

(2) 20대 이상은 전체 중 몇 %인지 구하시오. 60 %

풀이 (1) 잎이 가장 많은 줄기는 1이다.
(2) 15명의 회원 중 20대 이상은 9명이므로 $\frac{9}{15}\times100=60(\%)$이다.

알고 있나요?
줄기와 잎 그림을 해석할 수 있는가?
잘함 보통 모름

중1 좌표평면과 그래프

2. 오른쪽 좌표평면을 보고, 물음에 답하시오.

풀이

(1) 좌표평면 위의 네 점 A, B, C, D의 좌표를 각각 기호로 나타내시오. A(2, −2), B(2, 2), C(−1, 3), D(−3, −2)

(2) 두 점 P(4, −1), Q(−2, 0)을 좌표평면 위에 나타내시오.

알고 있나요?
순서쌍과 좌표를 이해하고 있는가?
잘함 보통 모름

중2 일차함수의 그래프의 기울기

3. 오른쪽 그림에서 일차함수의 그래프 (1), (2)의 기울기의 부호를 각각 말하시오. (1) 양의 부호(+), (2) 음의 부호(−)

풀이 (1) x의 값이 증가할 때 y의 값이 증가하므로 이 일차함수의 그래프의 기울기는 양수이다.
따라서 이 그래프의 기울기의 부호는 양의 부호(+)이다.
(2) x의 값이 증가할 때 y의 값이 감소하므로 이 일차함수의 그래프의 기울기는 음수이다.
따라서 이 그래프의 기울기의 부호는 음의 부호(−)이다.

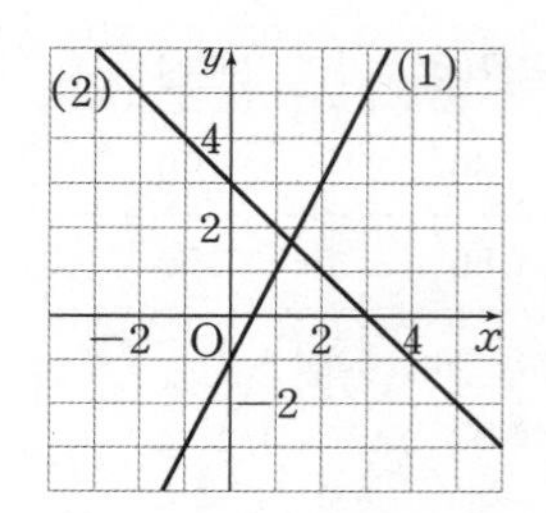

알고 있나요?
일차함수의 그래프의 기울기를 구할 수 있는가?
잘함 보통 모름

| 개념 체크 |

일차함수 $y=ax+b$(단, a, b는 상수)의 그래프에서

(1) 기울기 $a>0$이면, x의 값이 증가할 때 y의 값도 증가 한다.

(2) 기울기 $a<0$이면, x의 값이 증가할 때 y의 값은 감소 한다.

부족한 부분을 보충하고 본 학습을 준비하여 보자.

한 눈에 개념 정리

01 산점도

1. 산점도: 두 변량 x, y의 순서쌍 (x, y)를 좌표평면 위에 나타낸 그래프

㉮ 오른쪽 그림은 학생 8명의 국어 성적과 사회 성적을 조사하여 나타낸 산점도이다.

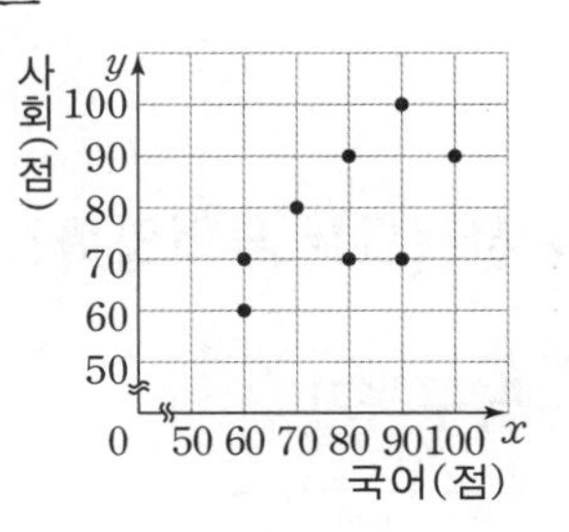

학생	A	B	C	D	E	F	G	H
국어(점)	80	90	80	90	60	70	60	100
사회(점)	90	100	70	70	60	80	70	90

즉, 8명의 학생의 국어 성적을 x점, 사회 성적을 y점으로 하고 순서쌍 (x, y)를 좌표평면 위에 나타낸 것이다.

참고 산점도의 분석: x, y의 산점도를 주어진 조건에 따라 분석할 때는 기준이 되는 보조선을 이용한다.

① 이상 또는 이하에 대한 조건이 주어질 때

➡ 가로축 또는 세로축과 평행한 기준선을 그어서 생각한다.

② 두 자료를 비교할 때

➡ 대각선을 그어서 생각한다.

02 상관관계

1. 상관관계: 산점도의 두 변량 x와 y 중 한쪽이 증가함에 따라 다른 한쪽이 대체로 증가하거나 감소하는 경향이 있을 때, x와 y 사이에 상관관계가 있다고 한다.

2. 상관관계의 종류: 두 변량 x, y에 대하여

(1) 양의 상관관계: x의 값이 증가함에 따라 y의 값도 대체로 증가하는 관계

(2) 음의 상관관계: x의 값이 증가함에 따라 y의 값은 대체로 감소하는 관계

(3) 상관관계가 없다: x의 값이 증가함에 따라 y의 값이 증가하거나 감소하는지 분명하지 않은 관계

참고 〈양의 상관관계〉 〈음의 상관관계〉

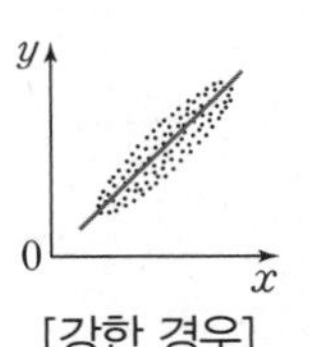

[강한 경우]

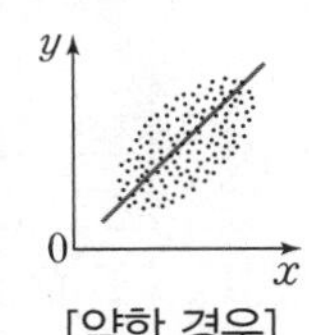

[약한 경우]

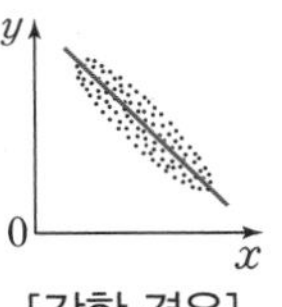

[강한 경우]

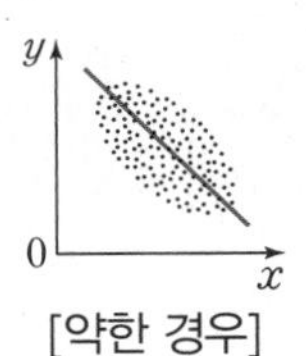

[약한 경우]

〈상관관계가 없는 경우〉

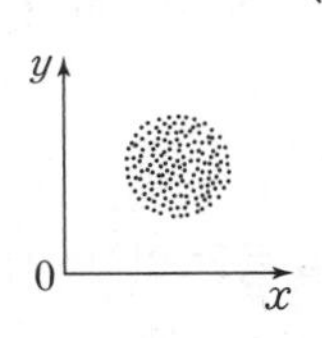

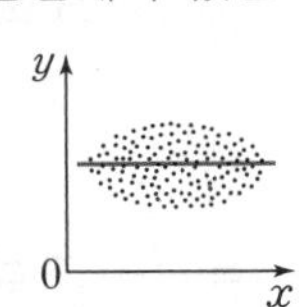

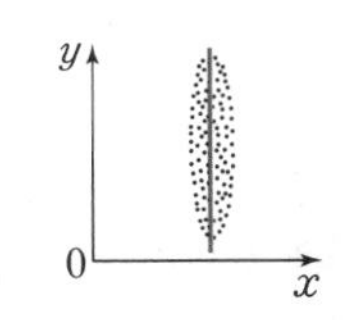

상관관계

학습 목표 ‖ 자료를 산점도로 나타내고, 이를 이용하여 상관관계를 말할 수 있다.

산점도는 무엇일까?

탐구하기

탐구 목표
자료를 산점도로 나타내고, 두 자료의 관계를 표현할 수 있다.

다음은 우리나라 청소년(중, 고등학생)의 건강 행태를 나타낸 표이다. 최근 10년간의 두 자료 A, B에 대하여 물음에 답하여 보자.

우리나라 청소년 건강 행태

연도	A(%)	B(%)	연도	A(%)	B(%)
2009	26.5	11.0	2014	30.0	15.5
2010	26.0	11.0	2015	28.0	15.0
2011	24.5	10.5	2016	29.0	17.0
2012	25.0	11.0	2017	33.0	21.5
2013	27.5	13.0	2018	34.5	21.5

A: 최근 7일 동안 아침식사를 5일 이상 먹지 않은 사람의 비율

B: 최근 7일 동안 피자, 햄버거, 치킨 등과 같은 패스트푸드를 3회 이상 먹은 사람의 비율

(출처: 국가통계포털, 2018)

활동 ❶ 다음 그림은 위의 표에서 두 자료 A, B를 각각 x %, y %라고 할 때, 2009년부터 2013년까지의 순서쌍 (x, y)를 좌표평면 위에 나타낸 것이다. 2014년부터 2018년까지의 순서쌍 (x, y)를 좌표평면 위에 나타내어 보자.

풀이

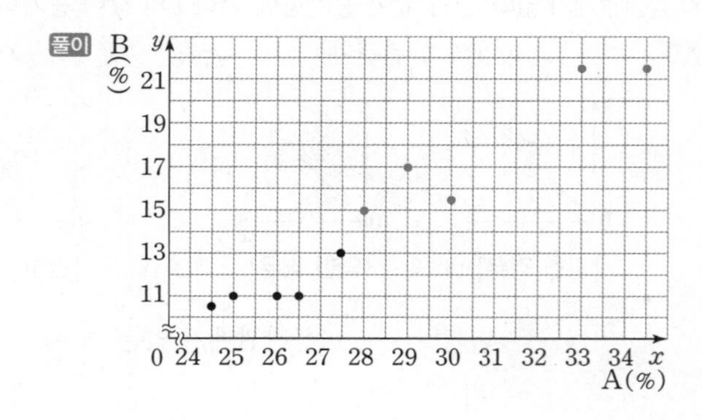

활동 ❷ 활동 ❶에서 완성한 그림을 보고, 최근 7일 동안 아침식사를 5일 이상 먹지 않은 사람의 비율(A)이 높을수록 패스트푸드를 3회 이상 먹은 사람의 비율(B)은 어떤지 이야기하여 보자.

대체로 최근 7일 동안 아침식사를 5일 이상 먹지 않은 사람의 비율(A)이 높을수록 패스트푸드를 3회 이상 먹은 사람의 비율(B)도 높다.

개념 쏙

- 산점도: 두 변량 x, y의 순서쌍 (x, y)를 좌표평면 위에 그린 그래프
- 상관관계: 두 변량 사이의 관계

Tip 산점도를 이용하면 두 변량 사이에 어떤 관계가 있는지 표로 나타내는 것보다 좀 더 쉽게 알 수 있다.

탐구하기 에서 우리나라 청소년의 최근 7일 동안 아침식사를 5일 이상 먹지 않은 사람의 비율(A) x %와 패스트푸드를 3회 이상 먹은 사람의 비율(B) y %의 순서쌍 (x, y)를 좌표평면 위에 나타내면 오른쪽 그림과 같다.

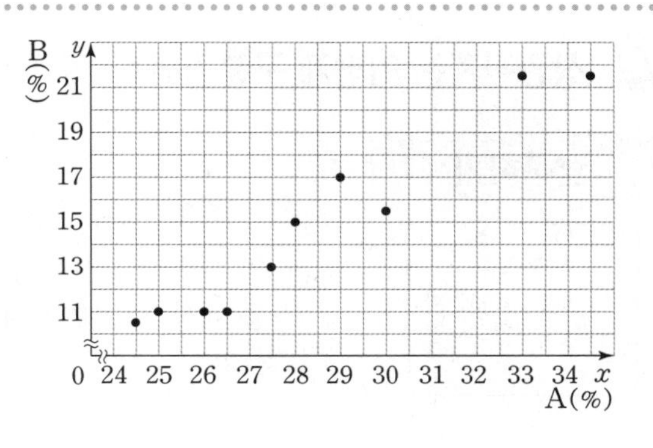

이와 같이 그린 그래프를 A와 B의 **산점도**라고 한다.

이 산점도에서 대체로 최근 7일 동안 아침식사를 5일 이상 먹지 않은 사람의 비율(A)이 높을수록 패스트푸드를 3회 이상 먹은 사람의 비율(B)도 높다는 것을 알 수 있다. 따라서 두 자료 A와 B 사이에 어느 정도의 관계가 있음을 알 수 있다.

이와 같이 두 변량 사이의 관계를 **상관관계**라 하고, 산점도를 이용하여 두 변량 사이의 상관관계를 파악할 수 있다.

1. **다음은 어느 카페에서 매주 월요일마다 하루 최고 기온과 따뜻한 음료의 판매량을 조사하여 나타낸 표이다. 물음에 답하시오.**

하루 최고 기온과 따뜻한 음료의 판매량

기온(℃)	5	7	8	9	11	13	14	15	18	21	24	25
판매량(잔)	39	37	35	30	30	24	20	20	15	10	9	4

(1) 하루 최고 기온과 따뜻한 음료의 판매량의 산점도를 오른쪽 좌표평면 위에 그리시오.

(2) (1)에서 완성한 산점도를 보고, 하루 최고 기온이 높을수록 따뜻한 음료의 판매량은 어떤지 말하시오.

대체로 하루 최고 기온이 높을수록 따뜻한 음료의 판매량은 감소한다.

풀이

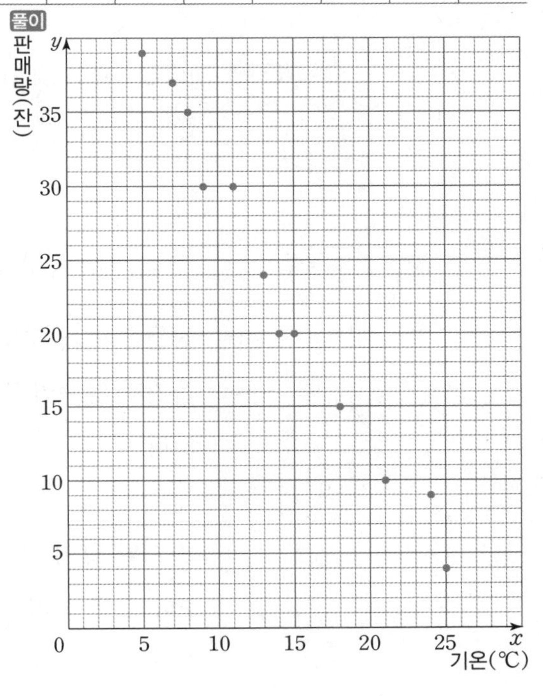

상관관계는 어떻게 구분될까?

탐구하기

탐구 목표
두 변량 사이의 관계를 이해할 수 있다.

다음 [그림 1]은 라온이가 같은 반 학생들을 대상으로 일주일 평균 독서량과 국어 성적을 조사하여 산점도로 나타낸 것이고, [그림 2]는 슬찬이가 같은 반 학생들을 대상으로 게임 시간과 학습 시간을 조사하여 나타낸 산점도이다. 물음에 답하여 보자.

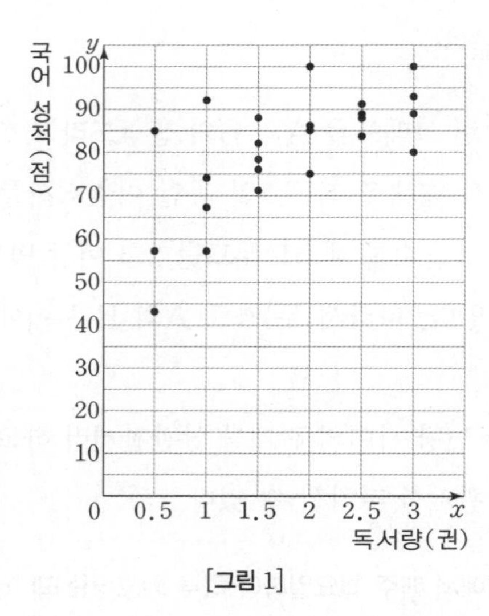

[그림 1]

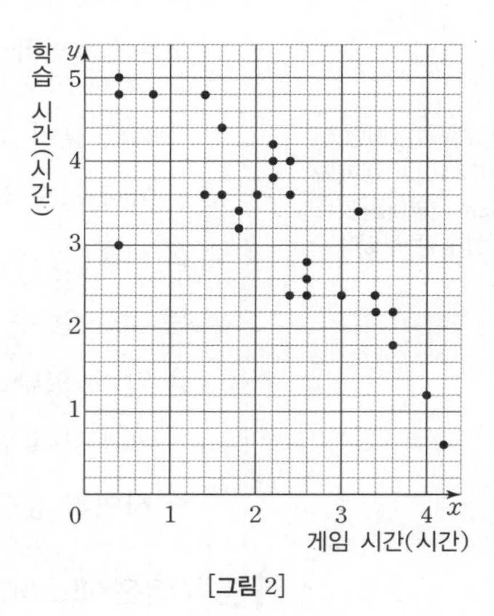

[그림 2]

활동 ① [그림 1]을 보고, 독서량이 많을수록 국어 성적은 어떤지 말하여 보자.
독서량이 많을수록 대체로 국어 성적은 높다.

활동 ② [그림 2]를 보고, 게임 시간이 길수록 학습 시간은 어떤지 말하여 보자.
게임 시간이 길수록 대체로 학습 시간은 짧다.

활동 ③ [그림 1]과 [그림 2]의 차이점을 말하여 보자. 풀이 참조

풀이 [그림 1]의 산점도에서는 대체로 점들이 오른쪽 위의 방향으로 분포되어 있고, [그림 2]의 산점도에서는 대체로 점들이 오른쪽 아래의 방향으로 분포되어 있다.

오른쪽 그림과 같이 탐구하기 에서 [그림 1]의 점들은 어느 정도 흩어져 있기는 하지만 대체로 기울기가 양수인 직선 주위에 분포되어 있음을 알 수 있다.

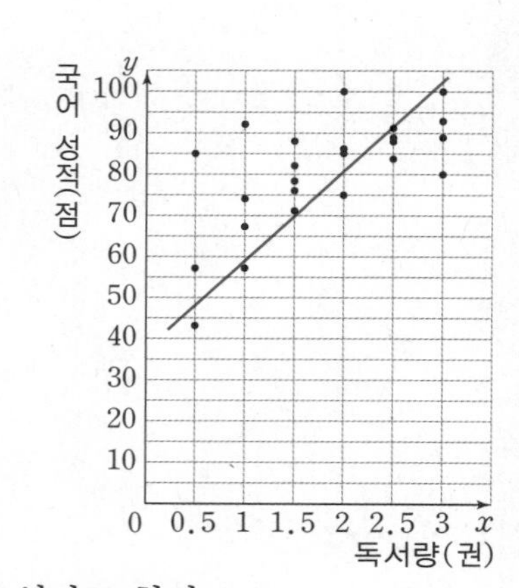

이와 같이 두 변량 x, y의 산점도를 그렸을 때, x의 값이 증가함에 따라 y의 값도 대체로 증가하는 관계가 있으면 x와 y 사이에는 양의 상관관계가 있다고 한다.

반대로 x의 값이 증가함에 따라 y의 값이 대체로 감소하는 관계가 있으면 x와 y 사이에는 음의 상관관계가 있다고 한다.

예를 들어 탐구하기 의 [그림 2]에서 게임 시간과 학습 시간 사이에는 음의 상관관계가 있다.

개념 쏙

상관관계의 종류
① 양의 상관관계
② 음의 상관관계
③ 상관관계가 없다.

일반적으로 양의 상관관계가 있거나 또는 음의 상관관계가 있으면 이를 통틀어 상관관계가 있다고 한다.

한편, 아래의 산점도와 같이 점들이 한 직선 주위에 있다고 말하기 어려울 정도로 흩어져 있거나, 점들이 x축 또는 y축에 평행한 직선 주위에 분포하는 경우에는 두 변량 x와 y 사이에 상관관계가 없다고 한다.

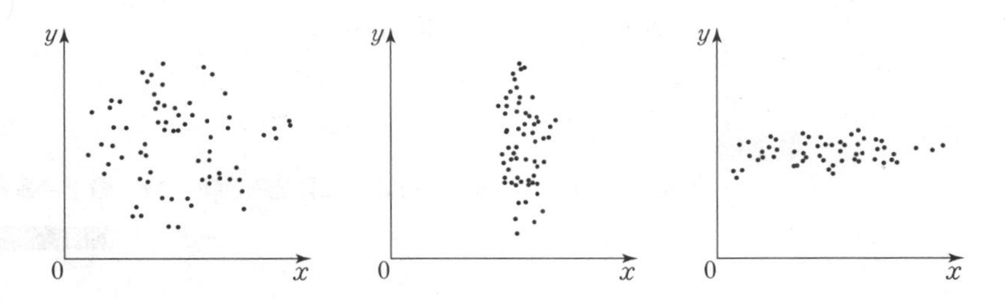

Tip 산점도에서 하나의 점은 두 종류의 자료에 대한 변량을 알려 준다. 좌표평면에서 좌표를 읽을 때처럼 좌표축의 위치에 주의한다.

참고

PISA 점수는 평균 500이고 표준편차 100인 척도 점수이다.

2. **다음은 국제 학업 성취도 평가 PISA* 2015의 14개 참여국의 과학 성적과 수학 성적을 산점도로 나타낸 것이다. 물음에 답하시오.** (**단, 산점도 위의 파란 선은 직선 $y=x$를 나타낸다.**)

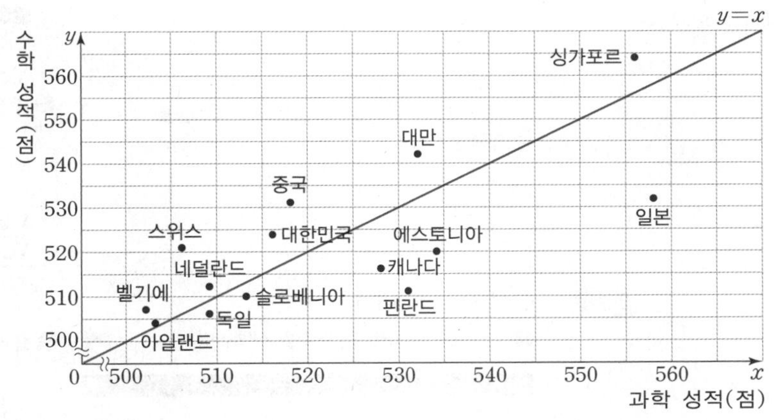

* 국제 학업 성취도 평가(Programme for International Student Assessment; PISA)
(출처: 교육부, 「보도자료 — PISA 2015 결과 발표」)

(1) 수학 성적이 510점인 나라를 말하시오. 슬로베니아

(2) 수학 성적이 다섯 번째로 높은 나라를 말하시오. 대한민국

(3) 과학 성적이 수학 성적보다 높은 나라의 수를 말하시오. 6개국

(4) 과학 성적과 수학 성적 사이에는 어떤 상관관계가 있는지 말하시오. 양의 상관관계

풀이 (3) 그림에서 직선 $y=x$ 아래에 위치하는 점은 과학 성적이 수학 성적보다 높은 나라이다. 따라서 과학 성적이 수학 성적보다 높은 나라는 독일, 슬로베니아, 캐나다, 핀란드, 에스토니아, 일본으로 총 6개국이다.
(4) 과학 성적이 높을수록 대체로 수학 성적이 높으므로 두 변량 사이에는 양의 상관관계가 있다.

실습 목표
공학적 도구를 이용하여 자료를 산점도로 나타낼 수 있다.

정보처리

다음은 어느 반 학생 15명의 통학 거리와 통학 시간을 조사하여 나타낸 표이다.

통학 거리와 통학 시간

통학 거리(km)	통학 시간(분)	통학 거리(km)	통학 시간(분)	통학 거리(km)	통학 시간(분)
2.0	17	2.5	20	1.5	15
2.5	15	0.6	7	0.3	5
0.3	6	0.7	15	2.0	13
0.9	10	2.0	15	1.0	7
0.2	3	1.0	12	0.7	5

아래의 순서대로 통그라미를 이용하여 통학 거리와 통학 시간의 산점도를 그려 보자. 또, 산점도를 보고 두 변량 사이에 어떤 상관관계가 있는지 말하여 보자. 풀이 참조

통그라미(http://tong.kostat.go.kr)

1단계 자료 입력하기

❶ '통계 분석하기'를 클릭하고, 자료를 입력한다. ➡ ❷ 변수를 설정하고, '저장'을 클릭한다.

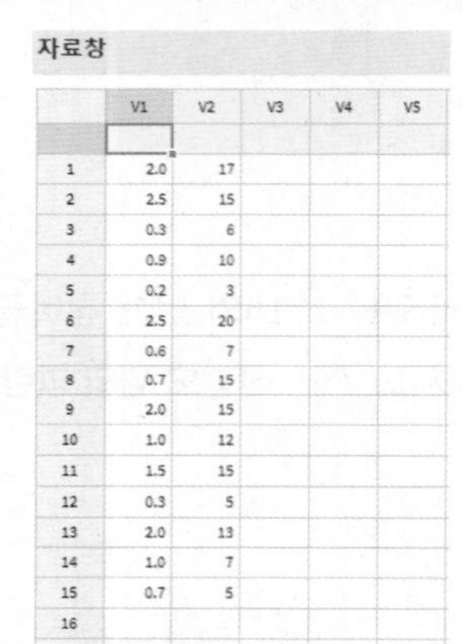

	V1	V2	V3	V4	V5
1	2.0	17			
2	2.5	15			
3	0.3	6			
4	0.9	10			
5	0.2	3			
6	2.5	20			
7	0.6	7			
8	0.7	15			
9	2.0	15			
10	1.0	12			
11	1.5	15			
12	0.3	5			
13	2.0	13			
14	1.0	7			
15	0.7	5			
16					

예 자료창의 V1 열, V2 열에 각각 두 자료를 입력한다.

예 '변수 설정'을 선택하고, 변수명과 변수 정보를 입력한다.

	변수명	변수 정보	
		단위	변수형
V1	통학 거리	km	연속형
V2	통학 시간	분	연속형

참고 변수 정보
① 범주형: 일정 범위 내 동일한 성질을 지닌 데이터
예 성별, 선호도 등
② 연속형: 모든 실수의 값을 가질 수 있는 데이터
예 시간, 몸무게 등

2단계 산점도로 나타내기

❶ '산점도'를 클릭하고, 변수를 선택한다. ➡ ❷ 결과를 확인한다.

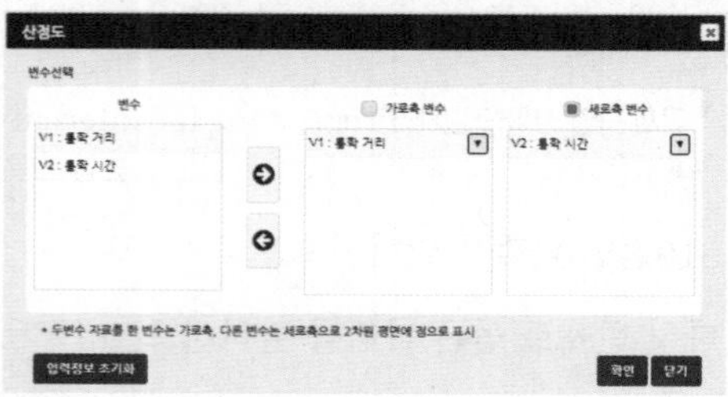

예 V1: 가로축 변수, V2: 세로축 변수

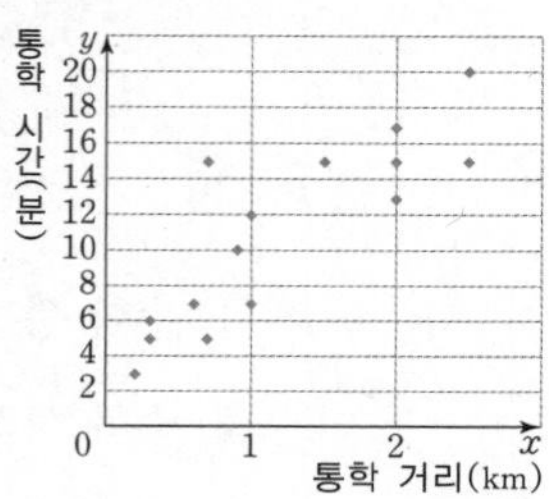

정보 처리 **3.** 다음은 20종의 봉지 라면의 영양 성분 중 열량, 탄수화물, 나트륨의 양을 조사하여 나타낸 표이다. 물음에 답하시오.

풀이 (1) ① 열량과 탄수화물의 산점도

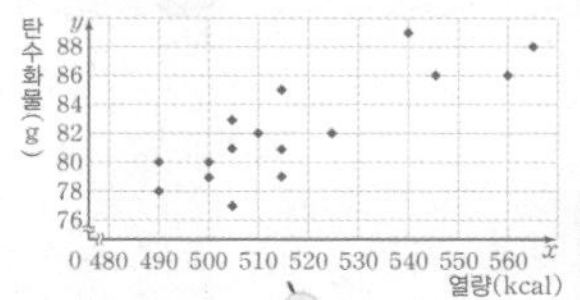

봉지 라면의 열량, 탄수화물, 나트륨의 양

열량(kcal)	탄수화물(g)	나트륨(mg)	열량(kcal)	탄수화물(g)	나트륨(mg)
505	81	1690	525	82	1790
510	82	1690	500	79	1790
505	77	1720	515	81	1790
505	83	1720	490	80	1810
505	77	1750	515	79	1830
515	85	1750	505	77	1850
490	78	1750	545	86	1850
565	88	1770	500	80	1860
515	79	1780	540	89	1870
560	86	1790	500	79	1880

(출처: 통계교육원, 2017)

② 열량과 나트륨의 산점도

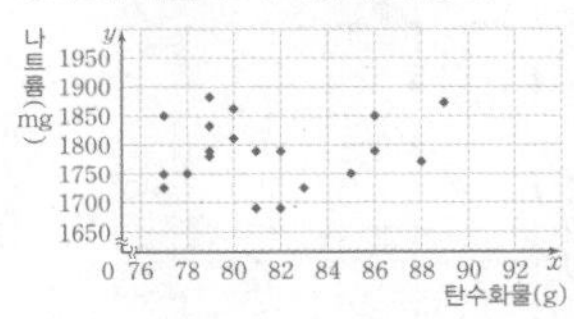

③ 탄수화물과 나트륨의 산점도

(1) 공학적 도구를 이용하여 열량과 탄수화물, 열량과 나트륨, 탄수화물과 나트륨의 산점도를 각각 그리시오. 풀이 참조

(2) 상관관계가 있는 두 변량을 구하고, 어떤 상관관계가 있는지 말하시오.
열량과 탄수화물, 양의 상관관계

(3) 상관관계가 없는 두 변량을 모두 구하시오. 열량과 나트륨, 탄수화물과 나트륨

생각 나누기

추론 의사소통 정보 처리

다음은 주영이네 반 학생을 대상으로 책가방의 무게와 학교 성적을 조사하여 공학적 도구를 이용하여 나타낸 산점도이다. 주영이의 생각이 옳은지, 옳지 않은지 친구들과 이야기하여 보자. 풀이 참조

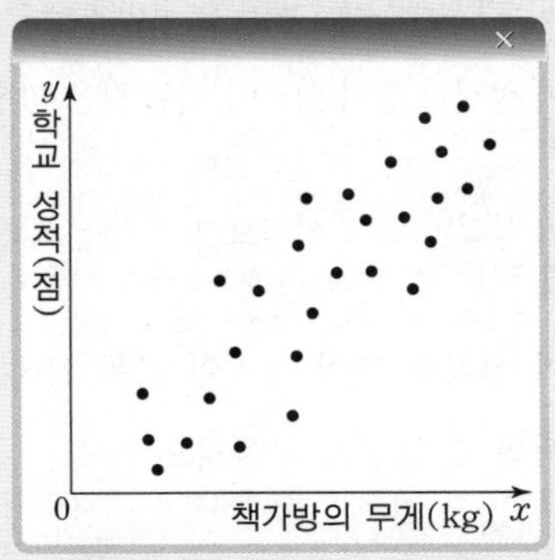

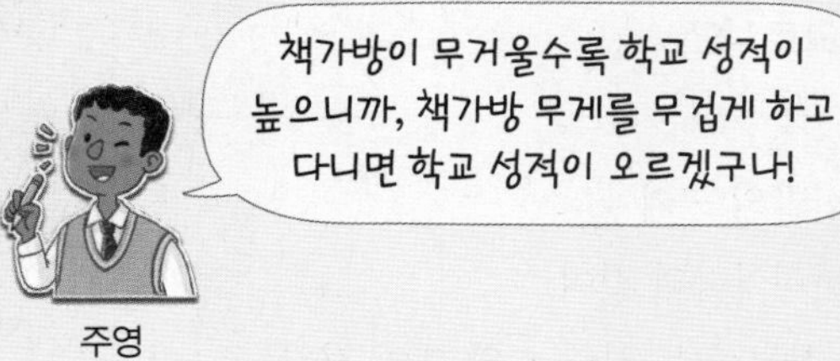

풀이 두 변량 사이에 상관관계가 있다고 해서 한 변량의 값에 따라 다른 변량의 값이 결정되는 것은 아니다. 왜냐하면 두 변량 사이의 관계에 영향을 줄 수 있는 다른 요인이 있을 수 있기 때문이다.
책가방의 무게와 학교 성적의 산점도를 통해 두 변량 사이에는 양의 상관관계가 있음을 알 수 있다. 하지만 두 변량 사이에 양의 상관관계가 있다고 해서 책가방의 무게를 무겁게 하고 다니면 학교 성적이 오를 것이라고 기대할 수 없다. 즉, 주영이는 다른 요인은 생각하지 않고 책가방의 무게가 학교 성적을 결정한다고 잘못 해석한 것이다. 실제로 학교 성적은 학습 시간, 수업의 집중도 등 다른 요인이 작용할 수 있다.

스스로 점검하기

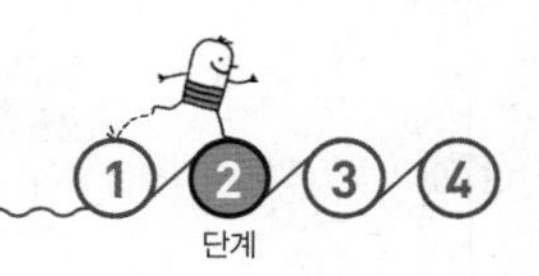

개념 점검하기

잘함 보통 모름

(1) 두 변량 x, y의 순서쌍 (x, y)를 좌표평면 위에 그린 그래프를 x와 y의 [산점도] 라고 한다.

(2) 두 변량 x, y의 산점도를 그렸을 때,

① x의 값이 증가함에 따라 y의 값도 대체로 증가하는 관계가 있으면 x와 y 사이에는 (양의, 음의) 상관관계가 있다고 한다.

② x의 값이 증가함에 따라 y의 값이 대체로 감소하는 관계가 있으면 x와 y 사이에는 (양의, 음의) 상관관계가 있다고 한다.

1

다음 산점도 중에서 x, y 사이에 상관관계가 있는 것을 찾고, 각각 어떤 상관관계가 있는지 말하시오. 풀이 참조

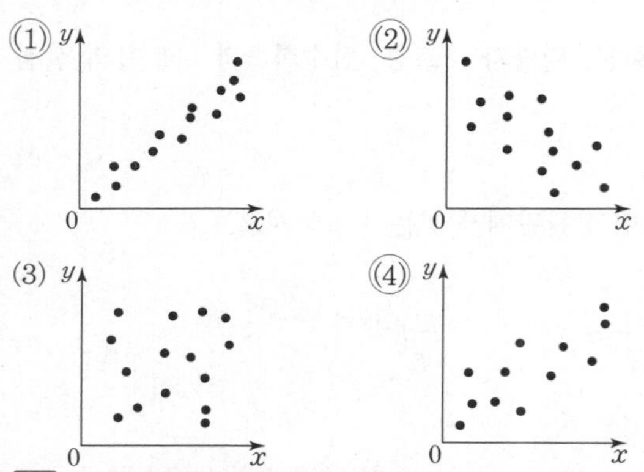

풀이 x, y 사이에 상관관계가 있는 것은 (1), (2), (4)이다.
(1), (4) x의 값이 증가함에 따라 y의 값도 대체로 증가하므로 양의 상관관계가 있다.
(2) x의 값이 증가함에 따라 y의 값이 대체로 감소하므로 음의 상관관계가 있다.
(3) 점들이 어느 한 직선 주위에 분포하지 않으므로 상관관계가 없다.

2

다음 보기 중 두 변량의 산점도를 그렸을 때, 양의 상관관계가 있는 것을 모두 고르시오.

| 보기 |

ㄱ. 발의 크기와 신발의 크기
ㄴ. 지능 지수와 머리카락의 길이
ㄷ. 계산대에 대기하고 있는 사람 수와 대기 시간

풀이 ㄱ. 발이 클수록 신발의 크기도 대체로 크다. 따라서 발의 크기와 신발의 크기 사이에는 양의 상관관계가 있다.
ㄴ. 지능 지수와 머리카락의 길이 사이에는 상관관계가 없다.
ㄷ. 계산대에 대기하고 있는 사람 수가 많을수록 대체로 대기하는 시간은 오래 걸린다. 따라서 계산대에 대기하고 있는 사람 수와 대기 시간 사이에는 양의 상관관계가 있다.
따라서 양의 상관관계가 있는 것은 ㄱ, ㄷ이다.

3

다음은 어느 반 학생 20명의 국어 성적과 영어 성적의 산점도이다. 물음에 답하시오.

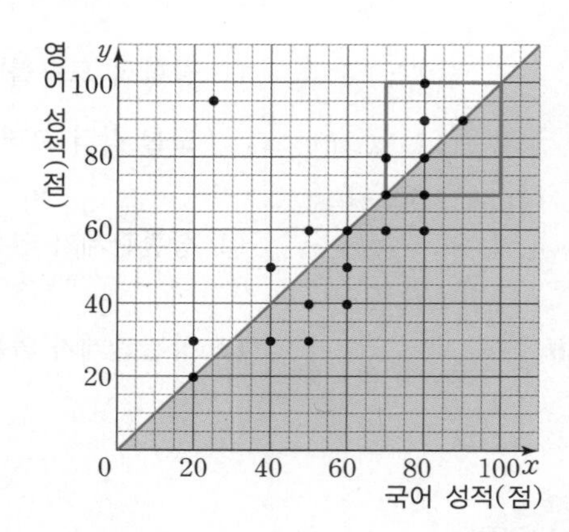

(1) 국어 성적과 영어 성적 사이에 어떤 상관관계가 있는지 말하시오. 양의 상관관계

풀이 국어 성적이 높을수록 대체로 영어 성적도 높으므로 두 변량 사이에는 양의 상관관계가 있다.

(2) 국어 성적과 영어 성적이 서로 같은 학생 수를 구하시오. 5명

풀이 직선 $y=x$ 위에 위치하는 점은 국어 성적과 영어 성적이 서로 같다. 즉, 산점도 위의 서로 다른 점은 20개이므로 중복되는 점은 없고, 직선 위의 점이 5개이므로 국어 성적과 영어 성적이 서로 같은 학생은 5명이다.

(3) 국어 성적이 영어 성적보다 더 높은 학생 수를 구하시오. 8명

풀이 국어 성적이 영어 성적보다 더 높은 학생은 색칠한 부분에 위치한다. 따라서 국어 성적이 영어 성적보다 더 높은 학생은 8명이다.

(4) 국어 성적과 영어 성적이 모두 70점 이상인 학생은 전체의 몇 %인지 구하시오. 35 %

풀이 국어 성적과 영어 성적이 모두 70 점 이상인 학생은 사각형 모양으로 표시한 부분에 위치한다. 즉, 국어 성적과 영어 성적이 모두 70점 이상인 학생은 7명이다. 이는 전체의 $\frac{7}{20}\times 100=35(\%)$이다.

야구 기록 속의 상관관계

오른쪽은 야구 선수 20명의 기록을 조사하여 나타낸 표이다. 야구 기록 속의 상관관계를 확인하여 보자.

야구 용어

- **안타:** 수비수의 실책이 없이 타자가 한 베이스 이상을 갈 수 있게 공을 치는 일
- **홈런:** 타자가 친 공이 외야의 펜스를 넘어가거나 타자가 홈 베이스를 밟을 수 있는 안타
- **포볼:** 투수가 타자에게 스트라이크가 아닌 볼을 4번 던지는 일
- **삼진:** 타자가 3번의 스트라이크로 아웃되는 일

(출처: 표준국어대사전, 2018)

야구 선수의 기록

순	안타(개)	홈런(개)	포볼(번)	삼진(번)
1	176	5	39	40
2	177	20	41	64
3	141	3	46	51
4	173	24	48	116
5	175	14	72	88
6	176	26	96	82
7	185	35	81	123
8	151	37	50	61
9	193	20	83	96
10	179	6	67	68
11	154	9	28	57
12	143	13	21	88
13	179	2	60	67
14	146	18	30	70
15	173	34	50	84
16	178	27	41	112
17	154	21	43	70
18	162	31	60	107
19	168	20	33	85
20	148	17	39	81

활동 ① 공학적 도구를 이용하여 다음 두 변량 사이의 산점도를 각각 그리고, 두 변량 사이에 어떤 상관관계가 있는지 말하여 보자.

① 안타와 포볼

② 홈런과 삼진

풀이 ① 안타를 많이 칠수록 대체로 포볼을 받은 횟수도 많음을 알 수 있다. 따라서 안타와 포볼 사이에는 양의 상관관계가 있다.

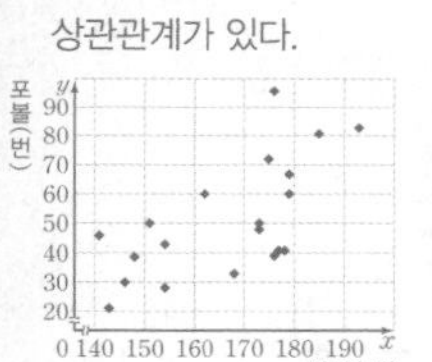

② 홈런을 많이 칠수록 대체로 삼진을 당한 횟수도 많음을 알 수 있다. 따라서 홈런과 삼진 사이에는 양의 상관관계가 있다.

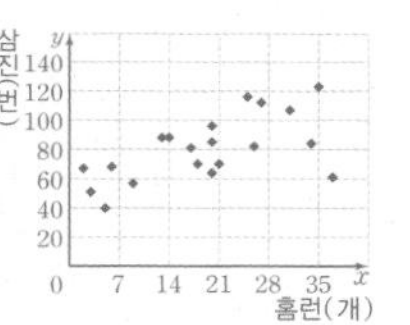

활동 ②  에서 다룬 두 변량 외 다른 두 변량을 선택하여 산점도를 그리고, 두 변량 사이에 어떤 상관관계가 있는지 말하여 보자.

풀이 | 예시 |

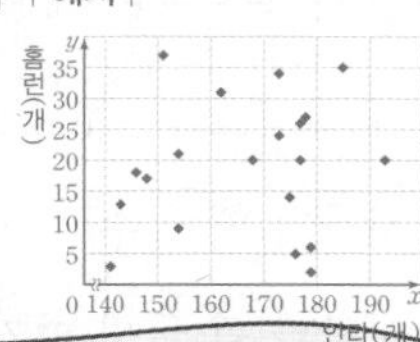

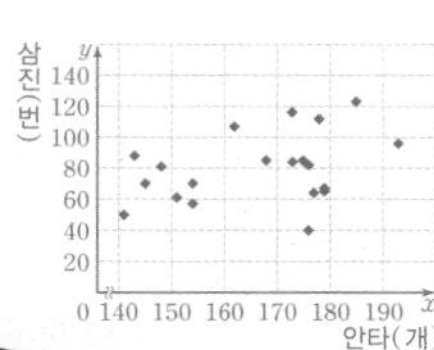

- 안타와 홈런 사이에는 상관관계가 없다.
- 안타와 삼진 사이에는 양의 상관관계가 있다.

| 상호 평가표 |

평가 내용		자기 평가			친구 평가		
		😄	😊	😵	😄	😊	😵
내용	공학적 도구를 이용하여 두 변량의 산점도를 그릴 수 있다.						
	두 변량 사이에 어떤 상관관계가 있는지 말할 수 있다.						
태도	활동에 적극 참여하였다.						

스스로 확인하기

1. 오른쪽은 어느 반 학생들의 독서량과 국어 성적의 산점도이다. 다음 물음에 답하시오.

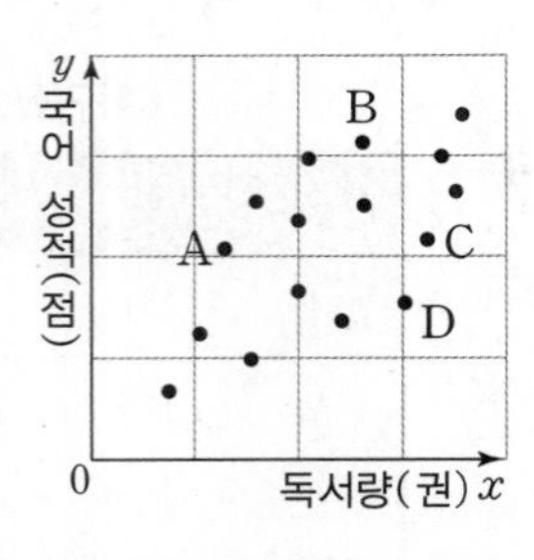

(1) 독서량과 국어 성적 사이에 어떤 상관관계가 있는지 말하시오. 양의 상관관계

(2) 학생 A, B, C, D 중에서 독서량에 비해 국어 성적이 더 낮은 학생을 모두 고르시오. C, D

풀이 (1) 독서량이 증가함에 따라 대체로 국어 성적도 증가하므로 독서량과 국어 성적 사이에는 양의 상관관계가 있다.
(2) 독서량에 비해 국어 성적이 더 낮은 학생은 C, D이다.

2. 다음은 지우네 반 학생 20명의 수학 성적과 과학 성적의 산점도이다. 보기의 설명 중 옳은 것을 고르시오.

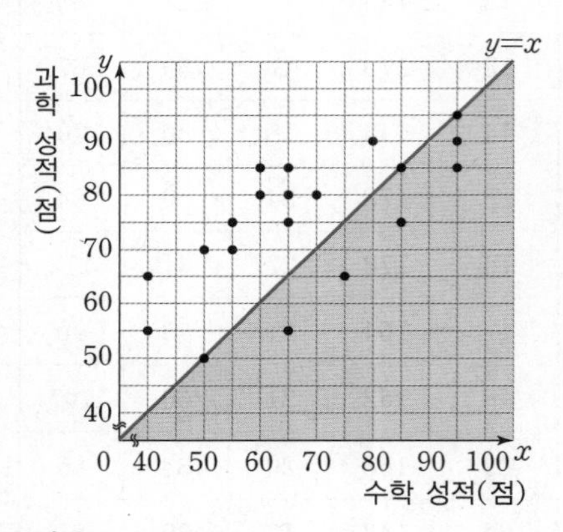

보기
ㄱ. 수학 성적과 과학 성적 사이에는 양의 상관관계가 있다.
ㄴ. 수학 성적과 과학 성적이 서로 같은 학생은 4명이다.
ㄷ. 수학 성적이 과학 성적보다 더 높은 학생은 전체의 10 %이다.

풀이 ㄱ. 수학 성적이 높을수록 대체로 과학 성적도 높다.
ㄴ. 직선 $y=x$ 위에 위치하는 점은 수학 성적과 과학 성적이 서로 같다. 즉, 산점도 위의 서로 다른 점은 20개이므로 중복되는 점은 없고, 직선 위의 점이 3개이므로 수학 성적과 과학 성적이 서로 같은 학생은 3명이다.
ㄷ. 수학 성적이 과학 성적보다 더 높은 학생은 색칠한 부분에 위치한다. 즉, 수학 성적이 과학 성적보다 더 높은 학생은 5명이다. 이는 전체의 $\frac{5}{20}\times100=25(\%)$이다.

3. 다음 보기 중 두 변량 사이에 음의 상관관계가 있는 것을 모두 고르시오.

보기
ㄱ. 겨울철 기온과 난방비
ㄴ. 여름철 기온과 아이스크림 판매량
ㄷ. 낮의 길이와 밤의 길이
ㄹ. 키와 수학 성적

풀이 ㄱ. 겨울철 기온이 낮아질수록 대체로 난방비는 늘어난다. 따라서 겨울철 기온과 난방비 사이에는 음의 상관관계가 있다.
ㄴ. 여름철 기온이 높아질수록 대체로 아이스크림 판매량도 늘어난다. 따라서 여름철 기온과 아이스크림 판매량 사이에는 양의 상관관계가 있다.
ㄷ. 낮의 길이가 길어질수록 밤의 길이는 짧아진다. 따라서 낮의 길이와 밤의 길이 사이에는 음의 상관관계가 있다.
ㄹ. 키와 수학 성적 사이에는 아무 관련이 없다. 즉, 키와 수학 성적 사이에는 상관관계가 없다.

4. 다음 두 변량을 산점도로 나타낼 때, 보기 중 어떤 모양이 되는지 고르시오.

보기

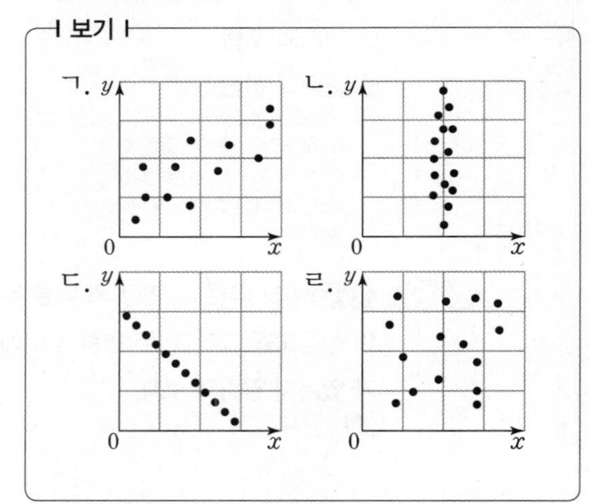

(1) 운동 시간과 맥박 수 ㄱ

(2) 통학 시간과 팔 굽혀 펴기 횟수 ㄹ

(3) 점심시간에 실외에 있는 학생 수와 실내에 있는 학생 수 ㄷ

풀이 (1) 운동 시간이 길어질수록 대체로 맥박 수는 증가한다. 따라서 양의 상관관계가 있으므로 산점도는 ㄱ과 같은 모양이 된다.
(2) 통학 시간이 늘어날수록 팔 굽혀 펴기 횟수가 대체로 많아지거나 적어진다고 할 수 없다. 따라서 상관관계가 없으므로 산점도는 ㄹ과 같은 모양이 된다.
(3) 학교의 전체 학생 수는 일정하기 때문에 점심시간에 실외에 있는 학생 수가 많을수록 실내에 있는 학생 수는 적다. 따라서 음의 상관관계가 있으므로 산점도는 ㄷ과 같은 모양이 된다.

교과서 문제 뛰어 넘기

5. 오른쪽 그림은 정수네 반 학생 20명의 멀리뛰기 기록과 100 m 달리기 기록의 산점도이다. 멀리뛰기 기록은 5 m 이상이고, 100 m 달리기 기록은 15초 이하인 학생은 전체의 몇 %인지 구하시오.

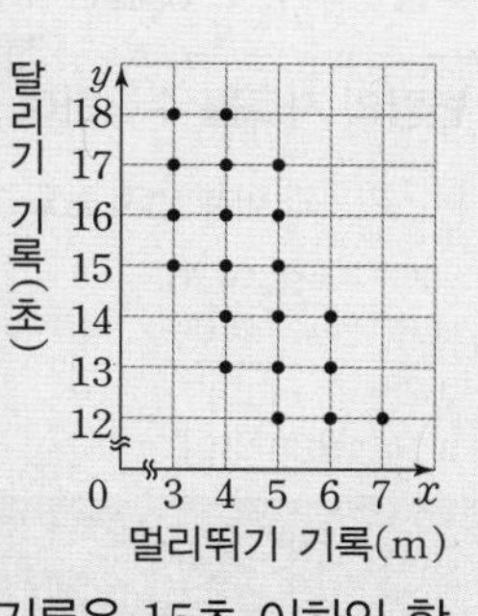

6. 다음 그림은 소영이네 반 학생 20명의 미술 실기 성적과 미술 필기 성적의 산점도이다. 두 성적의 평균이 60점 이하인 학생들의 미술 실기 점수의 평균을 구하시오.

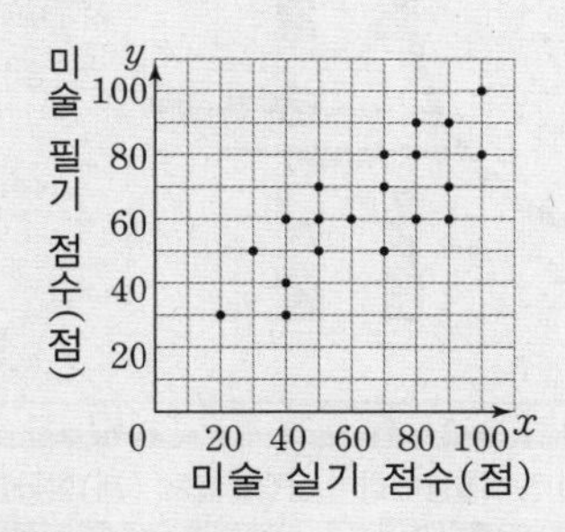

7. 다음 그림은 지민이네 반 학생 20명의 수학 성적과 영어 성적의 산점도이다. 두 과목의 총점이 상위 20 % 이내에 드는 학생들의 두 과목의 총점의 표준편차를 구하시오.

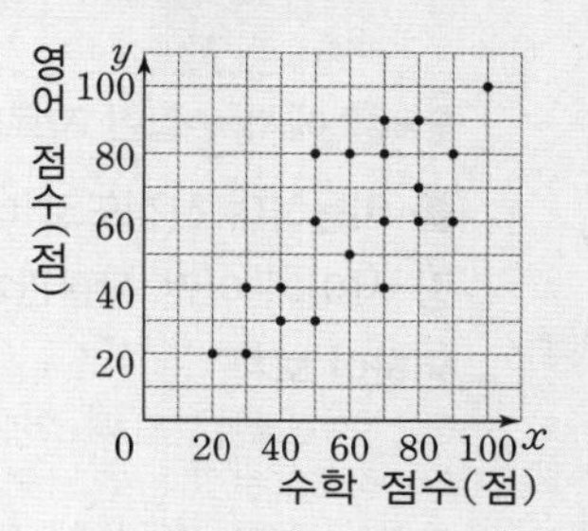

8. 오른쪽 그림은 어느 중학교 학생들의 용돈과 지출에 대한 산점도이다. 다음 중 옳은 것을 모두 고르면? (정답 2개)

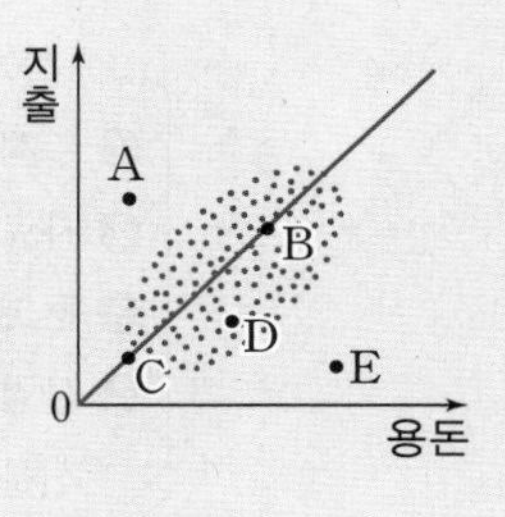

① A는 용돈에 비해서 지출이 많은 편이다.

② 지출이 가장 많은 학생은 B이다.

③ B는 용돈에 비해서 지출이 많은 편이다.

④ 지출한 돈을 제외하고 저축한다고 할 때, E가 가장 많이 저축하게 된다고 볼 수 있다.

⑤ D는 용돈에 비해서 지출이 많은 편이다.

모둠별로 생활 주변의 자료를 수집하여 그들 사이의 상관관계를 알아보자.

활동 1 생활 주변에서 관심 있는 두 자료를 선정하고, 두 변량의 자료를 수집하여 보자.

|예시| • 하루 평균 게임 시간과 기말고사 평균 점수 • 기온과 미세 먼지 농도

풀이 | 예시 | 우리나라 평균 가구원 수와 노령화 지수 (출처: 국가통계포털, 2018)

연도	2010	2011	2012	2013	2014	2015	2016	2017	2018
가구원 수(명)	2.85	2.83	2.82	2.80	2.73	2.65	2.59	2.54	2.49
노령화 지수	66.2	71.4	78.5	86	93.6	101.7	109.0	116.9	124.4

풀이 | 예시 |

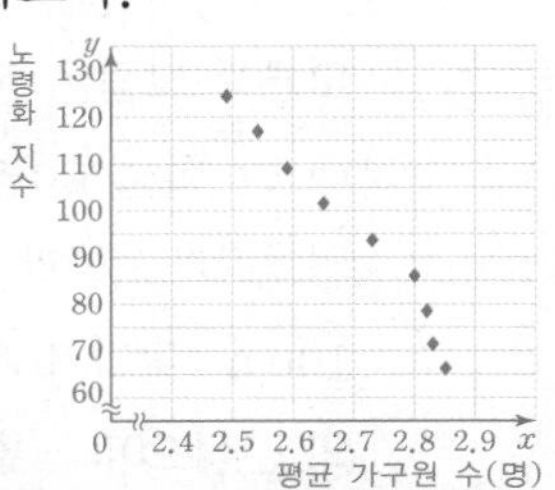

활동 2 활동 1 에서 수집한 자료를 공학적 도구를 이용하여 산점도로 나타내고, 두 변량 사이에 어떤 상관관계가 있는지 설명하여 보자.

평균 가구원 수가 많을수록 대체로 노령화 지수는 낮다는 것을 알 수 있다. 따라서 평균 가구원 수와 노령화 지수 사이에는 음의 상관관계가 있다.

활동 3 모둠별로 자료 조사 과정에 대한 통계 포스터를 작성하여 보자. 또, 작성된 결과를 발표하여 보자.

통계 포스터에 들어갈 내용

1. 주제를 선정하게 된 배경
2. 자료 수집 과정
3. 두 변량의 산점도
4. 산점도를 바탕으로 알게 된 사실을 신문 기사나 이야기로 작성하기

풀이 활동1, 활동2의 결과를 통계 포스터로 작성하고, 작성된 결과를 발표해 볼 수 있다.

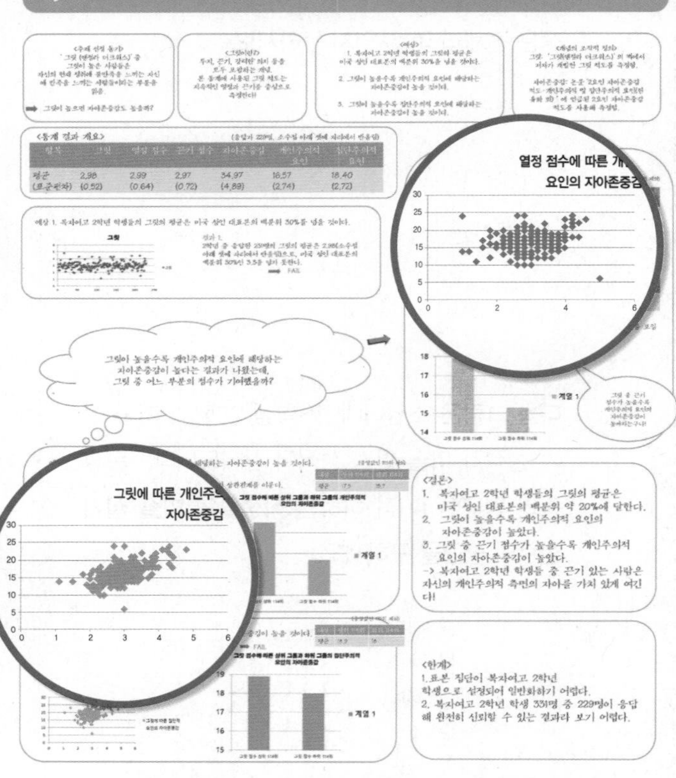

▲ 제19회 통계활용대회 수상작 (출처: (재)한국통계진흥원, 2017)

| 모둠 평가표 | 그렇다. (3점) ⇔ 그렇지 않다. (1점)

평가 내용	모둠 1	모둠 2	모둠 3	모둠 4	모둠 5
공학적 도구를 이용하여 두 변량 사이의 산점도를 그리고, 상관관계를 말할 수 있다.					
자료 조사 활동 전체 과정에서 모둠원 모두가 적극 참여하였다.					
총점					

1. 오른쪽 그림과 같이 1, 2, 3, 4, 5의 숫자가 각각 하나씩 적힌 5장의 카드가 있다. 이 중 카드 2장을 동시에 뽑아 그 수의 합을 A라고 할 때, A의 값들의 표준편차를 구하시오.

1 2 3 4 5

2. 오른쪽 그림은 어느 매장에서 판매되는 상품들의 순이익과 판매량을 조사하여 나타낸 산점도이다. A 상품에 대한 수익과 B 상품에 대한 수익이 같아지게 하려면 A 상품의 판매량을 몇 % 증가시켜야 하는지 구하시오.

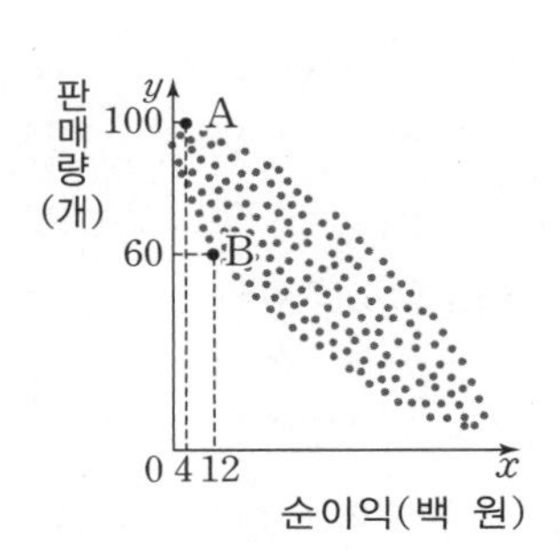

대단원 스스로 마무리하기

1. 다음 설명 중 옳은 것은? (정답 2개)

① 대푯값은 반드시 변량 중에서 정해진다.
② 최빈값은 대푯값의 하나이다.
③ 평균을 구할 때에는 자료를 모두 사용하여 계산한다.
④ 대푯값 중에서 자료의 특성을 항상 가장 잘 드러내는 것은 평균이다.
⑤ 자료 중에 극단적인 값이 있을 때에는 대푯값으로 평균을 사용하는 것이 좋다.

풀이 ① 대푯값 중 평균은 변량 중에서 정해지지 않을 수도 있다.
④ 자료에 따라 그 특성을 잘 드러내는 대푯값은 다르다.
⑤ 자료 중에 극단적인 값이 있을 때에는 대푯값으로 평균보다는 중앙값을 사용하는 것이 좋다.

2. 다음은 혜정이네 반 학생 10명의 1분 동안의 맥박 수를 조사하여 나타낸 것이다. 맥박 수의 중앙값을 a회, 최빈값을 b회라고 할 때, $a-b$의 값을 구하시오. 0.5

맥박 수

(단위: 회)

89	90	94	90	89
91	92	90	91	93

풀이 중앙값은 변량의 개수가 10개로 짝수이므로 다섯 번째 변량인 90과 여섯 번째 변량인 91의 평균인 $\frac{90+91}{2}=90.5$(회)이고, 90회가 3번으로 가장 많으므로 최빈값은 90회이다.
따라서 $a=90.5$, $b=90$이므로 $a-b=0.5$이다.

3. 다음 자료의 중앙값이 38일 때, x의 값을 구하시오. 41

14 56 30 47 35 x

풀이 x의 값을 제외한 나머지 변량을 작은 값부터 크기순으로 나열하면 14, 30, 35, 47, 56이다. 중앙값이 38이므로 $35<x<47$임을 알 수 있다. 즉, $\frac{35+x}{2}=38$을 만족한다. 따라서 $x=41$이다.

4. 다음은 학생 5명이 하루에 보내는 휴대폰 문자 메시지의 횟수를 조사하여 그 편차를 나타낸 표이다. 표준편차를 구하시오. $\sqrt{10}$회

학생	승현	준규	정찬	명원	태민
편차(회)	-2	5	a	2	-1

풀이 편차의 총합은 0이므로 $(-2)+5+a+2+(-1)=0$, $a=-4$이다.
따라서 편차의 제곱의 총합은 50이므로
(분산)$=\frac{50}{5}=10$, (표준편차)$=\sqrt{10}$(회)이다.

5. 다음은 고은이네 반 학생 5명의 일주일 동안의 봉사 활동 시간을 조사하여 나타낸 것이다. 분산과 표준편차를 각각 구하시오. 분산: 14, 표준편차: $\sqrt{14}$시간

일주일 동안의 봉사 활동 시간

(단위: 시간)

14 10 3 6 7

풀이

						총합
변량	14	10	3	6	7	40
편차	6	2	-5	-2	-1	0
(편차)^2	36	4	25	4	1	70

(평균)$=\frac{40}{5}=8$(시간),
(분산)$=\frac{70}{5}=14$,
(표준편차)$=\sqrt{14}$(시간)이다.

6. 다음 보기 중 두 변량의 산점도를 그렸을 때, 오른쪽 그림과 같은 모양이 되는 것을 모두 고르시오.

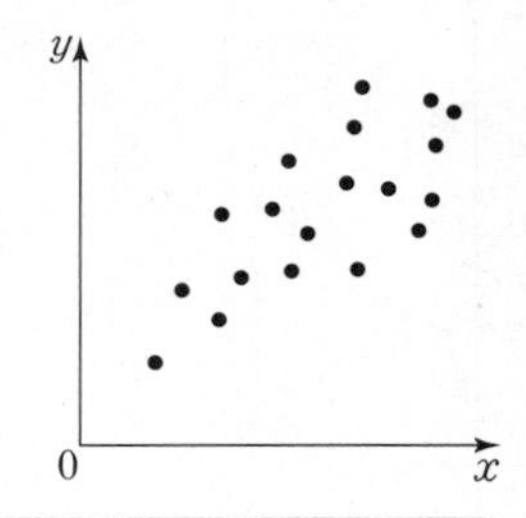

보기
ㄱ. 키와 한 뼘의 길이
ㄴ. 운동량과 심장 박동 수
ㄷ. 장미꽃의 생산량과 가격

풀이 ㄱ. 키가 크면 한 뼘의 길이도 대체로 크므로 키와 한 뼘의 길이 사이에는 양의 상관관계가 있다.
ㄴ. 운동량이 많아지면 심장 박동 수도 대체로 높아지므로 운동량과 심장 박동 수 사이에는 양의 상관관계가 있다.
ㄷ. 장미꽃의 생산량이 높으면 가격은 대체로 떨어지므로 장미꽃의 생산량과 가격 사이에는 음의 상관관계가 있다.

7. 다음 그림은 학생들의 영어 성적과 수학 성적을 조사하여 나타낸 산점도이다. 영어 성적에 비해 수학 성적이 더 높은 학생은?

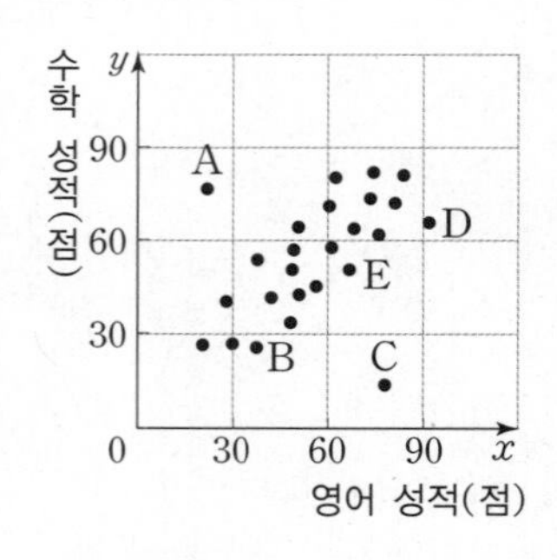

① A ② B ③ C
④ D ⑤ E

풀이 영어 성적에 비해 수학 성적이 높은 학생은 ① A이다.

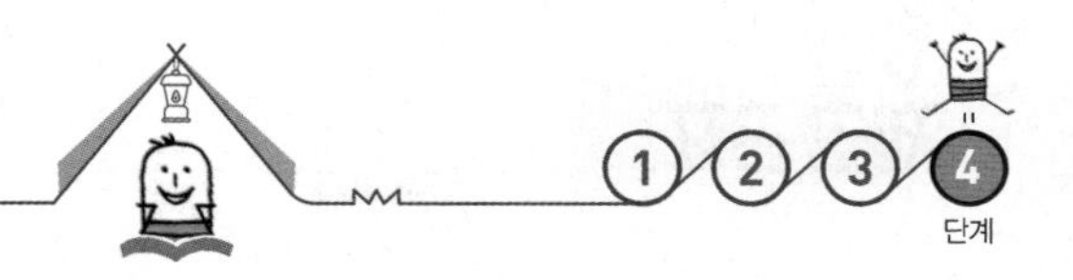

[8~9] **서술형 문제** 문제의 풀이 과정과 답을 쓰고, 스스로 채점하여 보자.

8. 다음은 상희의 5회에 걸친 영어 성적과 수학 성적을 나타낸 표인데 일부가 찢어져 5회째의 수학 성적이 보이지 않는다. 영어 성적의 평균과 수학 성적의 평균이 같을 때, 물음에 답하시오. [5점]

상희의 영어 성적과 수학 성적

과목 \ 회	1회	2회	3회	4회	5회
영어(점)	80	85	85	70	80
수학(점)	70	85	75	80	

(1) 5회째의 수학 성적을 구하시오. 90점

(2) 영어 성적과 수학 성적의 분산을 각각 구하고, 평균을 중심으로 흩어진 정도가 더 작은 과목이 무엇인지 말하시오.
영어 성적의 분산: 30, 수학 성적의 분산: 50, 영어

풀이 (1) 영어 성적의 총합은 400점이므로 (평균) $=\frac{400}{5}=80$(점)이다.
따라서 수학 성적의 평균도 80점이다. 5회째 수학 성적을 x점이라고 하면 $\frac{70+85+75+80+x}{5}=80$이므로 $x=90$이다.

(2) 영어 성적의 편차는 순서대로 0, 5, 5, -10, 0이다. 편차의 제곱의 총합은 150이므로 (분산) $=\frac{150}{5}=30$이다.
수학 성적의 편차는 순서대로 -10, 5, -5, 0, 10이다. 편차의 제곱의 총합은 250이므로 (분산) $=\frac{250}{5}=50$이다.
상희의 영어 성적의 분산이 수학 성적의 분산보다 작다. 따라서 성적이 평균을 중심으로 흩어진 정도가 더 작은 과목은 영어이다.

채점 기준	배점
(i) 5회째의 수학 성적을 바르게 구한 경우	2점
(ii) 영어 성적과 수학 성적의 분산을 바르게 구한 경우	2점
(iii) 평균을 중심으로 흩어진 정도가 더 작은 과목을 바르게 말한 경우	1점

9. 어느 중학교 야구부에서 투수 10명을 대상으로 공 던지기를 두 번씩 실시하였다. 다음은 그 공의 속도를 조사하여 나타낸 표이다. 물음에 답하시오. [4점]

투수 10명의 공의 속도

(단위: km/h)

1차 속도	2차 속도	1차 속도	2차 속도
60	62	83	85
72	65	70	70
69	76	83	77
57	61	72	75
52	47	75	78

(1) 공학적 도구를 이용하여 투수 10명의 공의 1차 속도와 2차 속도의 산점도를 그리시오. 풀이 참조

(2) 투수 10명의 공의 1차 속도와 2차 속도 사이에 어떤 상관관계가 있는지 설명하시오. 양의 상관관계

풀이 (1)

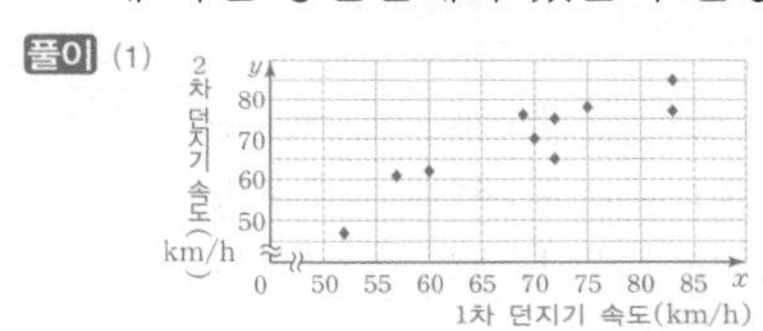

(2) (1)의 산점도를 보면 공의 1차 속도가 빠를수록 대체로 2차 속도가 빠르다는 사실을 알 수 있다. 따라서 투수 10명의 공의 1차 속도와 2차 속도 사이에는 양의 상관관계가 있다.

채점 기준	배점
(i) 두 변량의 산점도를 바르게 그린 경우	2점
(ii) 두 변량의 산점도를 이용하여 상관관계를 바르게 설명한 경우	2점

1

수	0	1	2	3	4	5	6	7	8	9
1.0	1.000	1.005	1.010	1.015	1.020	1.025	1.030	1.034	1.039	1.044
1.1	1.049	1.054	1.058	1.063	1.068	1.072	1.077	1.082	1.086	1.091
1.2	1.095	1.100	1.105	1.109	1.114	1.118	1.122	1.127	1.131	1.136
1.3	1.140	1.145	1.149	1.153	1.158	1.162	1.166	1.170	1.175	1.179
1.4	1.183	1.187	1.192	1.196	1.200	1.204	1.208	1.212	1.217	1.221
1.5	1.225	1.229	1.233	1.237	1.241	1.245	1.249	1.253	1.257	1.261
1.6	1.265	1.269	1.273	1.277	1.281	1.285	1.288	1.292	1.296	1.300
1.7	1.304	1.308	1.311	1.315	1.319	1.323	1.327	1.330	1.334	1.338
1.8	1.342	1.345	1.349	1.353	1.356	1.360	1.364	1.367	1.371	1.375
1.9	1.378	1.382	1.386	1.389	1.393	1.396	1.400	1.404	1.407	1.411
2.0	1.414	1.418	1.421	1.425	1.428	1.432	1.435	1.439	1.442	1.446
2.1	1.449	1.453	1.456	1.459	1.463	1.466	1.470	1.473	1.476	1.480
2.2	1.483	1.487	1.490	1.493	1.497	1.500	1.503	1.507	1.510	1.513
2.3	1.517	1.520	1.523	1.526	1.530	1.533	1.536	1.539	1.543	1.546
2.4	1.549	1.552	1.556	1.559	1.562	1.565	1.568	1.572	1.575	1.578
2.5	1.581	1.584	1.587	1.591	1.594	1.597	1.600	1.603	1.606	1.609
2.6	1.612	1.616	1.619	1.622	1.625	1.628	1.631	1.634	1.637	1.640
2.7	1.643	1.646	1.649	1.652	1.655	1.658	1.661	1.664	1.667	1.670
2.8	1.673	1.676	1.679	1.682	1.685	1.688	1.691	1.694	1.697	1.700
2.9	1.703	1.706	1.709	1.712	1.715	1.718	1.720	1.723	1.726	1.729
3.0	1.732	1.735	1.738	1.741	1.744	1.746	1.749	1.752	1.755	1.758
3.1	1.761	1.764	1.766	1.769	1.772	1.775	1.778	1.780	1.783	1.786
3.2	1.789	1.792	1.794	1.797	1.800	1.803	1.806	1.808	1.811	1.814
3.3	1.817	1.819	1.822	1.825	1.828	1.830	1.833	1.836	1.838	1.841
3.4	1.844	1.847	1.849	1.852	1.855	1.857	1.860	1.863	1.865	1.868
3.5	1.871	1.873	1.876	1.879	1.881	1.884	1.887	1.889	1.892	1.895
3.6	1.897	1.900	1.903	1.905	1.908	1.910	1.913	1.916	1.918	1.921
3.7	1.924	1.926	1.929	1.931	1.934	1.936	1.939	1.942	1.944	1.947
3.8	1.949	1.952	1.954	1.957	1.960	1.962	1.965	1.967	1.970	1.972
3.9	1.975	1.977	1.980	1.982	1.985	1.987	1.990	1.992	1.995	1.997
4.0	2.000	2.002	2.005	2.007	2.010	2.012	2.015	2.017	2.020	2.022
4.1	2.025	2.027	2.030	2.032	2.035	2.037	2.040	2.042	2.045	2.047
4.2	2.049	2.052	2.054	2.057	2.059	2.062	2.064	2.066	2.069	2.071
4.3	2.074	2.076	2.078	2.081	2.083	2.086	2.088	2.090	2.093	2.095
4.4	2.098	2.100	2.102	2.105	2.107	2.110	2.112	2.114	2.117	2.119
4.5	2.121	2.124	2.126	2.128	2.131	2.133	2.135	2.138	2.140	2.142
4.6	2.145	2.147	2.149	2.152	2.154	2.156	2.159	2.161	2.163	2.166
4.7	2.168	2.170	2.173	2.175	2.177	2.179	2.182	2.184	2.186	2.189
4.8	2.191	2.193	2.195	2.198	2.200	2.202	2.205	2.207	2.209	2.211
4.9	2.214	2.216	2.218	2.220	2.223	2.225	2.227	2.229	2.232	2.234
5.0	2.236	2.238	2.241	2.243	2.245	2.247	2.249	2.252	2.254	2.256
5.1	2.258	2.261	2.263	2.265	2.267	2.269	2.272	2.274	2.276	2.278
5.2	2.280	2.283	2.285	2.287	2.289	2.291	2.293	2.296	2.298	2.300
5.3	2.302	2.304	2.307	2.309	2.311	2.313	2.315	2.317	2.319	2.322
5.4	2.324	2.326	2.328	2.330	2.332	2.335	2.337	2.339	2.341	2.343

제곱근표 ②

수	0	1	2	3	4	5	6	7	8	9
5.5	2.345	2.347	2.349	2.352	2.354	2.356	2.358	2.360	2.362	2.364
5.6	2.366	2.369	2.371	2.373	2.375	2.377	2.379	2.381	2.383	2.385
5.7	2.387	2.390	2.392	2.394	2.396	2.398	2.400	2.402	2.404	2.406
5.8	2.408	2.410	2.412	2.415	2.417	2.419	2.421	2.423	2.425	2.427
5.9	2.429	2.431	2.433	2.435	2.437	2.439	2.441	2.443	2.445	2.447
6.0	2.449	2.452	2.454	2.456	2.458	2.460	2.462	2.464	2.466	2.468
6.1	2.470	2.472	2.474	2.476	2.478	2.480	2.482	2.484	2.486	2.488
6.2	2.490	2.492	2.494	2.496	2.498	2.500	2.502	2.504	2.506	2.508
6.3	2.510	2.512	2.514	2.516	2.518	2.520	2.522	2.524	2.526	2.528
6.4	2.530	2.532	2.534	2.536	2.538	2.540	2.542	2.544	2.546	2.548
6.5	2.550	2.551	2.553	2.555	2.557	2.559	2.561	2.563	2.565	2.567
6.6	2.569	2.571	2.573	2.575	2.577	2.579	2.581	2.583	2.585	2.587
6.7	2.588	2.590	2.592	2.594	2.596	2.598	2.600	2.602	2.604	2.606
6.8	2.608	2.610	2.612	2.613	2.615	2.617	2.619	2.621	2.623	2.625
6.9	2.627	2.629	2.631	2.632	2.634	2.636	2.638	2.640	2.642	2.644
7.0	2.646	2.648	2.650	2.651	2.653	2.655	2.657	2.659	2.661	2.663
7.1	2.665	2.666	2.668	2.670	2.672	2.674	2.676	2.678	2.680	2.681
7.2	2.683	2.685	2.687	2.689	2.691	2.693	2.694	2.696	2.698	2.700
7.3	2.702	2.704	2.706	2.707	2.709	2.711	2.713	2.715	2.717	2.718
7.4	2.720	2.722	2.724	2.726	2.728	2.729	2.731	2.733	2.735	2.737
7.5	2.739	2.740	2.742	2.744	2.746	2.748	2.750	2.751	2.753	2.755
7.6	2.757	2.759	2.760	2.762	2.764	2.766	2.768	2.769	2.771	2.773
7.7	2.775	2.777	2.778	2.780	2.782	2.784	2.786	2.787	2.789	2.791
7.8	2.793	2.795	2.796	2.798	2.800	2.802	2.804	2.805	2.807	2.809
7.9	2.811	2.812	2.814	2.816	2.818	2.820	2.821	2.823	2.825	2.827
8.0	2.828	2.830	2.832	2.834	2.835	2.837	2.839	2.841	2.843	2.844
8.1	2.846	2.848	2.850	2.851	2.853	2.855	2.857	2.858	2.860	2.862
8.2	2.864	2.865	2.867	2.869	2.871	2.872	2.874	2.876	2.877	2.879
8.3	2.881	2.883	2.884	2.886	2.888	2.890	2.891	2.893	2.895	2.897
8.4	2.898	2.900	2.902	2.903	2.905	2.907	2.909	2.910	2.912	2.914
8.5	2.915	2.917	2.919	2.921	2.922	2.924	2.926	2.927	2.929	2.931
8.6	2.933	2.934	2.936	2.938	2.939	2.941	2.943	2.944	2.946	2.948
8.7	2.950	2.951	2.953	2.955	2.956	2.958	2.960	2.961	2.963	2.965
8.8	2.966	2.968	2.970	2.972	2.973	2.975	2.977	2.978	2.980	2.982
8.9	2.983	2.985	2.987	2.988	2.990	2.992	2.993	2.995	2.997	2.998
9.0	3.000	3.002	3.003	3.005	3.007	3.008	3.010	3.012	3.013	3.015
9.1	3.017	3.018	3.020	3.022	3.023	3.025	3.027	3.028	3.030	3.032
9.2	3.033	3.035	3.036	3.038	3.040	3.041	3.043	3.045	3.046	3.048
9.3	3.050	3.051	3.053	3.055	3.056	3.058	3.059	3.061	3.063	3.064
9.4	3.066	3.068	3.069	3.071	3.072	3.074	3.076	3.077	3.079	3.081
9.5	3.082	3.084	3.085	3.087	3.089	3.090	3.092	3.094	3.095	3.097
9.6	3.098	3.100	3.102	3.103	3.105	3.106	3.108	3.110	3.111	3.113
9.7	3.114	3.116	3.118	3.119	3.121	3.122	3.124	3.126	3.127	3.129
9.8	3.130	3.132	3.134	3.135	3.137	3.138	3.140	3.142	3.143	3.145
9.9	3.146	3.148	3.150	3.151	3.153	3.154	3.156	3.158	3.159	3.161

제곱근표 3

수	0	1	2	3	4	5	6	7	8	9
10	3.162	3.178	3.194	3.209	3.225	3.240	3.256	3.271	3.286	3.302
11	3.317	3.332	3.347	3.362	3.376	3.391	3.406	3.421	3.435	3.450
12	3.464	3.479	3.493	3.507	3.521	3.536	3.550	3.564	3.578	3.592
13	3.606	3.619	3.633	3.647	3.661	3.674	3.688	3.701	3.715	3.728
14	3.742	3.755	3.768	3.782	3.795	3.808	3.821	3.834	3.847	3.860
15	3.873	3.886	3.899	3.912	3.924	3.937	3.950	3.962	3.975	3.987
16	4.000	4.012	4.025	4.037	4.050	4.062	4.074	4.087	4.099	4.111
17	4.123	4.135	4.147	4.159	4.171	4.183	4.195	4.207	4.219	4.231
18	4.243	4.254	4.266	4.278	4.290	4.301	4.313	4.324	4.336	4.347
19	4.359	4.370	4.382	4.393	4.405	4.416	4.427	4.438	4.450	4.461
20	4.472	4.483	4.494	4.506	4.517	4.528	4.539	4.550	4.561	4.572
21	4.583	4.593	4.604	4.615	4.626	4.637	4.648	4.658	4.669	4.680
22	4.690	4.701	4.712	4.722	4.733	4.743	4.754	4.764	4.775	4.785
23	4.796	4.806	4.817	4.827	4.837	4.848	4.858	4.868	4.879	4.889
24	4.899	4.909	4.919	4.930	4.940	4.950	4.960	4.970	4.980	4.990
25	5.000	5.010	5.020	5.030	5.040	5.050	5.060	5.070	5.079	5.089
26	5.099	5.109	5.119	5.128	5.138	5.148	5.158	5.167	5.177	5.187
27	5.196	5.206	5.215	5.225	5.235	5.244	5.254	5.263	5.273	5.282
28	5.292	5.301	5.310	5.320	5.329	5.339	5.348	5.357	5.367	5.376
29	5.385	5.394	5.404	5.413	5.422	5.431	5.441	5.450	5.459	5.468
30	5.477	5.486	5.495	5.505	5.514	5.523	5.532	5.541	5.550	5.559
31	5.568	5.577	5.586	5.595	5.604	5.612	5.621	5.630	5.639	5.648
32	5.657	5.666	5.675	5.683	5.692	5.701	5.710	5.718	5.727	5.736
33	5.745	5.753	5.762	5.771	5.779	5.788	5.797	5.805	5.814	5.822
34	5.831	5.840	5.848	5.857	5.865	5.874	5.882	5.891	5.899	5.908
35	5.916	5.925	5.933	5.941	5.950	5.958	5.967	5.975	5.983	5.992
36	6.000	6.008	6.017	6.025	6.033	6.042	6.050	6.058	6.066	6.075
37	6.083	6.091	6.099	6.107	6.116	6.124	6.132	6.140	6.148	6.156
38	6.164	6.173	6.181	6.189	6.197	6.205	6.213	6.221	6.229	6.237
39	6.245	6.253	6.261	6.269	6.277	6.285	6.293	6.301	6.309	6.317
40	6.325	6.332	6.340	6.348	6.356	6.364	6.372	6.380	6.387	6.395
41	6.403	6.411	6.419	6.427	6.434	6.442	6.450	6.458	6.465	6.473
42	6.481	6.488	6.496	6.504	6.512	6.519	6.527	6.535	6.542	6.550
43	6.557	6.565	6.573	6.580	6.588	6.595	6.603	6.611	6.618	6.626
44	6.633	6.641	6.648	6.656	6.663	6.671	6.678	6.686	6.693	6.701
45	6.708	6.716	6.723	6.731	6.738	6.745	6.753	6.760	6.768	6.775
46	6.782	6.790	6.797	6.804	6.812	6.819	6.826	6.834	6.841	6.848
47	6.856	6.863	6.870	6.877	6.885	6.892	6.899	6.907	6.914	6.921
48	6.928	6.935	6.943	6.950	6.957	6.964	6.971	6.979	6.986	6.993
49	7.000	7.007	7.014	7.021	7.029	7.036	7.043	7.050	7.057	7.064
50	7.071	7.078	7.085	7.092	7.099	7.106	7.113	7.120	7.127	7.134
51	7.141	7.148	7.155	7.162	7.169	7.176	7.183	7.190	7.197	7.204
52	7.211	7.218	7.225	7.232	7.239	7.246	7.253	7.259	7.266	7.273
53	7.280	7.287	7.294	7.301	7.308	7.314	7.321	7.328	7.335	7.342
54	7.348	7.355	7.362	7.369	7.376	7.382	7.389	7.396	7.403	7.409

제곱근표

수	0	1	2	3	4	5	6	7	8	9
55	7.416	7.423	7.430	7.436	7.443	7.450	7.457	7.463	7.470	7.477
56	7.483	7.490	7.497	7.503	7.510	7.517	7.523	7.530	7.537	7.543
57	7.550	7.556	7.563	7.570	7.576	7.583	7.589	7.596	7.603	7.609
58	7.616	7.622	7.629	7.635	7.642	7.649	7.655	7.662	7.668	7.675
59	7.681	7.688	7.694	7.701	7.707	7.714	7.720	7.727	7.733	7.740
60	7.746	7.752	7.759	7.765	7.772	7.778	7.785	7.791	7.797	7.804
61	7.810	7.817	7.823	7.829	7.836	7.842	7.849	7.855	7.861	7.868
62	7.874	7.880	7.887	7.893	7.899	7.906	7.912	7.918	7.925	7.931
63	7.937	7.944	7.950	7.956	7.962	7.969	7.975	7.981	7.987	7.994
64	8.000	8.006	8.012	8.019	8.025	8.031	8.037	8.044	8.050	8.056
65	8.062	8.068	8.075	8.081	8.087	8.093	8.099	8.106	8.112	8.118
66	8.124	8.130	8.136	8.142	8.149	8.155	8.161	8.167	8.173	8.179
67	8.185	8.191	8.198	8.204	8.210	8.216	8.222	8.228	8.234	8.240
68	8.246	8.252	8.258	8.264	8.270	8.276	8.283	8.289	8.295	8.301
69	8.307	8.313	8.319	8.325	8.331	8.337	8.343	8.349	8.355	8.361
70	8.367	8.373	8.379	8.385	8.390	8.396	8.402	8.408	8.414	8.420
71	8.426	8.432	8.438	8.444	8.450	8.456	8.462	8.468	8.473	8.479
72	8.485	8.491	8.497	8.503	8.509	8.515	8.521	8.526	8.532	8.538
73	8.544	8.550	8.556	8.562	8.567	8.573	8.579	8.585	8.591	8.597
74	8.602	8.608	8.614	8.620	8.626	8.631	8.637	8.643	8.649	8.654
75	8.660	8.666	8.672	8.678	8.683	8.689	8.695	8.701	8.706	8.712
76	8.718	8.724	8.729	8.735	8.741	8.746	8.752	8.758	8.764	8.769
77	8.775	8.781	8.786	8.792	8.798	8.803	8.809	8.815	8.820	8.826
78	8.832	8.837	8.843	8.849	8.854	8.860	8.866	8.871	8.877	8.883
79	8.888	8.894	8.899	8.905	8.911	8.916	8.922	8.927	8.933	8.939
80	8.944	8.950	8.955	8.961	8.967	8.972	8.978	8.983	8.989	8.994
81	9.000	9.006	9.011	9.017	9.022	9.028	9.033	9.039	9.044	9.050
82	9.055	9.061	9.066	9.072	9.077	9.083	9.088	9.094	9.099	9.105
83	9.110	9.116	9.121	9.127	9.132	9.138	9.143	9.149	9.154	9.160
84	9.165	9.171	9.176	9.182	9.187	9.192	9.198	9.203	9.209	9.214
85	9.220	9.225	9.230	9.236	9.241	9.247	9.252	9.257	9.263	9.268
86	9.274	9.279	9.284	9.290	9.295	9.301	9.306	9.311	9.317	9.322
87	9.327	9.333	9.338	9.343	9.349	9.354	9.359	9.365	9.370	9.375
88	9.381	9.386	9.391	9.397	9.402	9.407	9.413	9.418	9.423	9.429
89	9.434	9.439	9.445	9.450	9.455	9.460	9.466	9.471	9.476	9.482
90	9.487	9.492	9.497	9.503	9.508	9.513	9.518	9.524	9.529	9.534
91	9.539	9.545	9.550	9.555	9.560	9.566	9.571	9.576	9.581	9.586
92	9.592	9.597	9.602	9.607	9.612	9.618	9.623	9.628	9.633	9.638
93	9.644	9.649	9.654	9.659	9.664	9.670	9.675	9.680	9.685	9.690
94	9.695	9.701	9.706	9.711	9.716	9.721	9.726	9.731	9.737	9.742
95	9.747	9.752	9.757	9.762	9.767	9.772	9.778	9.783	9.788	9.793
96	9.798	9.803	9.808	9.813	9.818	9.823	9.829	9.834	9.839	9.844
97	9.849	9.854	9.859	9.864	9.869	9.874	9.879	9.884	9.889	9.894
98	9.899	9.905	9.910	9.915	9.920	9.925	9.930	9.935	9.940	9.945
99	9.950	9.955	9.960	9.965	9.970	9.975	9.980	9.985	9.990	9.995

각도	사인(sin)	코사인(cos)	탄젠트(tan)
0°	0.0000	1.0000	0.0000
1°	0.0175	0.9998	0.0175
2°	0.0349	0.9994	0.0349
3°	0.0523	0.9986	0.0524
4°	0.0698	0.9976	0.0699
5°	0.0872	0.9962	0.0875
6°	0.1045	0.9945	0.1051
7°	0.1219	0.9925	0.1228
8°	0.1392	0.9903	0.1405
9°	0.1564	0.9877	0.1584
10°	0.1736	0.9848	0.1763
11°	0.1908	0.9816	0.1944
12°	0.2079	0.9781	0.2126
13°	0.2250	0.9744	0.2309
14°	0.2419	0.9703	0.2493
15°	0.2588	0.9659	0.2679
16°	0.2756	0.9613	0.2867
17°	0.2924	0.9563	0.3057
18°	0.3090	0.9511	0.3249
19°	0.3256	0.9455	0.3443
20°	0.3420	0.9397	0.3640
21°	0.3584	0.9336	0.3839
22°	0.3746	0.9272	0.4040
23°	0.3907	0.9205	0.4245
24°	0.4067	0.9135	0.4452
25°	0.4226	0.9063	0.4663
26°	0.4384	0.8988	0.4877
27°	0.4540	0.8910	0.5095
28°	0.4695	0.8829	0.5317
29°	0.4848	0.8746	0.5543
30°	0.5000	0.8660	0.5774
31°	0.5150	0.8572	0.6009
32°	0.5299	0.8480	0.6249
33°	0.5446	0.8387	0.6494
34°	0.5592	0.8290	0.6745
35°	0.5736	0.8192	0.7002
36°	0.5878	0.8090	0.7265
37°	0.6018	0.7986	0.7536
38°	0.6157	0.7880	0.7813
39°	0.6293	0.7771	0.8098
40°	0.6428	0.7660	0.8391
41°	0.6561	0.7547	0.8693
42°	0.6691	0.7431	0.9004
43°	0.6820	0.7314	0.9325
44°	0.6947	0.7193	0.9657
45°	0.7071	0.7071	1.0000

각도	사인(sin)	코사인(cos)	탄젠트(tan)
45°	0.7071	0.7071	1.0000
46°	0.7193	0.6947	1.0355
47°	0.7314	0.6820	1.0724
48°	0.7431	0.6691	1.1106
49°	0.7547	0.6561	1.1504
50°	0.7660	0.6428	1.1918
51°	0.7771	0.6293	1.2349
52°	0.7880	0.6157	1.2799
53°	0.7986	0.6018	1.3270
54°	0.8090	0.5878	1.3764
55°	0.8192	0.5736	1.4281
56°	0.8290	0.5592	1.4826
57°	0.8387	0.5446	1.5399
58°	0.8480	0.5299	1.6003
59°	0.8572	0.5150	1.6643
60°	0.8660	0.5000	1.7321
61°	0.8746	0.4848	1.8040
62°	0.8829	0.4695	1.8807
63°	0.8910	0.4540	1.9626
64°	0.8988	0.4384	2.0503
65°	0.9063	0.4226	2.1445
66°	0.9135	0.4067	2.2460
67°	0.9205	0.3907	2.3559
68°	0.9272	0.3746	2.4751
69°	0.9336	0.3584	2.6051
70°	0.9397	0.3420	2.7475
71°	0.9455	0.3256	2.9042
72°	0.9511	0.3090	3.0777
73°	0.9563	0.2924	3.2709
74°	0.9613	0.2756	3.4874
75°	0.9659	0.2588	3.7321
76°	0.9703	0.2419	4.0108
77°	0.9744	0.2250	4.3315
78°	0.9781	0.2079	4.7046
79°	0.9816	0.1908	5.1446
80°	0.9848	0.1736	5.6713
81°	0.9877	0.1564	6.3138
82°	0.9903	0.1392	7.1154
83°	0.9925	0.1219	8.1443
84°	0.9945	0.1045	9.5144
85°	0.9962	0.0872	11.4301
86°	0.9976	0.0698	14.3007
87°	0.9986	0.0523	19.0811
88°	0.9994	0.0349	28.6363
89°	0.9998	0.0175	57.2900
90°	1.0000	0.0000	

실전 대비 문제

중단원 평가 문제 I-1. 제곱근과 실수

정답 및 해설 318쪽

01 다음 중 옳지 않은 것은?

① 0의 제곱근은 한 개뿐이다.

② 음수의 제곱근은 없다.

③ 어떤 양수의 제곱근은 근호를 사용하지 않고 나타낼 수도 있다.

④ -3은 -9의 음의 제곱근이다.

⑤ $\pm\sqrt{5}$는 5의 제곱근이다.

02 $\frac{25}{16}$의 음의 제곱근을 a, $\sqrt{(-64)^2}$의 양의 제곱근을 b라고 할 때, ab의 값은?

① -10　② -8　③ -6

④ -4　⑤ -2

03 다음 중 두 실수의 대소 관계가 옳지 않은 것은?

① $\sqrt{3}+3<3+\sqrt{5}$　② $\sqrt{3}+5>6$

③ $\sqrt{0.09}>0.4$　④ $\sqrt{5}+\sqrt{7}>\sqrt{5}+\sqrt{3}$

⑤ $5-\sqrt{6}<5-\sqrt{5}$

04 $\sqrt{32}=a\sqrt{2}$, $5\sqrt{3}=\sqrt{b}$일 때, $20a-b$의 값은? (단, a, b는 유리수이다.)

① 2　② 3　③ 4

④ 5　⑤ 6

05 다음 중 옳지 않은 것은?

① $\sqrt{2}\sqrt{54}=6\sqrt{3}$

② $\sqrt{\frac{45}{24}}\div\sqrt{\frac{15}{8}}=\frac{1}{3}$

③ $\sqrt{45}-\sqrt{80}=-\sqrt{5}$

④ $\sqrt{8}-\frac{3\sqrt{6}}{\sqrt{3}}=-\sqrt{2}$

⑤ $\frac{4}{\sqrt{2}}\div\frac{\sqrt{3}}{4}=\frac{8\sqrt{6}}{3}$

06 $a>0$, $b<0$일 때, $\sqrt{(4a)^2}+\sqrt{(-3a)^2}-\sqrt{25b^2}$을 간단히 하면?

① $5a-5b$　② $5a-7b$　③ $5a+7b$

④ $7a-5b$　⑤ $7a+5b$

07 자연수 x에 대하여 $\sqrt{x}$ 이하의 자연수의 개수를 $f(x)$라고 할 때, $f(50)+f(51)+\cdots+f(100)$의 값을 구하시오.

08 가로의 길이가 $\sqrt{800}$, 세로의 길이가 $4\sqrt{2}$인 직사각형과 넓이가 같은 정사각형의 한 변의 길이는?

① $2\sqrt{10}$　② $4\sqrt{6}$　③ 10

④ $4\sqrt{10}$　⑤ $4\sqrt{15}$

09 오른쪽 그림과 같이 밑면의 가로의 길이, 세로의 길이가 각각 $\sqrt{2}$, $\sqrt{6}$인 직육면체가 있다. 이 직육면체의 부피가 $\sqrt{80}$일 때, 높이는?

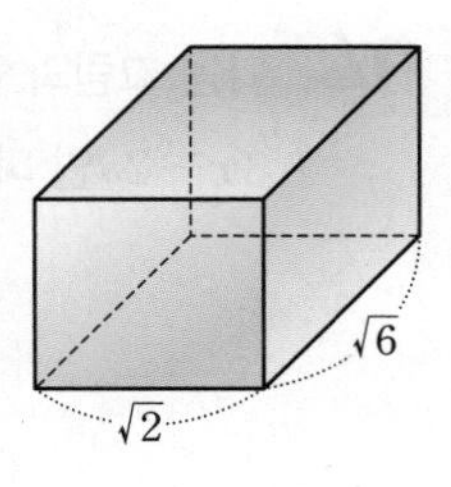

① $\dfrac{\sqrt{5}}{3}$ ② $\dfrac{\sqrt{15}}{3}$ ③ $\dfrac{2\sqrt{5}}{3}$

④ $\sqrt{5}$ ⑤ $\dfrac{2\sqrt{15}}{3}$

10 다음 식을 간단히 하면?

$$-6\left(\frac{\sqrt{3}}{2}-\frac{1}{\sqrt{3}}\right)+6\sqrt{3}-\frac{12}{\sqrt{3}}$$

① $-4\sqrt{3}$ ② $-2\sqrt{3}$ ③ $\sqrt{3}$

④ $2\sqrt{3}$ ⑤ $4\sqrt{3}$

11 $\sqrt{3.14}=a$, $\sqrt{31.4}=b$라고 할 때, 다음 중 옳은 것은?

① $\sqrt{0.314}=0.1a$ ② $\sqrt{0.0314}=0.1b$

③ $\sqrt{3140}=10a$ ④ $\sqrt{31400}=100a$

⑤ $\sqrt{1256}=20b$

12 제곱근표에서 $\sqrt{2}=1.414$, $\sqrt{20}=4.472$일 때, $\sqrt{20000}$과 가장 가까운 정수는?

① 1 ② 44 ③ 141

④ 447 ⑤ 1414

13 $ab<0$, $a-b>0$일 때, $\sqrt{(b-a)^2}-\sqrt{(-2a)^2}+\sqrt{(a-b)^2}$을 간단히 하시오.

14 170 이하의 자연수 n에 대하여 $\sqrt{3n}$, $\sqrt{10n}$이 모두 무리수가 되도록 하는 n의 값의 개수를 구하시오.

15 $a>0$, $b>0$이고 $ab=9$일 때, $a\sqrt{\dfrac{16b}{a}}-b\sqrt{\dfrac{4a}{b}}$의 값을 구하시오.

16 $\dfrac{6}{\sqrt{3}}-\sqrt{3}(\sqrt{3}+4)=a+b\sqrt{3}$일 때, 두 유리수 a, b에 대하여 $a-b$의 값을 구하시오.

중단원 평가 문제 II-1. 다항식의 곱셈과 인수분해

정답 및 해설 319쪽

01 다음 식을 전개할 때, a의 계수가 가장 큰 것은?

① $(a+3)^2$　② $(a+5)(a-4)$

③ $(2a-1)(3a+1)$　④ $\left(a+\frac{1}{2}\right)(4a+2)$

⑤ $(5a-2)(4a+3)$

02 다음 중 옳지 <u>않은</u> 것은?

① $\left(-x+\frac{1}{3}\right)^2=x^2-\frac{2}{3}x+\frac{1}{9}$

② $(-x-6)(-x+6)=x^2-36$

③ $(-x+y)(x+y)=-x^2+y^2$

④ $(x+3)(x-6)=x^2-3x-18$

⑤ $(5x-3)(-3x+1)=-15x^2-4x-3$

03 곱셈 공식을 이용하여 다음을 계산하시오.

(1) 403^2

(2) 1002×1003

(3) 998^2

(4) 296×304

04 다음 그림과 같이 두 대각선의 길이가 각각 $4x+3y$, $3x-2y$인 마름모의 넓이를 구하시오.

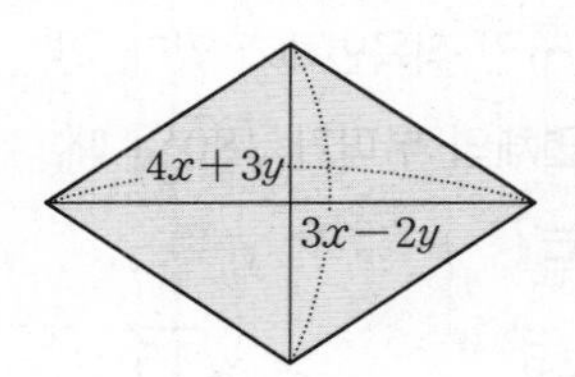

05 다음 중 인수분해가 옳지 <u>않은</u> 것은?

① $x^2-2x=x(x-2)$

② $-2x+4xy=-2x(1-2y)$

③ $4x-12y+9x^2=4(x-3y+2x)$

④ $xy^2+x^2y-xy=xy(y+x-1)$

⑤ $3a^2-9ab+6a=3a(a-3b+2)$

06 다음 중 완전제곱식이 <u>아닌</u> 것은?

① x^2+6x+9　② $6x^2-24x+24$

③ $a^2+\frac{1}{2}a+\frac{1}{16}$　④ $3b^2+6b-3$

⑤ $x^2-8x+16$

07 다음 중 $(-3x+2)^2$과 전개식이 같은 것은?

① $(3x-2)^2$　② $(-3x-2)^2$
③ $(3x+2)^2$　④ $-(3x+2)^2$
⑤ $-(3x-2)^2$

08 $\dfrac{2}{3-\sqrt{7}}$의 소수점 아래의 부분을 a라고 할 때, a^2의 값을 구하시오.

09 다음 중 다항식 $a(a+4b)(a-3b)$의 인수인 것을 모두 고르면? (정답 2개)

① $a+4b$　② $b(a+3b)$　③ ab
④ ab^2　⑤ $a(a-3b)$

10 다음 그림과 같이 원 모양의 연못 둘레에 너비가 $2x$인 길이 있다. 이 길의 한 가운데를 지나는 원의 둘레의 길이가 24π이고 길의 넓이가 48π일 때, x의 값을 구하시오.

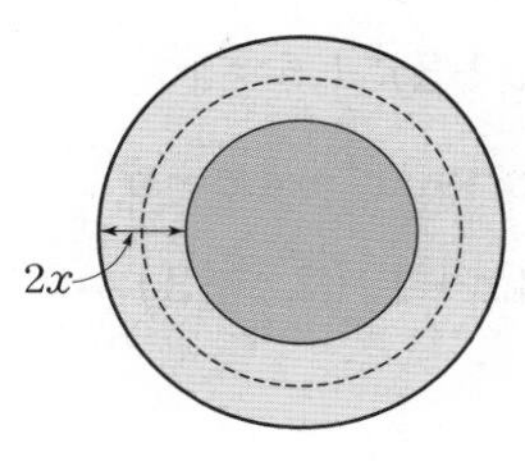

11 $3<x<4$일 때, $\sqrt{x^2-6x+9}-\sqrt{x^2-8x+16}$를 간단히 하시오.

12 어떤 이차식을 인수분해하는데, 성호는 일차항의 계수를 잘못 보아 $(x+4)(x+6)$으로 인수분해하였고 민서는 상수항을 잘못 보아 $(x-3)(x-7)$로 인수분해하였다. 처음의 이차식을 구하고, 이 이차식을 바르게 인수분해하시오.

정답 및 해설 320쪽

01 다음 중 이차방정식을 모두 고르면? (정답 2개)

① $x^2-3=4x$

② $\frac{2}{x^2}-\frac{1}{x}+5=0$

③ $(x+3)^2+6=x^2$

④ $3x^2=3x^2+4x-6$

⑤ $(4x+1)(2x+3)=0$

02 다음 중 $x=3$ 또는 $x=-\frac{2}{3}$를 해로 가지는 이차방정식은?

① $(x-3)(3x+2)=0$

② $(x+3)(3x-2)=0$

③ $(x-3)(2x+3)=0$

④ $(x+3)(2x-3)=0$

⑤ $(x-3)(2x-3)=0$

03 다음은 완전제곱식을 이용하여 이차방정식 $3x^2-12x+4=0$의 해를 구하는 과정이다. ①~⑤에 들어갈 수로 알맞지 않은 것은?

> $3x^2-12x+4=0$에서
> $x^2-4x+\frac{4}{3}=0$, $x^2-4x=$ ①
> x^2-4x+ ② $=$ ① $+$ ②
> $(x-$ ③ $)^2=$ ④
> 따라서 $x=$ ⑤

① $-\frac{4}{3}$ ② 4 ③ 2

④ $\frac{8}{3}$ ⑤ $\frac{6\pm\sqrt{6}}{3}$

04 이차방정식 $x^2+x-k=0$의 근이 $x=\frac{-1\pm\sqrt{17}}{2}$일 때, 상수 k의 값은?

① -4 ② 0 ③ 1

④ 2 ⑤ 4

05 연속하는 두 자연수를 곱해야 할 것을 잘못하여 더하였더니 곱한 값보다 55가 작아졌다. 이 두 자연수의 곱을 구하시오.

06 이차방정식 $x^2+7x-2=0$의 한 해가 $x=m$일 때, m^2+7m+4의 값은?

① 2 ② 4 ③ 6

④ 8 ⑤ 10

07 다음 이차방정식 중 해가 나머지 넷과 다른 것은?

① $x^2-16=0$ ② $(x+4)(x-4)=0$
③ $(x-4)^2=0$ ④ $x^2=16$
⑤ $x(x+1)=x+16$

08 둘레의 길이가 18 cm, 넓이가 20 cm²인 직사각형에서 가로의 길이를 x cm라고 할 때, x의 값을 구하기 위한 이차방정식은?

① $x^2-9x+20=0$
② $x^2+9x-20=0$
③ $x^2+18x+20=0$
④ $x^2-18x-20=0$
⑤ $x^2-18x+20=0$

09 다음 그림과 같이 가로와 세로의 길이가 각각 16 m, 10 m인 직사각형 모양의 땅에 폭이 일정한 도로를 만들려고 한다. 도로를 제외한 부분의 넓이를 72 m²가 되도록 할 때, 이 도로의 폭은?

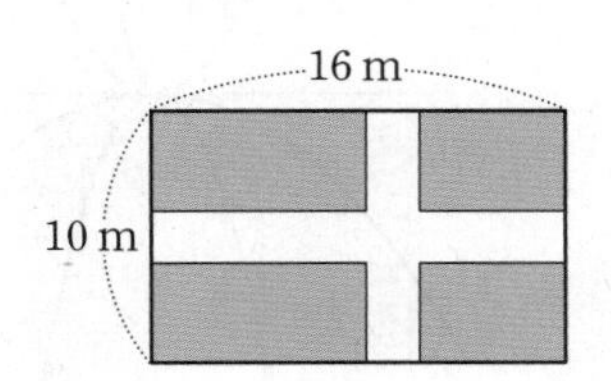

① 2 m ② $\frac{5}{2}$ m ③ 3 m
④ $\frac{7}{2}$ m ⑤ 4 m

10 지면에서 초속 40 m로 쏘아 올린 물체의 t초 후의 높이를 $(40t-4t^2)$ m라고 한다. 이 물체가 지면에 떨어지는 것은 물체를 쏘아 올린 지 몇 초 후인지 구하시오.

11 이차방정식 $x^2+6x+2a-5=0$이 중근을 가질 때, 이차항의 계수가 1이고 해가 $x=a$ 또는 $x=3-a$인 이차방정식을 구하시오. (단, a는 상수이다.)

12 어느 공장에서 하루에 n개의 제품을 만드는 데 드는 비용이 $\left(18+2n-\frac{1}{10}n^2\right)$만 원이라고 한다. 하루에 26만 4천 원의 비용으로 만들 수 있는 제품의 개수를 구하시오. (단, $0<n<10$이다.)

중단원 평가 문제 III-1. 이차함수와 그래프

정답 및 해설 321쪽

01 다음 보기 중 y가 x의 이차함수인 것을 모두 고르시오.

| 보기 |

ㄱ. $y=x(x^2+3)-x$
ㄴ. $y=(x+2)(x-4)$
ㄷ. $y=(x-1)^2+3$
ㄹ. $y=x^2-(x+2)(x-2)$

02 다음 중 이차함수 $y=-x^2$의 그래프에 대한 설명으로 옳은 것은?

① 아래로 볼록한 포물선이다.
② 점 $(-2, 4)$를 지난다.
③ 축의 방정식은 직선 $y=0$이다.
④ 제3, 4사분면을 지난다.
⑤ 이차함수 $y=x^2$의 그래프보다 폭이 넓다.

03 이차함수 $y=-x^2$의 그래프를 x축의 방향으로 4만큼 평행이동한 그래프가 나타내는 이차함수의 식을 구하시오.

04 다음 이차함수 중 그 그래프의 꼭짓점이 제2사분면 위에 있는 것은?

① $y=(x-2)^2+3$
② $y=4(x-2)^2$
③ $y=-(x+2)^2+4$
④ $y=3(x-4)^2-3$
⑤ $y=-2(x+3)^2-4$

05 이차함수 $y=2x^2-16x+37$의 그래프의 축의 방정식과 꼭짓점의 좌표를 각각 구하시오.

06 다음 이차함수의 그래프가 아래의 그림과 같을 때, 이차함수의 식에 알맞은 그래프를 찾으시오.

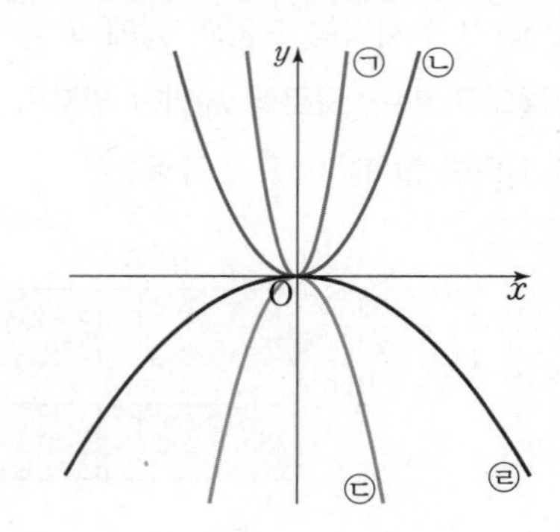

(1) $y=4x^2$　　(2) $y=2x^2$

(3) $y=-\frac{1}{3}x^2$　　(4) $y=-3x^2$

07 이차함수 $y=2x^2$의 그래프를 꼭짓점의 좌표가 $(3,\ 0)$이 되도록 평행이동하면 점 $(m,\ 8)$을 지난다. 이때 m의 값을 구하시오. (단, $m>2$이다.)

08 다음 그림과 같이 원점을 지나는 이차함수 $y=x^2+ax$의 그래프는 직선 $x=-4$를 축으로 하는 포물선이다. 꼭짓점을 A, 원점이 아닌 x축과의 교점을 B라고 할 때, △AOB의 넓이를 구하시오.

(단, a는 상수이다.)

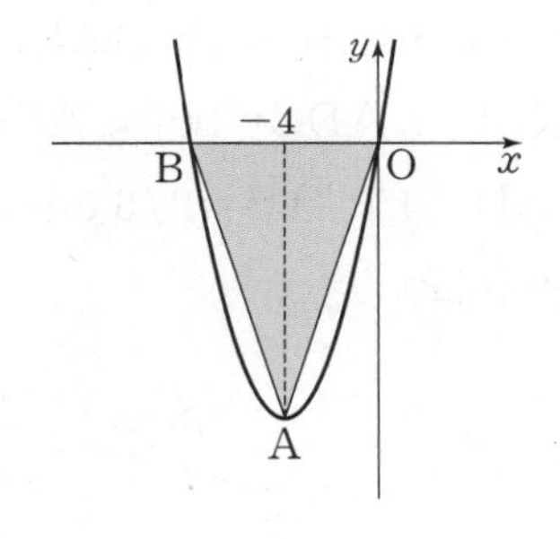

09 이차함수 $y=-2(x+2)^2-6$의 그래프를 y축의 방향으로 8만큼 평행이동할 때, 이 그래프가 x축과 만나는 점의 좌표를 모두 구하시오.

10 두 이차함수 $y=\frac{1}{9}x^2$, $y=-\frac{1}{3}x^2+q$의 그래프가 다음 그림과 같을 때, □ABOC의 넓이를 구하시오.

(단, q는 상수이다.)

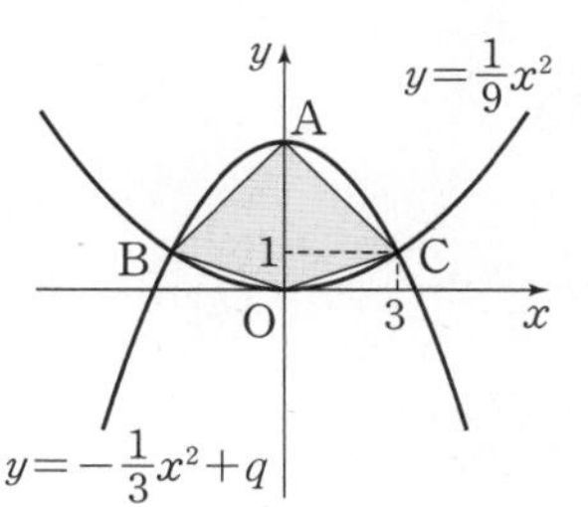

11 일차방정식 $ax-by+c=0$의 그래프가 다음 그림과 같을 때, 이차함수 $y=ax^2+bx+c$의 그래프의 축의 위치는 y축을 기준으로 왼쪽인지 오른쪽인지 말하시오. (단, a, b, c는 상수이다.)

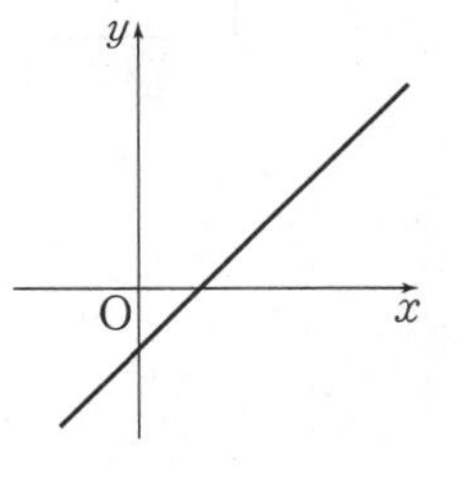

12 이차함수 $y=-2(x+3)^2+q$의 그래프가 모든 사분면을 지나도록 하는 상수 q의 값의 범위를 구하시오.

중단원 평가 문제 IV-1. 삼각비

정답 및 해설 323쪽

01 오른쪽 그림의 직각삼각형 ABC에서 $\sin A \times \tan B$의 값을 구하시오.

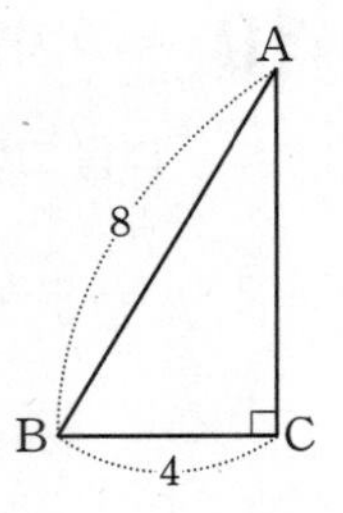

02 다음 그림과 같이 $\angle B=90^\circ$인 직각삼각형 ABC에서 $\overline{BC}$, $\overline{AC}$ 위의 점 D, E에 대하여 $\overline{CE}=8$, $\overline{CD}=12$이고 $\overline{DE}\perp\overline{AC}$일 때, $\tan A$의 값을 구하시오.

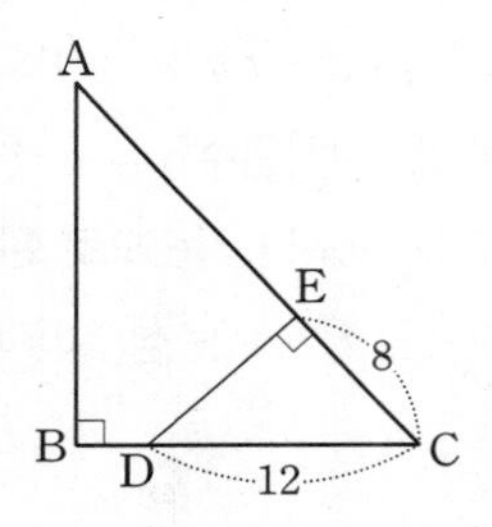

03 $\angle C=90^\circ$인 직각삼각형 ABC에서 $\tan B=\frac{12}{5}$일 때, 다음 중 옳은 것은?

① $\sin A=\frac{5}{12}$ ② $\cos A=\frac{12}{13}$

③ $\sin B=\frac{5}{13}$ ④ $\cos B=\frac{13}{5}$

⑤ $\tan A=\frac{13}{12}$

04 다음 보기 중 옳은 것을 모두 고른 것은?

보기

ㄱ. $\sin 30^\circ=\cos 60^\circ$

ㄴ. $\sin 60^\circ+\tan 60^\circ=2$

ㄷ. $\cos 90^\circ\times\tan 30^\circ=\sqrt{3}$

ㄹ. $\sin 0^\circ+\cos 45^\circ\div\tan 45^\circ=\frac{\sqrt{2}}{2}$

① ㄱ, ㄷ ② ㄱ, ㄹ

③ ㄴ, ㄷ ④ ㄱ, ㄴ, ㄹ

⑤ ㄱ, ㄴ, ㄷ, ㄹ

05 다음 그림과 같이 □ABCD에서 $\angle ACB=\angle ADC=90^\circ$, $\angle ABC=60^\circ$, $\angle CAD=45^\circ$, $\overline{AB}=2\sqrt{6}$ cm일 때, $\overline{AD}$의 길이를 구하시오.

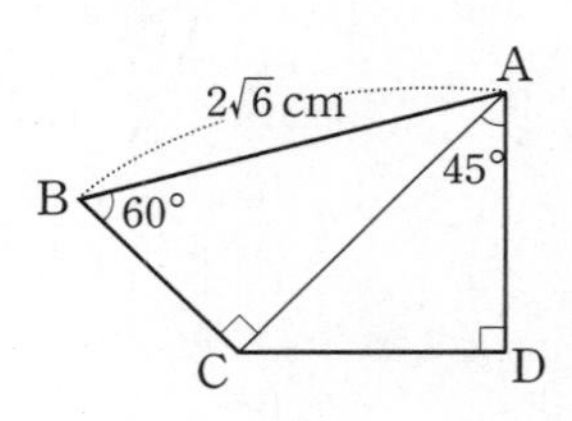

06 다음 삼각비의 값 중에서 가장 큰 것은?

① $\cos 0^\circ$ ② $\tan 25^\circ$ ③ $\sin 75^\circ$

④ $\cos 68^\circ$ ⑤ $\tan 50^\circ$

07 다음 그림과 같이 $\angle C=90°$인 직각삼각형 ABC에서 $\overline{BC}$ 위에 $\overline{AD}=\overline{BD}$인 점 D를 잡았다.
$\angle ADC=x°$, $\angle ABD=y°$, $\tan x°=\frac{12}{5}$일 때, $\tan y°$의 값을 구하시오.

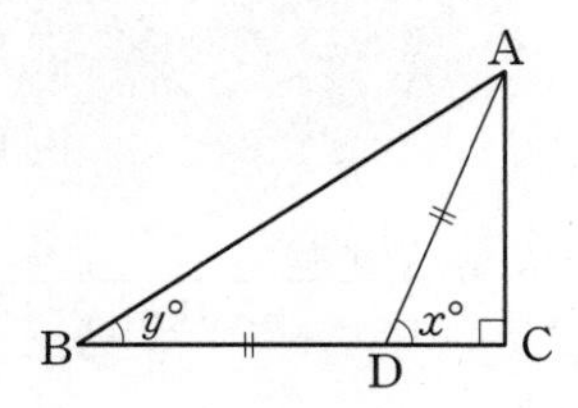

08 $\angle A=60°$인 $\triangle ABC$에서 $\angle B : \angle C=1 : 3$일 때, $\sin C\times\tan B$의 값을 구하시오.

09 다음 식을 간단히 하면?

$$|\cos 55°-\sin 55°|+\sqrt{(\sin 55°-\cos 55°)^2}$$

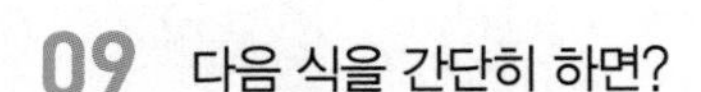

① 0
② $2\cos 55°$
③ $2\sin 55°$
④ $2(\sin 55°-\cos 55°)$
⑤ $2(\cos 55°-\sin 55°)$

10 다음 그림에서 $\angle B=\angle E=90°$, $\overline{BD}=\overline{DC}=6$ cm이고 $\sin x°=\frac{2}{3}$이다. 이때 $\tan y°$의 값을 구하시오.

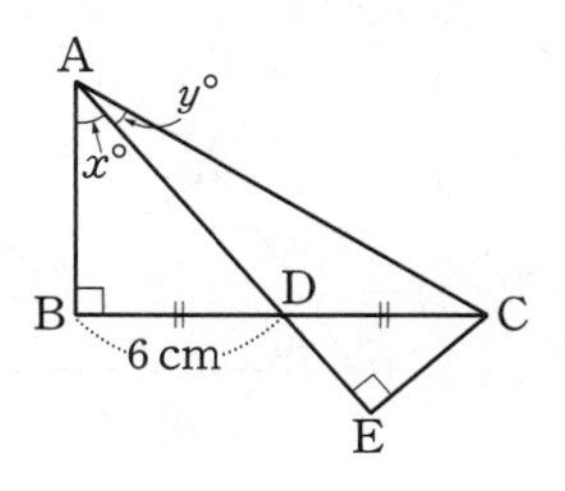

11 다음 그림과 같이 □ABCD에서
$\angle ABC=\angle BCD=90°$, $\angle ACB=30°$,
$\angle BDC=45°$, $\overline{AB}=4$ cm일 때, □ABCD의 넓이를 구하시오.

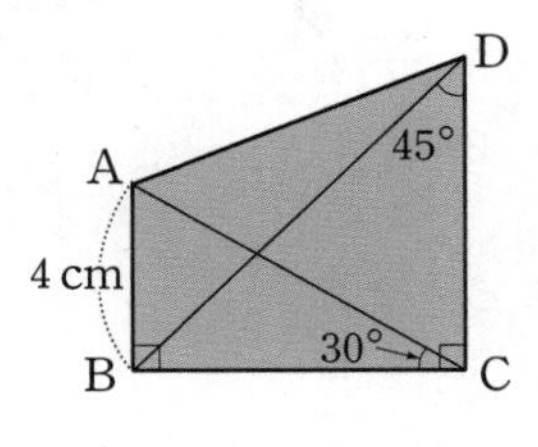

12 이차방정식 $2x^2-3x+1=0$의 두 근이 $\tan A$ 또는 $\cos B$이고 $\cos B<\tan A$일 때, $\angle A$와 $\angle B$의 크기를 각각 구하시오.
(단, $0<\angle A<90°$, $0<\angle B<90°$)

중단원 평가 문제 IV-2. 삼각비의 활용

정답 및 해설 324쪽

01 다음 그림의 직각삼각형 ABC에서 $x+y$의 값을 구하시오.

각도	사인(sin)	코사인(cos)	탄젠트(tan)
56°	0.8290	0.5592	1.4826

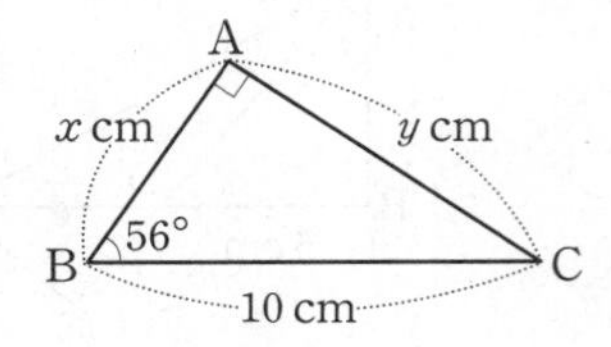

02 다음 그림과 같이 지면에 수직으로 서 있던 나무가 바람에 부러지면서 꼭대기 부분이 지면과 30°의 각을 이루게 되었다. 부러지기 전 나무의 높이를 구하시오.

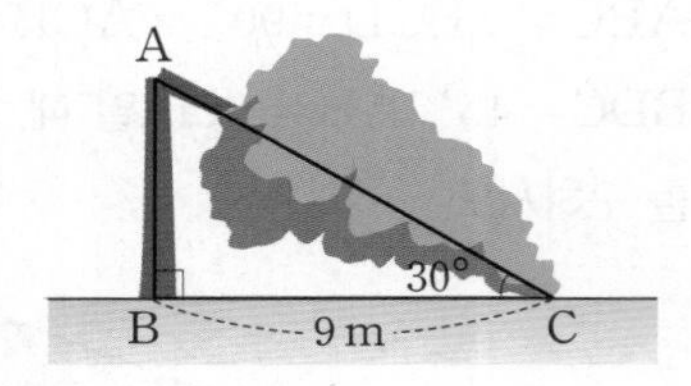

03 다음 그림과 같이 4 km 떨어진 두 지점 A, B에서 산의 꼭대기 지점 P를 올려다본 각의 크기가 각각 45°, 60°일 때, 이 산의 높이를 구하시오.

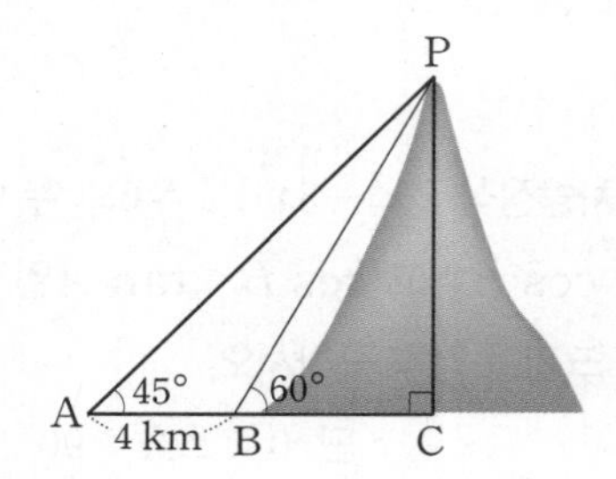

04 다음 그림과 같이 세 지점 A, B, C를 연결한 △ABC에서 ∠B=45°, ∠C=75°, $\overline{BC}$=6 km일 때, 두 지점 A, C 사이의 거리를 구하시오.

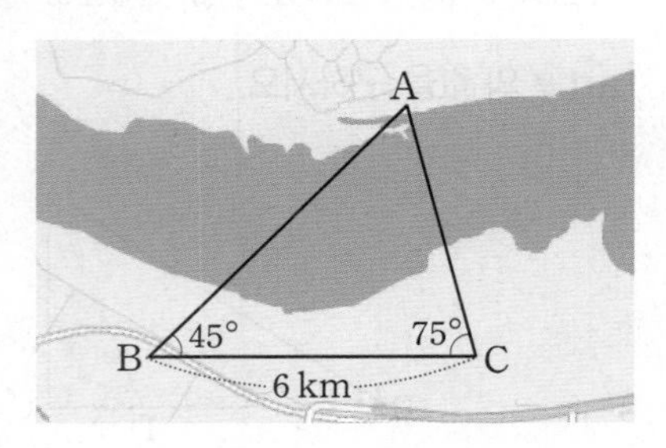

05 다음 그림과 같이 두 지점 A, B 사이에 다리를 건설하려고 한다. $\overline{AC}$=4 km, $\overline{BC}$=6 km, ∠C=60°일 때, 두 지점 A, B 사이의 거리를 구하시오.

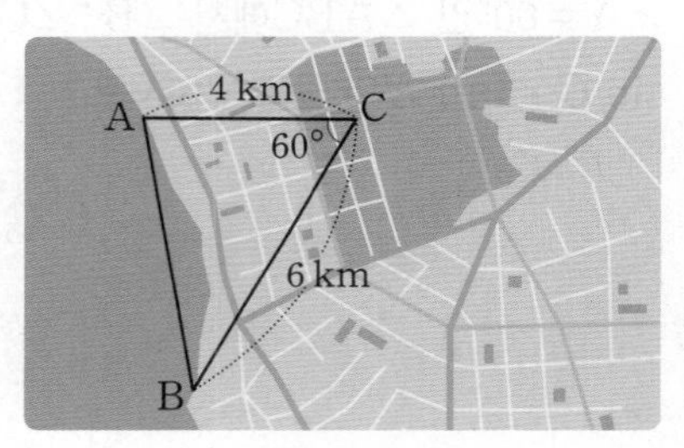

06 다음 그림과 같이 $\overline{BC}$=6 cm, ∠C=45°인 △ABC의 넓이가 $12\sqrt{2}$ cm²일 때, $\overline{AC}$의 길이를 구하시오.

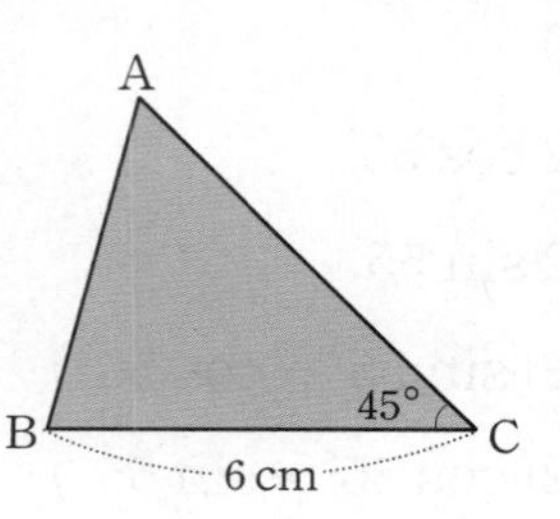

07 다음 그림과 같은 $\overline{AD}/\!/\overline{BC}$인 등변사다리꼴 ABCD에서 $\overline{AB}=12$ cm, $\overline{AD}=8$ cm, $\angle B=60°$일 때, 대각선 AC의 길이를 구하시오.

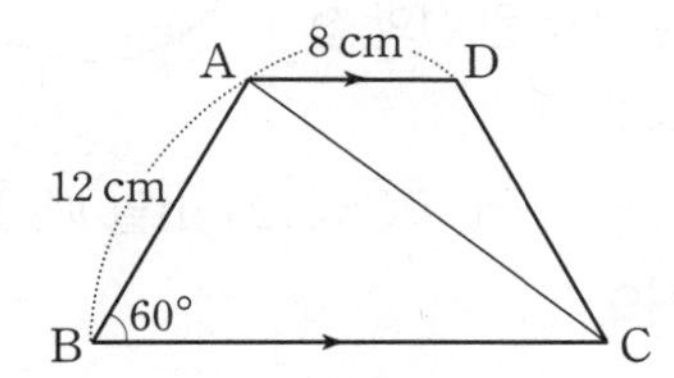

08 다음 그림과 같이 반지름의 길이가 8 cm인 반원에서 $\angle ABO=30°$일 때, 색칠한 부분의 넓이를 구하시오.

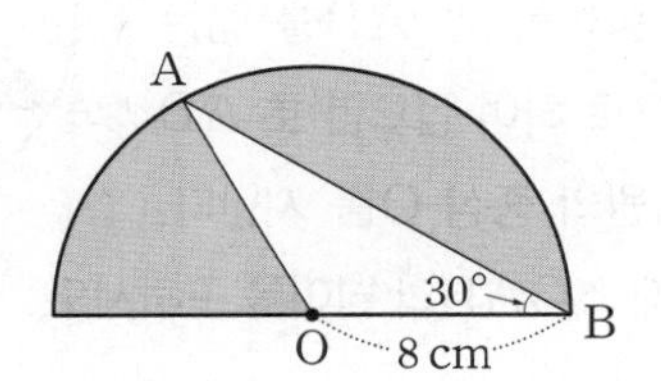

09 다음 그림과 같이 □ABCD에서 $\overline{AB}=\overline{CD}=3$ cm, $\overline{BD}=5$ cm, $\angle ABD=30°$, $\angle BCD=90°$일 때, □ABCD의 넓이를 구하시오.

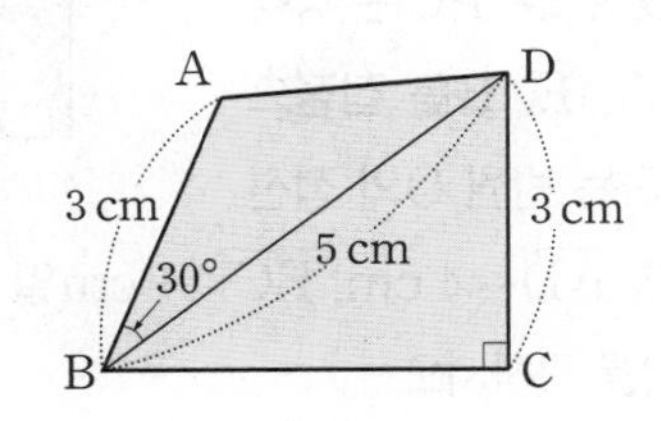

10 다음 그림과 같이 모서리의 길이가 모두 8인 정사각뿔 V$-$ABCD에서 $\overline{AB}$, $\overline{CD}$의 중점을 각각 M, N이라고 하자. $\angle VMN=x°$일 때, $\sin x°$의 값을 구하시오.

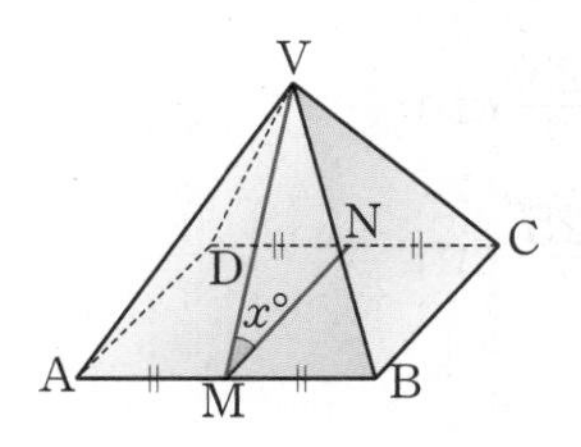

11 다음 그림과 같이 $\overline{AB}=4$ cm, $\angle A=120°$, $\angle B=45°$일 때, △ABC의 넓이를 구하시오.

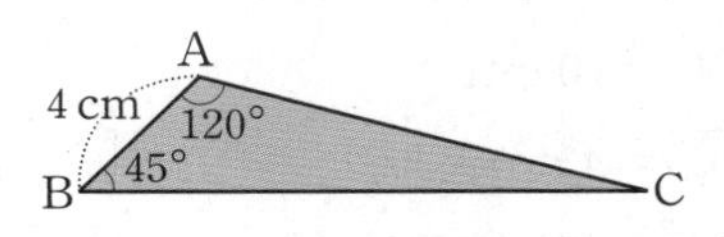

12 폭이 3 cm로 일정한 직사각형 모양의 종이테이프를 다음 그림과 같이 선분 AC를 접는 선으로 하여 접었다. $\overline{AC}=5$ cm일 때, △ABC의 넓이를 구하시오.

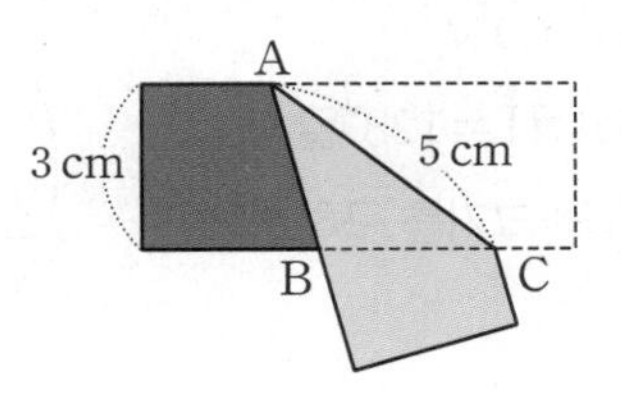

중단원 평가 문제 V-1. 원과 직선

정답 및 해설 327쪽

01 오른쪽 그림의 원 O에서 $\overline{AM}=\overline{BM}$일 때, 원 O의 반지름의 길이는?

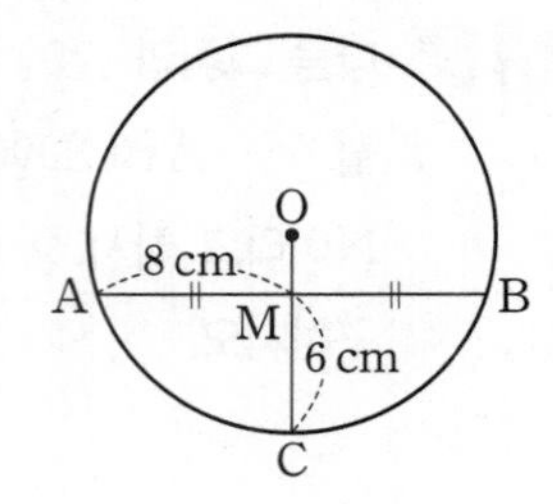

① 7 cm

② $\frac{23}{3}$ cm

③ $\frac{25}{3}$ cm

④ 9 cm

⑤ $\frac{29}{3}$ cm

02 오른쪽 그림의 원 O에서 $\overline{OC}=10$ cm, $\overline{OD}=4$ cm일 때, $\overline{AB}$의 길이를 구하시오.

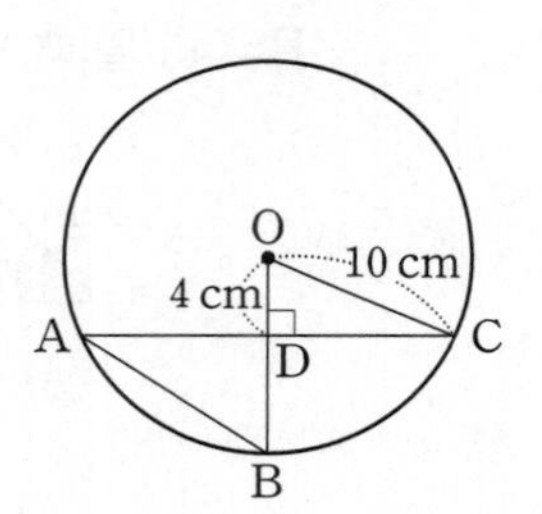

03 오른쪽 그림의 원 O에서 $\overline{OM}=\overline{ON}$, $\angle MOH=128°$일 때, $\angle A$의 크기를 구하시오.

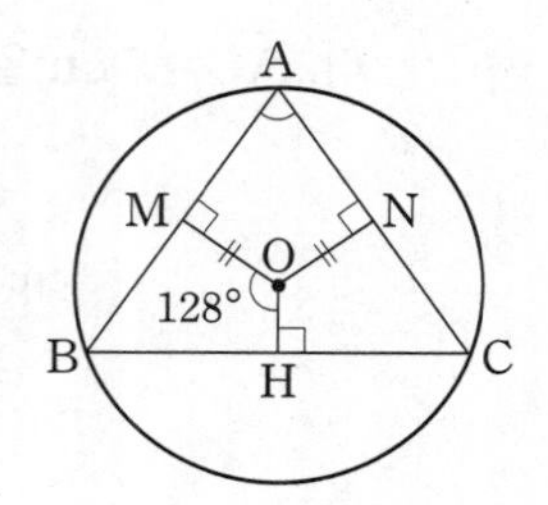

04 오른쪽 그림에서 $\overline{PA}$, $\overline{PB}$는 원 O의 접선이고, 두 점 A, B는 각각 원 O의 접점이다.
$\overline{OA}=8$ cm, $\overline{PC}=12$ cm일 때, $\overline{PB}$의 길이를 구하시오.

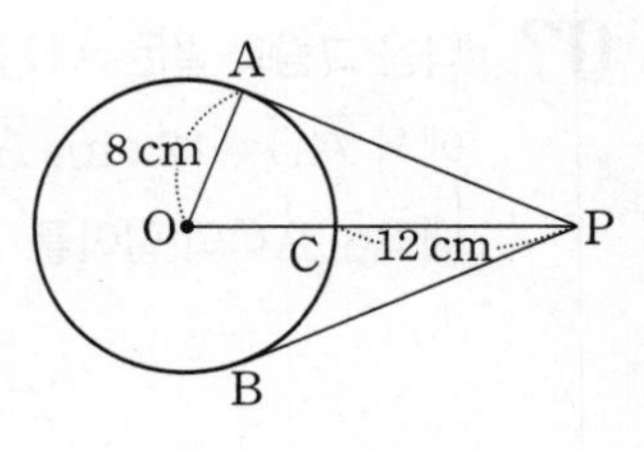

05 오른쪽 그림과 같이 반지름의 길이가 8 cm인 원 모양의 종이를 현 AB를 접는 선으로 하여 접으면 호 AB가 원의 중심 O를 지난다.
이때 $\triangle OAB$의 넓이를 구하시오.

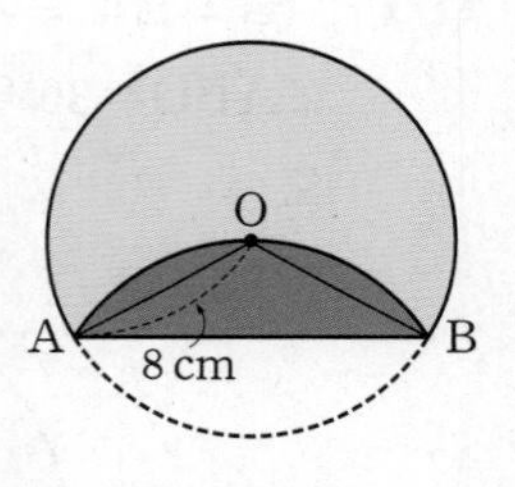

06 오른쪽 그림에서 $\overline{AB}$는 반원 O의 지름이고 $\overline{AD}$, $\overline{CD}$, $\overline{BC}$는 각각 점 A, E, B를 접점으로 하는 반원 O의 접선이다. $\overline{AD}=4$ cm, $\overline{BC}=1$ cm일 때, □ABCD의 넓이를 구하시오.

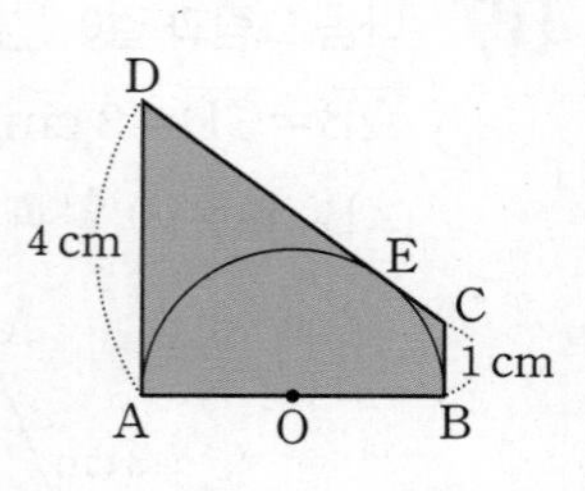

07 다음 그림과 같이 원 O는 직각삼각형 ABC의 내접원이다. $\overline{AC}=6$ cm, $\overline{BC}=8$ cm일 때, 색칠한 부분의 넓이를 구하시오.

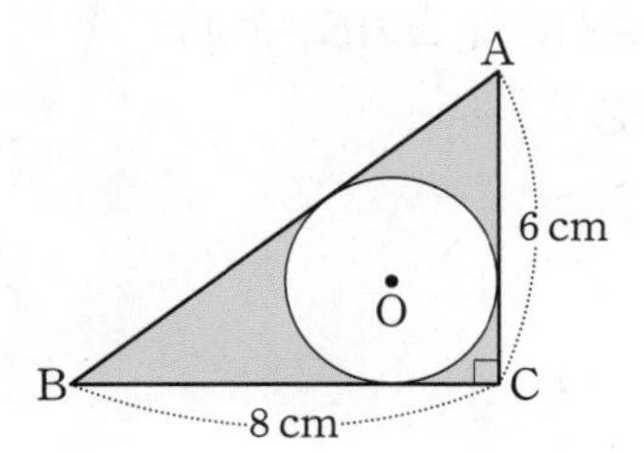

08 오른쪽 그림에서 원 O는 □ABCD의 내접원이다. $\angle C=90^\circ$일 때, $\overline{AB}$의 길이는?

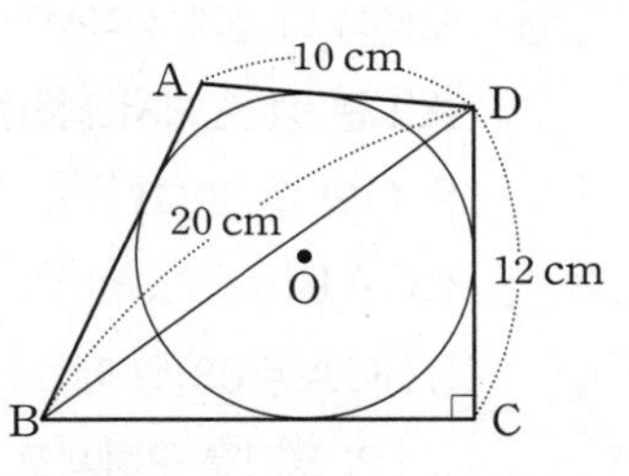

① 12 cm ② 14 cm ③ 16 cm
④ 18 cm ⑤ 20 cm

09 오른쪽 그림에서 원 O는 □ABCD의 내접원이다. 원 O의 반지름의 길이가 2 cm일 때, □ABCD의 넓이를 구하시오.

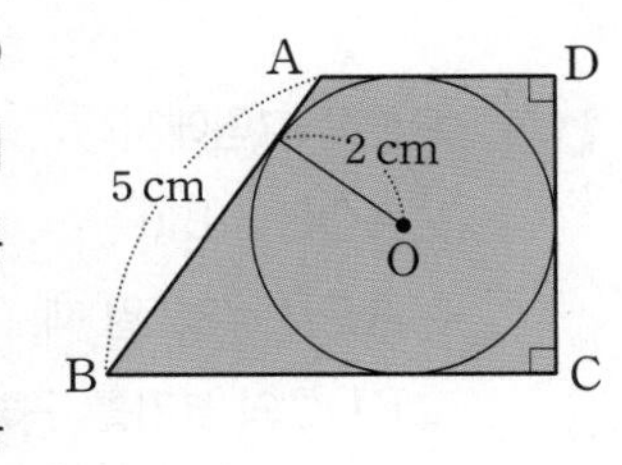

10 다음 그림과 같이 직사각형 ABCD의 세 변과 $\overline{DI}$에 접하는 원 O가 있다. 네 점 E, F, G, H가 각각 원 O의 접점일 때, $\overline{FI}$의 길이를 구하시오.

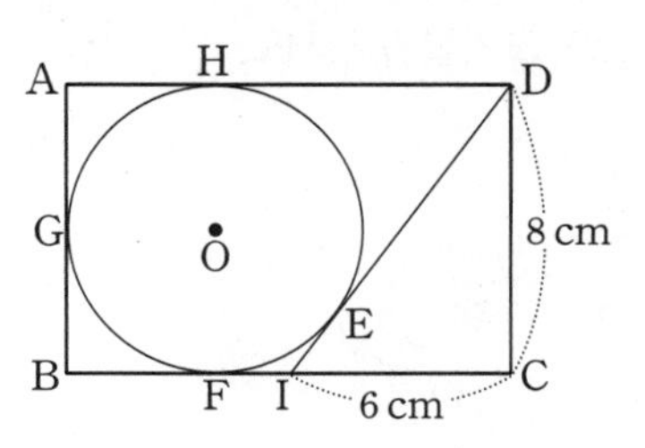

11 다음 그림과 같이 □ABCD는 원 O에 외접하고 $\overline{AD}=14$ cm, $\overline{BC}=11$ cm이다.
$\overline{AB}:\overline{CD}=2:3$일 때, $\overline{AB}$의 길이를 구하시오.

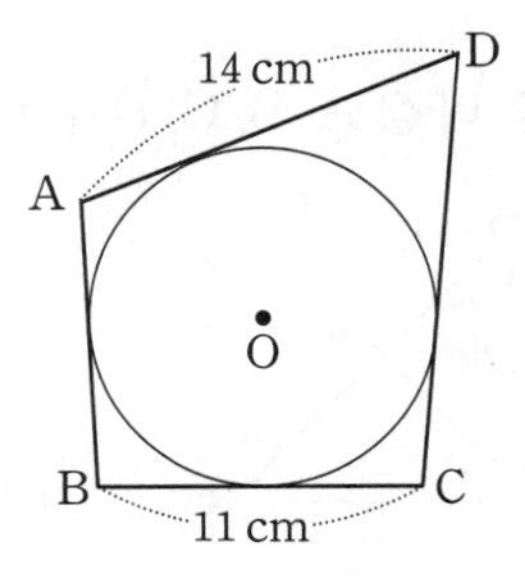

중단원 평가 문제 V-2. 원주각

정답 및 해설 328쪽

01 오른쪽 그림에서 $\angle APB=52°$, $\angle BRC=32°$일 때, $\angle x$의 크기를 구하시오.

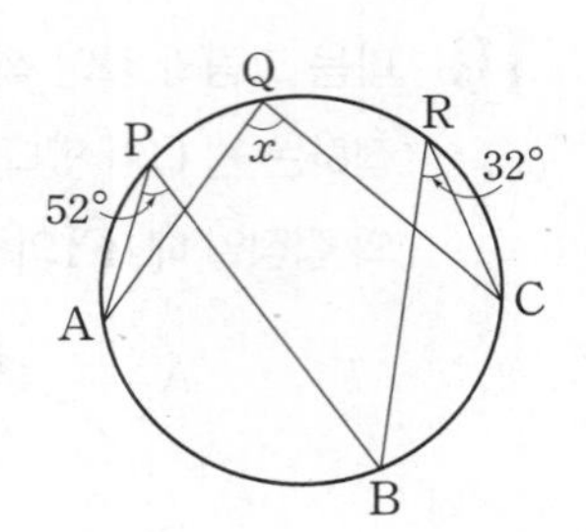

02 오른쪽 그림에서 $\angle ABD=44°$, $\angle BPC=86°$일 때, $\angle x$의 크기를 구하시오.

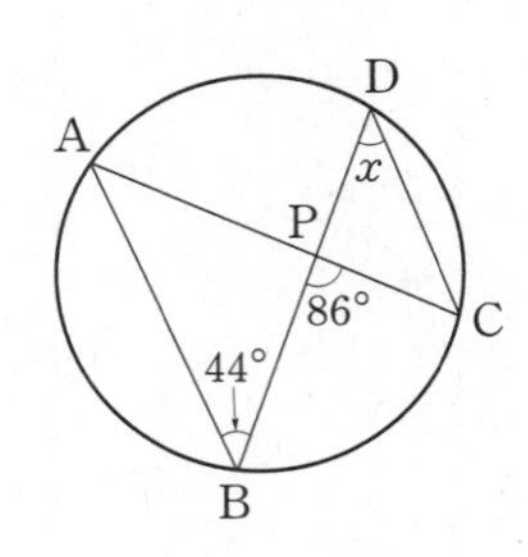

03 다음 중 네 점 A, B, C, D가 한 원 위에 있는 것은?

①
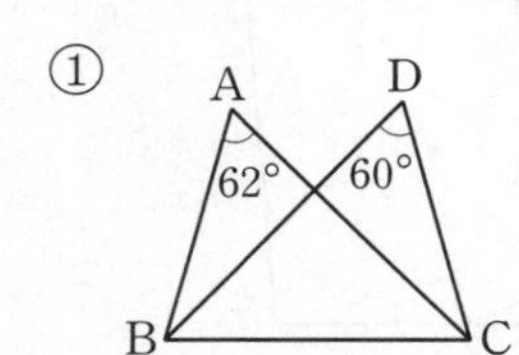

②
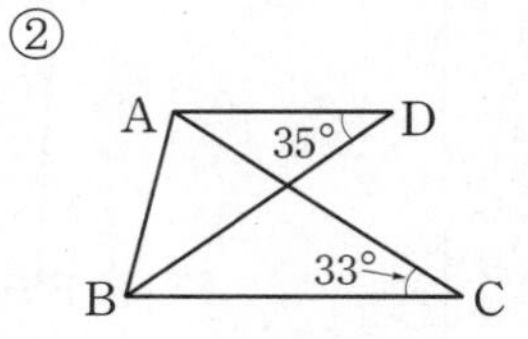

③
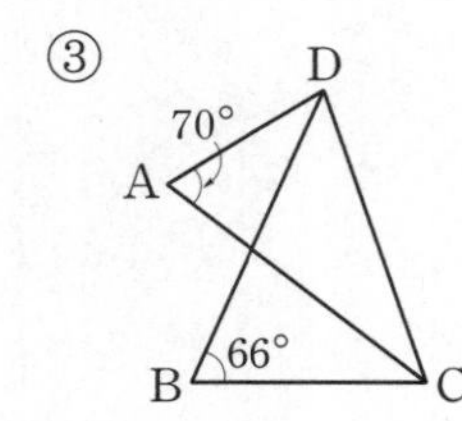

④
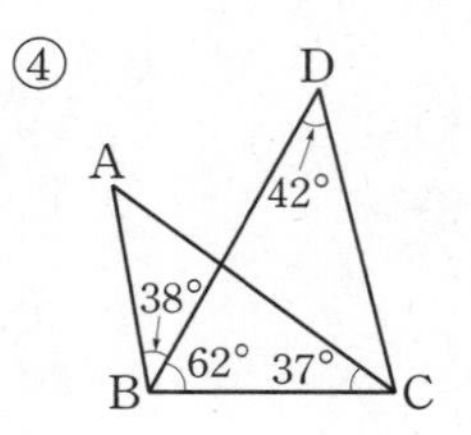

⑤
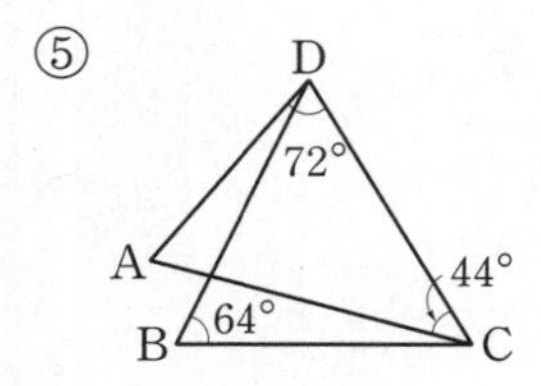

04 오른쪽 그림과 같은 원 O에서 $\overline{AB}$는 지름이고 $\angle BAC=25°$일 때, $\angle ADC$의 크기를 구하시오.

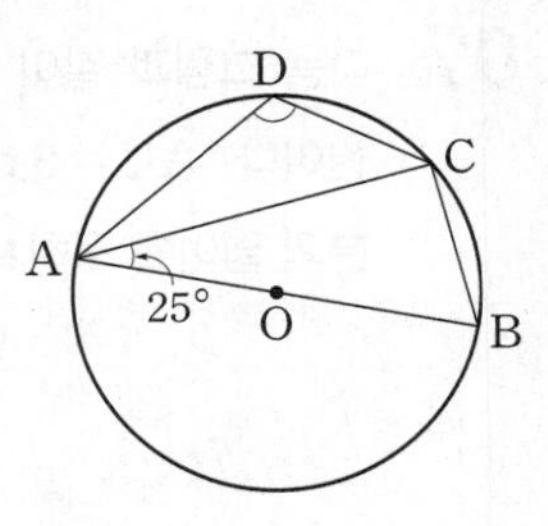

05 오른쪽 그림에서 직선 AT는 점 A에서 접하는 원 O의 접선이고 $\angle CAB=42°$, $\angle BCA=63°$일 때, $\angle x$의 크기를 구하시오.

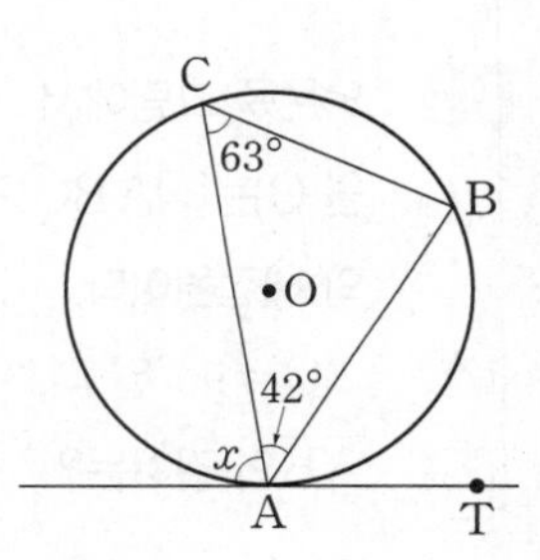

06 오른쪽 그림에서 $\angle AOC=150°$, $\angle AEB=35°$일 때, $\angle BDC$의 크기를 구하시오.

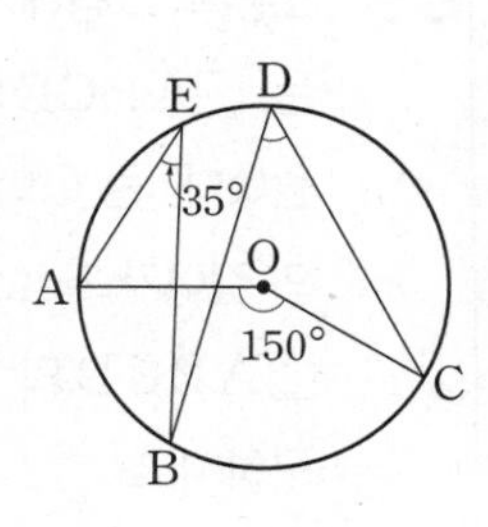

07 오른쪽 그림에서 $\overline{AB}$가 원 O의 지름이고 $\angle D=64°$일 때, $\angle ABC$의 크기는?

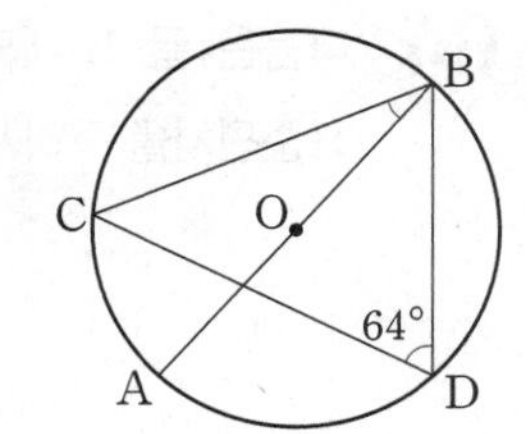

① $22°$ ② $24°$
③ $26°$ ④ $28°$
⑤ $30°$

08 오른쪽 그림에서 $\overrightarrow{PA}$, $\overrightarrow{PB}$는 원 O의 접선이고, 두 점 A, B는 각각 원 O의 접점이다. $\angle P=52°$, $\angle CBE=78°$일 때, $\angle x-\angle y$의 크기를 구하시오.

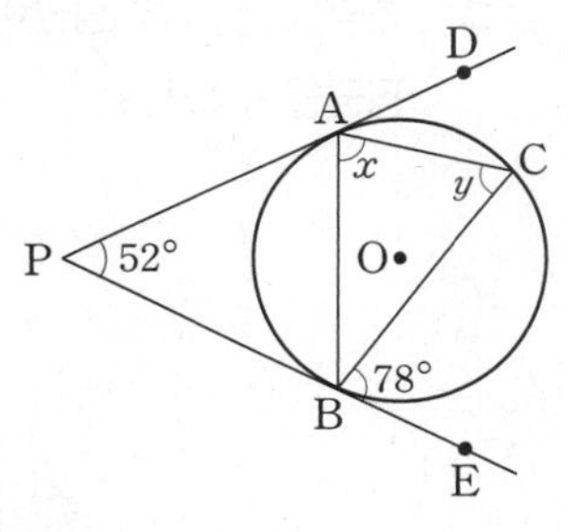

09 오른쪽 그림에서 직선 TT′은 점 P에서 접하는 원 O의 접선이고 $\angle APT=46°$, $\angle BPT'=64°$일 때, 다음을 구하시오.

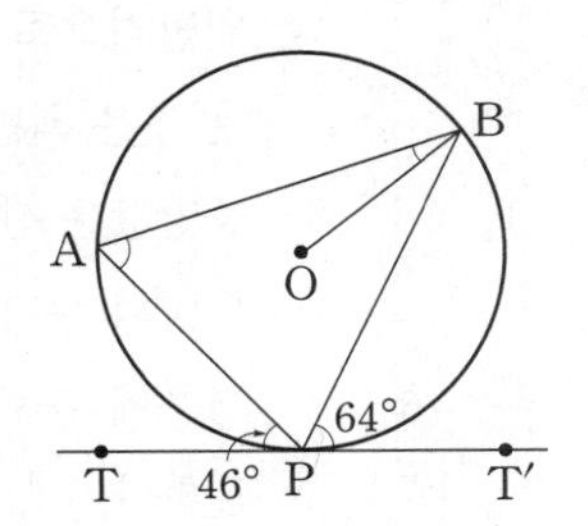

(1) $\angle A$의 크기

(2) $\angle ABO$의 크기

10 다음 그림과 같이 육각형 ABCDEF가 원 O에 내접하고 $\angle A=108°$, $\angle C=124°$일 때, $\angle E$의 크기를 구하시오.

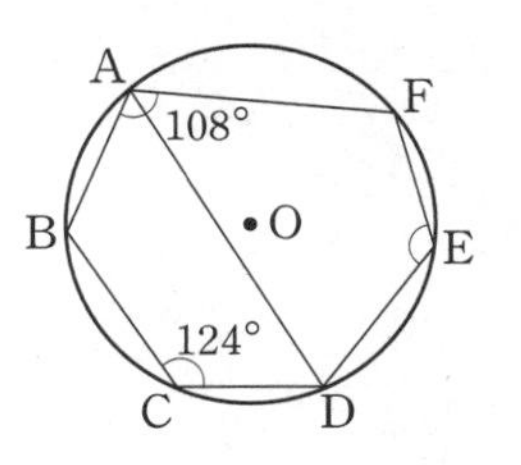

11 다음 그림과 같이 원 O는 $\triangle ABC$의 내접원이면서 $\triangle DEF$의 외접원이다. $\angle EDF=49°$, $\angle DEF=59°$, $\angle DFE=72°$일 때, $\angle A$, $\angle B$, $\angle C$의 크기를 각각 구하시오. (단, D, E, F는 접점이다.)

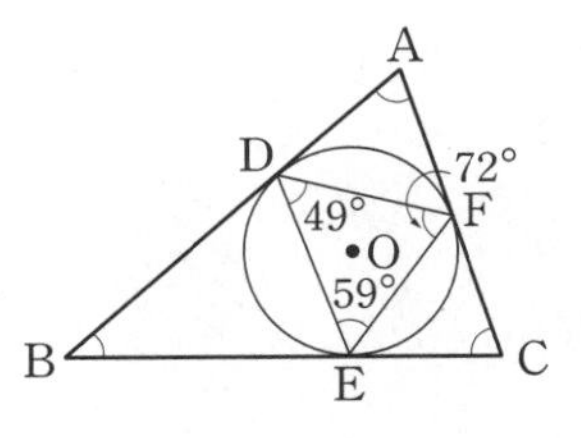

중단원 평가 문제 VI-1. 대푯값과 산포도

정답 및 해설 330쪽

01 다음 자료의 중앙값과 최빈값을 각각 구하시오.

12	9	10	22	14	11	13	14	15	17

02 다음은 학생 16명을 대상으로 한 집에 함께 거주하고 있는 가족 구성원의 수를 조사하여 나타낸 것이다. 중앙값과 최빈값을 각각 구하시오.

가족 구성원의 수

(단위: 명)

4	5	4	3	3	4	3	4
4	3	4	4	5	5	6	3

03 다음은 윤지네 학교에서 요일별로 수업하는 교과목의 수를 나타낸 표이다. 물음에 답하시오.

요일별로 수업하는 교과목의 수

요일	월	화	수	목	금
교과목의 수(개)	5	7	5	6	7

(1) 평균을 구하시오.

(2) 각 변량의 편차를 구하시오.

(3) 분산과 표준편차를 각각 구하시오.

04 다음은 귤 10개의 무게를 조사하여 나타낸 것이다. 표준편차를 구하시오.

귤의 무게

(단위: g)

75	72	81	72	75	80	71	74	77	83

05 변량 x, y, z의 평균이 16일 때, 변량 9, x, y, z, 8의 평균을 구하시오.

06 다음 보기 중 옳은 것을 모두 고른 것은?

보기

ㄱ. 변량을 크기순으로 나열할 때, 한가운데에 있는 값을 중앙값이라고 한다.

ㄴ. 일반적으로 대푯값으로 가장 많이 쓰이는 것은 최빈값이다.

ㄷ. 중앙값은 선호도 조사에 주로 이용된다.

ㄹ 변량의 수가 많고 변량에 같은 값이 많은 경우에 자료의 대푯값으로 최빈값이 적절하다.

① ㄱ, ㄹ ② ㄴ, ㄷ ③ ㄴ, ㄹ

④ ㄱ, ㄴ, ㄷ ⑤ ㄴ, ㄷ, ㄹ

07 다음 자료의 최빈값이 3일 때, 평균을 구하시오.

3 9 6 x 3 6

08 변량 38, 42, x, 46, 59의 평균이 42일 때, 분산은?

① 86 ② 98 ③ 110
④ 122 ⑤ 134

09 변량 5, p, q, r, 7의 평균이 8이고 표준편차가 8일 때, $p^2+q^2+r^2$의 값은?

① 552 ② 566 ③ 580
④ 594 ⑤ 608

10 다음은 A, B, C, D 네 학생의 10회에 걸쳐 치른 수행평가 결과의 평균과 표준편차를 나타낸 표이다. 점수가 가장 높은 학생과 점수가 가장 고른 학생을 순서대로 구하시오.

수행평가 결과

학생	A	B	C	D
평균(점)	9.2	8.8	8.5	9.4
표준편차(점)	0.5	2.2	1.8	1

11 재우네 반 학생 8명의 달리기 기록의 평균을 구하는데 14초인 재우의 기록을 잘못 적어서 평균을 계산하였더니 실제 평균보다 0.2초 적게 나왔다. 잘못 적은 재우의 기록은?

① 12초 ② 12.4초 ③ 12.8초
④ 13.2초 ⑤ 13.6초

12 다음 자료의 최빈값이 10이고 $x+y=23$일 때, 중앙값은?

7 x 8 10 y 11

① 7 ② 8 ③ 9
④ 10 ⑤ 11

13 변량 a, 4, b, 6, c의 평균이 5, 표준편차가 2일 때, 변량 $2a+3$, $2b+3$, $2c+3$의 분산을 구하시오.

중단원 평가 문제 VI-2. 상관관계

정답 및 해설 331쪽

01 다음은 어느 반 학생 5명의 수학 성적과 과학 성적을 조사하여 나타낸 표이다. 수학 성적과 과학 성적의 산점도를 그리시오.

수학 성적과 과학 성적

수학(점)	50	100	80	60	70
과학(점)	60	90	80	40	50

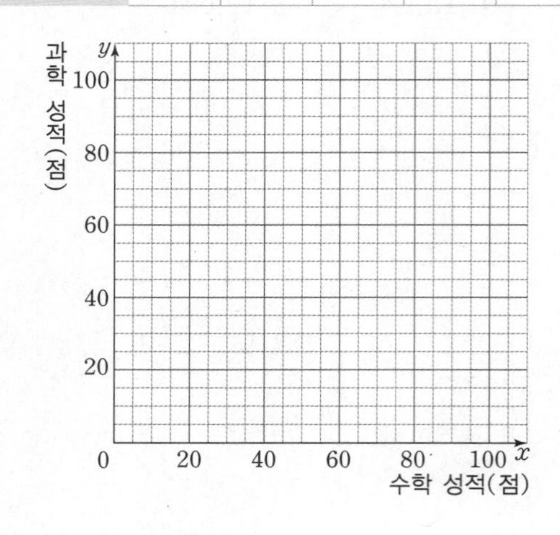

02 다음은 학생 20명의 스마트폰 사용 시간과 가족들끼리의 대화 시간을 조사하여 나타낸 산점도이다. 두 변량 사이의 상관관계를 조사하시오.

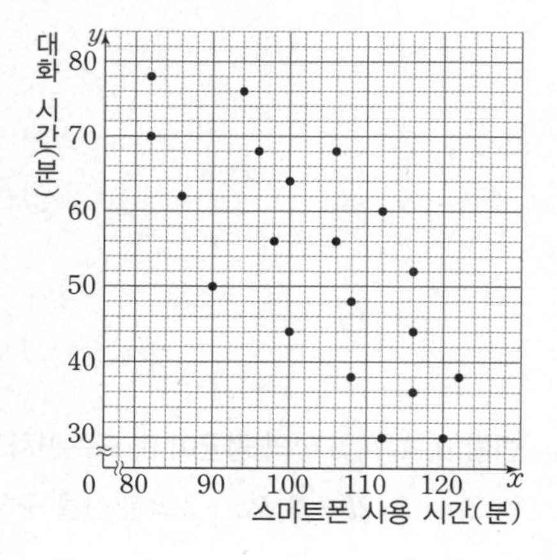

03 다음은 은수네 반 학생 10명의 글쓰기 점수와 말하기 점수를 조사하여 나타낸 산점도이다. 물음에 답하시오.

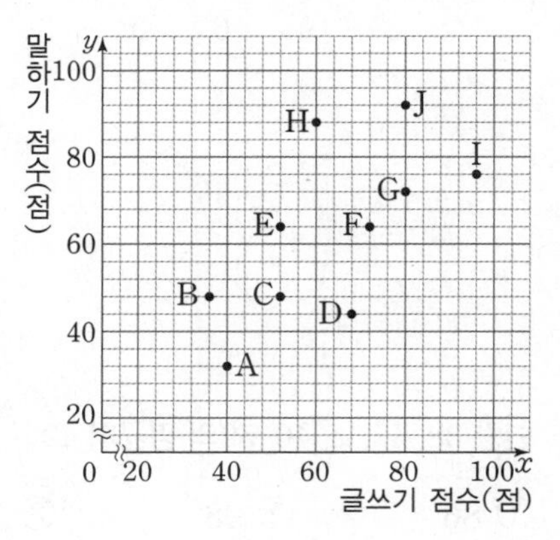

(1) 글쓰기 점수가 80점 이상인 학생은 누구인지 모두 구하시오.

(2) 글쓰기 점수가 말하기 점수보다 더 높은 학생 수를 구하시오.

(3) 글쓰기 점수와 말하기 점수 사이에는 어떤 상관관계가 있는지 말하시오.

04 오른쪽 그림은 어느 학생 20명의 2회에 걸친 영어 듣기 평가 성적을 나타낸 산점도이다. 다음 세 조건을 모두 만족시키는 학생 수를 구하시오.

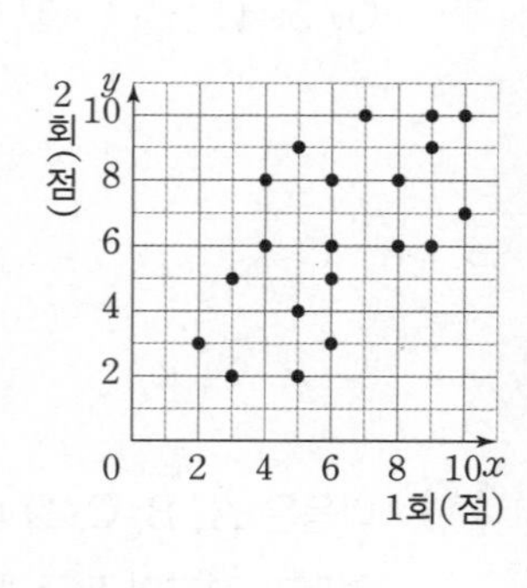

(가) 1회의 성적보다 2회의 성적이 향상되었다.
(나) 1회의 성적과 2회의 성적의 평균이 5.5점 이상이다.
(다) 1회의 성적과 2회의 성적의 차가 2점 이상이다.

05 다음 보기 중 두 변량의 산점도를 그렸을 때, 오른쪽 그림과 같은 모양이 되는 것을 모두 고르시오.

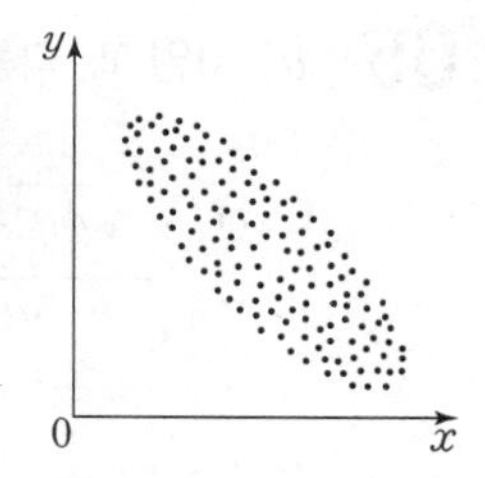

보기
ㄱ. 키와 시력
ㄴ. 쌀 소비량과 쌀 재고량
ㄷ. 도시의 인구수와 교통량
ㄹ. 겨울철 기온과 난방비

06 다음 그림은 서영이네 반 학생 20명의 영어 과목의 듣기 성적과 독해 성적을 조사하여 나타낸 산점도이다. 물음에 답하시오.

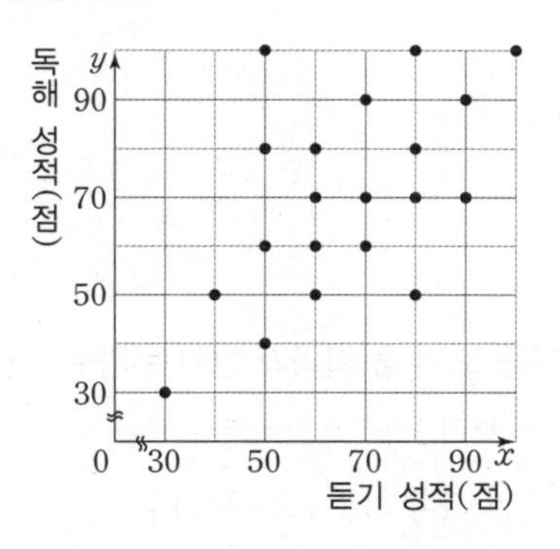

(1) 듣기 성적이 독해 성적보다 더 높은 학생은 전체의 몇 %인지 구하시오.

(2) 듣기 성적과 독해 성적이 모두 60점 이하인 학생은 보충 수업을 받아야 할 때, 보충 수업을 받아야 할 학생 수를 구하시오.

(3) 듣기 성적과 독해 성적 차가 20점 이상인 학생 수를 구하시오.

07 오른쪽 그림의 산점도에 대한 설명 중 옳지 않은 것은?

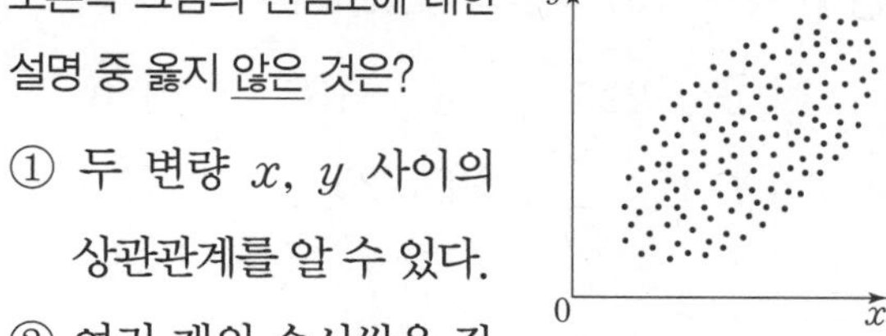

① 두 변량 x, y 사이의 상관관계를 알 수 있다.

② 여러 개의 순서쌍을 좌표평면 위에 점으로 나타낸 것이다.

③ 운동량과 칼로리 소비량 사이의 상관관계를 나타낸 산점도이다.

④ 주어진 산점도는 음의 상관관계를 나타낸 것이다.

⑤ x의 값이 커질수록 y의 값도 대체로 커진다.

08 오른쪽 그림과 같이 어느 중학교 학생들의 음악 과목의 필기 점수와 실기 점수의 산점도를 4개의 집단으로 나눌 때, 다음 중 옳은 것은?

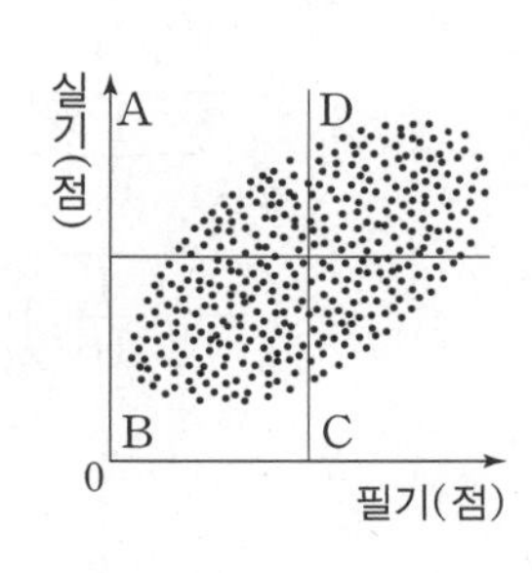

① A집단은 필기 점수에 비해서 실기 점수가 낮은 편이다.

② B집단은 필기 점수에 비해서 실기 점수가 높은 편이다.

③ C집단은 두 점수가 모두 낮은 편이다.

④ D집단은 두 점수가 모두 높은 편이다.

⑤ 필기 점수와 실기 점수는 서로 상관관계가 없다.

대단원 평가 문제 I. 실수와 그 계산

정답 및 해설 333쪽

01 $(-225)^2$의 음의 제곱근은?

① -225 ② -15 ③ 0
④ 15 ⑤ 225

02 다음 중 옳지 않은 것은?

① 0의 제곱근은 한 개뿐이다.
② 음수의 제곱근은 없다.
③ 어떤 양수의 제곱근은 근호를 사용하지 않고 나타낼 수도 있다.
④ -3은 -9의 음의 제곱근이다.
⑤ $\pm\sqrt{5}$는 5의 제곱근이다.

03 다음 중 가장 큰 수는?

① $\sqrt{\frac{1}{16}}$ ② $\left(\frac{1}{4}\right)^2$
③ $\sqrt{\left(-\frac{1}{9}\right)^2}$ ④ $\left(-\sqrt{\frac{1}{3}}\right)^2$
⑤ $\left(-\sqrt{\frac{1}{16}}\right)^2$

04 다음 수를 큰 수부터 차례대로 나열할 때, 세 번째에 오는 수는?

$$\sqrt{6^2},\quad -(\sqrt{9})^2,\quad (-\sqrt{11})^2,\quad -\sqrt{(-13)^2},\quad \sqrt{14^2}$$

① $\sqrt{6^2}$ ② $-(\sqrt{9})^2$
③ $(-\sqrt{11})^2$ ④ $-\sqrt{(-13)^2}$
⑤ $\sqrt{14^2}$

05 $a>0$일 때, 다음 보기 중 옳은 것을 모두 고른 것은?

ㄱ. $-\sqrt{4a^2}=2a$ ㄴ. $\sqrt{(3a)^2}=3a$
ㄷ. $\sqrt{(-5a)^2}=-5a$ ㄹ. $-\sqrt{25a^2}=-5a$

① ㄱ, ㄴ ② ㄱ, ㄹ ③ ㄴ, ㄷ
④ ㄴ, ㄹ ⑤ ㄷ, ㄹ

06 $\sqrt{2^2\times3\times7\times a}$가 자연수가 되도록 하는 가장 작은 자연수 a의 값은?

① 7 ② 14 ③ 21
④ 28 ⑤ 35

07 다음 보기 중 결과가 항상 무리수인 것의 개수는?

보기
ㄱ. (무리수)$\times$(무리수)
ㄴ. (무리수)$+$(무리수)
ㄷ. 유리수의 제곱근
ㄹ. (무리수)^2
ㅁ. (무리수)$+$(유리수)
ㅂ. (유리수)$\div$(무리수)

① 1개 ② 2개 ③ 3개
④ 4개 ⑤ 5개

08 다음 중 (가)에 해당하는 수만으로 짝 지어진 것은?

소수 $\begin{cases} \text{유한소수} \\ \text{무한소수} \begin{cases} \text{순환소수} \\ \boxed{\quad(\text{가})\quad} \end{cases} \end{cases}$

① $\frac{1}{2}$, $\sqrt{3}$, $\sqrt{16}$ ② $\sqrt{\frac{1}{4}}$, $\sqrt{8}$, $-2+\sqrt{2}$

③ $3-\sqrt{3}$, $-\frac{\sqrt{5}}{5}$, π ④ $\sqrt{8}$, $\frac{3}{\sqrt{5}}$, $-\sqrt{36}$

⑤ $\sqrt{6}$, $-\frac{4}{5}$, $\sqrt{0.09}$

09 다음 그림에서 모눈 한 칸은 한 변의 길이가 1인 정사각형이다. 정사각형 ABCD에서 $\overline{BC}=\overline{BP}$일 때, 점 P에 대응하는 수는?

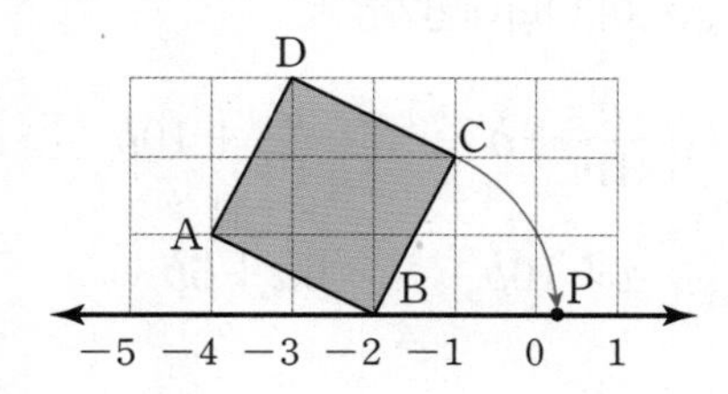

① $-2+\sqrt{5}$ ② $-2+\sqrt{2}$

③ $-2-\sqrt{5}$ ④ $-2-\sqrt{2}$

⑤ $\sqrt{5}$

10 다음 중 두 실수의 대소 관계가 옳은 것은?

① $0.6>\sqrt{0.6}$ ② $\sqrt{\frac{1}{12}}<\frac{1}{12}$

③ $3<1+\sqrt{3}$ ④ $4-\sqrt{8}>1$

⑤ $\sqrt{5}+\sqrt{7}>\sqrt{6}+\sqrt{7}$

11 $\sqrt{125}=a\sqrt{5}$일 때, 유리수 a의 값은?

① 3 ② 4 ③ 5

④ 6 ⑤ 7

12 $\sqrt{\frac{3}{25}}\times3\sqrt{10}\times(-\sqrt{5})$를 간단히 하면?

① $-\sqrt{6}$ ② $-2\sqrt{6}$ ③ $-3\sqrt{6}$

④ $-4\sqrt{6}$ ⑤ $-5\sqrt{6}$

13 $\frac{\sqrt{12}}{\sqrt{10}}\div\frac{1}{3\sqrt{6}}\div\frac{6}{\sqrt{15}}=k\sqrt{3}$일 때, 유리수 k의 값은?

① 2 ② 3 ③ 4

④ 5 ⑤ 6

14 $\sqrt{180}+\sqrt{45}+\sqrt{20}$을 간단히 하면?

① $3\sqrt{5}$ ② $5\sqrt{5}$ ③ $7\sqrt{5}$

④ $9\sqrt{5}$ ⑤ $11\sqrt{5}$

15 다음 중 대소 관계가 옳지 않은 것은?

① $4+\sqrt{2}<\sqrt{5}+4$

② $2-\sqrt{5}>2-\sqrt{8}$

③ $7<\sqrt{7}+4$

④ $-4+\sqrt{11}>-4+\sqrt{10}$

⑤ $\sqrt{5}-3<\sqrt{6}-3$

16 $\sqrt{\dfrac{700}{x}}$이 자연수가 되도록 하는 자연수 x의 값이 아닌 것은?

① 7 ② 28 ③ 70

④ 175 ⑤ 700

17 다음 그림은 한 눈금의 길이가 1인 모눈종이 위에 직각삼각형 ABC를 그린 것이다. $4+2\sqrt{2}$에 대응하는 점을 수직선 위에 나타내시오.

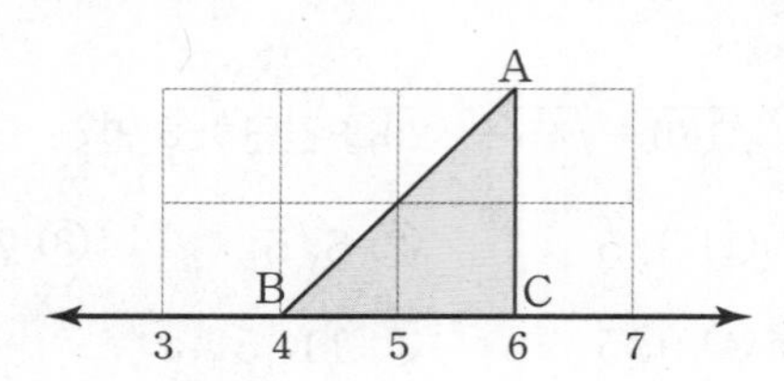

18 다음을 만족시키는 x, y에 대하여 $\dfrac{y}{x}$의 값은?

$$x=4\sqrt{2}\times\sqrt{6}\div\sqrt{\frac{12}{5}},$$
$$y=2\sqrt{3}\times\sqrt{18}\div\sqrt{15}$$

① $\dfrac{\sqrt{2}}{5}$ ② $\dfrac{3\sqrt{2}}{10}$ ③ $\dfrac{3\sqrt{2}}{5}$

④ $\dfrac{7\sqrt{2}}{10}$ ⑤ $\dfrac{9\sqrt{2}}{10}$

19 $\sqrt{6}=a$, $\sqrt{60}=b$일 때, $\sqrt{0.06}+\sqrt{6000}$을 a, b를 사용하여 나타내면?

① $\dfrac{a}{10}+b$ ② $\dfrac{a}{10}+10b$ ③ $a+\dfrac{b}{10}$

④ $a+10b$ ⑤ $6a+6b$

20 $a=\sqrt{5}$, $b=a-\dfrac{1}{a}$일 때, b는 a의 k배이다. k의 값은?

① $\dfrac{1}{5}$ ② $\dfrac{\sqrt{5}}{5}$ ③ $\dfrac{4}{5}$

④ $\dfrac{4\sqrt{5}}{5}$ ⑤ 5

서술형 문제

21 200 이하의 자연수 x에 대하여 순환소수가 아닌 무한소수인 $\sqrt{x}$의 개수를 구하시오.

22 다음 그림은 한 눈금의 길이가 1인 모눈종이 위에 두 정사각형 ABCD, EFCG를 그린 것이다. $\overline{CB}=\overline{CP}$, $\overline{CG}=\overline{CQ}$이고, 점 Q에 대응하는 수가 $1+3\sqrt{2}$일 때, 물음에 답하시오.

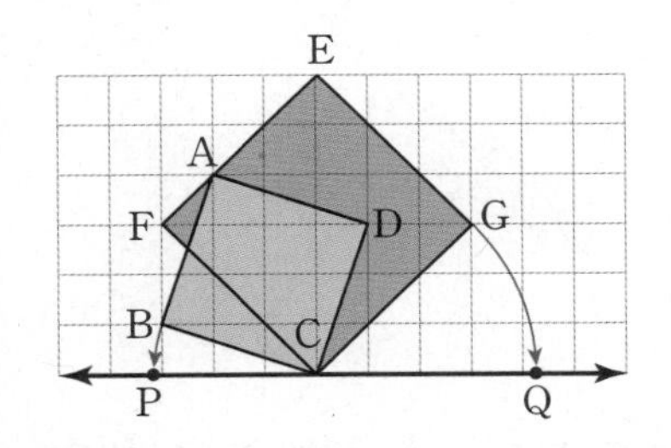

(1) $\overline{CP}$, $\overline{CQ}$의 길이를 각각 구하시오.

(2) 점 C에 대응하는 수를 구하시오.

(3) 점 P에 대응하는 수를 구하시오.

23 다음 그림과 같이 4개의 정사각형을 겹치는 부분이 없이 붙여서 새로운 도형을 만들었다. 이웃한 두 정사각형 중 큰 정사각형의 넓이는 작은 정사각형의 넓이의 2배이고, 정사각형 (가)의 한 변의 길이는 3일 때, $\overline{PQ}$의 길이를 구하시오.

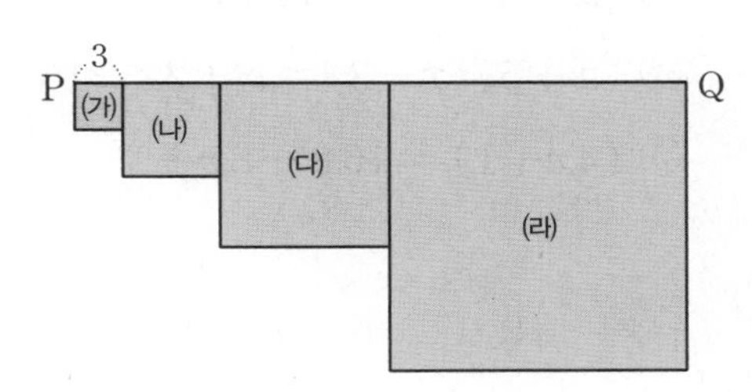

24 다음 그림의 정삼각형 ABC에서 점 D는 $\overline{BC}$의 중점이다. 이때 $\overline{AD}$를 한 변으로 하는 정삼각형 ADE의 넓이를 구하시오.

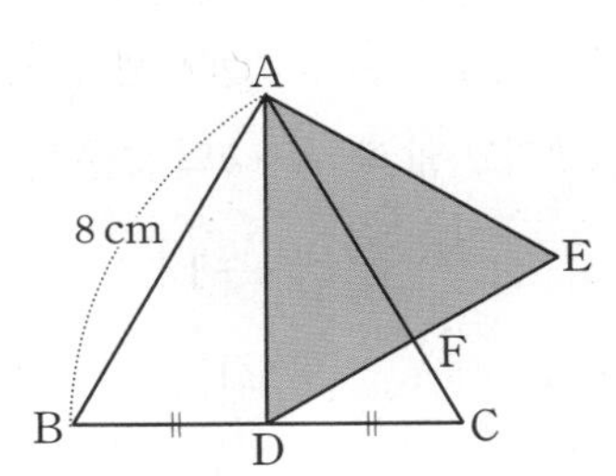

대단원 평가 문제 II. 이차방정식

정답 및 해설 335쪽

01 다음 중 옳지 않은 것은?

① $(x+2)(x-2)=x^2-4$

② $(x+2)(3x-1)=3x^2+5x-2$

③ $(x-3)^2=x^2-6x+3$

④ $(x+5)(x-3)=x^2+2x-15$

⑤ $(4x+1)^2=16x^2+8x+1$

02 다음 중 $(-3x+4)^2$과 전개식이 같은 것은?

① $(3x+4)^2$ ② $(3x-4)^2$

③ $(-3x-4)^2$ ④ $-(3x+4)^2$

⑤ $-(3x-4)^2$

03 $(x+6)(x-3)$의 전개식에서 x의 계수를 a, 상수항을 b라고 할 때, $a-b$의 값은?

① -21 ② -14 ③ 7

④ 14 ⑤ 21

04 $2<x<3$일 때, $\sqrt{4-4x+x^2}-\sqrt{x^2-6x+9}$를 간단히 하면?

① -5 ② $-2x+3$ ③ $2x$

④ $2x-5$ ⑤ $2x+5$

05 $25x^2-4y^2$을 인수분해하면?

① $(5x-2y)^2$

② $(5x+2y)(5x-2y)$

③ $5(x+2)(y-2)$

④ $5(2x+y)(2x-y)$

⑤ $2(5x+y)(5x-y)$

06 이차식 $x^2-ax+24$가 $(x+4)(x-b)$로 인수분해될 때, ab의 값은? (단, a, b는 상수이다.)

① 42 ② 48 ③ 54

④ 60 ⑤ 66

07 다음 중 $2x^2+x-6$의 인수인 것은?

① $x+2$ ② $x+3$ ③ $x-2$

④ $x-3$ ⑤ $2x+3$

08 두 다항식 x^2+x-6과 $2x^2-5x+2$에 공통으로 있는 인수는?

① $x-2$ ② $x+2$ ③ $x+3$

④ $2x-1$ ⑤ $2x+1$

09 넓이가 $6x^2-x-2$인 직사각형의 가로의 길이가 $2x+1$일 때, 이 직사각형의 세로의 길이는?

① $2x+3$ ② $3x-2$ ③ $3x+2$
④ $4x-3$ ⑤ $4x+3$

10 x에 대한 방정식 $(ax-2)(3x+2)=x^2+3$이 이차방정식이 되도록 하는 상수 a의 값으로 적당하지 않은 것은?

① -3 ② $-\frac{1}{3}$ ③ 0
④ $\frac{1}{3}$ ⑤ 1

11 이차방정식 $x^2+ax+6a=0$의 한 근이 -2일 때, 상수 a의 값은?

① -2 ② -1 ③ 0
④ 1 ⑤ 2

12 이차방정식 $2x^2-9x+4=0$의 두 근이 $x=a$ 또는 $x=b$일 때, $a-b$의 값은? (단, $a>b$이다.)

① 1 ② $\frac{3}{2}$ ③ 3
④ $\frac{7}{2}$ ⑤ $\frac{9}{2}$

13 이차방정식 $x^2-8x+2k-4=0$이 중근을 가질 때, 상수 k의 값은?

① 8 ② 9 ③ 10
④ 11 ⑤ 12

14 이차방정식 $x^2-6x+4=0$을 $(x+p)^2=q$의 꼴로 나타낼 때, 상수 p, q에 대하여 $p+q$의 값은?

① -2 ② -1 ③ 1
④ 2 ⑤ 3

15 다음 중 이차방정식 $(x+2)^2=1-m$의 근에 대한 설명으로 옳은 것은? (단, m은 상수이다.)

① $m=-3$이면 무리수인 근을 갖는다.

② $m=-2$이면 정수인 근을 갖는다.

③ $m=\frac{1}{2}$이면 유리수인 근을 갖는다.

④ $m=0$이면 정수인 중근을 갖는다.

⑤ $m=3$이면 근은 없다.

16 이차방정식 $0.5x^2-\frac{2}{3}x-1=0$을 풀면?

① $x=\frac{1\pm\sqrt{22}}{3}$ ② $x=\frac{2\pm\sqrt{22}}{3}$

③ $x=\frac{2\pm2\sqrt{22}}{3}$ ④ $x=\frac{3\pm2\sqrt{22}}{3}$

⑤ $x=\frac{3\pm4\sqrt{22}}{3}$

17 이차방정식 $x^2+6x+2m=0$의 근이 $x=-3\pm\sqrt{7}$일 때, 상수 m의 값은?

① -5 ② -3 ③ -1

④ 1 ⑤ 3

18 $\frac{3-\sqrt{5}}{3+\sqrt{5}}$의 분모를 유리화하여 $a+b\sqrt{5}$로 나타낼 때, $a-b$의 값을 구하시오. (단, a, b는 유리수이다.)

19 선우는 사탕 300개를 반 학생들에게 남김없이 똑같이 나누어 주었다. 학생 한 명이 받은 사탕의 개수가 반 학생 수보다 5만큼 작다고 할 때, 선우네 반의 학생 수를 구하시오.

20 다음 그림과 같이 정사각형의 가로의 길이를 4 cm 늘이고, 세로의 길이를 3 cm 줄여서 직사각형 모양으로 바꾸었더니 그 넓이가 228 cm^2가 되었다. 처음 정사각형의 한 변의 길이를 구하시오.

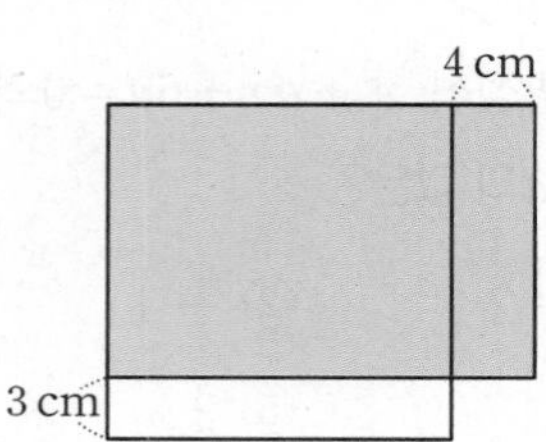

서술형 문제

21 어떤 이차식을 인수분해하였는데, 경민이는 x의 계수를 잘못 보아 $(x+10)(x-3)$으로 인수분해하였고 민지는 상수항을 잘못 보아 $(x+3)(x-2)$로 인수분해하였다. 처음의 이차식을 구하고, 이 이차식을 바르게 인수분해하시오.

22 x에 대한 이차방정식 $ax^2-x-12=0$의 한 근이 -3일 때, 상수 a의 값과 다른 한 근의 합을 구하시오.

23 이차방정식 $x^2+4x-3=0$의 서로 다른 두 근의 합이 이차방정식 $2x^2+5x+k=0$의 한 근일 때, 상수 k의 값을 구하시오.

24 다음 그림과 같이 $\overline{AD}=4\text{ cm}$, $\angle B=45°$인 사다리꼴 ABCD의 넓이가 42 cm^2일 때, $\overline{BC}$의 길이를 구하시오.

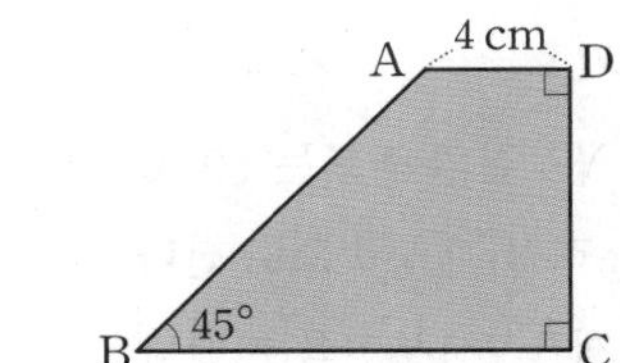

대단원 평가 문제 III. 이차함수

정답 및 해설 338쪽

01 다음 중 y가 x의 이차함수인 것을 모두 고르면? (정답 2개)

① 한 변의 길이가 x cm인 정사각형의 넓이는 y cm^{2}이다.

② 가로의 길이가 $(x-2)$ cm, 세로의 길이가 3 cm인 직사각형의 넓이는 y cm^{2}이다.

③ 넓이가 15 cm^{2}인 직사각형의 가로의 길이, 세로의 길이는 각각 x cm, y cm이다.

④ 밑면의 반지름의 길이가 x cm, 높이가 5 cm인 원기둥의 부피는 y cm^{3}이다.

⑤ 자동차가 시속 70 km로 x시간 동안 달린 거리는 y km이다.

02 다음 조건을 모두 만족시키는 포물선이 나타내는 이차함수의 식은?

보기
(가) 꼭짓점의 좌표는 $(0,\ 0)$이다. (나) y축을 대칭축으로 한다. (다) 제1, 2사분면을 지난다. (라) 점 $(-1,\ 2)$를 지난다.

① $y=-3x^2$ ② $y=-2x^2$ ③ $y=-x^2$
④ $y=x^2$ ⑤ $y=2x^2$

03 다음 이차함수 중 그 그래프가 직선 $x=4$를 축으로 하는 것은?

① $y=4x^2$ ② $y=2x^2+4$
③ $y=\frac{1}{3}(x+4)^2$ ④ $y=-3(x-4)^2$
⑤ $y=(x-2)^2+4$

04 다음 이차함수 중 그 그래프가 이차함수 $y=\frac{3}{4}x^2$의 그래프와 x축에 대하여 서로 대칭인 것은?

① $y=-3x^2$ ② $y=-\frac{4}{3}x^2$
③ $y=-\frac{3}{4}x^2$ ④ $y=\frac{3}{4}x^2$
⑤ $y=3x^2$

05 이차함수 $y=ax^2$의 그래프가 오른쪽 그림과 같을 때, 다음 중 상수 a의 값이 될 수 없는 것은?

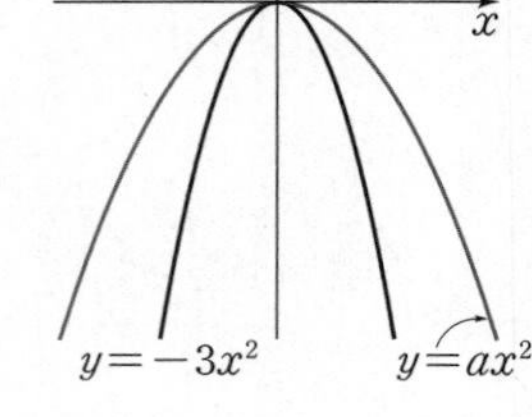

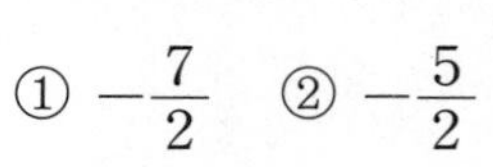
① $-\frac{7}{2}$ ② $-\frac{5}{2}$
③ -2 ④ $-\frac{3}{2}$
⑤ -1

06 이차함수 $y=\frac{1}{3}x^2$의 그래프를 y축의 방향으로 -4만큼 평행이동한 그래프가 나타내는 이차함수의 식을 구하시오.

07 오른쪽 그림과 같이 꼭짓점의 좌표가 $(-2,\ 0)$이고, 점 $(0,\ 2)$를 지나는 포물선이 나타내는 이차함수의 식을 구하시오.

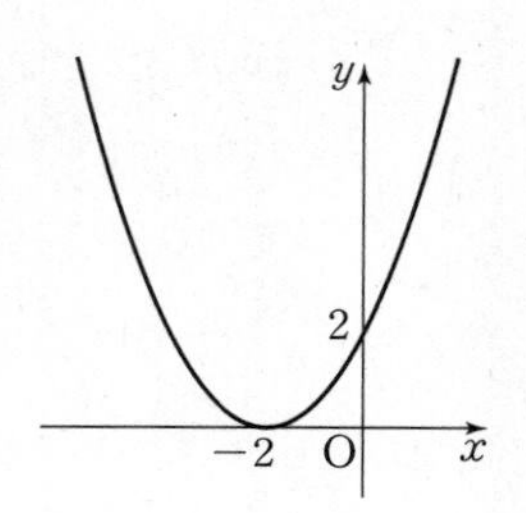

08 다음 그림은 이차함수 $y=-x^2+4$의 그래프일 때, 이 그래프와 x축에 대하여 서로 대칭인 그래프를 그리고, 그 포물선이 나타내는 이차함수의 식을 구하시오.

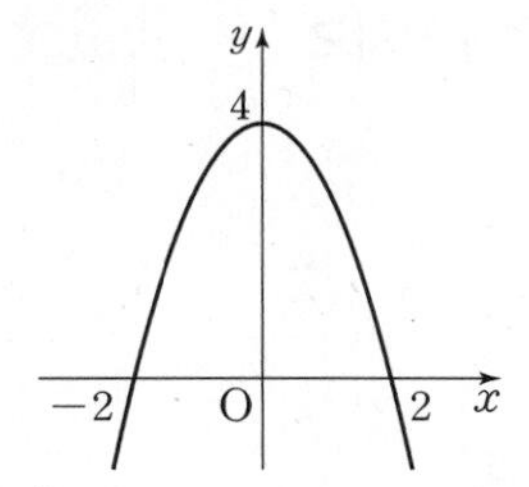

09 이차함수 $y=(x+1)^2+2$의 그래프에 대한 설명으로 옳은 것을 보기에서 모두 고른 것은?

보기
ㄱ. $y=-x^2$의 그래프를 x축의 방향으로 -1만큼, y축의 방향으로 2만큼 평행이동한 그래프이다. ㄴ. 꼭짓점의 좌표는 $(-1, 2)$이다. ㄷ. 제1사분면을 지나지 않는다. ㄹ. $y=-(x+1)^2-2$의 그래프와 x축에 대하여 서로 대칭이다.

① ㄱ, ㄴ ② ㄴ, ㄹ ③ ㄷ, ㄹ
④ ㄱ, ㄴ, ㄷ ⑤ ㄴ, ㄷ, ㄹ

10 이차함수 $y=(x-3)^2-6$의 그래프의 꼭짓점의 좌표를 (a, b)라 하고, y축과 만나는 점의 y좌표를 c라고 할 때, $a+b+c$의 값은?

① -6 ② -3 ③ 0
④ 3 ⑤ 6

11 이차함수 $y=-(x-1)^2+3$의 그래프에서 x의 값이 증가할 때, y의 값이 감소하는 x의 값의 범위는?

① $x<-3$ ② $x>-1$ ③ $x>1$
④ $x<3$ ⑤ $x<5$

12 이차함수 $y=ax^2+bx-5$의 그래프가 두 점 $(-1, 0)$, $(5, 0)$을 지날 때, 상수 a, b의 값은?

① $a=-4$, $b=-1$ ② $a=-1$, $b=4$
③ $a=-1$, $b=1$ ④ $a=1$, $b=-4$
⑤ $a=1$, $b=4$

13 이차함수 $y=3x^2+12x+19$의 그래프에 대한 설명 중 옳은 것은?

① y절편은 7이다.
② 축의 방정식은 $x=2$이다.
③ 위로 볼록한 포물선이다.
④ 꼭짓점의 좌표는 $(2, 7)$이다.
⑤ 이차함수 $y=-4x^2$의 그래프보다 폭이 넓다.

14 이차함수 $y=-x^2+ax+b$의 그래프의 꼭짓점의 좌표가 $(-3, 2)$일 때, 상수 a, b의 값은?

① $a=-7$, $b=-6$ ② $a=-6$, $b=-7$
③ $a=-4$, $b=3$ ④ $a=3$, $b=-4$
⑤ $a=6$, $b=-7$

15 이차함수 $y=a(x-p)^2+q$의 그래프가 오른쪽 그림과 같을 때, a, p, q의 부호는? (단, a, p, q는 상수이다.)

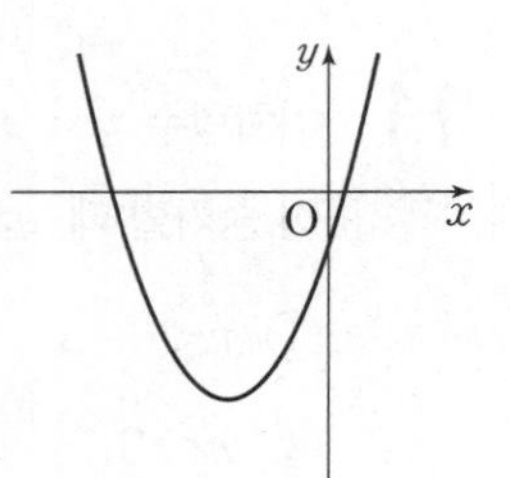

① $a>0$, $p>0$, $q<0$
② $a>0$, $p<0$, $q>0$
③ $a>0$, $p<0$, $q<0$
④ $a<0$, $p>0$, $q>0$
⑤ $a<0$, $p<0$, $q>0$

16 $a>0$, $p<0$, $q<0$일 때, 이차함수 $y=-a(x-p)^2+q$의 그래프의 모양은?

①
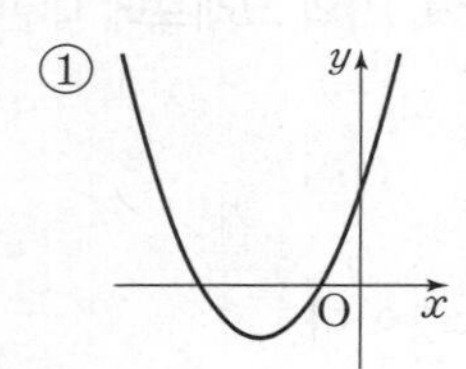

②
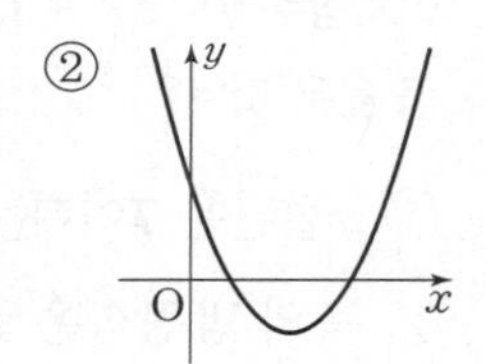

③
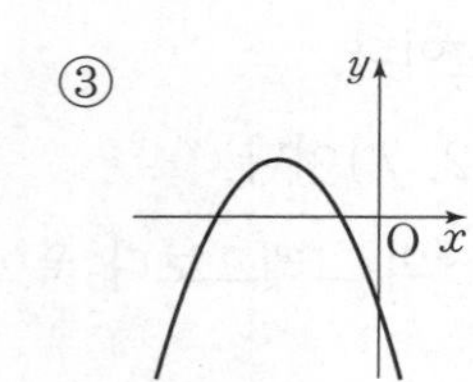

④
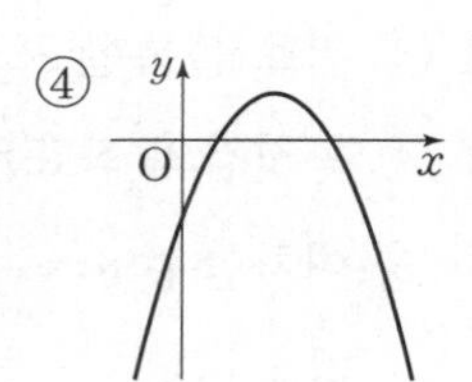

⑤
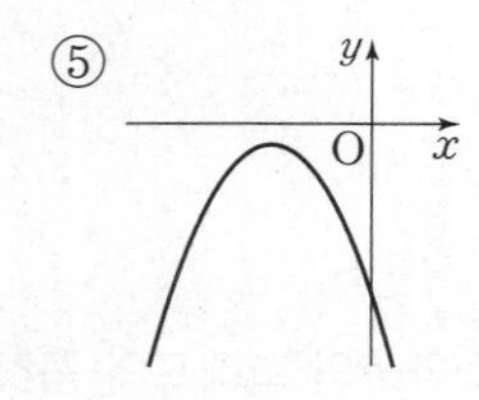

17 오른쪽 그림은 꼭짓점의 좌표가 $(-2, 0)$이고, 점 $(0, 8)$을 지나는 이차함수의 그래프이다. 이 그래프가 점 $(-1, k)$를 지날 때, k의 값을 구하시오.

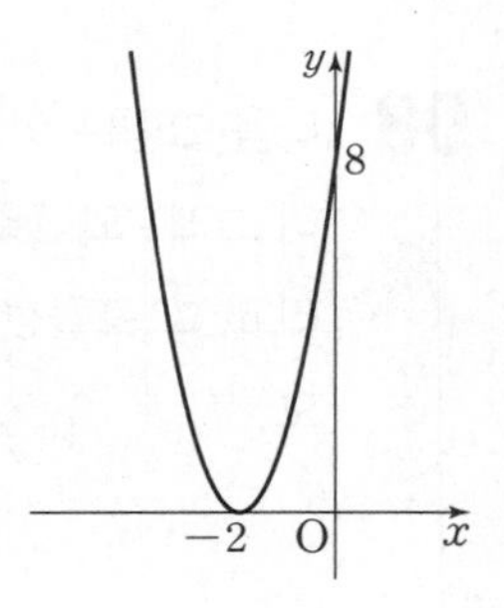

18 둘레의 길이가 16 cm인 직사각형의 넓이가 16 cm^{2}일 때, 이 직사각형의 가로의 길이는?

① 2 cm ② 3 cm ③ 4 cm
④ 5 cm ⑤ 6 cm

19 지면으로부터 24 m의 높이에서 초속 16 m로 쏘아 올린 물체의 x초 후의 높이를 y m라고 하면 $y=-4x^2+16x+24$인 관계가 성립한다. 물체가 40 m에 도달하는 데 걸리는 시간을 구하시오.

20 오른쪽 그림은 이차함수 $y=-x^2+6x+3$의 그래프이다. 이 그래프의 꼭짓점을 A, y축과의 교점을 B, 원점을 O라고 할 때, $\triangle$ABO의 넓이를 구하시오.

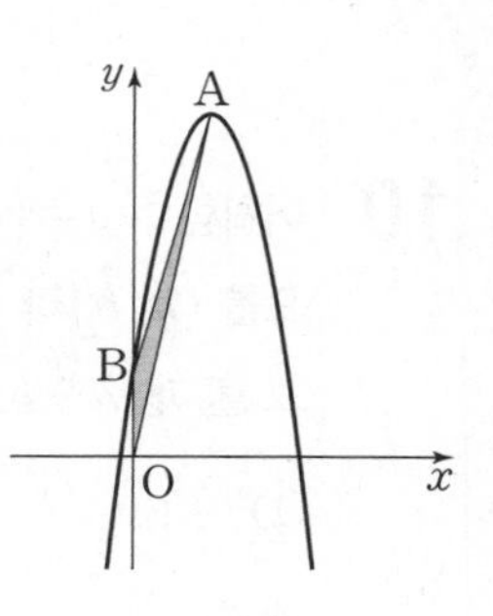

서술형 문제

21 다음 그림과 같이 두 이차함수 $y=\frac{1}{4}x^2$, $y=-x^2$의 그래프 위의 x좌표가 2인 점을 각각 A, B라고 할 때, $\overline{AB}$의 길이를 구하시오.

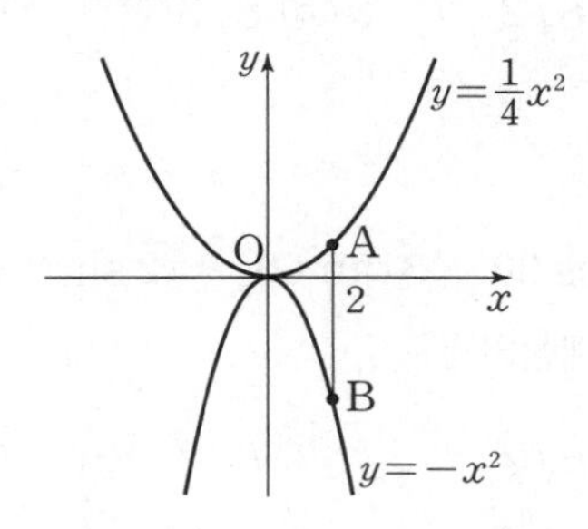

22 상수 a, p, q의 부호가 다음과 같을 때, 이차함수 $y=a(x-p)^2+q$의 그래프가 지나는 사분면을 모두 구하시오.

$$a<0,\ p>0,\ q<0$$

23 일차함수 $y=ax+b$의 그래프가 다음 그림과 같을 때, 이차함수 $y=-ax^2-bx$의 그래프가 지나지 않는 사분면을 구하시오. (단, a, b는 상수이다.)

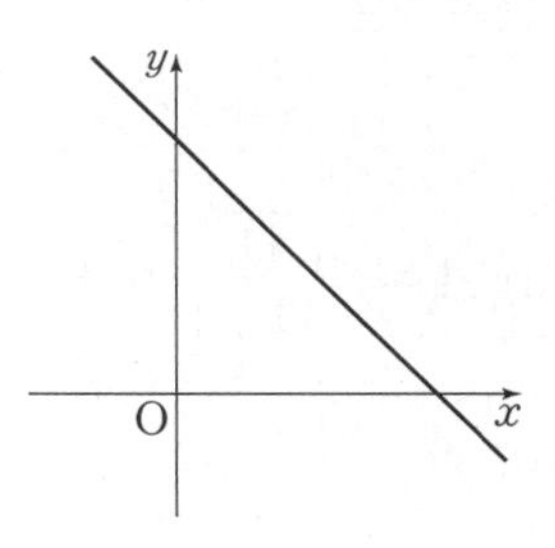

24 다음 그림은 직선 $x=1$을 축으로 하는 이차함수 $y=ax^2+bx+c$의 그래프를 나타낸 것이다. 이때 $a+b+c$의 값을 구하시오. (단, a, b, c는 상수이다.)

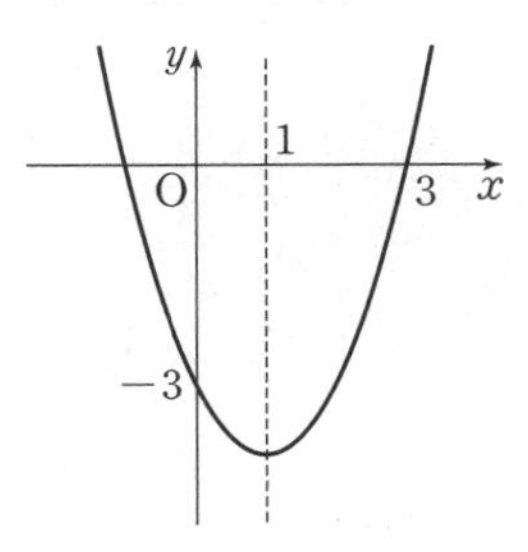

대단원 평가 문제 IV. 삼각비

정답 및 해설 340쪽

01 오른쪽 그림의 직각삼각형 ABC에서 $\overline{BC}:\overline{AC}=4:5$일 때, 다음 중 옳은 것은?

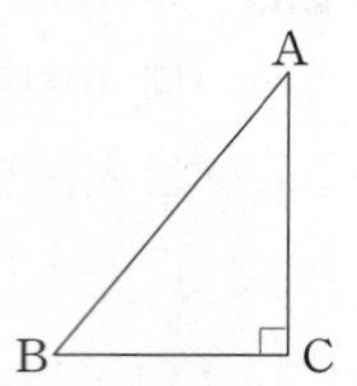

① $\sin A=\frac{5\sqrt{41}}{41}$ ② $\cos A=\frac{4\sqrt{41}}{41}$

③ $\tan A=\frac{5}{4}$ ④ $\sin B=\frac{5\sqrt{41}}{41}$

⑤ $\cos B=\frac{\sqrt{41}}{41}$

02 다음 그림과 같이 $\angle C=90°$인 직각삼각형 ABC의 꼭짓점 C에서 변 AB에 내린 수선의 발을 D, 점 D에서 변 BC에 내린 수선의 발을 E라고 하자. $\overline{CE}=2$, $\overline{DE}=4$일 때, $\sin B$의 값은?

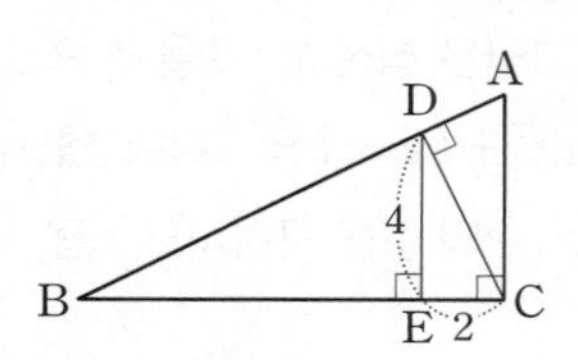

① $\frac{1}{5}$ ② $\frac{2}{5}$ ③ $\frac{\sqrt{5}}{5}$

④ $\frac{4}{5}$ ⑤ $2\sqrt{5}$

03 오른쪽 그림의 직각삼각형 ABC에서 $\overline{AB}=10\text{ cm}$, $\sin B=\frac{3\sqrt{2}}{5}$일 때, 직각삼각형 ABC의 넓이는?

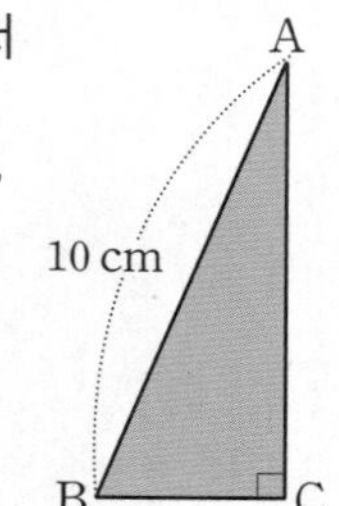

① $5\sqrt{7}\text{ cm}^2$ ② $4\sqrt{14}\text{ cm}^2$

③ $6\sqrt{7}\text{ cm}^2$ ④ $5\sqrt{14}\text{ cm}^2$

⑤ $6\sqrt{14}\text{ cm}^2$

04 $\angle C=90°$인 직각삼각형 ABC에서 $3\cos B-1=0$일 때, $\frac{\sin B+\tan B}{\sin A}$의 값은?

① $4\sqrt{3}$ ② $6\sqrt{2}$ ③ $6\sqrt{3}$

④ $8\sqrt{2}$ ⑤ $8\sqrt{3}$

05 $2\cos 30°\times 3\tan 60°-\sqrt{2}\sin 45°+2\sqrt{3}\tan 30°$를 계산하면?

① $6\sqrt{2}$ ② $6\sqrt{3}$ ③ 10

④ $10\sqrt{2}$ ⑤ $10\sqrt{3}$

06 오른쪽 그림과 같이 $\angle B=135°$, $\overline{BC}=4\text{ cm}$인 $\triangle ABC$의 넓이가 $7\sqrt{2}\text{ cm}^2$일 때, $\overline{AB}$의 길이는?

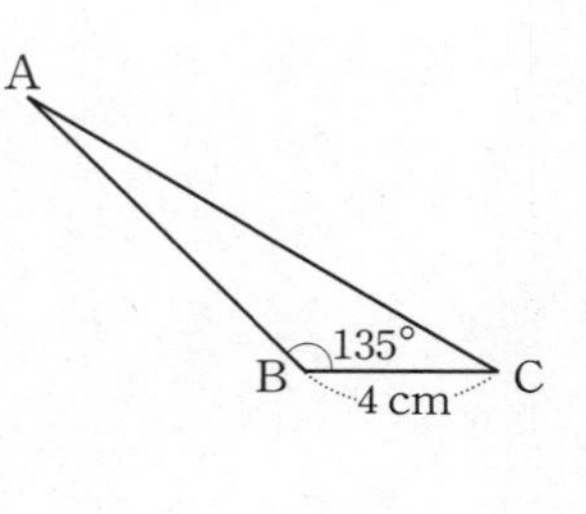

① 7 cm ② 8 cm ③ $7\sqrt{2}$ cm

④ $8\sqrt{2}$ cm ⑤ 12 cm

07 다음 그림과 같이 직사각형 ABCD에서 $\overline{AD}=12\text{ cm}$, $\angle BAC=60°$이다. 점 D에서 대각선 AC에 내린 수선의 발을 E라고 할 때, $\overline{CE}$의 길이는?

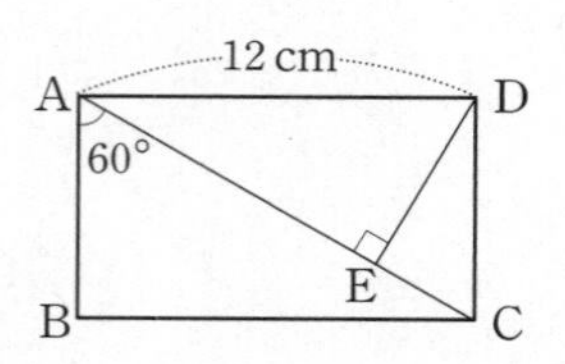

① $\sqrt{2}$ cm ② $\sqrt{3}$ cm ③ $2\sqrt{2}$ cm

④ $2\sqrt{3}$ cm ⑤ $3\sqrt{2}$ cm

08 다음 그림에서 $\overline{BC}=6\sqrt{3}$ cm일 때, $\overline{AH}$의 길이는?

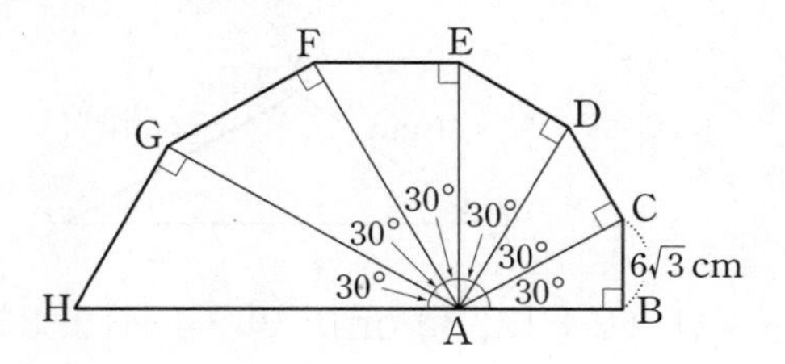

① $\frac{64}{3}$ cm　② $\frac{64\sqrt{3}}{3}$ cm

③ $\frac{128}{3}$ cm　④ $\frac{128\sqrt{3}}{3}$ cm

⑤ $\frac{256}{3}$ cm

09 다음 그림과 같이 $\angle A=90°$인 직각삼각형 ABC에서 $\angle ADB=60°$, $\angle DCB=45°$, $\overline{AD}=4\sqrt{3}$ cm일 때, △DBC의 넓이를 구하시오.

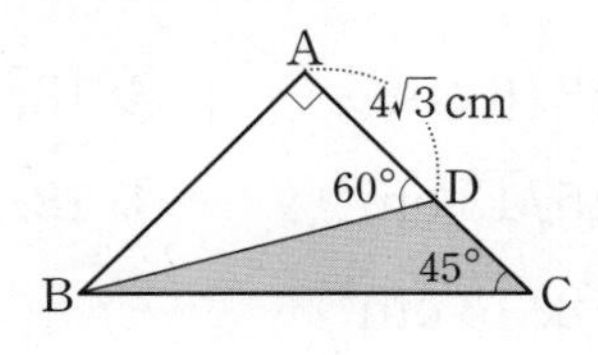

10 다음 그림을 이용하여 tan 15°의 값을 구하면?

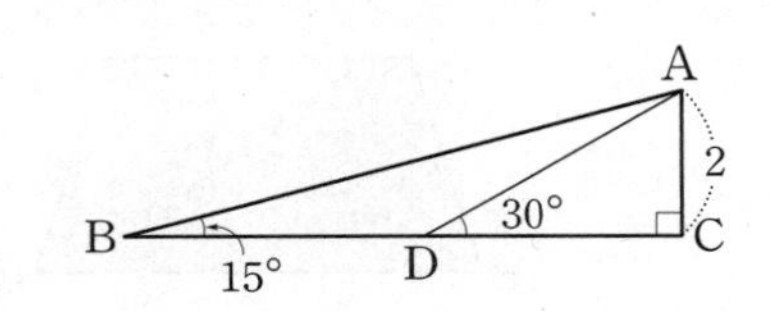

① $2-\sqrt{3}$　② $3-\sqrt{3}$　③ $\sqrt{3}$

④ $2+\sqrt{3}$　⑤ $3+\sqrt{3}$

11 오른쪽 그림과 같이 반지름의 길이가 1인 사분원에서 다음 중 옳은 것은?

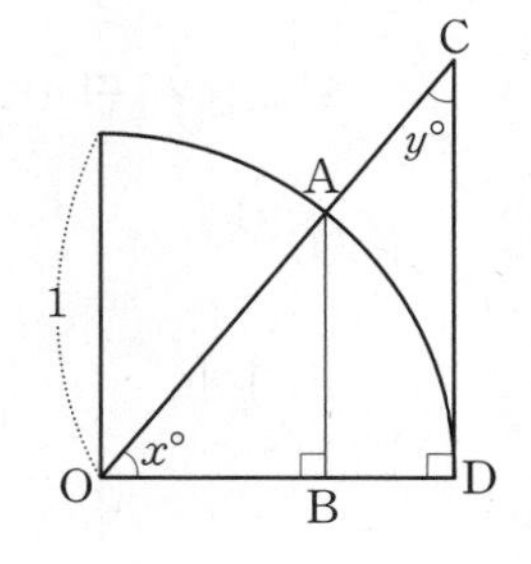

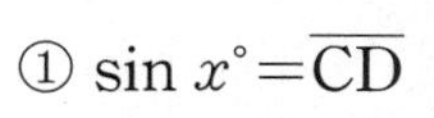

① $\sin x°=\overline{CD}$

② $\sin y°=\overline{OB}$

③ $\cos x°=\overline{AB}$

④ $\cos y°=\overline{OB}$

⑤ $\tan x°=\overline{CD}$

12 $45°<x°<90°$일 때, $\sin x°$, $\cos x°$, $\tan x°$의 크기를 비교하시오.

13 $\sin x°=0.5736$, $\cos y°=0.4848$일 때, 삼각비의 표를 이용하여 $\tan y°-\cos x°$의 값을 구하면?

① 0.8192　② 0.8693　③ 0.9848

④ 1.1106　⑤ 1.6003

14 다음 그림과 같이 길이가 2000 m인 활주로에 비행기가 착륙하려고 한다. 지점 B에서 착륙 각도 5°를 유지하며 착륙하려고 할 때, 지면으로부터 비행기의 높이는? (단, tan 5°=0.09로 계산한다.)

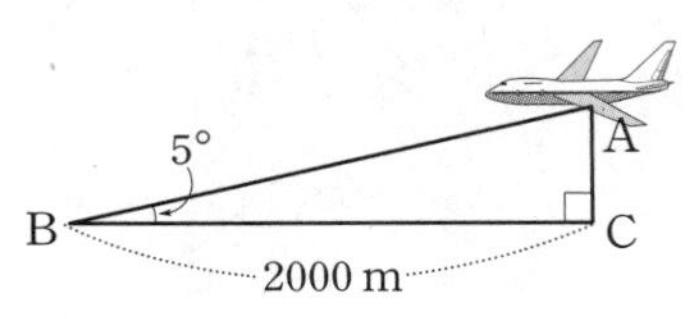

① 175 m　② 180 m　③ 185 m

④ 190 m　⑤ 195 m

15 $\sin x^\circ=\frac{\sqrt{3}}{2}$, $\tan y^\circ=\frac{\sqrt{3}}{3}$일 때, $\cos(x^\circ-y^\circ)$의 값은? (단, $0^\circ<x^\circ<90^\circ$, $0^\circ<y^\circ<90^\circ$이다.)

① $\frac{1}{2}$ ② $\frac{\sqrt{2}}{2}$ ③ $\frac{\sqrt{3}}{2}$
④ 1 ⑤ $\sqrt{3}$

16 다음 중 아래 그림의 직각삼각형 ABC에서 $\overline{BC}$의 길이를 바르게 나타낸 것은?

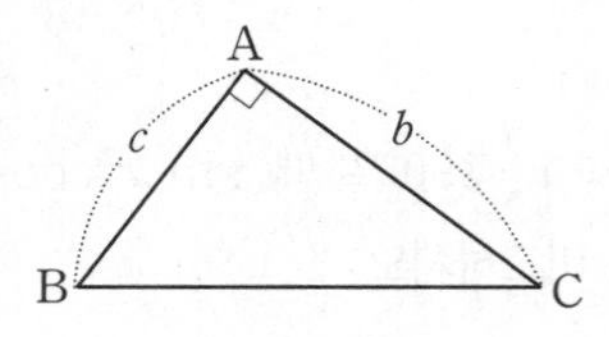

① $b\cos B+b\cos C$
② $c\cos B+c\sin C$
③ $b\sin B+c\cos C$
④ $c\sin B+b\sin C$
⑤ $b\sin B+c\sin C$

17 다음 그림의 □ABCD에서 $x+y$의 값은?
(단, $\sin 36^\circ=0.59$, $\sin 42^\circ=0.67$로 계산한다.)

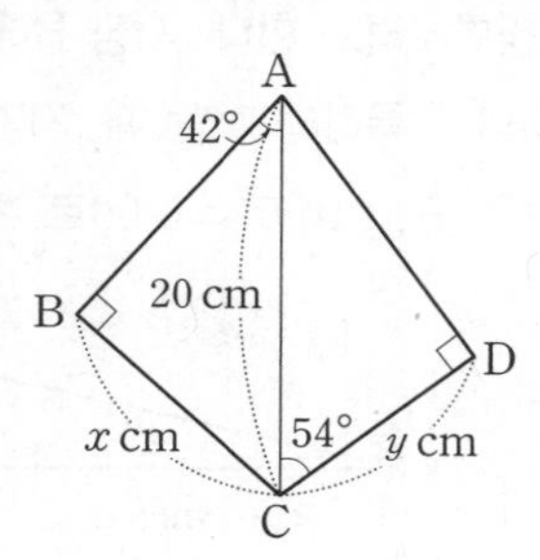

① 23.1 ② 25.2 ③ 28.5
④ 30.4 ⑤ 33.3

18 다음 그림과 같이 △ABC에서 $\overline{AB}=10$ cm, $\overline{AC}=12$ cm, $\angle C=30^\circ$일 때, $\overline{BC}$의 길이는?

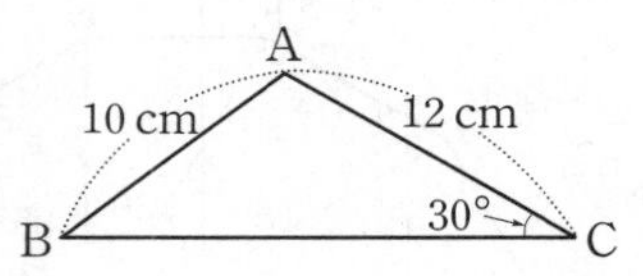

① $(2+12\sqrt{3})$ cm ② $(4+10\sqrt{3})$ cm
③ $(6+8\sqrt{3})$ cm ④ $(8+6\sqrt{3})$ cm
⑤ $(10+4\sqrt{3})$ cm

19 다음 그림과 같이 △ABC에서 $\overline{AB}=15$ cm, $\overline{AC}=12$ cm, $\cos A=\frac{2\sqrt{3}}{5}$일 때, △ABC의 넓이는?

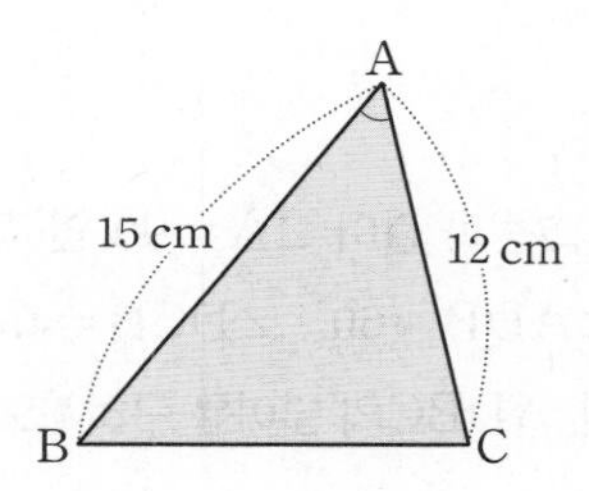

① $12\sqrt{6}$ cm^2 ② $15\sqrt{6}$ cm^2
③ $15\sqrt{13}$ cm^2 ④ $18\sqrt{6}$ cm^2
⑤ $18\sqrt{13}$ cm^2

20 다음 그림과 같이 등변사다리꼴 ABCD의 넓이가 $6\sqrt{3}$ cm^{2}이고, 두 대각선이 이루는 예각의 크기가 60°일 때, $\overline{AC}$의 길이는?

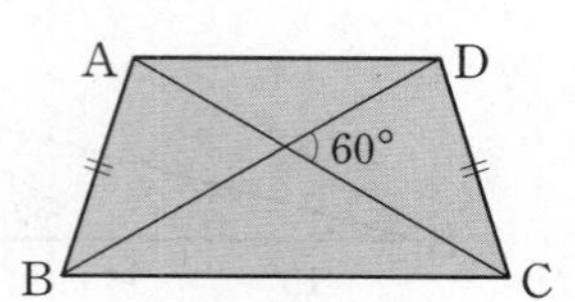

① $2\sqrt{3}$ cm ② $2\sqrt{5}$ cm ③ $2\sqrt{6}$ cm
④ $3\sqrt{3}$ cm ⑤ $3\sqrt{6}$ cm

서술형 문제

21 폭이 6 cm로 일정한 직사각형 모양의 종이테이프를 다음 그림과 같이 선분 BC를 접는 선으로 하여 접었다. $\overline{BF}=10$ cm, $\angle ABC=x°$일 때, $\tan x°$의 값을 구하시오.

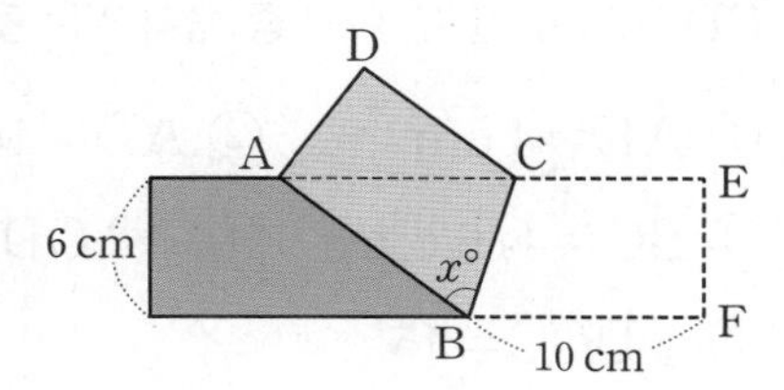

22 다음 그림과 같이 x축과 이루는 각의 크기가 $60°$인 직선의 x절편이 $-2\sqrt{3}$일 때, 이 직선의 방정식을 구하시오.

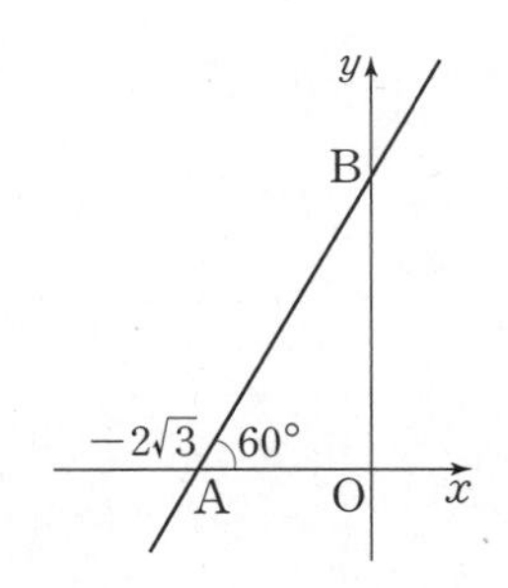

23 다음 그림과 같이 □ABCD에서 $\overline{AB}=\overline{AD}=4$ cm, $\overline{CD}=\sqrt{6}$ cm, $\angle A=120°$, $\angle D=75°$일 때, $\overline{BC}$의 길이를 구하시오.

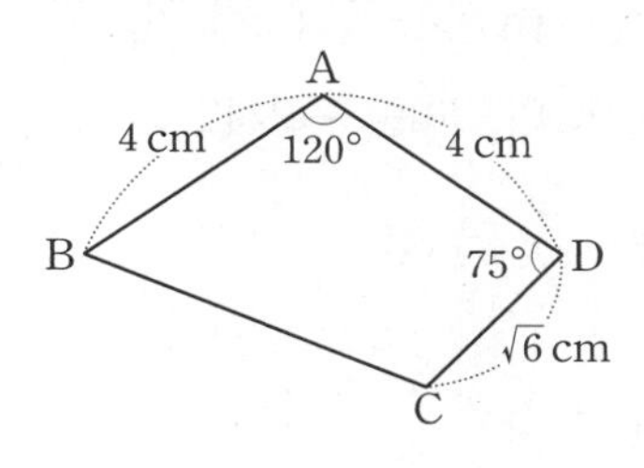

24 다음 그림과 같이 한 모서리의 길이가 8 cm인 정사면체에서 $\overline{BC}$의 중점을 M이라 하고 $\angle AMD=x°$라고 할 때, $\sin x°$의 값을 구하시오.

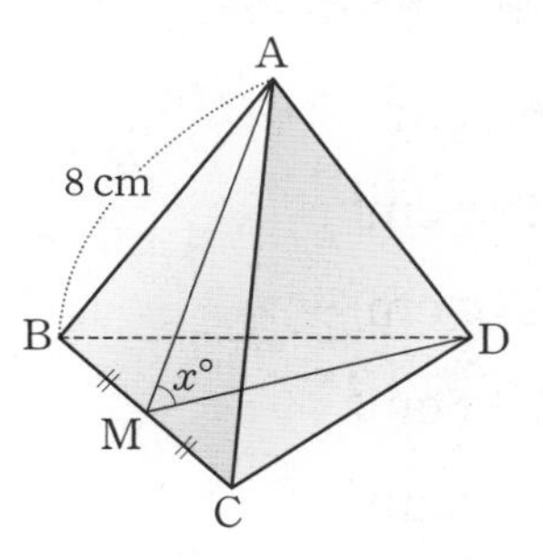

대단원 평가 문제 V. 원의 성질

정답 및 해설 344쪽

01 오른쪽 그림과 같이 반지름의 길이가 18 cm인 원 O에서 $\overline{PA}=10$ cm, $\overline{AB}\perp\overline{OC}$일 때, $\overline{PC}$의 길이를 구하시오.

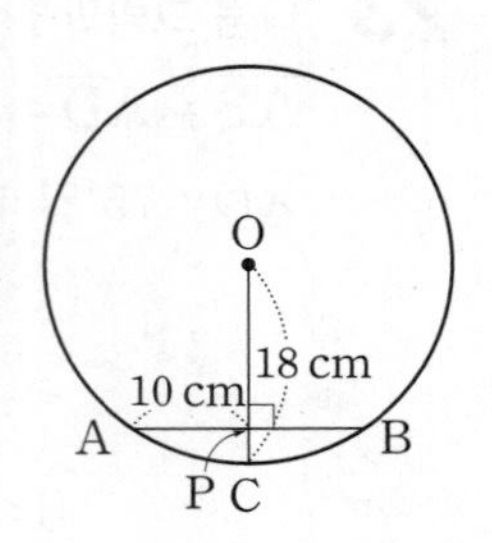

02 오른쪽 그림과 같은 활꼴을 가지는 원의 넓이를 구하시오.

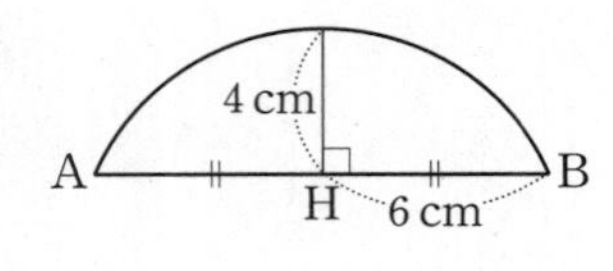

03 오른쪽 그림과 같이 중심이 같은 두 원에서 큰 원의 현 AB가 작은 원의 접선일 때, 색칠한 부분의 넓이는?

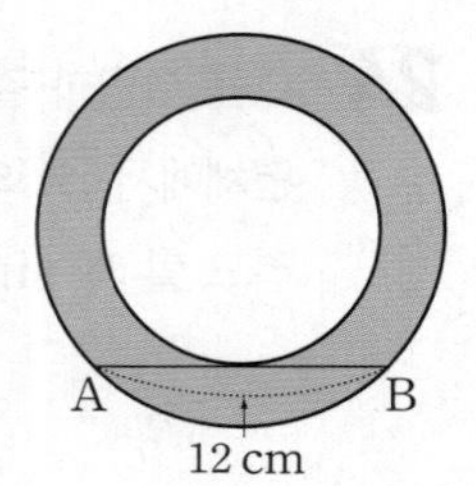

① 6π cm^2

② 12π cm^2

③ 24π cm^2

④ 36π cm^2

⑤ 48π cm^2

04 오른쪽 그림과 같은 원 O에서 $\overline{OM}=\overline{ON}$이고, $\angle A=70°$일 때, $\angle MOH$의 크기를 구하시오.

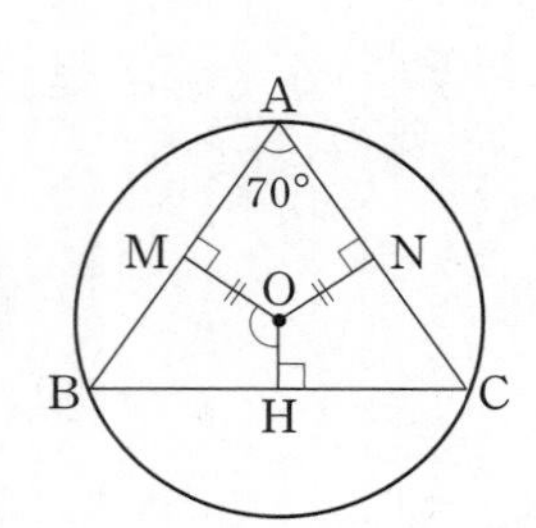

05 오른쪽 그림에서 $\overline{BC}$는 반원 O의 지름이고 $\overline{AB}$, $\overline{CD}$, $\overline{AD}$는 각각 점 B, C, E를 접점으로 하는 반원 O의 접선이다. $\overline{AB}=4$ cm, $\overline{CD}=6$ cm일 때, 다음 중 옳지 않은 것은?

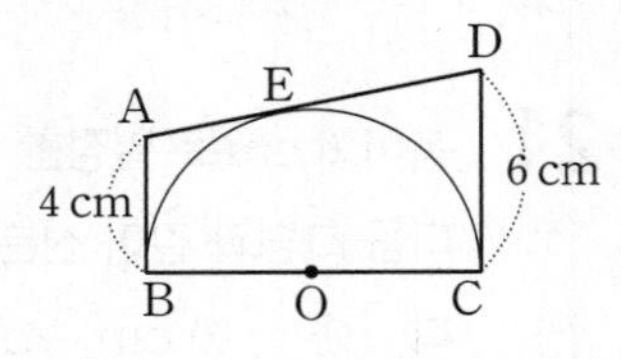

① $\overline{AE}=4$ cm　② $\overline{AD}=10$ cm

③ $\overline{BC}=4\sqrt{6}$ cm　④ $\angle AOD=90°$

⑤ $\angle DOC=45°$

06 오른쪽 그림에서 원 O는 $\triangle ABC$의 내접원이고, 세 점 D, E, F는 각각 원 O의 접점이다. $\overline{AD}:\overline{BD}=4:3$일 때, $\overline{AB}$의 길이를 구하시오.

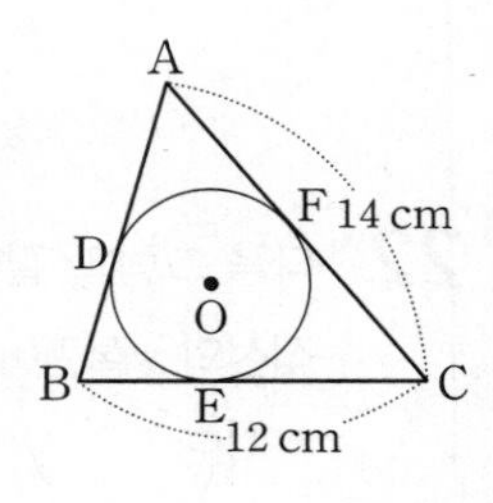

07 다음 그림과 같이 원 O는 직각삼각형 ABC의 내접원이고, 세 점 D, E, F는 각각 원 O의 접점이다. $\overline{AD}=4$ cm, $\overline{DB}=6$ cm일 때, $\overline{AC}$의 길이를 구하시오.

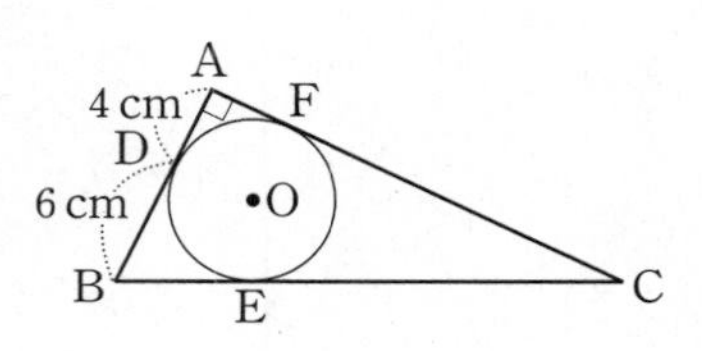

08 다음 그림과 같은 직사각형 ABCD에서 점 C를 중심으로 하고 $\overline{CD}$를 반지름으로 하는 사분원을 그린 후, 점 B에서 이 사분원에 그은 접선이 $\overline{AD}$와 만나는 점을 F, 접점을 E라고 하자. 이때 x의 값은?

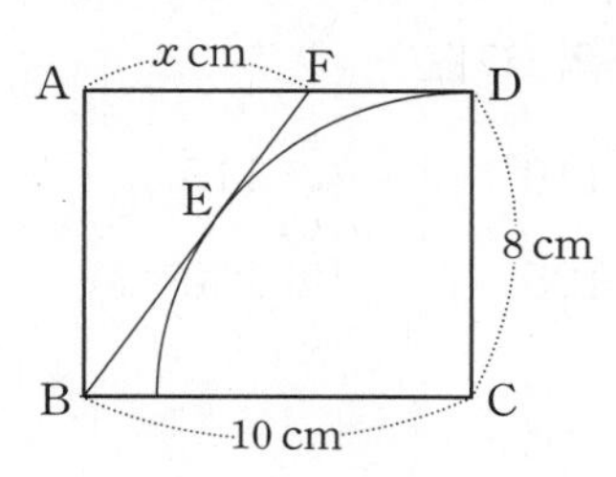

① 3 ② 4 ③ 5
④ 6 ⑤ 7

09 다음 그림에서 세 직선 AD, BC, AF는 세 점 D, E, F를 접점으로 하는 원 O의 접선이다. $\overline{AB}=6$ cm, $\overline{BC}=6$ cm, $\overline{CA}=8$ cm일 때, $\overline{BD}$의 길이를 구하시오.

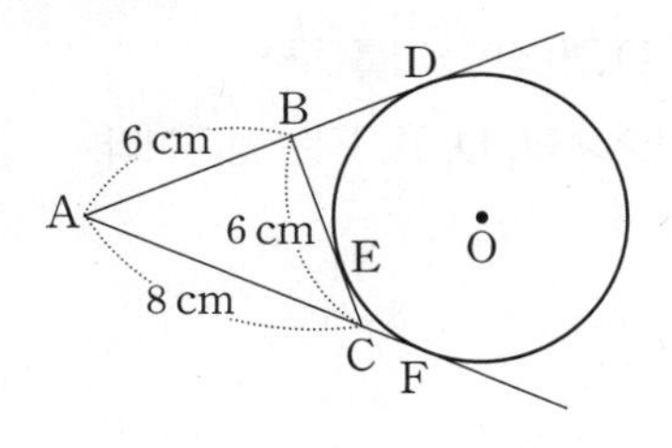

10 오른쪽 그림과 같이 반지름의 길이가 12 cm인 원 O에서 $\angle APB=60°$일 때, 색칠한 부분의 넓이는?

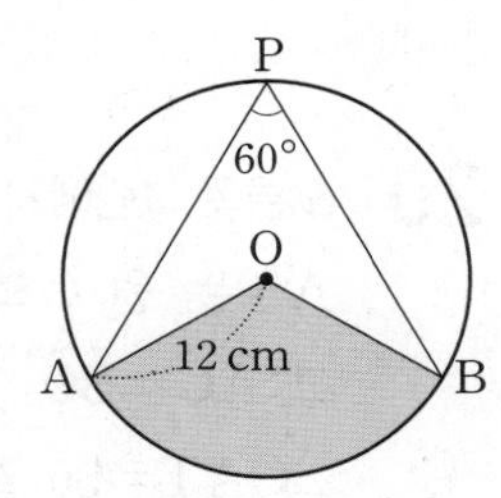

① 32π cm^2 ② 40π cm^2 ③ 48π cm^2
④ 56π cm^2 ⑤ 64π cm^2

11 오른쪽 그림에서 $\overline{BC}$는 반원 O의 지름이고 $\angle E=65°$일 때, $\angle AOD$의 크기를 구하시오.

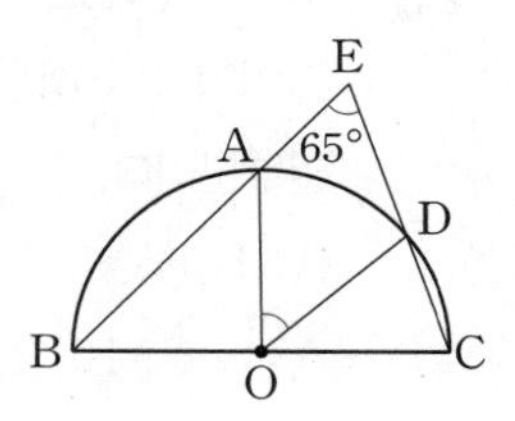

12 오른쪽 그림의 원 O에서 $\overline{AB}$는 지름이고 $\widehat{AC}=\widehat{CD}$, $\angle CAD=33°$일 때, $\angle DAB$의 크기를 구하시오.

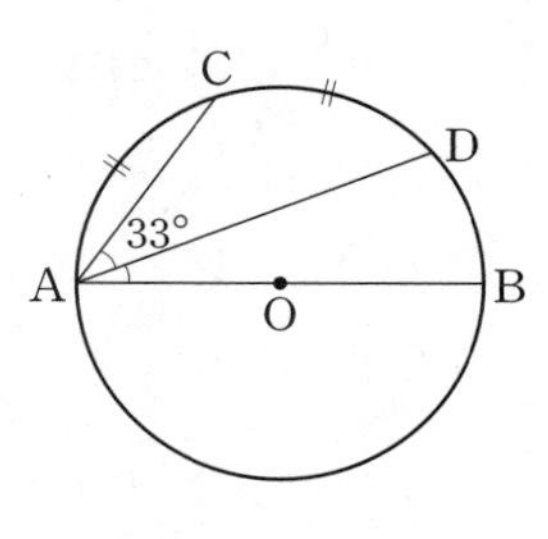

13 오른쪽 그림에서 $\widehat{AB}$는 원의 둘레의 길이의 $\frac{2}{5}$이고 $\widehat{CD}$는 원의 둘레의 길이의 $\frac{1}{6}$일 때, $\angle APD$의 크기는?

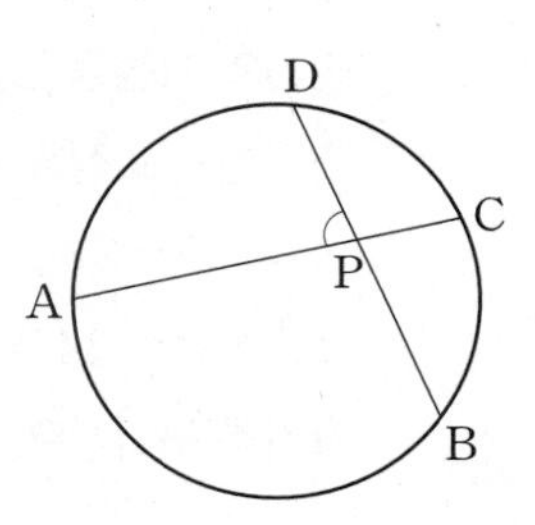

① 78° ② 82° ③ 84°
④ 86° ⑤ 88°

14 오른쪽 그림에서, $\angle CBD=24°$, $\angle BDE=65°$일 때, $\angle y-\angle x$의 크기를 구하시오.

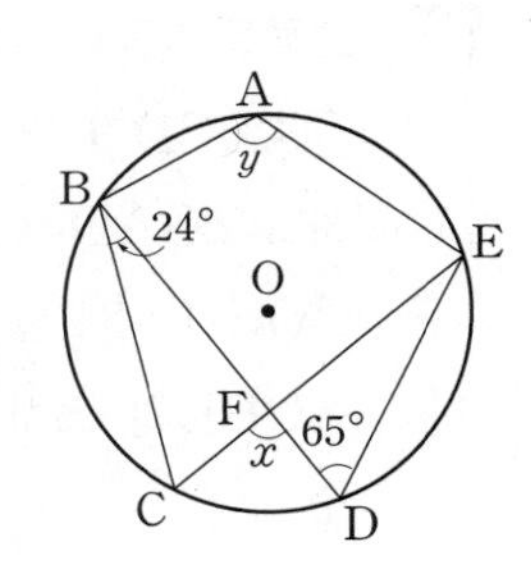

15 오른쪽 그림은 지름의 길이가 9 cm인 원의 일부분이다.
$\overline{AM}=\overline{BM}$,
$\overline{AB}\perp\overline{CM}$이고, $\overline{CM}=6$ cm일 때, △ABC의 넓이는? (단, 점 C는 원의 중심이 아니다.)

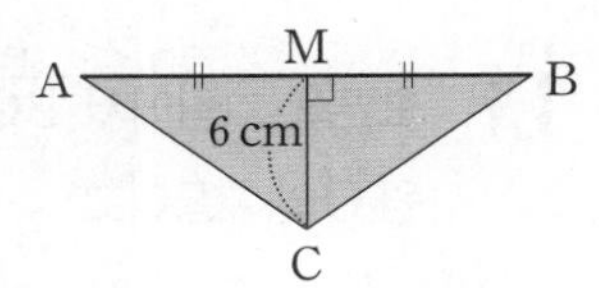

① $18\sqrt{2}$ cm^2　② $18\sqrt{3}$ cm^2
③ $36\sqrt{2}$ cm^2　④ $36\sqrt{3}$ cm^2
⑤ $48\sqrt{2}$ cm^2

16 오른쪽 그림에서 □ABCD는 원에 내접한다. $\overline{AB}$, $\overline{CD}$의 연장선의 교점을 E, $\overline{AD}$, $\overline{BC}$의 연장선의 교점을 F라고 하면
∠AED$=22°$,
∠AFB$=34°$일 때, $\angle x$의 크기를 구하시오.

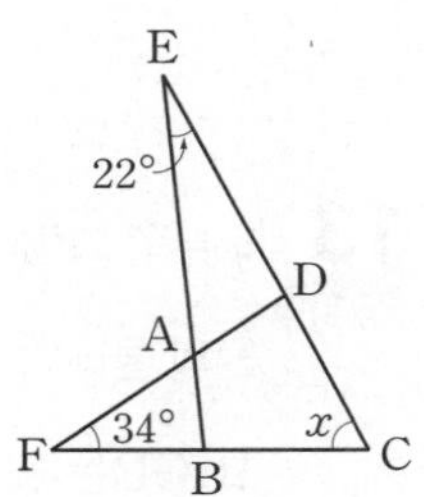
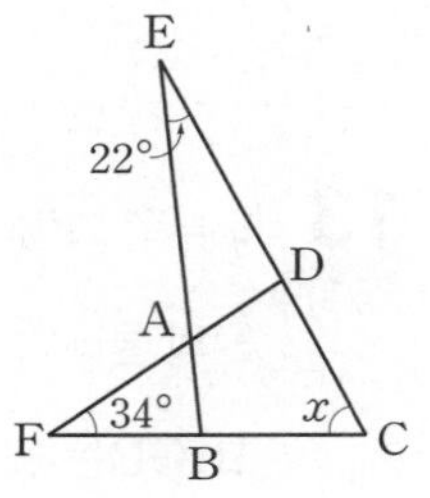

17 오른쪽 그림과 같이 □ABCD가 원 O에 내접하고 ∠OAD$=28°$,
∠OCD$=34°$일 때,
∠CBE의 크기를 구하시오.

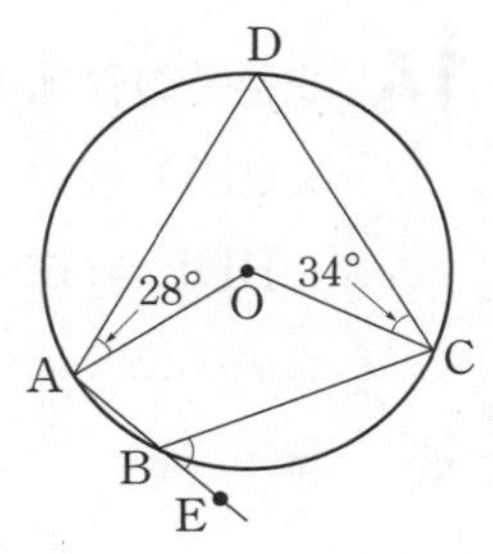

18 오른쪽 그림과 같이 원 O에 내접하는 오각형 ABCDE에서
∠B$=110°$,
∠COD$=100°$일 때,
∠E의 크기는?

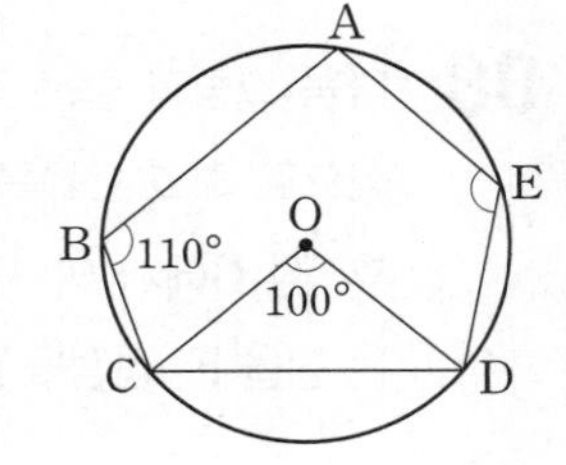

① $110°$　② $115°$　③ $120°$
④ $125°$　⑤ $130°$

19 오른쪽 그림에서 원 O는 △ABC의 내접원이면서 △DEF의 외접원이다. ∠A$=48°$일 때, ∠DEF의 크기를 구하시오. (단, D, E, F는 접점이다.)

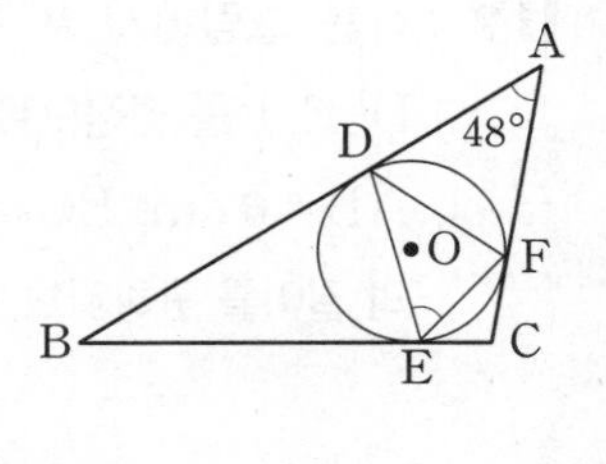

20 오른쪽 그림에서 직선 AT는 원 O의 접선이고, $\overset{\frown}{AC}=\overset{\frown}{BC}$,
∠CAT$=50°$일 때,
∠BCA의 크기를 구하시오.

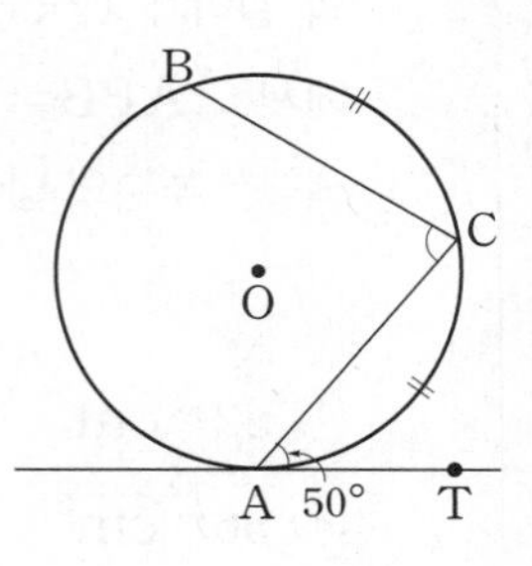

서술형 문제

21 다음 그림과 같이 원 O는 □ABCI에 내접하고, 네 점 E, F, G, H는 각각 원 O의 접점이다. $\overline{AB}=8$ cm, $\overline{BC}=12$ cm일 때, $\overline{HI}$의 길이를 구하시오.

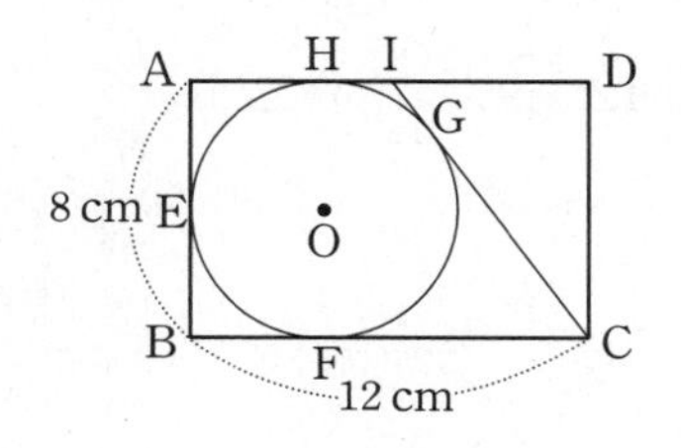

22 오른쪽 그림의 원 O에서 $\overline{AB}\perp\overline{OM}$, $\overline{AC}\perp\overline{ON}$이고, $\overline{OM}=\overline{ON}$이다. $\angle MON=120^\circ$, $\overline{AB}=8$ cm일 때, $\triangle ABC$의 넓이를 구하시오.

23 다음 그림에서 직선 TP는 원 O의 접선이고 $\angle ABT=124^\circ$, $\angle CAT=41^\circ$일 때, $\angle CPT$의 크기를 구하시오.

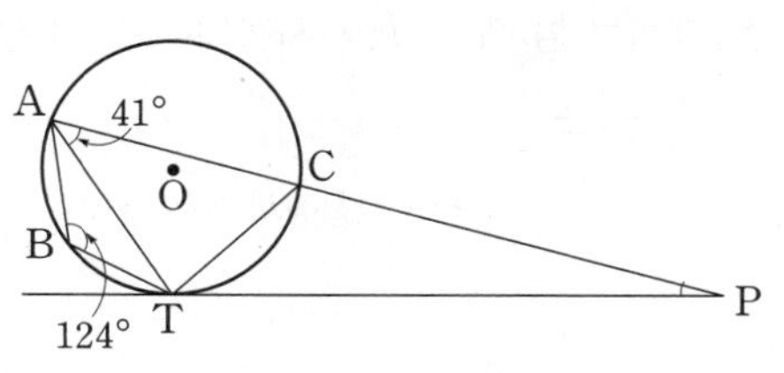

24 다음 그림에서 $\angle ADC=130^\circ$, $\angle DFC=35^\circ$일 때, □ABCD가 원에 내접하도록 하는 $\angle BEC$의 크기를 구하시오.

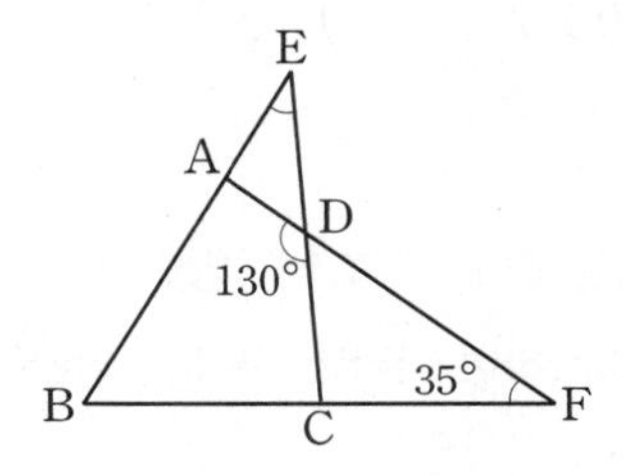

대단원 평가 문제 VI. 통계

정답 및 해설 348쪽

01 다음은 지우가 10회의 영어 시험에서 맞힌 문항 수를 나타낸 것이다. 평균을 a개, 중앙값을 b개, 최빈값을 c개라고 할 때, a, b, c 사이의 대소 관계를 바르게 나타낸 것은?

영어 시험에서 맞힌 문항 수

(단위: 개)

4	10	8	7	6
7	6	10	6	5

① $a<b<c$ ② $b<a=c$ ③ $a=b=c$
④ $c<b<a$ ⑤ $b=a<c$

02 다음은 소현이의 수학 성적을 나타낸 표이다. 4회까지의 수학 성적의 평균이 88점일 때, x의 값은?

소현이의 수학 성적

횟수	1회	2회	3회	4회
수학 성적(점)	84	92	81	x

① 89 ② 91 ③ 93
④ 95 ⑤ 97

03 다음은 어느 반 학생 8명의 등교하는데 걸리는 시간을 조사하여 나타낸 것이다. 평균이 14분일 때, 중앙값과 최빈값은?

등교하는데 걸리는 시간

(단위: 분)

5	19	10	13	17	10	19	x

① 중앙값: 13분, 최빈값: 17분
② 중앙값: 13분, 최빈값: 19분
③ 중앙값: 15분, 최빈값: 19분
④ 중앙값: 15분, 최빈값: 21분
⑤ 중앙값: 17분, 최빈값: 21분

04 변량 a, b, c, d, e의 평균이 8일 때, 다음 변량의 평균은?

$2a-5 \quad 2b-5 \quad 2c-5 \quad 2d-5 \quad 2e-5$

① 10.5 ② 11 ③ 11.5
④ 12 ⑤ 12.5

05 다음 보기 중 옳은 것을 모두 고르면?

보기

ㄱ. 평균보다 큰 변량의 편차는 양수이다.
ㄴ. 각 변량의 편차의 합은 0이다.
ㄷ. 변량들이 평균 주위에 모여 있을수록 표준편차는 커진다.
ㄹ. 평균의 값이 클수록 분산의 값도 크다.

① ㄱ, ㄴ ② ㄱ, ㄷ ③ ㄴ, ㄹ
④ ㄱ, ㄴ, ㄷ ⑤ ㄴ, ㄷ, ㄹ

06 다음 자료에 대한 설명 중 옳지 않은 것은?

11	12	12	10	9
10	12	11	11	12

① 평균은 11이다.
② 편차의 총합은 0이다.
③ 편차의 제곱의 총합은 12이다.
④ 분산은 1이다.
⑤ 표준편차는 1이다.

07 다음은 어느 반 학생 5명의 미술 실기 성적의 편차를 나타낸 표이다. 보기 중 옳은 것을 모두 고르면?

학생	A	B	C	D	E
편차(점)	4	-3	-4	0	3

보기

ㄱ. 학생 A와 학생 B의 미술 실기 성적의 차이는 7점이다.
ㄴ. 미술 실기 성적이 가장 높은 학생은 C이다.
ㄷ. 학생 D의 미술 실기 성적은 5명의 미술 실기 성적의 평균과 서로 같다.
ㄹ. 미술 실기 성적의 표준편차는 $\sqrt{10}$점이다.

① ㄱ, ㄴ ② ㄴ, ㄷ ③ ㄷ, ㄹ
④ ㄱ, ㄴ, ㄷ ⑤ ㄱ, ㄷ, ㄹ

08 다음은 3학년 1반에서 5반까지의 과학 성적의 평균과 표준편차를 나타낸 표이다. 보기 중 옳은 것을 모두 고르면?

과학 성적

반	1반	2반	3반	4반	5반
평균(점)	72	72	74	76	64
표준편차(점)	4.5	10.8	6.8	8.8	2.7

보기

ㄱ. 1반이 3반보다 성적이 더 고르다.
ㄴ. 편차의 총합이 가장 큰 반은 2반이다.
ㄷ. 표준편차로는 분산이 가장 작은 반을 알 수 없다.
ㄹ. 가장 성적이 고른 반은 5반이다.

① ㄱ, ㄴ ② ㄱ, ㄹ ③ ㄴ, ㄷ
④ ㄱ, ㄴ, ㄷ ⑤ ㄴ, ㄷ, ㄹ

09 다음은 주언이의 일주일 동안의 독서량을 조사하여 나타낸 표이다. 독서량의 표준편차를 구하시오.

일주일 동안의 독서량

요일	월	화	수	목	금	토	일
독서량(쪽)	43	46	46	44	42	43	44

10 다음 보기 중 옳은 것을 모두 고르면?

보기

ㄱ. 평균이 작을수록 산포도는 작아진다.
ㄴ. 평균이 서로 다른 두 집단은 표준편차도 서로 다르다.
ㄷ. 각 변량의 편차의 총합은 항상 0이다.
ㄹ. 각 변량의 편차의 제곱의 총합이 작을수록 표준편차도 작아진다.

① ㄱ, ㄴ ② ㄴ, ㄷ ③ ㄷ, ㄹ
④ ㄱ, ㄴ, ㄷ ⑤ ㄴ, ㄷ, ㄹ

11 다음은 채윤이네 모둠 학생 5명의 수학 시험 점수이다. 이 중 점수가 가장 고른 학생을 대표로 뽑을 때, 선발될 학생을 구하시오.

수학 시험 점수

(단위: 분)

	1회	2회	3회	4회	5회	총합
연지	6	7	8	9	10	40
혜경	6	6	8	10	10	40
윤아	7	8	8	8	9	40
채윤	7	7	8	9	9	40
지은	6	8	8	8	10	40

12 변량 14, x, 10, y, 15의 평균이 13, 분산이 10일 때, xy의 값은?

① 135 ② 139.5 ③ 143
④ 147.5 ⑤ 151

13 다음 보기 중 두 변량의 산점도를 그렸을 때, 오른쪽 그림과 같은 모양이 되는 것을 모두 고르시오.

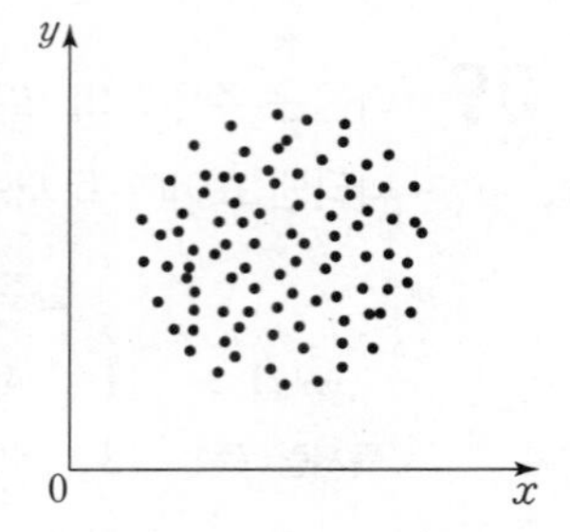

보기

ㄱ. 통학 거리와 성적
ㄴ. 산의 높이와 기온
ㄷ. 키와 충치의 개수
ㄹ. 일조량과 쌀의 생산량

14 다음은 어느 반 학생 10명의 중간고사 수학 성적과 기말고사 수학 성적을 조사하여 나타낸 산점도이다. 옳지 <u>않은</u> 것은?

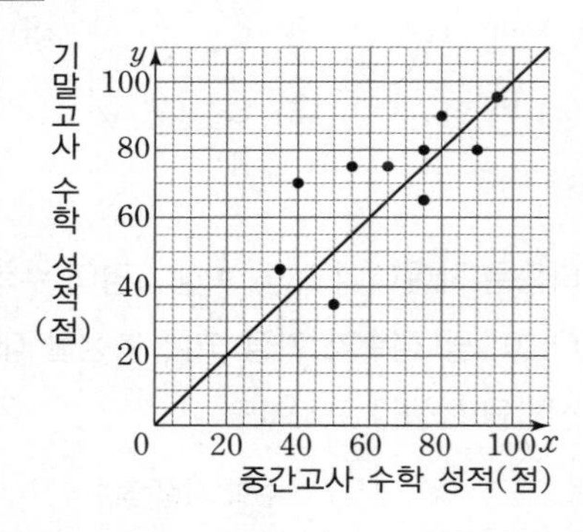

① 중간고사 수학 성적이 80점인 학생의 기말고사 수학 성적은 90점이다.
② 기말고사 수학 성적이 75점인 학생은 2명이다.
③ 중간고사 수학 성적과 기말고사 수학 성적이 서로 같은 학생은 1명이다.
④ 중간고사 수학 성적과 기말고사 수학 성적 사이에는 양의 상관관계가 있다.
⑤ 중간고사 수학 성적이 기말고사 수학 성적보다 더 높은 학생이 더 많다.

15 다음은 A, B 두 반의 학생 수와 영어 성적의 평균과 표준편차를 나타낸 표이다. 보기 중 옳은 것을 모두 고르시오.

학생 수와 영어 성적

반	학생 수(명)	평균(점)	표준편차(점)
A	20	75.5	5.2
B	25	80	9.6

보기

ㄱ. 두 반 전체의 수학 성적의 평균은 78점이다.
ㄴ. B반의 성적이 A반의 성적보다 더 높다.
ㄷ. B반의 편차의 총합이 A반의 편차의 총합보다 더 크다.
ㄹ. B반의 성적이 A반의 성적보다 더 고르다.

16 다음은 5개의 시조새 화석의 넓적다리 뼈와 팔 뼈의 길이를 조사하여 나타낸 표이다. 넓적다리 뼈와 팔 뼈의 길이의 산점도를 그리고, 두 변량 사이에 어떤 상관관계가 있는지 말하시오.

넓적다리 뼈의 길이와 팔 뼈의 길이

(단위: cm)

넓적다리 뼈	40	58	62	66	76
팔 뼈	44	66	72	74	86

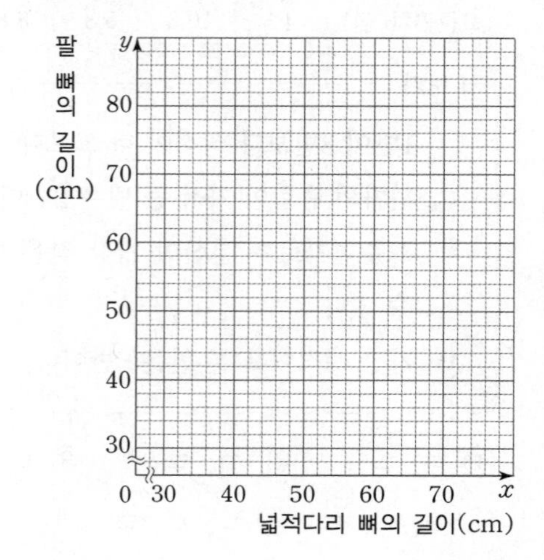

서술형 문제

17 다음 두 자료에서 자료 (나)의 중앙값이 12일 때, 두 자료 전체의 중앙값을 구하시오.

자료 (가)	11, a, 8, 17, 10
자료 (나)	10, 13, 9, a, 16

18 다음은 어느 반 학생 10명의 윗몸일으키기 횟수를 조사하여 나타낸 줄기와 잎 그림이다. 분산과 표준편차를 각각 구하시오.

윗몸일으키기 횟수

(3|2는 32회)

줄기	잎
3	2 6
4	2 3 5 5 9
5	4 6 8

19 다음은 어느 반 학생 10명의 한 뼘의 길이와 발의 길이를 조사하여 나타낸 표이다. 한 뼘의 길이와 발의 길이의 산점도를 그리고, 두 변량 사이에 어떤 상관관계가 있는지 설명하시오.

한 뼘의 길이와 발의 길이

(단위: cm)

한 뼘의 길이	발의 길이	한 뼘의 길이	발의 길이
17.8	23.2	20.2	25.8
20.8	26	19	24
20.6	25	21.4	26.4
19.2	24.8	19.8	25.6
21.2	26.2	17.8	23.4

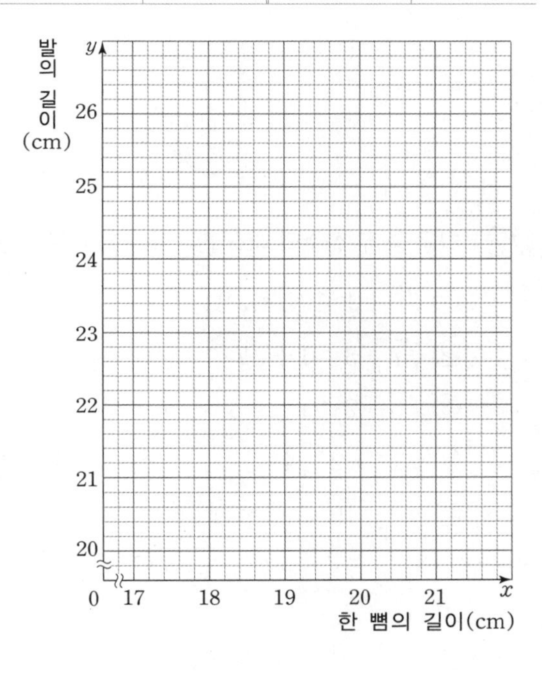

실전 테스트 1회

정답 및 해설 351쪽

01 다음 중 옳은 것은?

① $a>0$일 때, $a>\sqrt{a}$

② $(\sqrt{13})^2$의 제곱근은 $\sqrt{13}$이다.

③ $a<0$일 때, $\sqrt{(-a)^2}=-a$이다.

④ $a>0$일 때, $\sqrt{a}$는 무리수이다.

⑤ $x^2=a$일 때, a를 x의 제곱근이라고 한다.

02 다음 중 두 실수의 대소 관계가 옳지 않은 것은?

① $\sqrt{5}+1<\sqrt{5}+\sqrt{2}$

② $\sqrt{7}+3>1+\sqrt{7}$

③ $\sqrt{6}-2<1$

④ $\sqrt{11}+2>4$

⑤ $4-\sqrt{19}<-1$

03 두 실수 a, b에 대하여 $a-b>0$, $ab<0$일 때, $\sqrt{b^2}+\sqrt{a^2}-\sqrt{(b-a)^2}$을 간단히 하면?

① $-a+b$　② $-a$　③ 0

④ $2b$　⑤ $a+b$

04 다음 그림에서 □ABCD는 한 변의 길이가 1인 정사각형이다. 점 C를 중심으로 하고 대각선 AC를 반지름으로 하는 원을 그려 수직선과 만나는 점을 각각 P(a), Q(b)라고 할 때, $a+b$의 값은?

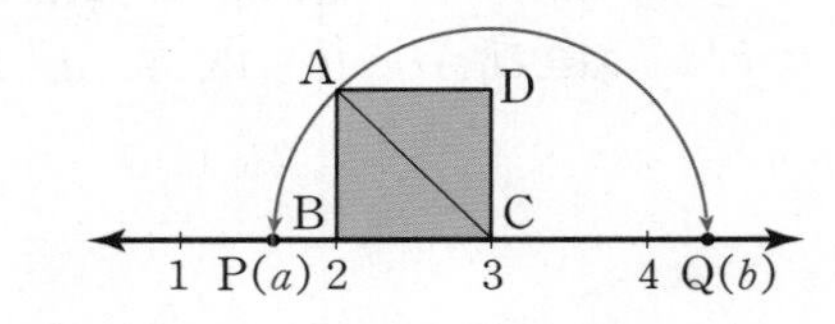

① -6　② $-3-\sqrt{2}$　③ 3

④ 6　⑤ $6+2\sqrt{2}$

05 $\sqrt{160x}$가 자연수가 되도록 하는 가장 작은 x의 값은?

① 2　② 5　③ 10

④ 16　⑤ 20

06 유리수 a, b에 대하여 $\sqrt{112}=a\sqrt{7}$, $\sqrt{800}=b\sqrt{2}$일 때, $\sqrt{2ab}$의 값은?

① $2\sqrt{5}$　② $2\sqrt{10}$　③ $4\sqrt{5}$

④ 10　⑤ $4\sqrt{10}$

07 $\frac{\sqrt{18}}{6}+\frac{\sqrt{6}}{2\sqrt{3}}-\sqrt{32}=k\sqrt{2}$일 때, 유리수 k의 값은?

① -3　② -1　③ 1
④ 3　⑤ 5

08 $\sqrt{3000}$은 $\sqrt{30}$의 A배이고, $\frac{\sqrt{0.2}}{\sqrt{20}}=B$일 때, 다음 중 A, B의 값을 차례대로 나열한 것은?

① $10, \frac{1}{100}$　② $10, \frac{1}{10}$
③ $100, \frac{1}{10}$　④ $100, \frac{1}{100}$
⑤ $100, \frac{1}{1000}$

09 $f(x)=\sqrt{x+1}-\sqrt{x}$일 때,
$f(1)+f(2)+f(3)+\cdots+f(99)$의 값은?

① 5　② 7　③ 9
④ 11　⑤ 13

10 $\sqrt{2}$의 소수점 아래의 부분을 a라고 할 때, $\sqrt{50}$을 a를 사용하여 나타내면?

① $4(a+1)$　② $5(a+1)$
③ $6(a+1)$　④ $8(a+1)$
⑤ $10(a+1)$

11 다음 중 식을 바르게 전개한 것은?

① $(x-2y)^2=x^2-4y^2$
② $(x+7)(x-5)=x^2-2x-35$
③ $(-x+2y)(-x-2y)=x^2-4xy+4y^2$
④ $(2x+3)(x-1)=2x^2+x-3$
⑤ $(-x+6y)(2x-5y)$
$=-2x^2-17xy-30y^2$

12 $(3x+1)(2x+a)$의 전개식에서 x의 계수가 상수항의 4배일 때, 상수 a의 값은?

① 1　② 2　③ 3
④ 4　⑤ 5

13 $(2x-5)^2-(x+1)(3x-5)=ax^2+bx+c$일 때, $a+b+c$의 값은? (단, a, b, c는 상수이다.)

① 11　② 12　③ 13
④ 14　⑤ 15

14 $a=\frac{1}{\sqrt{5}+2}$, $b=\frac{1}{\sqrt{5}-2}$일 때, $\frac{b}{a}+\frac{a}{b}$의 값은?

① 12　② 14　③ 16
④ 18　⑤ 20

15 $x=\sqrt{5}-3$일 때, x^2+6x-4의 값은?

① -8 ② -3 ③ 3
④ 6 ⑤ 8

16 다음 중 $ab(b-1)$의 인수가 아닌 것은?

① $a(b-1)$ ② $b-1$ ③ ab
④ $ab+1$ ⑤ $ab(b-1)$

17 다음 중 완전제곱식으로 인수분해할 수 없는 것은?

① $x^2+14x+49$
② $4x^2-20xy+25y^2$
③ $2y^2+4y+2$
④ $3x^2-4xy+y^2$
⑤ $a^2+\frac{1}{3}a+\frac{1}{36}$

18 다음 보기의 다항식 중 $x-4$를 인수로 갖는 것을 모두 고른 것은?

| 보기 |
ㄱ. $2x^2-3x-20$ ㄴ. $2x^2+5x+2$
ㄷ. $3x^2+7x+2$ ㄹ. $3x^2-11x-4$

① ㄱ, ㄴ ② ㄱ, ㄹ
③ ㄴ, ㄹ ④ ㄱ, ㄷ, ㄹ
⑤ ㄴ, ㄷ, ㄹ

19 $2<a<4$일 때,
$\sqrt{a^2-8a+16}-\sqrt{a^2-4a+4}$를 간단히 하면?

① -6 ② -4 ③ -2
④ $-2a+6$ ⑤ $2a-2$

20 다음 그림과 같은 사다리꼴의 넓이가 $2a^2+5a-3$일 때, 이 사다리꼴의 높이는?

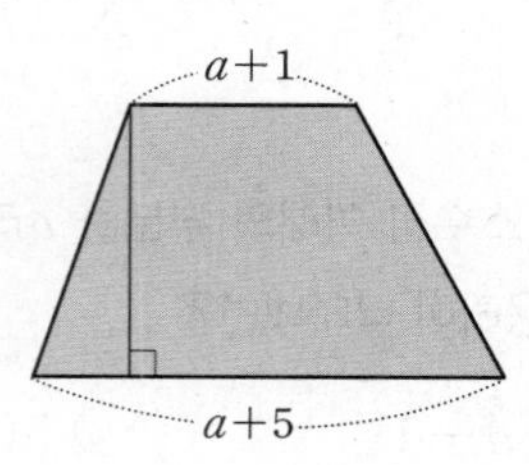

① $2a-1$ ② $2a+1$ ③ $3a-1$
④ $3a+1$ ⑤ $3a+2$

[21~25] 다음 문제를 읽고, 식과 답을 서술하시오.

21 $\sqrt{81}$의 음의 제곱근을 A, $\sqrt{(-3)^2}$의 값을 B라고 할 때, $3A-2B$의 값을 구하시오.

22 $x=\sqrt{2}+\frac{1}{\sqrt{2}}$, $y=2\sqrt{2}-\frac{1}{\sqrt{2}}$일 때, 다음 물음에 답하시오.

(1) x, y를 간단히 하시오.

(2) $x+y$, xy의 값을 구하시오.

(3) $\frac{1}{x}+\frac{1}{y}$의 값을 구하시오.

23 $(3a-b)(2a+3b)$의 전개식에서 다음 물음에 답하시오.

(1) a^2항의 계수를 구하시오.

(2) b^2항의 계수를 구하시오.

(3) a^2항의 계수와 b^2항의 계수의 합을 구하시오.

24 두 다항식 x^2-A, $x^2+Bx+25$가 $x-5$를 공통인 인수로 가질 때, 다음 물음에 답하시오.

(1) 상수 A의 값을 구하시오.

(2) 상수 B의 값을 구하시오.

(3) $A+B$의 값을 구하시오.

25 넓이가 x^2-6x+8인 직사각형이 있다. 이 직사각형의 가로와 세로의 길이가 일차식으로 나타내어질 때, 가로와 세로의 길이의 합을 구하시오.

실전 테스트 2회

정답 및 해설 353쪽

01 다음 중 이차방정식이 아닌 것은?

① $-x^2=0$
② $x^2-2x=(x+2)(x-2)$
③ $x^2-3x-2=(2x+1)(x+2)$
④ $2x^2-x-2=x^2+3x+1$
⑤ $2x(x-2)=x(x+1)$

02 다음 중 [ ] 안의 수가 주어진 이차방정식의 해가 아닌 것은?

① $x(x+2)=0$ [0]
② $x^2+2x-3=0$ [-3]
③ $x^2-4=0$ [-2]
④ $2x^2+3x-5=0$ [1]
⑤ $x^2-5x+4=0$ [-1]

03 다음 중 중근을 갖는 이차방정식은?

① $x^2-6x+8=0$
② $x^2+x-30=0$
③ $2x^2-4x-6=0$
④ $2x^2+8x+8=0$
⑤ $4x^2-9=0$

04 이차방정식 $3x^2-12x-a=0$을 완전제곱식을 이용하여 풀었더니 해가 $x=2\pm\sqrt{5}$이었다. 상수 a의 값은?

① 1 ② 2 ③ 3 ④ 4 ⑤ 5

05 이차방정식 $x^2-5x+6=0$의 두 근 중 큰 근이 이차방정식 $x^2+ax-2a-3=0$의 근일 때, 상수 a의 값은?

① -6 ② -4 ③ -2 ④ 2 ⑤ 4

06 이차방정식 $3(x-2)^2+k=0$이 중근을 가질 때, 상수 k의 값과 그 때의 중근의 합은?

① -2 ② -1 ③ 0 ④ 1 ⑤ 2

07 이차방정식 $x^2-4x-2=0$의 두 근의 차는?

① $\sqrt{6}$ ② $2\sqrt{3}$ ③ $2\sqrt{6}$ ④ $4\sqrt{3}$ ⑤ 6

08 이차방정식 $x^2-10x+m=0$에 대한 설명으로 옳은 것을 다음 보기에서 모두 고른 것은?

보기
ㄱ. $m=10$이면 서로 다른 두 근을 갖는다.
ㄴ. $m=25$이면 중근 $x=5$를 갖는다.
ㄷ. $m=20$이면 근을 갖지 않는다.

① ㄱ ② ㄱ, ㄴ ③ ㄴ, ㄷ ④ ㄱ, ㄷ ⑤ ㄱ, ㄴ, ㄷ

09 이차방정식 $x^2+bx+c=0$을 상규는 상수항을 잘못 보고 풀어 -3, 5가 나왔고, 우진이는 일차항의 계수를 잘못 보고 풀어 -8, 3이 나왔다. 올바른 이차방정식의 해를 구하면? (단, b, c는 상수이다.)

① -6, 4 ② -4, 6 ③ -2, 4
④ 2, 4 ⑤ 4, 6

10 연필 120자루를 학생들에게 남김없이 똑같이 나누어 주려고 한다. 한 학생이 받게 되는 연필의 수가 학생 수의 $\frac{1}{2}$보다 4만큼 크다고 할 때, 한 학생이 받게 되는 연필의 수는?

① 7자루 ② 8자루 ③ 9자루
④ 10자루 ⑤ 11자루

11 다음 중 y가 x의 이차함수인 것은?

① $y=2(x+1)^2-2x^2+5$
② $y=(x+1)(2x^2-3)$
③ $y=(x-2)^2+(-x+2)^2$
④ $y=1-x+\frac{1}{x^2}$
⑤ $y=\frac{3}{x}$

12 다음 이차함수 중 그래프의 폭이 가장 넓은 것은?

① $y=\frac{1}{5}x^2$ ② $y=3x^2$
③ $y=-2x^2$ ④ $y=x^2$
⑤ $y=\frac{1}{2}x^2$

13 다음 중 이차함수 $y=x^2$과 $y=(x-2)^2$의 그래프에 대한 설명으로 옳지 않은 것은?

① 두 포물선은 한 점에서 만난다.
② 두 포물선의 축의 방정식은 같다.
③ 두 그래프는 평행이동에 의해 완전히 포갤 수 있다.
④ $y=(x-2)^2$의 그래프는 x축과 한 점에서 만난다.
⑤ 두 포물선의 꼭짓점 사이의 거리는 2이다.

14 이차함수 $y=a(x-p)^2+q$의 그래프가 다음 그림과 같을 때, a, p, q의 부호는?

(단, a, p, q는 상수이다.)

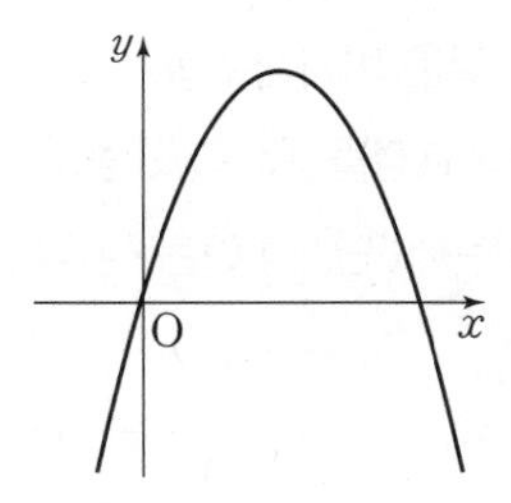

① $a>0$, $p>0$, $q>0$
② $a>0$, $p<0$, $q>0$
③ $a<0$, $p>0$, $q>0$
④ $a<0$, $p>0$, $q<0$
⑤ $a<0$, $p<0$, $q<0$

15 이차함수 $y=-(x+3)^2$의 그래프가 y축과 만나는 점을 A라 하고, 이 그래프와 x축에 대하여 서로 대칭인 그래프가 y축과 만나는 점을 B라고 할 때, $\overline{AB}$의 길이는?

① 9 ② 12 ③ 14
④ 16 ⑤ 18

16 이차함수 $y=x^2-6x+2$의 그래프의 꼭짓점의 좌표와 축의 방정식을 차례대로 구하면?

① $(-3, -7)$, $x=-7$
② $(-3, -7)$, $x=-3$
③ $(3, -7)$, $x=-7$
④ $(3, -7)$, $x=3$
⑤ $(3, 7)$, $x=3$

17 다음과 같은 이차함수 $y=x^2+4x-1$의 그래프에서 y축과의 교점을 A, 꼭짓점을 B라고 할 때, △AOB의 넓이는? (단, 점 O는 원점이다.)

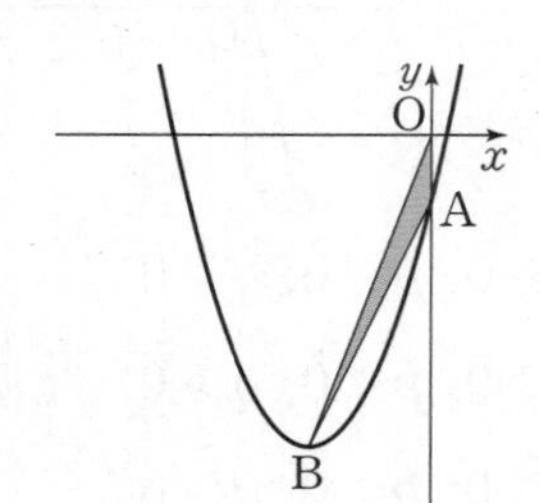

① 1 ② 2 ③ 3
④ 4 ⑤ 5

18 이차함수 $y=ax^2+bx+c$의 그래프가 오른쪽 그림과 같을 때, 다음 중 직선 $ax+by+c=0$의 그래프의 모양으로 옳은 것은?

(단, a, b, c는 상수이다.)

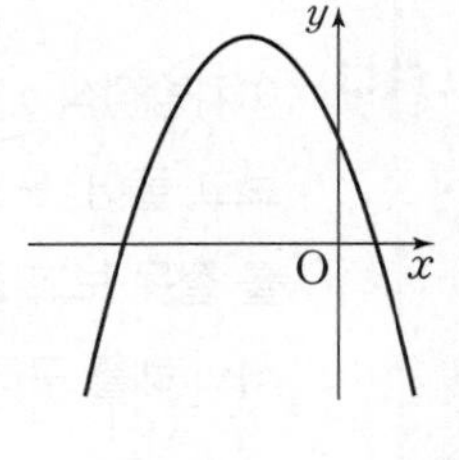

①
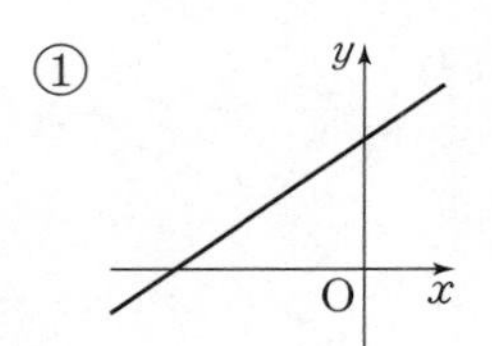

②
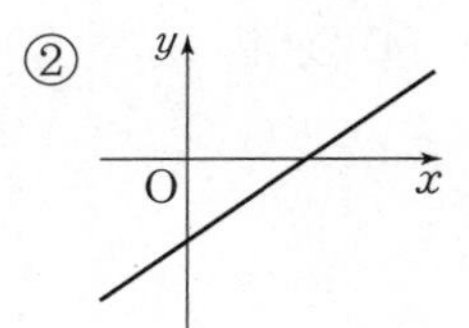

③
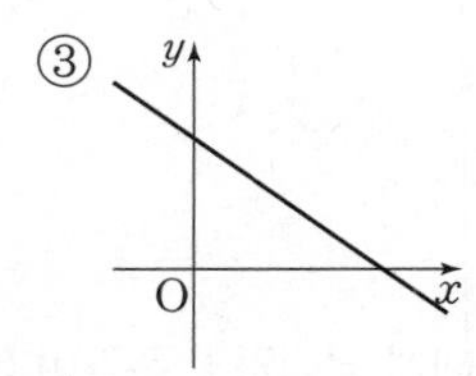

④
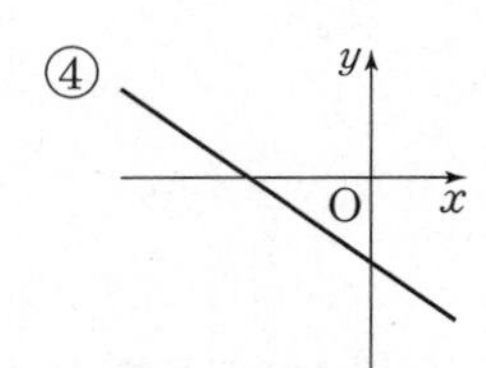

⑤
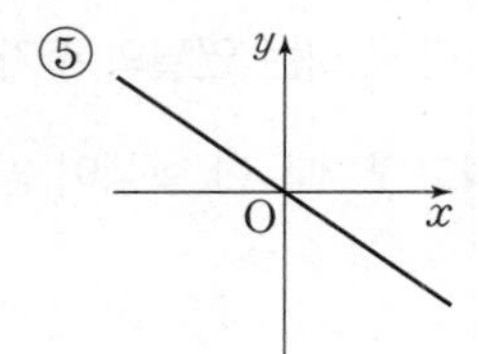

19 세 점 $(-1, 0)$, $(5, 0)$, $(0, -5)$를 지나는 포물선을 나타내는 이차함수의 식이 $y=ax^2+bx+c$라고 할 때, $a+b+c$의 값은?

(단, $a\neq0$이고 a, b, c는 상수이다.)

① -8 ② -4 ③ -2
④ 2 ⑤ 6

20 이차함수 $y=3x^2-12x+5$에서 x의 값이 증가할 때, y의 값이 감소하는 x의 값의 범위는?

① $x<-2$ ② $x<2$ ③ $0<x<2$
④ $x>-2$ ⑤ $x>2$

[21~25] 다음 문제를 읽고, 식과 답을 서술하시오.

21 이차방정식 $x^2-x-12=0$의 두 근 중 큰 근을 m, 작은 근을 n이라고 할 때, $m-n$의 값을 구하시오.

22 가로, 세로의 길이가 각각 10 m, 8 m인 직사각형 모양의 땅에 다음 그림과 같이 폭이 일정한 길을 만들고, 나머지 부분에 화단을 만들었더니 화단의 넓이가 56 m^2가 되었다. 이때 길의 폭을 구하시오.

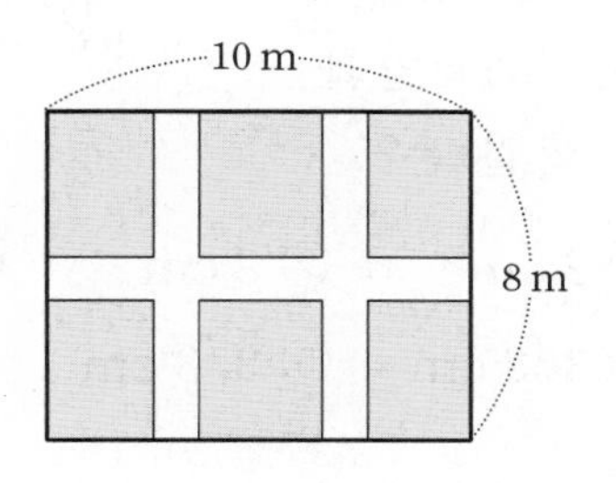

23 다음은 일차함수 $y=ax+b$의 그래프이다. 이때 이차함수 $y=(x+a)^2-b$의 그래프의 꼭짓점이 위치하는 사분면을 구하시오. (단, a, b는 상수이다.)

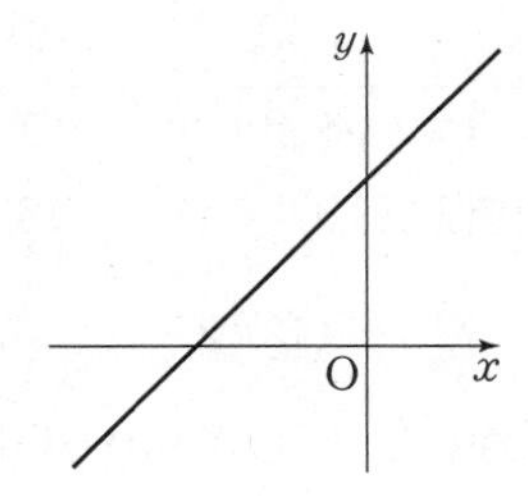

24 세 이차함수 $y=3(x-7)^2+2$, $y=(x-5)^2+3$, $y=\frac{1}{2}(x-3)^2-1$의 그래프의 세 꼭짓점을 연결하여 만든 삼각형의 넓이를 구하시오.

25 넓이가 1080 cm^2인 직사각형 모양의 도화지 위에 모양과 크기가 같은 직사각형 모양의 종이 6장을 다음 그림과 같이 겹치지 않게 배열하였더니 남은 부분의 가로의 길이가 6 cm이었다. 이때 붙인 종이 한 장의 둘레의 길이를 구하시오.

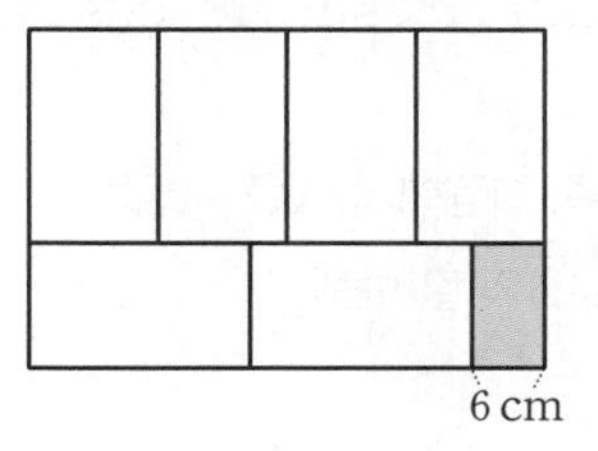

실전 테스트 3회

정답 및 해설 356쪽

01 오른쪽 그림과 같이 $\angle B=90^\circ$이고 $\overline{AB}=3$, $\overline{BC}=2$인 직각삼각형 ABC에 대하여 다음 중 옳지 않은 것은?

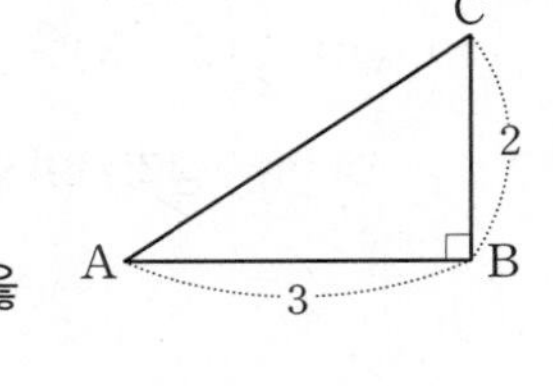

① $\sin A=\frac{2\sqrt{13}}{13}$　② $\cos A=\frac{3\sqrt{13}}{13}$

③ $\tan A=\frac{2}{3}$　④ $\sin C=\frac{2\sqrt{13}}{13}$

⑤ $\tan C=\frac{3}{2}$

02 $45^\circ<\angle A<90^\circ$일 때, $\sin A$, $\cos A$, $\tan A$의 대소 관계가 옳은 것은?

① $\sin A<\tan A<\cos A$

② $\sin A<\cos A<\tan A$

③ $\cos A<\sin A<\tan A$

④ $\cos A<\tan A<\sin A$

⑤ $\tan A<\sin A<\cos A$

03 오른쪽 그림에서 $\overline{AC}=2$일 때, $\overline{DB}$의 길이는?

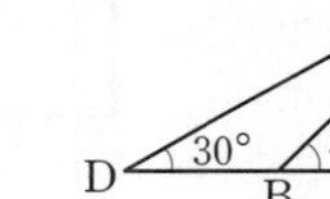

① $\sqrt{3}-1$

② $2\sqrt{3}-2$

③ $\sqrt{3}$

④ $2\sqrt{3}-1$

⑤ $\sqrt{3}+1$

04 $0^\circ<x^\circ<90^\circ$이고 $\cos x^\circ=\frac{1}{2}$일 때, $\tan x^\circ$의 값은?

① $\frac{\sqrt{3}}{3}$　② $\frac{\sqrt{2}}{2}$　③ 1

④ $\sqrt{2}$　⑤ $\sqrt{3}$

05 오른쪽 그림과 같이 반지름의 길이가 1인 사분원에서 다음 중 옳은 것은?

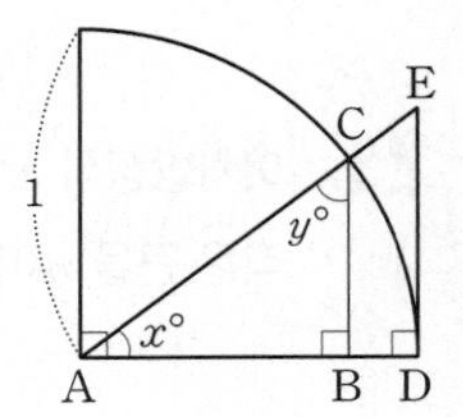

① $\sin x^\circ=\overline{BD}$

② $\cos x^\circ=\overline{AD}$

③ $\tan x^\circ=\overline{BC}$

④ $\tan y^\circ=\overline{AD}$

⑤ $\sin y^\circ=\overline{AB}$

06 오른쪽 그림에서 $\angle ABC=\angle BCD=90^\circ$, $\angle ACB=30^\circ$, $\angle BDC=45^\circ$, $\overline{DC}=3$ cm일 때, $\overline{AC}$의 길이는?

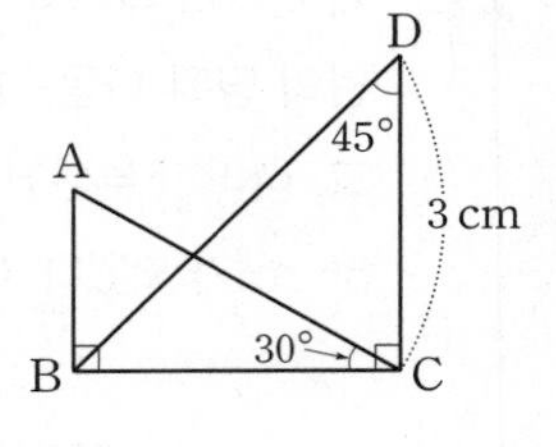

① 2 cm　② 3 cm　③ $2\sqrt{3}$ cm

④ $3\sqrt{2}$ cm　⑤ $3\sqrt{3}$ cm

07 오른쪽 그림과 같이 일차함수 $3x-4y=-12$의 그래프와 x축, y축과의 교점을 각각 A, B라고 할 때, $\cos a^\circ-\tan b^\circ$의 값은?

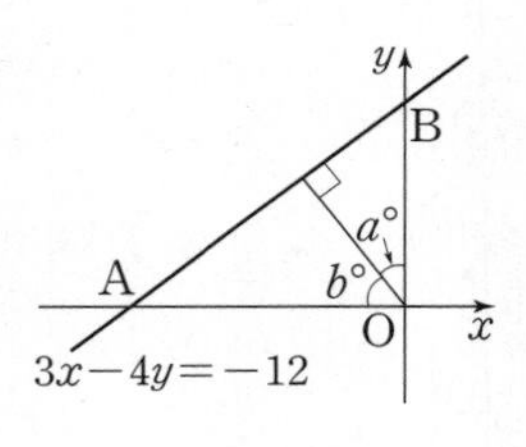

① $-\frac{8}{15}$　② $-\frac{1}{20}$　③ $\frac{1}{20}$

④ $\frac{7}{5}$　⑤ $\frac{25}{12}$

08 $\sqrt{(\sin A+\cos A)^2}+\sqrt{(\sin A-\cos A)^2}$을 간단히 하면? (단, $0^\circ<\angle A<45^\circ$이다.)

① 0　② 2　③ $2\sin A$

④ $2\cos A$　⑤ $2\sin A+2\cos A$

09 다음 그림과 같이 학교 건물로부터 40 m 떨어진 지점 A에서 건물 꼭대기인 C 지점을 올려다 본 각의 크기가 30°였다. 이 학교 건물의 높이인 $\overline{BC}$의 길이는?

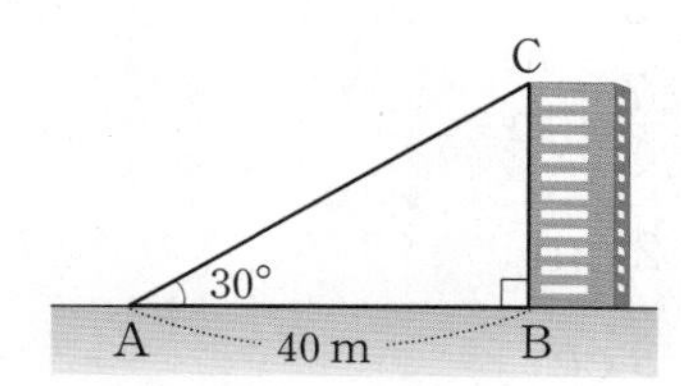

① $\dfrac{15\sqrt{3}}{2}$ m　　② 20 m

③ $\dfrac{40\sqrt{3}}{3}$ m　　④ $20\sqrt{3}$ m

⑤ $15\sqrt{6}$ m

10 다음 그림의 △ABC에서 x의 값은?

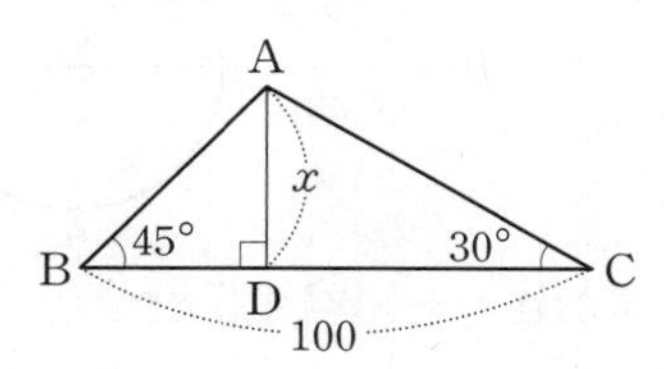

① $50\sqrt{2}-50$　　② $50\sqrt{3}-50$

③ 50　　④ $50\sqrt{2}-1$

⑤ $50\sqrt{3}-1$

11 다음 그림과 같은 삼각형의 넓이는?

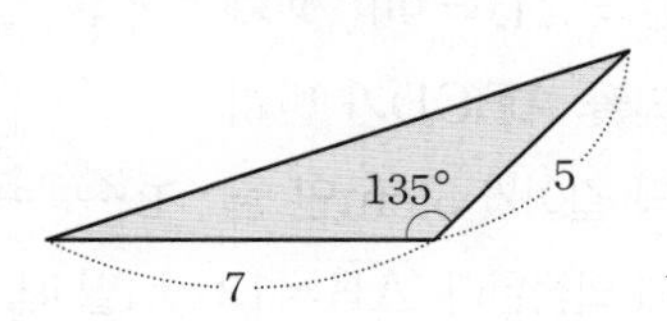

① 35　　② $\dfrac{35}{2}$　　③ $\dfrac{35}{4}$

④ $\dfrac{35\sqrt{2}}{2}$　　⑤ $\dfrac{35\sqrt{2}}{4}$

12 오른쪽 그림과 같은 □ABCD에서 $\overline{AC}=8$ cm, $\overline{BD}=10$ cm이고 두 대각선이 이루는 각의 크기가 60°일 때, □ABCD의 넓이는?

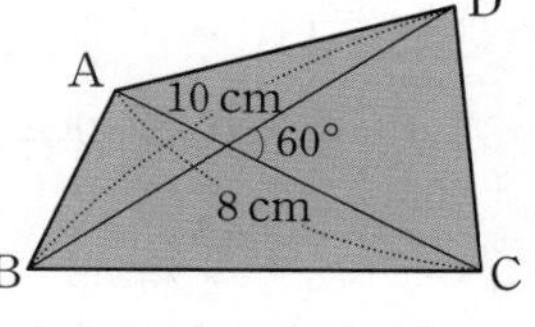

① $18\sqrt{3}$ cm²　　② $20\sqrt{3}$ cm²

③ $24\sqrt{3}$ cm²　　④ $32\sqrt{3}$ cm²

⑤ $40\sqrt{3}$ cm²

13 오른쪽 그림과 같은 □ABCD의 넓이는?

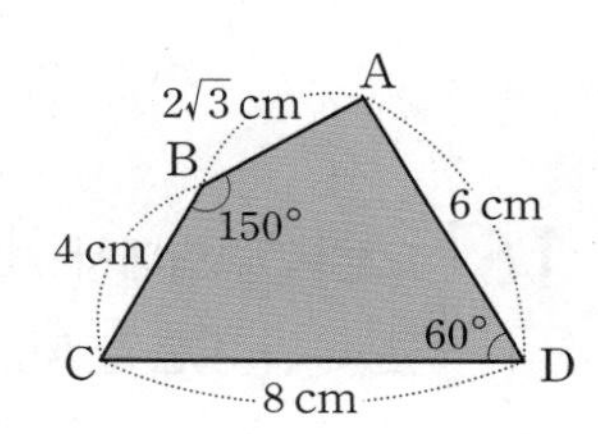

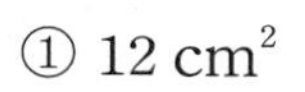

① 12 cm²

② $12\sqrt{2}$ cm²

③ $10\sqrt{3}$ cm²

④ $14\sqrt{2}$ cm²

⑤ $14\sqrt{3}$ cm²

14 오른쪽 그림에서 $\overline{AB}$는 원 O의 지름이고 ∠CAO=30°, $\overline{AO}=3$일 때, 색칠한 활꼴의 넓이는?

C
30°
A　3　O　B

① $\pi-\dfrac{4\sqrt{3}}{9}$　　② $2\pi-\dfrac{5\sqrt{3}}{2}$

③ $3\pi-\dfrac{2\sqrt{3}}{3}$　　④ $3\pi-\dfrac{9\sqrt{3}}{4}$

⑤ $9\pi-\dfrac{9\sqrt{3}}{2}$

15 한 원 또는 합동인 두 원에서 다음 중 옳지 <u>않은</u> 것은?

① 길이가 같은 두 호에 대한 중심각의 크기는 같다.

② 길이가 같은 두 현에 대한 중심각의 크기는 같다.

③ 호의 길이는 중심각의 크기에 정비례한다.

④ 현의 길이는 중심각의 크기에 정비례한다.

⑤ 길이가 같은 두 현은 원의 중심으로부터 같은 거리에 있다.

16 오른쪽 그림에서 $\overline{AC}$가 원 O의 지름일 때, x의 값은?

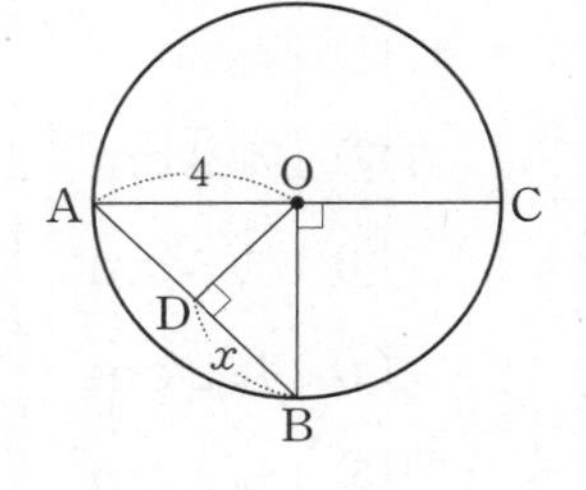

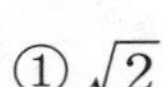

① $\sqrt{2}$　② $\sqrt{3}$

③ 2　④ $2\sqrt{2}$

⑤ $2\sqrt{3}$

17 오른쪽 그림에서 $\overline{PA}$, $\overline{PB}$는 원 O의 접선이고 두 점 A, B는 각각 원 O의 접점이다. $\angle POB=60°$, $\overline{PA}=6\sqrt{3}$ cm일 때, $\overline{OB}$의 길이는?

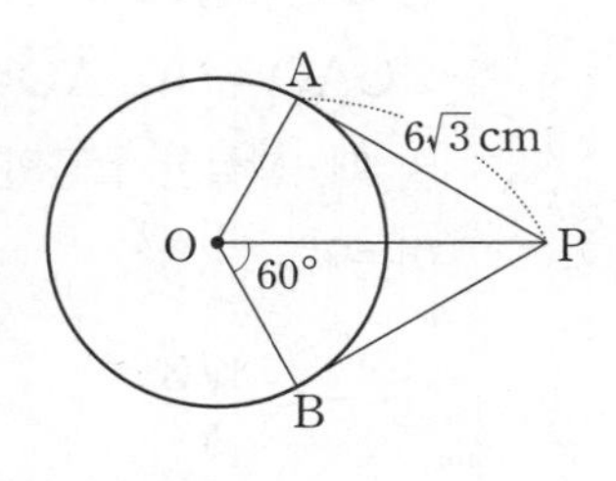

① 5 cm　② 6 cm　③ 7 cm

④ 8 cm　⑤ 9 cm

18 오른쪽 그림에서 $\overline{AD}$의 길이는?

① $\frac{5}{2}$ cm

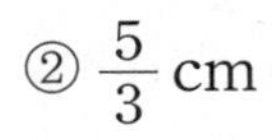

② $\frac{5}{3}$ cm

③ $\frac{7}{3}$ cm

④ 2 cm

⑤ 3 cm

19 다음 그림에서 $\overline{PT}$는 원 O의 접선이고 점 T는 접점이다. $\overline{AB}$는 지름일 때, 원 O의 반지름의 길이는?

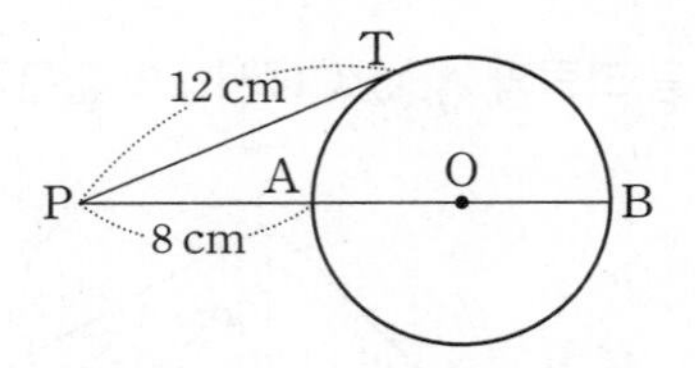

① 4 cm　② 4.5 cm　③ 5 cm

④ 5.5 cm　⑤ 6 cm

20 오른쪽 그림과 같이 $\angle C=\angle D=90°$인 사다리꼴 ABCD가 반지름의 길이가 5 cm인 원 O에 외접한다. $\overline{AB}=13$ cm일 때, □ABCD 의 넓이는?

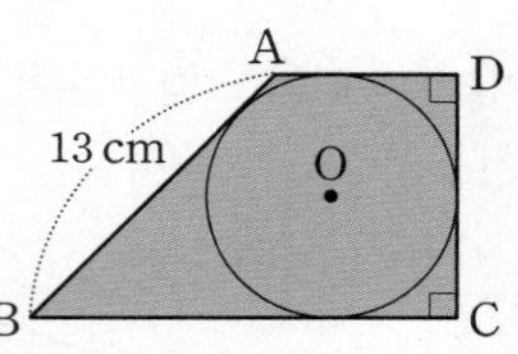

① 100 cm^2　② 105 cm^2　③ 110 cm^2

④ 115 cm^2　⑤ 120 cm^2

[21~25] 다음 문제를 읽고, 식과 답을 서술하시오.

21 $\triangle$ABC에서 $0° < \angle A < 90°$이고 $3\cos A - 2 = 0$일 때, $\sin A \times \frac{1}{\tan A}$의 값을 구하시오.

22 오른쪽 그림은 한 모서리의 길이가 5인 정육면체이다. $\angle CEG = x°$일 때, $\cos x°$의 값을 구하시오.

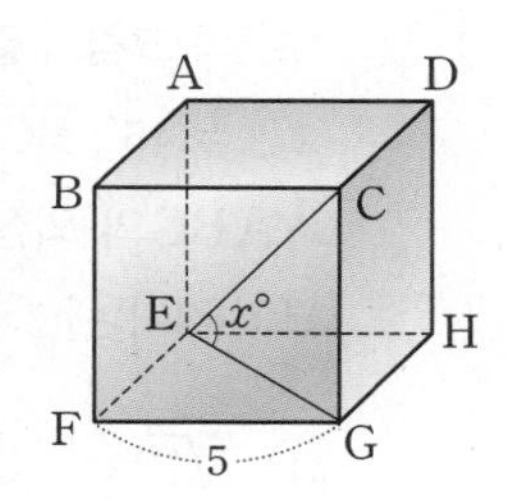

23 오른쪽 그림과 같이 지면에 수직으로 서 있던 나무가 부러져 지면과 30°의 각을 이루게 되었다. 부러지기 전 나무의 높이를 구하시오.

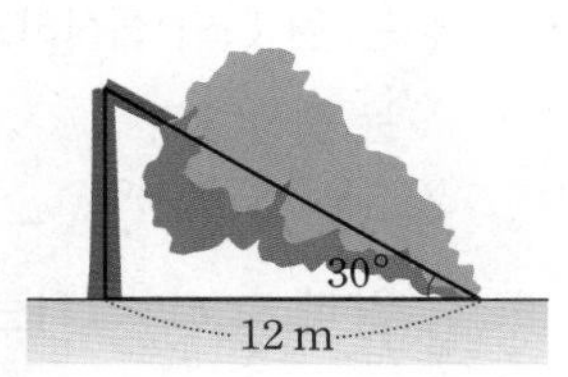

24 다음 그림과 같이 호 AB는 원 O의 일부분이고 $\overline{AD} = \overline{BD}$, $\overline{AB} \perp \overline{CD}$일 때, 이 원의 반지름의 길이를 구하시오.

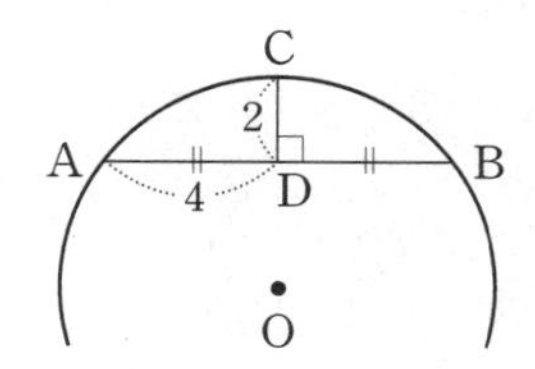

25 다음 그림에서 원 O는 직각삼각형 ABC의 내접원이고 점 D는 접점이다. $\overline{BD} = 3$, $\overline{CD} = 2$일 때, 원 O의 반지름의 길이를 구하시오.

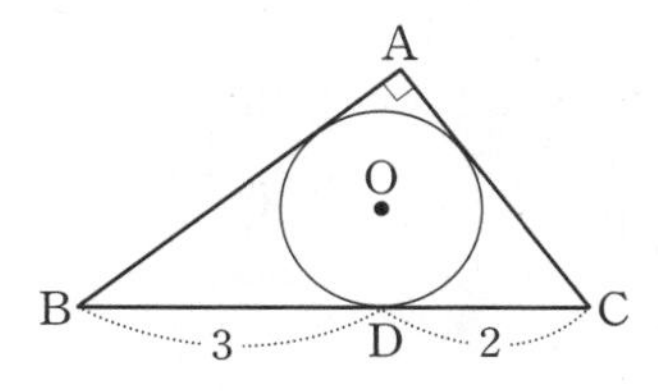

실전 테스트 4회

정답 및 해설 358쪽

01 오른쪽 그림과 같이 네 점 A, Q, B, P는 원 O 위에 있고 $\angle PAO=35°$, $\angle PBO=33°$일 때, $\angle x$의 크기는?

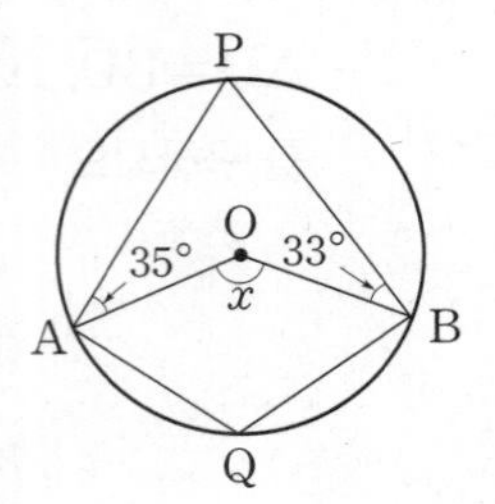

① 128° ② 130°
③ 132° ④ 136°
⑤ 138°

02 다음 그림과 같이 두 현 AD, BC의 연장선의 교점을 P라고 하자. $\angle DPC=25°$, $\angle DBC=55°$일 때, $\angle ACB$의 크기는?

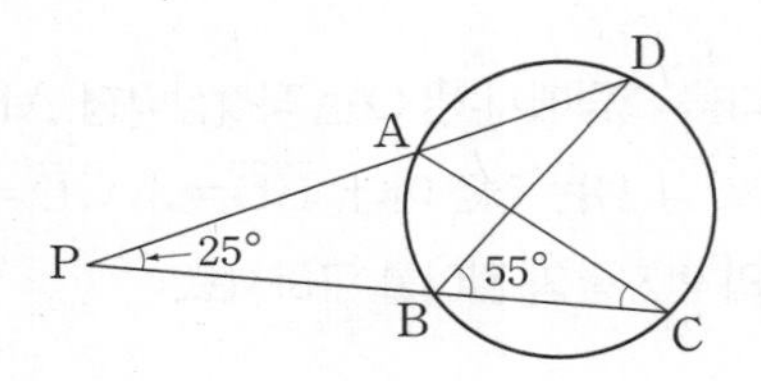

① 25° ② 30° ③ 35°
④ 40° ⑤ 45°

03 오른쪽 그림에서 $\overrightarrow{CA}$는 원 O의 접선이고, $\overline{BC}$는 원 O의 중심을 지난다. $\angle EAB=65°$일 때, $\angle ACB$의 크기는?

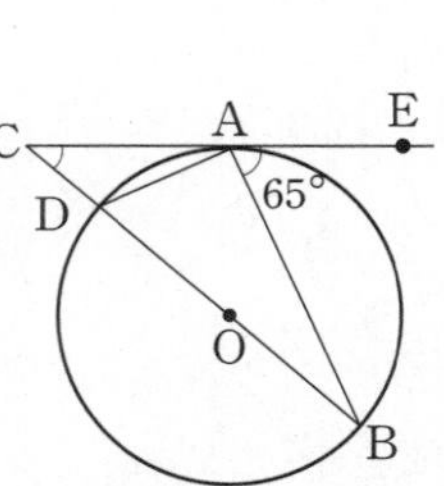

① 30° ② 35° ③ 40°
④ 45° ⑤ 50°

04 오른쪽 그림에서 점 P는 두 현 AC, BD의 교점이고 $\widehat{BC}=5$ cm, $\angle BAC=20°$, $\angle APD=70°$일 때, $\widehat{AD}$의 길이는?

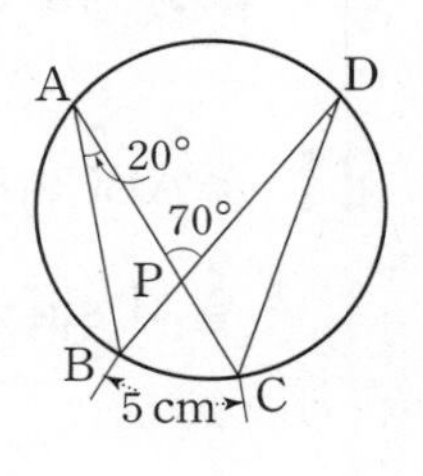

① $\frac{25}{2}$ cm ② 13 cm ③ $\frac{27}{2}$ cm
④ 14 cm ⑤ $\frac{29}{2}$ cm

05 오른쪽 그림과 같이 $\angle A=45°$, $\overline{BC}=8$인 $\triangle ABC$의 외접원 O의 반지름의 길이는?

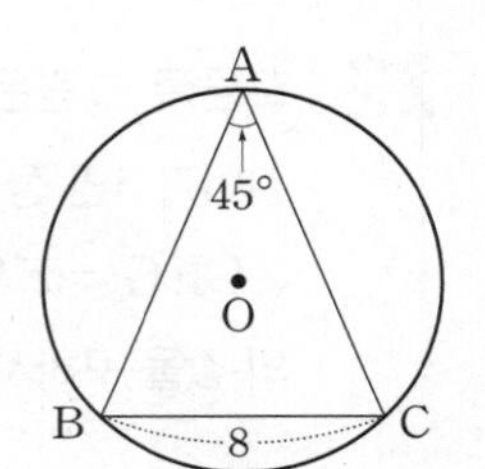

① $2\sqrt{2}$ ② $\frac{5\sqrt{2}}{2}$
③ $3\sqrt{2}$ ④ $\frac{7\sqrt{2}}{2}$
⑤ $4\sqrt{2}$

06 오른쪽 그림에서 직선 BT는 원 O의 접선이고, 점 B는 접점이다. $\widehat{AB}:\widehat{BC}:\widehat{CA}=2:3:7$일 때, $\angle x$의 크기는?

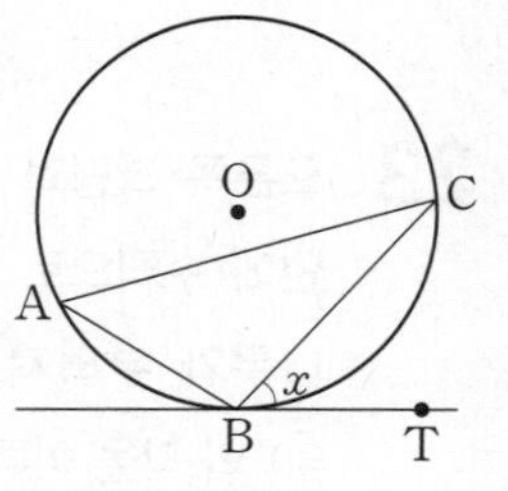

① 40° ② 42° ③ 45°
④ 48° ⑤ 50°

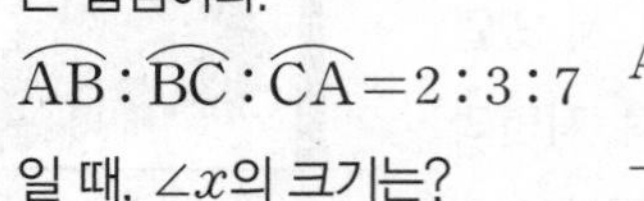

07 오른쪽 그림에서 직선 PT는 반지름의 길이가 5 cm인 원 O의 접선이고 점 T는 접점이다. $\overline{PB}$가 원의 중심을 지나고 $\angle PTA=30^\circ$일 때, $\triangle ATB$의 넓이는?

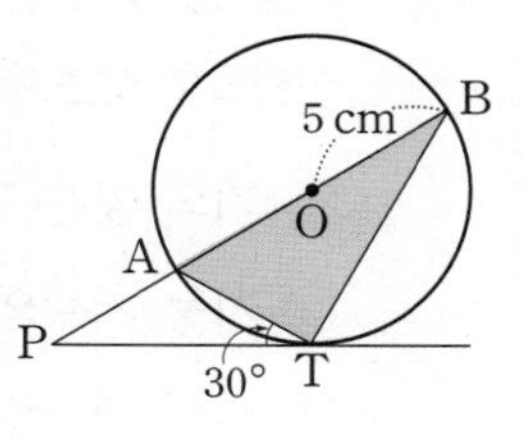

① $10\sqrt{2}\text{ cm}^2$ ② $10\sqrt{3}\text{ cm}^2$
③ $\frac{25\sqrt{2}}{2}\text{ cm}^2$ ④ $\frac{25\sqrt{3}}{2}\text{ cm}^2$
⑤ $15\sqrt{2}\text{ cm}^2$

08 오른쪽 그림에서 직선 PQ는 점 T에서 접하는 두 원의 공통인 접선이다. $\angle TAB=40^\circ$, $\angle TDC=60^\circ$일 때, $\angle DTC$의 크기는?

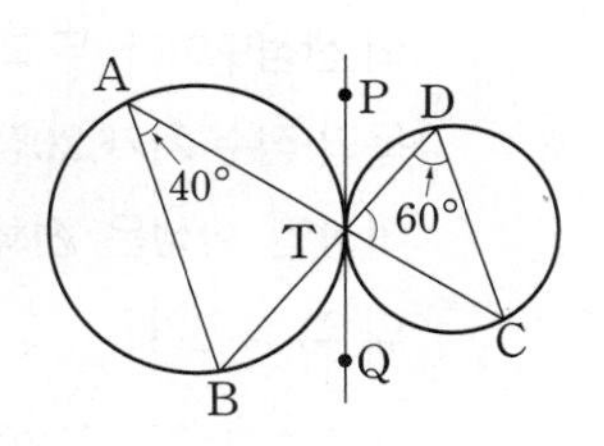

① 40° ② 50° ③ 60°
④ 70° ⑤ 80°

09 오른쪽 그림의 원에서 $\widehat{BC}=\widehat{CD}$이고, $\angle EAD=50^\circ$, $6\widehat{BC}=5\widehat{AB}$일 때, $\angle AED$의 크기는?

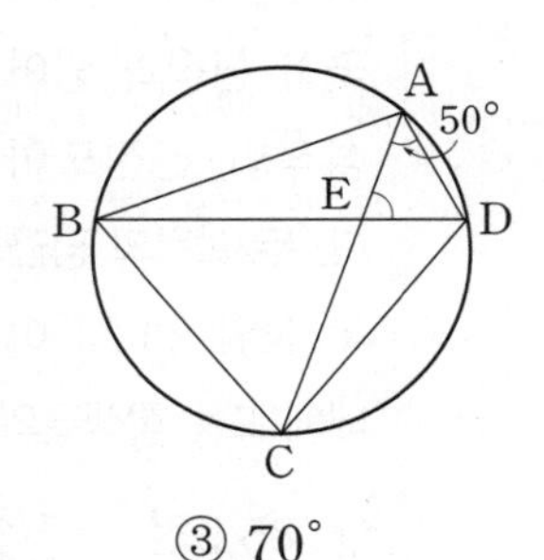

① 62° ② 66° ③ 70°
④ 74° ⑤ 78°

10 오른쪽 그림과 같이 반지름의 길이가 5 cm인 원 O에서 두 현 AC, BD의 교점을 P라고 하자. $\angle APD=100^\circ$일 때, $\widehat{AB}+\widehat{CD}$의 길이는?

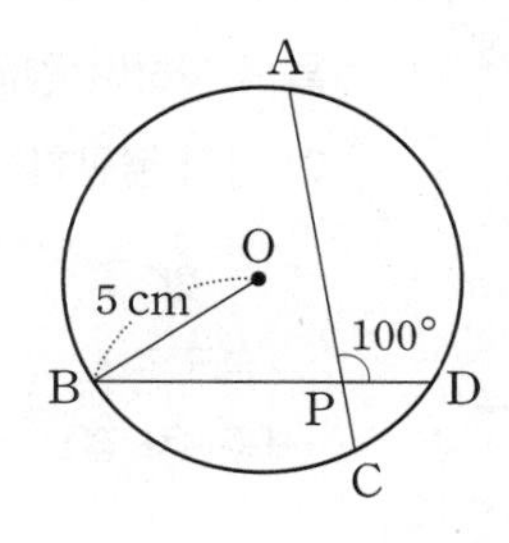

① $\frac{20}{9}\pi$ cm ② $\frac{25}{9}\pi$ cm
③ $\frac{40}{9}\pi$ cm ④ 5π cm
⑤ $\frac{50}{9}\pi$ cm

11 다음 주어진 자료의 중앙값을 a, 최빈값을 b라고 할 때, $a+b$의 값은?

3, 8, 7, 6, 10, 7, 5, 3, 7

① 14 ② 15 ③ 16
④ 17 ⑤ 18

12 다음은 수성이가 본 8과목의 성적을 정리한 것이다. 수성이의 8과목의 성적의 평균은?

과목	국어, 영어, 수학, 사회, 과학	음악, 미술, 체육
평균(점)	82	90

① 83점 ② 85점 ③ 86점
④ 87점 ⑤ 88점

13 다음은 은지의 5회에 걸친 수학 성적이다. 평균이 73점일 때, a의 편차는?

68, 78, 74, a, 75

① -6점 ② -5점 ③ -3점
④ 1점 ⑤ 3점

14 다음 표는 A, B, C, D, E 5학급 학생들의 영어 성적을 조사하여 평균과 표준편차를 나타낸 것이다. 성적이 가장 불규칙적인 학급은?

반	A	B	C	D	E
평균(점)	62	62	62	62	62
표준편차(점)	0.5	1.2	0.7	0.9	1

① A반 ② B반 ③ C반
④ D반 ⑤ E반

15 변량 5개의 평균이 50이고, 편차가 각각 -3, -5, a, b, 6이다. 분산이 18일 때, ab의 값은?

① -8 ② -4 ③ -1
④ 4 ⑤ 8

16 다음은 동희, 다영, 하은, 채은, 서연 5명의 수학 성적의 편차를 나타낸 것이다. 평균이 75점일 때, x의 값과 동희의 성적, 표준편차를 차례대로 구하면?

학생	동희	다영	하은	채은	서연
편차(점)	-1	x	3	-2	5

① 5, 70점, $\frac{6\sqrt{3}}{5}$점 ② 0, 72점, $2\sqrt{2}$점
③ 0, 72점, $2\sqrt{3}$점 ④ -5, 74점, $\frac{7\sqrt{2}}{3}$점
⑤ -5, 74점, $\frac{8\sqrt{5}}{5}$점

17 변량 $5a-2$, $5b-2$, $5c-2$, $5d-2$, $5e-2$의 평균과 표준편차가 각각 13, 16일 때, 변량 a, b, c, d, e의 평균과 표준편차의 합은?

① $\frac{15}{5}$ ② $\frac{19}{5}$ ③ $\frac{31}{5}$
④ $\frac{79}{25}$ ⑤ $\frac{91}{25}$

18 다음 중 오른쪽 그림과 같은 산점도를 갖는 두 변량은?

① 키와 앉은 키
② 지능 지수와 몸무게
③ 밀의 생산량과 가격
④ 원의 둘레의 길이와 넓이
⑤ 어느 도시의 자동차 수와 공기오염도

19 오른쪽 그림은 어느 반 학생 20명의 과학 성적과 수학 성적의 산점도이다. 두 과목의 점수 차가 20점 이상인 학생은 전체의 몇 %인가?

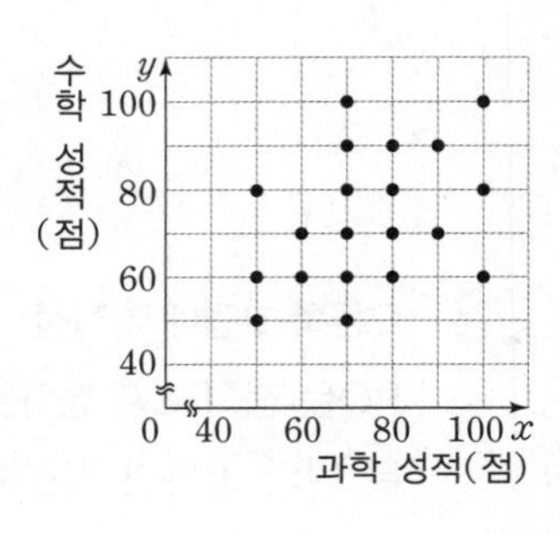

① 35 % ② 40 % ③ 45 %
④ 50 % ⑤ 55 %

20 오른쪽 그림은 어느 반 학생 20명의 국어 성적과 영어 성적의 산점도이다. 두 과목의 평균이 상위 20 % 이내에 드는 학생들의 국어 성적의 평균은?

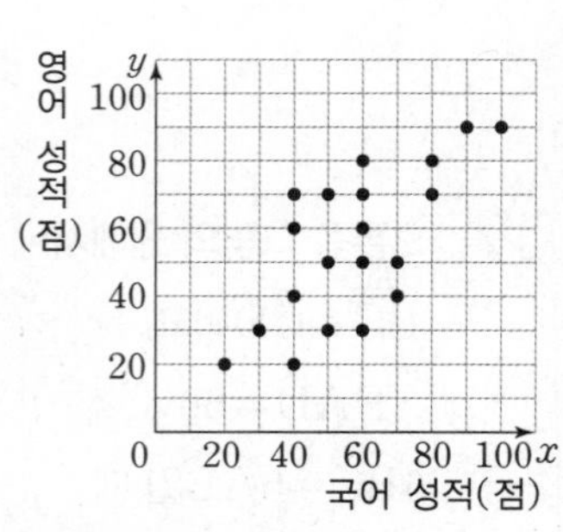

① 85.5점 ② 86점 ③ 86.5점
④ 87점 ⑤ 87.5점

[21~25] 다음 문제를 읽고, 식과 답을 서술하시오.

21 오른쪽 그림에서 $\overset{\frown}{AB}$, $\overset{\frown}{CD}$의 길이가 각각 원의 둘레의 길이의 $\frac{1}{6}$, $\frac{1}{5}$일 때, $\angle APB$의 크기를 구하시오.

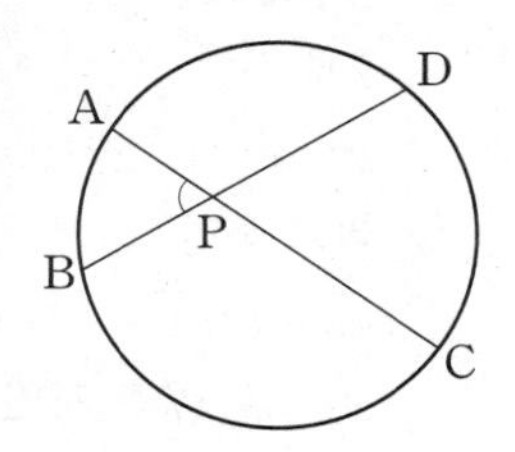

22 다음 그림과 같이 원 O는 $\triangle ABC$의 외접원이다. 점 A에서의 접선이 현 BC의 연장선과 만나는 점을 D, $\angle ADB$의 이등분선이 $\overline{AB}$와 만나는 점을 E라고 하자. $\angle BAC=50°$일 때, $\angle x$의 크기를 구하시오.

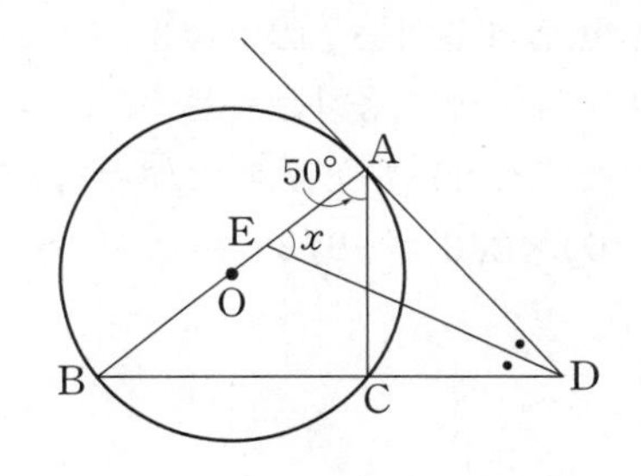

23 오른쪽 그림에서 $\overrightarrow{PT}$는 원 O의 접선이고 점 T는 접점이다. 세 점 P, A, B가 일직선 위에 있고 $\overline{AT}=4$, $\tan x°=\frac{1}{4}$일 때, 원 O의 둘레의 길이를 구하시오.

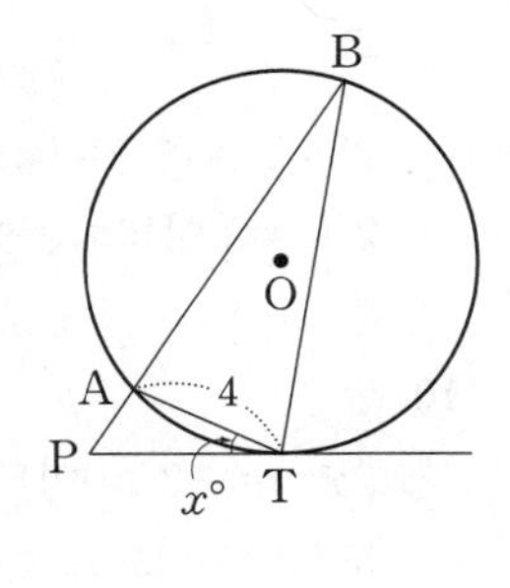

24 변량 a, b, c의 평균을 M, 표준편차를 S라고 할 때, 변량 $-2a$, $-2b$, $-2c$의 평균과 분산을 차례대로 구하시오.

25 오른쪽 그림은 어느 반 학생 20명의 사회 과목의 중간고사 성적과 기말고사 성적을 조사하여 나타낸 산점도일 때, 중간고사 성적보다 기말고사 성적이 더 높은 학생들의 기말고사 성적의 평균을 구하시오.

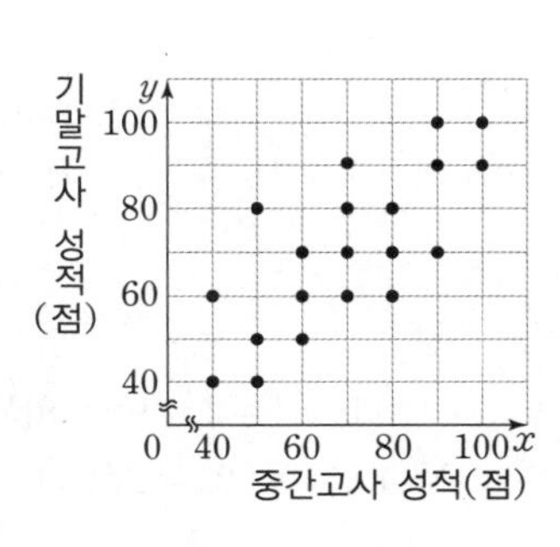

정답 및 해설

교과서 문제 뛰어 넘기

I-1. 제곱근과 실수 본문 39쪽

8 $-1+\sqrt{2}\pi$

$(\overline{\mathrm{BA'}}$의 길이$)=\dfrac{(\text{원 O의 둘레의 길이})}{2}$이므로

$\overline{\mathrm{BA'}}=\dfrac{2\pi\times\sqrt{2}}{2}=\sqrt{2}\pi$

따라서 점 A′에 대응하는 수는 $-1+\sqrt{2}\pi$이다.

9 19

$\sqrt{1}=1$, $\sqrt{4}=2$, $\sqrt{9}=3$이므로

$N(1)=N(2)=N(3)=1$

$N(4)=\cdots=N(8)=2$

$N(9)=N(10)=3$

따라서

$N(1)+N(2)+N(3)+\cdots+N(10)$

$=1\times3+2\times5+3\times2=19$

10 10

$$\sqrt{\frac{81^8+9^{26}}{27^{12}+9^{28}}}=\sqrt{\frac{(3^4)^8+(3^2)^{26}}{(3^3)^{12}+(3^2)^{28}}}$$

$$=\sqrt{\frac{3^{32}(1+3^{20})}{3^{36}(1+3^{20})}}$$

$$=\frac{1}{\sqrt{3^4}}=\frac{1}{3^2}=\frac{1}{9}$$

따라서 $A=1$, $B=9$이므로 $A+B=10$

도전! 창의·융합 사고력 문제

I. 실수와 그 계산 본문 41쪽

1 2개

$a=x-1$, $b=x$, $c=x+1$ (x는 1보다 큰 자연수)이라고 하면

$\sqrt{a+b+c}=\sqrt{3x}$가 자연수이므로

$x=3k^2$ (k는 자연수)의 꼴이어야 한다.

$3x=9k^2<50$, $k^2<\dfrac{50}{9}=5.555\cdots$이므로

$k=1, 2$

따라서 세 자연수 a, b, c의 순서쌍은

$(2, 3, 4)$, $(11, 12, 13)$의 2개이다.

2 $-9\sqrt{2}$

정사각형 P의 넓이가 3이므로

P의 한 변의 길이는 $\sqrt{3}$

정사각형 Q의 넓이가 6이므로

Q의 한 변의 길이는 $\sqrt{6}$

정사각형 R의 넓이가 12이므로

R의 한 변의 길이는 $\sqrt{12}=2\sqrt{3}$

따라서 점 A에 대응하는 수는 $-\sqrt{6}$,

점 B에 대응하는 수는 $\sqrt{3}+2\sqrt{3}=3\sqrt{3}$이므로

$(-\sqrt{6})\times3\sqrt{3}=-9\sqrt{2}$

교과서 문제 뛰어 넘기

II-1. 다항식의 곱셈과 인수분해 본문 71쪽

9 1

$$2^x=\frac{2}{3+\sqrt{7}}=\frac{2(3-\sqrt{7})}{(3+\sqrt{7})(3-\sqrt{7})}=3-\sqrt{7}$$

$$2^y=\frac{2}{3-\sqrt{7}}=\frac{2(3+\sqrt{7})}{(3-\sqrt{7})(3+\sqrt{7})}=3+\sqrt{7}$$

$2^x\times2^y=2^{x+y}=(3-\sqrt{7})(3+\sqrt{7})=2$에서

$2^{x+y}=2^1$이므로 $x+y=1$

10 2

$\sqrt{x}=a-3\geq0$이므로 $a\geq3$이다.

또, $a<6$이므로 $3\leq a<6$

그리고 $\sqrt{x}=a-3$의 양변을 제곱하면
$x=a^2-6a+9$이다.
$\sqrt{x-6a+27}-\sqrt{x+2a-5}$
$=\sqrt{a^2-6a+9-6a+27}-\sqrt{a^2-6a+9+2a-5}$
$=\sqrt{a^2-12a+36}-\sqrt{a^2-4a+4}$
$=\sqrt{(a-6)^2}-\sqrt{(a-2)^2}$
$3\le a<6$에서 $a-6<0$, $a-2>0$이므로
$\sqrt{(a-6)^2}-\sqrt{(a-2)^2}$
$=-(a-6)-(a-2)$
$=-2a+8$
따라서 $a=3$일 때, 가장 큰 값은 2이다.

11 $\frac{11}{20}$

$\left(1-\frac{1}{2^2}\right)\left(1-\frac{1}{3^2}\right)\left(1-\frac{1}{4^2}\right)\cdots\left(1-\frac{1}{9^2}\right)\left(1-\frac{1}{10^2}\right)$
$=\left(1-\frac{1}{2}\right)\left(1+\frac{1}{2}\right)\left(1-\frac{1}{3}\right)\left(1+\frac{1}{3}\right)\left(1-\frac{1}{4}\right)\left(1+\frac{1}{4}\right)$
$\cdots\left(1-\frac{1}{9}\right)\left(1+\frac{1}{9}\right)\left(1-\frac{1}{10}\right)\left(1+\frac{1}{10}\right)$
$=\frac{1}{2}\times\frac{3}{2}\times\frac{2}{3}\times\frac{4}{3}\times\frac{3}{4}\times\frac{5}{4}\times\cdots$
$\times\frac{8}{9}\times\frac{10}{9}\times\frac{9}{10}\times\frac{11}{10}$
$=\frac{1}{2}\times\frac{11}{10}=\frac{11}{20}$

II-2. 이차방정식 .... 본문 91쪽

10 -3

$x=1$을 $(a-1)x^2+(a^2-2)x-3a-12=0$에 대입하면
$(a-1)+(a^2-2)-3a-12=0$, $a^2-2a-15=0$,
$(a+3)(a-5)=0$
따라서 $a=-3$ 또는 $a=5$
(i) $a=-3$일 때, $-4x^2+7x-3=0$
$4x^2-7x+3=0$, $(x-1)(4x-3)=0$
따라서 $x=1$ 또는 $x=\frac{3}{4}$
(ii) $a=5$일 때, $4x^2+23x-27=0$
$(x-1)(4x+27)=0$
따라서 $x=1$ 또는 $x=-\frac{27}{4}$
(i), (ii)에서 $a=-3$일 때, 나머지 한 근은 $x=\frac{3}{4}$으로 양수가 된다.

11 14

재정이가 푼 이차방정식은 $(x-b)^2=a$이므로
$x-b=\pm\sqrt{a}$에서 $x=b\pm\sqrt{a}$
따라서 $a=2$, $b=5$
즉, 원래 이차방정식은 $(x-2)^2=5$이므로
$x-2=\pm\sqrt{5}$에서 $x=2\pm\sqrt{5}$
따라서 $c=2$, $d=5$
따라서 $a+b+c+d=2+5+2+5=14$

12 $6(\sqrt{5}-1)$ cm

$\angle ABC=\angle ACB=72°$이므로
$\angle BCD=\angle ACD=\angle BAC=36°$
따라서 $\overline{AD}=\overline{CD}=\overline{BC}$
$\overline{BC}=x$ cm라고 하면 $\overline{AD}=\overline{CD}=x$ cm이고
$\overline{BD}=(12-x)$ cm이다.
이때 $\triangle ABC\backsim\triangle CBD$(AA 닮음)이므로
$\overline{AB}:\overline{CB}=\overline{BC}:\overline{BD}$,
$12:x=x:(12-x)$, $x^2=12(12-x)$
$x^2+12x-144=0$
근의 공식에 의하여 $x=-6\pm6\sqrt{5}$
$0<x<12$이므로 $x=-6+6\sqrt{5}$
따라서 $\overline{BC}$의 길이는 $6(\sqrt{5}-1)$ cm이다.

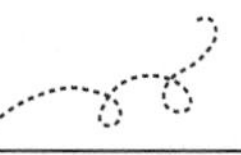

도전! 창의 · 융합 사고력 문제

II. 이차방정식 .... 본문 93쪽

1 4개

$x^2-2x-n=(x+a)(x+b)$ $(a>b)$라고 하면
$(x+a)(x+b)=x^2+(a+b)x+ab$이므로
$a+b=-2$, $ab=-n$
이때 $20<n<70$이므로 $ab<0$
즉, a, b는 $a>0$, $b<0$이고, $-70<ab<-20$인 두 정수이다.
이를 만족시키는 (a, b)의 순서쌍을 구하면
$(4, -6)$, $(5, -7)$, $(6, -8)$, $(7, -9)$
따라서 n의 값은 24, 35, 48, 63의 4개이다.

2 풀이 참조, 2

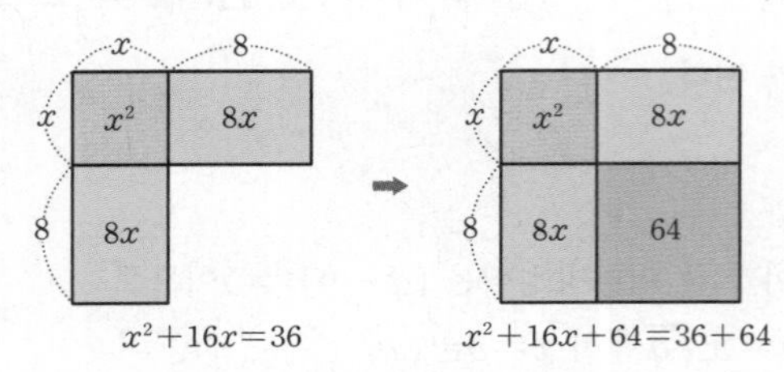

① 좌변 x^2+16x가 나타내는 도형을 그린다.

② 정사각형을 만들기 위해서 한 변의 길이가 8인 정사각형을 붙인다.

③ 좌변이 완전제곱식이므로 제곱근의 성질을 이용하여 근을 구한다.

$x^2+16x+64=36+64$, $(x+8)^2=100$

$x+8=\pm10$, $x=-18$ 또는 $x=2$

$x>0$이므로 $x=2$

따라서 구하는 양수인 해는 2이다.

교과서 문제 뛰어 넘기

III-1. 이차함수와 그래프 본문 131쪽

8 $(2, -3)$

점 B의 x좌표를 k라고 하면

$A(k,\ 4k^2-2)$, $B\left(k,\ -\frac{1}{3}(k-5)^2\right)$

$\overline{AB}=17$이므로

$4k^2-2-\left\{-\frac{1}{3}(k-5)^2\right\}=17$, $13k^2-10k-32=0$

$(k-2)(13k+16)=0$, $k=2$ 또는 $k=-\frac{16}{13}$

이때 점 B는 제4사분면 위의 점이므로 $k=2$

따라서 점 B의 좌표는 $(2, -3)$이다.

9 $\frac{3}{5}$

이차함수 $y=2(x-1)^2+4$의 그래프를 x축의 방향으로 k만큼, y축의 방향으로 $-k$만큼 평행이동하면

$y=2(x-1-k)^2+4-k$

평행이동한 그래프의 꼭짓점의 좌표는 $(1+k,\ 4-k)$이고 이 꼭짓점이 직선 $y=4x-3$ 위의 점이므로

$x=1+k$, $y=4-k$를 $y=4x-3$에 대입하면

$4-k=4(1+k)-3$, $5k=3$

따라서 $k=\frac{3}{5}$

10 0

$y=-x^2+4x-1=-(x-2)^2+3$

이 그래프를 x축의 방향으로 -2만큼, y축의 방향으로 n만큼 평행이동하면 $y=-x^2+3+n$

$x=0$을 $y=-x^2+3+n$에 대입하면 $y=3+n$이므로 $A(0,\ 3+n)$

x축과의 교점을 구하면

$-x^2+3+n=0$에서 $x^2=3+n$, $x=\pm\sqrt{3+n}$

이므로 $B(-\sqrt{3+n},\ 0)$, $C(\sqrt{3+n},\ 0)$

따라서 △ABC가 정삼각형이 되려면

$\frac{\sqrt{3}}{2}\times2\sqrt{3+n}=3+n$, $\sqrt{3}\times\sqrt{3+n}=3+n$

$n^2+3n=0$, $n(n+3)=0$

이때 $3+n>0$, 즉 $n>-3$이므로 $n=0$

도전! 창의·융합 사고력 문제

III. 이차함수와 그래프 본문 133쪽

1 $\frac{9}{50}$

직선 $y=-x+8$의 x절편은 8, y절편은 8이므로

$A(8, 0)$, $B(0, 8)$

점 C의 x좌표는 $8\times\frac{2}{2+3+3}=2$이므로 $C(2, 6)$

점 D의 x좌표는 $8\times\frac{2+3}{2+3+3}=5$이므로 $D(5, 3)$

$y=ax^2$의 그래프가 점 $C(2, 6)$을 지나므로

$6=4a$, $a=\frac{3}{2}$

$y=bx^2$의 그래프가 점 $D(5, 3)$을 지나므로

$3=25b$, $b=\frac{3}{25}$

따라서 $ab=\frac{3}{2}\times\frac{3}{25}=\frac{9}{50}$

2 $\frac{7}{12}$

$y=2x^2+8x+a+b=2(x+2)^2-8+a+b$의 그래프의 꼭짓점의 좌표는 $(-2,\ a+b-8)$이므로

$a+b-8<0$, $a+b<8$

a, b는 주사위의 눈의 수이므로

$1\le a\le6$, $1\le b\le6$

$a+b \geq 8$이 되는 경우를 순서쌍 $(a,\ b)$로 나타내면
$(2,\ 6)$, $(3,\ 5)$, $(3,\ 6)$, $(4,\ 4)$, $(4,\ 5)$, $(4,\ 6)$, $(5,\ 3)$, $(5,\ 4)$, $(5,\ 5)$, $(5,\ 6)$, $(6,\ 2)$, $(6,\ 3)$, $(6,\ 4)$, $(6,\ 5)$, $(6,\ 6)$의 15개이다.

따라서 구하는 확률은 $1-\frac{15}{36}=\frac{21}{36}=\frac{7}{12}$

교과서 문제 뛰어 넘기

IV-1. 삼각비 .... 본문 153쪽

8 5

$\tan A=\frac{3}{4}$이므로 $\overline{OA}=4k$, $\overline{OB}=3k(k>0)$로 놓으면 $\overline{AB}=\sqrt{(4k)^2+(3k)^2}=\sqrt{25k^2}=5k$

$\triangle OAB$에서 $\frac{1}{2}\times\overline{OA}\times\overline{OB}=\frac{1}{2}\times\overline{AB}\times\overline{OH}$이므로

$4k\times 3k=5k\times 3$, $4k^2-5k=0$

$k(4k-5)=0$

$k>0$이므로 $k=\frac{5}{4}$

기울기가 $\frac{3}{4}$이고, 점 $B\left(0,\ \frac{15}{4}\right)$를 지나는 직선의 방정식은 $y=\frac{3}{4}x+\frac{15}{4}$이다.

따라서 $a=\frac{3}{4}$, $b=\frac{15}{4}$이므로

$\frac{b}{a}=\frac{15}{4}\div\frac{3}{4}=\frac{15}{4}\times\frac{4}{3}=5$

9 $\frac{1}{3}$

오른쪽 그림에서

$\angle B=90^\circ-\angle H=\angle NDH=x^\circ$

직각삼각형 BCD에서

$\overline{BD}=\sqrt{8^2+8^2}=8\sqrt{2}$

직각삼각형 BDH에서

$\overline{BH}=\sqrt{(8\sqrt{2})^2+8^2}=8\sqrt{3}$

직각삼각형 DBH에서

$\sin x^\circ=\frac{\overline{DH}}{\overline{BH}}=\frac{8}{8\sqrt{3}}=\frac{\sqrt{3}}{3}$

$\cos x^\circ=\frac{\overline{BD}}{\overline{BH}}=\frac{8\sqrt{2}}{8\sqrt{3}}=\frac{\sqrt{6}}{3}$

$\tan x^\circ=\frac{\overline{DH}}{\overline{BD}}=\frac{8}{8\sqrt{2}}=\frac{\sqrt{2}}{2}$

따라서

$\sin x^\circ\times\cos x^\circ\times\tan x^\circ$

$=\frac{\sqrt{3}}{3}\times\frac{\sqrt{6}}{3}\times\frac{\sqrt{2}}{2}=\frac{1}{3}$

10 $2+\sqrt{3}$

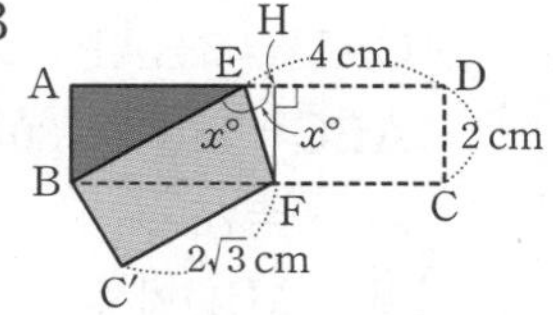

$\angle BEF=\angle DEF=\angle EFB$

이므로 $\triangle BFE$는 이등변삼각형이다.

$\overline{BF}=\overline{BE}=\overline{ED}=4$ cm

직각삼각형 BC′F에서

$\overline{C'F}=\sqrt{4^2-2^2}=2\sqrt{3}$(cm)

한편, 점 F에서 $\overline{AD}$에 내린 수선의 발을 H라고 하면

$\overline{HD}=\overline{FC}=\overline{C'F}=2\sqrt{3}$ cm이므로

$\overline{EH}=(4-2\sqrt{3})$ cm

따라서 직각삼각형 EFH에서

$\tan x^\circ=\frac{\overline{HF}}{\overline{EH}}=\frac{2}{4-2\sqrt{3}}=2+\sqrt{3}$

IV-2. 삼각비의 활용 .... 본문 165쪽

8 $60(3-\sqrt{3})$ m

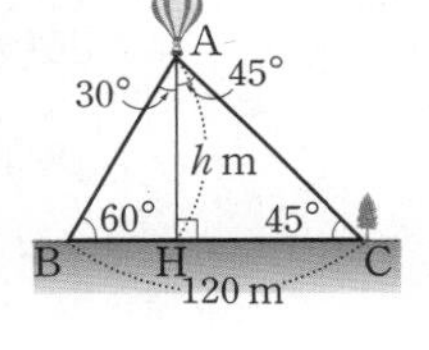

점 A에서 $\overline{BC}$에 내린 수선의 발을 H라 하고, $\overline{AH}=h$ m라고 하면

$\triangle ABH$에서

$\overline{BH}=h\tan 30^\circ=\frac{\sqrt{3}}{3}h$(m)

$\triangle ACH$에서 $\overline{CH}=h\tan 45^\circ=h$(m)

$\overline{BC}=\overline{BH}+\overline{CH}$이므로

$\left(1+\frac{\sqrt{3}}{3}\right)h=120$, $(3+\sqrt{3})h=360$

$h=\frac{360}{3+\sqrt{3}}=60(3-\sqrt{3})$

따라서 지면에서부터 기구까지의 높이는 $60(3-\sqrt{3})$ m이다.

9 180

$\overline{BD}$를 그으면 점 P와 Q는 각각 $\triangle ABD$와 $\triangle BCD$의 무게중심이 된다. 즉,

$\overline{DP}:\overline{PM}=20:\overline{PM}=2:1$에서 $\overline{PM}=10$

$\overline{DQ}:\overline{QN}=16:\overline{QN}=2:1$에서 $\overline{QN}=8$

따라서

$\triangle DMN = \frac{1}{2} \times (20+10) \times (16+8) \times \sin 30^\circ$

$= \frac{1}{2} \times 30 \times 24 \times \frac{1}{2} = 180$

10 $18(3+\sqrt{3})$

$\angle CAD = \angle BAD = 30^\circ$이므로

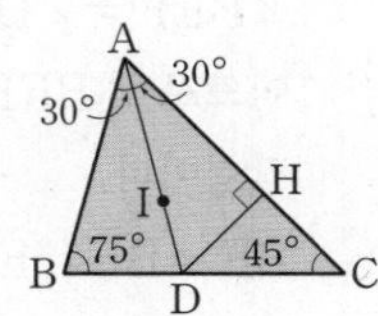

$\angle ABC = 180^\circ - (30^\circ + 30^\circ + 45^\circ)$

$= 75^\circ$

이때 $\triangle ABD$에서

$\angle ADB = 180^\circ - (30^\circ + 75^\circ)$

$= 75^\circ$

이므로 $\triangle ABD$는 이등변삼각형이다.

따라서 $\overline{AB} = \overline{AD} = 12$

점 D에서 $\overline{AC}$에 내린 수선의 발을 H라고 하면

직각삼각형 ADH에서

$\overline{AH} = 12 \cos 30^\circ = 12 \times \frac{\sqrt{3}}{2} = 6\sqrt{3}$,

$\overline{DH} = 12 \sin 30^\circ = 12 \times \frac{1}{2} = 6$

직각삼각형 DCH에서 $\overline{CH} = \overline{DH} = 6$

$\overline{AC} = \overline{AH} + \overline{CH} = 6\sqrt{3} + 6$

따라서

$\triangle ABC = \frac{1}{2} \times 12 \times (6\sqrt{3}+6) \times \sin 60^\circ$

$= 36(\sqrt{3}+1) \times \frac{\sqrt{3}}{2}$

$= 18(3+\sqrt{3})$

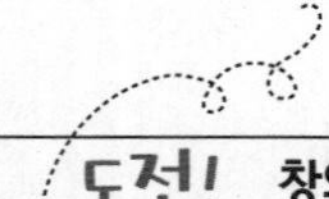

도전! 창의 · 융합 사고력 문제

IV. 삼각비 .... 본문 167쪽

1 $24\sqrt{3}\pi$ cm

$\angle POA = x^\circ$라고 하면

$\overline{PA} = $(실의 길이)$= 8\pi$ cm이고

$2\pi \times 24 \times \frac{x}{360} = 8\pi$이므로

$x = 60$

직각삼각형 HOA에서

$\overline{AH} = \overline{OA} \times \sin 60^\circ = 24 \times \frac{\sqrt{3}}{2} = 12\sqrt{3}$(cm)

따라서 실의 나머지 한쪽 끝이 지나간 자리의 길이는 $\overline{AH}$를 반지름으로 하는 원의 둘레의 길이와 같으므로

$2\pi \times 12\sqrt{3} = 24\sqrt{3}\pi$(cm)

2 $2\sqrt{3}-2$

시계의 12시에서 3시 사이의 정사각형을 나타내면 오른쪽 그림과 같다.

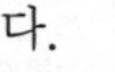

$\overline{AB} = a$라 하면

$\angle ABE = \angle EBF = \angle FBC = 30^\circ$

이므로

$\overline{AE} = \overline{CF} = a \tan 30^\circ = \frac{\sqrt{3}}{3}a$

$\overline{BE} = \overline{BF} = \frac{a}{\cos 30^\circ} = a \times \frac{2}{\sqrt{3}} = \frac{2\sqrt{3}}{3}a$

$\overline{DE} = \overline{DF} = a - \frac{\sqrt{3}}{3}a = \frac{3-\sqrt{3}}{3}a$

이때 $P = \frac{1}{2} \times a \times \frac{\sqrt{3}}{3}a = \frac{\sqrt{3}}{6}a^2$,

$Q = \frac{1}{2} \times \frac{2\sqrt{3}}{3}a \times \frac{2\sqrt{3}}{3}a \times \sin 30^\circ$

$+ \frac{1}{2} \times \frac{3-\sqrt{3}}{3}a \times \frac{3-\sqrt{3}}{3}a$

$= \frac{1}{3}a^2 + \frac{2-\sqrt{3}}{3}a^2$

$= \frac{3-\sqrt{3}}{3}a^2$

이므로

$P : Q = \frac{\sqrt{3}}{6}a^2 : \frac{3-\sqrt{3}}{3}a^2$

$= \sqrt{3} : (6-2\sqrt{3})$

$= 1 : (2\sqrt{3}-2)$

따라서 $k = 2\sqrt{3}-2$이다.

교과서 문제 뛰어 넘기

V-1. 원과 직선 .... 본문 185쪽

8 $\frac{48}{5}$ cm

$\overline{BC}$가 작은 원의 접선이므로 $\overline{OE} \perp \overline{BC}$

$\triangle OBE$와 $\triangle CBH$에서

$\angle OEB = \angle CHB = 90°$, $\angle B$는 공통이므로
$\triangle OBE \backsim \triangle CBH$(AA 닮음)
$\triangle OBE$에서
$\overline{OE} = 8$ cm, $\overline{OB} = 10$ cm이므로
$\overline{BE} = \sqrt{10^2 - 8^2} = 6$(cm)
원의 중심에서 현에 내린 수선은 그 현을 이등분하므로
$\overline{CE} = \overline{BE} = 6$ cm
$\overline{OB} : \overline{CB} = \overline{OE} : \overline{CH}$이므로
$10 : 12 = 8 : \overline{CH}$, $10\overline{CH} = 96$
따라서 $\overline{CH} = \frac{48}{5}$ cm

9 24 cm

정육각형의 한 외각의 크기는 $\frac{360°}{6} = 60°$이므로
$\angle PAF = \angle PFA = 60°$
즉, $\triangle PAF$는 정삼각형이고, 같은 방법으로 $\triangle BQC$와 $\triangle EDR$도 정삼각형이다.
$\overline{AG} = \overline{AL}$, $\overline{BH} = \overline{BG}$, $\overline{CI} = \overline{CH}$, $\overline{DJ} = \overline{DI}$,
$\overline{EK} = \overline{EJ}$, $\overline{FL} = \overline{FK}$이고, $\overline{PA} = \overline{AF} = \overline{PF}$,
$\overline{BQ} = \overline{QC} = \overline{CB}$, $\overline{ED} = \overline{DR} = \overline{ER}$이므로
$\overline{AB} = \overline{CD} = \overline{EF} = \frac{1}{3} \times 12 = 4$(cm)
따라서 정육각형 ABCDEF의 둘레의 길이는
$6\overline{AB} = 6 \times 4 = 24$(cm)

10 9π

원 O의 반지름의 길이를 r라고 하면
$\triangle OPA \equiv \triangle OUA$(RHS 합동)
이므로 $\angle PAO = \angle UAO = 30°$
$\overline{PA} = \overline{AU} = \frac{r}{\tan 30°} = \sqrt{3}r$
같은 방법으로
$\overline{BQ} = \overline{BR} = \sqrt{3}r$
$\overline{AB} = \overline{AP} + \overline{PQ} + \overline{BQ}$이므로
$6 + 2\sqrt{3} = \sqrt{3}r + 2r + \sqrt{3}r$
$6 + 2\sqrt{3} = 2(\sqrt{3}+1)r$, $r = \frac{3+\sqrt{3}}{\sqrt{3}+1} = \sqrt{3}$
따라서 세 원의 넓이의 합은
$3 \times \{\pi \times (\sqrt{3})^2\} = 9\pi$

V-2. 원주각 .... 본문 203쪽

8 24

$\overline{BC}$를 그으면
$\angle CBA + \angle BCD = 30°$
즉, $\widehat{AC}$, $\widehat{BD}$의 원주각의 크기의 합은 $30°$이다.
따라서 $\widehat{AC}$, $\widehat{BD}$의 중심각의 크기의 합은 $30° \times 2 = 60°$이므로 원 O의 반지름의 길이를 r라고 하면
$\widehat{AC} + \widehat{BD} = 2\pi \times r \times \frac{60}{360}$
$4\pi = \frac{1}{3}\pi r$
$r = 12$
따라서 원 O의 지름의 길이는 24이다.

9 $\frac{54}{5}$ cm

원주각의 성질에 의하여 $\angle CBE = \angle CAE = \angle BAE$
$\triangle ABE$와 $\triangle BDE$에서
$\angle BAE = \angle DBE$, $\angle AEB = \angle BED$이므로
$\triangle ABE \backsim \triangle BDE$(AA 닮음)
$10 : \overline{BD} = 4 : 2$에서 $\overline{BD} = 5$ cm
또, $10 : 5 = \overline{AE} : 4$에서 $\overline{AE} = 8$ cm
이때 $\overline{AD} = 8 - 2 = 6$(cm)
$\triangle ACD$와 $\triangle BED$에서
$\angle CAD = \angle EBD$, $\angle ADC = \angle BDE$이므로
$\triangle ACD \backsim \triangle BED$(AA 닮음)
$\overline{AC} : 4 = 6 : 5$에서 $\overline{AC} = \frac{24}{5}$ cm
따라서 $\overline{AC} + \overline{AD} = \frac{24}{5} + 6 = \frac{54}{5}$(cm)

10 $\frac{\sqrt{3}}{3}$

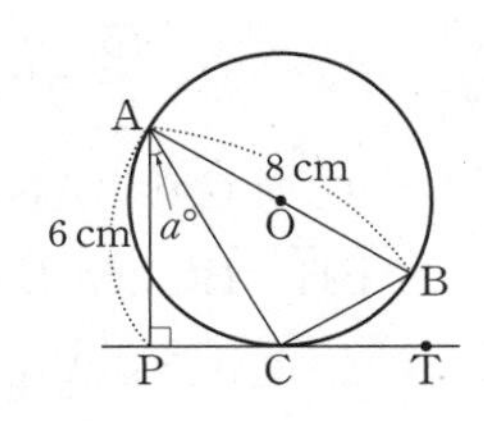

$\overline{BC}$를 그으면
$\angle ACP = \angle ABC$
$\angle APC = \angle ACB = 90°$
이므로
$\triangle APC \backsim \triangle ACB$(AA 닮음)
$\overline{AC} = x$ cm라고 하면
$6 : x = x : 8$, $x^2 = 48$

$x>0$이므로 $x=4\sqrt{3}$

직각삼각형 APC에서

$\overline{PC}=\sqrt{(4\sqrt{3})^2-6^2}=\sqrt{12}=2\sqrt{3}$(cm)

이므로 $\tan a°=\frac{2\sqrt{3}}{6}=\frac{\sqrt{3}}{3}$

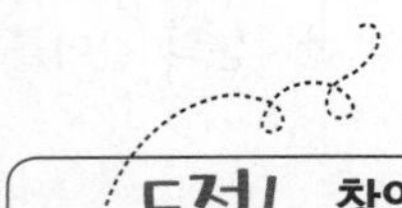

도전! 창의·융합 사고력 문제

V. 원의 성질 .... 본문 205쪽

1 18 cm

$\angle AOB=180°-40°=140°$

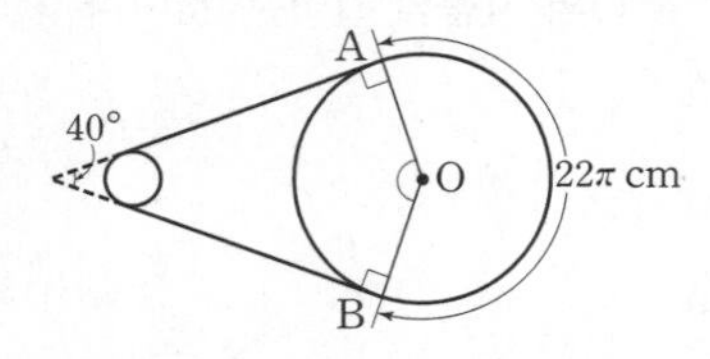

큰 바퀴에서 벨트가 닿는 부분의 중심각의 크기는

$360°-140°=220°$

원 O의 반지름의 길이를 r cm라고 하면

$2\pi r\times\frac{220}{360}=22\pi$에서 $r=18$

따라서 큰 바퀴의 반지름의 길이는 18 cm이다.

2 $(\sqrt{2}+\sqrt{6})$ cm

$\overset{\frown}{AB}:\overset{\frown}{AC}:\overset{\frown}{BC}=5:4:3$

이므로

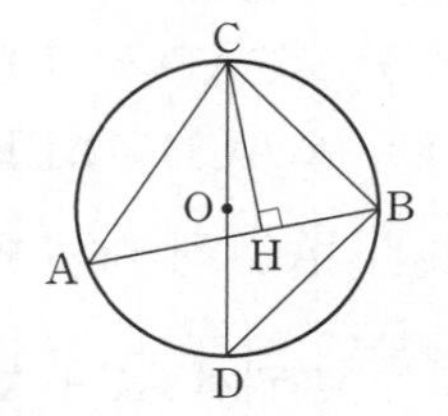

$\angle A=180°\times\frac{3}{12}=45°$

$\angle B=180°\times\frac{4}{12}=60°$

점 C에서 원의 중심 O를 지나고

원과의 교점을 D라고 하면 $\angle D=\angle A=45°$이고

$\angle DBC=90°$, $\overline{CD}=4$ cm이므로

$\overline{BC}=\overline{CD}\sin D=4\sin 45°$

$=4\times\frac{\sqrt{2}}{2}=2\sqrt{2}$(cm)

또, 점 C에서 $\overline{AB}$에 내린 수선의 발을 H라고 하면

$\overline{BH}=\overline{BC}\cos B=2\sqrt{2}\cos 60°$

$=2\sqrt{2}\times\frac{1}{2}=\sqrt{2}$(cm)

$\triangle AHC$에서 $\angle A=45°$, $\angle AHC=90°$이므로

$\angle ACH=45°$

$\overline{AH}=\overline{CH}=\overline{BC}\sin 60°=2\sqrt{2}\times\frac{\sqrt{3}}{2}=\sqrt{6}$(cm)

따라서 $\overline{AB}=\overline{BH}+\overline{AH}=\sqrt{2}+\sqrt{6}$(cm)

교과서 문제 뛰어 넘기

VI-1. 대푯값과 산포도 .... 본문 227쪽

7 $x\geq 8$

x의 값의 범위를 나누어 생각해 보면

(i) $x\leq 4$일 때, $A=4$, $B=5$, $C=5$

(ii) $x=5$일 때, $A=5$, $B=5$, $C=5$

(iii) $x=6$일 때, $A=6$, $B=6$, $C=6$

(iv) $x=7$일 때, $A=6$, $B=7$, $C=7$

(v) $x\geq 8$일 때, $A=6$, $B=7$, $C=8$

따라서 $A<B<C$가 성립하도록 하는 자연수 x의 값의 범위는 $x\geq 8$이다.

8 c

자료 B는 자료 A의 각 변량에 50씩 더한 것과 같으므로 $a=b$

자료 C는 자료 A의 각 변량에 2씩 곱한 것과 같으므로 $c=2a$

$a>0$이므로 $c>a$

따라서 $a=b<c$이므로 가장 큰 것은 c이다.

9 33

세 정사각형 A, B, C의 한 변의 길이를 각각

a, b, c라고 하면

(평균)$=\frac{4a+4b+4c}{3}=12$

$a+b+c=9$ …… ㉠

(분산)$=\frac{(4a-12)^2+(4b-12)^2+(4c-12)^2}{3}=32$

$a^2+b^2+c^2-6(a+b+c)+27=6$ …… ㉡

㉠을 ㉡에 대입하면

$a^2+b^2+c^2-6\times 9+27=6$

$a^2+b^2+c^2=33$

따라서 세 정사각형의 넓이의 합은 $a^2+b^2+c^2=33$이다.

VI-2. 상관관계 본문 239쪽

5 40 %

멀리뛰기 기록은 5 m 이상이고, 100 m 달리기 기록은 15초 이하인 학생을 순서쌍

(멀리뛰기 기록, 100 m 달리기 기록)으로 나타내면

(5, 12), (5, 13), (5, 14), (5, 15), (6, 12), (6, 13), (6, 14), (7, 12)의 8명이므로

$\frac{8}{20}\times100=40(\%)$

6 45점

실기 점수와 필기 점수의 평균이 60점, 즉 실기 점수와 필기 점수의 합이 120점 이하인 학생의 점수를 순서쌍

(실기 점수, 필기 점수)로 나타내면

(50, 70), (60, 60), (70, 50), (50, 60), (40, 60), (50, 50), (30, 50), (40, 40), (40, 30), (20, 30)

따라서 이들의 미술 실기 점수의 평균은

$\frac{20+30+40\times3+50\times3+60+70}{10}$

$=\frac{450}{10}=45$(점)

7 15점

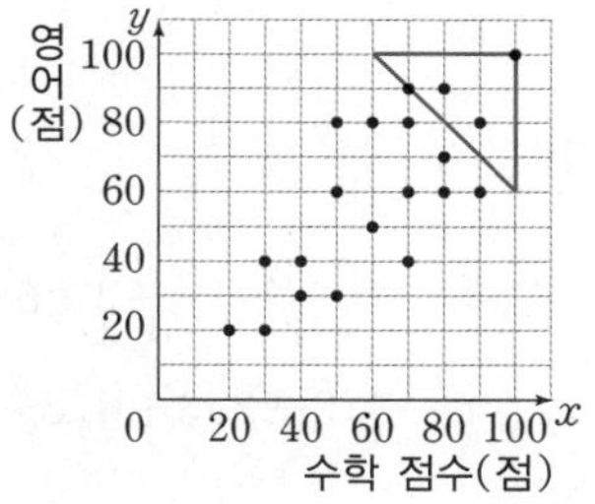

20명의 상위 20 %는

$20\times\frac{20}{100}=4$(명)

두 과목의 총점이 높은 순으로 4명을 뽑으면 200점 1명, 170점 2명, 160점 1명이다.

(평균)$=\frac{200+170\times2+160}{4}=\frac{700}{4}=175$(점)

(분산)

$=\frac{(200-175)^2+(170-175)^2\times2+(160-175)^2}{4}$

$=\frac{900}{4}=225$

따라서 (표준편차)$=\sqrt{225}=15$(점)

8 ①, ④

②, ③ B는 용돈에 비해 지출이 적당하다.

⑤ D는 용돈에 비해 지출이 적은 편이다.

도전! 창의 · 융합 사고력 문제

VI. 통계 본문 241쪽

1 $\sqrt{3}$

A의 값에 따라 뽑을 수 있는 카드의 경우를 나타내면

(i) $A=3$인 경우: $\boxed{1}$과 $\boxed{2}$

(ii) $A=4$인 경우: $\boxed{1}$과 $\boxed{3}$

(iii) $A=5$인 경우: $\boxed{1}$과 $\boxed{4}$, $\boxed{2}$와 $\boxed{3}$

(iv) $A=6$인 경우: $\boxed{1}$과 $\boxed{5}$, $\boxed{2}$와 $\boxed{4}$

(v) $A=7$인 경우: $\boxed{2}$와 $\boxed{5}$, $\boxed{3}$과 $\boxed{4}$

(vi) $A=8$인 경우: $\boxed{3}$과 $\boxed{5}$

(vii) $A=9$인 경우: $\boxed{4}$와 $\boxed{5}$

(평균)$=\frac{3+4+5\times2+6\times2+7\times2+8+9}{1+1+2+2+2+1+1}$

$=\frac{60}{10}=6$

(분산)

$=\frac{(3-6)^2+(4-6)^2+(5-6)^2\times2+(6-6)^2\times2}{10}$

$+\frac{(7-6)^2\times2+(8-6)^2+(9-6)^2}{10}$

$=\frac{9+4+1\times2+0\times2+1\times2+4+9}{10}$

$=\frac{30}{10}=3$

따라서 (표준편차)$=\sqrt{3}$

2 80 %

A 상품의 판매량을 x % 증가시켜야 한다고 하면 총 판매량은 $100\left(1+\frac{x}{100}\right)$(개)이다.

여기서 A 상품과 B 상품의 수익이 같아져야 하므로

$100\left(1+\frac{x}{100}\right)\times400=60\times1200$

$40000+400x=72000$

$400x=32000$

$x=80$

따라서 A 상품의 판매량을 80 % 증가시켜야 한다.

중단원 평가 문제

I-1. 제곱근과 실수

본문 250~251쪽

01 ④	02 ①	03 ③	04 ④	05 ②
06 ⑤	07 415	08 ④	09 ⑤	10 ③
11 ④	12 ③	13 $-2b$	14 159개	15 6
16 -1				

01 ④ -3은 9의 음의 제곱근이다.

02 $\frac{25}{16}$의 음의 제곱근은 $-\sqrt{\frac{25}{16}}=-\frac{5}{4}$이므로 $a=-\frac{5}{4}$

$\sqrt{(-64)^2}=64$의 양의 제곱근은

$\sqrt{64}=8$이므로 $b=8$

따라서 $ab=\left(-\frac{5}{4}\right)\times 8=-10$

03 ① $(\sqrt{3}+3)-(3+\sqrt{5})=\sqrt{3}-\sqrt{5}<0$이므로

$\sqrt{3}+3<3+\sqrt{5}$

② $(\sqrt{3}+5)-6=\sqrt{3}-1>0$이므로

$\sqrt{3}+5>6$

③ $\sqrt{0.09}=0.3$이므로 $\sqrt{0.09}<0.4$

④ $(\sqrt{5}+\sqrt{7})-(\sqrt{5}+\sqrt{3})=\sqrt{7}-\sqrt{3}>0$이므로

$\sqrt{5}+\sqrt{7}>\sqrt{5}+\sqrt{3}$

⑤ $(5-\sqrt{6})-(5-\sqrt{5})=-\sqrt{6}+\sqrt{5}<0$이므로

$5-\sqrt{6}<5-\sqrt{5}$

따라서 옳지 않은 것은 ③이다.

04 $\sqrt{32}=\sqrt{4^2\times 2}=4\sqrt{2}$이므로 $a=4$

$5\sqrt{3}=\sqrt{5^2\times 3}=\sqrt{75}$이므로 $b=75$

따라서 $20a-b=80-75=5$

05 ① $\sqrt{2}\sqrt{54}=\sqrt{2\times 54}=6\sqrt{3}$

② $\sqrt{\frac{45}{24}}\div\sqrt{\frac{15}{8}}=\sqrt{\frac{45}{24}}\times\sqrt{\frac{8}{15}}=\sqrt{1}=1$

③ $\sqrt{45}-\sqrt{80}=3\sqrt{5}-4\sqrt{5}=-\sqrt{5}$

④ $\sqrt{8}-\frac{3\sqrt{6}}{\sqrt{3}}=2\sqrt{2}-3\sqrt{2}=-\sqrt{2}$

⑤ $\frac{4}{\sqrt{2}}\div\frac{\sqrt{3}}{4}=\frac{4}{\sqrt{2}}\times\frac{4}{\sqrt{3}}=\frac{8\sqrt{6}}{3}$

06 $\sqrt{25b^2}=\sqrt{(5b)^2}$이고 $a>0$, $b<0$이므로

$4a>0$, $-3a<0$, $5b<0$

따라서

$\sqrt{(4a)^2}+\sqrt{(-3a)^2}-\sqrt{25b^2}$

$=\sqrt{(4a)^2}+\sqrt{(-3a)^2}-\sqrt{(5b)^2}$

$=4a+\{-(-3a)\}-(-5b)$

$=4a+3a+5b=7a+5b$

07 $50\le x\le 63$일 때, $7<\sqrt{x}<8$이므로 $f(x)=7$

$64\le x\le 80$일 때, $8\le\sqrt{x}<9$이므로 $f(x)=8$

$81\le x\le 99$일 때, $9\le\sqrt{x}<10$이므로 $f(x)=9$

$x=100$일 때, $\sqrt{x}=10$이므로 $f(x)=10$

따라서

(주어진 식)$=7\times 14+8\times 17+9\times 19+10$

$=415$

08 직사각형의 가로의 길이는 $\sqrt{800}=20\sqrt{2}$이고,

세로의 길이는 $4\sqrt{2}$이므로 넓이는

$20\sqrt{2}\times 4\sqrt{2}=160$

따라서 넓이가 160인 정사각형의 한 변의 길이는

$\sqrt{160}=4\sqrt{10}$

09 직육면체의 높이를 x라고 하면

$\sqrt{2}\times\sqrt{6}\times x=\sqrt{80}$이므로

$x=\frac{\sqrt{80}}{\sqrt{12}}=\frac{\sqrt{20}}{\sqrt{3}}=\frac{2\sqrt{5}}{\sqrt{3}}=\frac{2\sqrt{15}}{3}$

10 $-6\left(\frac{\sqrt{3}}{2}-\frac{1}{\sqrt{3}}\right)+6\sqrt{3}-\frac{12}{\sqrt{3}}$

$=-6\left(\frac{\sqrt{3}}{2}-\frac{\sqrt{3}}{3}\right)+6\sqrt{3}-4\sqrt{3}$

$=-3\sqrt{3}+2\sqrt{3}+6\sqrt{3}-4\sqrt{3}=\sqrt{3}$

11 ① $\sqrt{0.314}=\sqrt{\frac{31.4}{100}}=\frac{\sqrt{31.4}}{10}=0.1b$

② $\sqrt{0.0314}=\sqrt{\frac{3.14}{100}}=\frac{\sqrt{3.14}}{10}=0.1a$

③ $\sqrt{3140}=\sqrt{31.4\times 100}=10\sqrt{31.4}=10b$

④ $\sqrt{31400}=\sqrt{3.14\times 10000}=100\sqrt{3.14}=100a$

⑤ $\sqrt{1256}=2\sqrt{314}=2\sqrt{3.14\times 100}$

$=20\sqrt{3.14}=20a$

12 $\sqrt{20000}=\sqrt{2\times 10000}=100\sqrt{2}$

$=100\times 1.414=141.4$

따라서 $\sqrt{20000}$과 가장 가까운 정수는 ③ 141이다.

13 $ab<0$, $a>b$이므로 $a>0$, $b<0$

$b-a<0$, $-2a<0$, $a-b>0$이므로

$$\begin{aligned}(\text{주어진 식})&=|b-a|-|-2a|+|a-b|\\&=-(b-a)+(-2a)+(a-b)\\&=-b+a-2a+a-b=-2b\end{aligned}$$

14 $\sqrt{3n}$이 유리수가 되려면 n은 $3\times(\text{자연수})^2$의 꼴이어야 하므로 170 이하의 자연수 n의 값은

$3\times1^2=3$, $3\times2^2=12$, $3\times3^2=27$, $3\times4^2=48$, $3\times5^2=75$, $3\times6^2=108$, $3\times7^2=147$

또, $\sqrt{10n}$이 유리수가 되려면 n은 $10\times(\text{자연수})^2$의 꼴이어야 하므로 170 이하의 자연수 n의 값은

$10\times1^2=10$, $10\times2^2=40$, $10\times3^2=90$, $10\times4^2=160$

이다.

따라서 $\sqrt{3n}$ 또는 $\sqrt{10n}$이 유리수가 되도록 하는 자연수 n의 값이 11개이므로 $\sqrt{3n}$, $\sqrt{10n}$이 모두 무리수가 되도록 하는 자연수 n의 값은 $170-11=159$(개)이다.

15 $a>0$, $b>0$이므로

$$\begin{aligned}a\sqrt{\frac{16b}{a}}-b\sqrt{\frac{4a}{b}}&=\sqrt{a^2\times\frac{16b}{a}}-\sqrt{b^2\times\frac{4a}{b}}\\&=\sqrt{16ab}-\sqrt{4ab}\\&=4\sqrt{ab}-2\sqrt{ab}\\&=2\sqrt{ab}\end{aligned}$$

$ab=9$이므로

$(\text{주어진 식})=2\sqrt{ab}=2\sqrt{9}=6$

16 $$\begin{aligned}\frac{6}{\sqrt{3}}-\sqrt{3}(\sqrt{3}+4)&=\frac{6\times\sqrt{3}}{\sqrt{3}\times\sqrt{3}}-3-4\sqrt{3}\\&=2\sqrt{3}-3-4\sqrt{3}\\&=-3-2\sqrt{3}\end{aligned}$$

따라서 $a=-3$, $b=-2$이므로

$a-b=-3-(-2)=-1$

II-1. 다항식의 곱셈과 인수분해

본문 252~253쪽

01 ⑤ 02 ⑤

03 (1) 162409 (2) 1005006 (3) 996004 (4) 89984

04 $6x^2+\frac{1}{2}xy-3y^2$ 05 ③ 06 ④ 07 ①

08 $11-4\sqrt{7}$ 09 ①, ⑤ 10 1 11 $2x-7$

12 $x^2-10x+24$, $(x-4)(x-6)$

01 식을 전개하여 a의 계수를 구하면 다음과 같다.

① 6 ② 1 ③ -1 ④ 4 ⑤ 7

02 ⑤ $(5x-3)(-3x+1)=-15x^2+14x-3$

03 (1) $$\begin{aligned}403^2&=(400+3)^2\\&=400^2+2\times400\times3+3^2\\&=160000+2400+9=162409\end{aligned}$$

(2) $$\begin{aligned}1002\times1003&=(1000+2)(1000+3)\\&=1000^2+(2+3)\times1000+2\times3\\&=1000000+5000+6=1005006\end{aligned}$$

(3) $$\begin{aligned}998^2&=(1000-2)^2\\&=1000^2-2\times1000\times2+2^2\\&=1000000-4000+4=996004\end{aligned}$$

(4) $$\begin{aligned}296\times304&=(300-4)(300+4)\\&=300^2-4^2\\&=90000-16=89984\end{aligned}$$

04 $$\begin{aligned}(\text{마름모의 넓이})&=\frac{1}{2}\times(4x+3y)(3x-2y)\\&=\frac{1}{2}\times(12x^2+xy-6y^2)\\&=6x^2+\frac{1}{2}xy-3y^2\end{aligned}$$

05 ③ $4x-12y+9x^2$의 세 항에는 공통으로 있는 인수가 없으므로 인수분해할 수 없다.

06 ① $x^2+6x+9=(x+3)^2$

② $6x^2-24x+24=6(x^2-4x+4)=6(x-2)^2$

③ $a^2+\frac{1}{2}a+\frac{1}{16}=\left(a+\frac{1}{4}\right)^2$

⑤ $x^2-8x+16=(x-4)^2$

07 $(-3x+2)^2=\{-(3x-2)\}^2=(3x-2)^2$

08 $\frac{2}{3-\sqrt{7}}=\frac{2(3+\sqrt{7})}{(3-\sqrt{7})(3+\sqrt{7})}$

$=\frac{2(3+\sqrt{7})}{3^2-(\sqrt{7})^2}$

$=\frac{2(3+\sqrt{7})}{2}=3+\sqrt{7}$

$2<\sqrt{7}<3$에서 $5<3+\sqrt{7}<6$이므로

$a=3+\sqrt{7}-5=\sqrt{7}-2$

따라서 $a^2=(\sqrt{7}-2)^2=7-4\sqrt{7}+4=11-4\sqrt{7}$

09 ① $a+4b$, ⑤ $a(a-3b)$는 주어진 다항식의 인수이다.

10 점선으로 표시된 원의 반지름의 길이를 r라고 하면

$2\pi r=24\pi$, $r=12$

따라서 길의 넓이는

$\pi(12+x)^2-\pi(12-x)^2$

$=\pi\{(12+x)^2-(12-x)^2\}$

$=\pi(12+x+12-x)(12+x-12+x)$

$=48x\pi$

따라서 길의 넓이가 48π이므로 $x=1$이다.

11 $3<x<4$에서 $x-3>0$, $x-4<0$이므로

$\sqrt{x^2-6x+9}-\sqrt{x^2-8x+16}$

$=\sqrt{(x-3)^2}-\sqrt{(x-4)^2}$

$=(x-3)-\{-(x-4)\}$

$=x-3+x-4=2x-7$

12 $(x+4)(x+6)=x^2+10x+24$이고 성호는 일차항의 계수를 잘못 보았으므로 처음의 이차식은 $x^2+\square x+24$의 꼴이다.

$(x-3)(x-7)=x^2-10x+21$이고 민서는 상수항을 잘못 보았으므로 처음의 이차식은 $x^2-10x+\bigcirc$의 꼴이다.

따라서 처음의 이차식은 $x^2-10x+24$이고, 이 이차식을 인수분해하면 $x^2-10x+24=(x-4)(x-6)$이다.

II-2. 이차방정식

본문 254~255쪽

01 ①, ⑤	02 ①	03 ⑤	04 ⑤	05 72
06 ③	07 ③	08 ①	09 ⑤	10 10초 후
11 $x^2-3x-28=0$	12 6개			

01 ② 분모에 x^2이 있으므로 이차방정식이 아니다.

③ $(x+3)^2+6=x^2$에서 $x^2+6x+9+6=x^2$, $6x+15=0$은 일차방정식이다.

④ $3x^2=3x^2+4x-6$에서 $4x-6=0$은 일차방정식이다.

02 해가 $x=3$ 또는 $x=-\frac{2}{3}$이므로

$a(x-3)\left(x+\frac{2}{3}\right)=0$ $(a\neq0)$의 꼴이다.

따라서 구하는 이차방정식은

① $(x-3)(3x+2)=0$이다.

03 $3x^2-12x+4=0$의 양변을 3으로 나누면

$x^2-4x+\frac{4}{3}=0$, $x^2-4x=-\frac{4}{3}$

$x^2-4x+4=-\frac{4}{3}+4$

$(x-2)^2=\frac{8}{3}$, $x-2=\pm\frac{2\sqrt{6}}{3}$

따라서 $x=\frac{6\pm2\sqrt{6}}{3}$

즉, ① $-\frac{4}{3}$ ② 4 ③ 2 ④ $\frac{8}{3}$ ⑤ $\frac{6\pm2\sqrt{6}}{3}$이다.

04 $x^2+x-k=0$에서

$x=\frac{-1\pm\sqrt{1+4k}}{2}=\frac{-1\pm\sqrt{17}}{2}$

따라서 $1+4k=17$이므로 $k=4$이다.

05 연속하는 두 자연수를 x, $x+1$이라고 하면

$x+(x+1)+55=x(x+1)$

$2x+56=x^2+x$, $x^2-x-56=0$

$(x-8)(x+7)=0$, $x=8$ 또는 $x=-7$

이때 x는 자연수이므로 $x=8$

따라서 연속하는 두 자연수는 8, 9이고 곱은 72이다.

06 $x=m$을 $x^2+7x-2=0$에 대입하면

$m^2+7m-2=0$, $m^2+7m=2$

따라서 $m^2+7m+4=2+4=6$

07 ①, ②, ④, ⑤의 해는 $x=-4$ 또는 $x=4$
③의 해는 $x=4$
따라서 해가 나머지 넷과 다른 것은 ③이다.

08 둘레의 길이가 18 cm, 직사각형의 가로의 길이가 x cm 이므로 세로의 길이는 $(9-x)$ cm
넓이가 20 cm^2이므로
$x(9-x)=20$
따라서 구하는 이차방정식은 $x^2-9x+20=0$

09 도로의 폭을 x m라고 하면
$(16-x)(10-x)=72$, $x^2-26x+88=0$
$(x-4)(x-22)=0$, $x=4$ 또는 $x=22$
이때 $0<x<10$이므로 이 도로의 폭은 4 m이다.

10 물체가 지면에 떨어지면 높이가 0이므로
$40t-4t^2=0$, $t^2-10t=0$
$t(t-10)=0$, $t=0$ 또는 $t=10$
이때 $t>0$이므로 구하는 때는 10초 후이다.

11 중근을 가지려면 좌변이 완전제곱식이어야 하므로
$2a-5=\left(\frac{6}{2}\right)^2=9$, $2a=14$, $a=7$
즉, $a=7$, $3-a=-4$이다.
따라서 이차항의 계수가 1이고 해가 $x=7$ 또는 $x=-4$인 이차방정식은
$(x-7)(x+4)=0$, $x^2-3x-28=0$

12 26만 4천 원으로 만들 수 있는 제품이 n개라고 하면
$18+2n-\frac{1}{10}n^2=26.4$, $180+20n-n^2=264$
$n^2-20n+84=0$, $(n-6)(n-14)=0$
$n=6$ 또는 $n=14$
이때 $0<n<10$이므로 만들 수 있는 제품은 6개이다.

III-1. 이차함수와 그래프

본문 256~257쪽

01 ㄴ, ㄷ　02 ④　03 $y=-(x-4)^2$　04 ③
05 축의 방정식: $x=4$, 꼭짓점의 좌표: $(4, 5)$
06 (1)—㉠, (2)—㉡, (3)—㉣, (4)—㉢
07 5　08 64　09 $(-3, 0)$, $(-1, 0)$　10 12
11 왼쪽　12 $q>18$

01 ㄱ. $y=x(x^2+3)-x=x^3+2x$이므로 y는 x의 이차함수가 아니다.
ㄴ. $y=(x+2)(x-4)=x^2-2x-8$이므로 y는 x의 이차함수이다.
ㄷ. $y=(x-1)^2+3=x^2-2x+4$이므로 y는 x의 이차함수이다.
ㄹ. $y=x^2-(x+2)(x-2)=4$이므로 y는 x의 이차함수가 아니다.
따라서 y가 x의 이차함수인 것은 ㄴ, ㄷ이다.

02 ① 위로 볼록한 포물선이다.
② $4\neq-(-2)^2$이므로 점 $(-2, 4)$를 지나지 않는다.
③ 축의 방정식은 직선 $x=0$이다.
⑤ 이차함수 $y=x^2$의 그래프와 폭이 같다.

03 이차함수 $y=-x^2$의 그래프를 x축의 방향으로 4만큼 평행이동한 그래프가 나타내는 이차함수의 식은 $y=-(x-4)^2$이다.

04 이차함수의 그래프의 꼭짓점의 좌표는 다음과 같다.
① $(2, 3)$　② $(2, 0)$　③ $(-2, 4)$
④ $(4, -3)$　⑤ $(-3, -4)$
따라서 그래프의 꼭짓점이 제2사분면 위에 있는 것은 ③이다.

05 이차함수 $y=2x^2-16x+37$을 변형하면
$y=2(x-4)^2+5$이므로 이 이차함수의 그래프는 직선 $x=4$를 축으로 하고 꼭짓점의 좌표는 $(4, 5)$이다.

06 이차함수 $y=ax^2$의 그래프는 a의 절댓값이 클수록 폭이 좁아진다.
이때 $\left|-\frac{1}{3}\right|<|2|<|-3|<|4|$이므로 그래프의 폭은 (3)—(2)—(4)—(1) 순으로 좁아진다.
또, $a>0$일 때 아래로 볼록하고, $a<0$일 때 위로 볼록

하므로 (1), (2)는 아래로 볼록하고, (3), (4)는 위로 볼록하다.
따라서 (1)-㉠, (2)-㉡, (3)-㉣, (4)-㉢이다.

07 이차함수 $y=2x^2$의 그래프를 x축의 방향으로 3만큼 평행이동하면 꼭짓점의 좌표가 $(3,\ 0)$이므로 평행이동한 그래프가 나타내는 이차함수의 식은 $y=2(x-3)^2$이다.
또, 이 이차함수의 그래프가 점 $(m,\ 8)$을 지나므로
$8=2(m-3)^2$, $(m-3)^2=4$, $m-3=\pm2$
$m=5$ 또는 $m=1$이다.
따라서 $m>2$이므로 $m=5$이다.

08 직선 $x=-4$가 축이므로 점 B의 좌표는 $(-8,\ 0)$이다.
이차함수 $y=x^2+ax$의 그래프가 점 $\mathrm{B}(-8,\ 0)$을 지나므로 $0=64-8a$, $a=8$
즉, $y=x^2+8x=(x+4)^2-16$이므로 $\mathrm{A}(-4,\ -16)$이다.

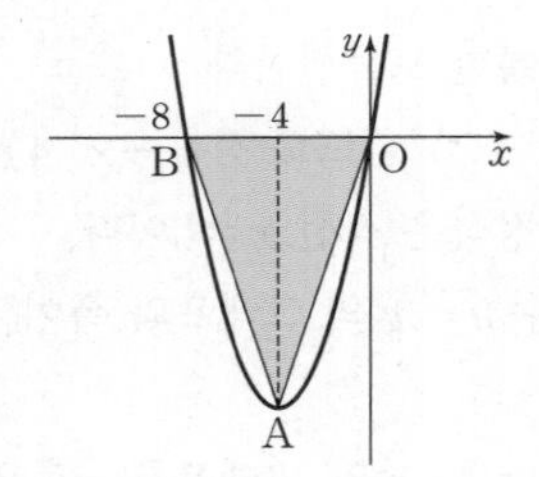

따라서 $\triangle\mathrm{AOB}=\frac{1}{2}\times8\times16=64$이다.

09 이차함수 $y=-2(x+2)^2-6$의 그래프를 y축의 방향으로 8만큼 평행이동한 그래프가 나타내는 이차함수의 식은 $y=-2(x+2)^2+2$이고, $y=0$을 대입하면
$0=-2(x+2)^2+2$, $(x+2)^2=1$,
$x+2=\pm1$, $x=-3$ 또는 $x=-1$
따라서 이 이차함수의 그래프가 x축과 만나는 점의 좌표는 $(-3,\ 0)$, $(-1,\ 0)$이다.

10 이차함수 $y=-\frac{1}{3}x^2+q$의 그래프가 점 $\mathrm{C}(3,\ 1)$을 지나므로 $1=-\frac{1}{3}\times3^2+q$, $q=4$

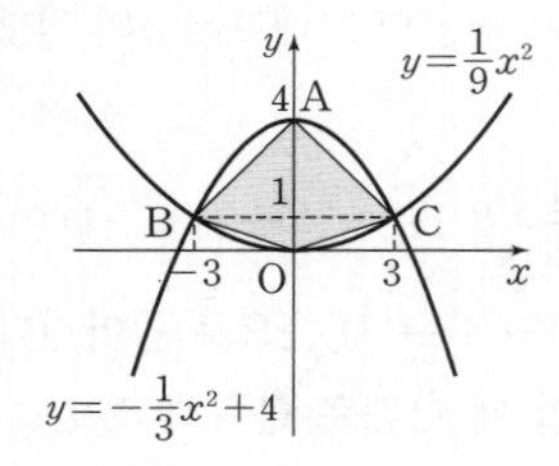

즉, $y=-\frac{1}{3}x^2+4$이므로 $\mathrm{A}(0,\ 4)$이고, 점 B는 점 C와 y축에 대하여 대칭이므로 $\mathrm{B}(-3,\ 1)$이다.
따라서 $\triangle\mathrm{ABO}$와 $\triangle\mathrm{ACO}$의 넓이가 같으므로
$\square\mathrm{ABOC}=2\triangle\mathrm{ACO}=2\times\left(\frac{1}{2}\times4\times3\right)=12$

11 일차방정식 $ax-by+c=0$을 변형하면 $y=\frac{a}{b}x+\frac{c}{b}$이고, 주어진 그래프에서 기울기는 양수, y절편은 음수이므로 $\frac{a}{b}>0$, $\frac{c}{b}<0$이다.
즉, a, b의 부호는 같고, b, c의 부호는 다르다.
이차함수 $y=ax^2+bx+c$를 변형하면
$y=a\left(x+\frac{b}{2a}\right)^2-\frac{b^2-4ac}{4a}$이므로 직선 $x=-\frac{b}{2a}$를 축으로 한다. 이때 $-\frac{b}{2a}<0$이므로 이차함수 $y=ax^2+bx+c$의 그래프의 축은 y축의 왼쪽에 있다.

12 이차함수 $y=-2(x+3)^2+q$의 그래프는 위로 볼록하고, 꼭짓점의 좌표가 $(-3,\ q)$이다.
또, $x=0$일 때, $y=-2\times(0+3)^2+q=q-18$이다.

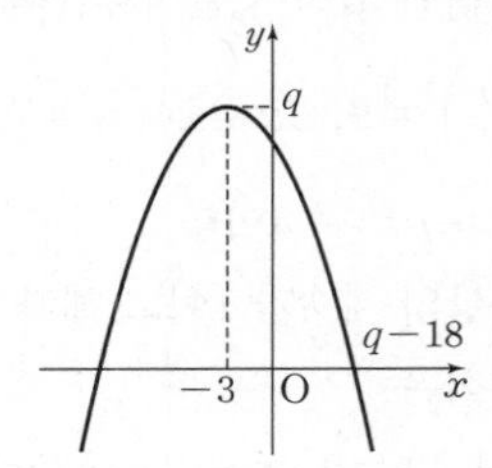

위의 그림과 같이 그래프가 모든 사분면을 지나기 위해서는 $q-18>0$이어야 한다.
따라서 $q>18$이다.

IV-1. 삼각비

본문 258~259쪽

01 $\frac{\sqrt{3}}{2}$	02 $\frac{2\sqrt{5}}{5}$	03 ②	04 ②	05 3 cm
06 ⑤	07 $\frac{2}{3}$	08 $\frac{\sqrt{3}}{3}$	09 ④	10 $\frac{2\sqrt{5}}{13}$
11 $(8\sqrt{3}+24)\text{ cm}^2$	12 $\angle A=45°$, $\angle B=60°$			

01 피타고라스 정리에 의하여
$\overline{AC}=\sqrt{8^2-4^2}=\sqrt{48}=4\sqrt{3}$
$\sin A=\frac{\overline{BC}}{\overline{AB}}=\frac{4}{8}=\frac{1}{2}$, $\tan B=\frac{\overline{AC}}{\overline{BC}}=\frac{4\sqrt{3}}{4}=\sqrt{3}$
따라서 $\sin A\times\tan B=\frac{1}{2}\times\sqrt{3}=\frac{\sqrt{3}}{2}$

02 직각삼각형 DEC에서 피타고라스 정리에 의하여
$\overline{DE}=\sqrt{12^2-8^2}=\sqrt{80}=4\sqrt{5}$
$\angle A=90°-\angle C=\angle D$이므로
$\tan A=\tan D=\frac{\overline{CE}}{\overline{DE}}=\frac{8}{4\sqrt{5}}=\frac{2\sqrt{5}}{5}$

03 $\tan B=\frac{12}{5}$이므로 오른쪽 그림과 같이 $\angle C=90°$, $\overline{BC}=5$, $\overline{AC}=12$인 직각삼각형 ABC를 생각할 수 있다.

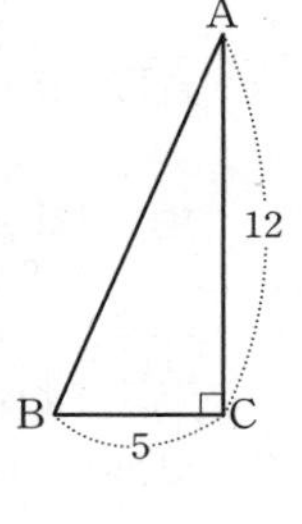

이때 피타고라스 정리에 의하여
$\overline{AB}=\sqrt{5^2+12^2}=\sqrt{169}=13$이므로
$\sin A=\frac{5}{13}$, $\sin B=\frac{12}{13}$,
$\cos B=\frac{5}{13}$, $\tan A=\frac{5}{12}$
따라서 옳은 것은 ② $\cos A=\frac{12}{13}$이다.

04 ㄱ. $\sin 30°=\cos 60°=\frac{1}{2}$
ㄴ. $\sin 60°+\tan 60°=\frac{\sqrt{3}}{2}+\sqrt{3}=\frac{3\sqrt{3}}{2}$
ㄷ. $\cos 90°\times\tan 30°=0\times\frac{\sqrt{3}}{3}=0$
ㄹ. $\sin 0°+\cos 45°\div\tan 45°=0+\frac{\sqrt{2}}{2}\div 1=\frac{\sqrt{2}}{2}$
따라서 옳은 것은 ㄱ, ㄹ이다.

05 직각삼각형 ABC에서 $\sin 60°=\frac{\overline{AC}}{2\sqrt{6}}$이므로
$\overline{AC}=2\sqrt{6}\times\sin 60°=2\sqrt{6}\times\frac{\sqrt{3}}{2}=3\sqrt{2}(\text{cm})$
직각삼각형 ACD에서 $\cos 45°=\frac{\overline{AD}}{\overline{AC}}=\frac{\overline{AD}}{3\sqrt{2}}$이므로
$\overline{AD}=3\sqrt{2}\times\cos 45°=3\sqrt{2}\times\frac{\sqrt{2}}{2}=3(\text{cm})$

06 ① $\cos 0°=1$ ② $\tan 25°<\tan 50°$
③ $0<\sin 75°<1$ ④ $0<\cos 68°<1$
⑤ $\tan 45°=1$, $\tan 45°<\tan 50°$이므로 $\tan 50°>1$
따라서 가장 큰 것은 ⑤이다.

07 $\tan x°=\frac{12}{5}$이므로 $\overline{DC}=5a\,(a>0)$라고 하면
$\overline{AC}=12a$이다.
직각삼각형 ADC에서 피타고라스 정리에 의하여
$\overline{AD}=\sqrt{(5a)^2+(12a)^2}=\sqrt{169a^2}=13a=\overline{BD}$이므로
$\overline{BC}=\overline{BD}+\overline{DC}=18a$이다.
따라서 $\tan y°=\frac{\overline{AC}}{\overline{BC}}=\frac{12a}{18a}=\frac{2}{3}$

08 $\angle B : \angle C=1 : 3$이므로
$\angle B=k$, $\angle C=3k$라고 하면
$60°+k+3k=180°$, $4k=120°$, $k=30°$
즉, $\angle B=30°$, $\angle C=90°$이다.
따라서
$\sin C\times\tan B=\sin 90°\times\tan 30°=1\times\frac{\sqrt{3}}{3}=\frac{\sqrt{3}}{3}$

09 $0<\sin 45°=\frac{\sqrt{2}}{2}<\sin 55°$,
$0<\cos 55°<\cos 45°=\frac{\sqrt{2}}{2}$
즉, $0<\cos 55°<\sin 55°<1$이므로
$\cos 55°-\sin 55°<0$, $\sin 55°-\cos 55°>0$
따라서
$|\cos 55°-\sin 55°|+\sqrt{(\sin 55°-\cos 55°)^2}$
$=-(\cos 55°-\sin 55°)+(\sin 55°-\cos 55°)$
$=-\cos 55°+\sin 55°+\sin 55°-\cos 55°$
$=2(\sin 55°-\cos 55°)$

10 직각삼각형 ABD에서 $\sin x°=\frac{6}{\overline{AD}}=\frac{2}{3}$이므로
$\overline{AD}=9(\text{cm})$
이때 $\triangle ABD\backsim\triangle CED$(AA 닮음)이므로
$\overline{AD} : \overline{BD}=\overline{CD} : \overline{ED}$, $9 : 6=6 : \overline{ED}$

$\overline{DE}=4(cm)$
직각삼각형 CDE에서 피타고라스 정리에 의하여
$\overline{CE}=\sqrt{6^2-4^2}=2\sqrt{5}(cm)$
$\overline{AE}=9+4=13$이므로
$\tan y^\circ=\frac{\overline{CE}}{\overline{AE}}=\frac{2\sqrt{5}}{13}$

11 직각삼각형 ABC에서 $\tan 30^\circ=\frac{4}{\overline{BC}}$이므로
$\overline{BC}=4\div\tan 30^\circ=4\div\frac{\sqrt{3}}{3}=4\sqrt{3}(cm)$
직각삼각형 DBC에서 $\overline{CD}=\overline{BC}=4\sqrt{3}(cm)$이다.
따라서
$\square ABCD=\frac{1}{2}\times(\overline{AB}+\overline{CD})\times\overline{BC}$
$=\frac{1}{2}\times(4+4\sqrt{3})\times4\sqrt{3}$
$=8\sqrt{3}+24(cm^2)$

12 $2x^2-3x+1=0$, $(2x-1)(x-1)=0$이므로
$x=\frac{1}{2}$ 또는 $x=1$
이때 이차방정식의 두 근이 $\tan A$ 또는 $\cos B$이고
$\cos B<\tan A$이므로
$\tan A=1$, $\cos B=\frac{1}{2}$
따라서 $0^\circ<\angle A<90^\circ$, $0^\circ<\angle B<90^\circ$이므로
$\angle A=45^\circ$, $\angle B=60^\circ$이다.

IV-2. 삼각비의 활용

본문 260~261쪽

01 13.882 **02** $9\sqrt{3}$ m **03** $(2\sqrt{3}+6)$ km
04 $2\sqrt{6}$ km **05** $2\sqrt{7}$ km **06** 8 cm
07 $4\sqrt{19}$ cm **08** $(32\pi-16\sqrt{3})$ cm² **09** $\frac{39}{4}$ cm²
10 $\frac{\sqrt{6}}{3}$ **11** $(12+4\sqrt{3})$ cm² **12** $\frac{75}{16}$ cm²

01 직각삼각형 ABC에서 $\cos 56^\circ=\frac{\overline{AB}}{\overline{BC}}=\frac{x}{10}=0.5592$
이므로
$x=10\times0.5592=5.592$
또, 직각삼각형 ABC에서
$\sin 56^\circ=\frac{\overline{AC}}{\overline{BC}}=\frac{y}{10}=0.8290$이므로
$y=10\times0.8290=8.29$
따라서 $x+y=5.592+8.29=13.882$

02 직각삼각형 ABC에서 $\tan 30^\circ=\frac{\overline{AB}}{9}$이므로
$\overline{AB}=9\times\tan 30^\circ=9\times\frac{\sqrt{3}}{3}=3\sqrt{3}(m)$
또, 직각삼각형 ABC에서 $\cos 30^\circ=\frac{9}{\overline{AC}}$이므로
$\overline{AC}=\frac{9}{\cos 30^\circ}=9\div\frac{\sqrt{3}}{2}=9\times\frac{2}{\sqrt{3}}=6\sqrt{3}(m)$
따라서 부러지기 전 나무의 높이는
$\overline{AB}+\overline{AC}=3\sqrt{3}+6\sqrt{3}=9\sqrt{3}(m)$이다.

03 오른쪽 그림과 같이
$\overline{BC}=x$ km라 하면
직각삼각형 PAC에서
$\overline{AC}=\overline{PC}$이므로
$\overline{PC}=(x+4)$ km
직각삼각형 PBC에서

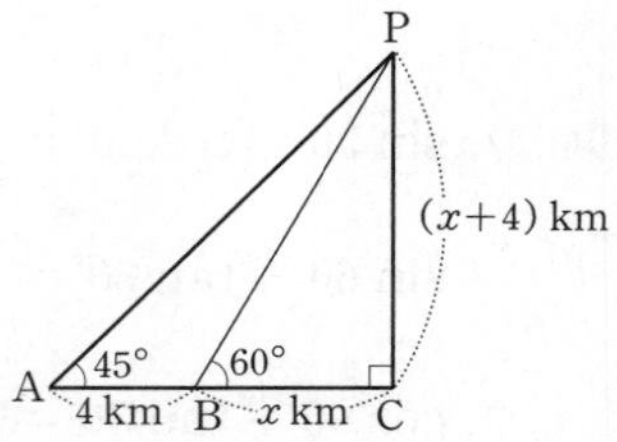

$\tan 60^\circ=\frac{x+4}{x}$이므로
$\frac{x+4}{x}=\sqrt{3}$, $\sqrt{3}x=x+4$, $(\sqrt{3}-1)x=4$,
$x=\frac{4}{\sqrt{3}-1}=\frac{4(\sqrt{3}+1)}{2}=2\sqrt{3}+2$
따라서 산의 높이는
$x+4=2\sqrt{3}+2+4=2\sqrt{3}+6(km)$이다.

04 오른쪽 그림과 같이 점 C에서 $\overline{AB}$에 내린 수선의 발을 H라고 하면 직각삼각형 HBC에서

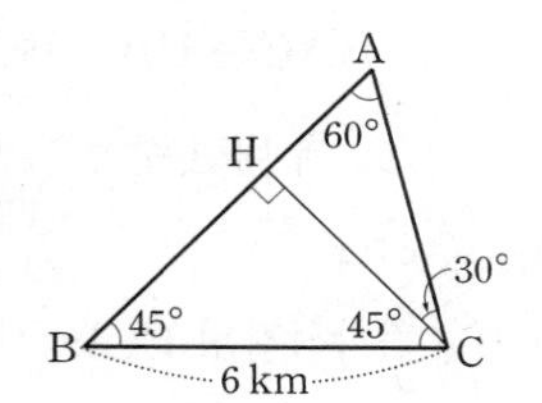

$\overline{CH}=\overline{BC}\sin 45^\circ$

$=6\times\frac{\sqrt{2}}{2}$

$=3\sqrt{2}$(km)

직각삼각형 ACH에서

$\overline{AC}=\frac{\overline{CH}}{\sin 60^\circ}$

$=3\sqrt{2}\div\frac{\sqrt{3}}{2}$

$=3\sqrt{2}\times\frac{2}{\sqrt{3}}$

$=2\sqrt{6}$(km)

따라서 두 지점 A, C 사이의 거리는 $2\sqrt{6}$ km이다.

05 오른쪽 그림과 같이 점 A에서 $\overline{BC}$에 내린 수선의 발을 H라고 하면 직각삼각형 ACH에서

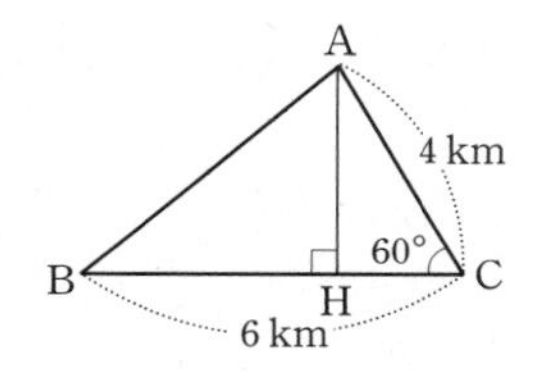

$\overline{CH}=4\times\cos 60^\circ$

$=4\times\frac{1}{2}=2$(km)

$\overline{AH}=4\times\sin 60^\circ$

$=4\times\frac{\sqrt{3}}{2}$

$=2\sqrt{3}$(km)

$\overline{BH}=\overline{BC}-\overline{CH}=6-2=4$(km)이므로

직각삼각형 ABH에서 피타고라스 정리에 의하여

$\overline{AB}=\sqrt{4^2+(2\sqrt{3})^2}=\sqrt{28}=2\sqrt{7}$(km)

따라서 두 지점 A, B 사이의 거리는 $2\sqrt{7}$ km이다.

06 $\angle$C가 예각이므로

$\triangle ABC=\frac{1}{2}\times 6\times\overline{AC}\times\sin 45^\circ$

$=\frac{1}{2}\times 6\times\overline{AC}\times\frac{\sqrt{2}}{2}$

$=\frac{3\sqrt{2}}{2}\times\overline{AC}$(cm^2)

이때 $\triangle ABC=12\sqrt{2}$ cm^{2}이므로

$\frac{3\sqrt{2}}{2}\times\overline{AC}=12\sqrt{2}$

따라서 $\overline{AC}=8$(cm)

07 오른쪽 그림과 같이 점 A에서 $\overline{BC}$에 내린 수선의 발을 H라고 하면 직각삼각형 ABH에서

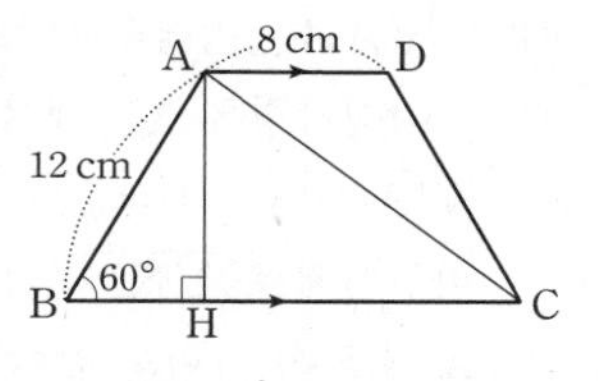

$\sin 60^\circ=\frac{\overline{AH}}{12}$이므로

$\overline{AH}=12\times\sin 60^\circ=12\times\frac{\sqrt{3}}{2}=6\sqrt{3}$(cm)

또, 직각삼각형 ABH에서 $\cos 60^\circ=\frac{\overline{BH}}{12}$이므로

$\overline{BH}=12\times\cos 60^\circ=12\times\frac{1}{2}=6$(cm)

즉, $\overline{BC}=\overline{AD}+2\overline{BH}=8+2\times 6=20$(cm)이므로

$\overline{CH}=\overline{BC}-\overline{BH}=20-6=14$(cm)

따라서 직각삼각형 ACH에서

$\overline{AC}=\sqrt{(6\sqrt{3})^2+14^2}$

$=\sqrt{304}=4\sqrt{19}$(cm)

08 반지름의 길이가 8 cm인 반원의 넓이는

$\frac{1}{2}\times\pi\times 8^2=32\pi$(cm^2)이다.

$\triangle$OAB는 $\overline{OA}=\overline{OB}$인 이등변삼각형이므로

$\angle AOB=120^\circ$이다. 이때

$\triangle OAB=\frac{1}{2}\times 8\times 8\times\sin(180^\circ-120^\circ)$

$=\frac{1}{2}\times 8\times 8\times\sin 60^\circ$

$=\frac{1}{2}\times 8\times 8\times\frac{\sqrt{3}}{2}$

$=16\sqrt{3}$(cm^2)

따라서 색칠한 부분의 넓이는

$(32\pi-16\sqrt{3})$ cm^{2}이다.

09 $\angle$ABD는 예각이므로

$\triangle ABD=\frac{1}{2}\times 3\times 5\times\sin 30^\circ$

$=\frac{1}{2}\times 3\times 5\times\frac{1}{2}$

$=\frac{15}{4}$(cm^2)

직각삼각형 BCD에서 피타고라스 정리에 의하여

$\overline{BC}=\sqrt{5^2-3^2}=\sqrt{16}=4$(cm)이므로

$\triangle BCD=\frac{1}{2}\times 4\times 3=6$(cm^2)

따라서 $\square ABCD=\frac{15}{4}+6=\frac{39}{4}$(cm^2)이다.

10 △VAB는 정삼각형이므로 $\overline{VM}\perp\overline{AB}$이다.

직각삼각형 VAM에서 피타고라스 정리에 의하여

$\overline{VM}=\sqrt{8^2-4^2}=\sqrt{48}=4\sqrt{3}$

마찬가지로 $\overline{VN}=4\sqrt{3}$이므로 오른쪽 그림과 같이 이등변삼각형 VMN에서 $\overline{MN}$의 중점을 H라고 하면 $\overline{VH}\perp\overline{MN}$이다.

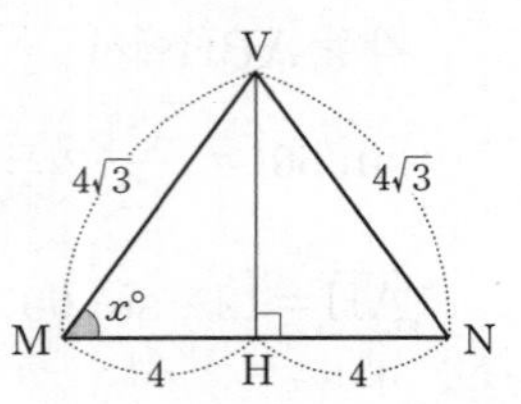

즉, $\overline{MH}=\overline{NH}=4$이므로

직각삼각형 VMH에서 피타고라스 정리에 의하여

$\overline{VH}=\sqrt{(4\sqrt{3})^2-4^2}=\sqrt{32}=4\sqrt{2}$

따라서 $\sin x^\circ=\dfrac{4\sqrt{2}}{4\sqrt{3}}=\dfrac{\sqrt{2}}{\sqrt{3}}=\dfrac{\sqrt{6}}{3}$이다.

11 오른쪽 그림과 같이 점 C에서 $\overline{AB}$의 연장선에 내린 수선의 발을 H라고 하면 $\angle CAH=60^\circ$이고, $\overline{CH}=h$ cm라고 하면

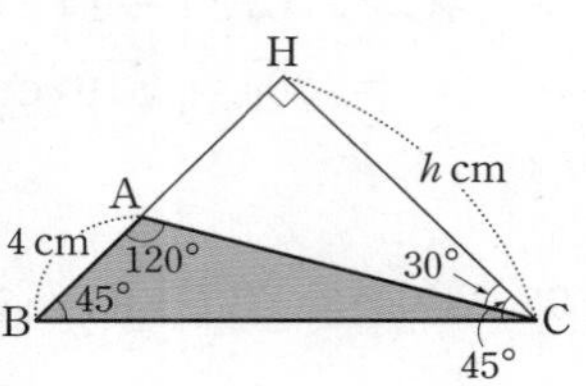

직각삼각형 BCH에서 $\overline{BH}=\overline{CH}=h$ cm

직각삼각형 ACH에서 $\tan 30^\circ=\dfrac{\overline{AH}}{h}$이므로

$\overline{AH}=h\times\tan 30^\circ=h\times\dfrac{\sqrt{3}}{3}=\dfrac{\sqrt{3}}{3}h$

이때 $\overline{AB}=\overline{BH}-\overline{AH}$이므로

$4=h-\dfrac{\sqrt{3}}{3}h=\dfrac{3-\sqrt{3}}{3}h$

$h=4\div\dfrac{3-\sqrt{3}}{3}=\dfrac{12}{3-\sqrt{3}}=6+2\sqrt{3}$

따라서

$\triangle ABC=\dfrac{1}{2}\times\overline{AB}\times\overline{CH}=\dfrac{1}{2}\times4\times(6+2\sqrt{3})$

$\quad=12+4\sqrt{3}(\text{cm}^2)$

12 오른쪽 그림과 같이 점 A에서 $\overline{BC}$의 연장선에 내린 수선의 발을 H라고 하면 $\overline{AH}=3$ cm이다.

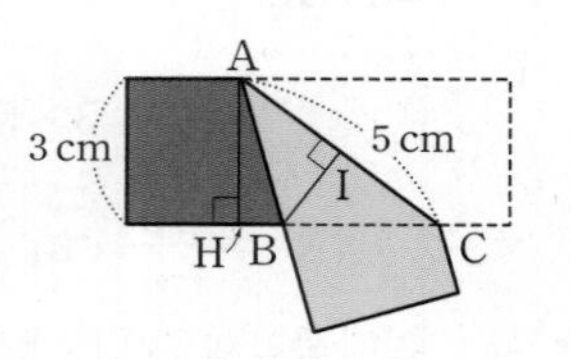

직각삼각형 ACH에서 피타고라스 정리에 의하여

$\overline{CH}=\sqrt{5^2-3^2}=\sqrt{16}=4(\text{cm})$이므로

$\cos C=\dfrac{4}{5}$이다.

△BAC는 $\overline{BA}=\overline{BC}$인 이등변삼각형이므로 점 B에서 $\overline{AC}$에 내린 수선의 발을 I라고 하면 $\overline{AI}=\overline{CI}=\dfrac{5}{2}$ cm이다.

직각삼각형 BCI에서

$\overline{BC}=\dfrac{\overline{CI}}{\cos C}=\dfrac{5}{2}\div\dfrac{4}{5}=\dfrac{5}{2}\times\dfrac{5}{4}=\dfrac{25}{8}(\text{cm})$

따라서

$\triangle ABC=\dfrac{1}{2}\times\overline{BC}\times\overline{AH}$

$\quad=\dfrac{1}{2}\times\dfrac{25}{8}\times3=\dfrac{75}{16}(\text{cm}^2)$

V-1. 원과 직선

본문 262~263쪽

01 ③	**02** $2\sqrt{30}$ cm	**03** $76°$
04 $4\sqrt{21}$ cm	**05** $16\sqrt{3}$ cm^2	**06** 10 cm^2
07 $(24-4\pi)$ cm^2	**08** ②	**09** 18 cm^2 **10** 2 cm
11 10 cm		

01 $\overline{AM}=\overline{BM}$이므로 $\overline{AB}\perp\overline{OC}$

$\overline{OA}=x$ cm라고 하면 $\overline{OM}=(x-6)$ cm이므로

$\triangle$OAM에서 $x^2=8^2+(x-6)^2$, $12x=100$, $x=\frac{25}{3}$

따라서 원 O의 반지름의 길이는 $\frac{25}{3}$ cm이다.

02 $\overline{AC}\perp\overline{OD}$이므로

$\overline{AD}=\overline{CD}=\sqrt{10^2-4^2}=2\sqrt{21}$(cm)

$\overline{BD}=\overline{OB}-\overline{OD}=10-4=6$(cm)

따라서 $\triangle$ABD에서

$\overline{AB}=\sqrt{(2\sqrt{21})^2+6^2}=2\sqrt{30}$(cm)

03 □BHOM에서

$\angle B=360°-(128°+90°+90°)=52°$

$\overline{OM}=\overline{ON}$이므로 $\triangle$ABC는 $\overline{AB}=\overline{AC}$인 이등변삼각형이다.

즉, $\angle C=\angle B=52°$

따라서 $\angle A=180°-(52°+52°)=76°$

04 $\overline{PB}=\overline{PA}=\sqrt{\overline{OP}^2-\overline{OA}^2}$

$=\sqrt{(8+12)^2-8^2}=4\sqrt{21}$(cm)

05 오른쪽 그림과 같이 원의 중심 O에서 $\overline{AB}$에 내린 수선의 발을 M이라고 하면 $\triangle$OAM에서

$\overline{OA}=8$ cm, $\overline{OM}=4$ cm

이므로

$\overline{AM}=\sqrt{8^2-4^2}=4\sqrt{3}$(cm)이고,

$\overline{AB}=2\overline{AM}=2\times4\sqrt{3}=8\sqrt{3}$(cm)이다.

따라서 $\triangle OAB=\frac{1}{2}\times\overline{AB}\times\overline{OM}$

$=\frac{1}{2}\times8\sqrt{3}\times4=16\sqrt{3}$(cm^2)

06 오른쪽 그림과 같이 점 C에서 $\overline{DA}$에 내린 수선의 발을 F라 고 하면

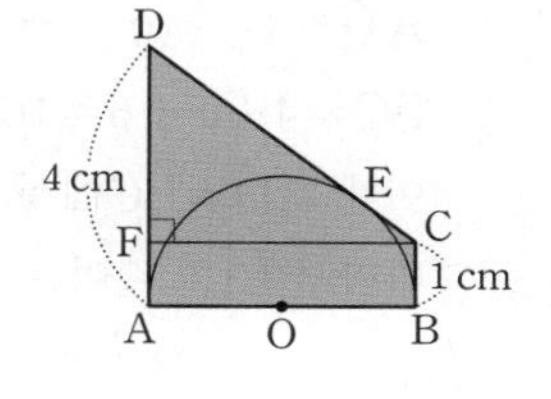

$\overline{DC}=\overline{DE}+\overline{EC}$

$=\overline{DA}+\overline{CB}$

$=4+1=5$(cm)

$\overline{DF}=4-1=3$(cm)

이므로 $\triangle$DFC에서

$\overline{CF}=\sqrt{5^2-3^2}=4$(cm)

따라서 □$ABCD=\frac{1}{2}\times(4+1)\times4=10$(cm^2)

07 오른쪽 그림과 같이 내접원과 세 변의 접점을 D, E, F라 하고, 내접원의 반지름의 길이를 r cm라고 하면 □OECF는 정사각형이므로

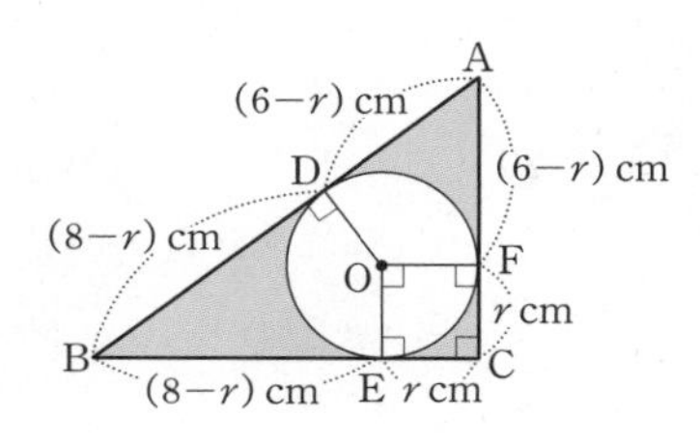

$\overline{CE}=\overline{CF}=r$ cm, $\overline{AD}=\overline{AF}=(6-r)$ cm,

$\overline{BD}=\overline{BE}=(8-r)$ cm이다.

이때 $\overline{AD}+\overline{BD}=\overline{AB}$이므로

$(6-r)+(8-r)=\sqrt{6^2+8^2}$, $14-2r=10$, $r=2$

따라서 색칠한 부분의 넓이는

($\triangle$ABC의 넓이)$-$(원 O의 넓이)

$=\frac{1}{2}\times8\times6-\pi\times2^2$

$=24-4\pi$(cm^2)

08 $\triangle$BCD에서 $\overline{BC}=\sqrt{20^2-12^2}=16$(cm)

□ABCD가 원 O에 외접하므로

$\overline{AB}+\overline{CD}=\overline{AD}+\overline{BC}$, $\overline{AB}+12=10+16$

따라서 $\overline{AB}=26-12=14$(cm)

09 $\overline{CD}=$(원 O의 지름의 길이)$=4$ cm

□ABCD가 원 O에 외접하므로

$\overline{AD}+\overline{BC}=\overline{AB}+\overline{CD}=9$(cm)

따라서 □$ABCD=\frac{1}{2}\times9\times4=18$(cm^2)

10 $\triangle$DIC에서 $\overline{DI}=\sqrt{6^2+8^2}=10$(cm)

$\overline{FI}=\overline{EI}=x$ cm라고 하면

$\overline{DH}=\overline{DE}=(10-x)$ cm, $\overline{AH}=\overline{BF}=4$ cm이므로

$\overline{AD}=4+(10-x)=14-x(\text{cm})$
$\overline{BC}=4+x+6=10+x(\text{cm})$
이때 $\overline{AD}=\overline{BC}$에서 $14-x=10+x$, $2x=4$, $x=2$
따라서 $\overline{FI}$의 길이는 2 cm이다.

11 $\overline{AB}:\overline{CD}=2:3$이므로
$\overline{AB}=2a$ cm, $\overline{CD}=3a$ cm$(a>0)$라고 하면
□ABCD가 원 O에 외접하므로
$\overline{AB}+\overline{CD}=\overline{AD}+\overline{BC}$에서
$2a+3a=14+11$, $5a=25$, $a=5$
따라서 $\overline{AB}=2\times5=10(\text{cm})$

V-2. 원주각

본문 264~265쪽

01 $84°$	**02** $42°$	**03** ⑤	**04** $115°$	**05** $75°$
06 $40°$	**07** ③	**08** $14°$	**09** (1) $64°$	(2) $20°$
10 $128°$	**11** $\angle A=62°$, $\angle B=36°$, $\angle C=82°$			

01 오른쪽 그림과 같이 $\overline{QB}$를 그으면

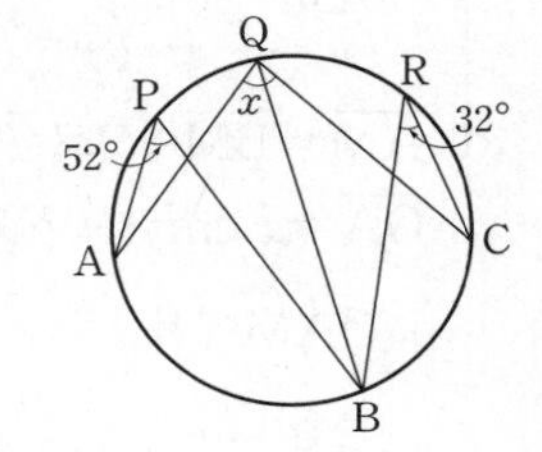

$\angle x=\angle AQB+\angle CQB$
$=\angle APB+\angle CRB$
$=52°+32°=84°$

02 $\angle BAC=\angle BDC=\angle x$이므로
$\triangle PAB$에서 $\angle x+44°=86°$
따라서 $\angle x=86°-44°=42°$

03 ① $\angle BAC\neq\angle BDC$이므로 네 점 A, B, C, D는 한 원 위에 있지 않다.
② $\angle ADB\neq\angle ACB$이므로 네 점 A, B, C, D는 한 원 위에 있지 않다.
③ $\angle CAD\neq\angle CBD$이므로 네 점 A, B, C, D는 한 원 위에 있지 않다.
④ $\triangle ABC$에서 $\angle BAC=180°-(100°+37°)=43°$
따라서 $\angle BAC\neq\angle BDC$이므로 네 점 A, B, C, D는 한 원 위에 있지 않다.
⑤ $\triangle ACD$에서 $\angle CAD=180°-(44°+72°)=64°$
따라서 $\angle CBD=\angle CAD$이므로 네 점 A, B, C, D는 한 원 위에 있다.
따라서 네 점 A, B, C, D가 한 원 위에 있는 것은 ⑤이다.

04 $\angle ACB=90°$이므로
$\triangle ABC$에서 $\angle ABC=180°-(90°+25°)=65°$
□ABCD가 원 O에 내접하므로
$\angle ADC+\angle ABC=180°$
따라서 $\angle ADC=180°-65°=115°$

05 접선과 현이 이루는 각의 성질에 의하여
$\angle BAT=\angle BCA=63°$이므로
$\angle x=180°-(63°+42°)=75°$

06 오른쪽 그림과 같이 $\overline{OB}$를 그으면

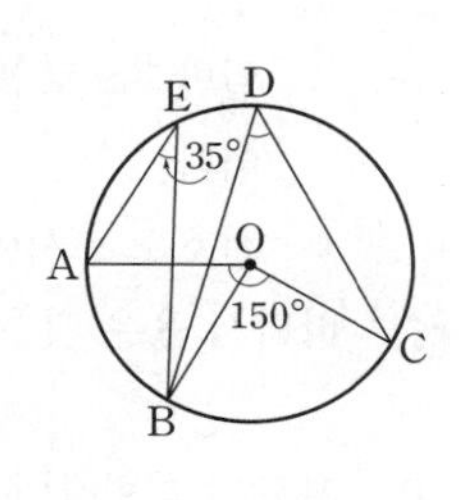

$\angle AOB = 2\angle AEB$

$= 2\times 35° = 70°$,

$\angle BOC = 150° - 70° = 80°$

따라서 $\angle BDC = \frac{1}{2}\times 80° = 40°$

07 오른쪽 그림과 같이 $\overline{AD}$를 그으면 $\angle ADB = 90°$,

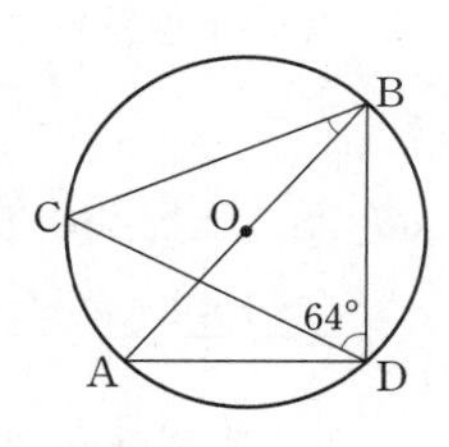

$\angle ADC = 90° - 64° = 26°$

따라서

$\angle ABC = \angle ADC = 26°$

08 접선과 현이 이루는 각의 성질에 의하여

$\angle x = \angle CBE = 78°$이다.

또, $\overline{PA} = \overline{PB}$이므로

$\angle y = \angle PAB$

$= \frac{1}{2}\times(180° - 52°) = 64°$

따라서

$\angle x - \angle y = 78° - 64° = 14°$

09 (1) $\angle A = \angle BPT' = 64°$

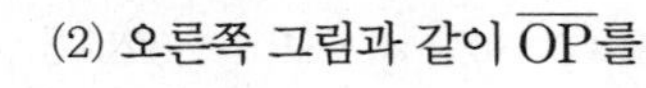

(2) 오른쪽 그림과 같이 $\overline{OP}$를 그으면

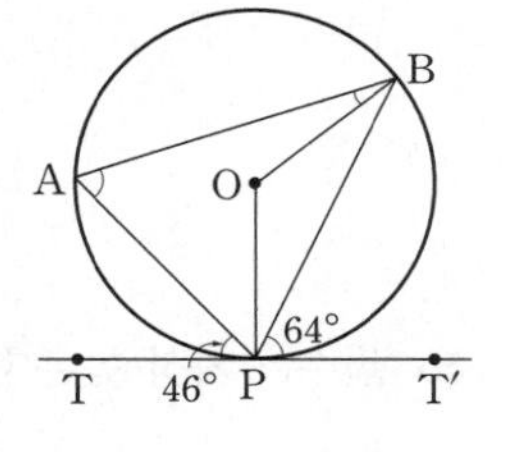

$\angle ABP = \angle APT = 46°$,

$\angle OPT' = 90°$,

$\angle OBP = \angle OPB$

$= 90° - 64° = 26°$

따라서

$\angle ABO = 46° - 26° = 20°$

10 오른쪽 그림과 같이 $\overline{AD}$를 그으면 □ABCD에서

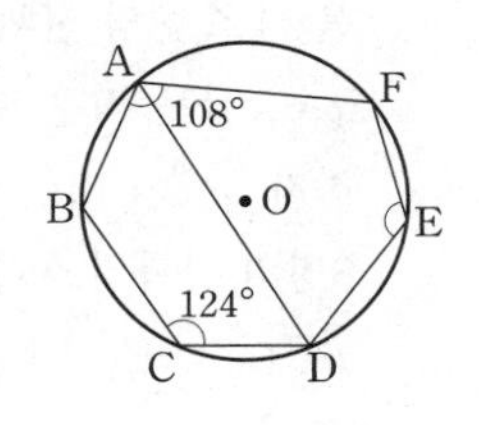

$\angle BAD + \angle C = 180°$이므로

$\angle BAD = 180° - 124° = 56°$,

$\angle DAF = 108° - 56° = 52°$

또, □ADEF에서

$\angle DAF + \angle E = 180°$

따라서

$\angle E = 180° - 52° = 128°$

11 (i) $\angle ADF = \angle AFD = \angle DEF = 59°$이므로

$\angle A = 180° - (59° + 59°) = 62°$

(ii) $\angle BDE = \angle BED = \angle DFE = 72°$이므로

$\angle B = 180° - (72° + 72°) = 36°$

(iii) $\angle CEF = \angle CFE = \angle EDF = 49°$이므로

$\angle C = 180° - (49° + 49°) = 82°$

VI-1. 대푯값과 산포도

본문 266~267쪽

01 중앙값: 13.5, 최빈값: 14
02 중앙값: 4명, 최빈값: 4명
03 (1) 6개 (2) $-1, 1, -1, 0, 1$
(3) 분산: 0.8, 표준편차: $\sqrt{0.8}$개
04 $\sqrt{15.4}$ g 05 13 06 ① 07 5
08 ④ 09 ② 10 D, A 11 ② 12 ④
13 24

01 변량을 작은 값부터 크기순으로 나열하면
9, 10, 11, 12, 13, 14, 14, 15, 17, 22이다.
따라서 중앙값은 $\frac{13+14}{2}=13.5$이다.
또, 14가 가장 많으므로 최빈값은 14이다.

02 변량을 작은 값부터 크기순으로 나열하면
3, 3, 3, 3, 3, 4, 4, 4, 4, 4, 4, 4, 5, 5, 5, 6이다.
따라서 중앙값은 $\frac{4+4}{2}=4$(명)이다.
또, 4명이 가장 많으므로 최빈값은 4명이다.

03 (1) 요일별로 수업하는 교과목의 수의 총합은 30개이므로 (평균)$=\frac{30}{5}=6$(개)이다.
(2) 각 변량의 편차는 순서대로 $-1, 1, -1, 0, 1$이다.
(3) 편차의 제곱의 총합은 4이므로 (분산)$=\frac{4}{5}=0.8$,
(표준편차)$=\sqrt{0.8}$(개)이다.

04 귤 무게의 총합은 760 g이므로 (평균)$=\frac{760}{10}=76$(g)이다. 각 변량의 편차는 순서대로 $-1, -4, 5, -4, -1, 4, -5, -2, 1, 7$이고, 편차의 제곱의 총합은 154이므로
(분산)$=\frac{154}{10}=15.4$, (표준편차)$=\sqrt{15.4}$(g)이다.

05 x, y, z의 평균이 16이므로
$\frac{x+y+z}{3}=16$
$x+y+z=48$
따라서 $9, x, y, z, 8$의 평균은
$\frac{9+x+y+z+8}{5}=\frac{65}{5}=13$

06 ㄴ. 일반적으로 대푯값으로 가장 많이 쓰이는 것은 평균이다.
ㄷ. 선호도 조사에 주로 이용되는 대푯값은 최빈값이다.
따라서 옳은 것은 ㄱ, ㄹ이다.

07 자료의 최빈값이 3이므로 $x=3$이다.
따라서 평균은 $\frac{3+9+6+x+3+6}{6}=\frac{30}{6}=5$

08 38, 42, x, 46, 59의 평균이 42이므로
$\frac{38+42+x+46+59}{5}=42$, $x=25$이다.
또, 각 변량의 편차는 순서대로 $-4, 0, -17, 4, 17$이고, 편차의 제곱의 총합은 610이므로
(분산)$=\frac{610}{5}=122$이다.

09 $5, p, q, r, 7$의 평균이 8이므로
$\frac{5+p+q+r+7}{5}=8$, $p+q+r=28$이다.
$5, p, q, r, 7$의 표준편차가 8이므로
$\frac{(-3)^2+(p-8)^2+(q-8)^2+(r-8)^2+(-1)^2}{5}=8^2$
$10+(p-8)^2+(q-8)^2+(r-8)^2=320$
$p^2+q^2+r^2-16(p+q+r)+202=320$
따라서 $p^2+q^2+r^2=16(p+q+r)-202+320$
$=16\times28+118$
$=566$

10 점수가 가장 높은 학생은 평균이 가장 높은 학생인 D이다. 또, 점수가 가장 고른 학생은 표준편차가 가장 작은 학생인 A이다.

11 재우를 제외한 나머지 7명의 100 m 달리기 기록의 총합을 A초, 8명 전체의 100 m 달리기 기록의 실제 평균을 x초, 잘못 적은 재우의 100 m 달리기 기록을 p초라고 하자.
8명의 기록의 실제 총합이 $(A+14)$초이므로
$\frac{A+14}{8}=x$
$A=8x-14$ …… ㉠
8명의 기록의 잘못 구한 평균은
$\frac{A+p}{8}=x-0.2$

$A+p=8(x-0.2)$ …… ㉡

㉠을 ㉡에 대입하면 $8x-14+p=8(x-0.2)$

$8x-14+p=8x-1.6$

$p=12.4$

따라서 잘못 적은 재우의 100 m 달리기 기록은 12.4초이다.

12 최빈값이 10이므로 x, y 중 하나는 반드시 10이 되어야 한다.

이때 $x+y=23$이므로 $x=10$, $y=13$ 또는 $x=13$, $y=10$임을 알 수 있다.

즉, 변량을 작은 값부터 크기순으로 나열하면

7, 8, 10, 10, 11, 13이다.

변량의 개수가 6개로 짝수이므로 중앙값은 세 번째 변량인 10과 네 번째 변량인 10의 평균인 $\frac{10+10}{2}=10$이다.

13 a, 4, b, 6, c의 평균이 5이므로

$\frac{a+4+b+6+c}{5}=5$

$a+b+c=15$

a, 4, b, 6, c의 표준편차가 2이므로

$\frac{(a-5)^2+(-1)^2+(b-5)^2+1^2+(c-5)^2}{5}=2^2$에서

$(a-5)^2+(b-5)^2+(c-5)^2+2=20$

$(a-5)^2+(b-5)^2+(c-5)^2=18$

이때 $2a+3$, $2b+3$, $2c+3$의 평균은

$\frac{(2a+3)+(2b+3)+(2c+3)}{3}$

$=\frac{2(a+b+c)+9}{3}$

$=\frac{2\times15\times9}{3}=13$

이다.

따라서 $2a+3$, $2b+3$, $2c+3$의 편차는 순서대로

$2a-10$, $2b-10$, $2c-10$이므로 분산은

$\frac{(2a-10)^2+(2b-10)^2+(2c-10)^2}{3}$

$=\frac{4\{(a-5)^2+(b-5)^2+(c-5)^2\}}{3}$

$=\frac{4\times18}{3}=24$

이다.

VI-2. 상관관계

본문 268~269쪽

01 풀이 참조 **02** 음의 상관관계가 있다.
03 (1) G, I, J (2) 6명 (3) 양의 상관관계가 있다.
04 4명 **05** ㄴ, ㄹ **06** (1) 30 % (2) 6명 (3) 7명
07 ④ **08** ④

01

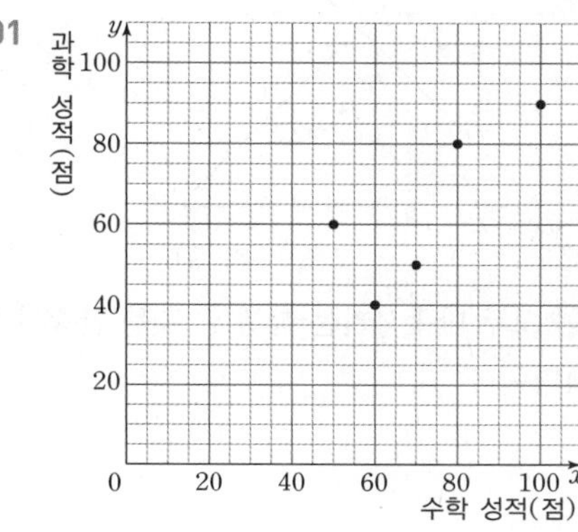

02 주어진 산점도는 x의 값이 증가함에 따라 y의 값은 감소하고 있다.

따라서 스마트폰 사용 시간과 가족들끼리의 대화 시간은 음의 상관관계가 있다.

03 (1) 글쓰기 점수가 80점 이상인 학생은 G, I, J이다.

(2)

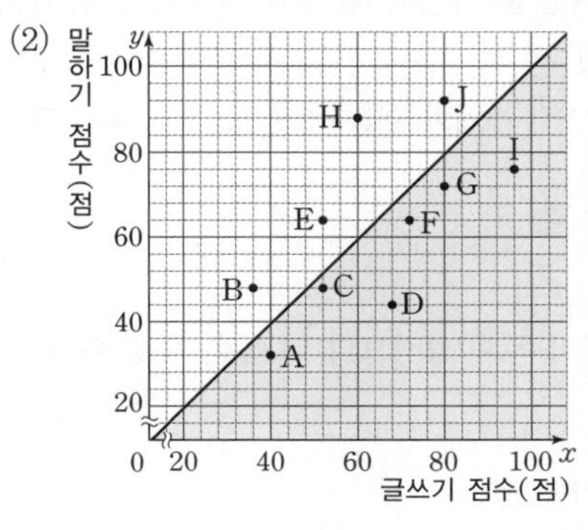

글쓰기 점수가 말하기 점수보다 더 높은 학생은 위의 그림에서 색칠한 부분에 해당한다.

따라서 글쓰기 점수가 말하기 점수보다 더 높은 학생은 6명이다.

(3) 글쓰기 점수와 말하기 점수 사이에는 양의 상관관계가 있다.

04 ㈎를 만족시키는 학생은 A직선(경계선 포함하지 않음)의 위쪽에 속하고, ㈏를 만족시키는 학생은 B직선(경계선 포함)의 위쪽에 속한다.

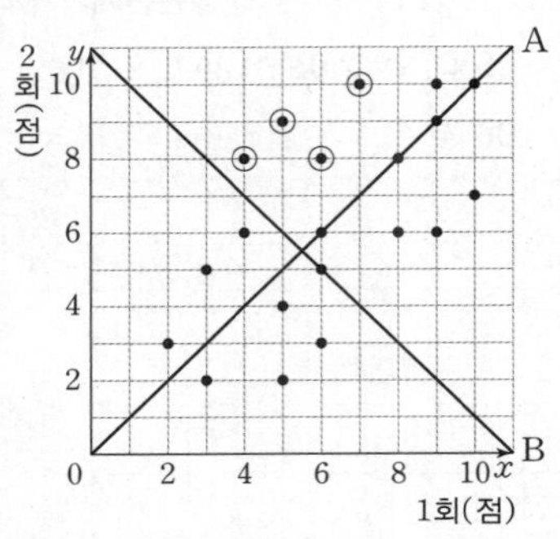

따라서 ㈎, ㈏를 모두 만족시키는 학생 중 ㈐를 만족시키는 학생 수는 4명이다.

05 주어진 그림은 음의 상관관계가 있는 상관도이다.

ㄱ. 일반적으로 키와 시력 사이에는 상관관계가 없다.

ㄴ. 쌀 소비량이 늘어날수록 쌀 재고량은 줄어들기 마련이다.
따라서 쌀 소비량과 쌀 재고량 사이에는 음의 상관관계가 있다.

ㄷ. 도시의 인구수가 많을수록 교통량도 증가한다.
따라서 도시의 인구수와 교통량 사이에는 양의 상관관계가 있다.

ㄹ. 겨울철 기온이 낮아질수록 대체로 난방기구 사용량은 늘어난다.
따라서 겨울철 기온과 난방비 사이에는 음의 상관관계가 있다.

따라서 음의 상관관계가 있는 것은 ㄴ, ㄹ이다.

06 (1) 듣기 성적이 독해 성적보다 더 높은 학생 수가 6명이므로

$\frac{6}{20}\times 100=30(\%)$

(2) 두 성적이 모두 60점 이하인 학생 수는 6명이다.

(3) 두 성적의 차가 20점 이상인 학생 수는 7명이다.

07 ④ 주어진 산점도는 양의 상관관계를 나타낸 것이다.

08 ① A집단은 필기 점수에 비해 실기 점수가 높은 편이다.
② B집단은 두 성적이 모두 낮은 편이다.
③ C집단은 실기 점수에 비해 필기 점수가 높은 편이다.
④ D집단은 두 성적이 모두 높은 편이다.
⑤ 필기 점수와 실기 점수 사이에는 양의 상관관계가 있다.

대단원 평가 문제

I. 실수와 그 계산

본문 270~273쪽

01 ①	**02** ④	**03** ④	**04** ①	**05** ④
06 ③	**07** ①	**08** ③	**09** ①	**10** ④
11 ③	**12** ③	**13** ②	**14** ⑤	**15** ③
16 ③	**17** 풀이 참조		**18** ②	**19** ②
20 ③	**21** 186개			

22 (1) $\overline{CP}=\sqrt{10}$, $\overline{CQ}=3\sqrt{2}$ (2) 1 (3) $1-\sqrt{10}$

23 $9+9\sqrt{2}$ **24** $12\sqrt{3}\text{ cm}^2$

01 $(-225)^2$의 음의 제곱근은
$-\sqrt{(-225)^2}=-225$이다.

02 ④ 음수인 -9의 제곱근은 없다.

03 ① $\sqrt{\frac{1}{16}}=\frac{1}{4}$ ② $\left(\frac{1}{4}\right)^2=\frac{1}{16}$
③ $\sqrt{\left(-\frac{1}{9}\right)^2}=\frac{1}{9}$ ④ $\left(\sqrt{\frac{1}{3}}\right)^2=\frac{1}{3}$
⑤ $\left(-\sqrt{\frac{1}{16}}\right)^2=\frac{1}{16}$
따라서 가장 큰 수는 ④이다.

04 $\sqrt{6^2}=6$, $-(\sqrt{9})^2=-9$, $(-\sqrt{11})^2=11$,
$-\sqrt{(-13)^2}=-13$, $\sqrt{14^2}=14$이므로
큰 수부터 차례대로 나열하면
$\sqrt{14^2}$, $(-\sqrt{11})^2$, $\sqrt{6^2}$, $-(\sqrt{9})^2$, $-\sqrt{(-13)^2}$이다.
따라서 세 번째에 오는 수는 $\sqrt{6^2}$이다.

05 ㄱ. $a>0$이므로 $-\sqrt{4a^2}=-2a$
ㄴ. $3a>0$이므로 $\sqrt{(3a)^2}=3a$
ㄷ. $-5a<0$이므로 $\sqrt{(-5a)^2}=-(-5a)=5a$
ㄹ. $5a>0$이므로 $-\sqrt{25a^2}=-\sqrt{(5a)^2}=-5a$
따라서 옳은 것은 ㄴ, ㄹ이다.

06 $\sqrt{2^2\times3\times7\times a}$가 자연수가 되도록 하려면
$a=3\times7\times$(제곱수)의 꼴이어야 한다.
따라서 $a=3\times7\times1^2$, $3\times7\times2^2$, $3\times7\times3^2$, $\cdots$ 중에서
가장 작은 자연수 a는 $3\times7\times1^2=21$

07 ㄱ. $2\sqrt{3}\times\sqrt{3}=6$ (유리수)
ㄴ. $\sqrt{3}+(-\sqrt{3})=0$ (유리수)
ㄷ. 36의 제곱근은 ±6 (유리수)
ㄹ. $(\sqrt{3})^2=3$ (유리수)
ㅂ. $0\div\sqrt{2}=0$ (유리수)
따라서 무리수인 것은 ㅁ의 1개이다.

08 (가)는 순환소수가 아닌 무한소수, 즉 무리수를 나타낸다.
① $\frac{1}{2}$, $\sqrt{16}=4$는 유리수
② $\sqrt{\frac{1}{4}}=\frac{1}{2}$은 유리수
④ $-\sqrt{36}=-6$은 유리수
⑤ $-\frac{4}{5}$, $\sqrt{0.09}=0.3$은 유리수
따라서 무리수만으로 짝 지어진 것은 ③이다.

09 피타고라스 정리에 의하여
$\overline{BC}=\sqrt{1^2+2^2}=\sqrt{5}$
따라서 점 P에 대응하는 수는 $-2+\sqrt{5}$이다.

10 ① $\sqrt{0.36}<\sqrt{0.6}$이므로 $0.6<\sqrt{0.6}$
② $\sqrt{\frac{1}{12}}>\sqrt{\frac{1}{144}}$이므로 $\sqrt{\frac{1}{12}}>\frac{1}{12}$
③ $3-(1+\sqrt{3})=2-\sqrt{3}>0$이므로
$3>1+\sqrt{3}$
④ $4-\sqrt{8}-1=3-\sqrt{8}>0$이므로 $4-\sqrt{8}>1$
⑤ $(\sqrt{5}+\sqrt{7})-(\sqrt{6}+\sqrt{7})=\sqrt{5}-\sqrt{6}<0$이므로
$\sqrt{5}+\sqrt{7}<\sqrt{6}+\sqrt{7}$

11 $\sqrt{125}=\sqrt{5^2\times5}=5\sqrt{5}$이므로
$a=5$

12 $\sqrt{\frac{3}{25}}\times3\sqrt{10}\times(-\sqrt{5})=\frac{3\sqrt{6}}{\sqrt{5}}\times(-\sqrt{5})=-3\sqrt{6}$

13 $\frac{\sqrt{12}}{\sqrt{10}}\div\frac{1}{3\sqrt{6}}\div\frac{6}{\sqrt{15}}=\frac{2\sqrt{3}}{\sqrt{10}}\times3\sqrt{6}\times\frac{\sqrt{15}}{6}$
$=\frac{18}{\sqrt{5}}\times\frac{\sqrt{15}}{6}=3\sqrt{3}$
이므로 $k=3$

14 $\sqrt{180}+\sqrt{45}+\sqrt{20}=6\sqrt{5}+3\sqrt{5}+2\sqrt{5}$
$=11\sqrt{5}$

15 ③ $7-(\sqrt{7}+4)=3-\sqrt{7}=\sqrt{9}-\sqrt{7}>0$

이므로 $7>\sqrt{7}+4$

16 $\sqrt{\frac{700}{x}}=\sqrt{\frac{2^2\times5^2\times7}{x}}$이 자연수가 되도록 하는 자연수 x의 값은 7, $2^2\times7$, $5^2\times7$, $2^2\times5^2\times7$이다.

따라서 자연수 x의 값이 아닌 것은 ③ 70이다.

17 피타고라스 정리에 의하여

$\overline{AB}=\sqrt{2^2+2^2}=\sqrt{8}=2\sqrt{2}$

따라서 점 B를 중심으로 하고 $\overline{AB}$를 반지름으로 하는 원을 그렸을 때, 수직선과 점 B의 오른쪽에서 만나는 점에 대응하는 수가 $4+2\sqrt{2}$이다.

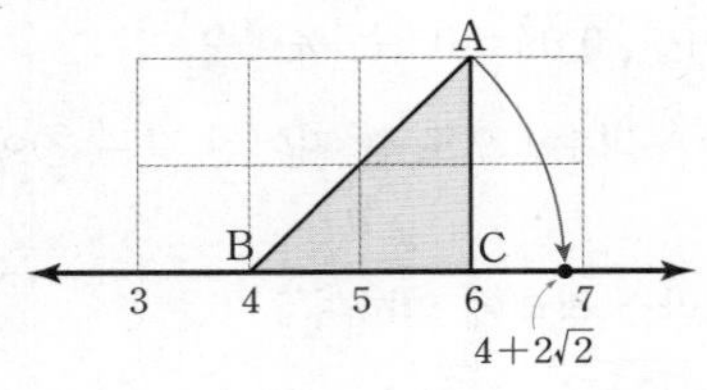

18 $x=4\sqrt{2}\times\sqrt{6}\div\sqrt{\frac{12}{5}}=4\sqrt{2}\times\sqrt{6}\times\sqrt{\frac{5}{12}}=4\sqrt{5}$

$y=2\sqrt{3}\times\sqrt{18}\div\sqrt{15}$

$=2\sqrt{3}\times3\sqrt{2}\times\frac{1}{\sqrt{15}}$

$=6\sqrt{6}\times\frac{1}{\sqrt{15}}$

$=\frac{6\sqrt{2}}{\sqrt{5}}=\frac{6\sqrt{10}}{5}$

따라서

$\frac{y}{x}=\frac{6\sqrt{10}}{5}\div4\sqrt{5}=\frac{6\sqrt{10}}{5}\times\frac{1}{4\sqrt{5}}$

$=\frac{3\sqrt{2}}{10}$

19 $\sqrt{0.06}+\sqrt{6000}=\sqrt{\frac{6}{100}}+\sqrt{60\times100}$

$=\frac{\sqrt{6}}{10}+10\sqrt{60}$

$=\frac{a}{10}+10b$

20 $b=a-\frac{1}{a}=\sqrt{5}-\frac{1}{\sqrt{5}}=\sqrt{5}-\frac{\sqrt{5}}{5}=\frac{4\sqrt{5}}{5}$

즉, b는 a의 $\frac{4}{5}$배이다.

따라서 $k=\frac{4}{5}$이다.

21 $\sqrt{x}$는 순환소수가 아닌 무한소수, 즉 무리수이다.

200 이하의 자연수 중에서 제곱수

$1^2=1$, $2^2=4$, $3^2=9$, $\cdots$, $14^2=196$의 양의 제곱근이 자연수이므로 순환소수가 아닌 무한소수, 즉 무리수가 아니다.

따라서 200 이하의 자연수 x에 대하여 무리수인 $\sqrt{x}$의 개수는 $200-14=186$(개)

채점 기준	배점
순환소수가 아닌 무한소수가 무리수임을 설명한 경우	2
200 이하의 제곱수의 개수를 구한 경우	2
정답을 바르게 구한 경우	1

22 (1) 정사각형 ABCD의 한 변의 길이는

$\sqrt{3^2+1^2}=\sqrt{10}$

정사각형 EFCG의 한 변의 길이는

$\sqrt{3^2+3^2}=\sqrt{18}=3\sqrt{2}$

이므로 $\overline{CP}=\overline{CB}=\sqrt{10}$, $\overline{CQ}=\overline{CG}=3\sqrt{2}$

(2) 점 Q에 대응하는 수가 $1+3\sqrt{2}$이고

$\overline{CQ}=3\sqrt{2}$이므로 점 C에 대응하는 수는 1이다.

(3) $\overline{CP}=\sqrt{10}$이고 점 P는 점 C의 왼쪽에 있으므로 점 P에 대응하는 수는 $1-\sqrt{10}$이다.

채점 기준	배점
(1)을 바르게 해결한 경우	2
(2)를 바르게 해결한 경우	2
(3)을 바르게 해결한 경우	1

23 정사각형 (가)는 한 변의 길이가 3이므로 그 넓이는 $3\times3=9$이고, 정사각형 (나), (다), (라)의 넓이는 각각 $9\times2=18$, $18\times2=36$, $36\times2=72$이다.

따라서 정사각형 (가), (나), (다), (라)의 한 변의 길이는 각각 3, $\sqrt{18}=3\sqrt{2}$, $\sqrt{36}=6$, $\sqrt{72}=6\sqrt{2}$이다.

따라서 $\overline{PQ}=3+3\sqrt{2}+6+6\sqrt{2}=9+9\sqrt{2}$이다.

채점 기준	배점
네 정사각형의 넓이를 바르게 구한 경우	2
정사각형 (나), (다), (라)의 한 변의 길이를 바르게 구한 경우	2
$\overline{PQ}$의 길이를 바르게 구한 경우	1

24 피타고라스 정리에 의하여
직각삼각형 ABD에서
$\overline{AD}=\sqrt{8^2-4^2}=\sqrt{48}=4\sqrt{3}(\text{cm})$
직각삼각형 ADF에서
$\overline{AF}=\sqrt{(4\sqrt{3})^2-(2\sqrt{3})^2}=\sqrt{36}=6(\text{cm})$
따라서 $\triangle ADE=\frac{1}{2}\times 4\sqrt{3}\times 6=12\sqrt{3}(\text{cm}^2)$

채점 기준	배점
$\overline{AD}$의 길이를 바르게 구한 경우	2
$\triangle ADE$의 높이를 바르게 구한 경우	2
$\triangle ADE$의 넓이를 바르게 구한 경우	1

II. 이차방정식

본문 274~277쪽

01 ③	**02** ②	**03** ⑤	**04** ④	**05** ②
06 ④	**07** ①	**08** ①	**09** ②	**10** ④
11 ②	**12** ④	**13** ③	**14** ④	**15** ⑤
16 ②	**17** ④	**18** 5	**19** 20명	**20** 15 cm
21 x^2+x-30, $(x+6)(x-5)$			**22** 5	**23** -12
24 10 cm				

01 ③ $(x-3)^2=x^2-6x+9$

02 $(-3x+4)^2=\{-(3x-4)\}^2=(3x-4)^2$

03 $(x+6)(x-3)=x^2+3x-18$
따라서 $a=3$, $b=-18$이므로
$a-b=3-(-18)=21$이다.

04 $2<x<3$에서 $x-2>0$, $x-3<0$이므로
$\sqrt{4-4x+x^2}-\sqrt{x^2-6x+9}$
$=\sqrt{(x-2)^2}-\sqrt{(x-3)^2}$
$=(x-2)-\{-(x-3)\}$
$=2x-5$

05 $25x^2-4y^2=(5x)^2-(2y)^2=(5x+2y)(5x-2y)$

06 $x^2-ax+24=(x+4)(x-b)$
$=x^2+(4-b)x-4b$
이므로 $-4b=24$, $4-b=-a$
따라서 $b=-6$, $a=-10$이므로
$ab=(-10)\times(-6)=60$

07 $2x^2+x-6=(x+2)(2x-3)$이므로 $x+2$는 주어진 다항식의 인수이다.

08 $x^2+x-6=(x-2)(x+3)$
$2x^2-5x+2=(2x-1)(x-2)$
따라서 두 다항식에 공통으로 있는 인수는 $x-2$이다.

09 $6x^2-x-2=(2x+1)(3x-2)$이고 직사각형의 가로의 길이가 $2x+1$이므로 세로의 길이는 $3x-2$이다.

10 $(ax-2)(3x+2)=x^2+3$에서

$(3a-1)x^2+2(a-3)x-7=0$

$3a-1\neq0$이어야 하므로 $a\neq\frac{1}{3}$

따라서 a의 값으로 적당하지 않은 것은 $\frac{1}{3}$이다.

11 $x^2+ax+6a=0$에 $x=-2$를 대입하면

$(-2)^2+a\times(-2)+6a=0$, $4a+4=0$, $a=-1$

12 $2x^2-9x+4=0$에서 $(2x-1)(x-4)=0$

$x=\frac{1}{2}$ 또는 $x=4$이고 $a>b$이므로 $a=4$, $b=\frac{1}{2}$이다.

따라서 $a-b=4-\frac{1}{2}=\frac{7}{2}$이다.

13 $x^2-8x+2k-4=0$이 중근을 가지려면 좌변이 완전제곱식이 되어야 하므로

$2k-4=\left(-\frac{8}{2}\right)^2=16$

$2k=20$, $k=10$

14 $x^2-6x+4=0$에서 $x^2-6x=-4$

$x^2-6x+9=-4+9$, $(x-3)^2=5$

따라서 $p=-3$, $q=5$이므로 $p+q=2$이다.

15 ① $(x+2)^2=4$이므로 $x+2=\pm2$

$x=-4$ 또는 $x=0$ (정수)

② $(x+2)^2=3$이므로 $x+2=\pm\sqrt{3}$

$x=-2\pm\sqrt{3}$ (무리수)

③ $(x+2)^2=\frac{1}{2}$이므로 $x+2=\pm\frac{\sqrt{2}}{2}$

$x=-2\pm\frac{\sqrt{2}}{2}$ (무리수)

④ $(x+2)^2=1$이므로 $x+2=\pm1$

$x=-3$ 또는 $x=-1$ (정수)

⑤ $(x+2)^2=-2<0$이므로 근은 없다.

16 $0.5x^2-\frac{2}{3}x-1=0$의 양변에 6을 곱하면

$3x^2-4x-6=0$

근의 공식에 $a=3$, $b=-4$, $c=-6$을 대입하면

$$x=\frac{-(-4)\pm\sqrt{(-4)^2-4\times3\times(-6)}}{2\times3}=\frac{2\pm\sqrt{22}}{3}$$

17 $x^2+6x+2m=0$에서

$$x=\frac{-6\pm\sqrt{6^2-4\times1\times2m}}{2\times1}$$
$$=\frac{-6\pm2\sqrt{9-2m}}{2}$$
$$=-3\pm\sqrt{9-2m}$$

$-3\pm\sqrt{9-2m}=-3\pm\sqrt{7}$이므로 $9-2m=7$

따라서 $m=1$이다.

18 $$\frac{3-\sqrt{5}}{3+\sqrt{5}}=\frac{(3-\sqrt{5})^2}{(3+\sqrt{5})(3-\sqrt{5})}$$
$$=\frac{14-6\sqrt{5}}{4}=\frac{7-3\sqrt{5}}{2}$$

따라서 $a=\frac{7}{2}$, $b=-\frac{3}{2}$이므로

$a-b=\frac{7}{2}-\left(-\frac{3}{2}\right)=5$

19 학생 수를 x명이라고 하면 학생 한 명이 받은 사탕의 개수는 $(x-5)$개이므로

$x(x-5)=300$, $x^2-5x-300=0$

$(x+15)(x-20)=0$, $x=-15$ 또는 $x=20$

이때 x는 자연수이므로 선우네 반의 학생 수는 20명이다.

20 정사각형의 한 변의 길이를 x cm라고 하면 직사각형의 가로의 길이는 $(x+4)$ cm, 세로의 길이는 $(x-3)$ cm이다.

직사각형의 넓이가 228 cm^2이므로

$(x+4)(x-3)=228$, $x^2+x-12=228$

$x^2+x-240=0$, $(x+16)(x-15)=0$

$x=-16$ 또는 $x=15$

이때 $x>0$이므로 처음 정사각형의 한 변의 길이는 15 cm이다.

21 $(x+10)(x-3)=x^2+7x-30$이고 경민이는 x의 계수를 잘못 보았으므로 처음의 이차식은

$x^2+\square x-30$의 꼴이다.

또, $(x+3)(x-2)=x^2+x-6$이고 민지는 상수항을 잘못 보았으므로 처음의 이차식은

$x^2+x+\bigcirc$의 꼴이다.

따라서 처음의 이차식은 x^2+x-30이고, 이 이차식을 인수분해하면 $x^2+x-30=(x+6)(x-5)$이다.

채점 기준	배점
경민이가 본 이차식을 구한 경우	1
민지가 본 이차식을 구한 경우	1
처음의 이차식을 바르게 구한 경우	2
정답을 바르게 구한 경우	1

22 $ax^2-x-12=0$에 $x=-3$을 대입하면

$9a+3-12=0$, $9a=9$, $a=1$

$a=1$을 $ax^2-x-12=0$에 대입하면

$x^2-x-12=0$, $(x+3)(x-4)=0$

$x=-3$ 또는 $x=4$

따라서 다른 한 근은 $x=4$이므로 구하는 합은

$1+4=5$이다.

채점 기준	배점
상수 a의 값을 바르게 구한 경우	2
다른 한 근을 바르게 구한 경우	2
정답을 바르게 구한 경우	1

23 $x^2+4x-3=0$에서

$x=\dfrac{-4\pm\sqrt{4^2-4\times1\times(-3)}}{2\times1}=-2\pm\sqrt{7}$

두 근의 합은 $(-2+\sqrt{7})+(-2-\sqrt{7})=-4$이므로

$2x^2+5x+k=0$에 $x=-4$를 대입하면

$2\times(-4)^2+5\times(-4)+k=0$, $12+k=0$

따라서 $k=-12$이다.

채점 기준	배점
$x^2+4x-3=0$의 근을 바르게 구한 경우	2
두 근의 합을 바르게 구한 경우	1
정답을 바르게 구한 경우	2

24 점 A에서 $\overline{BC}$에 내린 수선의 발을 E라고 하면 $\triangle ABE$는 이등변삼각형이므로

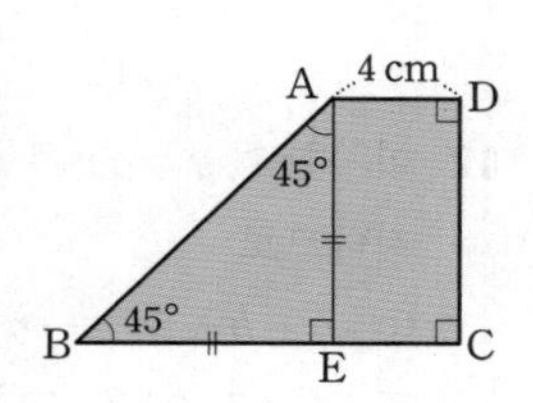

$\overline{BE}=\overline{AE}$이다.

$\overline{BC}=x$ cm라고 하면

$\overline{BE}=(x-4)$ cm이므로

$\overline{AE}=\overline{CD}=(x-4)$ cm이다.

사다리꼴 ABCD의 넓이가 42 cm^2이므로

$\frac{1}{2}(x+4)(x-4)=42$, $x^2-16=84$, $x^2=100$

$x=\pm10$

이때 $x>0$이므로 $\overline{BC}=10$ cm이다.

채점 기준	배점
미지수를 바르게 설정한 경우	1
이차방정식을 바르게 세운 경우	2
이차방정식을 바르게 푼 경우	1
정답을 바르게 구한 경우	1

III. 이차함수

본문 278~281쪽

01 ①, ④	02 ⑤	03 ④	04 ③	05 ①
06 $y=\frac{1}{3}x^2-4$		07 $y=\frac{1}{2}(x+2)^2$		
08 풀이 참조, $y=x^2-4$			09 ②	10 ③
11 ③	12 ④	13 ⑤	14 ②	15 ③
16 ⑤	17 2	18 ③	19 2초	20 $\frac{9}{2}$
21 5	22 제3, 4사분면		23 제3사분면	
24 -4				

01 ① $y=x^2$ ② $y=3(x-2)$ ③ $y=\frac{15}{x}$
④ $y=5\pi x^2$ ⑤ $y=70x$
따라서 y가 x의 이차함수인 것은 ①, ④이다.

02 조건 (가), (나), (다)를 만족시키는 포물선이 나타내는 이차함수의 식은 $y=ax^2(a>0)$이다.
조건 (라)에서 이차함수의 그래프가 점 $(-1, 2)$를 지나므로 $2=a\times(-1)^2$, $a=2$이다.
따라서 조건을 모두 만족시키는 포물선이 나타내는 이차함수의 식은 $y=2x^2$이다.

03 이차함수의 그래프의 축의 방정식은 각각 다음과 같다.
① 직선 $x=0$ ② 직선 $x=0$ ③ 직선 $x=-4$
④ 직선 $x=4$ ⑤ 직선 $x=2$
따라서 그래프의 축의 방정식이 직선 $x=4$인 것은 ④이다.

04 이차함수 $y=\frac{3}{4}x^2$의 그래프와 x축에 대하여 서로 대칭인 것은 ③ $y=-\frac{3}{4}x^2$의 그래프이다.

05 이차함수의 그래프가 위로 볼록하므로 $a<0$이고, 이차함수 $y=-3x^2$의 그래프보다 그래프의 폭이 넓으므로 $|a|<3$이다.
따라서 상수 a의 값의 범위는 $-3<a<0$이므로 a의 값이 될 수 없는 것은 ① $-\frac{7}{2}$이다.

06 이차함수 $y=\frac{1}{3}x^2$의 그래프를 y축의 방향으로 -4만큼 평행이동한 그래프가 나타내는 이차함수의 식은 $y=\frac{1}{3}x^2-4$이다.

07 꼭짓점의 좌표가 $(-2, 0)$이므로 이차함수의 식을 $y=a(x+2)^2$으로 나타낼 수 있다.
이 이차함수의 그래프가 점 $(0, 2)$를 지나므로
$2=4a$, $a=\frac{1}{2}$이다.
따라서 구하는 이차함수의 식은 $y=\frac{1}{2}(x+2)^2$이다.

08 이차함수 $y=-x^2+4$의 그래프와 x축에 대하여 서로 대칭인 그래프는 다음 그림과 같다.

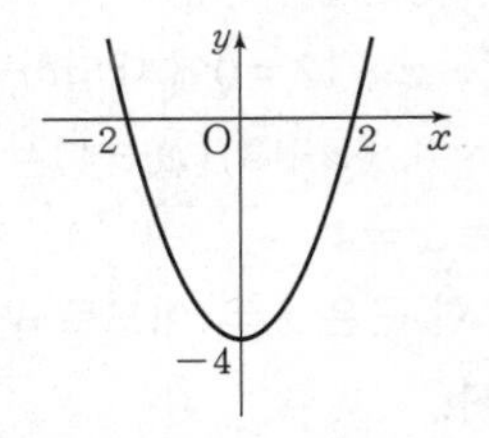

이 포물선의 꼭짓점의 좌표는 $(0, -4)$이다.
또, 아래로 볼록하고, 이차함수 $y=-x^2+4$의 그래프와 폭이 같으므로 x^2의 계수는 1이다.
따라서 구하는 이차함수의 식은 $y=x^2-4$이다.

09 ㄱ. $y=x^2$의 그래프를 x축의 방향으로 -1만큼, y축의 방향으로 2만큼 평행이동한 그래프이다.
ㄷ. 제3, 4사분면을 지나지 않는다.
따라서 옳은 것은 ㄴ, ㄹ이다.

10 이차함수 $y=(x-3)^2-6$의 그래프의 꼭짓점의 좌표는 $(3, 6)$이므로 $a=3$, $b=-6$이다.
또, $y=(x-3)^2-6$에 $x=0$을 대입하면
$y=(0-3)^2-6=3$이므로 $c=3$이다.
따라서 $a+b+c=3+(-6)+3=0$이다.

11 주어진 이차함수의 그래프는 직선 $x=1$을 축으로 하고 위로 볼록하므로 $x>1$일 때 x의 값이 증가하면 y의 값은 감소한다.

12 이차함수 $y=ax^2+bx-5$의 그래프가 점 $(-1, 0)$을 지나므로
$0=a-b-5$, $a-b=5$ …… ㉠
또, 점 $(5, 0)$을 지나므로
$0=25a+5b-5$, $5a+b=1$ …… ㉡
따라서 ㉠, ㉡을 연립하여 풀면 $a=1$, $b=-4$이다.

13 이차함수 $y=3x^2+12x+19=3(x+2)^2+7$에서
① y절편은 19이다.
② 축의 방정식은 $x=-2$이다.
③ 아래로 볼록한 포물선이다.
④ 꼭짓점의 좌표는 $(-2, 7)$이다.
⑤ $|3|=3$, $|-4|=4$에서 $|3|<|4|$이므로
$y=-4x^2$의 그래프보다 폭이 넓다.

14 꼭짓점의 좌표가 $(-3, 2)$이므로 이차함수의 식은
$y=-(x+3)^2+2=-x^2-6x-7$이다.
따라서 $a=-6$, $b=-7$이다.

15 아래로 볼록하므로 $a>0$이고, 그래프의 꼭짓점이 제3사분면 위에 있으므로 $p<0$, $q<0$이다.

16 $-a<0$이고 꼭짓점의 좌표는 (p, q)이므로 위로 볼록이고 꼭짓점이 제3사분면 위에 있는 그래프를 고르면 된다. 즉, 이를 만족시키는 그래프는 ⑤이다.

17 꼭짓점의 좌표가 $(-2, 0)$이므로 이차함수의 식을
$y=a(x+2)^2$으로 나타낼 수 있다.
이 이차함수의 그래프가 점 $(0, 8)$을 지나므로 $8=4a$,
$a=2$이다.
따라서 이차함수의 식은 $y=2(x+2)^2$이고, 그 그래프가 점 $(-1, k)$를 지나므로 $k=2(-1+2)^2=2$이다.

18 직사각형의 가로의 길이를 x cm라고 하면 세로의 길이는 $(8-x)$ cm이다.
또, 직사각형의 넓이를 $y\text{ cm}^2$라고 하면
$y=x(8-x)=-x^2+8x=-(x-4)^2+16$이다.
따라서 직사각형의 넓이가 16 cm^2가 될 때, 직사각형의 가로의 길이는 4 cm이다.

19 $y=-4x^2+16x+24$
$=-4(x-2)^2+40$
즉, $y=40$일 때, $x=2$이다.
따라서 물체가 40 m에 도달하는 데 걸리는 시간은 2초이다.

20 $y=-x^2+6x+3$
$=-(x-3)^2+12$
이므로 점 A의 좌표는 $A(3, 12)$이다.
또, $x=0$일 때 $y=3$이므로 $B(0, 3)$이다.
따라서 $\triangle ABO=\frac{1}{2}\times3\times3=\frac{9}{2}$이다.

21 이차함수 $y=\frac{1}{4}x^2$에 $x=2$를 대입하면
$y=\frac{1}{4}\times2^2=1$이므로 $A(2, 1)$
이차함수 $y=-x^2$에 $x=2$를 대입하면
$y=-2^2=-4$이므로 $B(2, -4)$이다.
따라서 $\overline{AB}=1-(-4)=5$

채점 기준	배점
점 A의 y좌표를 바르게 구한 경우	2
점 B의 y좌표를 바르게 구한 경우	2
$\overline{AB}$의 길이를 바르게 구한 경우	1

22 $a<0$이므로 그래프는 위로 볼록하다. 또, 꼭짓점의 좌표가 (p, q)이고 $p>0$, $q<0$이므로 꼭짓점은 제4사분면 위에 있다.
따라서 그래프는 오른쪽과 같이 제3, 4사분면을 지난다.

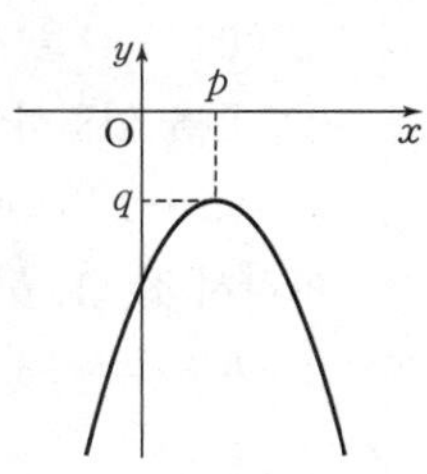

채점 기준	배점
그래프가 위로 볼록하다는 것을 설명한 경우	1
꼭짓점의 위치를 설명한 경우	3
정답을 바르게 구한 경우	1

23 일차함수 $y=ax+b$의 그래프에서 기울기는 음수, y절편은 양수이므로 $a<0$, $b>0$이다.
이차함수 $y=-ax^2-bx$의 그래프는
(i) $-a>0$이므로 아래로 볼록하다.
(ii) $y=-ax^2-bx$

$$=-a\left\{x^2+\frac{b}{a}x+\left(\frac{b}{2a}\right)^2-\left(\frac{b}{2a}\right)^2\right\}$$

$$=-a\left(x+\frac{b}{2a}\right)^2+\frac{b^2}{4a}$$

여기서 $\frac{b}{2a}<0$이므로 축은 y축의 오른쪽에 있다.
(iii) $x=0$일 때, $y=0$이므로 원점 $(0, 0)$을 지난다.

따라서 그래프는 다음 그림과 같이 제3사분면을 지나지 않는다.

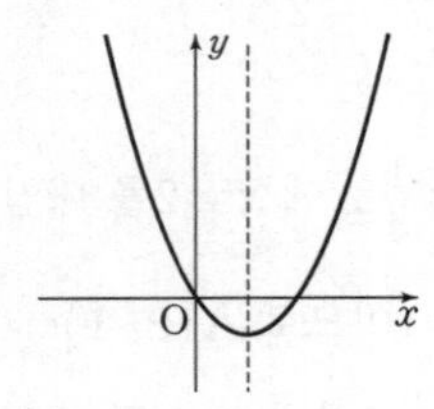

채점 기준	배점
a와 b의 부호를 바르게 구한 경우	1
그래프가 위로 볼록하다는 것을 설명한 경우	1
그래프의 축의 위치를 설명한 경우	1
그래프가 y축과 만나는 점의 위치를 설명한 경우	1
정답을 바르게 구한 경우	1

24 축의 방정식이 $x=1$이므로 $y=a(x-1)^2+q$

$y=a(x-1)^2+q$의 그래프가

점 $(3, 0)$을 지나므로 $0=4a+q$ …… ㉠

점 $(0, -3)$을 지나므로 $a+q=-3$ …… ㉡

㉠, ㉡을 연립하여 풀면 $a=1$, $q=-4$

$y=(x-1)^2-4=x^2-2x-3$

따라서 $a=1$, $b=-2$, $c=-3$이므로

$a+b+c=-4$

채점 기준	배점
직선 $x=-1$을 축으로 하는 이차함수의 식을 바르게 나타낸 경우	1
a, b, c의 값을 각각 바르게 구한 경우	각 1
정답을 바르게 구한 경우	1

IV. 삼각비

본문 282~285쪽

01 ④	02 ③	03 ⑤	04 ④	05 ③
06 ①	07 ④	08 ③	09 $(72-24\sqrt{3})\text{ cm}^2$	
10 ①	11 ②	12 $\cos x^\circ<\sin x^\circ<\tan x^\circ$		
13 ③	14 ②	15 ③	16 ⑤	17 ②
18 ④	19 ⑤	20 ③	21 3	
22 $y=\sqrt{3}x+6$		23 $\sqrt{30}$ cm		24 $\frac{2\sqrt{2}}{3}$

01 직각삼각형 ABC에서 $\overline{BC}=4a$, $\overline{AC}=5a\,(a>0)$라고 하면 피타고라스 정리에 의하여

$\overline{AB}=\sqrt{(4a)^2+(5a)^2}=\sqrt{41a^2}=\sqrt{41}a$이므로

$\sin A=\frac{4\sqrt{41}}{41}$, $\cos A=\frac{5\sqrt{41}}{41}$, $\tan A=\frac{4}{5}$,

$\cos B=\frac{4\sqrt{41}}{41}$이다.

따라서 옳은 것은 ④ $\sin B=\frac{5\sqrt{41}}{41}$이다.

02 직각삼각형 CDE에서 피타고라스 정리에 의하여

$\overline{CD}=\sqrt{4^2+2^2}=2\sqrt{5}$

$\angle B=\angle ACD=\angle CDE$이므로

$\sin B=\sin(\angle CDE)=\frac{\overline{CE}}{\overline{CD}}=\frac{2}{2\sqrt{5}}=\frac{\sqrt{5}}{5}$

03 $\sin B=\frac{\overline{AC}}{10}=\frac{3\sqrt{2}}{5}$이므로 $\overline{AC}=6\sqrt{2}$ cm

피타고라스 정리에 의하여

$\overline{BC}=\sqrt{10^2-(6\sqrt{2})^2}=2\sqrt{7}\,(\text{cm})$

따라서 $\triangle ABC=\frac{1}{2}\times\overline{BC}\times\overline{AC}$

$=\frac{1}{2}\times 2\sqrt{7}\times 6\sqrt{2}=6\sqrt{14}\,(\text{cm}^2)$

04 $3\cos B-1=0$에서 $\cos B=\frac{1}{3}$이므로

오른쪽 그림과 같이 $\angle C=90^\circ$, $\overline{AB}=3$, $\overline{BC}=1$인 직각삼각형 ABC를 생각할 수 있다.

이때 피타고라스 정리에 의하여

$\overline{AC}=\sqrt{3^2-1^2}=2\sqrt{2}$이므로

$\sin B=\frac{\overline{AC}}{\overline{AB}}=\frac{2\sqrt{2}}{3}$,

$\tan B=\frac{\overline{AC}}{\overline{BC}}=\frac{2\sqrt{2}}{1}=2\sqrt{2}$, $\sin A=\frac{\overline{BC}}{\overline{AB}}=\frac{1}{3}$

따라서 $\sin B+\tan B=\frac{2\sqrt{2}}{3}+2\sqrt{2}=\frac{8\sqrt{2}}{3}$이므로

$\frac{\sin B+\tan B}{\sin A}=\frac{8\sqrt{2}}{3}\div\frac{1}{3}=\frac{8\sqrt{2}}{3}\times 3=8\sqrt{2}$

05 $2\cos 30^\circ\times 3\tan 60^\circ-\sqrt{2}\sin 45^\circ+2\sqrt{3}\tan 30^\circ$

$=2\times\frac{\sqrt{3}}{2}\times 3\times\sqrt{3}-\sqrt{2}\times\frac{\sqrt{2}}{2}+2\sqrt{3}\times\frac{\sqrt{3}}{3}$

$=9-1+2=10$

06 $\triangle ABC$의 넓이가 $7\sqrt{2}\ \text{cm}^2$이므로

$\frac{1}{2}\times\overline{AB}\times 4\times\sin(180^\circ-135^\circ)=7\sqrt{2}$

$\frac{1}{2}\times\overline{AB}\times 4\times\frac{\sqrt{2}}{2}=7\sqrt{2}$

$\sqrt{2}\times\overline{AB}=7\sqrt{2}$

따라서 $\overline{AB}=7\ \text{cm}$

07 $\angle CAB=\angle ADE=\angle DCE=60^\circ$이다.

직각삼각형 DAE에서 $\cos 60^\circ=\frac{\overline{DE}}{\overline{AD}}=\frac{\overline{DE}}{12}$이므로

$\overline{DE}=12\times\cos 60^\circ=12\times\frac{1}{2}=6(\text{cm})$

직각삼각형 CDE에서 $\tan 60^\circ=\frac{\overline{DE}}{\overline{CE}}=\frac{6}{\overline{CE}}$이므로

$\overline{CE}=6\div\tan 60^\circ=6\div\sqrt{3}=2\sqrt{3}(\text{cm})$

08 직각삼각형 ABC에서 $\sin 30^\circ=\frac{6\sqrt{3}}{\overline{AC}}$이므로

$\overline{AC}=6\sqrt{3}\div\sin 30^\circ$

$=6\sqrt{3}\div\frac{1}{2}$

$=6\sqrt{3}\times 2=12\sqrt{3}(\text{cm})$

직각삼각형 ACD에서 $\cos 30^\circ=\frac{\overline{AC}}{\overline{AD}}=\frac{12\sqrt{3}}{\overline{AD}}$이므로

$\overline{AD}=12\sqrt{3}\div\cos 30^\circ$

$=12\sqrt{3}\div\frac{\sqrt{3}}{2}$

$=12\sqrt{3}\times\frac{2}{\sqrt{3}}=24(\text{cm})$

이와 같은 방법으로 변의 길이를 계속 구하면

$\overline{AE}=16\sqrt{3}\ \text{cm}$, $\overline{AF}=32\ \text{cm}$, $\overline{AG}=\frac{64\sqrt{3}}{3}\ \text{cm}$,

$\overline{AH}=\frac{128}{3}\ \text{cm}$이다.

09 직각삼각형 ABD에서 $\tan 60^\circ=\frac{\overline{AB}}{4\sqrt{3}}$이므로

$\overline{AB}=4\sqrt{3}\times\tan 60^\circ=4\sqrt{3}\times\sqrt{3}=12(\text{cm})$

또, $\overline{AC}=\overline{AB}=12\ \text{cm}$이므로

$\overline{CD}=\overline{AC}-\overline{AD}=12-4\sqrt{3}(\text{cm})$

따라서 $\triangle DBC=\frac{1}{2}\times\overline{CD}\times\overline{AB}$

$=\frac{1}{2}\times(12-4\sqrt{3})\times 12$

$=72-24\sqrt{3}(\text{cm}^2)$

10 직각삼각형 ADC에서 $\tan 30^\circ=\frac{2}{\overline{DC}}$이므로

$\overline{DC}=2\div\tan 30^\circ=2\div\frac{\sqrt{3}}{3}=2\sqrt{3}$

또, 직각삼각형 ADC에서 $\sin 30^\circ=\frac{2}{\overline{AD}}$이므로

$\overline{AD}=2\div\sin 30^\circ=2\div\frac{1}{2}=4$

이때 직각삼각형 ABC에서

$\angle ABD+\angle BAD=15^\circ+\angle BAD=30^\circ$이므로

$\angle BAD=15^\circ$

따라서 $\overline{BD}=\overline{AD}=4$이다.

즉, $\overline{BC}=\overline{BD}+\overline{CD}=4+2\sqrt{3}$이므로

직각삼각형 ABC에서

$\tan 15^\circ=\frac{\overline{AC}}{\overline{BC}}=\frac{2}{4+2\sqrt{3}}=2-\sqrt{3}$

11 $\overline{OA}=\overline{OD}=1$, $\angle OAB=y^\circ$이므로

① $\sin x^\circ=\frac{\overline{AB}}{\overline{OA}}=\overline{AB}$ ② $\sin y^\circ=\frac{\overline{OB}}{\overline{OA}}=\overline{OB}$

③ $\cos x^\circ=\frac{\overline{OB}}{\overline{OA}}=\overline{OB}$ ④ $\cos y^\circ=\frac{\overline{AB}}{\overline{OA}}=\overline{AB}$

⑤ $\tan y^\circ=\frac{\overline{OD}}{\overline{CD}}=\frac{1}{\overline{CD}}$

12 오른쪽 그림과 같이

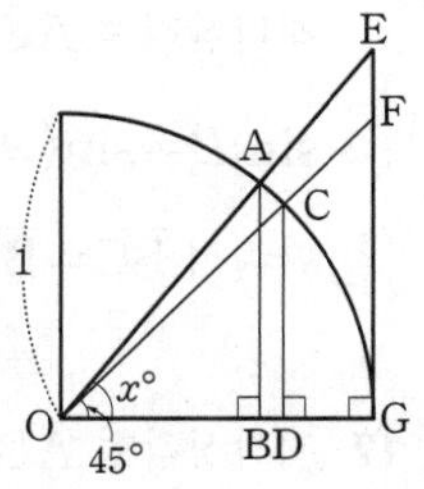

직각삼각형 COD에서

$\overline{CD}=\sin 45^\circ=\frac{\sqrt{2}}{2}$,

$\overline{OD}=\cos 45^\circ=\frac{\sqrt{2}}{2}$

직각삼각형 FOG에서

$\overline{FG}=\tan 45^\circ=1$

직각삼각형 AOB에서

$\sin x^\circ=\overline{AB}$, $\cos x^\circ=\overline{OB}$

직각삼각형 EOG에서

$\tan x^\circ = \overline{EG}$

그런데 $45^\circ < x^\circ < 90^\circ$이므로

$\overline{AB} > \overline{CD}$, $\overline{OB} < \overline{OD}$, $\overline{EG} > \overline{FG}$이다.

즉, $\frac{\sqrt{2}}{2} < \sin x^\circ < 1$, $\cos x^\circ < \frac{\sqrt{2}}{2}$, $\tan x^\circ > 1$

따라서 $\cos x^\circ < \sin x^\circ < \tan x^\circ$이다.

13 $\sin 35^\circ = 0.5736$이므로 $x = 35$

$\cos 61^\circ = 0.4848$이므로 $y = 61$

따라서 $\tan y^\circ - \cos x^\circ = \tan 61^\circ - \cos 35^\circ$

$= 1.8040 - 0.8192$

$= 0.9848$

14 직각삼각형 ABC에서 $\tan 5^\circ = \frac{\overline{AC}}{2000}$이므로

$\overline{AC} = 2000 \times \tan 5^\circ = 2000 \times 0.09 = 180(\text{m})$이다.

따라서 지면으로부터 비행기의 높이는 180 m이다.

15 $\sin 60^\circ = \frac{\sqrt{3}}{2}$이므로 $x^\circ = 60^\circ$

$\tan 30^\circ = \frac{1}{\sqrt{3}}$이므로 $y^\circ = 30^\circ$

따라서 $\cos(x^\circ - y^\circ) = \cos(60^\circ - 30^\circ)$

$= \cos 30^\circ = \frac{\sqrt{3}}{2}$

16 오른쪽 그림과 같이 점 A에서 $\overline{BC}$에 내린 수선의 발을 H라고 하면 직각삼각형 ABH에서

$\sin C = \sin(\angle BAH) = \frac{\overline{BH}}{c}$

이므로 $\overline{BH} = c \sin C$

직각삼각형 ACH에서

$\sin B = \sin(\angle CAH) = \frac{\overline{CH}}{b}$이므로 $\overline{CH} = b \sin B$

따라서 $\overline{BC} = \overline{BH} + \overline{CH} = c \sin C + b \sin B$

17 직각삼각형 ABC에서

$\sin 42^\circ = \frac{x}{20}$이므로

$x = 20 \times \sin 42^\circ = 20 \times 0.67 = 13.4$

직각삼각형 ACD에서 $\angle CAD = 36^\circ$이고

$\sin 36^\circ = \frac{y}{20}$이므로

$y = 20 \times \sin 36^\circ = 20 \times 0.59 = 11.8$

따라서 $x + y = 13.4 + 11.8 = 25.2$

18 오른쪽 그림과 같이 점 A에서 $\overline{BC}$에 내린 수선의 발을 H라고 하면 직각삼각형 ACH에서

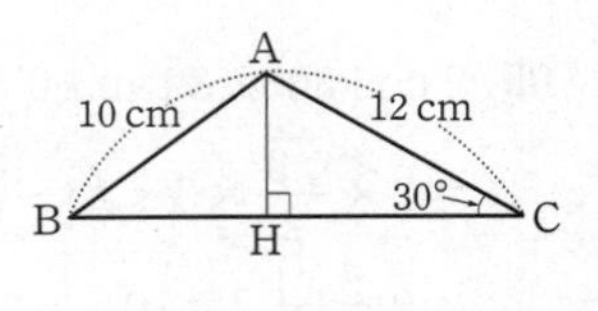

$\sin 30^\circ = \frac{\overline{AH}}{12}$, $\cos 30^\circ = \frac{\overline{CH}}{12}$이므로

$\overline{AH} = 12 \times \sin 30^\circ = 12 \times \frac{1}{2} = 6(\text{cm})$

$\overline{CH} = 12 \times \cos 30^\circ = 12 \times \frac{\sqrt{3}}{2} = 6\sqrt{3}(\text{cm})$

직각삼각형 ABH에서 피타고라스 정리에 의하여

$\overline{BH} = \sqrt{10^2 - 6^2} = \sqrt{64} = 8(\text{cm})$

따라서 $\overline{BC} = \overline{BH} + \overline{CH} = 8 + 6\sqrt{3}(\text{cm})$

19 $\cos A = \frac{2\sqrt{3}}{5}$이므로 오른쪽 그림과 같이 $\overline{AD} = 5$, $\overline{AE} = 2\sqrt{3}$, $\angle E = 90^\circ$인 직각삼각형 DAE를 생각할 수 있다.

이때 피타고라스 정리에 의하여

$\overline{DE} = \sqrt{5^2 - (2\sqrt{3})^2} = \sqrt{13}$

따라서 $\sin A = \frac{\sqrt{13}}{5}$이므로

$\triangle ABC = \frac{1}{2} \times 15 \times 12 \times \sin A$

$= \frac{1}{2} \times 15 \times 12 \times \frac{\sqrt{13}}{5} = 18\sqrt{13}(\text{cm}^2)$

20 다음 그림과 같이 □ABCD에서 대각선 AC, BD에 평행한 선분을 2개씩 그어 사각형을 만들면 □EFGH는 평행사변형이 되고, 평행사변형 EFGH의 넓이는 □ABCD의 넓이의 두 배가 된다.

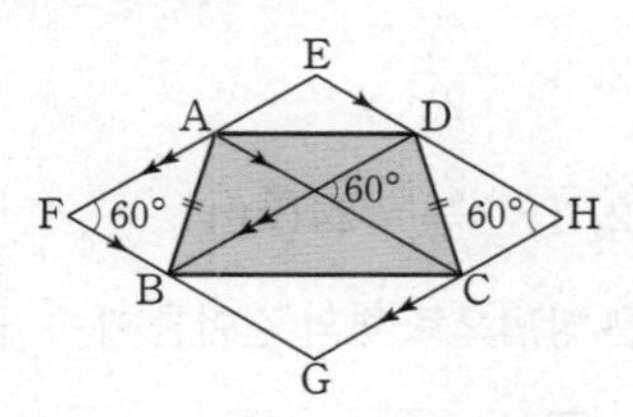

평행사변형 EFGH의 넓이는

$2 \times \left(\frac{1}{2} \times \overline{EF} \times \overline{FG} \times \sin 60^\circ\right) = \overline{EF} \times \overline{FG} \times \sin 60^\circ$

따라서 $\square\mathrm{ABCD}=\frac{1}{2}\square\mathrm{EFGH}$

$=\frac{1}{2}\times(\overline{\mathrm{EF}}\times\overline{\mathrm{FG}}\times\sin 60^\circ)$

$=\frac{1}{2}\times(\overline{\mathrm{BD}}\times\overline{\mathrm{AC}}\times\sin 60^\circ)$

$=\frac{1}{2}\times\overline{\mathrm{AC}}^2\times\frac{\sqrt{3}}{2}$

$=\frac{\sqrt{3}}{4}\times\overline{\mathrm{AC}}^2(\mathrm{cm}^2)$

한편, $\square\mathrm{ABCD}=6\sqrt{3}\ \mathrm{cm}^2$이므로

$\frac{\sqrt{3}}{4}\times\overline{\mathrm{AC}}^2=6\sqrt{3}$

$\overline{\mathrm{AC}}^2=6\sqrt{3}\div\frac{\sqrt{3}}{4}=6\sqrt{3}\times\frac{4}{\sqrt{3}}=24$

이때 $\overline{\mathrm{AC}}>0$이므로 $\overline{\mathrm{AC}}=2\sqrt{6}\ \mathrm{cm}$이다.

21

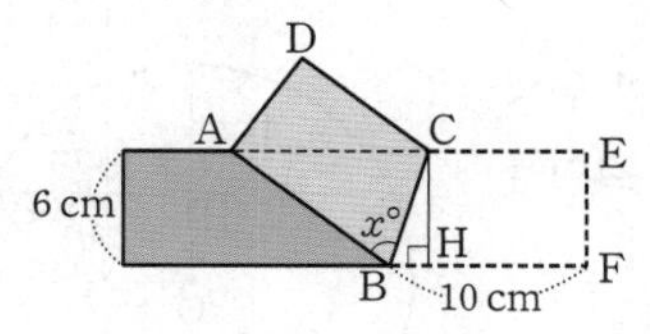

$\overline{\mathrm{AB}}=\overline{\mathrm{BF}}=10\ \mathrm{cm}$, $\overline{\mathrm{AD}}=\overline{\mathrm{FE}}=6\ \mathrm{cm}$

$\angle\mathrm{ABC}=\angle\mathrm{FBC}$ (접은 각),

$\angle\mathrm{ACB}=\angle\mathrm{CBF}$ (엇각)이므로

$\overline{\mathrm{AC}}=\overline{\mathrm{AB}}=10\ \mathrm{cm}$

직각삼각형 ADC에서 피타고라스 정리에 의하여

$\overline{\mathrm{CD}}=\sqrt{10^2-6^2}=\sqrt{64}=8(\mathrm{cm})$

즉, $\overline{\mathrm{CE}}=\overline{\mathrm{CD}}=8\ \mathrm{cm}$

이때 점 C에서 $\overline{\mathrm{BF}}$에 내린 수선의 발을 H라고 하면

직각삼각형 CBH에서

$\overline{\mathrm{BH}}=\overline{\mathrm{BF}}-\overline{\mathrm{HF}}=\overline{\mathrm{BF}}-\overline{\mathrm{CE}}=10-8=2(\mathrm{cm})$

따라서 $\angle\mathrm{CBH}=x^\circ$이므로 $\tan x^\circ=\frac{\overline{\mathrm{CH}}}{\overline{\mathrm{BH}}}=\frac{6}{2}=3$

채점 기준	배점
$\overline{\mathrm{AC}}$의 길이를 바르게 구한 경우	2
$\overline{\mathrm{CE}}$의 길이를 바르게 구한 경우	2
정답을 바르게 구한 경우	1

22 직각삼각형 AOB에서 $\tan 60^\circ=\frac{\overline{\mathrm{OB}}}{2\sqrt{3}}$이므로

$\overline{\mathrm{OB}}=2\sqrt{3}\times\tan 60^\circ=2\sqrt{3}\times\sqrt{3}=6$이다.

즉, 점 B의 좌표는 $(0, 6)$이다.

따라서 이 직선은 기울기가 $\frac{6}{2\sqrt{3}}=\sqrt{3}$이고 y절편이 6이므로 구하는 직선의 방정식은 $y=\sqrt{3}x+6$이다.

채점 기준	배점
직선의 기울기를 바르게 구한 경우	2
y절편을 바르게 구한 경우	2
정답을 바르게 구한 경우	1

23 오른쪽 그림과 같이 $\overline{\mathrm{BD}}$를 그으면 $\triangle\mathrm{ABD}$는 이등변삼각형이므로

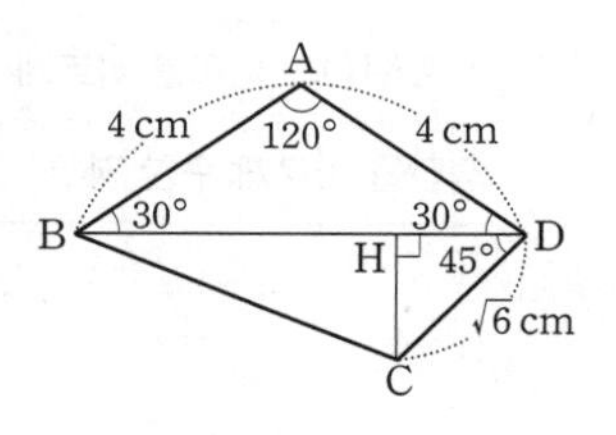

$\angle\mathrm{ABD}=\angle\mathrm{ADB}=30^\circ$

이다.

이때 $\overline{\mathrm{BD}}=2\times(4\times\cos 30^\circ)=2\times4\times\frac{\sqrt{3}}{2}$

$=4\sqrt{3}(\mathrm{cm})$

점 C에서 $\overline{\mathrm{BD}}$에 내린 수선의 발을 H라고 하면

직각삼각형 CDH에서 $\angle\mathrm{CDH}=45^\circ$이므로

$\overline{\mathrm{DH}}=\sqrt{6}\times\cos 45^\circ=\sqrt{6}\times\frac{\sqrt{2}}{2}=\sqrt{3}(\mathrm{cm})$

$\overline{\mathrm{CH}}=\overline{\mathrm{DH}}=\sqrt{3}\ \mathrm{cm}$

$\overline{\mathrm{BH}}=\overline{\mathrm{BD}}-\overline{\mathrm{DH}}=4\sqrt{3}-\sqrt{3}=3\sqrt{3}(\mathrm{cm})$

따라서 직각삼각형 BCH에서 피타고라스 정리에 의하여 $\overline{\mathrm{BC}}=\sqrt{(3\sqrt{3})^2+(\sqrt{3})^2}=\sqrt{30}(\mathrm{cm})$이다.

채점 기준	배점
$\overline{\mathrm{BD}}$의 길이를 바르게 구한 경우	2
정답을 바르게 구한 경우	3

24 직각삼각형 ABM에서 피타고라스 정리에 의하여

$\overline{\mathrm{AM}}=\sqrt{8^2-4^2}=\sqrt{48}=4\sqrt{3}(\mathrm{cm})$

같은 방법으로 $\overline{\mathrm{DM}}=4\sqrt{3}\ \mathrm{cm}$

오른쪽 그림과 같이 $\overline{\mathrm{AD}}$의 중점을 N이라고 하면 $\triangle\mathrm{AMD}$는 $\overline{\mathrm{AM}}=\overline{\mathrm{DM}}$인 이등변삼각형이므로 $\overline{\mathrm{AD}}\perp\overline{\mathrm{MN}}$이다.

직각삼각형 AMN에서

$\overline{\mathrm{MN}}=\sqrt{(4\sqrt{3})^2-4^2}$

$=\sqrt{32}=4\sqrt{2}(\mathrm{cm})$

이므로 $\triangle\mathrm{AMD}=\frac{1}{2}\times8\times4\sqrt{2}=16\sqrt{2}(\mathrm{cm}^2)$

한편, $\triangle \mathrm{AMD}=\frac{1}{2}\times\overline{\mathrm{AM}}\times\overline{\mathrm{DM}}\times\sin x^\circ$

$=\frac{1}{2}\times 4\sqrt{3}\times 4\sqrt{3}\times\sin x^\circ$

$=24\times\sin x^\circ(\mathrm{cm}^2)$

이므로 $24\times\sin x^\circ=16\sqrt{2}$이다.

따라서 $\sin x^\circ=\frac{16\sqrt{2}}{24}=\frac{2\sqrt{2}}{3}$이다.

채점 기준	배점
$\overline{\mathrm{AM}}$의 길이를 바르게 구한 경우	1
$\triangle \mathrm{AMD}$의 넓이를 바르게 구한 경우	2
정답을 바르게 구한 경우	2

V. 원의 성질

본문 286~289쪽

01 $(18-4\sqrt{14})$ cm **02** $\frac{169}{4}\pi$ cm² **03** ④
04 125° **05** ⑤ **06** 14 cm **07** 24 cm **08** ④
09 4 cm **10** ③ **11** 50° **12** 24° **13** ①
14 26° **15** ③ **16** 62° **17** 62° **18** ③
19 66° **20** 80° **21** 2 cm **22** $16\sqrt{3}$ cm²
23 15° **24** 45°

01 오른쪽 그림과 같이 $\overline{\mathrm{OA}}$를 그으면

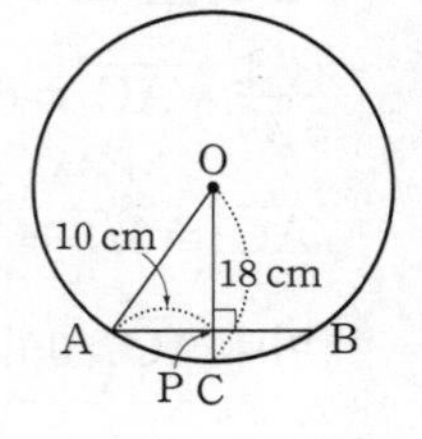

$\triangle \mathrm{OAP}$에서

$\overline{\mathrm{OP}}=\sqrt{18^2-10^2}=4\sqrt{14}(\mathrm{cm})$

따라서

$\overline{\mathrm{PC}}=\overline{\mathrm{OC}}-\overline{\mathrm{OP}}$

$=18-4\sqrt{14}(\mathrm{cm})$

02 오른쪽 그림과 같이 이 원의 중심을 O, 반지름의 길이를 r cm라고 하면

$\overline{\mathrm{OB}}=r$ cm,

$\overline{\mathrm{OH}}=(r-4)$ cm,

$\overline{\mathrm{BH}}=6$ cm이므로

$\triangle \mathrm{OBH}$에서

$(r-4)^2+6^2=r^2$, $8r=52$, $r=\frac{13}{2}$

따라서 원 O의 넓이는 $\pi\times\left(\frac{13}{2}\right)^2=\frac{169}{4}\pi(\mathrm{cm}^2)$

03 큰 원의 반지름의 길이를 R cm, 작은 원의 반지름의 길이를 r cm라고 하면

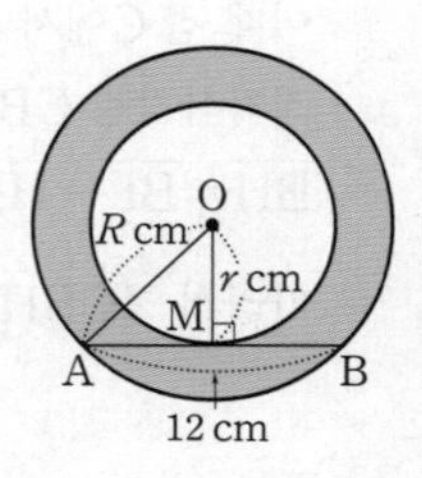

$\triangle \mathrm{OAM}$에서 $R^2-r^2=6^2$

따라서 색칠한 부분의 넓이는

$\pi R^2-\pi r^2=\pi(R^2-r^2)$

$=36\pi(\mathrm{cm}^2)$

04 $\overline{\mathrm{OM}}=\overline{\mathrm{ON}}$이므로 $\overline{\mathrm{AB}}=\overline{\mathrm{AC}}$

따라서 $\triangle \mathrm{ABC}$는 $\overline{\mathrm{AB}}=\overline{\mathrm{AC}}$인 이등변삼각형이므로

$\angle \mathrm{B}=\angle \mathrm{C}=\frac{1}{2}\times(180^\circ-70^\circ)=55^\circ$

따라서 □OMBH에서

$\angle \mathrm{MOH}=360^\circ-(90^\circ+90^\circ+55^\circ)$

$=125^\circ$

05

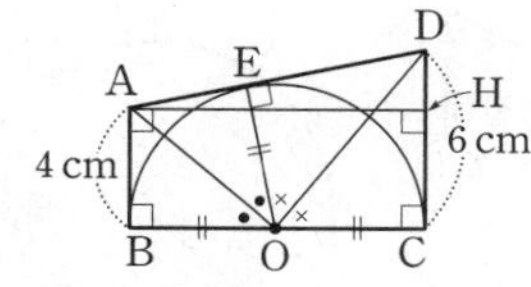

① $\overline{AE}=\overline{AB}=4$ cm

② $\overline{AD}=\overline{AE}+\overline{DE}=\overline{AB}+\overline{DC}$

$=4+6=10(cm)$

③ 위의 그림과 같이 점 A에서 $\overline{CD}$에 내린 수선의 발을 H라고 하면 △DAH에서

$\overline{DH}=6-4=2(cm)$,

$\overline{AH}=\sqrt{10^2-2^2}=4\sqrt{6}(cm)$

따라서 $\overline{BC}=\overline{AH}=4\sqrt{6}(cm)$

④ △ABO≡△AEO이므로

$\angle AOB=\angle AOE$

또, △DOC≡△DOE이므로

$\angle DOC=\angle DOE$

따라서 $\angle AOD=\angle AOE+\angle DOE$

$=\frac{1}{2}\angle BOE+\frac{1}{2}\angle COE$

$=\frac{1}{2}(\angle BOE+\angle COE)=90°$

⑤ $\angle DOC=x°$라고 하자.

$\overline{OC}=2\sqrt{6}$ cm, $\overline{CD}=6$ cm이므로

$\tan x°=\frac{6}{2\sqrt{6}}=\frac{\sqrt{6}}{2}$에서 $x°\neq 45°$

따라서 옳지 않은 것은 ⑤이다.

06 $\overline{AD}=4x$ cm, $\overline{BD}=3x$ cm$(x>0)$라고 하면

$\overline{CF}=\overline{CE}$에서

$14-4x=12-3x$, $x=2$

따라서 $\overline{AD}=8$ cm, $\overline{BD}=6$ cm이므로

$\overline{AB}=\overline{AD}+\overline{BD}=8+6=14(cm)$

07 $\overline{CE}=\overline{CF}=x$ cm라고 하면

$\overline{AC}=(4+x)$ cm, $\overline{BC}=(6+x)$ cm

△ABC에서

$10^2+(4+x)^2=(6+x)^2$, $4x=80$, $x=20$

따라서 $\overline{AC}=4+20=24(cm)$

08 오른쪽 그림과 같이 $\overline{CE}$를 그으면 $\overline{CE}=8$ cm이므로

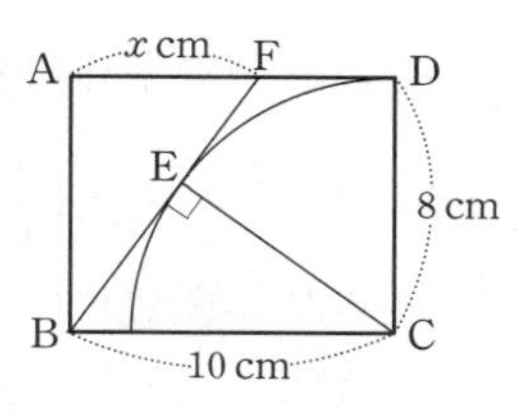

△BCE에서

$\overline{BE}=\sqrt{10^2-8^2}=6(cm)$

또, $\overline{EF}=\overline{DF}$

$=10-x(cm)$이므로

$\overline{BF}=\overline{BE}+\overline{EF}=6+(10-x)=16-x(cm)$

△ABF에서 $x^2+8^2=(16-x)^2$, $32x=192$

따라서 $x=6$

09 $\overline{BE}=\overline{BD}$, $\overline{CE}=\overline{CF}$이므로

$\overline{AD}+\overline{AF}=\overline{AB}+\overline{BC}+\overline{CA}=6+6+8=20(cm)$

이때 $\overline{AD}=\overline{AF}$이므로 $\overline{AD}=10$ cm

따라서 $\overline{BD}=\overline{AD}-\overline{AB}=10-6=4(cm)$

10 $\angle AOB=2\angle APB=2\times 60°=120°$이므로

(부채꼴 OAB의 넓이)$=\pi\times 12^2\times\frac{120}{360}=48\pi(cm^2)$

11 오른쪽 그림과 같이 $\overline{BD}$를 그으면 $\overline{BC}$가 지름이므로

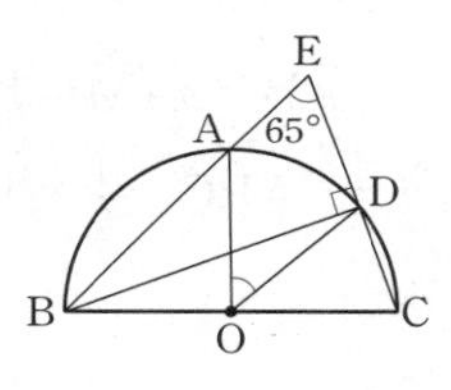

$\angle BDC=90°$

△EBD에서

$\angle EBD=90°-65°=25°$

따라서

$\angle AOD=2\angle ABD$

$=2\angle EBD=2\times 25°=50°$

12 오른쪽 그림과 같이 $\overline{BC}$를 그으면 $\angle ACB=90°$

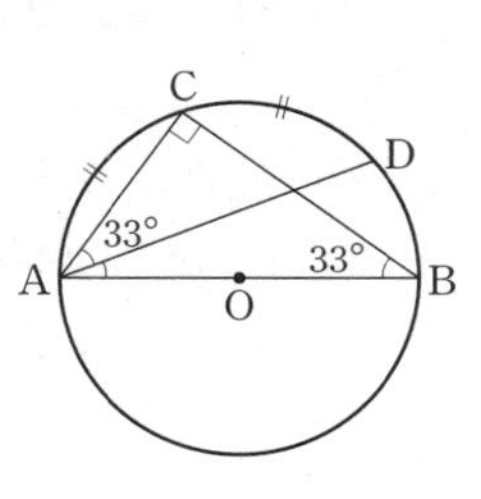

$\widehat{AC}=\widehat{CD}$이므로

$\angle ABC=\angle CAD=33°$

△ABC에서

$33°+\angle DAB+33°=90°$

따라서 $\angle DAB=90°-66°=24°$

13 오른쪽 그림과 같이 $\overline{AD}$를 그으면 $\widehat{AB}$는 원의 둘레의 길이의 $\frac{2}{5}$이므로

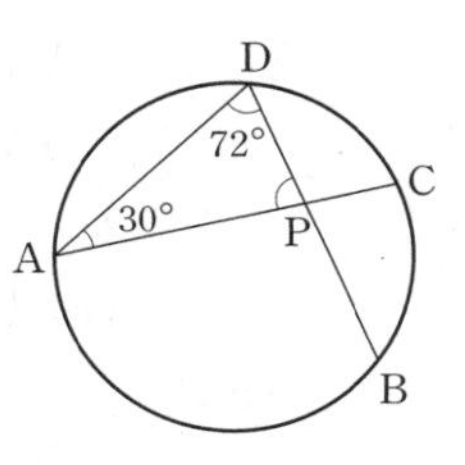

$\angle ADB=180°\times\frac{2}{5}$

$=72°$

$\overset{\frown}{CD}$는 원의 둘레의 길이의 $\frac{1}{6}$이므로

$\angle DAC=180° \times \frac{1}{6}=30°$

따라서 $\triangle PAD$에서

$\angle APD=180°-(72°+30°)=78°$

14 $\angle BCE=\angle BDE=65°$

$\triangle BCF$에서 $\angle x=24°+65°=89°$

$\square ABDE$가 원 O에 내접하므로

$\angle y=180°-65°=115°$

따라서 $\angle y-\angle x=115°-89°=26°$

15 오른쪽 그림과 같이 원의 중심을 O라고 하면 직각삼각형 AMO에서

$\overline{AM}=\sqrt{9^2-3^2}=6\sqrt{2}$(cm)

따라서

$\overline{AB}=2\overline{AM}=12\sqrt{2}$(cm)이므로

$\triangle ABC=\frac{1}{2}\times 12\sqrt{2}\times 6=36\sqrt{2}$(cm^2)

16 $\square ABCD$가 원에 내접하므로

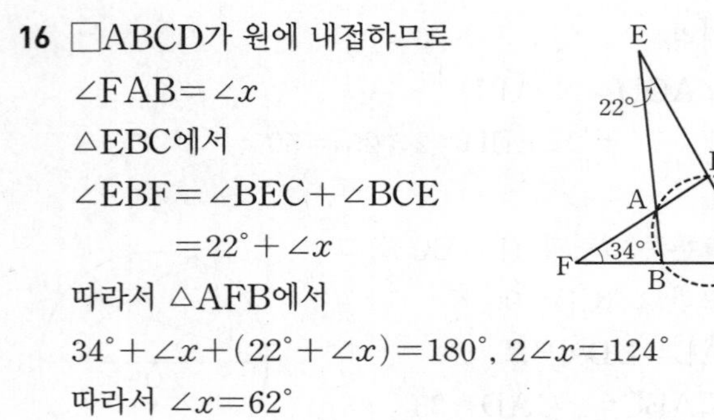

$\angle FAB=\angle x$

$\triangle EBC$에서

$\angle EBF=\angle BEC+\angle BCE$

$=22°+\angle x$

따라서 $\triangle AFB$에서

$34°+\angle x+(22°+\angle x)=180°$, $2\angle x=124°$

따라서 $\angle x=62°$

17 오른쪽 그림과 같이 $\overline{OD}$를 그으면

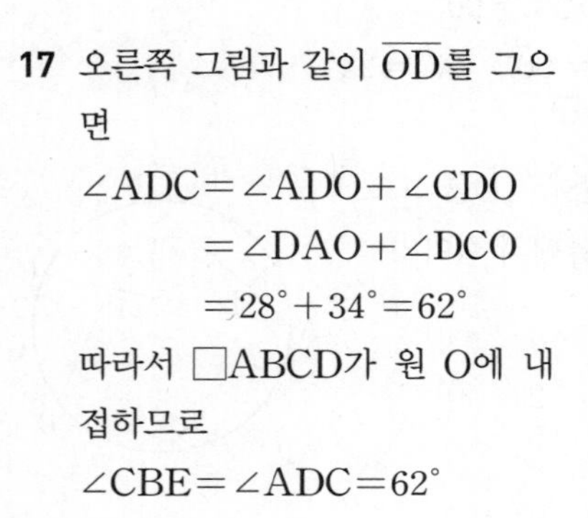

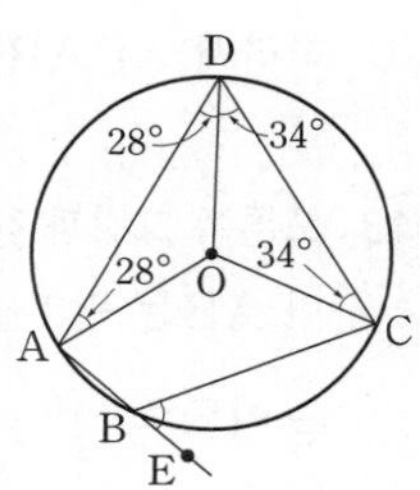

$\angle ADC=\angle ADO+\angle CDO$

$=\angle DAO+\angle DCO$

$=28°+34°=62°$

따라서 $\square ABCD$가 원 O에 내접하므로

$\angle CBE=\angle ADC=62°$

18 오른쪽 그림과 같이 $\overline{CE}$를 그으면 $\square ABCE$가 원 O에 내접하므로

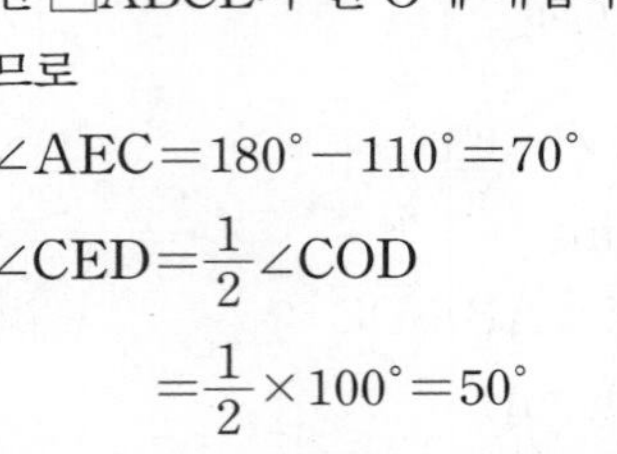

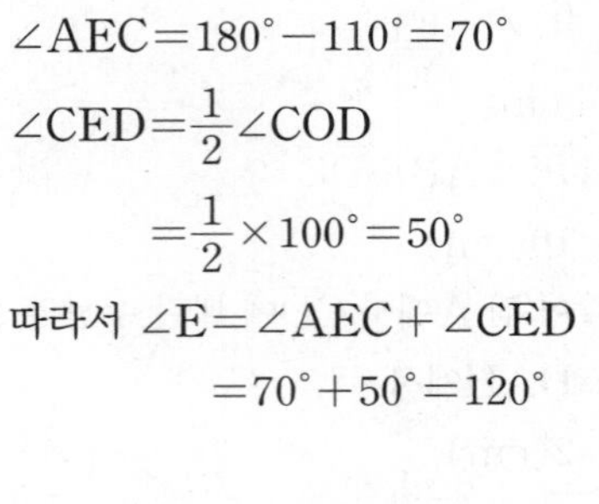

$\angle AEC=180°-110°=70°$

$\angle CED=\frac{1}{2}\angle COD$

$=\frac{1}{2}\times 100°=50°$

따라서 $\angle E=\angle AEC+\angle CED$

$=70°+50°=120°$

19 $\overline{AD}=\overline{AF}$이므로

$\angle ADF=\angle AFD=\frac{1}{2}\times(180°-48°)=66°$

따라서 접선과 현이 이루는 각의 성질에 의하여

$\angle DEF=\angle ADF=66°$

20 오른쪽 그림과 같이 $\overline{AB}$를 그으면

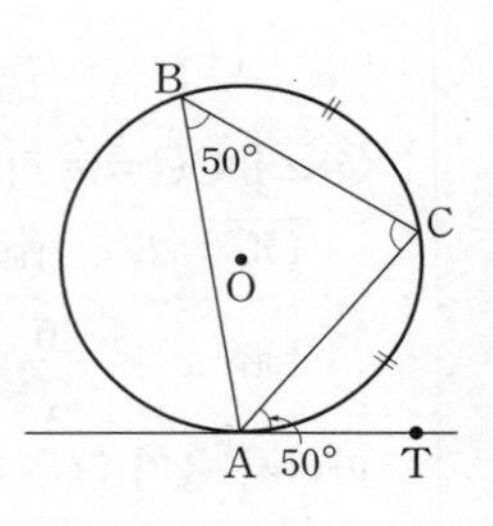

$\angle ABC=\angle CAT=50°$

$\overset{\frown}{AC}=\overset{\frown}{BC}$이므로

$\angle BAC=\angle ABC=50°$

따라서 $\triangle ABC$에서

$\angle BCA=180°-2\times 50°=80°$

21 원 밖의 한 점에서 원에 두 접선을 그을 때, 그 점에서 두 접점까지의 거리는 서로 같으므로

$\overline{AE}=\overline{AH}=\overline{BE}=\overline{BF}=\frac{8}{2}=4$(cm)

$\overline{DH}=\overline{CF}=\overline{CG}=12-4=8$(cm)

$\overline{HI}=x$ cm라고 하면

$\overline{ID}=(8-x)$ cm, $\overline{IC}=(x+8)$ cm이므로

$\triangle ICD$에서 $8^2+(8-x)^2=(8+x)^2$, $32x=64$, $x=2$

따라서 $\overline{HI}=2$ cm이다.

채점 기준	배점
$\overline{ID}$와 $\overline{IC}$의 길이를 $\overline{HI}$의 길이에 대한 식으로 바르게 나타낸 경우	3
$\overline{HI}$의 길이를 바르게 구한 경우	2

22 □AMON에서

$\angle A=360^\circ-(120^\circ+90^\circ+90^\circ)=60^\circ$

$\overline{OM}=\overline{ON}$이므로 $\overline{AB}=\overline{AC}$

즉, △ABC는 이등변삼각형이므로

$\angle B=\angle C=\frac{1}{2}\times(180^\circ-60^\circ)=60^\circ$

따라서 △ABC는 정삼각형이므로

$\triangle ABC=\frac{1}{2}\times8\times8\times\sin 60^\circ$

$=\frac{1}{2}\times8\times8\times\frac{\sqrt{3}}{2}$

$=16\sqrt{3}\,(\text{cm}^2)$

채점 기준	배점
∠A의 크기를 바르게 구한 경우	2
∠B, ∠C의 크기를 바르게 구한 경우	1
△ABC의 넓이를 바르게 구한 경우	2

23 접선과 현이 이루는 각의 성질에 의하여

$\angle CTP=\angle CAT=41^\circ$

□ABTC가 원 O에 내접하므로

$124^\circ+\angle ACT=180^\circ$, $\angle ACT=56^\circ$

이때 △CTP에서 $\angle CTP+\angle CPT=\angle ACT$이므로

$41^\circ+\angle CPT=56^\circ$

따라서 $\angle CPT=15^\circ$이다.

채점 기준	배점
∠CTP의 크기를 바르게 구한 경우	2
∠ACT의 크기를 바르게 구한 경우	2
∠CPT의 크기를 바르게 구한 경우	1

24 □ABCD가 원에 내접하므로

$\angle ABC+130^\circ=180^\circ$

$\angle ABC=50^\circ$

△ABF에서

$\angle DAE=50^\circ+35^\circ=85^\circ$

따라서 △ADE에서

$\angle AED+85^\circ=130^\circ$이므로

$\angle AED=45^\circ$

따라서 $\angle BEC=45^\circ$이다.

채점 기준	배점
∠ABC의 크기를 바르게 구한 경우	2
∠DAE의 크기를 바르게 구한 경우	2
∠x의 크기를 바르게 구한 경우	1

VI. 통계

본문 290~293쪽

01 ④	02 ④	03 ③	04 ②	05 ①
06 ③	07 ⑤	08 ②	09 $\sqrt{2}$쪽	10 ③
11 윤아	12 ⑤	13 ㄱ, ㄷ	14 ⑤	15 ㄱ, ㄴ
16 풀이 참조		17 11.5		
18 분산: 64, 표준편차: 8회			19 풀이 참조	

01 (평균)$=\frac{69}{10}=6.9$(개)

주어진 변량을 작은 값부터 크기순으로 나열하면

4, 5, 6, 6, 6, 7, 7, 8, 10, 10이므로

중앙값은 $\frac{6+7}{2}=6.5$(개)이다. 또, 최빈값은 6개이다.

따라서 $a=6.9$, $b=6.5$, $c=6$이므로 $c<b<a$이다.

02 평균이 88점이므로 $\frac{84+92+81+x}{4}=88$이다.

따라서 $x=95$이다.

03 평균이 14분이므로

$\frac{5+19+10+13+17+10+19+x}{8}=14$, $x=19$

이다.

변량을 작은 값부터 크기순으로 나열하면 5, 10, 10, 13, 17, 19, 19, 19이므로 중앙값은

$\frac{13+17}{2}=\frac{30}{2}=15$(분)이다.

또, 최빈값은 19분이다.

04 a, b, c, d, e의 평균이 8이므로

$\frac{a+b+c+d+e}{5}=8$, $a+b+c+d+e=40$이다.

따라서 $2a-5$, $2b-5$, $2c-5$, $2d-5$, $2e-5$의 평균은

$$\frac{2(a+b+c+d+e)-5\times5}{5}=\frac{2\times40-25}{5}=\frac{55}{5}=11$$

이다.

05 ㄷ. 변량들이 평균 주위에 모여 있을수록 표준편차는 작아진다.

ㄹ. 평균의 값과 분산의 값은 관계가 없다.

따라서 옳은 것은 ㄱ, ㄴ이다.

06 ① 변량의 총합은 110이므로 (평균)$=\frac{110}{10}=11$이다.

② 편차의 총합은 항상 0이다.

③ 각 변량의 편차는 순서대로 0, 1, 1, −1, −2, −1, 1, 0, 0, 1이므로 편차의 제곱의 총합은 10이다.

④ 따라서 (분산)$=\frac{10}{10}=1$이다.

⑤ 표준편차는 $\sqrt{1}=1$이다.

따라서 옳지 않은 것은 ③이다.

07 학생 5명의 미술 실기 성적의 평균을 x점이라고 하면 각 학생의 성적은 다음과 같다.

학생	A	B	C	D	E
편차(점)	4	-3	-4	0	3
성적(점)	$x+4$	$x-3$	$x-4$	x	$x+3$

ㄱ. 학생 A와 학생 B의 미술 실기 성적의 차이는 $(x+4)-(x-3)=7$(점)이다.

ㄴ. 미술 실기 성적이 가장 높은 학생은 편차가 가장 큰 A이다.

ㄹ. 편차의 제곱의 총합이 50이므로

(분산)$=\frac{50}{5}=10$, (표준편차)$=\sqrt{10}$(점)이다.

따라서 옳은 것은 ㄱ, ㄷ, ㄹ이다.

08 ㄴ. 편차의 총합은 항상 0이다.

ㄷ. (분산)=(표준편차)^{2}이므로 표준편차가 크면 분산도 크다. 따라서 표준편차가 가장 작은 반이 분산도 가장 작다.

ㄹ. 가장 성적이 고른 반은 표준편차가 가장 작은 5반이다.

따라서 옳은 것은 ㄱ, ㄹ이다.

09 일주일 동안의 독서량의 총합이 308쪽이므로

(평균)$=\frac{308}{7}=44$(쪽)이다.

각 변량의 편차는 순서대로 −1, 2, 2, 0, −2, −1, 0이고 편차의 제곱의 총합은 14이다.

따라서 (분산)$=\frac{14}{7}=2$, (표준편차)$=\sqrt{2}$(쪽)이다.

10 ㄱ. 평균으로 산포도를 판단할 수는 없다.

ㄴ. 평균이 서로 다른 두 집단에 대해 표준편차는 서로 같을 수 있다.

따라서 옳은 것은 ㄷ, ㄹ이다.

11 5명의 수학 시험 점수의 총합이 모두 40점이므로 평균은 $\frac{40}{5}=8$(점)으로 모두 같다.

연지: 편차는 순서대로 -2, -1, 0, 1, 2이고, 편차의 제곱의 총합은 10이다.

따라서 (분산)$=\frac{10}{5}=2$이다.

혜경: 편차는 순서대로 -2, -2, 0, 2, 2이고, 편차의 제곱의 총합은 16이다.

따라서 (분산)$=\frac{16}{5}=3.2$이다.

윤아: 편차는 순서대로 -1, 0, 0, 0, 1이고, 편차의 제곱의 총합은 2이다.

따라서 (분산)$=\frac{2}{5}=0.4$이다.

채윤: 편차는 순서대로 -1, -1, 0, 1, 1이고, 편차의 제곱의 총합은 4이다.

따라서 (분산)$=\frac{4}{5}=0.8$이다.

지은: 편차는 순서대로 -2, 0, 0, 0, 2이고, 편차의 제곱의 총합은 8이다.

따라서 (분산)$=\frac{8}{5}=1.6$이다.

따라서 분산이 가장 작은 윤아의 수학 시험 점수가 가장 고르므로 선발될 학생은 윤아이다.

12 14, x, 10, y, 15의 평균이 13이므로

$\frac{14+x+10+y+15}{5}=13$, $x+y=26$이다.

14, x, 10, y, 15의 분산이 10이므로

$\frac{1^2+(x-13)^2+(-3)^2+(y-13)^2+2^2}{5}=10$에서

$x^2+y^2-26(x+y)+352=50$,

$x^2+y^2=26(x+y)-352+50=374$이다.

이때 $(x+y)^2=x^2+y^2+2xy$이므로

$xy=\frac{1}{2}\{(x+y)^2-(x^2+y^2)\}$

$=\frac{1}{2}(26^2-374)=151$

이다.

13 ㄱ. 통학 거리와 성적은 일반적으로 상관관계가 없다.

ㄴ. 산의 높이가 높아질수록 기온은 떨어지므로 산의 높이와 기온 사이에는 음의 상관관계가 있다.

ㄷ. 키와 충치의 개수는 일반적으로 상관관계가 없다.

ㄹ. 일조량이 높을수록 쌀의 생산량이 증가하므로 일조량과 쌀의 생산량 사이에는 양의 상관관계가 있다.

따라서 상관관계가 없는 것은 ㄱ, ㄷ이다.

14 ⑤ 중간고사 수학 성적이 기말고사 수학 성적보다 더 높은 학생은 3명, 기말고사 수학 성적이 중간고사 수학 성적보다 더 높은 학생은 6명이므로 기말고사 수학 성적이 중간고사 수학 성적보다 더 높은 학생이 더 많다.

따라서 옳지 않은 것은 ⑤이다.

15 ㄱ. A반의 성적의 총합은 $75.5\times20=1510$(점)이고, B반의 성적의 총합은 $80\times25=2000$(점)이다.

따라서 (두 반 전체의 평균)$=\frac{3510}{45}=78$(점)이다.

ㄴ. B반의 평균이 A반의 평균보다 더 높으므로 B반의 성적이 A반의 성적보다 더 높다.

ㄷ. 편차의 총합은 항상 0이므로 두 반의 편차의 총합은 같다.

ㄹ. A반의 표준편차가 B반의 표준편차보다 더 작으므로 A반의 성적이 더 고르다.

따라서 옳은 것은 ㄱ, ㄴ이다.

16

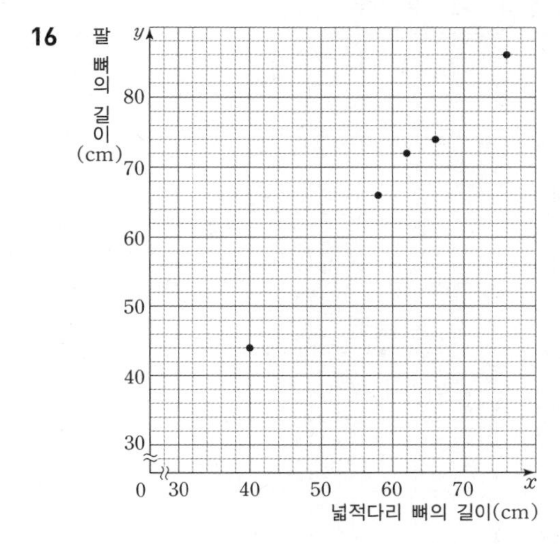

넓적다리 뼈의 길이와 팔 뼈의 길이의 산점도는 위의 그림과 같다. 산점도를 보면 넓적다리 뼈의 길이가 길수록 대체로 팔 뼈의 길이도 길다는 것을 알 수 있다. 따라서 시조새의 넓적다리 뼈의 길이와 팔 뼈의 길이 사이에는 양의 상관관계가 있다.

17 자료 (나)의 중앙값이 12이므로 $a=12$이다.

두 자료 전체의 변량을 작은 값부터 크기순으로 나열하면 8, 9, 10, 10, 11, 12, 12, 13, 16, 17이고, 중앙값은 변량의 개수가 10개로 짝수이므로 다섯 번째 변량인 11과 여섯 번째 변량인 12의 평균인 $\frac{11+12}{2}=11.5$이다.

따라서 두 자료 전체의 중앙값은 11.5이다.

채점 기준	배점
자료 (나)의 중앙값을 이용하여 a의 값을 바르게 구한 경우	3
두 자료 전체의 중앙값을 바르게 구한 경우	3

18 윗몸일으키기 횟수의 총합은 460회이므로

$(\text{평균})=\frac{460}{10}=46(\text{회})$이다.

각 변량의 편차는 순서대로 -14, -10, -4, -3, -1, -1, 3, 8, 10, 12이고, 편차의 제곱의 총합은 640이다.

따라서 $(\text{분산})=\frac{640}{10}=64$, $(\text{표준편차})=8(\text{회})$이다.

채점 기준	배점
평균을 바르게 구한 경우	2
분산을 바르게 구한 경우	3
표준편차를 바르게 구한 경우	2

19

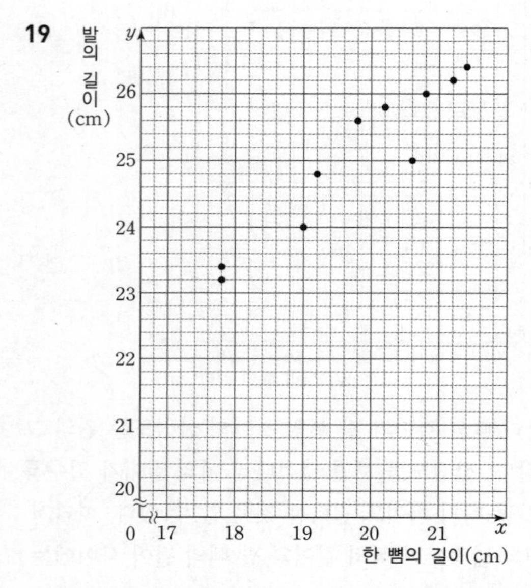

한 뼘의 길이와 발의 길이의 산점도는 위의 그림과 같다.

산점도를 보면 한 뼘의 길이가 길수록 대체로 발의 길이도 길다는 것을 알 수 있다. 따라서 한 뼘의 길이와 발의 길이 사이에는 양의 상관관계가 있다.

채점 기준	배점
자료를 산점도로 바르게 나타낸 경우	3
상관관계를 바르게 설명한 경우	4

실전 테스트 1회

본문 294~297쪽

01 ③	02 ⑤	03 ③	04 ④	05 ③
06 ⑤	07 ①	08 ②	09 ③	10 ②
11 ④	12 ②	13 ③	14 ④	15 ①
16 ④	17 ④	18 ②	19 ④	20 ①

21 -15

22 (1) $x=\frac{3\sqrt{2}}{2}$, $y=\frac{3\sqrt{2}}{2}$ (2) $x+y=3\sqrt{2}$, $xy=\frac{9}{2}$ (3) $\frac{2\sqrt{2}}{3}$

23 (1) 6 (2) -3 (3) 3

24 (1) 25 (2) -10 (3) 15 25 $2x-6$

01 ① $0<a<1$일 때, $a<\sqrt{a}$

② $(\sqrt{13})^2=13$의 제곱근은 $\pm\sqrt{13}$이다.

④ $a=4$일 때, $\sqrt{a}=2$로 유리수이다.

⑤ $x^2=a$일 때, x를 a의 제곱근이라고 한다.

02 ① $(\sqrt{5}+1)-(\sqrt{5}+\sqrt{2})=1-\sqrt{2}<0$

이므로 $\sqrt{5}+1<\sqrt{5}+\sqrt{2}$

② $\sqrt{7}+3-(1+\sqrt{7})=2>0$

이므로 $\sqrt{7}+3>1+\sqrt{7}$

③ $\sqrt{6}-2-1=\sqrt{6}-3=\sqrt{6}-\sqrt{9}<0$

이므로 $\sqrt{6}-2<1$

④ $\sqrt{11}+2-4=\sqrt{11}-2=\sqrt{11}-\sqrt{4}>0$

이므로 $\sqrt{11}+2>4$

⑤ $(4-\sqrt{19})-(-1)=5-\sqrt{19}$

$=\sqrt{25}-\sqrt{19}>0$

이므로 $4-\sqrt{19}>-1$

03 $a-b>0$에서 $a>b$이고, $ab<0$이므로

$a>0$, $b<0$

따라서

$\sqrt{b^2}+\sqrt{a^2}-\sqrt{(b-a)^2}=-b+a-\{-(b-a)\}$

$=-b+a+b-a=0$

04 피타고라스 정리에 의하여

$\overline{AC}=\sqrt{1^2+1^2}=\sqrt{2}$이고 $\overline{AC}=\overline{PC}=\overline{CQ}$이므로

점 P에 대응하는 수는 $3-\sqrt{2}$,

점 Q에 대응하는 수는 $3+\sqrt{2}$

따라서 $a=3-\sqrt{2}$, $b=3+\sqrt{2}$이므로 $a+b=6$

05 160을 소인수분해하면 $2^5\times5$이므로

$\sqrt{160x}=\sqrt{2^5\times5\times x}$가 자연수가 되어야 한다.

따라서 $x=2\times5\times k^2$ (k는 자연수)의 꼴이고 x는 가장 작은 자연수이므로

$x=2\times5=10$

06 $\sqrt{112}=\sqrt{4^2\times7}=4\sqrt{7}$에서 $a=4$

$\sqrt{800}=\sqrt{20^2\times2}=20\sqrt{2}$에서 $b=20$

따라서 $\sqrt{2ab}=\sqrt{2\times4\times20}=\sqrt{4^2\times10}=4\sqrt{10}$

07 $\frac{\sqrt{18}}{6}+\frac{\sqrt{6}}{2\sqrt{3}}-\sqrt{32}=\frac{3\sqrt{2}}{6}+\frac{3\sqrt{2}}{6}-4\sqrt{2}=-3\sqrt{2}$

이므로 $k=-3$

08 $\sqrt{3000}=\sqrt{100\times30}=10\sqrt{30}$이므로 $A=10$

$\frac{\sqrt{0.2}}{\sqrt{20}}=\frac{\sqrt{0.2}\times\sqrt{20}}{20}=\frac{\sqrt{4}}{20}=\frac{2}{20}=\frac{1}{10}$

이므로 $B=\frac{1}{10}$

09 $f(1)=\sqrt{2}-1$, $f(2)=\sqrt{3}-\sqrt{2}$,

$f(3)=2-\sqrt{3}$, $\cdots$, $f(99)=10-\sqrt{99}$이므로

$f(1)+f(2)+f(3)+\cdots+f(99)$

$=(\sqrt{2}-1)+(\sqrt{3}-\sqrt{2})+(2-\sqrt{3})+\cdots+(10-\sqrt{99})$

$=-1+10=9$

10 $1<\sqrt{2}<2$에서 $\sqrt{2}$의 정수 부분은 1이므로

$a=\sqrt{2}-1$, $\sqrt{2}=a+1$ …… ㉠

$\sqrt{50}=\sqrt{25\times2}=5\sqrt{2}$ …… ㉡

㉠을 ㉡에 대입하면

$\sqrt{50}=5(a+1)$

11 ① $(x-2y)^2=x^2-4xy+4y^2$

② $(x+7)(x-5)=x^2+2x-35$

③ $(-x+2y)(-x-2y)=x^2-4y^2$

⑤ $(-x+6y)(2x-5y)=-2x^2+17xy-30y^2$

12 $(3x+1)(2x+a)=6x^2+(3a+2)x+a$

이때 x의 계수는 $3a+2$, 상수항은 a이고 x의 계수가 상수항의 4배이므로 $3a+2=4a$

따라서 $a=2$

13 $(2x-5)^2-(x+1)(3x-5)$
$=(4x^2-20x+25)-(3x^2-2x-5)$
$=x^2-18x+30$
$=ax^2+bx+c$
따라서 $a=1$, $b=-18$, $c=30$이므로
$a+b+c=1+(-18)+30=13$

14 $a=\dfrac{\sqrt{5}-2}{(\sqrt{5}+2)(\sqrt{5}-2)}=\dfrac{\sqrt{5}-2}{5-4}=\sqrt{5}-2$
$b=\dfrac{\sqrt{5}+2}{(\sqrt{5}-2)(\sqrt{5}+2)}=\dfrac{\sqrt{5}+2}{5-4}=\sqrt{5}+2$
따라서
$\dfrac{b}{a}+\dfrac{a}{b}=\dfrac{\sqrt{5}+2}{\sqrt{5}-2}+\dfrac{\sqrt{5}-2}{\sqrt{5}+2}$
$=\dfrac{(\sqrt{5}+2)^2+(\sqrt{5}-2)^2}{5-4}$
$=5+4\sqrt{5}+4+5-4\sqrt{5}+4$
$=18$

15 $x=\sqrt{5}-3$에서 $x+3=\sqrt{5}$
양변을 제곱하면 $(x+3)^2=5$
$x^2+6x+9=5$, $x^2+6x=-4$
따라서 $x^2+6x-4=-4-4=-8$

16 $ab(b-1)$의 인수는 1, a, b, $b-1$, ab, $a(b-1)$, $b(b-1)$, $ab(b-1)$이므로 ④ $ab+1$은 인수가 아니다.

17 ① $(x+7)^2$ ② $(2x-5y)^2$
③ $2(y+1)^2$ ④ $(x-y)(3x-y)$
⑤ $\left(a+\dfrac{1}{6}\right)^2$

18 각 다항식을 인수분해하면 다음과 같다.
ㄱ. $(x-4)(2x+5)$ ㄴ. $(x+2)(2x+1)$
ㄷ. $(x+2)(3x+1)$ ㄹ. $(x-4)(3x+1)$
따라서 $x-4$를 인수로 갖는 것은 ㄱ, ㄹ이다.

19 $a^2-8a+16=(a-4)^2$, $a^2-4a+4=(a-2)^2$
이때 $2<a<4$이므로 $a-4<0$, $a-2>0$
따라서
$\sqrt{a^2-8a+16}-\sqrt{a^2-4a+4}$
$=\sqrt{(a-4)^2}-\sqrt{(a-2)^2}$
$=-(a-4)-(a-2)$
$=-2a+6$

20 $2a^2+5a-3=\dfrac{1}{2}\times\{(a+1)+(a+5)\}\times(\text{높이})$
$=(a+3)\times(\text{높이})$
$2a^2+5a-3=(2a-1)(a+3)$이므로 높이는 $2a-1$이다.

21 $\sqrt{81}=9$의 음의 제곱근은 $A=-3$
$B=\sqrt{(-3)^2}=3$
따라서 $3A-2B=3\times(-3)-2\times3=-15$

22 (1) $x=\sqrt{2}+\dfrac{1}{\sqrt{2}}=\dfrac{2\sqrt{2}}{2}+\dfrac{\sqrt{2}}{2}=\dfrac{3\sqrt{2}}{2}$
$y=2\sqrt{2}-\dfrac{1}{\sqrt{2}}=\dfrac{4\sqrt{2}}{2}-\dfrac{\sqrt{2}}{2}=\dfrac{3\sqrt{2}}{2}$
(2) $x+y=\dfrac{3\sqrt{2}}{2}+\dfrac{3\sqrt{2}}{2}=3\sqrt{2}$,
$xy=\dfrac{3\sqrt{2}}{2}\times\dfrac{3\sqrt{2}}{2}=\dfrac{9}{2}$
(3) $\dfrac{1}{x}+\dfrac{1}{y}=\dfrac{x+y}{xy}=3\sqrt{2}\div\dfrac{9}{2}=\dfrac{2\sqrt{2}}{3}$

23 $(3a-b)(2a+3b)=6a^2+7ab-3b^2$
(1) 주어진 전개식에서 a^2항의 계수는 6
(2) 주어진 전개식에서 b^2항의 계수는 -3
(3) 따라서 a^2항의 계수와 b^2항의 계수의 합은
$6+(-3)=3$

24 (1) $x^2-A=(x-5)(x+a)$로 놓으면
$(x-5)(x+a)=x^2+(a-5)x-5a$에서
$a-5=0$이므로 $a=5$
$-A=-5a$이므로 $A=25$
(2) $x^2+Bx+25=(x-5)(x+b)$로 놓으면
$(x-5)(x+b)=x^2+(b-5)x-5b$에서
$-5b=25$이므로 $b=-5$
$B=b-5$이므로 $B=-10$
(3) $A+B=25+(-10)=15$

25 $x^2-6x+8=(x-2)(x-4)$
이므로 직사각형의 가로의 길이와 세로의 길이는 각각 $x-2$, $x-4$ 또는 $x-4$, $x-2$이다.
따라서
(가로와 세로의 길이의 합)
$=(x-2)+(x-4)$
$=2x-6$

실전 테스트 2회

본문 298~301쪽

01 ②	**02** ⑤	**03** ④	**04** ③	**05** ①
06 ⑤	**07** ③	**08** ②	**09** ②	**10** ④
11 ③	**12** ①	**13** ②	**14** ③	**15** ⑤
16 ④	**17** ①	**18** ③	**19** ①	**20** ②
21 7	**22** 1 m	**23** 제3사분면		**24** 5
25 54				

01 ① $-x^2=0$은 이차방정식이다.
② $x^2-2x=x^2-4$에서 $-2x+4=0$이므로 일차방정식이다.
③ $x^2-3x-2=2x^2+5x+2$에서 $-x^2-8x-4=0$이므로 이차방정식이다.
④ $2x^2-x-2=x^2+3x+1$에서 $x^2-4x-3=0$이므로 이차방정식이다.
⑤ $2x^2-4x=x^2+x$에서 $x^2-5x=0$이므로 이차방정식이다.

02 ① $x(x+2)=0$에 $x=0$을 대입하면
$0\times(0+2)=0$
② $x^2+2x-3=0$에 $x=-3$을 대입하면
$(-3)^2+2\times(-3)-3=0$
③ $x^2-4=0$에 $x=-2$를 대입하면
$(-2)^2-4=0$
④ $2x^2+3x-5=0$에 $x=1$을 대입하면
$2\times1^2+3\times1-5=0$
⑤ $x^2-5x+4=0$에 $x=-1$을 대입하면
$(-1)^2-5\times(-1)+4=10\neq0$

03 ① $(x-2)(x-4)=0$에서 $x=2$ 또는 $x=4$
② $(x+6)(x-5)=0$에서 $x=-6$ 또는 $x=5$
③ $2(x-3)(x+1)=0$에서 $x=3$ 또는 $x=-1$
④ $2(x+2)^2=0$에서 $x=-2$ (중근)
⑤ $(2x+3)(2x-3)=0$에서 $x=-\frac{3}{2}$ 또는 $x=\frac{3}{2}$

04 $3x^2-12x-a=0$의 양변을 3으로 나누면
$x^2-4x-\frac{a}{3}=0$, $x^2-4x=\frac{a}{3}$
$x^2-4x+4=\frac{a}{3}+4$, $(x-2)^2=\frac{a+12}{3}$

$x-2=\pm\sqrt{\dfrac{a+12}{3}}$, $x=2\pm\sqrt{\dfrac{a+12}{3}}$

$\dfrac{a+12}{3}=5$이므로 $a+12=15$, $a=3$

05 $x^2-5x+6=0$에서
$(x-2)(x-3)=0$, $x=2$ 또는 $x=3$
큰 근이 $x=3$이므로
$x=3$을 $x^2+ax-2a-3=0$에 대입하면
$9+3a-2a-3=0$, $a=-6$

06 $3(x-2)^2=-k$가 중근을 가지려면 $k=0$
$k=0$을 $3(x-2)^2=-k$에 대입하면 $3(x-2)^2=0$
$(x-2)^2=0$, $x=2$ (중근)
따라서 구하는 값은 $0+2=2$이다.

07 $x^2-4x-2=0$에서
$x=\dfrac{-(-4)\pm\sqrt{(-4)^2-4\times1\times(-2)}}{2}$
$=\dfrac{4\pm2\sqrt{6}}{2}=2\pm\sqrt{6}$
따라서 두 근의 차는 $(2+\sqrt{6})-(2-\sqrt{6})=2\sqrt{6}$

08 ㄱ. $m=10$이면 $x^2-10x+10=0$에서
$x=\dfrac{-(-10)\pm\sqrt{(-10)^2-4\times1\times10}}{2}=5\pm\sqrt{15}$
이므로 서로 다른 두 근을 갖는다.
ㄴ. $m=25$이면 $x^2-10x+25=0$에서
$(x-5)^2=0$이므로 중근 $x=5$를 갖는다.
ㄷ. $m=20$이면 $x^2-10x+20=0$에서
$x=\dfrac{-(-10)\pm\sqrt{(-10)^2-4\times1\times20}}{2}=5\pm\sqrt{5}$
이므로 서로 다른 두 근을 갖는다.
따라서 옳은 것은 ㄱ, ㄴ이다.

09 상규가 본 식은 x^2의 계수는 1이고
해가 $x=-3$ 또는 $x=5$인 이차방정식이므로
$(x+3)(x-5)=0$, $x^2-2x-15=0$
이때 상규가 본 일차항의 계수는 옳은 것이므로
$b=-2$
우진이가 본 식은 x^2의 계수는 1이고
해가 $x=-8$ 또는 $x=3$인 이차방정식이므로
$(x+8)(x-3)=0$, $x^2+5x-24=0$
이때 우진이가 본 상수항은 옳은 것이므로
$c=-24$
따라서 올바른 이차방정식의 해를 구하면
$x^2-2x-24=0$, $(x+4)(x-6)=0$
$x=-4$ 또는 $x=6$

10 학생 수를 x명이라고 하면 한 학생이 받게 되는 연필의 수는 $\left(\dfrac{1}{2}x+4\right)$자루이므로
$x\left(\dfrac{1}{2}x+4\right)=120$, $x^2+8x-240=0$
$(x+20)(x-12)=0$, $x=-20$ 또는 $x=12$
이때 x는 자연수이므로 $x=12$
따라서 (연필의 수)$=\dfrac{1}{2}\times12+4=10$(자루)이다.

11 ① $y=4x+7$이므로 일차함수이다.
② $y=2x^3+2x^2-3x-3$이므로 이차함수가 아니다.
③ $y=2x^2-8x+8$이므로 이차함수이다.
④ 분모에 x^2이 있으므로 이차함수가 아니다.
⑤ 분모에 x가 있으므로 이차함수가 아니다.

12 x^2의 계수의 절댓값이 작을수록 폭이 넓어지므로 x^2의 계수의 절댓값이 가장 작은 ① $y=\dfrac{1}{5}x^2$의 그래프가 폭이 가장 넓다.

13 ② $y=x^2$의 축의 방정식은 $x=0$이고 $y=(x-2)^2$의 축의 방정식은 $x=2$이다.

14 위로 볼록이므로 $a<0$이고, 꼭짓점의 좌표 (p, q)는 제1사분면 위에 있으므로 $p>0$, $q>0$이다.

15 이차함수 $y=-(x+3)^2$에 $x=0$을 대입하면
$y=-(0+3)^2=-9$이므로 $\mathrm{A}(0, -9)$이다.
또, 이차함수 $y=-(x+3)^2$의 그래프와 x축에 대하여 서로 대칭인 그래프의 식은
$y=(x+3)^2$
이므로 $x=0$을 대입하면
$y=(0+3)^2=9$이므로 $\mathrm{B}(0, 9)$이다.
따라서 $\overline{\mathrm{AB}}=9-(-9)=18$이다.

16 $y=x^2-6x+2=(x-3)^2-7$
따라서 꼭짓점의 좌표는 $(3,\ -7)$이고, 축의 방정식은 $x=3$이다.

17 $y=x^2+4x-1$에 $x=0$을 대입하면 $y=-1$이므로 $\mathrm{A}(0,\ -1)$
$y=x^2+4x-1=(x+2)^2-5$이므로 $\mathrm{B}(-2,\ -5)$
따라서 $\triangle \mathrm{AOB}=\frac{1}{2}\times1\times2=1$이다.

18 포물선이 위로 볼록하므로 $a<0$
$y=ax^2+bx+c=a\left(x+\frac{b}{2a}\right)^2-\frac{b^2-4ac}{4a}$에서
축이 y축의 왼쪽에 있으므로 $\frac{b}{2a}>0$, $b<0$
y축과 만나는 점의 y좌표가 양수이므로 $c>0$
$ax+by+c=0$에서 $y=-\frac{a}{b}x-\frac{c}{b}$
이때 $-\frac{a}{b}<0$, $-\frac{c}{b}>0$이므로 기울기는 음수이고, y절편은 양수이므로 그래프는 ③이다.

19 두 점 $(-1,\ 0)$, $(5,\ 0)$은 x축과의 교점이므로
$y=a(x+1)(x-5)$라고 하면
이 그래프는 점 $(0,\ -5)$를 지나므로
$-5=a(0+1)(0-5)$에서 $a=1$
따라서 $y=(x+1)(x-5)=x^2-4x-5$이므로
$a+b+c=1+(-4)+(-5)=-8$

20 $y=3x^2-12x+5=3(x-2)^2-7$
이므로 x의 값이 증가할 때, y의 값이 감소하는 x의 값의 범위는 $x<2$이다.

21 $x^2-x-12=0$, $(x+3)(x-4)=0$
$x=-3$ 또는 $x=4$
이때 큰 근이 m, 작은 근이 n이므로
$m=4$, $n=-3$
따라서 $m-n=4-(-3)=7$이다.

22 길의 폭의 길이를 x m라고 하면 화단의 넓이는
$(10-2x)(8-x)=56$, $x^2-13x+12=0$
$(x-1)(x-12)=0$, $x=1$ 또는 $x=12$
이때 $0<x<8$이므로 길의 폭은 1 m이다.

23 주어진 일차함수의 그래프는 기울기와 y절편이 모두 양수이므로 $a>0$, $b>0$
따라서 $-a<0$, $-b<0$이므로 이차함수
$y=(x+a)^2-b$의 꼭짓점 $(-a,\ -b)$는 제3사분면 위의 점이다.

24 $y=3(x-7)^2+2$의 꼭짓점을 A라고 하면 $\mathrm{A}(7,\ 2)$
$y=(x-5)^2+3$의 꼭짓점을 B라고 하면 $\mathrm{B}(5,\ 3)$
$y=\frac{1}{2}(x-3)^2-1$의 꼭짓점을 C라고 하면 $\mathrm{C}(3,\ -1)$
각 꼭짓점을 좌표평면 위에 나타내면 다음과 같다.

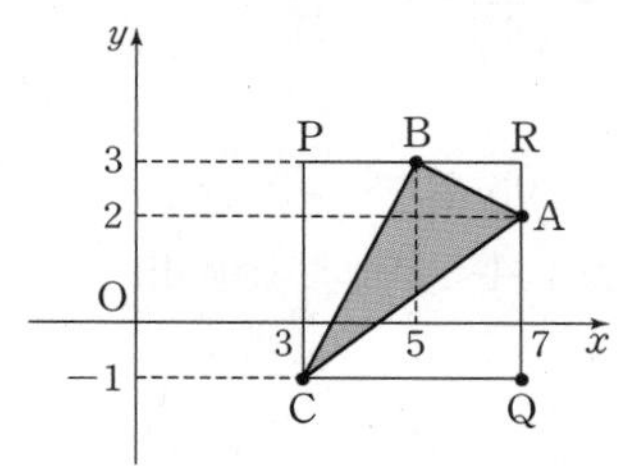

$\triangle \mathrm{ABC}$
$=\square \mathrm{PCQR}-(\triangle \mathrm{PCB}+\triangle \mathrm{CQA}+\triangle \mathrm{BRA})$
$=(4\times4)-\left(\frac{1}{2}\times2\times4+\frac{1}{2}\times4\times3+\frac{1}{2}\times2\times1\right)$
$=5$

25

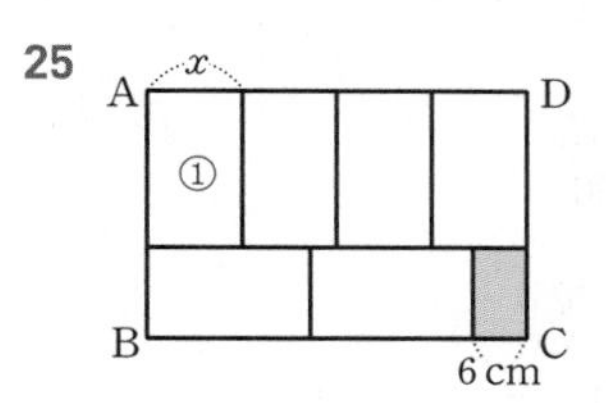

붙인 종이 ①의 가로의 길이를 x cm라고 하면
$4x=$(세로의 길이)$\times2+6$에서
(세로의 길이)$=2x-3$
$\square$ABCD의 넓이가 1080 cm^2이므로
$1080=4x\{(2x-3)+x\}$, $x^2-x-90=0$
$(x+9)(x-10)=0$, $x=-9$ 또는 $x=10$
이때 $x>6$이므로 $x=10$
따라서 종이 한 장의 둘레의 길이는
$2\times(10+17)=54$

실전 테스트 3회

본문 302~305쪽

01 ④	02 ③	03 ②	04 ⑤	05 ⑤
06 ③	07 ①	08 ④	09 ③	10 ②
11 ⑤	12 ②	13 ⑤	14 ④	15 ④
16 ④	17 ②	18 ①	19 ③	20 ④
21 $\frac{2}{3}$	22 $\frac{\sqrt{6}}{3}$	23 $12\sqrt{3}$ m	24 5	25 1

01 $\overline{AC}=\sqrt{3^2+2^2}=\sqrt{13}$이므로

④ $\sin C=\frac{3}{\sqrt{13}}=\frac{3\sqrt{13}}{13}$

02 $45°<\angle A<90°$일 때

$\cos A<\sin A<1$이고, $\tan 45°=1$이므로

$\tan A>1$

따라서 $\cos A<\sin A<\tan A$

03 $\triangle$ABC에서 $\angle ABC=45°$이므로 $\angle BAC=45°$

$\overline{BC}=2\tan 45°=2$

$\triangle$ADC에서 $\angle ADC=30°$이므로 $\angle DAC=60°$

$\overline{DC}=2\tan 60°=2\sqrt{3}$

따라서 $\overline{DB}=\overline{DC}-\overline{BC}=2\sqrt{3}-2$

04 $\cos 60°=\frac{1}{2}$이므로 $x°=60°$

따라서 $\tan x°=\tan 60°=\sqrt{3}$

05 $\overline{AC}=\overline{AD}=1$, $\angle AED=y°$이므로

① $\sin x°=\frac{\overline{BC}}{\overline{AC}}=\overline{BC}$ ② $\cos x°=\frac{\overline{AB}}{\overline{AC}}=\overline{AB}$

③ $\tan x°=\frac{\overline{DE}}{\overline{AD}}=\overline{DE}$ ④ $\tan y°=\frac{\overline{AD}}{\overline{ED}}=\frac{1}{\overline{ED}}$

06 $\overline{BC}=3\tan 45°=3\times1=3$(cm)

따라서 $\overline{AC}=\frac{\overline{BC}}{\cos 30°}=3\div\frac{\sqrt{3}}{2}=2\sqrt{3}$(cm)

07 A$(-4, 0)$, B$(0, 3)$이므로 $\overline{AO}=4$, $\overline{BO}=3$

직각삼각형 AOB에서 $\overline{AB}=\sqrt{4^2+3^2}=5$

한편 $\angle BAO=a°$, $\angle ABO=b°$이므로

$\cos a°-\tan b°=\cos(\angle BAO)-\tan(\angle ABO)$

$=\frac{4}{5}-\frac{4}{3}=-\frac{8}{15}$

08 $0°<\angle A<45°$일 때, $\cos A>\sin A$이므로

$\sqrt{(\sin A+\cos A)^2}+\sqrt{(\sin A-\cos A)^2}$

$=\sin A+\cos A-(\sin A-\cos A)$

$=2\cos A$

09 $\overline{BC}=40\tan 30°=\frac{40\sqrt{3}}{3}$(m)

10 $\triangle$ABD에서 $\angle BAD=45°$이므로

$\overline{BD}=x\tan 45°$

$\triangle$ACD에서 $\angle CAD=60°$이므로

$\overline{CD}=x\tan 60°$

이때 $\overline{BD}+\overline{CD}=100$이므로

$x\tan 45°+x\tan 60°=100$

$x+\sqrt{3}x=100$

$(1+\sqrt{3})x=100$

$x=\frac{100}{\sqrt{3}+1}$

따라서 $x=50\sqrt{3}-50$이다.

11 (넓이)$=\frac{1}{2}\times7\times5\times\sin(180°-135°)$

$=\frac{1}{2}\times7\times5\times\sin 45°$

$=\frac{35}{2}\times\frac{\sqrt{2}}{2}$

$=\frac{35\sqrt{2}}{4}$

12

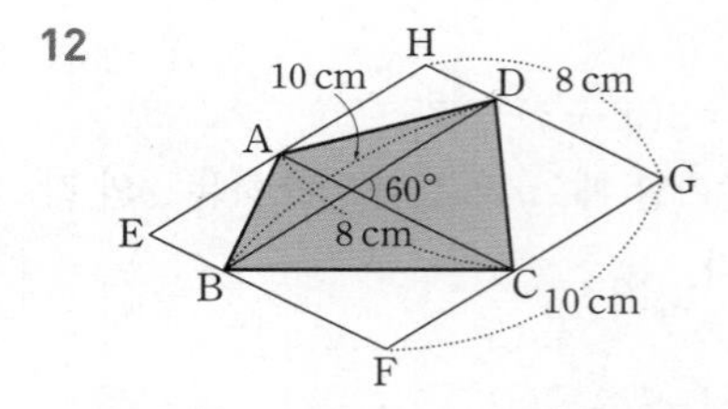

위의 그림과 같이 □ABCD의 두 대각선 AC, BD에 평행한 선분을 각각 2개씩 그어 □EFGH를 만들면 이 사각형은 평행사변형이 된다. 이때 $\triangle HEF\equiv\triangle FGH$이고, $\angle HEF=\angle FGH$이므로

□EFGH$=2\times\triangle$FGH

$=2\times\left(\frac{1}{2}\times8\times10\times\sin 60°\right)$

$=8\times10\times\frac{\sqrt{3}}{2}=40\sqrt{3}$(cm^2)

따라서 □ABCD$=\frac{1}{2}\times$□EFGH$=20\sqrt{3}$(cm^2)

13 $\square ABCD$

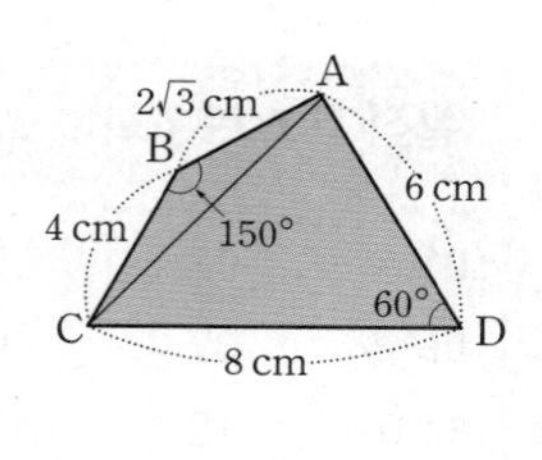

$=\triangle ABC+\triangle ACD$

$=\frac{1}{2}\times 2\sqrt{3}\times 4$

$\times\sin(180^\circ-150^\circ)$

$+\frac{1}{2}\times 6\times 8\times\sin 60^\circ$

$=2\sqrt{3}+12\sqrt{3}=14\sqrt{3}(\text{cm}^2)$

14 $\overline{AO}=\overline{CO}$이므로 $\angle AOC=180^\circ-(30^\circ+30^\circ)=120^\circ$

부채꼴 AOC의 넓이는

$\pi\times 3^2\times\frac{120}{360}=3\pi$

$\triangle AOC=\frac{1}{2}\times 3\times 3\times\sin(180^\circ-120^\circ)$

$=\frac{1}{2}\times 3\times 3\times\frac{\sqrt{3}}{2}=\frac{9\sqrt{3}}{4}$

따라서

(색칠한 활꼴의 넓이)

=(부채꼴 AOC의 넓이) $-\triangle AOC$

$=3\pi-\frac{9\sqrt{3}}{4}$

15 ④ 현의 길이는 중심각의 크기에 정비례하지 않는다.

16 직각삼각형 AOB에서 $\overline{AB}=\sqrt{4^2+4^2}=4\sqrt{2}$

$\overline{OD}\perp\overline{AB}$이므로 $\overline{AD}=\overline{BD}$

따라서 $x=\frac{1}{2}\overline{AB}=\frac{1}{2}\times 4\sqrt{2}=2\sqrt{2}$

17 $\overline{PB}=\overline{PA}=6\sqrt{3}$ cm

직각삼각형 OBP에서

$\overline{OB}=\frac{\overline{PB}}{\tan 60^\circ}=\frac{6\sqrt{3}}{\sqrt{3}}=6(\text{cm})$

18 $\overline{AD}=x$ cm라고 하면 $\overline{AF}=\overline{AD}=x$ cm

이때 $\overline{CF}=(4-x)$ cm이므로

$\overline{CE}=\overline{CF}=(4-x)$ cm

또, $\overline{BD}=(6-x)$ cm이므로

$\overline{BE}=\overline{BD}=(6-x)$ cm

$\overline{BC}=\overline{BE}+\overline{CE}$이므로 $5=(6-x)+(4-x)$

$2x=5$, $x=\frac{5}{2}$

따라서 $\overline{AD}$의 길이는 $\frac{5}{2}$ cm이다.

19 $\overline{TO}$를 긋고 반지름의 길이를 r cm라고 하면

$\triangle TPO$가 직각삼각형이므로 피타고라스 정리에 의하여

$(8+r)^2=r^2+12^2$, $64+16r+r^2=r^2+144$

$16r=80$, $r=5$

따라서 원의 반지름의 길이는 5 cm이다.

20 원의 지름의 길이가 10 cm이므로 $\overline{DC}=10$ cm

$\square ABCD$가 원 O에 외접하므로

$\overline{AB}+\overline{DC}=\overline{AD}+\overline{BC}$

$\overline{AD}+\overline{BC}=13+10=23(\text{cm})$

따라서 $\square ABCD=\frac{1}{2}\times 23\times 10=115(\text{cm}^2)$

21 $3\cos A-2=0$에서 $\cos A=\frac{2}{3}$

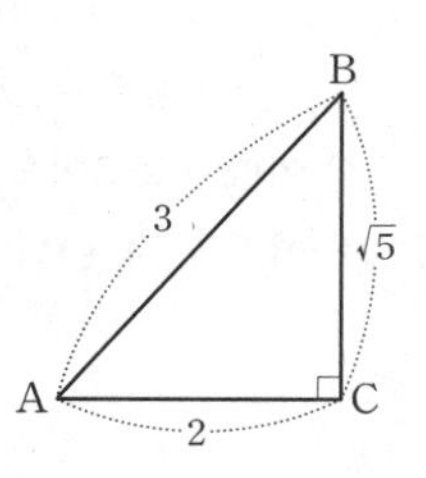

이므로 오른쪽 그림과 같이

$\angle C=90^\circ$, $\overline{AB}=3$, $\overline{AC}=2$인

직각삼각형 ABC를 생각할 수 있다.

$\overline{BC}=\sqrt{3^2-2^2}=\sqrt{5}$이므로

$\sin A\times\frac{1}{\tan A}=\frac{\sqrt{5}}{3}\times\frac{2}{\sqrt{5}}=\frac{2}{3}$

22 직각삼각형 EFG에서 $\overline{EG}=\sqrt{5^2+5^2}=5\sqrt{2}$

$\triangle CEG$는 $\angle CGE=90^\circ$인 직각삼각형이므로

$\overline{CE}=\sqrt{5^2+(5\sqrt{2})^2}=5\sqrt{3}$

따라서 $\cos x^\circ=\frac{\overline{EG}}{\overline{CE}}=\frac{5\sqrt{2}}{5\sqrt{3}}=\frac{\sqrt{6}}{3}$

23 (지면부터 부러진 곳까지의 높이)

$=12\tan 30^\circ=4\sqrt{3}(\text{m})$

(부러진 곳부터 꼭대기까지의 거리)

$=\frac{12}{\cos 30^\circ}=12\div\frac{\sqrt{3}}{2}=12\times\frac{2}{\sqrt{3}}=8\sqrt{3}(\text{m})$

따라서

(처음 나무의 높이) $=4\sqrt{3}+8\sqrt{3}=12\sqrt{3}(\text{m})$

24 오른쪽 그림과 같이 원 O의 반지름의 길이를 x cm라고 하자.

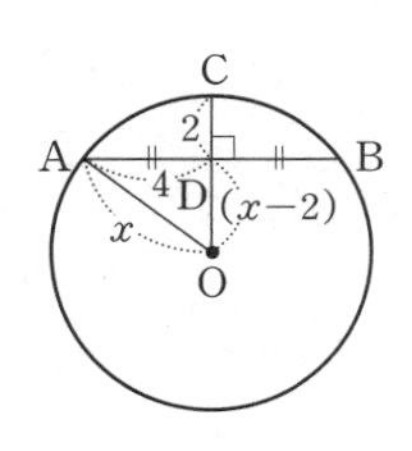

$\overline{CD}$를 그으면 원의 중심 O를 지나므로 $\triangle AOD$는 직각삼각형이다.

피타고라스 정리에 의하여

$x^2=4^2+(x-2)^2$, $4x=20$

$x=5$

따라서 원 O의 반지름의 길이는 5이다.

25 다음 그림과 같이 원 O의 반지름의 길이를 x라고 하자.

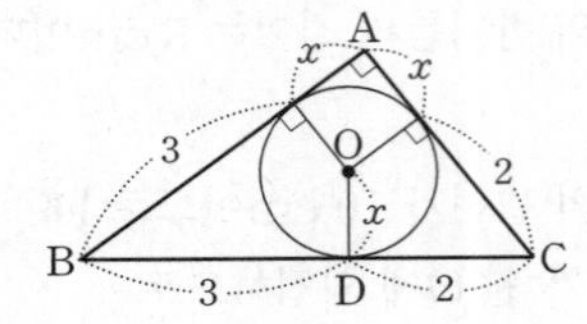

$\overline{AC}=x+2$, $\overline{AB}=x+3$이고 $\triangle ABC$는 직각삼각형이므로 피타고라스 정리에 의하여

$(x+2)^2+(x+3)^2=5^2$

$x^2+4x+4+x^2+6x+9=25$

$x^2+5x-6=0$, $(x+6)(x-1)=0$

$x=-6$ 또는 $x=1$

이때 $x>0$이므로 $x=1$

따라서 원 O의 반지름의 길이는 1이다.

실전 테스트 4회

본문 306~309쪽

01 ④	02 ②	03 ③	04 ①	05 ⑤
06 ③	07 ④	08 ⑤	09 ③	10 ③
11 ①	12 ②	13 ③	14 ②	15 ①
16 ⑤	17 ③	18 ③	19 ②	20 ⑤
21 66°	22 65°	23 $4\sqrt{17}\pi$	24 $-2M$, $4S^2$	
25 80점				

01 $\overline{PO}$를 그으면 $\angle OPA=\angle OAP=35^\circ$이고

$\angle OPB=\angle OBP=33^\circ$이다.

즉, $\angle APB=33^\circ+35^\circ=68^\circ$이므로

$\angle x=2\times 68^\circ=136^\circ$

02 $\triangle PBD$에서 $25^\circ+\angle PDB=55^\circ$, $\angle PDB=30^\circ$

따라서 $\angle ACB=\angle ADB=30^\circ$

03 $\overline{BD}$가 원 O의 지름이므로 $\angle DAB=90^\circ$이고

$\angle CAD=180^\circ-(90^\circ+65^\circ)=25^\circ$

즉, $\angle ABD=\angle CAD=25^\circ$이다.

$\triangle ABC$에서 $\angle ACB=65^\circ-25^\circ=40^\circ$

04 $\triangle ABP$에서

$\angle ABD=\angle APD-\angle BAP=70^\circ-20^\circ=50^\circ$

즉, $\angle ACD=\angle ABD=50^\circ$이다.

한 원에서 호의 길이는 원주각의 크기에 정비례하므로

$20^\circ : 50^\circ=5 : \widehat{AD}$

따라서 $\widehat{AD}=\frac{25}{2}$ cm

05 $\overline{BO}$의 연장선이 원 O와 만나는 점을 A′이라고 하면

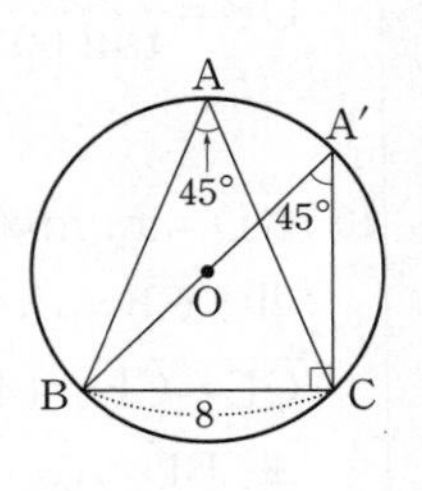

$\angle BA'C=\angle BAC=45^\circ$,

$\angle BCA'=90^\circ$이므로

$\sin 45^\circ=\frac{8}{\overline{A'B}}$, $\overline{A'B}=8\sqrt{2}$

따라서 원 O의 반지름의 길이는 $4\sqrt{2}$이다.

06 $\angle CBT=\angle CAB$이므로

$\angle CAB=180^\circ\times\frac{3}{2+3+7}=45^\circ$

07 $\angle PBT=\angle PTA=30°$, $\angle ATB=90°$이므로
$\angle BAT=180°-(30°+90°)=60°$
따라서 $\triangle ATB$에서
$\overline{AT}=\overline{AB}\times\cos 60°=10\times\frac{1}{2}=5(cm)$
$\overline{BT}=\overline{AB}\times\sin 60°=10\times\frac{\sqrt{3}}{2}=5\sqrt{3}(cm)$
따라서 $\triangle ATB=\frac{1}{2}\times5\times5\sqrt{3}=\frac{25\sqrt{3}}{2}(cm^2)$

08 $\angle BAT=\angle BTQ=\angle DTP=\angle DCT=40°$이므로
$\triangle DTC$에서
$\angle DTC=180°-(40°+60°)=80°$

09 $\widehat{BC}=\widehat{CD}$이므로 $\angle BAC=\angle CAD=50°$
$6\widehat{BC}=5\widehat{AB}$에서 $\angle BAC : \angle ADB=5 : 6$이므로
$50° : \angle ADB=5 : 6$, $\angle ADB=60°$
$\triangle AED$에서 $\angle AED+50°+60°=180°$
따라서 $\angle AED=70°$이다.

10 $\angle CPD=80°$이므로 $\overline{BC}$를 그으면
$\angle ACB+\angle CBD=80°$
따라서 $\widehat{AB}+\widehat{CD}=2\pi\times5\times\frac{80}{180}=\frac{40}{9}\pi(cm)$

11 주어진 자료를 작은 수부터 순서대로 나열하면
3, 3, 5, 6, 7, 7, 7, 8, 10
(중앙값)$=7$, (최빈값)$=7$
따라서 $a+b=7+7=14$이다.

12 (8과목 성적의 평균)$=\frac{82\times5+90\times3}{5+3}=85$(점)

13 편차의 합은 항상 0이어야 하므로
$(68-73)+(78-73)+(74-73)+(a-73)$
$+(75-73)=0$
$(-5)+5+1+2+(a$의 편차$)=0$
따라서 (a의 편차)$=-3$(점)

14 B학급의 표준편차가 가장 크므로 각 점수의 차이가 크다. 따라서 B반의 성적이 가장 불규칙하다.

15 편차의 합은 항상 0이므로
$-3+(-5)+a+b+6=0$
$a+b=2$
분산이 18이므로 $9+25+a^2+b^2+36=18\times5$
$a^2+b^2=20$
이때 $a^2+b^2=(a+b)^2-2ab$이므로 $20=4-2ab$
따라서 $ab=-8$이다.

16 편차의 합은 항상 0이므로
$-1+x+3+(-2)+5=0$, $x=-5$
(동희의 성적)$=75-1=74$(점)
(표준편차)$=\sqrt{\frac{(-1)^2+(-5)^2+3^2+(-2)^2+5^2}{5}}$
$=\sqrt{\frac{64}{5}}=\frac{8\sqrt{5}}{5}$(점)

17 $\frac{(5a-2)+(5b-2)+(5c-2)+(5d-2)+(5e-2)}{5}$
$=\frac{5(a+b+c+d+e)-10}{5}$
$=a+b+c+d+e-2=13$
에서 $a+b+c+d+e=15$이므로
(a, b, c, d, e의 평균)$=\frac{15}{5}=3$
$\frac{(5a-15)^2+(5b-15)^2+(5c-15)^2+(5d-15)^2+(5e-15)^2}{5}$
$=\frac{25\{(a-3)^2+(b-3)^2+(c-3)^2+(d-3)^2+(e-3)^2\}}{5}$
$=5\{(a-3)^2+(b-3)^2+(c-3)^2+(d-3)^2+(e-3)^2\}$
$=256$
에서
$\frac{(a-3)^2+(b-3)^2+(c-3)^2+(d-3)^2+(e-3)^2}{5}$
$=\frac{256}{25}$
이므로 (a, b, c, d, e의 표준편차)$=\sqrt{\frac{256}{25}}=\frac{16}{5}$
따라서 $3+\frac{16}{5}=\frac{31}{5}$이다.

18 음의 상관관계를 나타내는 산점도이므로 음의 상관관계가 있는 두 변량을 찾으면 ③이다.

19 8명이므로 $\frac{8}{20}\times100=40(\%)$

20 두 과목의 평균이 상위 20 % 이내에 드는 학생 수를 x 명이라고 하면

$\frac{x}{20} \times 100 = 20$이므로 $x = 4$(명)

따라서 상위 4명의 국어 성적의 평균은

$\frac{80+80+90+100}{4} = 87.5$(점)

21 $\overline{\text{BC}}$, $\overline{\text{AD}}$를 그으면

$\angle \text{ACB} = \frac{1}{6} \times 180^\circ = 30^\circ$

$\angle \text{DBC} = \frac{1}{5} \times 180^\circ = 36^\circ$

따라서 △PBC에서 $\angle \text{APB} = 30^\circ + 36^\circ = 66^\circ$

22 $\angle \text{BAD} = 90^\circ$이므로 $\angle \text{CAD} = 40^\circ$

$\angle \text{CBA} = \angle \text{CAD} = 40^\circ$이므로 △ABD에서

$\angle \text{D} = 180^\circ - (90^\circ + 40^\circ) = 50^\circ$

따라서 $\angle \text{ADE} = 25^\circ$이므로

$\angle x = 180^\circ - (90^\circ + 25^\circ) = 65^\circ$

23 오른쪽 그림과 같이 점 A를 지나는 원의 지름 AB′을 그으면

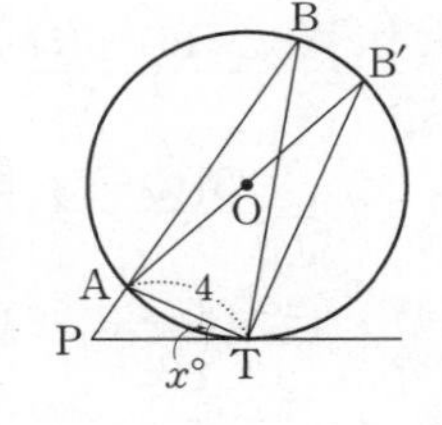

$\angle \text{AB'T} = \angle \text{ABT}$

$= \angle \text{PTA} = x^\circ$,

$\angle \text{ATB'} = 90^\circ$

직각삼각형 ATB′에서

$\tan x^\circ = \frac{\overline{\text{AT}}}{\overline{\text{B'T}}} = \frac{4}{\overline{\text{B'T}}} = \frac{1}{4}$이므로

$\overline{\text{B'T}} = 16$

또, $\overline{\text{AB'}} = \sqrt{4^2 + 16^2} = 4\sqrt{17}$

따라서 (원 O의 둘레의 길이) $= 2\pi \times 2\sqrt{17} = 4\sqrt{17}\pi$

24 $\frac{a+b+c}{3} = M$이므로

$-2a$, $-2b$, $-2c$의 평균은

$\frac{-2a+(-2b)+(-2c)}{3} = -2 \times \frac{a+b+c}{3} = -2M$

$\frac{(a-M)^2+(b-M)^2+(c-M)^2}{3} = S^2$이므로

$-2a$, $-2b$, $-2c$의 분산은

$\frac{(-2a+2M)^2+(-2b+2M)^2+(-2c+2M)^2}{3}$

$= \frac{(-2)^2 \times \{(a-M)^2+(b-M)^2+(c-M)^2\}}{3}$

$= (-2)^2 S^2 = 4S^2$

25

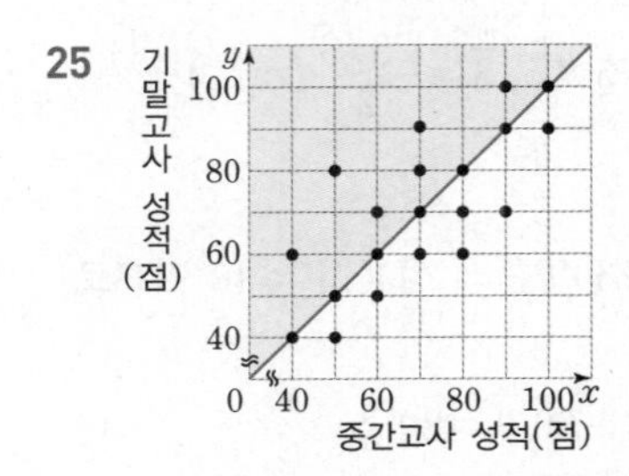

중간고사 성적보다 기말고사 성적이 더 높은 학생들은 위의 그림에서 직선을 기준으로 윗 부분(경계선 포함하지 않음)에 속하는 6명이므로 기말고사 성적의 평균은

$\frac{60+70+80+80+90+100}{6} = \frac{480}{6}$

$= 80$(점)